Julius Schmidt

Studien über Vulkane und Erdbeben

Verone

Julius Schmidt

Studien über Vulkane und Erdbeben

1st Edition | ISBN: 978-9-92500-050-0

Place of Publication: Nikosia, Cyprus

Erscheinungsjahr: 2015

TP Verone Publishing House Ltd.

Studien über Vulkane und Erdbeben, Nachdruck des Originals von 1881.

STUDIEN

ÜBER

VULKANE UND ERDBEBEN.

VON

D͞r J. F. JULIUS SCHMIDT,

DIREKTOR DER STERNWARTE ZU ATHEN.

ERSTE GESAMMT-AUSGABE IN EINEM BANDE.

MIT HOLZSTICHEN UND 13 LITHOGR. TAFELN.

Studien über Vulkane und Erdbeben.

I. Abtheilung.

Vulkanstudien.

Santorin 1866—1872,
Vesuv, Bajae, Stromboli, Aetna 1870.

Mit 7 lithogr. Beilagen und 13 Holzstichen.

Inhaltsverzeichniss.

Vesuv, Bajae, Stromboli, Aetna 1870.

Santorin 1866 bis 1872.

Nachdem die Erscheinungen der zu Ende des Januar 1866 begonnenen Eruption auf der Nea Kaymeni mit dem Jahre 1871 ihren Abschluss gefunden hatten, hielt ich es an der Zeit, die zahlreichen eigenen Beobachtungen, sowie eine Menge mir anvertrauter Berichte geordnet zusammenzustellen, um so für späte Zukunft ein Dokument zu verfassen, welches über das Geschehene, nicht aber über die Meinungen und Theorien unserer Zeitgenossen, die einfache Wahrheit zu geben versucht. Indem es mir ferne lag, an den Arbeiten der Männer von Fach, nämlich der Geologen, Mineralogen und Chemiker Theil zu nehmen, hatte ich während meines zweimaligen Aufenthaltes in jener berühmten Insel mein Augenmerk auf topographische und allgemein physikalische Verhältnisse gerichtet.

Es wird in den folgenden Mittheilungen meine Aufgabe sein, mit sorgsamer Abwägung des Ausdruckes jene Phänomene besonders zu beschreiben, die sämmtliche, nach der griechischen Kommission die Insel besuchenden Beobachter nicht mehr gesehen haben, so namentlich die Natur der Bewegung des neuen Lavahügels, die Eruptionen und Siphonen ersten Ranges, sowie den wunderbaren Reichthum zahlloser Variationen des vulkanischen Getöses. Ich werde mich bemühen, Hergänge zu beschreiben, die Andere entweder nicht bemerkten oder beiläufig mit wenigen Worten erledigten. Nicht uns kommt es jetzt zu, die Grade der Wichtigkeit der ebenso zahlreichen als räthselhaften Erscheinungen zu bestimmen. Ich meinestheils überlasse das Urtheil darüber der Zukunft, und halte nur für meine Pflicht, das Gesehene so zu schildern, dass darüber, den Worten nach, nicht leicht ein Zweifel entstehen könne.

Zwei kurze Berichte habe ich 1866 und 1868 in *Petermann*'s geogr. Mittheilungen bekannt gemacht und dann ausser brieflichen Nachrichten an

Haidinger und einer ersten an den englischen Gesandten Herrn *Erskine* gerichteten Notiz, die durch Sir. *Rod. Murchinson* in der geographischen Sozietät zu London verlesen ward, nichts weiter über Santorin veröffentlicht. Es wäre überflüssig, hier im Einzelnen die verdienstvollen Arbeiten aufzuzählen, die, von meist bekannten Gelehrten ausgehend, seit 1866 erschienen sind. Es genügt, an das vorzüglich wichtige Werk von *Reiss, Stübel* und *von Fritsch*, an die Abhandlungen von *Fouqué, Lenormant, von Seebach*, an die werthvollen Arbeiten der thatkräftigen Offiziere der österreichischen, preussischen, englischen und französischen Kriegsschiffe zu erinnern, denen wir so viele gehaltvolle Notizen und genaue Messungen verdanken.

Weil die Darstellung der 5 Jahre lang dauernden Erscheinungen der Eruption ohne Beigabe von Karten und Abbildungen nur untergeordneten Werth haben würde, und viele Angaben im Einzelnen gar nicht zur klaren Anschauung gelangen können, ist es nothwendig, dass ich mich häufig auf Zeichnungen beziehe, und diese werde ich in ausreichender Anzahl beigeben. Aber alles Bekannte soll übergangen oder nur gelegentlich kurz berührt werden. So wenig die alte Geschichte der Kaymenen (gründlich und viel umfassend von *Reiss* und *Stübel* behandelt), hier Erwähnung findet, eben so wenig wird man eine Beschreibung oder Erklärung des alten Vulkanringes der Insel finden, der nach früherer Ausdrucksweise der Erhebungskrater von Santorin genannt wird. Nur bei Gelegenheit der später mitzutheilenden Höhenmessungen findet keine Rücksicht auf die Grenzen statt, die ich mir im Uebrigen gesetzt habe. Meine eigenen Beobachtungen umfassen also nur die mit der Eruption mehr oder weniger verbundenen Erscheinungen, d. h. das kleine Gebiet der Eruption von 1866, mitten in der Gruppe kleiner Vulkaninseln, deren Geschichte seit den letzten 2000 Jahren besser bekannt ist als die aller andern Vulkane, Vesuv und Aetna ausgenommen. Da man bemerken wird, dass ich in der Folge mit den Ausdrücken Vulkan und Krater nicht sonderlich sorgsam verfahre, so will ich gleich erklären, dass mir zwar die zahlreichen in dieser Hinsicht gemachten Vorschläge bekannt sind, dass ich aber in Erwägung solcher, und meiner eigenen Studien an den Vulkanen der Eifel, Ungarns, Italiens und Griechenlands, für gut fand, die definitive Feststellung des Begriffes, und des bestimmten Ausdruckes, von einer spätern Zeit zu erwarten.• Auch war für mich die Schwierigkeit vielleicht grösser als für die Geologen, da auf meine Vorstellung die unermesslich formenreiche Vulkanwelt des Mondes seit langer Zeit eingewirkt hat. Ebenso wenig fest steht die Definition der Eruption, und um den ausserordentlich grossen Umfang aller mit einer Eruption verbundenen Erscheinungen zu beurtheilen, ist es schon ausreichend, einige Monate lang den Vesuv und Santorin studirt zu haben, wenn diese Vulkane sich in normaler Thätigkeit und in ihrem Uebergangsstadium befinden.

Da es sich für meine Zwecke hauptsächlich um die Nea Kaymeni von 1707 handelt, so wird in den Zeichnungen der von Kapitän *Mansell* 1848 vermessene, 1864 revidirte Umriss der Insel zu Grund gelegt werden. Jene Arbeit war eine sehr sorgfältige, und wer Kapitän *Mansell* und seine wissenschaftlichen Interessen kennt, wird die Arbeit des verdienstvollen (nun seit 20 Jahren in Chalkis lebenden) Mannes in erhöhtem Maasse anerkennen. Zur Zeit unserer Expedition hat Herr *Palasca*, ein ausgezeichneter Offizier der griechischen Marine, der gewohnt ist, seinen Messungen eine astronomische, also eine mehr als die gewöhnliche seemännische Genauigkeit zu geben, sehr viele Punkte Santorins mit Hilfe des *Borda*'schen Kreises nachgemessen, und nahezu Alles in bester Uebereinstimmung gefunden. Zu ähnlichem Resultate gelangten später auch die Herren *Reiss* und *Stübel*, wie man aus dem Texte zu ihren wichtigen Vermessungsarbeiten ersehen kann. *Palasca* hat sehr viel gemessen und berechnet, und das von ihm mir mitgetheilte Material soll am gelegenen Orte verwerthet werden.

Ausser wenigen Figuren im Texte habe ich auf 7 Tafeln das Hauptsächlichste aus der grossen Zahl von Abbildungen und Karten dargestellt, die theils von mir selbst, theils auf meine Veranlassung entworfen, oder die mir von fremden Beobachtern mitgetheilt wurden. Die letzte Tafel gibt auch ein Uebersichtsbild von Santorin mit den Kaymenen, damit der Leser alles Nöthige vor Augen habe. Doch ist es selbstverständlich, dass eingehende Studien die Benutzung der englischen Admiralitäts-Karte und des Werkes von *Reiss* und *Stübel* erfordern.

Den Tafeln habe ich Erklärungen beigefügt, die noch Manches im Texte nicht Vorkommende behandeln. Um die Schrift nicht allzu sehr auszudehnen, habe ich verschiedene Berichte und Aufnahmen nicht berücksichtigt, von denen man vermuthen darf, dass sie anderweitig publizirt werden.

Schliesslich sei bemerkt, dass in dieser Abhandlung nur nach dem neuen Kalender gerechnet wird, dass ich unter Meile die nautische Meile verstehe, 60 auf 1 Grad; dass alle Temperaturen nach Zentigraden, die Höhen in Metern, die Seetiefen in Faden angegeben sind. Ob englische, preussische, österreichische oder französische Faden gemeint seien, ist jedesmal im Texte und in den Erläuterungen zu den Tafeln angegeben.

J. F. Julius Schmidt.

I.

Wahrnehmungen der ersten Beobachter über die Eruption,

1866. Januar 26. — Februar 10.

Obgleich mir zahlreiche Berichte, mündliche, schriftliche und gedruckte zu Gebote standen, war ich doch nicht im Stande, einen auch nur annährend richtigen Katalog der frühesten Ereignisse aufzustellen. Es zeigten sich die Widersprüche im Thatsächlichen und besonders in den Zeitbestimmungen so gross, dass ich zuletzt beschloss, alles in meinen Sammlungen Vorkommende (sehr Weniges ausgenommen) mit Stillschweigen zu übergeben, und mich an die einzige Quelle, an Dr. *Dekigala* zu wenden. Ihm der jetzt in Naxos lebt, schrieb ich im November 1872 mein Anliegen um genaue Auskunft für die ersten zwei Wochen der Eruption. Mit grosser Zuvorkommenheit sandte mir *Dekigala* im Dezember ein starkes Manuskript, aus welchem ich die folgenden Daten entnehme, denen ich selbst, auf Grund eigener Erkundigungen in Santorin, nur sehr Weniges beifügen werde. Es gab ausser Dr. *Dekigala* keinen wirklichen Beobachter auf der Insel; sondern es gab nur zahlreiche, mehr oder weniger aufmerksame Zuschauer von ungleicher Lebhaftigkeit des Interesses, und von sehr verschiedener Stärke des Gedächtnisses. So war es mir denn auch nicht unerwartet, bei meiner Ankunft in Thera, kaum zwei Wochen nach dem Anfang der Eruption, grosse Widersprüche in den Aussagen zu finden. Im Ganzen stellte sich der Hergang so dar, wie er schon zu jener Zeit von *Lenormant* beschrieben ward, der sich auf *Dekigala*'s Angaben vielfach beziehen konnte, und den Vortheil einer genügenden Kenntniss der griechischen Sprache hatte.

Dekigala's Manuskript enthält auf 74 Folioseiten eine Reihe von Briefen in französischer Sprache, die ohne Zweifel nach den täglich griechisch niedergeschriebenen Notizen ausgearbeitet wurden. Dies schliesse ich aus der Gleichförmigkeit der Handschrift, und aus dem Charakter gewisser Ausdrücke und auch verschiedener Korrekturen aus später Zeit. An der Genauigkeit der Wiedergabe des Thatsächlichen zu zweifeln, fiı le ich keinen Grund. *Dekigala* rechnet nach dem alten Kalender, und seine Temperaturbeobachtungen beziehen sich auf die Skala von *Réaumur*. Ich werde aber in Folgendem stets nur Daten des neuen Kalenders, und nur Zentigrade mittheilen. Das Manuskript benutze ich strenge für die Zeit von 1866 Januar 30. bis Februar 10., entnehme aber dem Uebrigen nur sehr Weniges, um, falls *Dekigala* selbst seine Arbeit veröffentlichen sollte, nicht einen Theil des Interesses an demselben zu vermindern. Es endet mit April 11, umfasst also die Zeit, in welcher oioh die Mitglieder der griechischen Kommission, *de Verneuil*, *Fouqué* und *von Seebach* zu Santorin aufhielten. Da *Dekigala* seine Darstellung erst mit Jan. 30. beginnt, ich aber Aussagen über die Tage vorher gesammelt habe, die namentlich von Herrn *Stephanos Stephanou* herrühren, so will ich in aller Kürze zuerst über die frühesten Hergänge berichten. Ein den Winter über in der Ortschaft Vulkano (auf Nea Kaymeni) wohnender Wächter war der erste Zeuge für die Anfänge der Eruption.

Am Morgen des 26. Januar bemerkte er das Herabrollen von Steinen am alten Conus, und Spuren von Rissen an seinem Hause. Erst Januar 27. und 28., als diese Anzeichen sich mehrten, und eine Senkung sich an der Küste zeigte, ward er besorgt, und machte, wie es scheint, seine Anzeige bei der Behörde in Thera am 29. Januar. So kam es, dass die schriftlichen Notirungen *Stephanou*'s und *Dekigala*'s erst mit Januar 30. beginnen, als sich das Gerücht über das Ereigniss in Thera verbreitet hatte, und als man zuerst nach der Kaymeni hinüberfuhr. Als man dort ankam, hatten die Erscheinungen bereits solche Ausdehnung, dass an ihrem deutlichen Auftreten drei Tage früher, nicht gezweifelt werden kann. Den ferneren Verlauf gebe ich nun, hinlänglich abgekürzt, nach den Notirungen *Dekigala*'s.

Januar 30. Man hört auf Nea Kaymeni, hauptsächlich am Orte des Hafens Vulkano, ein dumpfes Getöse; zur selben Zeit lösen sich an verschiedenen Stellen des alten Conus Felsen ab, und rollen fortwährend gegen den Fuss des Berges.

Januar 31. Sowohl an den Häusern als im Boden selbst sieht man Spalten, ebenso in dem erst neulich gebauten Molo. Mittags ward das Getöse häufiger und glich einem (fernen) Artilleriefeuer. Im Hafen stiegen zahllose Gasblasen empor, und es zeigten sich an seinen Ufern weisse Dämpfe. Nachmittags nahm die kochende Bewegung des Wassers im Hafen zu, dessen Ränder langsam untertauchten.

Februar 1. Früh 5 Uhr zeigte sich an der Westseite des Hafens eine konische Flamme, 4—5 Meter hoch, über einer Basis von 10—15 Quadratmetern; um 6 Uhr war sie verschwunden. An diesem Tage besuchte *Dekigala* mit dem Eparchen zum ersten Male das Gebiet der Eruption. Man fand bereits die ganze S.-W.-Seite der Nea Kaymeni zerklüftet. Ein Spalt begann westlich, nahe dem Georgshafen, zog gegen Osten, und theilte sich in zwei Arme, und traf auf den Conus, diesen ebenfalls spaltend. Unzählige andere Spalten in der Richtung W.-O. und senkrecht dagegen, wurden im Gebiete der Phlevaküste gesehen. Indem *Dekigala* von diesem Bezirke redet, und sogleich die 4 kleinen Teiche erwähnt, welche süsses Wasser hatten, muss ich annehmen, dass sie sämmtlich westlich vom Vulkanohafen lagen, während die später von mir beobachteten 3 Teiche sich an der Ostseite des Hafens befanden. Der grössere der Teiche hatte nur 12 Quadratmeter Oberfläche. In Zeit von 4 Stunden vermehrte sich die Wasserhöhe in den Teichen um 0,05 Meter. Wenn *Dekigala* nun aber mit den Worten fortfährt „wir näherten uns dem Orte der vulkanischen Thätigkeit" so wird die Lage der Teiche doch wieder zweifelhaft, da die Ankommenden am Molo landeten, und sonach im Gebiete des Ortes Vulkano, also östlich vom Hafen, die Teiche hätten antreffen müssen. — Man bemerkte nun den Schwefelgeruch, der ausserdem noch dem Geruche fauler Eier ähnlich war. Weisse und erstickende Dämpfe stiegen aus dem erregten Wasser des Hafens auf, und gelegentlich sah man an der Oberfläche grüne Flecken. Der Boden zitterte fortwährend, sank aber nur sehr langsam, sich gegen die Tiefe des Hafens neigend, an dessen W.-Seite die Senkung viel beträchtlicher auftrat, als an der Ost-Seite. Westlich betrug die Senkung bereits mehr als 6 Meter, östlich kaum 3 Meter. Die Bewegung des Bodens war so langsam, dass sie in 4 Stunden nur 0,60 Meter erreichte. Die unruhige See war roth gefärbt, die Temperatur die gewöhnliche, der Geschmack des Wassers bitterer denn sonst. Die brodelnde Bewegung der See, von Quellen in der Tiefe und von den Gasblasen verursacht, war sehr bedeutend. Um 5 Uhr Abends verspürte man in Santorin einen leichten Erdstoss[*]. Nachts hatte die See an der Nea Kaymeni eine weissliche Farbe; auf ihrer Oberfläche, und zwar im kleinen Hafen, zeigten sich rothe Flammen von einigen Minuten Dauer, und im Georgshafen entstand eine so starke Strömung, dass sie die Ausfahrt von

---

[*] An einer späteren Stelle des Manuskripts wird dies Erdbeben auf 5 Uhr Morgens verlegt.

Booten hinderte, zumal da noch ein heftiger Südwind gegen die Mündung des Hafens wehte.

Februar 2. Morgens war die Bewegung im Vulkanohafen noch heftiger denn früher, freilich auch verstärkt durch den sehr lebhaften Südwind. Rings um die Kaymenen war das Meer gefärbt, theils grün, theils violett und diese Färbung hielt den Tag hindurch an. Die 4 gestrigen Teiche schienen wenig vergrössert, und 5 andere, klares Süsswasser enthaltend, waren neu entstanden. (Wo, wird nicht gesagt.) An der Ostseite des Hafens betrug die stündliche Senkung 0,10 Meter. Die Risse im Boden und in den Häusern hatten zugenommen, aber nur im südwestlichen Theile der Insel, nicht nördlich über den Georgshafen hinaus. Das dumpfe Getöse dauerte fort mit leichten Erschütterungen des Bodens. Die tobende See ward lauwarm, der Dampf nahm zu, und Schwefelgeruch ward selbst in Thera verspürt. Möven und andere Seevögel, die sich in den Tagen vorher an den todten und halbtodten Fischen, die auf der See trieben, gesättigt hatten, zeigten sich an diesem Tage nicht mehr. In der folgenden Nacht zeigten sich abermals Flammen, und zwar an der Westseite des Hafens.

Februar 3. In der Frühe wurden noch Flammen gesehen, begleitet von zischenden sehr dichten weissen Fumarolen. Die Senkung des Bodens dauerte langsam fort; die Spalten vergrösserten sich, und besonders die südliche von jenen, die den Gipfel des Conus durchzogen. Alle Teiche, mit Ausnahme eines, hatten nun salziges, bitteres Wasser, und das Wasser im Hafen wurde warm, theilweise kochend heiss, so auch die benachbarten Felsufer, besonders im Westen. Die Färbung der See umfasste beinahe die ganze Fläche des Golfes von Santorin. Nachts vermehrte sich der Dampf und der Schwefelgeruch und man sah einige Male im Hafen phosphorische Lichter.

Februar 4. Um 3 Uhr Morgens entstanden rothe Flammen am Orte der vulkanischen Thätigkeit; der Dampf wurde dichter und von dunklerer Färbung. Die gelegentlich abnehmenden Flammen dauerten 1 1/2 Stunden. An demselben Orte, und um 4 1/2 Uhr Morgens zeigte sich am Orte der Flammen ein Felsriff, das an Grösse sichtlich zunahm. *Dekigala* kam um 11 Uhr Morgens nach Vulkano und fand das Riff in Gestalt einer Insel, welcher man sich wegen Unruhe der See und wegen der Hitze nicht im Boote nähern konnte. Aber von der Landseite her konnte man sich ihr bis auf 10 Schritte nähern. (Daraus ersehe ich, dass ich in meiner Karte, Tab. II, Nr. 3, den Ort der Insel in V nahe richtig angegeben habe, dass sie aber, als *Dekigala* sich ihr zuerst auf 10 Schritte näherte, bereits eine beträchtliche Ausdehnung gegen Westen erlangt haben musste, oder dass sie überhaupt ganz nahe am Nordwestufer des Hafens über Wasser trat.) Der dichte Dampf war weder sehr warm, noch hinderte er das Athmen. Man sah jetzt keine Flammen, aber auf der kleinen Insel lagen Bretter von Booten, die früher hier versunken waren. Diese allein hatten die aufsteigenden Felsen mit emporgehoben. Man fühlte kein Erdbeben, hörte kein Getöse und sah keine Steinwürfe. Das Aufsteigen und die Vergrösserung der Insel ging in aller Stille vor sich. Die Zunahme der Grösse, das Wachsen von der Mitte gegen den Umfang hin erfolgte so rasch, und zwar in Gestalt einer Halbkugel, dass das Auge nur schwer folgte und erkannte, in welcher Weise sich die Blöcke aneinanderreihten und das Ganze formirten. *Dekigala* sagt, die Insel dehnte sich aus wie eine Seifenblase. Um diese Zeit, also etwa am Mittag des 4. Februar schätzte *Dekigala* die Höhe der Masse zu 15 bis 20 Meter, die Länge zu 20—25 Meter, die Breite zu 8—10 Meter, demzufolge also die Insel die Gestalt einer Mauer haben musste, keineswegs die einer Sphäre. Die Bodensenkung war vermindert, der ganze Golf schien gefärbt und getrübt, die Wärme des Wassers von Vulkano an der Westküste entlang erhöht und Alles in brodelnder Bewegung. Auch hier, also an der Phlevaküste, hörte man das dumpfe Getöse und man sah weisse Dämpfe sausend aufsteigen. Um 3 Uhr Nachmittags hatte die Insel sich um das Doppelte vergrössert und sich gegen die Stelle ausgedehnt, wo sich früher der Schlammteich befand (vermuthlich in der flachen Nordwestseite des Hafens). Die Farbe des Gesteins ist vorwiegend schwarz, doch sieht man auch rothe und aschfarbige. Nachts glich der Vulkan einem grossen brennenden Kohlenhaufen, durch den der Dampf erleuchtet ward, so dass die Fumarole dem Schweife eines grossen Kometen ähnlich war. Auf einigen der kleinen Teiche sah man phosphorische Lichter und auf der grossen Spalte am Gipfel des alten Conus erschienen zuweilen rothe Flammen. (*Dekigala* war die Nacht nicht in Vulkano, sondern erzählt nach fremden Aussagen.)

Februar 5. Unter starker Dampfentwicklung wächst der Lavahügel ohne Aufhören, doch weniger rasch denn gestern. Die Bodensenkung scheint aufzuhören. Das Seewasser ist gefärbt und getrübt; so war es seit 6 Uhr Morgens. Um Mittag fuhr *Dekigala* wieder an die Insel, und seine Beobachtung beginnt um 1 Uhr Nachmittags. Die Senkung hat aufgehört. Die Wärme der See an der Phlevaküste wechselt von 17,5° bis 50° nach Maassgabe der Entfernung von der Küste und von den hier und da auftretenden Sprudeln. Dem Vulkan nahe hat die Seetiefe sehr abgenommen. Der Meerstrom im Georgshafen ist schwächer geworden, man findet aber ähnliche an andern Stellen der Insel. Der neue vulkanische Hügel, der seit gestern aus

dem Hafen Vulkano aufstieg, erhielt durch *Dekigala* jetzt den Namen
Γεώργιος πρῶτος, Georg I. Das langsame Wachsthum des Hügels geschah
folgendermaassen: An der Basis treten ununterbrochen Steine aus dem kochenden Wasser hervor, sehr ruhig in langsamer nie heftiger Weise, und ebenso
gemässigt erscheint auch die brodelnde Bewegung des Meeres ganz in der
Nähe. Von der ganzen Oberfläche des Gesteins erhebt sich dichter Dampf,
der, auch in der Nähe und bei langem Verweilen eingeathmet, nicht beschwerlich fällt. Nach Farbe und Geruch ähnelt der Dampf dem der Stein-
kohlen. Mit dem Dampfe zugleich treten zuweilen rothe Flammen auf, die
keine sonderliche Wärme verbreiten, auch ist nicht alles Gestein warm. An
diesem Tage erstiegen verschiedene Personen den Hügel von der Landseite
her, nachdem ein Santoriniote, *Vamvuris*, den ersten Versuch gewagt hatte.
Nur an der Basis war das Gestein sehr heiss, und eben dort hatte die See
eine so hohe Temperatur, dass man sehr schnell ein Ei sieden konnte. Nach
Dekigala war der eigentliche Herd der neuen Aktion nicht gerade der Vulkano-Hafen, sondern vielmehr westlich daneben der Küstenstrich bis zum Kap
Phleva, wo sich zuvor die Mineralquellen befanden, und wo seit Januar 30.
so viele Gasblasen aufstiegen. Hier war auch der früheste Ort des Getöses
und der Bewegungen der See; ebenso haben sich hier zuerst Spalten und
Fumarolen gezeigt. Alle diese Phänomene dauern auch heute, Februar 5.,
daselbst fort, so besonders der weisse schweflige Dampf und der Lärm, ähnlich dem Pelotonfeuer. — In der Nacht sah man wieder kleine rothe Flammen auf der Oberfläche des Hügels. Bei stiller Luft erhob sich die weisse
Dampfsäule hoch in Gestalt eines Kometenschweifes. 2 oder 3 Mal erscholl
dumpfes Getöse und gegen das Ende der Nacht eine Detonation. Inzwischen
hatten die Bewohner der Nachbarinseln die grossen Dampfmassen über Santorin gesehen. Wohl vermuthend, was geschehen sei, entsandte man von
Anaphi ein Schiff, um nöthigenfalls Hilfe zu leisten.

Februar 6. Seit Mittag war *Dekigala* wieder in Vulkano. Die Zunahme
des Hügels erfolgte heute rascher als gestern. Die Farbe des Wassers im
Golfe ist die gewöhnliche, aber vom kleinen Hafen aus zieht gegen Südost
ein Strom grün und violett gefärbten Wassers bis 500 Meter weit. An der
Küste wechselte die Temperatur von 17,5° bis 56,3°. Messungen zwischen
der Insel und der Küste Athinio gaben eine Tiefe von 30 Brassen, wo vormals die Engländer 100 Fathoms gelothet hatten. An einer andern Stelle
der Südostküste der Nea Kaymeni ergab sich die Tiefe jetzt 3 anstatt früher
17 Fathoms. Im Georgshafen war die Strömung von Nord nach Süd so
mächtig, dass die Tiefmessung nicht gelang. Boote mit 10—12 Rudern

konnten nur mit Mühe diesen Strom überwinden. An der Phlevaküste dieselben Erscheinungen wie in den Tagen zuvor. Die Bodensenkung im Gebiete von Vulkano ist wieder merklich, besonders westlich vom Georg. Dieser bildet nun ein Vorgebirge der Nea Kaymeni, indem er sich westlich und östlich mit der Küste vereinigt, also den nördlichen Theil des Vulkano-Hafens ausgefüllt hat. Die Zunahme des Hügels gegen Süden erfolgt auffallend rasch, so dass sie heute in 6—7 Stunden auf 95 Meter geschätzt ward. Auch jetzt erstiegen einige Personen den Gipfel des Georg, und behaupteten oben Schlamm gesehen zu haben. Weder Dampf noch Hitze war sehr beschwerlich.

Februar 7. *Dekigala* war Nachmittags in Vulkano. — Um 9—10 Uhr Morgens zeigte die Dampfentwicklung und das Aufsteigen der Massen vermehrte Energie; die Länge des Georg schätzte man zu 150 Meter; die Höhe zu 60—65 Meter. (Letztere sicher falsch, da sie am 11. Februar kaum 30 Meter erreicht hatte.) Die gestern von Matrosen auf dem Gipfel gefundene Schlammmasse rührt her, wie sich *Dekigala* versicherte, von dem Grunde des vormaligen Schlammteiches, also von der Nordwestseite des Vulkano-Hafens. — Sowohl das Gestein, als auch die Fumarolen zeigten ihre Temperatur vermindert, wenn man sich von der Basis an dem Gipfel näherte. Letztere hatten unten 50^0, oben nur $27,5^0$. In den kleinen Zwischenräumen der Blöcke und an der Basis war die Wärme 75^0. Das unterirdische Getöse war vernehmlich, und einigemale fuhren die Dämpfe mit Sausen empor; auch auf dem Meere, dem Vulkane nahe, zeigten sich Fumarolen.

Februar 8. Die Senkung des Bodens hält noch an, aber langsam; die Zunahme des Georg zeigt sich unvermindert, der Dampf ist weisser denn gestern; in der vorigen Nacht hatte man zwischen den Blöcken viele Flammen gesehen. Um 11 1/2 Uhr Morgens ist der ganze Golf von Santorin sehr gefärbt und getrübt. Zwischen 12 und 1 Uhr Mittags bildete sich im Meere zwischen dem Georg und einer Stelle der Paläa Kaymeni, Namens Diapori, ein Strudel von 25—30 Quadratmeter Oberfläche, der sich von Ost zu Süd durch West drehte und eine Höhlung bildete, aus welcher Steine bis zu 2 Meter hoch ausgeworfen wurden; es waren kleine Bimsteine. Die Erscheinung dauerte nur 10 Minuten. Während des Tages nimmt die Senkung der Ostküste bei Vulkano zu. Gegen Abend ward das Meer bei Kulumbo gefärbt, also an der äussern Nordostseite Santorins.

Februar 9. Im Ganzen die frühern Phänomene; gegen 4 Uhr Abends Vermehrung des Dampfes. Gegen 10 Uhr Abends wollen Einige zu Santorin ein schwaches Erdbeben verspürt haben. Um Mitternacht grosser Sturm und bei tiefer Dunkelheit eine merkwürdige Beleuchtung durch die Feuer des Vulkanes.

Februar 10. Früh 6 Uhr sieht man rothe züngelnde Flammen am Georg, doch scheint im Ganzen (wie auch sonst schon Morgens) die vulkanische Thätigkeit vermindert. Die Vergrösserung der Massen schreitet mächtig gegen Süd vor, so dass nun der Vulkano-Hafen bereits ganz ausgefüllt ist. *Dekigala* rechnet die Ausdehnung des Hafens von Süd zu Nord = 200 Meter und zählt für den nördlichen Schlammteich noch 60 Meter.

Februar 11. Morgens 5 Uhr Flammen und Dampf an der Nordseite des Georg. Um 9¼ Uhr früh und um 1 Uhr Nachmittags dumpfes Getöse. Am Orte, wo Februar 8. im Meere Steine ausgeworfen wurden, ergab eine Messung jetzt 12 Meter Tiefe, wo sie früher 70 Meter gewesen war.

Hier schliesse ich *Dekigala's* Mittheilungen, die im Manuskript sich erst mit Februar 20. fortsetzen, da mit dem 11. Februar die Beobachtungen der Athener Kommission beginnen. Die früheste Nachricht über die Eruption kam gegen Februar 5. nach Athen. Am 6. Februar ersuchte ich die Gesandten Englands und Russlands, die Herren *Erskine* und *Novikoff*, ihren Einfluss dahin zu verwenden, dass das Ereigniss auf irgend eine Weise von zuverlässigen Personen untersucht werde. Am 10. Februar verfügte der damalige Kultusminister, Herr *Roúphos*, dass eine wissenschaftliche Kommission sich noch am selben Tage im Piräus einschiffen solle. Ausser mir waren die Mitglieder dieser Gesellschaft die Herren Prof. *Mitzopulos* und Dr. *Christomanos*, Herr Hauptmann *Bujukas* vom Bergwesen und Herr Kapt. *L. Palasca*. Der Photograph Herr *Konstantinos* schloss sich uns an. Der Befehlshaber der uns von der Regierung angewiesenen Schraubenkorvette „Aphroessa" war Kapt. *Kyriakos*.

II.

Beobachtungen über die Phänomene des Georgios,

1866. Februar 11. bis März 26.

Von

J. F. Julius Schmidt.

Indem ich nach meinen Tagebüchern die Beobachtungen in geordneter Weise zusammenstelle, werde ich gelegentlich auf Angaben meiner damaligen Kollegen Rücksicht nehmen, sowie auf Beobachtungen Seitens der Offiziere von Kriegsschiffen, welche zu jener Zeit theils zu Santorin, theils zu Jos, Station hielten. Solche fremde Notizen folgen in Parenthese, mit Angabe der Quelle. Alle Höhenmessungen und Bestimmungen von Temperaturen behandle ich in besondern Abschnitten, so dass ihrer also im Folgenden nur wenig gedacht werden kann. Wie ich gleich Anfangs erwähne, rechne ich nur nach dem neuen Kalender, gebe bürgerliche Zeit und unterscheide die Vormittagsstunden durch ein Minuszeichen oder (—). Bis März 1. erhielt ich meine Uhrkorrektion von Herrn *Palasca*, der die Ortszeit mehrmals durch Sonnenhöhen bestimmte. Nach März 2. konstruirte *Palasca* in unserm Epitropeion zu Thera eine Mittagslinie, der ich fast täglich die wahre Zeit entnahm, die sodann auf mittlere Ortszeit von Thera reduzirt ward.

Indem ich 1866 und 1868 Zeuge aller Arten von Eruptionen war, hatte ich die Mittel, Klassen aufzustellen, um sowohl die verschiedenen Arten der Eruptionen zu unterscheiden, als auch die Intensitäten der einzelnen Klassen durch Zahlen oder Buchstaben zu markiren. Dadurch ward die Uebersicht erleichtert und die Möglichkeit von Untersuchungen geboten, die auf andere Weise sich nicht so leicht hätten durchführen lassen. Das Detail ist gross, welches ich mittheile und findet desshalb vielleicht Tadel. Aber ich räume Niemanden ein, über die Wichtigkeit oder Unerheblichkeit der Phänomene zu urtheilen, die bis jetzt nie ernstlich und mit genügender Ausdauer untersucht wurden. Das Geologische und Chemische überlasse ich den Fachmännern und beschreibe nur, was ich mir zum Gegenstande der Beobachtung auserwählt hatte, jetzt zu Santorin in derselben Weise, wie vormals am Vesuv. Die alten Berichte von 1707 bis 1711 erwähnen oft des gewaltigen Getöses; sie unterscheiden den Donner, das Brausen, die Orgeltöne, die Thierstimmen. Alles dies ist sehr getreu und hat sich 1866—1870 genau so wiederholt. Ich werde die Schallphänomene ihrer Intensität nach durch a, b, c, d unterscheiden, so dass a den stärksten Ton angibt, und zwar meist giltig für die Entfernung von 3550 Metern, in welcher ich die grösste Zahl meiner Beobachtungen erhalten habe. Den sehr fremdartigen unterirdischen Donner, den rombo, bramido, der selten genug auftrat, unterscheide ich durch (α). Zur Charakteristik der Eruptionen wähle ich I. II. III. IV. V, wenn es Aschen- und Steinausbrüche sind, und zwar I. die furchtbaren Katastrophen ersten Ranges, wie sie auch am Vesuv 1779, 1794, 1822, 1850, 1872 nicht viel grösser vorgekommen sind; deren erste zu Santorin am 20. Februar uns Alle an den Rand des Verderbens brachte und unsern Beobachtungen auf dem Gebiete der Nea Kaymeni ein frühes Ende bereitete. Die gewöhnlichen Eruptionen, meist weissen Wasserdampfes, die nur selten von Steinwürfen begleitet waren, unterscheide ich ihrer Intensität nach sukzessive durch 1, 2, 3, 4, 5. Jede Höhe heisst der Kürze wegen h, die Zeitminute m, die Zeitsekunde s, die Geschwindigkeit in Pariser Fussen in einer Sekunde = g. h von der Dampfsäule gebraucht, ist immer vom Gipfel des Berges an gerechnet. Die Uhrzeiten sind an den meisten Tagen bis auf $1/_2$ Minute sicher, wofür *Palasca* sorgte. Da sich in vielen Fällen die Höhe der Fumarole genau schätzen liess nach der bekannten Höhe des Georg oder des alten Conus von 1707, so habe ich manche Angaben für die mittlere Geschwindigkeit der Dampferuptionen erhalten, indem die Dauer ihres Aufsteigens bis zu einer gewissen Höhe nach Sekunden notirt ward.

U. M.   **1866. Februar II. neuen Styls.**

−10 30 | Auf der Korvette „Aphroessa", nördlich in 40 Seemeilen Abstand von Santorin, erscheint die weisse Fumarole des Vulkanes als die einzige kleine Wolke am völlig klaren Himmel.

1 45 | In 16 Meilen Abstand zeigen sich 2 hohe Dampfsäulen, die sich oben vereinigen und ein Schirmdach, eine Pinie bilden, eine bei ruhiger Luft sehr oft wiederkehrende Form; man sah auch die rasche Bewegung in jener Säule.

U.	M.	
2	55	Vor Thera; die See hat bei 16,6° Temperatur die gewöhnliche Farbe; man sieht die gelbe und braune Farbe westlicher.
3	20	Wir umfahren den damals kaum 30 Meter hohen, von weissen Fumarolen bedeckten, sehr ruhigen Vulkan in 350 Meter Abstand, wo bereits 25°—30° Seetemperatur gefunden ward.
3	23	Am Orte, wo Februar 13. der neue Lavakegel, „Aphroessa" genannt, aufstieg, zeigten sich dichtgedrängt zahllose grosse Gasblasen, anfsteigend aus einer Tiefe von ungefähr 20 Faden. Dies war also südwestlich an der Phlevaküste.
4	—	Nach Umfahrung der Nea Kaymeni wird unser Schiff, die Aphroessa, zwischen den Landfesten der Mikra und denen am Molo der Nea Kaymeni an Ketten und Stricken festgelegt und bleibt dort bis Februar 20. Mittags.
5	—	Wir steigen am Molo von Vulkano (Name des Ortes und ehemaligen Hafens) an's Land. Das Nordende des schon gesunkenen Molo war noch 0,98 Meter über Wasser. Dann erstiegen wir den Conus, den Kraterkegel von 1707.
5	30	Auf dem Conus, also in der geringen Distanz von etwa 200 Meter sehen wir bei geringem brausenden Lärm eine Aushauchung grösserer weisser Dampfmassen auf dem neuen Hügel. Es ward konstatirt, dass die Oberfläche des Georg keinen Krater habe. Gebleichte sehr grosse Blöcke lagen auf dem Gipfel wüst durcheinander und es erschien kein Feuerzeichen. Die Beschaffenheit des gespaltenen Kraters von 1707 ward untersucht, worüber später das Nähere. Ich sah und zeichnete von oben die 3 sehr grossen, ungefähr O—W ziehenden Spalten auf dem Lavarücken der Phleva-Spitze (auf der englischen Karte irrthümlich „Phlego").
8	30	Im eisernen Boote fahren wir, also in der Nacht, um die gesunkene Küste von Vulkano herum nach Süden und Westen, sehr nahe der Küste, im sehr erwärmten, oft dampfenden Wasser. Der Georg zeigte am Gipfel Glutröthe an den Felsen, und davon den rothen Reflex in den Dämpfen; auch näher dem Fusse sehen wir einzelne glühende Stellen, wo bei der steten Bewegung der ganzen Masse schon erstarrte Theile abfielen und die innen noch glühenden rothen Massen zum Vorschein brachten. Die Seetemperaturen nahe Süd und Südwest am Georg zwischen 24° und 60°. Von der Stelle aus, wo wir vorhin die Gasblasen fanden, sahen wir gegen die Phlevaküste hin, und dieser schon sehr nahe,

blickweis den dichten Wasserdampf sich flammenartig erhellen,
und zwar sehr häufig. Wir fuhren so nahe hinan, als die Wassertiefe es erlaubte, und sahen ganz in der Nähe zwar nicht wirkliche Flammen, aber doch solche Aufleuchtungen, die nur von
brennenden Gasen oder von auftauchenden Glutblöcken verursacht
werden konnten. In der Dunkelheit, bei völliger Unkenntniss
der Veränderung der Küste und auf so bedenklichem Gebiete
musste die schärfere Untersuchung bald aufgegeben werden. Die
See war völlig still. Die Nacht blieb ruhig und unsere Deck-
wache meldete keinerlei Erscheinung.

Februar 12.

—8 — Ich begann in dem gesunkenen Terrain von Vulkano, also an der
Nord- und Ost-Seite des Georg, die Beobachtung der Boden- und
der Wassertemperaturen, der See und der sogenannten Teiche,
von denen so übertriebene Gerüchte laut wurden. Es sind Wasser-
lachen eingetretenen Meerwassers, 5 bis 20 Schritte lang, in der
Lava und der Asche von 1707. Ueber ihre veränderlichen, zum
Theil sehr hohen Temperaturen siehe später das Nähere. Der
gepflasterte Weg, Ost bis West zum Vulkan ziehend, zog noch
etwa 120 Meter weit westlich über die griechische Kirche hinaus,
wo er im 60° bis 70° erwärmten Wasser unsichtbar wurde;
dieser Wasserstreif am östlichen Fusse des Georg konnte für den
Ostrand des vormaligen kleinen Hafens Vulkano gehalten werden.
Allein diesen Rand wie die dortigen Bäder und Häuser hatte die
Lava des Georg schon bedeckt, und wir sahen dort nur einen
wegen der Senkung bereits vom Meere überfluteten Bezirk. Von
den Häusern auf der Südost-Spitze des einstigen Hafensaums
standen noch 3 im Meere, nahe bis zum Dache im Wasser; alle
westlichen und nördlichen Häuser waren längst bedeckt; nur von
den nordöstlichsten, schon am Abhange des Conus, sahen wir die
weissen Trümmer zwischen den dampfenden, langsam sich fort-
schiebenden Lavablöcken; auch die isle blanche, der λοφίσκος
von 1707*) war nicht mehr sichtbar, auch nicht, als wir die
Schlucht zwischen dem Georg und dem Südabhange des alten
Conus gegen Westen passirten. Wir fanden die Südseite des

---

*) Nach *Dekigala* hiess diese mit aschigen porösen Bimsteinen bedeckte Lokalität „Kissiria".

Conus dampfend und den Boden sehr heiss. Im Westen stand der Fuss des Georg schon auf dem Trockenen und war von den alten Laven des Phlevagebietes noch durch ein markirtes kleines Thal geschieden, welches sich auszeichnete durch das frische Grün seiner neuen Vegetation. Es waren sehr niedrige Gräser und eine der Malkolmia Graeca ähnliche Blüte, die auch sonst am Conus gesehen ward. An diesem Morgen zerbrach Professor *Mitzopulos'* Pyrometer bei den Temperaturbeobachtungen heisser Spalten im alten Boden. Um Mittag Fahrt nach der Stadt Thera, wo wir mit den Behörden in Verkehr traten und zahlreiche Erkundigungen über die frühern Tage einzogen. Um 8 Uhr Rückkehr an Bord der Aphroessa.

Mit diesem Abende werde ich meinen Katalog beginnen, unter Benutzung der Bezeichnungen und Abkürzungen, welche ich oben erklärt habe. Die erste Kolumne gibt die Ortszeit,

die zweite, A, die Aschen- und Steineruptionen,

die dritte; B, die Dampferuptionen,

die vierte, die Intensitäten des Schalles.

	A.	B.	C.	
8 47	IV		b	Starke Detonation (in 500 Meter Distanz gehört), der Meldung nach ein Stein- und Aschenausbruch.
8 57				An den Molo gefahren und dann an den östlichen Fuss des Georg gegangen. Er war äusserst dicht im Dampfe verhüllt; östlich und unten viele Glutstellen ohne lebhaftes Licht sichtbar, ziemlich variabel wegen der steten Bewegung der ganzen Masse. Ohne Unterbrechung ertönte Poltern, Fallen, Krachen und Knistern der an der Oberfläche felsartig erstarrten, inwendig zähflüssigen Lava. Am Gipfel erschien selten einige Röthe. Der Spalt bei der katholischen Kirche erweitert.
10 29			b	Starke Detonation, d (= 3 S.) noch schwächer fortdauernd.
10 31	III		b	Die erste von uns Allen auf Deck beobachtete Eruption. Es erhob sich (für uns theilweise durch den Conus verdeckt), wohl 100 Meter hoch, eine schöne Garbe dunkelrother, nicht grosser Steine, in Gestalt des Palmbaumes, gleichzeitig mit einer schwarzen Aschen-

U.	M.	A.	B.	C.	
					wolke von 10 s Dauer. Dann folgten 3 schwächere Detonationen und schwaches Aufleuchten. Die Nacht war der Vulkan still. Grosser West-Wind.

Februar 13.

U.	M.	A.	B.	C.	
—8	—				Früh stürmisch aus West. Die französische Fregatte la muette ankerte auf Banko. Der Gesandte, Graf *Gobineau*, und dessen Sekretair, *Duc Tacher de la Pagerie*, wurden von uns empfangen. Aus der Masse des Georg entwickelt sich sehr dichter weisser Dampf.
—9	—				Auf dem Conus stehend, finden wir den südlich nahe unter uns liegenden Gipfel des Georg wie gestern. Es brüllt mässig stark im Georg. Nach 10 Uhr erscheinen die ersten Felsen einer neuen Insel in Südwest.
2	52	2		b	(Am Molo) starke Detonation, herrliche dichte Dampfwolke.
2	54	3		c	(Am Molo) ähnliche aber schwächere Erscheinung. *Palasca* lässt jetzt von unsern Seeleuten ein 100 Klafter langes Tau am Gipfel des Conus und unten am Molo befestigen, damit uns die sehr beschwerliche Ersteigung des Aschenkegels erleichtert werde. Ich messe die Neigungswinkel des Conus.
9	—				*Palasca*, *Christomanos* und *Bujukas* ersteigen Nachts den Conus und betrachten von oben den Georgios. Sie sehen die ganze Oberfläche glühend und in einer grossen Spalte oft blaugrüne kurze Flammen; solche sehen sie aber auch nahe unter sich, am südlichen Abhang des Conus, in dem schon erwähnten entzündeten Bezirk, den wir der Kürze wegen die Solfatara nannten. Ich selbst besuchte um diese Zeit die sehr von Dampf verhüllte Ostseite des Vulkans bei den Kirchen. Selten erschien Röthe am Gipfel; der ganze östliche Fuss, mit wenigen Glutstellen, war in allseitiger lärmender Bewegung begriffen.
.10	38	IV		b	Ascheneruption und schöne Girandola. (Von der Wache gemeldet.) Nachts ruhig.

U.	M.	A.	B.	C.	
					Februar 14.
—1	45				Eine Eruption, gemeldet von der Wache.
—7	—				Klares stürmisches Wetter; das Schiff ist von Schwefeldampf erfüllt, der nicht sehr belästigt. Die Gipfelfumarole des Georg ist sehr mächtig.
—8	—				(Am Lande.) Von den 3 Häusern im Meere, also am östlichen Fusse des Georg, war das westliche über Nacht verschwunden, die beiden andern ragten noch mit den flach gewölbten Dächern etwas hervor. Die Südseite des Georg fast frei von Dampf, die ganze Masse in allseitigem Drängen und Stürzen nach. Aussen begriffen. Der Hergang war bei geringem Lärm doch ein sehr ruhiger, und im Nordosten näherten wir uns den dortigen 20—30 Fuss hohen fast senkrechten und heissen Lavawänden bis auf wenige Schritte, wobei freilich genau Acht auf die herabstürzenden Blöcke gegeben werden musste. Nördlich sehr grosse Dampfentwicklung. Die Lavariffe im Meere, welche die englische Karte Südost am Vulkanohafen angibt, im Grossen noch vorhanden; die kleinen Zwischenglieder des Riffs mit der sinkenden Küste längst verschwunden. Am östlichen Fusse des Georg mindert sich das dampfende Meerwasser, das Stück Strasse von der Kirche westwärts wird täglich 10 Schritte kürzer und schwindet mehr und mehr unter Wasser und Fallblöcken.
—10	58			d	Brausen im Vulkan, nördlich sehr grosser Dampf, der bis Thera getrieben wird. Bei den Beobachtungen der heissen Spalten geräth auch mein Capellerscher Pyrometer in Unordnung. Wir fahren nach Mikra Kaymeni.
2	30	IV		b	(Auf Mikra Kaymeni-Krater stehend.) Starke Detonation, prächtiger Aschencumulus, den ich zeichnete.
2	31	V		c	Auf Mikra Kaymeni-Krater; eine schwächere Eruption.
2	35				„ „ „ } sehr schwache Dampf-
2	36				„ „ „ } eruptionen.
4	—				(östlich am Georg). Nahe vor uns verschwindet das zweite der genannten Häuser im Meere. Die Be-

U.	M.	A.	B.	C.	
					wegung der Gesammtmasse des Georg ist unverändert die frühere. Nachts verhinderte der Sturm jede Beobachtung. Das Schiff ist von sauren Dämpfen erfüllt, die nicht stark belästigten.
					Februar 15.
—7	—				In der Nacht hatten die Wachen nichts Auffallendes beobachtet. Früh klar und windig, Dampf des Georg vermindert.
—8	19				(am Lande). An der Ostseite des Georg ist der dortige Rest Seewassers jetzt bis 75⁰ erhitzt, der Dampf so gross, dass die Annäherung nicht mehr räthlich. Dazu stürzen von den ganz nahen steilen, glutstrahlenden Felswänden des Georg so viele Blöcke herab, dass ich des umherspritzenden heissen Wassers wegen meine dortigen Beobachtungen sehr einschränken musste. Die Solfatara erstreckt sich schon zur halben Höhe der Südseite des Conus und dampft stark. Am Südost-Fuss des Conus, bei alten Blöcken von 1707, neue heisse Fumarolen (sehr feuchter Wasserdampf). (Die Wache meldet 2 Detonationen früh zwischen 1 und 2 Uhr.)
					Palasca lässt durch unsere Seeleute an der Nordseite des Conus einen bequemen Weg in 10 oder 12 Windungen bis zum Gipfel reichend anlegen, da die Benutzung des ausgespannten Taues sich als zu beschwerlich erwiesen hatte.
—11	19		2	b	(am Molo) brüllende Detonation, doppelte dichte Wolke.
—11	22		3	c	„ „ ähnlich aber schwächer.
—11	23		2	b	„ „ ähnlich der Ersteren.
3	19	VI		c	(am Georg, Ost) sehr schwache Eruption, schwaches Brausen. — Fortsetzung meiner Beobachtungen über die Wassertemperaturen.
6	44	IV		b	Eine Detonation dem Donner ähnlich, Feuerausbruch mit Steinen. (Gemeldet.)
8	—				Nachts ist der Vulkan so stark durch Dämpfe verhüllt, dass ich, nahe seinem östlichen Fusse, nichts sehen konnte. Der rothe Schein am Gipfel schwach; es blieb auch später ruhig.

2*

U.	M.	A.	B.	C.	
					Februar 16.
—2	—				In der Frühe öfters Röthe und Funken am Gipfel; viel Brausen und Zischen, keine Asche. *(Palasca.)* Auch später um — 5 U. 30 M. (Wache).
—8	—				Am Molo, bei den Ruinen der Häuser, werden die Temperatur-Beobachtungen fortgesetzt; einzelne Fumarolen aus altem Boden von 1707, aber dem Georg nahe, haben 70°.
—9	31	IV	2	b	Dampf- und Steineruption, in der Nähe von schönem Anblick; schwarzer und weisser Dampf gemischt.
—9	32		2	b	Eine ähnliche, dem Schalle nach stärkere, ganz nahe bei der kleinen Kirche beobachtet. In Figur 5, Tab. III, habe ich dargestellt, wie von Osten gesehen, an 3 Stellen des Gipfels sich Fumarolen verschiedenen Charakters erhoben. Südlich (links) steigen die weissen Wasserdämpfe auf; in der Mitte eine sehr feine, durchsichtige Fumarole, gelbbraun gefärbt, wahrscheinlich sehr heiss; nördlich (rechts) erfolgen die Aschen- und Steineruptionen. Mehrfach sah ich die 3 Fumarolen gleichzeitig.
					— Es legt die englische Korvette Surprise, Kapt. *Tryon*, sich auf Banko vor Anker.
					Seit 8 Uhr Morgens bemerken wir am nördlichen Molo, nahe unserem Chimeion*), dass ein schmaler Spalt im Boden zu dampfen anfing. Es waren Wasserdämpfe von 28°.
					Das Wasser am östlichen Fusse des Georg kocht, und hat an der uns erreichbaren Stelle, 6—7 Meter von den heissen Felsen entfernt, 85°. Man hört das Sieden und Brodeln des Wassers.
3	44		2	c	Brausende Dampferuption.

---

*) Chimeion nannten wir das letzte Haus am Molo, also am Nordfusse des Conus von 1707, wo wir unsere Instrumente zu bergen pflegten und wo namentlich Dr. *Christomanos* seinen chemischen Apparat deponirte, damit nicht bei jedem Gebrauche die Ueberfahrt nach dem Schiffe nöthig würde. Das Haus stand auf sinkendem Boden und war Januar 1868 mit dem untern Drittheil bereits unter Wasser.

21

U.	M.	A.	B.	C.	
4	1		2	c	Eine ähnliche wie die Vorige, nahe am Berge beobachtet. Vom Conus gesehen, ist der Gipfel des Georg ohne Krater, von Spalten durchzogen, aus denen sich weisse Dämpfe zwischen den mit hellfarbigen Efflorescenzen bedeckten Blöcken erheben.
9	57	IV		b	(an Bord). Unter donnerndem Lärm erhebt sich eine schöne Girandola von kleinen glühenden Schlacken, zugleich mit einer sehr finstern Aschenwolke.

In der Nacht war der Georgberg sehr ruhig; es stürzt eins der Häuser östlich am Molo; die Risse der Kirchen vergrössert.

Februar 17.

—8 —

Stürmischer Nord. Regen und Hagel. Wir umfuhren südlich den ruhig dampfenden Georg, passirten dann bei hoher See die sehr tief liegende meilenlange Fumarole der Insel „Aphroessa" und näherten uns dieser neuen, seit Februar 13. erhobenen Masse bis auf 100 Meter. Später besuchte ich die höchst zerklüfteten Laven von 1707, nordwärts von den Spalten der Phleva, um von da nach dem alten Conus zurückzukehren. Vom Conus aus sah ich den flachen Gipfel des Georg fast dampflos; es existirte kein wirklicher Krater, aber das Blockterrain war dort durch grosse gekrümmte Spalten aufgerissen, welche ihrer Lage nach eine rohe Kreisfigur bildeten. Die Solfatara des Conus reichte bis $2/3$ der Höhe, wenig dampfend. Westlich am Georg noch das kleine enge Thal zum Theil noch mit grüner Pflanzendecke. Am östlichen Fusse des Georg in 10 Meter Abstand hatte dort das Wasser 85°. Mittags ankerte die englische Fregatte „Phöbe" auf Banko, und der englische Gesandte, Herr *Erskine*, ward von uns empfangen und auf den Conus geführt, in Begleitung einiger Offiziere der „Surprise". Durch Herrn *Erskine*'s Vermittlung erhielt ich eine Copie der 1860 von Capitain *Tryon* gemachten Aufnahme des Vulcano-Hafens.

Niemals erfolgte an diesem Tage eine Eruption

U.	M.	A.	B.	C.	
					oder ein hörbarer Dampfausbruch. Der Nordwind stets so heftig, dass alle unsere Beobachtungen sehr beeinträchtigt wurden.

Februar 18.

U.	M.	A.	B.	C.
—2	—		1	b

Eruption mit Steinen, beobachtet auf der „Surprise". (Kapitän *Tryon*). Die Nacht sehr stürmisch aus Nord. In der Frühe kein Dampf über dem Georg sichtbar. Am östlichen Fusse des Vulkans nur noch wenig Wasser mit Temperatur von 55° bis 86°. Das früher daselbst über Wasser noch aufragende Stück der Strasse jetzt schon bedeckt. Am Ostfusse ist die Wasserbreite nur noch 9 Meter. Nach Mittag ankert auf Banko die russische Fregatte Pereswend.

Den ganzen Tag keine Eruption, aber die Dampfmasse des Georg sehr gross; dabei dauert die langsame Ausdehnung des Berges, das Brechen und Stürzen seiner Wände ruhig fort. Den Nachmittag fuhren wir alle nach Thera. Als es dunkel ward, erschien der Gipfel des Georg roth, ebenso die Basis des Dampfes, bis 300 Meter Höhe; wir sahen keine Eruption.

Februar 19.

—8 —

(In Thera, 3550 Meter von der Kaymeno entfernt.) Sehr klare Luft bei schwachem Nordwinde. Auf dem Vulkane zeigen sich gewaltige Dampfmassen, besonders westlich und südlich, und bedeutend im Norden. Wir sehen Dampfsäulen auf See, Südwest vom Georg, dessen Dampf, von der Sonne beleuchtet, an der Basis stark braungelb erscheint. Durch ihn hindurch erkennt man zuweilen die hohe weisse Fumarole der Aphroessa; (dies der Name der neuen Insel).

8 —

Rückkehr zum Schiffe bei stiller See und Mondschein. Auf beiden Vulkanen ist der Dampf feurig roth erleuchtet. Als die Sonne unterging, war die gerade Dampfsäule des Georg wenigstens 1000 Fuss hoch prachtvoll roth beschienen, und so wie dies Kolorit erlosch, begann an der Basis das neue Roth, als Reflex der Glut am Gipfel des Berges.

U.	M.	A.	B.	C.	

Februar 20.

U.	M.	A.	B.	C.	
—7	—				Luft still und klar, Wind schwach Südwest.
—7	43		3	c	Brausende Dampfausströmung ohne Detonation.
—7	56		2	c	Bedeutende Dampferuption.
—8	5		2	c	Ebenso; jetzt 9 Minuten lang sehr helle zischende Töne.
—8	14				

Wir gehen auf die östliche gesunkene Landzunge, und finden Boden und Wassertemperaturen merklich erhöht. Dem Vulkane näherten wir uns bis zur kleinen westlichen Kirche, und stiegen dann auf den alten Conus. Das Nordende des Molo lag 1,05 Meter über Wasser. Die Dampfmasse des Georg schien wenig verändert.

—8	33				(Am Conus.) Pfeifendes Singen im Vulkane, dem wir also sehr nahe waren.
—9	7			b	(Am Conus.) 2 schussartige Detonationen, als wir den Südgipfel des alten Conus erreichten.
—9.	36	I	1	a	Die erste grosse Katastrophe vom höchsten Range,

während wir auf dem Südrande des alten Kraters sassen, in 180 Meter Abstand vom Gipfel des Georg. *Palasca* war am südlichen Fusse der Mikra Kaymeni mit Messungen beschäftigt, und hatte ein Boot und Matrosen in seiner Nähe. Der Kapitän der Aphroessa, *Kyriakos*, war mit der übrigen Mannschaft an Bord. Ueber das ernste Ereigniss ist genug geschrieben worden, so dass ich hier die meisten namentlich persönlichen Details übergehen will. Man vergleiche meinen Brief an *W. Haidinger* in Verhandl. der k. k. geol. Reichsanstalt, 1866 März 20. und *Christomanos* in seinem Berichte an die Wiener Akademie.

Von einer eigentlichen Beobachtung konnte bei mir, *Mitzopulos*, *Bujukas* und *Christomanos* nicht die Rede sein, da wir sogleich in finstere Nacht der fallenden Asche und des Rapillihagels eingehüllt wurden. Die Sorge für die eigene Rettung in der höchsten Gefahr liess uns nur an die schleunigste Flucht denken. Was ich Mittags, als wir auf Banko lagen, noch in guter Erinnerung hatte, und aufschrieb, ist Fol-

U. M.   A. B. C.

gendes: Die Eruption begann mit sehr tiefem brül-
lenden Donner, für dessen Intensität ich in solcher
Nähe keinerlei Maass anzugeben weiss. Er war es
aber, der alle Bewohner auf Thera und Therasia auf-
schreckte und ins Freie flüchten liess, wo sie dann
die erstaunliche, bis dahin ungeahnte Erscheinung
der einige tausend Meter hoch aufsteigenden Aschen-
wolke vor Augen hatten. Die zweite mir deutliche
Erinnerung ist, dass wir im Beginn des Getöses auf-
sprangen, und dass ich die dunkeln Massen des
Georggipfels sich wenig schnell erheben sah, wobei
seitwärts, und unterhalb des schwarzen Gewölkes,
dunkle, zum Theil sehr grosse Blöcke, in flachem
Bogen, nicht weit, und mit geringer Geschwindigkeit
ausgeworfen wurden. Mehr sah ich jetzt und später
nicht. Während meine Genossen nordwärts durch
den alten Krater flüchteten, blieb ich in einer der
tiefen neuerdings gebildeten Kraterspalten zurück,
anfangs noch, und zwar bis 90, die Sekunden zäh-
lend, bis dann die schlimme Situation, das Brennen
meiner Kleider, jeder Beobachtung ein Ende machte.
So wie es etwas stiller und heller ward, verliess ich
den Spalt, und eilte durch den westlichen, ganz flachen,
von tiefen Spalten verwüsteten alten Krater. Diesen
sah ich, nicht wenig erschreckt, ganz in Brand, aber
dennoch forteilend, erkannte ich sogleich, dass hier
bestimmt kein vulkanisches Feuer sei, sondern dass
nur die trockenen Gräser und Disteln durch die
glühenden Rapilli und Steine in Brand gesetzt waren;
so brannte auch am nördlichen Strande Abfall von
Bauholz. Angelangt auf dem westlich vom Conus ge-
legene Plateau von Lava und Asche, sah ich an der
Nordseite des Conus, und an sehr vielen Stellen der
nahen Mikra Kaymeni, auf der ebenfalls die geringe
trockene Vegetation in Feuer aufging, sehr viele ungewöhnlich hohe und gerade Dampf- oder Rauchsäulen.
So sehr ich davon überzeugt bin, dass die gedachten
Flammen nur von der angegebenen Art waren, so sehr

U. M. A. B. C.

bin ich noch jetzt der Meinung, dass die starken
Dampfsäulen am Conus und an der Mikra Kaymeni
Wirkungen der Eruption waren, indem der Andrang
der gespannten Dämpfe gegen die grosse Lavadecke
des Georgios so schleunig und machtvoll eintrat, dass
ein Theil davon durch Spalten und Gänge der alten
benachbarten Formationen hindurchgetrieben wurde.
Nachdem man uns an Bord gebracht hatte, sahen
wir die schweren Beschädigungen des Schiffes, welches an vielen Stellen in Brand gerieth und Gefahr
lief, in die Luft gesprengt zu werden, da ein grosser
Glutblock das Deck durchschlug und inwendig, sehr
nahe der Pulverkammer, den Raum in Flammen
setzte. Aber die Besonnenheit und Tüchtigkeit des
Kapitäns sowie der ganzen Mannschaft rettete das
Schiff vom Verderben. Ihm nahe und östlicher am
Molo stand ein Lastschiff von oben bis unten in
Flammen. Sein Kapitain, *Gerasimos Valianos*, das
erste Opfer der Santoriner Eruption, war von einem
glühenden Lavablock getödtet worden. Gegen Mittag
kamen wir nach Umfahrung der Mikra Kaymeni
nach Banko, wo wir einen Theil der Behörden von
Thera und den Eparchialarzt, Dr. *Dekigala*, antrafen.
Letzterer fand reichlich Arbeit, denn es gab manche
Verwundungen. Auf Banko ward beschlossen, den
früheren Ankerplatz definitiv aufzugeben und vorläufig den Ankerplatz aller hier verweilenden grösseren Schiffe zunächst zu behalten. Gegen Abend
ward das Pulver ausgeladen und nach Mikra Kaymeni gebracht, um uns für den Fall einer neuen
grossen Eruption sicherzustellen. In der Nacht jedoch fasste der Kapitän einen andern Entschluss,
und das Schiff ward in der Frühe nach Athinio gebracht, in den Nothhafen an der innern Südseite von
Santorin. Inzwischen hatte ich auf Banko eine
Hauptansicht der Kaymenen genommen und bis zur
Nacht den Vulkan im Auge behalten, der kaum
1 Meile westlich vor uns lag. Nach erhobenen Er-

U. M.	A.	B.	C.	
				kundigungen war die horizontale Wurfweite der Eruptionsblöcke und Steine mindestens 625 Meter gewesen. Die Asche kam nach Thera.
—11 16				Aphroessa hat braungelben Dampf. Georg braust ohne eigentliche Eruption. Der Riss am Gipfel des alten Conus ist vergrössert; unsere 2 Signale daselbst standen noch.
—11 18	V		c	Am Georg eine geringe Eruption, hauptsächlich Asche. Die Solfatara an dem Conus dampft schwach, ebenso wie es Morgens 8 Uhr gefunden ward. Von Banko gesehen erscheint der nördliche Abhang des Georg wie ein aufgestauter Wulst, senkrecht wohl 10 Meter hoch gegen den Conus abfallend; es hat sich schon das östliche flache Plateau am Georg gebildet, welches noch lange nachher sichtbar blieb. Im Meere, östlich neben Georg, ist noch die grössere der Küstenklippen sichtbar, sowie noch ein weisses Haus, dessen Dach nur wenig über Wasser stand.
1 56		2	b	Grosses Brausen und Brüllen, sehr starke Dampfentwickelung.
3 —				Dasselbe Getöse währt fast ohne Unterbrechung fort. Sehr auffällig unterscheidet sich der weisse Dampf des Georg von dem Goldgelb der Fumarole der Aphroessa. Unsere Matrosen bringen die zurückgelassenen Ketten unseres Schiffes wieder zurück, und Einige, welche den Muth hatten, den Conus zu ersteigen, brachten mir auch meine oben im Krater gebliebenen Barometer wieder, die ihrer geschützten Lage wegen nicht gelitten hatten.
3 56		2	b	Brüllende Dampferuption, die eine Stunde lang fortdauert.
4 1⎱ 4 9⎰		3	c	Aehnliche Ansätze von Ausbrüchen, etwa vier in 8 Minuten.
4 28		2	b	Brausende Dampferuption. Den Durchmesser des Georg von N—S finde ich = 380 Meter. Durch die Fumarolen des Georg gesehen, erscheint die Sonne rothgelb, wie beim Heerrauch.

U.	M.	A.	B.	C.	
7	49	V		b	Schwacher Steinauswurf, dem kleine Dampfströmungen häufig nachfolgen.
8	40	V		b	Schwache Steineruption mit Brausen. Die Nacht wenig Lärm.

Februar 21.

—1	40				Sehr schwacher Erdstoss zu Thera, sehr schwache Eruption. *(Palasca.)*
—5	30	V		b	(auf Banko). Eruption mit glühenden Steinen (gemeldet von der Deckwache).
—6	41			b	(auf Banko). Georg unruhig mit starkem Brausen; die grosse doppelte Fumarole über Nea Kaymeni geneigt. Das Schiff verlässt Banko und wird bei Athinio festgelegt. Von hier gesehen, liegt die Nea Kaymeni im Norden, der Conus unten durch Georg verdeckt, und die neue Insel Aphroessa zur Hälfte (rechts) von der Phlevaspitze verdeckt. Therasia liegt im Hintergrunde der Nea und Mikra Kaymeni, Paläa Kaymeni und Akrotiri links, Santorin rechts, d. h. Ost und Nordost. — Unsere Entfernung vom Georg ist hier 3806 Meter nach *Palasca*'s Bestimmung. In der Frühe um 4 Uhr begann die grosse allgemein beobachtete magnetische Störung in Europa.
0	—				(Athinio). Die Fumarole des Georg, oben in Cumulusform, ist im Ganzen weiss, aber in der Mitte des Stammes seit Morgens gelbbraun. Die Fumarole der Aphroessa, jetzt die schwächere, ist unten rothgelb, oben braungrau.
0	49	I-II		a	Eine mächtige Ascheneruption, die erste, die ich mit meinen Gefährten genau auf Deck beobachten konnte. Mit ihr verglichen, war alles Frühergesehene sehr unbedeutend, ausgenommen das grosse gestrige Phänomen, das aber für uns unbeobachtet blieb. Mit sehr tiefem gewaltigen Donner erhob sich die dunkle Dampf- und Aschenmasse in kurzer Zeit zu der zehnfachen Höhe des Conus. Die unendlich fein gekräuselten Oberflächen der Dampfringe und Wülste gewährten einen ausserordentlichen, durch Zeichnung schwer wiederzugebenden Anblick. Die ganze Ge-

U. M.	A.	B.	C.	
				stalt der Eruption wurde von mir gezeichnet; meine früheren Abbildungen ähnlicher, aber viel kleinerer Eruptionen waren gestern auf dem Conus verbrannt. Diesmal hatte die Dampfsäule einen ganz glatten Stamm, wie es *Palasca* gestern schon gesehen hatte, als er an der Mikra Kaymeni vom gefährlichsten Steinhagel überfallen und verwundet wurde. Die Höhe der heutigen Eruption bestimmte ich durch Schätzung = 1000 Meter. *Palasca* dagegen vermaass sie, wahrscheinlich später bei grösserer Erhebung, und fand 1993 Meter. Die Verfinsterung der Luft hielt lange an. Zu Thera sah *Palasca* in der Frühe über der ganzen Insel eine schirmförmige Wolke, deren nördlichen Rand ich ebenfalls sah und der wegen seines gefranzten untern Saumes den Eindruck gewährte, als ob es dort regne.
2 30,6	II		a	Grosser Donner, sehr schönes grosses Aschengewölk, das in 57″ die vierfache Höhe des Conus erreicht. Daraus folgt die mittlere Geschwindigkeit, g = 20 P. Fuss.
2 31,6	.2	b	Dampferuption.
2 32,6		b	Donner.
3 35	3	c	Donner und Dampf, beides nur schwach. Von dem letzten Hause im Meere, östlich neben Georg, zeigt sich nur noch eine Spur.
9 54				Der Vulkan sehr ruhig mit schwachem Feuerschein. Wir waren gegen Abend an's Land gegangen, um das Auftreten von Kalk und von grünlichgrauen, schieferartigen Gesteinen zwischen den Lava- und Tuffschichten zu untersuchen. *Bujukas* und *Milzopulos* sammelten Proben für das Museum.

Februar 22.

U. M.	A.	B.	C.	
—5 —	I		a	Sehr grosse Aschen- und Steineruption, gemeldet von der Wache; als wir auf Deck kamen (der Donner hatte uns Alle geweckt), war Alles vorüber. Bis zur fünffachen Höhe des Conus war aller Dampf feurig erleuchtet; die Aphroessa unverändert, rechts mit grüner Flamme. An der Südseite des Conus und am

U.	M.	A.	B.	C.	
					Molo zahlreiche rothe Lichtpunkte, aufleuchtend und schwindend. Es waren die herabgefallenen Glutblöcke; selbst auf Mikra Kaymeni schimmerten solche Lichter. Auch hatten die Blöcke Bauholz im Georgshafen in Brand gesetzt und daher der grosse Feuerschein.
					Jetzt verliessen auch drei an Paläa Kaymeni ankernde Schiffe aus Furcht ihre Stelle und segelten davon.
—8	45				Anfang der Dampf-Siphonen, südlich von beiden Vulkanen und auf dem Meere. Ihren Anfang hatten sie 100 bis 300 Meter hoch in dem Dampfgewölk des Georg und der Aphroessa; in gerader oder oft merkwürdig geschlängelter Form stiegen sie gegen die See herab, dort breiter werdend, oft schrauben- oder tauförmig gewunden und in ihrer Bewegung vom Winde abhängig. Bei grossem Durchmesser waren sie theilweis durchsichtig. Unter den Hunderten, die ich gesehen und am Fernrohr beobachtet und gezeichnet habe, war nie eine, die man zu den Wasserhosen oder Meertromben hätte zählen können. Wohl aber schienen sie mir vergleichbar mit den oft imposanten Staubtromben, die im Sommer in Athen und auf den attischen Landstrassen gebildet werden, selbst dann, wenn kein merklicher Wind als Ursache der Erscheinung gefühlt wird. — Von Athinio gesehen, war der ganze Himmel bedeckt und es fielen einige Tropfen. Der grösste Sipho bildete sich stets auf derselben Stelle wieder und nahm den Weg des Vorigen.
—9	37,8		2	a	Donner, brausende Dampferuption; die Oeffnung liegt an der Westseite des Gipfels.
—10	3,7	III			Auswurf von schwarzer Asche und Dampf.
—10	37	IV			Schwacher Ausbruch schwarzen Aschendampfes.
1	—				Ich bemerke, dass ausser der sogen. Solfatara an der Südseite des Conus sich eine zweite gebildet hat, westlicher und in jener Linie, wo der alte Aschenkegel an das westlich anstossende hochliegende Lavafeld anlehnt.

U.	M.	A.	B.	C.
2	—			
3	12,6	I		a

Die Seefumarolen sehr dicht und weiss. Von Athinio gesehen, bilden sie den hellen, mit vielen weissen, bis 10 oder 20 Meter hohen Spitzsäulen besetzten Vordergrund, aus dem sich scheinbar die dunklen Vulkanmassen erheben. Nach dem, was ich dort früher schon in der Nähe gesehen, zu schliessen, waren es nur anfsteigende Wasserdämpfe auf der ganzen stark erhitzten Strecke des Meeres, südlich nahe der Nea Kaymeni und der Aphroessa. Vielfach sind sie grau, flockig, mit hohen und elegant geformten Siphonen vermengt, und in der Bewegung vom Winde abhängig. Es wird ein Sipho beobachtet, dessen Oberfläche aus nahe beisammenliegenden Schraubengängen zu bestehen scheint.

Alle Siphonen, soweit ich es in teleskopischer Beobachtung erkannte, rotirten um ihre Axe von N durch O zu S. Ein sehr grosser, stets sich neubildender Sipho vor der Phleva, also zwischen Georg und Aphroessa.

Vierte grosse Aschen- und Steineruption, eine ungeheure, sinnverwirrende Erscheinung, die wir Alle auf dem Verdeck unseres Schiffes zu Athinio in 3800 Meter Abstand beobachteten. Mich rasch fassend, begann ich sogleich die Zeichnung, nachdem 7 Sekunden verflossen waren und der gewaltige, tiefdröhnende Donner uns die Eruption verkündet hatte. Der Hauptausbruch erfolgte aus der etwas westlich gelegenen Gipfelregion, ein schwächerer aus einem Loche, südlich daneben. Es hatte den Anschein, dass eine derartige Masse aus plötzlich aufgerissenen sehr breiten Spalten aufgestiegen sei. In den ersten 15 oder 20 Sekunden glich sie einem steilrandigen Berge von halbflüssigem schwarzen Schlamme, oben parabolisch abgerundet. Aus ihr stieg der glatte, 50 bis 70 Meter dicke schwarzgraue Stamm empor, etwas nach Westen geneigt, um den sich rasch Dampfringe, Dampfwülste mit fein gewellter und gekräuselter Oberfläche abtrennten, oder ähnliche Formen im un-

tern Theile, dem Stamme sich nach Art eines
Schraubenganges anschmiegend. Mehr und mehr
sich verbreiternd, stieg die kolossale Masse gegen
den grauen Himmel empor; es bildeten sich Etagen
von aufeinander gelagerten oder gepressten riesigen
Dampfringen, jeder für sich ein buchtenreiches Cumulusgewölk darstellend, und so vor uns den grössten
Theil des nördlichen Himmels verfinsternd. Zur Linken senkte sich der schwere schwarze Aschenregen
herab, in nach unten spitzverlaufenden Säulen, ein
breiter Teppich, in dem bald die Kaymenen sowie
Therasia minutenlang verschwanden. 80 Sekunden
lang dauerte das Aufsteigen, und es begann die Zer-
theilung des Aschengewölkes. Zahllose Blöcke und
Steine stürzten aus der Höhe herab auf das Meer
und auf die Kaymenen. Ihr Fall in die See erzeugte
viele Schaumsäulen, die aus der Ferne den früher
erwähnten Meerfumarolen glichen. Der grossen Distanz wegen konnte ich mit freiem Auge keinen der
Blöcke erkennen, ebensowenig eine Blitzerscheinung,
die ich erwartete, so sehr ich darauf Acht gab. Doch
behaupten *Christomanos* und der anwesende Eparch
Nakos, einen Blitz in dem Vulkangewölk gesehen zu
haben, was sehr wahrscheinlich ist, wenn man sich
der Erfahrungen an der Sabrina, der Ferdinandea
und am Vesuv erinnert. Nach *Palasca's* und meiner
Ermittelung betrug der horizontale Abstand der weitesten Steinwürfe vom Georg 1000 Meter. *Palasca*,
damals in Thera, maass mit dem Spiegelkreise die
grösste Höhe der Aschen- und Dampfsäule und berechnete daraus die wahre Höhe = 2220 Meter
oder ungefähr 7000 Pariser Fuss, wobei die geringe
Korrektion von —52 Meter (wegen der Höhe des
Georg) wenig in Betracht kommen kann. Grösser
noch waren am Vesuv diese Höhen des zuletzt pinien-
förmig sich ausbreitenden Aschengewölkes in den
Eruptionen 1779 August, 1794 Juni, 1822 Oktober
nach den Berichten von *Hamilton*, *Breislak* und

<table>
<tr><td colspan="2">U. M.</td><td>A.</td><td>B.</td><td>C.</td><td></td></tr>
</table>

Scrope.[*]) Des Letzteren, wie es scheint, sehr getreue Abbildung habe ich näher untersucht und finde die absolute Höhe des Gipfels der Pinie = 4043 Toisen (24258 Pariser Fuss), die relative Höhe = 3421 Toisen (20526 Pariser Fuss). Der Vesuv also, 12 Mal höher als der Georghügel im Februar 1866, trieb die Aschensäule doch nur ungefähr 3 Mal so hoch empor, als der Santoriner Vulkan. (Siehe Tab. VI.)

Setze ich die Dauer des Aufsteigens = 80 S., so war die mittlere Geschwindigkeit des mit der Asche vermischten Dampfes nur 87 Pariser Fuss, und ich nehme an, dass die Anfangsgeschwindigkeit kaum 500 Fuss erreicht habe. Bei keiner der grossen Eruptionen gelang mir eine Beobachtung der Geschwindigkeit von Steinen und Blöcken. Aber auch von diesen vermuthe ich, dass sie nicht gross waren.

U	M	A	B	C	
3	28,7	III		a	Donnernde Eruption schwarzen und braunen Dampfes; die Siphonen inzwischen verschwunden.
3	31,2		3	a	Grosser Donner, kleiner Dampfausbruch.
3	40,7		3	b	Brüllen, schwacher Dampf wird ausgestossen.
3	42,7			a	Grosser Donner von 3,7 M. Dauer.
3	47			a	Grosser Donner mit langem Echo; Dampf.
4	2				Ein 300 Meter hoher Sipho von 2 Minuten Dauer.
4	24			b	Brüllen im Vulkane; stets Neubildung der grossen Dampftrombe auf See.
4	32			b	Brüllender Donner.
4	39,8		2	b	Brüllen, mässige Dampferuption.
4	45,1		2	b	Eine ähnliche; ein sehr hoher Sipho.
4	55	IV		b	Donner und Aschenwolke; beide von sehr kurzer Dauer.
4	56,4		3	a	Sehr grosser Donner und Brüllen, wenig Dampf.
4	57,4			a	Sehr grosser Donner ohne sichtbare Eruption.
4	59,7				Pfeifen und Heulen.
5	12,5	IV		c	Schwacher Donner, etwas Asche.
5	15,4				Pfeifen und Heulen.

*) Für 1779 existirt in dem Werke von *Attumonelli* eine vorzügliche Abbildung; ähnlich in *P. Scrope*'s Werke „über Vulkane". Vergl. später die Erklärung zu Tab. VI.

U.	M.	A.	B.	C.	
5	23	IV		b	Brüllen und Auswurf von Asche.
5	30,6			b	Das Brüllen stärker, aber keine Eruption. Zunahme der Seefumarolen.
5	36,1			b	Ein ähnlicher Anfall.
5	37,4			b	Starkes Brüllen.
5	41			c	Schwächeres Getöse.
5	42,4			c	Schwaches Brüllen.
5	47			c	Schwacher unbestimmbarer Lärm.
5	48,6			c	Eine ähnliche Wiederholung.
5	53				Die Seefumarolen jetzt unbedeutend.
6	6		4	d	Sehr schwache Dampferuption.
6	7		4	d	Ebenso. (Von hier bis 7 Uhr 41 Min. nicht beobachtet.)
8	24				Brausen, gewöhnliche Dampfentwicklung.
8	43				Schwaches Sausen und Dampf.
8	45,5				3 bis 4 Schüsse, vielleicht von der Aphroessa ausgehend.
9	12				Brausen.
9	15			c	Starkes Brausen, Schüsse dazwischen.
9	28				Brausen und Dampf.
9	51,5				Brausen und Heulen.
9	56			c	Grosses Brausen.
10	—				Brausen und Schüsse.
10	8				Ebenso.
10	13			b	Grosses Rollen und Schüsse.
10	15 } 10 42				Stetes Brausen mit nur geringen Unterbrechungen; dazwischen ertönen viele Schüsse, die nur aus der Gegend der Aphroessa herzukommen scheinen.
10	46				Dumpfes Getöse, ähnlich einer fernen Kanonade.
10	47				Brausen, vermehrter Dampf.
10	52				Brüllen und Schüsse.
10	53				Stärkeres Brüllen.
11	4			b	Stärkere Kanonade. Dann etwas Ruhe. Nachts dauert der Lärm fort, ohne grössere Eruption.

Februar 23.

—7	16				(Athinio). Vulkan sehr still, unveränderte Form, Dampf ansehnlich; der grosse Sipho auf See wie gestern,

U.	M.	A.	B.	C.	

stets aus der Vulkanfumarole sich erneuernd. Abreise nach Milos.

—9 — II (bei Apanomeria). Die Kumuluswolke beider Vulkane oben vereint, 1000 Meter hoch. [Es war ein grosser Aschenausbruch (*Dekigala*)].

1 3 (südlich bei Pholegandros); gewaltige Säule über Santorin, die ich 20 mal höher als den Konus, 7,5 mal höher als *Therasia* schätze, demnach die Höhe = 3020 Meter.

3 — (bei Polinos). Die oben breitere kolossale Kumulussäule wird in der Mitte von 2 horizontalen Wolkenstreifen geschnitten. *Palasca* misst die Höhe = 2267 Meter.

Am 24., 25., 26., 27., 28. Februar war ich in Milos, wo zwar der Dampf über Santorin deutlich zu sehen war; doch gab es keine eigentliche Beobachtung. In der Nacht des 24., 25. Februar kam bei Südostwind und grossem Regen der Schwefelgeruch des Vulkans nach Milos. Die Tage meiner Abwesenheit von Santorin ergänze ich aus Berichten von *Dekigala* und *Stephanos Stephanou*. Aus des Letzteren auf meinen Wunsch aufgeschriebenen griechischen Notizen habe ich brauchbare Daten entnehmen können. Es kommt darin häufig der Ausdruck vor: $\mathring{\eta}\varkappa o\acute{v}\sigma\vartheta\eta$ $\mu\acute{\iota}\alpha\sigma\mu\alpha$ $\ddot{\alpha}\gamma\varrho\iota o\nu$, wobei jedesmal der dunkle Aschenausbruch gemeint ist, der üblen Schwefelgeruch bis nach Thera verbreitete. Dass man ein $\mu\acute{\iota}\alpha\sigma\mu\alpha$ hört, ist zwar eine seltsame Ausdrucksweise, doch vernimmt man oft, dass hier zu Lande die Leute ein Erdbeben gehört, anstatt es gefühlt zu haben. Anstatt „einen Geruch verspüren, ihn riechen, braucht man ebenfalls das Verbum hören," sowie man auch sagt, die Pfeife oder die Cigarre „trinken", anstatt rauchen. *Dekigala's* handschriftliche Angaben bestätigen die bedeutende Wirksamkeit der vulkanischen Kraft für die nächsten Tage.

9 — Ausbruch von Feuer und dichtem Dampf, besonders auch von Aphroessa, mit grossem Getöse; Schwefel-

U. M. A. B. C.

geruch in Thera. Die Asche fiel in Menge und hatte bei Messaria braune Farbe.

Februar 24.

Früh erumpirte der Vulkan und sandte eine sehr hohe, die Luft verfinsternde Säule empor. Am Tage meist still; Schwefeldampf in Thera. Nachts trübe und Blitze. (*Dekigala* erwähnt auch die grosse Aschen-eruption in der Frühe, und den metallischen Ton, verbunden mit dem grossen Donner.)

Februar 25.

Färbung des Wassers bunt wie sonst. Tags war der Vulkan ruhig; viel Dampf bei Regen.

Februar 26.

Luft trübe. Nebeldecke auf See; Wasser sehr roth, zum Theil grün; oft Schwefelgeruch; Dampf und Feuerausbruch Abends und nach *Dekigala* auch sonst am Tage mehrmals Eruptionen.

Februar 27.

Früh schlimmer Schwefelgeruch in Thera. Am Tage Nichts von Bedeutung, doch arbeitet der Vulkan machtvoll fast ohne Aufhören.

Februar 28.

—2 — I 1 a Eine sehr grosse, furchtbare Eruption, die mit glühen-den Trümmern die Nea und die Mikra Kaymeni überschüttete. Nach der (übrigens niemals charak-teristischen) Beschreibung verschiedener Personen muss sich noch ein anderes besonders glänzendes Licht gezeigt haben[*]). Um — 8 Uhr Schwefel-geruch, und ausser dem gewöhnlichen Brüllen und Donnern hörte man lautes Pfeifen. Abends wieder eine starke Ascheneruption.

---

[*]) Vergl. *Hamilton's* Beschr. der grossen Vesuveruption des 8. August 1779, worin ebenfalls die ungewöhnliche Intensität der Feuerglut geschildert wird, die, vielfach von Dampfringen verfinstert, als der eigentliche Stamm der Eruption sich über den Krater erhob.

U.	M.	A.	B.	C.	
					Mit März 1. beginnen wieder meine eigenen Beobachtungen. Nach *Dekigala* wurden in der Eruption in der Frühe Blöcke von 2 Kubikmeter ausgeworfen. (Zu Februar 28. gehörig.)
					März 1.
—5					(An Bord der Panope). Unser Dampfer Aphroessa, seit dem Februar 20. in üblem Zustande, fuhr von Milos nach Poros und nahm Dr. *Christomanos* mit. Wir reisten auf der Panope nach Santorin zurück. Eine Meile nördlich von Nea Kaymeni erschienen die hohen Dampfsäulen beider Vulkane rothglühend; an der Nordseite der Aphroessa ein grosser Bezirk grüner Flammen auf dem Meere.
—6	43				(Auf Banko). 15 Minuten lang Brausen im Georg.
—8	11,3	III		a	Grosser Donner und Aschenausbruch, ohne sichtbare Steine.
—9	57,8			b	Starkes Brüllen.
—10	4,8			b	Ebenso.
—10	17,8			b	Starkes Brausen und Heulen.
—10	38			c	Schwaches Brausen.
—10	39,2	III		a	Grosser Donner und Aschenausbruch.
—10	49,7	IV		a	Knall und kleine Aschenwolke; oft Siphonen sichtbar.
0	8			a	(Thera). Grosses Brausen und Heulen, zum Theil in Pulsationen von 1,5 Sek. zu 1,5 Sek., volle 5 Min. lang.
0	22			a	Starke Schüsse, rasch aufeinanderfolgend.
0	26,7			c	Schwacher Lärm.
0	33,2			b	Starkes Brausen.
0	40				Schüsse; (jetzt längere Zeit nicht beobachtet, da wir für die nächsten 4 Wochen das neue Quartier in Thera, das Haus Langadas, einrichteten, welches wir das Epitropeion nannten. Es liegt 200 Meter über See, auf dem schroffen Zirkuswalle, östlich dem Vulkane in 3550 Meter Abstand gegenüber).
1	44			c	Schwaches Brausen.
2	47			c	Heulen und schwaches Brausen.
4	44			c	Schwaches Brausen.
5	16			b	Brausen, sehr ruhige hohe Dampfsäule.

U.	M.	A.	B.	C.	
5	30				Eine Eruption beobachtet von *Dekigala*.
7	—				Vulkan sehr still, schwacher Feuerschein am Gipfel. Gegen Abend gab die auf Banko ankernde türkische Korvette Sinup 7 Salutschüsse aus schwerem Geschütz. Niemals erreichten die Detonationen des Vulkans auch nur den 4. Theil solcher Intensität, wenn sie in derselben Distanz gehört wurden. Dieser Vergleich war mir von Werth, da zumal März 9. bei den furchtbaren Schallwirkungen des Vulkans, leicht eine Ueberschätzung hätte stattfinden können.
7	50			c	Schwaches Brausen.
8	16			c	Ebenso.
8	26			b	Lebhafteres Brausen.
9	—				Dampfsäule über 600 Meter hoch.
9	7			b	Brüllen und Brausen.
9	14			b	Ebenso.
9	19				11 Minuten lang unbestimmbarer Lärm.
10	—		3	a	Sehr mächtiges Brüllen, zum Theil Donnern, bei nicht grosser Entwicklung von Dampf und Feuerschein. Der Berg tobt so die ganze Nacht hindurch in mässigen Pausen.
11	—				Eine lebhafte Eruption beobachtet von *Dekigala*.

März 2.

U.	M.	A.	B.	C.	
—2	23			b	(Epitropeion). Grosses Brausen und Toben ohne Pause bei sehr starkem Feuerschein.
—2	38				Etwas stiller. — 2 U. 57 M. kleine Pause.
—3	2	IV		b	Funken (Steine) und Aschenausbruch. Der Schall kam nach 7,5 Sek.
—3	28				6 Minuten lang grosse Stille, dann begann der Lärm aufs Neue.
—4	41	IV			Aschenausbruch. Um — 5 1/2 Uhr Ausbruch von *Dekigala* beobachtet.
—5	18				Viel Lärm und heller Feuerschein. Ausser der letzten Eruptions-Wolke fehlt sonst fast aller Dampf.
—7	12				Sehr schwacher Dampf, kaum 200 Meter hoch über dem Georg. Auf See nur an der Südseite einige Fumarolen; schwaches Brausen. Nördlich am Hori-

U.	M.	A.	B.	C.	
					zonte überall feiner brauner Dampf. Die österreichische Korvette Reka, Kapitän *Nöltig*, ankert auf Banko. Die Uhrzeiten der Beobachter der Reka müssen um eine halbe Stunde vergrössert werden, um mit der Santoriner Zeit übereinzustimmen. (*Alex. Fehr* in Verh. der K. K. g. Reichsanstalt. Sitzung des 20. März 1866.)
—8	52	IV		a	Donner und Ascheneruption; Fumarole 620 Meter hoch.
—9	31				Alle Seefumarolen fehlen.
—9	45				Eruption von 0,7 Min. Dauer. (Beobachtet von *Fehr* an Bord der Reka auf Banko.)
0	8,1	III		a	Grosser Donner und Ascheneruption (auch auf der Reka beobachtet).
0	9,3	III		a	Dieselbe Erscheinung. In 15 Sek. steigt die Aschensäule 158 Meter g = 32 paris. Fuss. Der brüllende Donner dauert 2 Min.
0	35				Toben und Kochen; stets sehr wenig Dampf. / An der Stelle, wo gestern zwischen Georg und Paläa Kaymeni glatte ölartige Flecken auf See waren, zeigt sich jetzt oft Schaum in stillem Wasser, und zuweilen ein dunkler Fleck.
1	4			b	Donnern, sehr wenig Dampf.
1	13			c	Schwaches Brausen.
1	16	IV		b	Donner, Aschenausbruch.
1	17		1	a	Sehr lauter Donner und neuer Dampf. Dauer beider Phänomene 2 Min. Diese Eruption ward auch auf der Reka beobachtet.
1	25,3			c	Schwacher Donner und Toben. / Am Fernrohr erkenne ich, dass grosse Blöcke schon nahe an der Westseite der kleinen Kirche (östlich von Georg) liegen. Die östliche Grenze des gelben Wassers, die seit Langem über Banko ging, zieht heute halbwegs zwischen Mikra Kaymeni und Thera.
1	34			b	Brausen.
1	42	.		b	Brausen in Absätzen und Stössen.
1	45			c	Kleine Detonationen wie Pistolenschüsse, vielleicht bei Aphroessa.
1	46			b	Donner und Heulen.

U.	M.	A.	B.	C.	
1	50,3			a	Donner und einzelne Schüsse, schwacher Dampf.
1	51,5			c	Grösserer Donner.
2	2			c	Schwaches Toben, einzelne Schüsse.
2	6,4			b	Schwacher Donner und Brausen.
2	32				Brausen. (Von jetzt 5 Stunden lang nicht beobachtet.)
7	36	III		a	Drei mächtig donnernde Aschenausbrüche mit kleinen Steinen (auch auf Reka beobachtet). Der Schall kam nach 8,5 Sek. Dauer des 3fachen Donners = 1,5 Min.
8	—				Starke Eruption, d = 3 Min. (Beobachtet von Föhr auf der Reka.)
8	38				Feuerschein, kaum Dampf, schwache Schüsse.
10	30				Eruption ⎫ beobachtet auf der
11	—				„ ⎬
11	30				Stärkere Eruption mit Steinen ⎭ Reka.
11	59			a	Grosses Donnern und Brausen. An diesem Tage sahen die Offiziere die schwefelgelben Effloreszenzen an der Ostseite des Berges. — Baron la Motte, von der Reka, hatte vergebens versucht, den Gipfel des Georg zu ersteigen.

März 3.

—4	—				Seit Langem fortwährender Lärm wie von Pistolen- und Flintenschüssen in ungleichen Pausen, zuweilen in Sätzen von 2 zu 2 Sekunden. Dampf ganz gering, doch feurig glänzend selbst im Lichte des Mondes.
—4	12	2		b	Starkes Brausen, schwache Dampferuption; stets Schüsse (auch auf Reka beobachtet).
—6	10			a	Der Feuerschein erlischt jetzt bei Anbruch des Tages; die Schüsse stärker und häufiger. Seefumarolen am südlichen Fusse des Vulkans.
—6	55				Stets Detonationen wie Gewehrfeuer, ganz wie bei einem Militärmanöver; darunter selten einige Kanonenschüsse (alles, wie ich wiederholt erinnere, in 3550 Meter Distanz gehört). Dampf nur 40 bis 50 Meter hoch über dem Gipfel aufragend.
—7	40				Zahlreiche Detonationen.
—8	16			c	Schwaches Brausen; noch viele Schüsse.

U.	M.	A.	B.	C.	
—9	31	IV		a	Donner und Ascheneruption; Schüsse seltener; (auch auf Reka beobachtet).
0	—				Vulkan meist still, selten Schüsse. ⎫ Von 0 U. bis 2 U. Detonationen, in der Nähe gehört auf Banko
0	34				Brausen. (Nun 2½ St. nicht beob.) ⎭ von den Beobachtern der Reka.
3	15,5			b	(Oberhalb Athinio). Detonation und Brausen.
3	34			c	„ „ Brausen.
3	51			b	„ „ Brausen und Donner.
3	58			b	„ „ Ebenso.
5	11			c	„ „ Sehr tiefer schwacher Donner.
5	57,7			b	(Thera). Donnern im Vulkan, wenig Dampf. Feuerschein zuerst sichtbar.
6	23			c	Schwacher trommelnder Donner.
7	43				Brüllen, mässiger Feuerschein.
7	51				Donner.
8	3				Donner.
9	23				Starkes Toben.
9	36				Schüsse. Dampf nicht bedeutend. Baron *la Motte* macht den 2. vergeblichen Versuch, an den Gipfel des Vulkans zu gelangen.

März 4.

Heute kamen die Offiziere der Reka nach Thera und gaben der Kommission im Epitropeion Gehör, dass sie die gefährlichen Versuche, sich dem Vulkane zu nähern, aufgeben möchten. Sie kehrten Abends nach Banko zurück, um dort ihre sehr nützlichen und genauen Beobachtungen fortzusetzen.

U.	M.	A.	B.	C.	
—0	10,5			a	Starke Detonation, viel Feuerschein; bei Süd-Sturm und Regen wenig zu hören und zu sehen.
—7	10,6				Donnern im Vulkan; seit — 4 Uhr Schwefelgeruch im Hause; Dampf und Seefumarolen ansehnlich.
—9	16				Donnern im Berge.
—9	21,4				Donnern.
—11	6				Vulkan still; selten gut sichtbar im Regen.
5	3			d	Sehr schwacher Donner; der Wind hat abgenommen.
5	16			d	Sehr schwaches Brausen und Heulen; Fumarole schräg, 3—4 Meilen lang.

U.	M.	A.	B.	C.	
5	44			c	Stärkeres Brüllen.
6	2				Stets Kochen und Toben; ringsum brauner Dunst.
7	42				Stetes Brausen; Dampf stark.
8	—	.			Feuerschein stark; doppelte Fumarole.
9	38				Vulkan ganz unsichtbar. Nachts oft Feuerschein, selten schwaches Brausen.

März 5.

U.	M.	A.	B.	C.	
—7	15				Vulkan still, Fumarole 600 Meter hoch; schwaches Brausen und Kochen.
—8	16			c	Schwaches Brüllen, mehr Dampf.
—8	33			c	Längeres Brausen.
—10	4				Brausen.
—10	13			c	Brausen und schwacher Donner.
—10	35			d	Schwaches Brüllen.
—10	43			c	Donner.
—10	48			b	Starkes Rollen.
—10	56			c	Brausen und Rollen.
—10	57			b	Dasselbe stärker. (Von jetzt bis 2 Uhr nur beiläufig nach dem Vulkan gesehen.)
—11	9				Rollen.
2	14,5				Dumpfes Brausen.
2	28,5			b	Starkes Rollen.
3	39			c	Schwaches Brausen; kleine Fumarole von 200 Meter Höhe.
3	43				Stetes Blasen und Brausen; sehr wenig Dampf.
4	13			b	Starkes Brausen.
4	37			b	Dasselbe.
4	41				Brausen.
4	44				Brausen. Die grössere Fumarole 70 Meter hoch; die südliche geringer. Einzelne Dampfwölkchen und knotenartige Verdichtungen bleiben lange in höherer Lage sichtbar.
4	49				Brausen. (Von jetzt bis 6 U. 17 M. nicht beob.)
8	36				Vulkan still, starker Feuerschein.
8	56				Brausen.
9	4				Rollen und Brausen.
9	15				Brausen.
9	33			2	Schwache Steineruption, kaum 50 Meter hoch steigend.

U.	M.	A.	B.	C.	
9	43		2		Eine ähnliche Eruption.
10	3				Brausen.
10	20		2	a	Grosses Brausen und Rollen. Auswurf kleiner Schlacken oder Steine.
10	28				Stetes Toben.
10	57				Geringe Thätigkeit; Vulkan Nachts sehr ruhig; der Wind ist aber für die Beobachtung sehr störend.

März 6.

U.	M.	A.	B.	C.	
—2	—				Eine Eruption. (Von den Wachen gemeldet.)
—7	9		1	a	Starke, donnernde Dampferuption. (Die Reka fährt nach Ios) *).
—7	25				Brausen und Schüsse, sehr geringer Dampf.
—7	39			b	Starke Schüsse nach kurzen Intervallen oft wiederholt.
—8	21			b	Starke Schüsse.
—8	30			b	Brausen und Schüsse.
—9	12				Rollen.
—10	47				Brausen und Schüsse; der heftige Südost-Wind und die Seebrandung zu laut und sehr störend.
—11	1			b	Viele, mitunter starke Schüsse.
—11	46				Brausen und Schüsse.
1	30			b	Starkes Brausen und einzelne Detonationen, einige Minuten lang.
1	49				Starkes Brausen.
1	52				Schüsse.
2	4				Stetes Detoniren; am Südost-Fusse ansehnliche Fumarole seit Mittag; im Uebrigen schwacher Dampf.
3	44			b	Starkes Brausen.
3	46				Viele Schüsse.
3	59				Viele Schüsse rasch nacheinander.
4	7				Brausen, weniger Schüsse.
4	26				Brausen.
4	30				Viele dumpfe Detonationen.
4	50				Viele Schüsse, sehr wenig Dampf.
5	7				Stärkere Schüsse.

*) Die Beobachtungen zu Anfang März, angestellt von den Offizieren der Korvette „Reka", verdienen besondere Beachtung. Man findet sie in den Verhandlungen der K. K. geol. Reichsanstalt zu Wien, März 1866.

U.	M.	A.	B.	C.	
5	11				Stärkeres Brausen.
5	17				Brausen.
5	33				Fortwährend Schüsse, mehr Dampf.
6	7				Vulkan sehr unruhig; bei grossem Brausen ein völliges Bombardement, oft 50 bis 70 Kanonenschläge in einer Minute.
6	13				Feuerschein zuerst sichtbar; am Fernrohr keine Steinwürfe zu erkennen.
6	27				Grosses Brausen und Sieden.
6	32			b	Starkes Brausen, sehr schwache Steinwürfe, deren Steigen und Fallen nur 1 Sek. dauert.
6	51				Sehr matte Steinwürfe (wie die vorigen nur am Fernrohre kenntlich).
6	54				Knallen. (Von jetzt nur gelegentliche Notirungen.)
8	8				Viel Feuerschein, wenig Lärm, der Vulkan sehr still; 5 Glutblöcke am Gipfel; möglicherweise waren es Löcher im Ostrande, durch welche die innere Glut sichtbar wurde.
10	6				Der Berg hat mehr Feuerschein als je zuvor, ist aber ganz still. Bei Regen haben wir Dämpfe mit Schwefelgeruch im Hause, der jedoch nur wenig belästigt.
10	18				Grosser Feuerschein, sehr geringes Getöse; ein breiter rother Streifen im Meere, der Abglanz der Fumarole.

März 7.

U.	M.	A.	B.	C.	
—2	—				Feuerschein sehr gross; völlige Stille.
—2	3				Starkes Brausen und Toben durch 1 Min. Dampf sehr vermehrt; Fumarole 3 Meilen lang.
—2	14				Brausen.
—2	24				Schwaches Brausen; am Gipfel Lichtpunkte.
—2	37				Eine ähnliche Erscheinung.
—2	42				Sehr starker lodernder Feuerschein, doch bestimmt keine Flamme.
—4	53				Vulkan stiller.
—7	2				Vulkan still, wenig Dampf.
—7	52				Schwaches Brausen, Fumarole bis über Therasia.
—8	29				Brausen, grosse, sehr kompakte Fumarole.

U.	M.	A.	B.	C.	
0	34				Brausen, (am Süd-Kap des Georg ist die Fumarole roth, oder eine Flamme. — *Palasca*).
1	—				Still; sehr schöne grosse Dampfsäule, schwaches Brausen hernach, starke Seefumarolen und dazwischen kleine weisse Siphonen.
1	35				Vulkan still, mässig starke Fumarole.
1	40				Brausen und tiefes Rollen,
1	46				Aehnlich; am Süd-Kap die Fumarole schmal und 100 Meter hoch.
1	49				Heulendes Sausen und Kochen.
1	55				Rollen und Brausen. Süd-Kap-Fumarole vergrössert.
1	57			b	Starkes Brausen und Rollen; ein schmaler Sipho der See entsteigend.
2	—				Schwacher Lärm; der ganze Umriss des Berges voll dichten Dampfes.
2	26				Kurzes Brausen.
2	33			b	Starkes Brausen.
2	37				Sehr still.
2	49				Brausen.
2	55				Brausen und Rollen.
3	11				Starkes Rollen und Brausen, zu Merovigli beobachtet.
3	27				Schwaches Brausen.
3	36				Brausen; der Dampf sehr ausgedehnt, deckt den grossen Eliasberg ähnlich wie Gewittergewölk bei Scirocco. Zwischen dem Rollen im Vulkane ist einigemale der ferne Gewitterdonner vernehmbar.
5	20				Vulkan still; bei Regen ist die Fumarole klein.
5	50				Fumarole sehr grossartig.
5	56				Brausen.
6	3				Brausen.
6	6				Der Feuerschein wird zuerst sichtbar.
6	8	a			Tiefes Rollen, sehr starkes Brausen. Bei Sonnenuntergang hat der braungelbe meist verhüllte Himmel ein wildes Aussehen. (Von nun an die Beobachtungen wieder im Epitropeion.)
6	31			b	Starkes Rollen und Brausen, bei grossem Regen.
6	37				Tiefes Rollen und Brausen, zum ersten Male mit metallischem Nebenklange.

U.	M.	A.	B.	C.	
6	41		•		Ebenso, in heftigen Absätzen, beidemal von 1 Minute Dauer.
6	48			α	Sehr mächtiges, donnerndes Brausen; ferne Gewitterblitze über Kreta.
7	34				Starkes Brausen, viel Feuerschein; fernes Blitzen im Süden.
8	14				Bis hier war Ruhe gewesen, oder der starke Wind hinderte zu hören.
8	37				Seit 15 Min. der Feuerschein unsichtbar, wohl nur des dichten Dampfes wegen.
9	38				Vulkan bei Weststurm ganz unsichtbar, weil uns die Fumarole einhüllte. Bis nach Mitternacht kam kein grösseres Ereigniss vor.

März 8.

U.	M.	A.	B.	C.	
—1	46				Vulkan im wüsten Wetter nicht sichtbar.
—3	8				Bei grossem Weststurme Nichts sichtbar, weil wir von der Fumarole eingehüllt sind; daher auch der mehrstündige Schwefelgeruch im Hause.
—7	36	IV		a	Rollender Donner; aus der dunklen Wolke schliesse ich auf eine Ascheneruption.
—9	39				Luft jetzt klar; Fumarole mässig.
—10	39				Dampf dicht und weiss, aber niedrig. (Beobachtung viele Stunden unterbrochen.)
4	38				Fumarole gross, aus dichten Kumulusballen bestehend.
8	38				Vulkan still, grosse Fumarole, wenig Feuerschein. •
10	—				Von jetzt bis 12 Uhr oft Detonationen und Dampfausströmung. (Beobachtet zu Banko auf der Reka.)

März 9.

U.	M.	A.	B.	C.	
—0	55				Rollen und Brausen, grosser Feuerschein.
—1	21				Brausen, viel Feuerschein; der Vulkan übrigens doch meist still.
—4	30		1?		Starke Steineruption (von *Dekigala* gemeldet).
—6	31			b	Starkes Brausen, 14 Min. lang. Fumarole mässig.
—6	55				Brausen von kurzer Dauer.
—6	59				Aehnlich.
—7	3				Starkes Brüllen und Brausen, d = 0,7 Min. Meerfumarolen sehr gering, Gipfelfumarole nicht gross,

U. M.	A.	B.	C.	
				besteht aus getrennten Kumulusballen. Von nun an steigerte sich das Toben des Vulkans zu einer bis jetzt nicht erlebten Gewalt. Es kamen aus Besorgniss viele Besuche zu uns, die eine zusammenhängende Beobachtung unmöglich machten. Ich entfernte mich daher und begab mich in einen unterhalb des Epitropeion in den Tuff gegrabenen Raum, der Nachts und bei schlechtem Wetter den Pferden und Maulthieren Obdach gewährte. In diesem Stalle blieb ich, $\frac{1}{2}$ Stunde abgerechnet, fast den ganzen Tag, verschloss von Innen die Thür durch Blöcke und sah durch die Löcher nach dem Vulkan. So erhielt ich die vollständigste, ungewöhnlich detaillirte Beobachtungsreihe, die ich als ein getreues Lebensbild über die mächtige Aktion der Kaymeni ganz mittheilen werde.
—7 36	2	b		Stossweises Aushauchen von Dampf unter tiefen Tönen. Auf der Reka beobachtete man einen Sipho zwischen Aphroessa und Paläa Kaymeni.
—7 36,9			a	Grosses tönendes Brüllen. — Die Luft den ganzen Tag heiter.
—7 38,4	1		a	Grosses stossweises Brüllen, in Sätzen von 1,2 Sek. bis 1,7 Sek., dabei dicker Dampf. d = 6 Min.
—7 46,4	1		c	Starkes tönendes Brüllen ohne scharfen Rythmus; wenig Dampf.
—7 50	1		c	Ein ganz ähnlicher Lärm.
—7 56,5	2	b		Brausen, starkes Dampfgewölk. d = 8,5 Min.
—8 7		b		Starkes Brausen in Stössen.
—8 11		b		Brausen und Rollen.
—8 19		b		Brausen und Rollen.
—8 20		b		Sehr tiefer kontinuirlicher Donner.
—8 21		b		Starkes Rollen und Donner; letzterer gleicht sehr dem fernen Gewitterdonner.
—8 23,5		b		Tiefer Donner und Rollen.
—8 24,5		b		Ebenso; Umriss des Georg voll weissen Dampfes, 50 bis 60 Meter hoch.
—8 26,3		b		Aehnliches Getöse.
—8 29	2	b		Donner und dichte Wolke.

U.	M.	A.	B.	C.	
—8	32		1	b	Starker Donner und dichte Wolke.
—8	34,₄			c	Rollen und Donner.
—8	38,₈				Brausen und Kochen. (Beobachtung kurze Zeit unterbrochen.)
—8	55,₉		1	b	Kurzer Schall, grosse Wolke.
—8	59,₉	V	1	b	Krach, Aschen- und Dampfwolke zugleich.
—9	1,₉			b	Rollen und Toben.
—9	2,₇		2	c	Rollen; Dampferuption.
—9	4,₉		2	c	Aehnliche Erscheinung.
—9	6,₁			b	Stärkerer Donner.
—9	8,₆			c	Heiseres Brausen.
—9	13,₅		1	a	Grosser rollender Donner; dicker Dampf.
—9	18,₆		2	b	Donner; Dampf ansehnlich.
—9	20		2	b	Aehnliche Erscheinung.
—9	21,₉		1	a	Grosses Rollen, starke Wolke.
—9	24,₁		2	b	Donnerndes Getöse und Dampf.
—9	25,₄		3	b	Donner und wenig Dampf.
—9	27			a	Starker Donner, langsam abnehmend.
—9	29			b	Wiederholung, doch kürzer und schwächer.
—9	30,₄				Rollen; Dampf 40 Meter hoch, ein dichter Kumulus.
—9	33			b	Rollender Donner.
—9	33,₅			a	Lauter kurzer Donner, d = 3 Sek.
—9	35,₉			a	Starker kurzer Donner, d = 5 S.
—9	36,₇			b	Aehnlich, doch schwächer, d = 5 S.
—9	37,₅		2	b	Donner und mässig grosse Wolke.
—9	39,₆		3	c	Kleiner Donner, Dampf; d = 2 S.
—9	41,₃		3	c	Aehnlich, d = 1,5 S.
—9	41,₈		3	c	Rollen, Dampf; d = 3 S.
—9	43,₅		3	c	Aehnliche Erscheinung.
—9	44,₇				Heiseres Brausen.
—9	47,₅	IV	1	c	Schwaches Rollen, Asche und Dampf zugleich, ein ansehnlicher Ausbruch.
—9	52				Brausen.
—9	54				Brausen.
—9	55,₇		2	b	Brausen, Dampf, dann Donner; lange dauert das Sausen und zugleich ein tiefes Tönen.
—9	59,₈		1	b.	Donner, dichte Wolke, durchmisst 158 Meter in 20 S. g = 24 pariser Fuss.

48

U.	M.	A.	B.	C.	
—10	1,8			c	Sausen und schwaches Brausen.
—10	4,3			b	Aehnlich, aber stärker.
—10	8,3	1		b	Donner und dicke Dampfwolke; 158 Meter in 18 S.
					g = 27 pariser Fuss.
—10	11	2		b	Rollen und Dampf; g = 27 Fuss; es folgen heulende
					Töne.
—10	12,8			b	Brausen und Toben.
—10	15,2	1		b	Brausendes Rollen, dicker Dampf. g = 34 Fuss.
—10	16,2				Scharfes sausendes Rollen.
—10	17,2				Aehnlich, ein stetes Kochen ausserdem.
—10	21			c	Schwacher Donner, Brausen.
—10	22,7				Ganz still.
—10	23,2			b	Trommelndes Getöse, Donner und Brausen.
—10	24,7			a	Grosses Brausen, Heulen und Donner zuletzt.
—10	26,9				Sausen.
—10	28,4	1		b	Donner, dichte Dampfwolke.
—10	29,4	2		c	Aehnlich, doch alles schwächer.
—10	30,6	2		b	Donner und Wolke.
—10	31,9			b	Rollen und Sausen in Stössen, dann allerfüllendes tiefes
				(α)	Rollen, das bis dahin nicht gehörte wahre unter-
.					irdische Getöse, Rombo, Ruido oder Bramido, bei
					dem jede Angabe der Richtung unmöglich ist.
—10	33,3	2		b	Brausender Donner und Wolke.
—10	36,3			b	Sausen und Rollen in Sätzen.
—10	38,8			b	Ein ähnlicher Lärm.
—10	39,8	2		b	Rollender Donner und Wolke.
—10	41,8	1		b	Donner, sehr dicke Wolke; dann folgt der sehr tiefe,
				(α)	lang nachhallende dumpfe Rombo.
—10	44,8	3		b	Rollender Donner, schwacher Dampf; Kochen, Sausen
					und unbestimmbares Toben.
—10	45,9				Ganz still.
—10	46,8	1		a	Grosser Donner, sehr dicke Wolke; g = 40 Fuss,
				(α)	tiefer Nachhall, Rombo; d = 0,75 Min.
—10	48,5			a	Grosser Donner, tiefer Rombo; es sind nur geringe See-
				(α)	fumarolen östlich am Georg.
—10	49,8			a	Starker brausender Donner.
—10	50,3				Ganz still.
—10	51,8				Sausen und rollendes Toben.

U.	M.	A.	B.	C.	
—10	52,5			a	Grosses Brausen und Donnern, mit tiefstem Nachhall,
				(α)	Luft, Meer und Land erfüllend oder gleichsam durchdringend; der Rombo ertönt allseitig und für ihn ist keine Richtung angebbar.
—10	53,5			b α	Schwächere Wiederholung.
—10	54,5			a α	Ein neues sehr mächtiges Maximum.
—10	55,7		2	b	Brausendes Getöse, dazwischen heisere Töne; Wolke.
—10	58,0				Sehr still.
—10	58,5		2	b	Scharfes Rollen und Donner, Wolke.
—10	59,5		2	b	Genau dasselbe.
—11	0,2				Ganz still.
—11	0,6		2	h	Rollen und Brausen, Dampf, heisere gurgelnde Töne, Donner (überall ist die richtige Reihenfolge der Phänomene nach der Originalhandschrift vom 9. März hier wiedergegeben).
—11	3,5		2	b	Rollender Donner, Wolke.
—11	4,8		2	b	Genau dasselbe.
—11	6,8			b	Brausen und Donner.
—11	8,3			c	Rollen.
—11	8,8				Sehr still.
—11	9,5			c	Schwacher Lärm.
—11	10,3		2	a	Scharfes Brausen, Brüllen, Donner sehr gross, Wolke. d = 1 Min.
—11	11,5			a α	Grosser brausender Donner mit Bramido zuletzt.
—11	12,0			b α	Aehnlich.
—11	12,9				Sehr still.
—11	13,6			b	Brausen in kurzen Sätzen.
—11	14,3		2	a	Grosses Brausen und Dröhnen, Dampf.
—11	16,8			a	Grosses Brausen und Rollen. d = 30 S.
—11	17,2			a α	Ebenso, es folgt aber der Rombo.
—11	18,8		2	a α	Plötzlicher Donner und Brausen, sehr grosses Rollen und tiefster Rombo, wie vorher noch Keiner war; d = 1,1 Min.
—11	21,1		1	a	Plötzlicher krachender Donner, Wolke.
—11	22,1			a	Grosses, gewaltiges Rollen, zum Theil durch heulende Ansätze verändert, d = 1,9 Min.
—11	24,8			a α	Scharfes Brausen in Stössen; Donner höchst mächtig mit tieftönendem Nachhall.

U. M.	A.	B.	C.	
—11 26,8				Sehr still.
—11 27,4			a α	Plötzliches scharfes Rollen und Donnern mit Rombo. d = 1 Min.
—11 28,9			a α	Wiederholt dasselbe, sehr starker Rombo. d = 1,1 Min.
—11 30,7			a	Plötzliches Rollen, donnernde Stösse, d = 10 S.
—11 31,7				Stille von 10 S. Dauer.
—11 33,1			a	Brausen, Rollen, sehr grosser Donner. d = 3 Min. (jetzt weniger genaue Beobachtung).
—11 36,5			b	Rollender Donner.
—11 38,3			b	Plötzlicher rollender Donner.
—11 40,0			a	Grosser rollender Donner.
—11 42,4			a	Ebenso, aber von längerer Dauer.
—11 43,8		2	a	Plötzlicher rollender Donner, Wolke.
—11 46,9		3	a	Ebenso, geringere Wolke; dann langes Rollen.
—11 55,4		2	a	Plötzliches Rollen und Wolke.
—11 57,6			b	Schwächere Wiederholung des Getöses.
—11 59,8			b	Rollender Donner; die grosse Fumarole gelangt ins Zenith von Thera (jetzt wieder genaue Beobachtung).
0 11,2			b	Donner.
0 12,8			a	Grosser plötzlicher Donner.
0 13,7			a	Grosser brüllender und tönender Donner. d = 2 Min.
0 15,8			a	Derselbe wiederholt.
0 16,7			a	Ebenso.
0 17,7			a	Sehr mächtiger Donner, d = 1 Min.
0 19,9	III	1	a	Tiefer rollender Donner, grosser Aschen- und Dampfausbruch, eine sehr finstere krause Wolke. Die tiefern Lagen des Schalls mit scharftönigen Absätzen.
0 20,5				Ganz still.
0 22,4			b	Mässiger Donner, d = 1,7 Min.
0 25,1			a	Grosser langer Donner.
0 26,6		1	a	Plötzlicher Donner, Wolke.
0 27,9				Sehr still.
0 29,1		2	b	Rollen, Donner, Wolke.
0 30,7				Sehr still.
0 30,8			a α	Grosser Donner, tiefer Rombo, Brausen in Sätzen.
0 32,8				Sehr still.
0 33,0			a α	Grosser Donner und Brausen, tiefer Rombo, dieser von 1,5 Min. Dauer.

U.	M.	A.	B.	C.	
0	35,₅				Sehr still.
0	36,₄			a	Plötzlicher Donner und Brausen, sehr mächtig, 2 Absätze.
0	37,₅				Stille währt 15 S.
0	38,₆			a	Grosser Donner und Brausen, dazwischen sausendes Getön.
0	39,₈				Ganz still.
0	39,₉				Neuer Lärm und Brausen.
0	40,₇			a	Grosser mächtig rollender Donner.
0	43,₂		2	a	Ebenso, diesmal mit Dampferuption.
0	43,₉				Sehr still, d = 20 S.
0	44,₈			a	Starkes Rollen, Donner.
0	45,₇			b	Rollender Donner und Brausen.
0	47,₃			c	Aehnlich, aber schwächer.
0	49,₀			a	Starker rollender Donner.
0	50,₇			a	Sehr starkes Brausen und Donner.
0	53,₁			a	Sehr starker Donner, d = 2 Min.
0	55,₆			a	Nahe ebenso, höhere brausende Töne daneben.
0	57,₁				Fast still.
0	57,₃			b	Rollender Donner nebst hohen Tönen. Seefumarolen am Süd-Kap des Georg.
0	58,₁			a	Verstärkung des Getöses.
1	0,₁				Fast still.
1	0,₂			α	Rombo der Hauptsache nach; der sonstige Lärm unbestimmbar.
1	0,₉				Still.
1	1,₆			b	Donnern und Rollen.
1	3,₆				Still.
1	4,₁	III	1	a	Plötzlicher Donner und dicke Wolke, Asche und Dampf; seltsame, krachende, dann singende Töne dazwischen, von hoher zu tiefer Lage abwärts laufend. Dies hörte ich jetzt zum ersten Male, und nenne diese Phase hinfort den Tonwechsel.
1	6,₆			b	Sausen, Brausen, Stossen, Kochen; von hohen zu tiefen donnernden Tönen übergehend, oft metallisch klingend.
1	9,₁			b α	Noch ebenso; sehr tiefer drohender Donner und Rombo.
1	9,₄				Ganz still.
1	9,₇			a α	Neuer donnernder Ansturz mit ungewöhnlich tiefem

4*

U.	M.	A.	B.	C.	
					Nachhall, drohend und majestätisch das Krachen des Vulkans oben überbietend. Dafür fand ich keinen Maassstab mehr.
1	11,5				Still.
1	11,7			b	Das frühere Getöse schwächer und weniger gegliedert.
1	12,5				Still.
1	12,7			b	Der vorige Lärm wiederholt.
1	14,5				Fast still
1	15,3				Still $\}$ es dauert ein schwaches Sausen.
1	15,9			a	Grosser Donner und Rollen.
1	17,3				Still.
1	17,9			b	Gewöhnlicher Donner und Brausen.
1	19				Still.
1	19,4			a	Neuer Lärm mit tiefem Donner und einzelnen sehr starken Schlägen.
1	20,6				Still.
1	21,4			b	Wiederholt ähnlicher Lärm.
1	23,8				Ganz still.
1	24,3		a	α	Starker Donner und Bramido.
1	26		a	α	Wiederholt.
1	27,2				Sehr still.
1	29,4			b	Donner und Brausen, d = 10 S.
1	30,9			c	Schwacher Lärm.
1	31,5			α	Tiefes unterirdisches Tönen; der Rombo ganz allein. (Von jetzt weniger genaue Beobachtung.) (Auf Banko sahen die österreichischen Seeoffiziere niemals Steineruptionen bis jetzt.)
1	36,2			b	Polternder Donner, Vermehrung der Seefumarolen.
1	42,1		1	c	Schwacher Donner, grosse dichte Wolke.
1	45,9			b	Starkes Sausen und Kochen.
1	49,6		1	b	Tief rollender Donner, dichte Wolke.
1	54,8			a	Starker rollender Donner.
2	1,4			b	Mässiges Donnern und Brausen; es tritt für 18 Min. völlige Ruhe ein.
2	21,9			a	Plötzlicher sehr starker rollender Donner.
2	23,9			a	Genau derselbe Hergang.
2	26,4	III		d	Kaum hörbarer Donner, schwarze Aschen- und Dampfwolke.

U. M.	A.	B.	C.	
—		2	b	Stärkeres Getöse und schwächere Wolke.
2 32,9	III	1	b	Mittlerer Donner, sehr dunkle Wolke, dann langer Donner.
2 40,5	III	1	c	Schwacher Donner, grosse schwarze Wolke. d = 6 M.
2 48		1	c	Schwacher Donner, grosse weisse Wolke, mattes Brausen und Rollen.
2 48,6	.		a	Starker Donner, Brausen, Tonwechsel von hoch zu tief.
2 54,9			b	Sehr hohes Sausen, Toben; tiefer Donner, Tonwechsel von hoch zu tief und einmal umgekehrt, dann trommelnder Ton, sehr lautes siedendes Brausen, zum Theil metallisch klingend. d = 1,5 M.
3 1			a	Mächtiges Toben und Kochen; Tonwechsel. d = 1 M.
3 8,4			a α	Grosser heulender Donner in Sätzen, erstaunlicher Lärm mit Brausen, Rombo und Tonwechsel.
3 12,4			a α	Sehr lauter tönender und heulender Donner, wie lange kein ähnlicher war; tiefer Rombo.
3 16,4		2	c	Schwacher Donner, Wolke.
3 19,9		1	b	Donner und grosse Wolke. (Von jetzt an 52 Minuten nicht beobachtet.)
4 16,3		1	a	Plötzlicher grosser Donner und Wolke.
4 23,3		1	a	Genau dasselbe.
4 28,3			b	Lärm und tiefes Rollen.
4 33,3			α	Der Rombo allein, auch dann, wenn der Vulkan oben nur schwach braust; an 3 Orten Seefumarolen.
4 43,8			c	Brausen, und sonst wenig Lärm.
4 44,8			b α	Rollen und unterirdisches Hallen.
4 49,6		1	b α	Brausende Dampferuption und Bramido.
4 51,3		1	b	Tiefer Donner, grosse Wolke.
4 51,5			α	Sehr still; nur Sausen; dann wie ein unterirdisches Echo.
4 53			c	Schwacher rollender Donner.
5 —		2	c	Schwacher rollender Donner und Wolke. (Jetzt 19 M. nur beiläufig beobachtet.)
5 19			c α	Sausen und Kochen, dabei der tiefste ferne Rombo.
5 23			α	Der Rombo allein.
5 26,8			α	Rombo und Brausen.
5 30,3		1	b α	Donner und dichte Wolke, g = 27 Fuss. Dann der Rombo.

U.	M.	A.	B.	C.	
5	32,8			b	Sehr starkes unbestimmbares Toben.
5	35,1			b	Sausen in 3 kurzen Sätzen; Ende des vorigen Rombo.
5	35,7		3	c	Brausen und dünner Dampf.
5	37,7		3	c α	Ebenso, dann der Rombo.
5	38,9				Ganz still.
5	39,7			b	Brausen.
5	41,8				Still.
5	42,9		3	b α	Lärm, Brausen, dünner Dampf, Rombo.
5	47,7			b	Rollen.
5	50,7			b	Donner und rollender Lärm, wohl aus der südlichen Oeffnung.
5	56,2		3	b	Rollen und dünner Dampf. Die Fumarole nicht gross, jetzt prachtvoll rothbraun von der bald untergehenden Sonne erleuchtet.
6	6,4			a α	Brüllen, Brausen, lauter Donner, helles Heulen, Rombo. Feuerschein am Gipfel sichtbar.
6	12,7			b α	Kochen, Brüllen und Rombo.
6	14,6			b	Heulendes Brausen, Tonwechsel; ohne diesen letzteren dauert der Lärm 20 Min. Fumarole gross und dicht.
6	41		1		Dampfausbruch. Am Gipfel einzelne roth leuchtende Stellen.
6	58		1	a	Plötzlicher grosser Donner und Dampfausbruch. d = 8 M. (Die Offiziere der Reka auf Banko sahen den Auswurf von glühenden Steinen.)
7	11			b	Donner.
7	19,6			a	Beträchtlicher Donner.
7	26			a	Grosser tiefer Donner.
7	37				Brüllen.
7	53			·	Brüllen.
8	42				Die grosse Fumarole im Zenith von Thera.
9	4,15		1	a	Grosser tönender Donner und Dampfausbruch.
10	30		1		Eruption von Steinen (beobachtet auf der Reka).
11	30				Eruption (beobachtet zu Banko auf der Panope). Die Nacht tobte der Vulkan fort bei oft grossem Feuerscheine; es ward aber der Wind zu stark und ich gab die vielstündige Beobachtung auf.

U.	M.	A.	B.	C.	
					März 10.
— 1	45	III		a	Grosse Steineruption und Wolke (gemeldet von Banko).
— 3	30				Steineruption. (*Dekigala.*)
— 4	51			a	Sehr heftiges Getöse ohne kenntliche Eruption. d = 3 M.
— 5	1			b	Starkes Rollen und Toben. (Der Wind hindert sehr eine genaue Beobachtung.)
— 5	39			b	Donnern und Heulen.
— 7	24			a	Starker Lärm, Rollen dazwischen.
— 7	29			b	Rollen und Brüllen.
— 7	34			a	Grosses Rollen.
— 7	36			b	Lärm. 3 langgestreckte Seefumarolen.
— 7	54			a	Starker rollender Donner. Der Wind drückt die Vulkanfumarole östlich gegen Santorin, so dass sie, die Stadt oft einhüllend, auch den Vulkan unsern Blicken entzieht.
— 8	3,5			b	Rollender Donner.
— 8	15			b	Lärm und Rollen.
— 8	22,5			b	Brüllen, d = 0,5 M.
— 8	32			b	Trommelnder Lärm, Fumarole über 4 Meilen lang.
— 8	35			a α	Starker Lärm, Heulen in Stössen, der Rombo unten, der Donner oben.
— 8	39		1	a	Starkes Brüllen und Donnern, Dampferuption. Seit 15 Min. war keinerlei Pause.
— 8	40				Still.
— 8	46		2	b	Tiefer rollender Donner und Dampf.
— 8	51,5			b α	Schwacher Donner mit Rombo.
— 8	57			b	Starkes Brausen in Stössen und von langer Dauer.
— 9	9			b α	Tiefes Rollen und Kochen, grosser Rombo, d = 4,5 M. mannigfaltig wechselnd.
— 9	10			b	Brüllen und Donnern.
— 9	16			b α	Dem bekannten Tonspiel folgt Sausen in kurzen Sätzen.
— 9	19				Sehr still.
— 9	21			a α	Erst schwacher Lärm, dann Rollen, starker Donner, absteigend zum Rombo.
— 9	25				Ganz still.
— 9	25,5			b	Rollen und Brausen.
— 9	27,6		1	a	Donner stossweis, aber wie rauschend und weich, in 9 Sätzen.

U.	M.	A.	B.	C.	
—	9	28,8			Still.
—	9	31			Schwaches Sausen.
—	9	33,3		c	Schwacher Lärm.
—	9	37,3		c	Ebenso.
—	9	39,3		c	Schwaches Rollen.
—	9	42,1		c	Schwacher Lärm..
—10		1,8		c	Lärm. Die Gipfelfumarole stets beträchtlich.
—10		20,7		b	Rollen und Donner.
—10		47		c	Schwaches Rollen.
—10		51,5		b	Donner.
—10		54,5		b	Donner. (Von jetzt bis gegen 5 Uhr beiläufig beobachtet und zwar zwischen Thera und Athinio.)
11		40		b	Brausen und Kochen.
0		2			Lärm.
0		11,7		a	Grosses Rollen und Brüllen.
0		21		b	Rollen.
0		55		b	Donner.
1		6			Lärm.
1		13			Lärm (bei Athinio beobachtet).
1		46			Lärm; starke Seefumarole bei Phleva.
2		16		b	Brausen und Rollen.
2		28			Brausen.
2		34		b	Brausen und Donnern.
2		39,5		b a	Brausen und Rombo.
2		48,5			Lärm.
2		54			Lärm.
2		58,8	2	a	Starkes Getöse, Dampf.
3		1		a	Starkes Rollen und Brausen; an der West-Seite viel Dampf.
3		8	2	a	Plötzliches starkes rollendes Brausen und Dampf.
3		22		a	Krachendes Getöse.
3		25,5		a	Plötzliches krachendes kurzes Getöse.
3		48			Viel Brüllen und Lärm.
4		1	1		Dampfausbruch ohne verstärkten Lärm.
4		20			Brausen.
4		23			Desgleichen.
4		25			Brausen. (Unterwegs behielt ich den Vulkan stets im Auge.)

U.	M.	A.	B.	C.	
4	53				(Wieder im Epitropeion beobachtet.) Getöse.
5	13			b	Starkes Brausen.
5	34				Seefumarolen ansehnlich.
5	35			c	Schwaches Rollen.
5	51				Lärm; es trat nie völlige Ruhe ein.
6	6			b	Stärkeres Rollen.
6	11				Brausen und Kochen.
6	14			a	Starker plötzlicher Schuss; d = 1 S. Feuerschein wird jetzt sichtbar.
6	15,5				Rollen, d = 7 S.
6	21,5				Brausen.
6	34				Brausen und Rollen.
6	44			b	Schwaches Brausen, kurzer Donner.
6	49				Brausen. Am Gipfel des Georg ein glänzendes Licht; entweder ein Glutblock oder austretende Lava.
8	48				Berg sehr unruhig, stetes Brausen.
10	14			b α	Lautes Brausen, Tonwechsel und Bramido. Seit Stunden braust der Vulkan mässig bei grossem und prächtigem Feuerscheine. Am Fernrohre beobachtete ich mit Professor *Mitzopulos* die markirten blauen Flammen, die am Nordost-Rande des Gipfels bei starken Dampferuptionen auflodern.
10	27				Stärkeres Rollen und Brausen.
10	56			b α	Starkes Rauschen und Brausen, dann Rombo. Am Fernrohre bei α blaue Flammen auf dem rothen Hintergrunde, bei β δ γ Glutstellen vor dem dunklen Gipfel, darunter ich die Gruppe γ bestimmt für drei Lavabrüche erkläre, indem ich vollkommen dieselbe Erscheinung, und zwar auch teleskopisch, am Vesuv gesehen habe. Länge der Flammen zuweilen 5 Bogenminuten oder 5,2 Meter. Die folgende Zeichnung gibt die Lage gedachter Punkte.

Figur 1.

U.	M.	A.	B.	C.	
11	9			b α	Starkes Brausen, dann Bramìdo. Es erscheinen bei Ausbrüchen geradlinige Büschel blauen Lichtes.
11	17			b α	Starkes Brausen, dann Bramìdo.
11	18			b α	Wiederholung. Heftiges Ausstrahlen rother und blauer Büschel bei α (stets teleskopisch beobachtet).
11	25			b	Brausen.
11	28			b	Brausen.
11	30			b α	Brausen, schwacher Rombo. Die ganze Nacht war der Vulkan unruhig, mit vielem Feuerschein.

März 11.

U.	M.	A.	B.	C.	
—	6 46		1	a	Plötzlicher helltönender starker Donner; Dampferuption aus der südlichen Oeffnung.
—	6 49				Sausen, d = 15 S.
—	6 57			b	Lebhaftes Brausen, d = 1 Min. Fumarole schmal, h = 500 Meter.
—	7 —			b	Starkes Brausen von langer Dauer; Seefumarolen.
—	7 11				Rollen, Kochen und Toben.
—	7 25			b	Starkes Brausen und Kochen.
—	7 29				Aehnlich, und Donnern.
—	7 31				Pfeifendes Heulen.
—	7 44				Brausen.
—	7 55				Seltsam tönendes Heulen.
—	8 23			b	Starkes Brausen in Absätzen.
—	8 49			b	Starkes Brausen und Rollen, d = 5 M.
—	8 59			b	Ebenso.
—	9 11			a	Schuss und Brausen.
—	9 49				Vulkan sehr unruhig. (Später auf See und an andern Orten beobachtet.)
0	20		2		(Auf Paläa Kaymeni.) Schwache Dampferuption.
1	53	IV	2	b	„ „ „ Schwache Aschen- und Dampferuption.
2	49			b	„ „ „ Starkes Brausen.
3	28				(Epitropeion.) Der Berg ist stets unruhig.
3	34		1	a	Sechsmaliger harter Donner, Wolke.
3	36			a	Schuss und Brausen.
4	30			b	Starkes Rollen.
4	35			b	Wiederholt.
4	42			b	Ebenso.

T.	M.	A.	B.	C.	
4	54			b	Ebenso; der Dampf nur geringe.
4	59				Pfeifen.
5	3			a α	Bedeutendes Rollen, Brausen und Rombo. d = 1,5 M.
5	11				Rollen.
5	15				Rollen.
5	20				Wiederholt.
5	21			a	Krachen und Donner.
5	24				Rauschen und stetes Rollen.
5	30			b α	Brausen und Bramido.
5	40			α	Bramido allein. d = 1 M.
5	43			α b	Bramido (Rombo) und Brüllen.
5	45			c α	Schwaches Rollen und Dramido.
5	48			a	Starkes Brausen und Rollen; der Südwind stört die Beobachtung.
6	12			b	Starkes Getöse.
6	15			b	Donner und unbestimmter Lärm.
6	19				Erster Feuerschein; oft Tonwechsel.
6	45			a	Grosser heulender Donner; Schwefeldampf im Hause.
6	52			b	Grosses Brausen und tiefer Kesselton. Ausstrahlung rother und blauer Lichtbüschel.
7	5			a	Sehr grosses Brüllen und ganz kleiner Steinwurf (dieser nur teleskopisch gesehen von *Mitzopulos*).
8	30				Lärm, sehr tiefer Donner und Brüllen.
10	8			a	Sehr starkes Rollen. Der Vulkan oft mit grossem Feuerschein, oft verhüllt, oft lange tobend.

März 12.

T.	M.	A.	B.	C.	
— 5	46			a	Starker Donner und Brüllen. Fumarole sehr gross. Getöse nur nach langen Pausen hörbar. Seefumarolen südlich ansehnlich. Es sind viele zum Theil seltsame Tonarten hörbar. Bis — 10 Uhr, als ich nach Apanomeria ritt, kam nichts von Bedeutung vor. Auch im weitern Verlaufe des Tages, da wir den Vulkan stets im Auge hatten, zeigte sich keine grössere Erscheinung. Ebensowenig Nachts.

März 13.

T.	M.	A.	B.	C.	
					Ein ganz heiterer windstiller Tag.
— 5	45				Eine Eruption; später noch 2 andere (gemeldet von *Palasca*).

60

U. M.	A.	B.	C.	
— 7 —				(Apanomeria.) Die grosse herrliche Piniengestalt der Fumarole, mit doppeltem Stamme aufsteigend vom Georg und von der Aphroessa, schneeweiss am tiefblauen Himmel, schätzte ich auf 900 Meter Höhe. *Palaeca* mass sie später zu Thera und fand die Höhe 2086 Meter. Der von Jos kommende Dampfer bringt uns nach Therasia, wo einige Stunden lang die Beobachtungen ausgesetzt wurden.
0 53		1	a	(Therasia.) Wahrscheinlich eine grössere Eruption mit Brausen.
3 17				(Auf See bei Paläa Kaymeni) helles Sausen.
3 45			a	„ „ „ „ „ starkes Brausen, wenig Dampf, starke Seefumarolen.
7 26				(Epitropeion.) Fumarole sehr klein, Feuerschein ansehnlich, selten mattes Brausen. Teleskopisch betrachtet zeigen sich am Georg weder Flammen noch Glutblöcke.

März 14.

U. M.	A.	B.	C.	
— 0 15		1	a α	Lautes helles Brausen und Rombo, Dampf. d = 1 Min.
— 2 —		1	a	Starkes Brausen und Dampf, Fumarole mässig.
— 6 —			a	Starkes Brausen. (Von hier an genaue Zeiten.)
— 7 51,5	IV		a	Donner und kleiner Aschenausbruch. (*Palaeca* meint, auf Aphroessa.) Diese liegt nämlich, vom Epitropeion gesehen, westlich hinter dem Georg verdeckt.
— 8 11,2		2	b	Kleine Dampferuption, Rollen, starkes Kochen und Sausen, dann Donner. Keine Seefumarole.
— 8 14,5		2	b	Ebenso; dann Tonwechsel von hoch zu tief.
— 8 19			c	Schwaches Getöse.
— 8 22,2			b	Dumpfer Schuss, Rollen.
— 8 25,5			c	Schwacher Lärm.
— 8 28,7			b	Starkes Brausen.
— 8 40,5			b	Brausen.
— 8 42,8	III		a	Plötzlicher Schuss, Donner, Ascheneruption.
— 8 46,5			b	Starkes Brausen.
— 8 51,5			b	Brausen und Rollen, Tonwechsel.
— 8 53			b	Wiederholt.
— 8 55,1			b	Ebenso.
— 8 56			b	Kurzer Donner.

U.	M.	A.	B.	C.	
— 8	57,5			c	Kleiner Donner.
— 9	0,5				Heulen.
— 9	4,5				Lärm von unbestimmbarem Charakter.
— 9	8,5				Solcher wiederholt.
— 9	13				Ebenso.
— 9	15,5			b	Rollen und Brausen.
— 9	18,6				Heulendes Tönen, Rollen, Singen und Krachen. (Beobachtungen unterbrochen für einige Zeit.)
— 9	40,5				Brausen und tiefes Rollen; Dampf sehr gering.
— 9	44				Rauschen.
— 9	47				Ebenso.
—10	8				Brausen mit Tonwechsel.
—10	10			a	Sehr starkes Brausen.
—10	35,5	IV		a	Plötzlicher Donner und Ascheneruption; das Toben dauert lange.
—10	49,5			a	Starker Donner; die Nordseite des Vulkans erscheint am Fernrohre schwefelgelb.
1	8,5	IV	1	a	Plötzlicher Donner; Aschen- und Dampfausbruch, etwas zweifelhaft.
1	16,5			a	Starker Donner.
1	24,5				Helles Heulen.
1	35,5				Grosse Staubwolke, da viel an der Ostseite des Georg herabstürzt.
1	36,5				Helles Heulen zwischen sonstigem Lärm.
1	55,5			b	Starkes Toben.
2	42,5			b	Brausender Donner; Vulkan sehr unruhig.
2	58			b	Donner.
3	41,5			a	Starker Donner und Rollen.
4	5,5				Lärm. (Der Wind wird sehr störend.)
5	20,5			a	Grosser Donner; ohne Aufhören dauert das Toben bis 9 Uhr und später. Sturm und Brandung der See waren Nachts indess meist stärker als der Lärm des Vulkans. Feuerschein mässig.
10	1,5			a	Harter Donner, vom Berge wenig sichtbar. Durch wiederholte Vergleichung mit dem alten Conus fand ich heute die Höhe des östlichen Plateaus am Georg = 42 Meter.

U.	M.	A.	B.	C.	**März 15.**
—	6 56,5		1	a	Plötzlicher Donner, starker Dampfausbruch.
—	6 58			a	Starkes tönendes Heulen.
—	7 10				Brausen.
—	7 15				Fumarole gross, 10° zur See geneigt.
—	7 21			a	Starker Lärm, Donner in Stössen.
—	7 30		1	b	Rollen, Dampf aus der nördlichen Oeffnung.
—10 28					Lärm.
—10 30			2	b	Donner und Dampferuption nördlich.
—10 38				b	2mal Donner.
—10 43			1	a	Starker Donner, starke Dampferuption nördlich. Schwefeldampf in Thera.
1 22,5				b	Getöse und Donner.
1 28,5					Heulen.
1 42					Brausen.
2 18		III		a	Plötzlicher starker Donner; es regnete Asche über Thera und solche drang auch in unser Haus. Ich selbst sah die Eruption nicht, die Andere wahrnahmen und notirte nur den Schall.
4 25					Fumarole sehr bedeutend, hier und da auch Seedämpfe. Stark der Dampf über den Tümpeln, östlich bei den 2 Kirchen am Georg. Aus der Vulkanfumarole fallen Regentropfen in Thera, die auf den Fensterscheiben feine Aschenringe und Flecken zurücklassen.
8 15					Fumarole klein, meist den Feuerschein verhüllend. Es blitzt über Kreta.
9 22					Berg sehr verhüllt, Feuerschein ansehnlich, keine Lava und keine Flammen. Seit vielen Stunden Schwefelgeruch im Hause.
11 32				a	Grosser Donner, viel Feuerröthe.
11 40				b	Starkes Heulen und Donnern.
11 51				b	Brüllen und Donnern.
12 —				a α	Starkes Heulen und Donnern mit Bramido. Die ganze Nacht Schwefeldampf im Hause, mitunter war der Geruch sehr dem frischgekochter Eier ähnlich.
					März 16.
—	7 17				Berg still, Fumarole mässig stark.
—	9 30				Fumarole sehr klein, schwaches Brausen, so viele Stun-

U.	M.	A.	B.	C.	
					den lang, als wir uns in der Nähe des Georg und der Aphroessa an Bord der preussischen Korvette Nymphe befanden. Die Südseite des Georg mit schwefelgelben Effloreszenzen bedeckt; daselbst 30 weisse Fumarolen.
5	15				Starke Explosion. (*Dekigala*.)
6	49				(Epitropeion.) Der Vulkan wird unruhig.
8	—				Starke Explosion. (*Dekigala*.)
8	40				Lärm, Feuerschein mässig, Dampf sehr gering.
9	15	·	1		Dampferuption (mitgetheilt von *Palaeca*).
10	54				Eine Eruption („ „ *Palaeca*).
11	6				Es ist wenig zu hören und zu sehen.

März 17.

U.	M.	A.	B.	C.	
—	1 —				Der Vulkan gibt nur kurze brausende Töne. Feuerschein und Dampf mässig.
—	6 —				Längere Zeit Brausen. Fumarole kurz und weiss.
—	7 45				Fumarole ansehnlich. (Nun viele Stunden lang anderswo beschäftigt.)
5	9				(Athinio.) An der Westseite viel Dampf.
5	56				Lärm.
7	4			b	Tiefes Rollen von langer Dauer; .ochen und Trommeln. ˙ Dampf gering.
9	45				Lärm.
10	20			a	Starker Donner und Brausen; grosser Dampf und viel, oft verhüllter Feuerschein.
10	46				Brausen und tiefes Trommeln.
10	47				Derselbe Lärm, grosse Fumarole.

März 18.

U.	M.	A.	B.	C.	
—	2 55			a	Grosser Lärm, Donner, d = 1 Min.
—	6 52				Fumarole sehr ansehnlich.
—	8 55			c	Schwaches Brausen.
—	9 27				Lärm.
—	9 41		1	a	Donner, grosser Dampf.
0	43		2	a	Starkes Brüllen, schwacher Donner, Tonwechsel, Dampf.
0	52			b	Aehnlich wiederholt; sehr tiefer Ton.
2	19				Schall selten hörbar, sehr wenig Dampf.
3	4				Donner.

U.	M.	A.	B.	C.	
3	30				Lärm, vermehrter Dampf.
4	7				Rollender Donner, d = 1 Min. Fumarole bedeutend vergrössert.
4	17				Tiefes Brausen und Rollen.
5	11				Donner, sehr grosse dichte Dampfsäule; Seefumarolen am Süd-Kap des Georg. Viel mochte diesmal von Aphroessa herrühren. Der Wind sehr störend.
·5	58			b	Donner, Dampf sehr stark.
6	37				Ungewöhnlich grosser Dampf, vielleicht meist von Aphroessa, die für uns durch den Georg verdeckt wird. Ihre Fumarole liegt westlich hinter dem Gewölk des Georg.
6	46				Die Dampfmenge ist ausserordentlich. *Palasca* meint, dass der heute 0,4 Meter höhere Stand der See die Ursache davon sei.
8	5			a	Starkes Brausen und Rollen, Tonwechsel, grosser Dampf.
8	12			a	Starker Schuss.
8	37				Wegen der Lage des Dampfes erscheint kaum eine Spur des Feuerlichtes am Gipfel.
9	4				Brausen, sehr tiefer Donner, einzelne heulende Töne.
9	12				Derselbe Lärm. d = 1 Min.
9	21			d	Sehr schwaches Rollen. d = 1 Min.
9	37	2		a	Starker rollender Donner, Dampf. d = 0,7 Min.
9	57			c	Schwaches Rollen.
10	15			a	Grosser Donner. d = 0,5 Min.
10	19			b	Donner. d = 0,25 Min.

März 19.

—	1 —			a	Donner.
—	2 36			a	Donner.
—	6 17			b	Langer Donner.
—	6 27			a	Starker Donner, d = 2 Min.
—	6 30			a	Starker brausender Donner, d = 1,5 Min.
—	6 32			a	Starker Donner und Heulen, d = 0,7 Min.
—	6 37				Seltsam heulende Töne.
—	6 41				Rollen.
—	6 43				Heulen und Sausen.
—	6 50				Rollen; sehr starke Seefumarolen.
—	7 —				Längerer Donner.

U.	M.	A.	B.	C.	
— 7	12				Brausen.
— 7	23				Fumarole nicht bedeutend; einigemal unvollkommene Ansätze zu Siphonen, Schwefelgeruch im Hause.
— 8	2			b	Brüllen und Rollen. Fumarole des Süd-Kap ansehnlich. Seefumarolen.
—10	48			b	Rollen und Donner.
—11	—			a	Starkes Getöse.
—11	2,7			a	Sehr grosser brüllender Donner, d = 0,6 Min.
—11	23,7			b	Rollendes Getöse, Dampf gering. Süd-Kap-Fumarole selten sichtbar.
—11	51				Dampf sehr unbedeutend.
0	10,7			b	Rollen und Donner.
0	20,1			b	Brüllen und Donner, Fumarole kaum 30 bis 40 Meter hoch.
2	27,2			c	Schwacher Donner.
2	45,2				Lärm.
3	17,7				Lärm. (Jetzt einige Stunden nicht beobachtet.)
6	55			c	Brausen und Kochen, Feuerschein sichtbar. Dampf sehr gering.
7	27			b	Stärkeres Rollen.
7	51			b	Aehnlich wiederholt, sehr tiefe Töne dazwischen.
8	27			b	Stärkeres Heulen.
8	30			b	Starkes Brausen. d = 1 Min.
8	37				Heulende und hohe pfeifende Töne.
8	43,2		2	a	Plötzlicher grosser Donner, Brausen und Heulen; Dampferuption ohne Steine, wie ich am Fernrohr bemerkte; Dampf gering. Es folgt langes helles Pfeifen.
8	45,7			a	Tiefer gewaltiger Orgelton, dann helles Pfeifen.
8	50,2				Schwächeres Pfeifen. Die Spiegelung des Lichtes der Mondsichel im Meere ist 5 oder 6 mal heller als die des Vulkanfeuers.
9	5				Hohes helles Pfeifen, nur selten unterbrochen.
9	30			b	Tief tönendes Brausen.
9	47				Brausen.
9	53				Brausen.
9	55,7			a	Starkes Brausen.
10	18				Brausen und Rollen.
10	31			a	Grosses Donnern und Toben. d = 0,5 Min.

U.	M.	A.	B.	C.	**März 20.**
—	1 15			a	Vom starken Lärm erwacht, fand ich den Vulkan in gewöhnlichem Zustande.
—	2 30			a	Grosses Getöse.
—	6 30			a	Donner, d = 0,7 Min.
—	6 38				Heulender Lärm. d = 0,5 Min.
—	6 40			b	Tönender Donner, und sonst vielartiger Lärm. d = 3 Min.
—	6 45				Donner. d = 0,3 Min.
—	6 47,5			a	Tönendes Rollen in Sätzen, Dampf sehr gering.
—	7 5				Tönendes Trommeln.
—	7 7		2	b	Brausen, Rollen und Toben; weisser Dampferguss.
—	7 11		2	b	Lärm und Dampferuption.
—	7 19		2	b	Noch 3 andere, und etwas schwächer.
—	7 22		2	b	Donner und Dampfströmung; tönendes Rollen.
—	7 45				Sehr viel Lärm, geringer Dampf.
—	7 48		1	a	Starkes Brüllen und Dampferuption, Gipfelfumarole stets sehr klein.
—	7 58			a	Grosses tönendes Brausen, nur selten völlige Ruhe; mitunter helles hohes Pfeifen.
—	8 38,5		2	b	Plötzlicher Donner, Dampferuption.
—	8 51		2	a α	Grosses Getöse, Dampferuption, dann Bramido.
—	9 1		2	a	Starker Donner und Dampf.
—	9 8				Rollen und Pfeifen.
—	9 13,5			a	Starker Lärm.
—	9 29,5		2	a	Grosses Rollen und Brausen, Dampfausbruch.
—	9 33		2	a	Aehnlich wiederholt.
—	9 38			b	Starkes Brausen.
—	9 41		3	b	Grosses Brausen und Heulen, Tonwechsel, schwache Dampferuption.
—	9 51	IV	1	a	Plötzlicher Donner, dicker Dampf mit Asche. Pfeifen.
—	9 52	IV	2	b α	Schwächere Wiederholung, nach welcher der Rombo folgt.
—	9 53,2		2	a α	Grosser Donner, Rombo; schwacher Dampferguss. d = 1,5 Min.
—	9 56,8			b	Plötzlicher Donner.
—	9 58,2		1	a α	Rollender Donner, Bramido, zum Theil sehr laut und mächtig; dann Tonwechsel; Dampf. d = 2 Min.
—	10 4			c	Schwaches Brausen.

U.	M.	A.	B.	C.	
—10	9,5			a	Ein starker Kanonenschuss, sehr auffallend zwar, doch nur vom Vulkane ausgehend.
—10	35			b α	Viel Lärm, Donner und Bramido.
—10	39,5			a	Grosses Rollen und Donnern, Fumarole unbedeutend.
—11	4				Stetes Brausen; tiefe Orgeltöne.
—11	8				Dasselbe wiederholt.
—11	9,3				Rollender Donner und Kochen.
—11	19,1			b α	Brausen und Rollen, d = 0,5 Min., Tonwechsel, Bramido; dann bellendes Brüllen und ausserdem noch seltsam sausende Töne, ein besonders reiches Schallphänomen.
—11	23,3			b α	Sehr tiefer Rombo und Orgelton.
—11	24,5			α	Tiefster Rombo, und davon verschieden, andere tiefe Töne.
—11	27,8				Lärm.
—11	30,6				Wiederholt.
—11	35,5				Ebenso.
—11	38,5			b	Grosses Kochen und Brausen.
—11	39,3			a	Starker Schuss.
0	39,5		1		Dampferuption; dann schwacher Lärm; Fumarole gering. Am Süd-Kap keine Fumarole. Es ward nun lange Zeit nicht beobachtet.
5	30,5		3	c	Schwacher Donner, kleine Dampferuption.
5	45		3	c	Aehnlich wiederholt.
5	47		3	b α	Aehnlich; Rombo; alle Dampfbildungen auffallend gering, vielleicht schwächer denn je zuvor.
5	52				Kurzes Aufkochen.
5	55		3		Schwache Dampferuption.
6	1,5			b	Rollen und Brausen. d = 2,2 Min. Fumarolen der Nord-Seite sehr klein.
6	8			a α	Starkes Brausen und Donnern mit Rombo und Krachen. d = 1,5 Min.
6	38,5		3		Schwacher Dampfausbruch.
6	51,5		3		Aehnlich.
7	0,5		3		Nochmals wiederholt.
7	2,5		2		Stärker wiederholt.
7	6,5		2		Aehnlich dem Vorigen.
7	11,5		2		Aehnlich; teleskopisch betrachtet erfolgten kleine Steinwürfe.

5*

U.	M.	A.	B.	C.	
7	23,5			b	Starkes Rollen, d = 2 Min. (Jetzt 3 Stunden lang nicht beobachtet.)
10	22,5		2		Dampferuption. Feuerschein mässig; das freie Auge erkennt in ihm theilweis blaugrünes Kolorit, herrührend von kleinen Flammen, die deutlich, wie sonst schon, am Fernrohr gesehen wurden.
11	53,5		1		Starker Dampfausbruch.
11	59,5		1		Ein solcher mit ganz schwachem Steinwurfe. Professor *Mitzopulos* und meine Beobachtung am Fernrohre ergab hinsichtlich der Flammen die frühern Resultate; die Flammen sind von grosser Dauer.

März 21.

U.	M.	A.	B.	C.	
— 0	7,5		2		Dampfausbruch.
— 0	11		1		Starke Dampferuption. d = 1,5 Min. Am Fernrohr sieht man schön rothe Flammenspitzen. Es zeigen sich am Gipfel rothe Punkte und Streifen, deren einige Lavatropfen oder kleine Bäche waren.
— 0	21		3		Schwache Ausströmung; der Berg ist ungewöhnlich still.
— 0	24,5		2		Aehnlich, doch stärker der Dampf.
— 0	28,2		3		Schwache Eruption mit bläulichen Flammen.
— 0	32		3		Dieselbe Erscheinung, wie die vorige am Fernrohr beobachtet.
— 0	36,7		2		Eine stärkere; die Flammen schön und deutlich auf dem rothen Hintergrunde sichtbar.
— 0	35,5				Getöse.
— 0	50				Ein glänzender Lavatropfen aussen am Gipfel sichtbar.
— 0	50,5		2		Dampferuption.
— 1	0,5		2	b	Dampferuption, Orgelton, Fumarole nicht bedeutend.
— 7	6,5		3		Kleine Dampfströmung, Fumarole schwach; oft stossweiser Lärm und Brausen.
— 7	26,5		2		Dampferuption.
— 8	3,5	IV	1	c	Schwaches Rollen; schöne Eruption, zum Theil mit Asche. d = 3 Min.; helles pfeifendes Heulen.
— 8	6,5		3		Kleine Dampferuption.
— 8	15,5			b α	Brüllen in Sätzen, Rombo.
— 8	42		3		Kleine·Eruption.

U. M.	A.	B.	C.	
— 8 48,5	2	b	α	Polterndes Getöse, Orgelton und Bramido, Dampf-eruption.
— 8 55,5		a	α	Bedeutendes sehr tiefes Getöse in Stössen, zum Theil Orgelton und Bramido, dieser dem fernen Gewitter-donner einigermaassen ähnlich und oft gleichzeitig mit dem obern Lärm, oft allein. $d = 5$ Min.
— 9 35,5			a	Schuss. Jetzt gingen wir an Bord der Korvette Nymphe. Die Südseite des Georg ist sehr steil, vielleicht gegen 50^{0}, und ganz schwefelgelb gefärbt. Mehr als 30 Fumarolen steigen dort empor. Nachts waren wir in Akrotiri, wo der Feuerschein des Vulkans sich sehr unbedeutend ausnahm.

März 22.

Im Süden Santorins, bei Exomyti, bei der Echendra, fanden wir in Menge die schwarze Asche, welche die Eruptionen seit Februar 20. auch hierher getrieben hatten. Morgens war der Vulkan still.

U. M.	A.	B.	C.	
2 —	1			Starke Dampferuption, mitgetheilt von *Palasca*.
5 —				(Bei Athinio.) Sehr grosse dichte Fumarole.
8 30				Starker Feuerschein, sehr grosse Fumarole; (von hier im Epitropeion beobachtet). Nachts braust der Vulkan wie gewöhnlich. Seit 9 Uhr war die Fumarole sehr gering, demungeachtet der Feuerschein doch sehr ansehnlich. Am Fernrohr zeigten sich keine Steinwürfe.

März 23.

U. M.	A.	B.	C.	
— 0 52,3			a	Starkes Toben, grosser Feuerschein.
— 1 28,3			a	Starker Lärm.
— 1 35,3			a	Grosser heulender Donner; Dampfsäule bedeutend.
— 1 55,2			a	Starker Lärm, $d = 0,2$ Min.
— 1 57,8			b	Donner, $d = 0,15$ Min.
— 2 10,2			a	Starker Donner, $d = 5$ S.
— 2 41,2			a	Sehr starker Donner, $d = 1,5$ Min.
— 7 —				Sehr hohe Dampfsäule, grosse Nordfumarole, 2 See-fumarolen. Getös selten und mässig.
— 7 36				Berg unruhig, doch nicht laut.
— 8 16,2			b	Beträchtlicher Lärm, Brausen und Toben, seltsame tiefe Kesseltöne, zum Theil dem Donner ähnlich.

U.	M.	A.	B.	C.	
— 8	17				Auf dem Meere bei Phleva dichte Fumarolen, darunter ausgezeichnete rotirende Siphonen, deren Basis, sich drehend, mit dem Winde fortziehen; von unten her beginnt das Schwinden.
— 8	57,2			a	Starkes Getöse.
— 9	9,2	2		a	Starkes donnerndes Rollen und Dampf.
— 9	12,7			b	Lärm.
— 9	13,7			b	Ebenso, lange fortdauernd.
— 9	55,2	2		b	Donnerndes Rollen, wenig Dampf; die Süd-Kap-Fumarole stark.
— 9	55,9	1		b	Donner, dichter Dampf; die sonstigen Fumarolen auf Georg nur 30—50 Meter hoch. (Beobachtung unterbrochen.)
1	15,7	2		b	Starkes Brüllen, Dampferuption.
1	22,7	2		b	Derselbe Hergang.
1	42,5	3			Schwache Eruption.
1	43,8	2			Eine stärkere. Seit Stunden fehlen die Seefumarolen.
2	3,2	2		b	Lärm und Dampferguss.
2	14,2	2		b	Rollen und Dampf.
2	18,2			a	Grosses Toben und Kochen.
2	24	2		b	Lärm und Dampferuption.
4	—				Fumarole am Süd-Kap des Georg bedeutend.
5	19,2	1	a	α	Starker Donner, grosse Dampferuption, Kochen und Bramido, Seefumarolen schwach, kleine Siphonen.
6	5				Lärm.
6	6				Sausen und Sieden (nun 1 Stunde nicht beobachtet).
7	6	1			Dampferuption.
7	40,7	1			Ebenso.
8	27,2	1			Eine ähnliche; kleine gab es vorher noch manche.
8	55,2	2			Dampferguss.
8	56,2	2			Desgleichen.
9	11,2	1		b	Tiefer Donner, starke Dampferuption, schwacher Steinwurf; dieser letztere von *Mitzopulos* beobachtet.
9	17,2	1			Aehnliche Erscheinung.
9	50				Kleine Eruptionen häufig; am Fernrohr sehen wir vielfach die Flammen, doch wenige schwache Steinwürfe.
10	30				Besonders lange und starke blaue Flamme auf Georg. Nachts war der Berg meist still.

U.	M.	A.	B.	C.	
					März 24.
— 6	47				Seefumarolen stark, zumal am Süd-Kap des Georg.
— 6	53,₅		2	b	Rollen und Dampferuption.
— 6	55				Schwaches Heulen. Die grosse Fumarole besteht aus getrennten Cumuli.
— 6	57		3		Dampferguss. Seefumarolen verstärkt; Nordfumarole ansehnlich, unvollkommene Siphonen.
— 7	12,₅		3		Kleine Eruption. (Von hier an einer Exkursion wegen lange nicht beobachtet.)
11	—				(Auf dem grossen Elias.) Nachts erscheint das Feuer nicht bedeutend; das Getöse auch hier hörbar.
					März 25.
— 8	27			a	(Grosser Elias.) Starkes Brausen, die mächtige Fumarole 1200 Meter hoch und sehr dicht. Von diesem Standpunkte gesehen ein grossartiger Anblick. Das Vulkangewölk wirft tief dunkle Schatten auf die See. Das obere abgelenkte Ende des Dampfes 4 Meilen*) lang. Seefumarolen stark, das Süd-Kap stark dampfend, der Lärm ohne Pause.
—11	37				(Epitropeion.) Sehr mächtige Dampfsäule, sehr tiefe Schatten auf See. Ueber dem Süd-Kap ein Sipho, der, oben beginnend in der Fumarole, bandförmig herabhängt und einen Halbring bildet.
1	7				Brausen und sehr tiefes Brüllen; gewaltige Fumarole, Tonwechsel von hoch zu tief und umgekehrt.
11	40				Fumarole sehr mächtig, schöner grosser Feuerschein, stetes Brausen und Kochen. An der Basis hat die Säule 120 Meter Breite und bis 200 Meter aufwärts ist sie roth erleuchtet. Am Fernrohr nie glühende Steine sichtbar. Aus der mehrere Meilen langen

---

*) *Dekigala* fand einmal, als er sich auf der Christianiinsel, südwestlich von Santorin befand, die sehr mächtig entwickelte Fumarole 25 Seemeilen lang. Da viele Angaben vorliegen, dass der Vulkandampf, wenn er in sehr grossen Eruptionen hoch aufstieg, in Syra und in Kreta gesehen ward, so war er also über einen Theil der Erde von 150 Seemeilen Durchmesser kenntlich. Ich finde, dass man im Maximo 200 Seemeilen annehmen darf. Für den Donner des Vulkanes lässt sich 100 bis 120 Seemeilen Durchmesser für das Gebiet rechnen, wo er gehört werden konnte, doch nur in seltenen Ausnahmefällen.

U.	M.	A.	B.	C.	
					Fumarole fallen zu Thera, und zwar bei sonst klarem Himmel, Regentropfen, eine Erscheinung, die ich schon am Vesuv wahrnahm.
					März 26.
—	0	22	1	a	Plötzlicher Donner, Dampferuption; später noch oft dergleichen, aber der Süd-West-Wind war zu stark, um genügend hören zu können.
—	6	56	2		Dampferuption.
—	7	6	2		Ebenso.
—	7	12	2		Desgleichen. Fumarole gross, sehr vom Winde zerrissen; in Thera viel Schwefeldampf.
—	7	29			Getöse; sehr grosse Dampfsäule.
—	9	31		a α	Dampf, Brüllen, Bramido.
—	9	48		a	Starkes Brüllen.
—	9	41₍₆₎		a	Ebenso.
	1	1		c	Schwaches Getöse, grosse Fumarole.
	3	2	2	b	(Auf See, an Bord der Panope.) Lebhaft tobende Dampferuption; deren noch viele, als wir zum letzten Male das Gebiet unserer ersten Arbeiten betraten, welche Februar 20. so plötzlich waren unterbrochen worden. Wir überschritten das mit sehr grossen aschfarbigen Blöcken und mit tiefer Asche bedeckte Gebiet von Vulkano, von den zertrümmerten Häusern bis zu der kleinen westlichen Kapelle, die, ganz von Blöcken zerschlagen, nur eben noch zusammenhing. Zwischen ihr und dem östlichen Fusse des Georg war noch bequem Raum, um hindurch zu gehen; es gab dort kein dampfendes Wasser mehr. Aber von den mehr östlichen Tümpeln war der grössere noch vorhanden und die Bodensenkung war nicht merklich vorgeschritten, da mir die Veränderung des Küstenprofils hätte auffallen müssen. Der Lärm des Vulkans in unmittelbarer Nähe war doch so beunruhigend, dass wir uns auf einige flüchtige Temperaturbeobachtungen beschränkten, an Bord zurückkehrten und die Reise nach Jos, Amorgos, Syra und Athen antraten.

III.

Fremde Beobachtungen

seit 1866 März 27.

Vom obigen Datum bis Januar 1868 gebe ich nun eine kurze Uebersicht der Erscheinungen der vulkanischen Thätigkeit, und zwar nach den gedruckten und handschriftlichen Mittheilungen, die mir darüber vorliegen. Im Voraus mag bemerkt werden, dass es keinen Tag gab, an welchem sich der Vulkan nicht in grosser Aktion befunden hätte. Da aber kein Beobachter in der von mir befolgten Methode die reichen und wechselvollen Phänomene Tag für Tag notirt hat und es keinen gemeinsamen Maassstab gibt, alles Gesehene und Gehörte gewissermaassen auf eine und dieselbe Skala zu beziehen, so muss ich auf die frühere Anordnung verzichten und mich auf die einfache Mittheilung beschränken.

Als 1866 März 26. unsere Kommission die Insel verliess, blieben ausser *Dekigala* die Herren *de Verneuil*, *Fouqué* und *Da Corogna* zurück. Es kam Professor *v. Seebach* und früher schon war Dr. *Christomanos* nach Santorin zurückgekehrt. Ebenso war die preussische Korvette Nymphe auf Banko, ihre Messungen fortsetzend.

März 27., 28., 29., 30., 31. zeigte der Vulkan keine neuen Erscheinungen, auch nicht, als sich sehr grosse Gewitter entluden und einige Mal· Blitze in die Fumarole fuhren. Um Aphrossea zeigten sich neue aufsteigende Klippen und glatte ölartige Flecken auf dem Wasser, dessen Temperatur, je nach dem Abstande vom Ufer, zwischen 12° und 85° C. wechselte. Wie 12° gefunden werden konnte, ist mir nicht erklärlich, da ich es seit Februar 11. nie unter 14° gefunden hatte. März 31. fand *v. Seebach* beide Kegel in grosser Aufregung, aber die Ausbrüche derselben waren nicht gleichzeitig.

(Sie waren es früher auch nicht und arbeiteten scheinbar ganz unabhängig von einander.)

April I. Der Georg hatte noch schroffe Ränder von 20 Meter Höhe, und darüber begann östlich das flach geneigte Plateau sanft zum Gipfel ansteigend (*v. Seebach*). Bei *Dekigala* wird kein Gewitter Ende März erwähnt, wohl Mai 3.·

April 2.—4. *v. Seebach* ersteigt Theile des kraterlosen Hügels und findet die Detonationen von furchtbarer Stärke. Die Intervalle der einzelnen Eruptionen schätzt er auf 15 Minuten. In der Nähe konnte er den unterirdischen Donner (Bramido) nicht hören, wohl aber in Thera.

April 6. erfolgten verschiedene Aschenausbrüche, ebenso April 7. Den mächtigen Metallton notirt *Dekigala* April 7.

April 8. 5 Uhr 30 Min. Schöner Aschenausbruch, dessen Höhe *v. Seebach* zu 815 Meter über dem Berge bestimmt.

6 Uhr 40 Min. Grosse Ascheneruption, eine schraubenförmige Säule. Diese seltene Beobachtung hat *v. Seebach* abgebildet. Die Höhe maass er = 581 Meter. Ich selbst sah solche tauförmig gedrehte Formen niemals bei Aschenausbrüchen, wohl aber an den andern Fumarolen und Siphonen, sowohl am Vesuv als zu Santorin.

April 9.—II. *v. Seebach* konstatirt die ruhige Zunahme beider Kegel und versucht April 10. abermals, aber vergebens, den glühenden Gipfel der Aphroessa zu erreichen. Alle einzelnen Phänomen, die bis April 11. vorkamen, boten gegen die früheren nichts Neues. Ueber den Explosionskrater westlich vom Georg (von dem ich glaube, dass er schon Ende März vorhanden und in Santorin besprochen ward) vergleiche man die andern Beobachter.

April 18. Abends 5 Uhr schöne Steineruption zweiten Ranges. (*Dekigala.*) Der Gipfel hat schon Kegelform. Die Aschenausbrüche zweiten bis dritten Ranges häufig.

April 23. Eine Verstärkung der stets sehr bedeutenden Eruptionen. April 27. besucht *Fouqué* den westlichen Krater, findet am Molo Temperaturen von 73° und die Spalten am alten Conus vergrössert. April 29. Eruption gross und zahlreich. (*Dekigala.*)

Mai 7. Kapitän *Coote* sondirte zwischen Paläa und Nea Kaymeni, machte nach Augenmaass eine Aufnahme der neuen Laven und vermaass Höhen. An der Stelle der spätern Maiinseln noch sehr tiefes Wasser. Ich gebe unter den Zeichnungen diese Aufnahme. Die Aphroessa, mit März 19. schon nicht mehr Insel, erscheint nur als Kuppe auf breitem Lavafelde, als Kap der Phleva.

Mai 17. *Fouqué* glaubt die Gipfelmündung des Georg 50 Meter zu Südwest gerückt, die Gestalt des Kegels ist regelmässiger geworden, die Höhe 60 Meter, die obere Basis == 100 Meter. Es existirt ein ganz von Blöcken ausgefüllter Krater*). Temperatur der See am Fusse 50^{ρ}—80^0, in 30 Meter Abstand == 40^0. Man sieht keine Flammen mehr. Das Rekariff ist erkaltet, Aphroessa noch mit rothem Dampfe. Die Letztere erumpirt im Tage nur noch 1 oder 2 Mal. Im Georgshafen Temperatur bis 80^0.

Juni 3. Um 7 Uhr meldet *Dekigala* ein kleines Erdbeben zu Santorin und Kreta. Aber aus dem C. Rendus (1866 Juli 9.) ist nicht zu ersehen, ob der alte oder der neue Styl gemeint ist. Erst aus *Dekigala's* Handschrift fand ich das Richtige.

Von nun an fehlen bestimmte Nachrichten oder solche von brauchbarer Form. Einzelne Angaben erhielt ich in Menge, aber sie sagten nur, dass sich der Vulkan Tag und Nacht in grosser, oft furchtbarer Aktion befinde; sie waren aber niemals charakteristisch und konnten auf jede andere Eruption passen. Von wirklicher Beobachtung, von schriftlicher Notirung des Wahrgenommenen konnte in keinem Falle die Rede sein. Im Dezember besuchte der österreichische Generalkonsul Dr. *v. Hahn* in Begleitung des talentvollen Photographen, Baron *Paul Desgranges*, die Insel, und zwar an Bord der österreichischen Korvette Dalmat, kommandirt vom Baron *v. Wickede*. Sie untersuchten die Ausgrabungen auf Therasia, und brachten werthvolle Photographien mit. Besonders merkwürdig sind die Momentanphotographien des Georg, die *Desgranges*, meiner Empfehlung gemäss, auf Paläa Kaymeni versucht hatte, ausgezeichnet gelungen. Der Beschreibung seiner Beobachtung nach zu schliessen, waren alle damaligen Eruptionen nur vom dritten und vierten Range (nach meiner Skala). Nachträglich sei noch bemerkt, dass August 18. eine besonders grosse Eruption stattfand, welche den Gipfel des Georg theilweis zertrümmerte. (*Dekigala-Kobáos*). Auch Nachrichten über kleine Erdbeben finden sich. Da aber die C. Rendus die Nachrichten von *Dekigala* und *Delenda,* selbst da, wo sie nur Thatsächliches berichten, mehrfach nicht abdrucken, oder, wo es gelegentlich geschieht, das Datum der Briefe unterdrücken, endlich, es zweifelhaft lassen, ob alter oder neuer Styl gemeint sei, so übergehe ich lieber Alles mit Stillschweigen, ehe ich mich zu hypothetischen Daten entschliesse. Ebenso wenig aber ist es meine Absicht,

---

*) Dies wird von *Reiss* bestritten, dessen genaue Untersuchung sehr zu beachten ist. Die Maiinseln, nördlich bei Paläa Kaymeni erschienen Mai 19. Abends, als höchste Punkte des dortigen submarinen Lavastromes. *Dekigala* sagt Mai 20.

die Berichte von *Reiss* und *Stübel* zu wiederholen, die man am betreffenden Orte nachsehen wolle. Mir liegt nur daran, abgesehen von dem Detail meiner eigenen Beobachtungen, den allgemeinen Hergang darzustellen und noch nicht publizirte Wahrnehmungen mitzutheilen.

Aus einem Schreiben des See-Lieutenants *W. Mörth*, der an Bord des Dalmat Dezember 13.—17. beobachtete, entnehme ich die Notiz, dass durchschnittlich 10—12 grössere Eruptionen in der Stunde eintraten, also etwa 264 im Verlaufe des Tages. Auf die kleinen Ausbrüche ward dabei nicht geachtet. (Brief d. d. Piräus 1868 Februar 7. Auszug aus dem Logbuche des Dalmat.)

Wie gross die erumpirende Wirkung des Georgvulkanes gewesen war, erkennt man besonders deutlich aus 2, am 14. Dezember 1866 von *Desgranges* aufgenommenen Photographien. Die Aschen- und Schlackenausbrüche hatten bereis einen vollkommenen Kegel gebildet, der nur an der Südseite nicht tief absetzte, weil dort die Lavafelder so bedeutend anfragten. Westlich, nördlich und östlich hatte der Berg schon glatte Wände von 30° bis 32° Neigung. An Höhe war er dem alten Conus entweder gleich (105 Meter) oder doch nur sehr wenig niedriger. Der Hügel auf dem Gipfelplateau, der später lange anhielt und merkwürdige Bewegungen zeigte, war noch nicht vorhanden und die obere Fläche des Berges glich dort mehr einem wilden Felde von Trümmern und Blöcken, als einem Krater.

1867.

Ein Bericht des Eparchen, d. d. Thera Januar 11./23. meldet, dass nicht die geringste Schwächung der heftigen fast unaufhörlichen Eruptionen zu bemerken sei. Asche und Blöcke wurden fortwährend unter mächtigem Donner Tag und Nacht ausgeworfen.

Februar 23. *Fouqué* findet die Eruptionen so stark wie je zuvor (die grossen ersten Ranges von 1866 Februar 20.—27. kannte er indessen nicht). Die Laven bewegen sich in 5 Richtungen. · Es gibt nur am Gipfel Flammen, die sich bei starken Ausbrüchen hoch erheben. Es fliesst selbst aus dem Krater Lava gegen Süd. Der Krater ist ausgefüllt mit Blöcken. Der Quai nebst dem Südrande der Mikra Kaymeni ist noch um 1 und 0,3 Meter gesunken. Ausser den Maiinseln sind noch einige andere Lavaklippen aus 40 Meter Tiefe aufgetaucht. Der Kanal am Molo ist so eingeengt, dass er bei 3 Meter Tiefe nur noch $6^1/_2$ Meter Breite hat. (Früher konnten hier 5 Dampfer nebeneinander einfahren. Es hatten sich also die Laven über den östlichen Theil des Ortes Vulkano, dort gegen Norden gewandt.) (C. Rendus 25. März 1867.)

Ein Bericht *Dekigala's* (18./30. Januar 1867) in *Αἰών. ἀριϑ.* 2213, resümirt die seitherigen Ereignisse. Er gibt die Ausdehnung des neuen Lavagebietes auf 1000 Meter in Länge und Breite an und die Höhe des Georg auf 340 englische Fuss, doch ohne nähere Quelle. Die Gesammtmasse, so weit sie über Wasser steht, berechnet er auf 87.500.000 Kubikmeter. Er bestätigt die unaufhörlichen Ausbrüche und das Erscheinen von rothen und gelben, selten von blauen Flammen am Gipfel. Den Krater fand er ausgefüllt mit Blöcken und glühender Lava, ein stets von den Eruptionen wieder auseinandergesprengtes mächtiges Haufwerk, so dass die Risse und Oeffnungen steten Veränderungen unterworfen waren. Die Aschen- und Dampfsäule meist kolossal, bis 5000 Fuss hoch, auf allen Cycladen und auf Kreta sichtbar. Die Auswürfe erreichen oft die Mikra, einigemale die Paläa Kaymeni. Die Nachbarschaft ist dann zur Nachtzeit wie von Feuer übersäet. Selbst Feuerausbrüche im Meere, d. h. über der submarinen Lava, und an der Ostküste der Paläa Kaymeni haben stattgefunden. Die Aphroessa wächst seit Ende 1866 nicht mehr, desto stärker ist die Vergrösserung der Umgebungen des Georg. Nicht nur dauert die Senkung der Nea und eines Theils des Mikra Kaymeni fort, sondern es zeigt sich am innern Rande Santorins eine wenn auch nicht starke Senkung.

März 21. *Janssen*, welcher schon 1866 das Spektrum der Flammen beobachtet hatte, setzte seine Beobachtungen fort. Er fand die Eruptionen von furchtbarer Heftigkeit, die im Kratergebiete aus vielen Oeffnungen erfolgten. Mehrmals am Tage ward die Gipfelmasse auseinandergesprengt und weit umher gestreut. Die Spektralanalyse zeigte Sodium in den Flammen; Hydrogen ist die Basis des aus dem Krater strömenden Gases. Ausserdem zeigt die Analyse noch die Anwesenheit von Kupfer und Chlor. (*Fouqué's* frühere Untersuchungen über die Gase in C. Rendus 1867 Januar 28., wo *Pilla, Abich* und *Verdet* genannt werden als die Ersten, die mit Sicherheit Flammen bei Eruptionen gesehen hatten.)[*]

Vom April bis August liegen mir keine schriftlichen Berichte vor. Doch gab es genug Aussagen in jener Zeit, da manche Santorinioten nach Athen kamen, von denen ich erfuhr, dass der Vulkan, ohne auch nur einen Tag zu ruhen, mit grösster Kraft die Ausbrüche fortsetze. Ein Bericht *Fouqué's* an die Behörden Santorins, d. d. Paris 27. April 1867, der mir in griechischer Uebersetzung vorliegt, bringt nichts Neues. Der Eparch von Thera meldet

---

[*] Ich halte dafür, dass zuerst *Hamilton*, ein grosser Kenner aller Eruptionsphänome, die wirkliche Flamme unterschieden habe (1765).

d. d. 23. August (4. September), dass noch keine Verminderung der überaus heftigen Eruptionen eingetreten sei.

Ende September fuhr die österreichische Fregatte „Radetzky", Kommandant *Daufalik*, nach Thera. Auf meinen Wunsch hatte Herr *v. Daufalik* sich zuvorkommend bereit erklärt, nach meinen Informationen eine neue Aufnahme der Kaymeni zu veranstalten. Es traf sich aber, dass nur 3 Stunden für solche Arbeiten gewährt werden konnten, und so geschah es, dass die Aufnahmen ausgezeichneter Marineoffiziere nicht den gehofften Werth erlangen konnten. Sie fanden den Vulkan in gewaltiger Thätigkeit und unnahbar. Das Brauchbare der Aufnahme werde ich später mittheilen.

Zu derselben Zeit ankerte auf Banko der „Racer", Kapitän *Lindsay Brine*, der mehr Zeit auf die Aufnahme verwenden konnte. Durch Vermittelung Sr. Excellenz des englischen Gesandten, Herrn *Erskine*, ward ich mit Kapitän *Brine* bekannt, der mir gern seine und seiner Offiziere Arbeiten mittheilte. Auch diese wird man später unter den Skizzen verwerthet finden.

Aus dem Oktober, November und Dezember liegen ebenfalls keine schriftlichen Berichte vor. Was ich in dieser Zeit von Augenzeugen vernahm und an gelegentlichen Notizen in Athener Zeitungen fand, ist ohne wissenschaftlichen Werth, konstatirt aber völlig die nie unterbrochene höchst bedeutende Thätigkeit des mehr und mehr an Höhe und Umfang wachsenden Vulkanes und des umgebenden Lavagebietes.

Nachdem der österreichische General-Konsul, Herr Dr. *v. Hahn*, den Kommandanten der Fregatte Radetzky, Herrn Ritter *v. Daufalik*, veranlasst hatte, mich nach Santorin zu bringen, damit in meiner Gegenwart von seinen Offizieren eine neue Aufnahme gemacht werde, reiste ich am 14. Dezember auf der Fregatte nach Syra. Hier war inzwischen der Befehl angelangt, dass sich die Fregatte zum Empfange der Leiche des Kaisers Maximilian nach Pola zu begeben habe, in Folge dessen das Schiff sogleich den Hafen von Syra verliess. Herr *v. Hahn* schrieb nun an Baron *v. Wickede*, Kommandant des Dalmat, der damals in Suda Bay (Kreta) stationirte. Der Dalmat kam in wenigen Tagen nach Syra, und die Reise nach Santorin ward für die ersten Tage des Januar beschlossen. Ich will an diesem Orte nicht unterlassen, an die schreckliche Katastrophe des 20. Februar 1869 zu erinnern, an welchem Tage die Fregatte Radetzky bei Lissa in Folge einer Explosion zu Grunde ging, wobei *Daufalik*, die meisten Offiziere und gegen 300 Mann der Besatzung das Leben verloren.

Dezember 30. 1867. Auf Syra, in Seehöhe 300 Meter; Entfernung von Santorin 72 Seemeilen. Bei grosser Klarheit der Luft und Windstille sah ich mit Leichtigkeit zahlreiche Eruptionen der Kaymeni, die in Gestalt schwarzer Wolkensäulen hinter Paros emporstiegen. Die mittlere Höhe war 1500 bis 2000 Meter. Wegen der grossen Entfernung gehe ich auf das Detail 3stündiger Beobachtungen nicht ein, sondern gebe nur das Resultat der Zählung. Von 0 Uhr 14 Min. bis 3 Uhr 2 Min. sah ich 26 deutliche Eruptionen, demnach 9 derselben in der Stunde, oder in Intervallen von 6 bis 7 Minuten.

Dezember 31. Wegen trüber Luft sah ich (auf Syra) nur wenige Eruptionen, so auch an den folgenden Tagen.

IV.

Beobachtungen zu Santorin (auf Banko)
an Bord des Dalmat.

J. Schmidt.

1868.

Am 1. Januar ging ich auf dem Dalmat in See, blieb Januar 2.—3.
wegen üblen Wetters in Naussa auf Paros und kam Januar 4. Abends nach
Banko, nahe östlich am Vulkane. Ich gebe zuerst in der früheren Weise die
Beobachtungen über das Verhalten des Berges und später Details über Topographie und Temperaturen. Der Georg war ein regelmässiger Aschenkegel,
sehr ähnlich dem alten Conus und ein Wenig höher. Noch viele Meilen
nördlich von ihm entfernt, sahen wir seine zahlreichen schwarzen Ausbrüche,
die ich indessen nicht zählte, da der starke Wind die nacheinander aufsteigenden Fumarolen zu sehr durcheinander trieb. Es bedeutet (wie für 1866)
A den Aschenausbruch, B die Eruption weissen Wasserdampfes. Die Kolumne
für die Intensitäten des Schalles ist nicht mehr nöthig, da der Vulkan meist
nur einmal bei jeder Eruption eine dumpfe Detonation hören liess, die zwar
in der Nähe oft grossen Eindruck machte, in Thera jedoch nur schwach hätte
vernommen werden können, so dass sie dort niemals meine Bezeichnung a
erhalten hätte, sondern nur b und c. Auch die zarte gelbe zentrale Fumarole erwähne ich nicht weiter, da sie immer sichtbar blieb, wenn die Eruption
sie nicht verhüllte. Die nicht zahlreichen Variationen des Schalles werde ich
besonders bemerken.

U.	M.	A.	B.	
				1868. Januar 4.
7	15	IV		(Auf Banko.) Ascheneruption mit glühenden Steinen.
7	23	IV		„ „ Eine ähnliche, sehr schön.
7	39	IV		„ „ Wieder solche mit Steinen.
7	55	IV		„ „ Gross und schön. Der Kegel 15 S. lang mit glühenden Steinen überschüttet.
8	8,2	IV		„ „ Ebenso ausgezeichnet, viele Steine.
8	9,1			Brüllen.
8	14,2	V	2	Matter Ausbruch, zugleich mit weissem Dampf, den der Mond gut beleuchtet. Nach 2½ Min. kam die Asche an Bord. Es folgten noch verschiedene kleine Ausbrüche. Das Rollen des Schiffes hindert zumal die teleskopische Beobachtung. (Jetzt Unterbrechung der Beobachtung.)
9	10	III		Prachtvolle Eruption, 20 S. und 30 S. später Brüllen; 3,5 Min. später Asche an Bord.
9	16,6	IV		Donner, Eruption mit Steinen, 1,9 Min. später Asche an Bord.
9	19,5			Brüllen.
9	23	IV		Sehr gross und schön. 15 S. hernach Brüllen.
9	26,2	IV		Eine etwas schwächere Eruption.
9	40	IV		Eruption mit vielen Steinen, 28 S. später Brausen. Vorher erscheint ein rother Glutblock oder eine kurze Flamme oben. Lieutenant *Pfusterschmidt* bemerkt, dass eine Felsreihe über den Gipfelsaum (scheinbar) emporgehoben wird, was ich jetzt und später am Tage noch oft bestätigt fand.
9	42			Die Reihe von Blöcken (im Gebiete des Kraters) ist wieder versunken.
9	43	IV		Grosser Donner und Brüllen, Steineruption; nach 0,76 Min. Asche an Bord.
9	46,5			Hoher heulender mächtiger Ton; noch regnet es Asche.
9	51	IV		Aehnliche einfache Eruption mit gewöhnlichem Donner.
9	55,2	IV		Ebenso.
9	56,2			Pfeifen.
10	0,5		2	Dampferuption, Brüllen.
10	1,0	IV		Steinwürfe bis zum alten Conus, dann Brüllen.
10	2,5			Kesselton, Asche an Bord.

U.	M.	A.	B.	
10	6,6			Rothes Gipfellicht; es heben sich Glutblöcke.
10	9,5	IV		Gewöhnliche Eruption; die Blöcke sind gesunken.
10	11,2			Grosser Donner, weisser Dampf. Asche an Bord.
10	14,2	V		Schwacher Ausbruch.

In der ersten Beobachtungsreihe waren also 5 normale und eine geringe Eruption in der Stunde, das Intervall 10 Minuten. In der 2. Reihe 10 Normale die Stunde, und das Intervall 6 Minuten. Die mittlere Dauer des Weges der Asche an Bord, direkt bei West-Süd-West-Wind hergetrieben, 3,02 Min. aus 6 Beobachtungen.

Januar 5.

— 7	30	III		(Auf Banko.) Grosse Eruption, Georg und Conus ganz mit Feuer bedeckt (Meldung der Wache). Von 8 Uhr 2 Min. an beginne ich die genauen Beobachtungen.

Figur 2.

a a sei das Profil des Georggipfels, östlich von Banko gesehen, und 90 Meter niedriger als der Gipfel. $\alpha\,\beta$ sind Oeffnungen in der Wand, Nachts oft rothleuchtend, aus denen weisse Fumarolen aufsteigen und die zahlreich den obern Wall an der Aussenseite umgeben. m n o sind Glutblöcke, 7—12 Meter hoch, am Tage weissgrau, Nachts glühend, die sich periodisch langsam aus dem Kraterbezirk erheben, bis sie über dem östlichen Saume für unsern Standpunkt sichtbar werden, und bei grossen Ausbrüchen rasch versinken. Nach einiger Zeit kommen sie langsam wieder in die Höhe. So habe ich es bei Tag und Nacht vielfach, besonders mit dem Fernrohre beobachtet. Herr Baron *v. Wickede* und die Offiziere haben häufig die Erscheinung mit angesehen. Von diesen Felsen m n o strahlt dann (Nachts) oft ein Licht aus wie eine Reihe feiner spitzer Flammen am Löthrohre.

U.	M.	A.	B.	
— 8	2,5	IV		Eine starke Eruption; noch ist die Feuerglut an der Basis der Eruption sichtbar.
— 8	3,5		2	⎫
— 8	4,0		2	⎬ Bei diesen Eruptionen strömte unter grossem Brüllen nur
— 8	4,5		2	⎭ weisser Dampf aus.
— 8	5,0		2	
— 8	7,2		2	Grauweisser Dampf. Die Felsen m n o nicht sichtbar.
— 8	11,5			Die gelbe feine Zentralfumarole allein. m n o hebt sich.
— 8	12,5			Die erwähnten Felsen sind nicht mehr sichtbar.
— 8	13,7	IV		Prachtvolle feurige Eruption. Es brechen die südöstlichen äussern Randfumarolen auf.
— 8	15,5		2	Nur Wasserdampf.
— 8	15,7	V	2	Schwache Auswürfe von Asche und Dampf, Brausen.
— 8	16,7		2	Brausende Dampferuption.
— 8	17,0	V	2	Eine ähnliche Erscheinung ohne Lärm.
— 8	21,2		2	Weisser Dampf; dann die gelbe Fumarole sichtbar. Es ward nie still und dampffrei.
— 8	24,0	V		Kleine noch feurige Eruption.
— 8	25,5	V	2	Asche und Dampf gleichzeitig.
— 8	30,0	IV		Feuriger Ausbruch.
— 8	30,3	V		Asche mit Getöse ausgetrieben.
— 8	31,0	V	2	Asche und Dampf zugleich.
— 8	34,0			Die gelbe Fumarole allein sichtbar.
0	35,2	IV		Gewöhnlicher Ausbruch. Aus diesen 33 Minuten ergeben sich 9 normale Eruptionen für die Stunde und das Intervall = 6,6 Minuten. Um — 9 Uhr fahren wir nördlich um Mikra und Nea nach der Paläa Kaymeni, mit verschiedenen Beobachtungen einige Stunden bei gutem Wetter beschäftigt.
2	4,8	III		2 furchtbar donnernde Aschenausbrüche, die ich auf Paläa Kaymeni ansah. d = 2 Min. Um 2 Uhr 0 Min. begann ich auf dem steilen Kap der Paläa Kaymeni die folgenden genauen Zählungen.
2	6,0	IV		Starke Ascheneruption (viele der spätern auch am Fernrohre betrachtet).
			2	Weisse Dampfwolke, wie gewöhnlich aus verschiedenen Löchern ausgetrieben.
2	6,2	IV		Grosse Aschenwolke.

6*

U.	M.	A.	B.	
2	8,8			Brüllen und weisser Dampf.
2	10,0			Pfeifen.
2	10,6			Weisser Dampf und Getöse.
2	11,2			Gemischter Ausbruch an der Nordseite des Kraterbezirkes.
2	15,4	IV		Asche und schwacher Lärm.
2	15,5	IV		Asche und kleines Gestein ausgeworfen.
2	22,5			Die gelbe Fumarole allein sichtbar.
2	28,2	IV		Ascheneruption.
2	30,2	IV		Stärkerer Ausbruch; ein Block fällt nur 2,5 S.
2	31,7	IV		Heftiger Aschenausbruch, langes mässiges Getöse.
2	34,0	IV	2	Nach der Asche ein wüstes Dampfgewölk.
2	35,0		1	Bedeutende Dampferuption.
2	35,9	IV	2	Asche und Dampf durcheinander.
2	41,1	IV		Asche und Steine; ein Stein fällt 4 S.
2	45,0		2	Lärmende Dampferuption; die äusseren Gipfelfumarolen fehlen.
2	47,0	IV		Asche und geringe Steine und Schlacken.
2	49,0			Hoher heulender Ton.
2	50,5		2	Dampferuption.
2	50,7			Die gelbe Fumarole ist allein sichtbar; volle Stille.
2	56,2	III		Bedeutender Aschen- und Steinausbruch; ein Stein fällt 5 Sek.
3	—	IV		Asche. — In dieser Stunde waren 10 normale A, das Intervall 6 Minuten ziemlich unregelmässig.
3	32,0	III		Starker Aschenausbruch, es wird die Felsreihe m n o (nicht gerade genau die frühere) aufgerichtet.
3	35			Diese Felsen liegen jetzt auf einer flach convexen Basis.
3	42			Die Felsen versinken (werden unsichtbar bei dampffreiem Gipfel).
4	35,5	III		Grosse Ascheneruption; am äussern Ostrande hunderte von schmalen weissen Fumarolen. Hebung und Senkung der mittlern Felsen m n o.
4	43,0	IV		Aschenausbruch; die Glutröthe der Fallsteine wird sichtbar.
4	47,0		2	Dampferuption, die Felsen m n o heben sich.
4	50,5	IV		Feuriger Aschen- und Steinauswurf.
4	51,4		1	Mächtige Dampferuption.
4	52,0	IV	1	Tiefschwarze Aschenwolken vermengt mit weissem Dampfe.
4	53,5	IV	1	Ebenso; östlich nach aussen viele Fumarolen. d = 1,5 Min.

U.	M.	A.	B.	
4	55,0	IV	1	Asche und Dampf. d = 0,5 Min.
4	56,0		2	Dampf allein.
5	1,4	IV		Aschenausbruch fast ohne Ton; neue äussere Randfumarolen in NO.
5	1,7	V		Schwacher Ausbruch schwarzen Gewölkes.
5	5,1	IV		Donner und Aschenwolke.
5	6,8	V		Schwacher Ausbruch.
5	9,5			Die mittlern Felsen m n o heben sich.
5	16,8	IV		Starker feuriger Ausbruch; bis hier blieben m n o gehoben, sie hatten Glutlöcher und Sprühbüschel feinen Lichtes. Dann sinken die Felsen unter. Die Länge schätzte ich 12—15 Meter, die Höhe 0 Meter.
5	18,0		2	Dampfausbruch.
5	19,5		1	Grosser brüllender Dampfausbruch.
5	24,0		2	Kleiner Dampfausbruch; östliche Fumarolen.
5	24,5		1	Grösserer Dampferguss, die Felsen m n o treten hervor.
5	28,0			Die Felsen m n o, mit Flammenspitzen versehen, versinken.
5	32,8	IV		Prachtvoller Ausbruch, der ganze Georg roth von glühenden Steinen und Blöcken. In dieser Stunde gab es 9 A und das mittlere Intervall war 6,6 Minuten. Nach längerer Unterbrechung der vorigen Beobachtung begann die neue um 7 Uhr 4 Min.
7	10	IV		Gewöhnliche Ascheneruption.
7	12,5	IV		Eine grössere derartige.
7	15		2	Wasserdampf, Brüllen.
7	18	IV		Asche.
7	22,7	IV		Asche.
7	23,5			Dampf.
7	25			Dieselbe Erscheinung.
7	27,5			Ebenso.
7	35,0	IV		Ascheneruption.
7	37			Brausende Dampferuption.
7	39,5			Dampferuption.
7	41,5	IV		Donnernder Aschenausbruch.
7	44			Unbestimmbare Dampfergiessung mit Donner.
7	48			Brausende Dampferuption.
7	52	III		Sehr ausgezeichnete Explosion; der ganze Berg mit glühendem Schutte übersäet.

U.	M.	A.	B.	
7	54			Brüllende und donnerude Dampferuption.
7	55,₅			Pfeifen und Donnern.
8	2,₀	IV		Aschenausbruch.
8	3,₆			Donnernde Eruption.
8	5,₅			Schwacher Dampf.
8	10			Die Glutblöcke m n o (mit Flammen) sichtbar.
8	20	III		Eine prachtvolle Eruption, Georg und der halbe Conus an seiner Südseite mit glühenden Steinen bedeckt. d = 3 M. Grossartiges donnerndes Brausen; es ward eine enorme Steinmenge ausgeworfen.
8	33	III		Eine ähnliche vorzügliche Erscheinung.
8	34,₅			Schwacher Ausbruch.
8	35			}2 unbedeutende Dampfergüsse.
8	35,₅			
8	45	V		Die Felsreihe m n o steht sehr hoch, wird plötzlich in schwarzer Umhüllung unsichtbar und bleibt dann versunken, nachdem die Asche sich verzogen hatte.
8	47			Donnernde Eruption.
8	54		2	Mittlere Dampfergiessung.
8	58			Eine ähnliche Erscheinung.
9	2,₅		2	Kleine Eruption; die Glutblöcke m n o steigen wieder empor.
9	5,₀			Die Felsen stehen sehr hoch, mit 20 Fuss langen dreieckigen, oben spitzen Löthrohrflammen von gelber Farbe.
9	6,₀	V		Unbedeutender Ausbruch. — In 2 Stunden sah ich 12 normale Eruptionen A, mit dem mittleren Intervall von 10 Minuten. Es wurden also die Dampfausbrüche dabei nicht berücksichtigt. In der Nacht lässt sich über den Charakter der Eruptionen nicht so sicher entscheiden, als am Tage.

Wenn die Felsen m n o heraufkamen, zeigten sich 2—3 spitze bewegliche Flammen 10—20 Fuss lang, daneben sehr kleine blaue und grünliche. Die Basis des Glutscheins dicht über dem Kraterbezirk, also da, wo die Felsen sich erheben, halte ich für die Zeit der Ruhe, als aus glühender Asche bestehend, die sich dort oben schwebend erhält, wie ein Staubtheilchen im Lampenglase, welches oberhalb der Flamme oft lange von

U.	M.	A.	B.	

dem aufsteigenden heissen Luftstrome in der Schwebe gehalten wird, bevor es den Boden erreichen kann. Ist die schwebende glühende Asche mit Dampf vermengt und in starker Bewegung, so entstehen oft 60—80 Fuss lange flammenähnliche Gebilde, durch welche ich mich indessen seit meinén Erfahrungen am Vesuv nicht mehr täuschen lasse.

U. M.	A.	B.	
10 10			Donner; ein Glutfels mit Flammen tritt für 30 Sek. hervor.
10 17	IV		Schöne Eruption.
10 18	IV		Eine ähnliche; der Fels m nebst andern inzwischen aufgestiegenen fast schon unsichtbar.
10 21,5			Grosse donnernde gemischte Eruption mit Flammen; die Felsen hoch herausgetreten.
10 23,5	IV		Aschenausbruch, die Felsreihe ist verschwunden.
10 25			Die Felsen steigen ruckweis wieder empor.
10 28			Alles still, die Felsen unsichtbar.
10 29			Die Felsen mit Flammen gekrönt, steigen wieder auf.
10 35	III		Bedeutende Eruption.
10 38			Die Felsen ragen hoch über den Rand empor.
10 39,5		1	Donnernde Eruption; alle Felsen verschwunden.
10 46	IV	2	Gewöhnlicher Aschenausbruch, Lärm, kein Fels sichtbar.
10 53,5	IV		Asche.
10 54		2	Dampf.
10 55		2	Lärmender Dampfausbruch.
11 0		2	Wieder dasselbe.
11 2,2			Lärm, die Felsen ragen hoch auf.
11 5,5	III		Prachtvolle Girandola, bis 70 Meter über dem Gipfel; die Felsen versinken.
11 10	IV		Asche.
11 11,5		2	Lärmende Dampfströmung. In dieser Stunde 7 A, Intervall 8,6 Min. Die Nacht blieb trübe. Seit 4 Uhr sodann grosser Regen und Südost-Sciroccosturm.

Januar 6.

Früh Regen und starker Südost-Scirocco. Die 3 Kegel Mikra, Nea und Georg schwarz vom Regen, Georg dunkler als die andern und ohne die radialen hellen Streifen von Bimstein und weissen Trümmern. Die

U.	M.	A.	B.	

Eruptionen wie gestern. Die Beobachtungen von 8 bis 9 Uhr ergaben 9 bis 10 Ascheneruptionen, Intervall im Mittel 5,5 Min. Auf jeden Ausbruch folgte unmittelbar die brausende weisse Dampferuption, so dass man deutlich den Eindruck hat, wie die ganze Aschenmasse erst durch den hochgespannten Dampf hinausgetrieben wird. Ist Alles vorüber, so zeigt sich allein die feine gelbe Fumarole. In ausgezeichneten Beispielen sah ich die Hebungen und Senkungen der innern Felskämme m n o; einmal versanken sie im Momente eines Aschenausbruches.

2 30 | III — Die grosse dunkle Garbe braucht 2,5 Sek. zum Steigen und ragt 70—80 Meter über den Gipfel empor. Nach längerem Aufenthalte auf der Insel begann ich um 4 Uhr 28 Min. auf Banko neue Beobachtungen.

4 31 | IV — Asche mit dumpfem Schalle, d = 1 Min., dann Brüllen und Bramido.

4 39 — Ganz still, Gipfel dampffrei.

4 41,5 | IV — Eruption ohne Ton; schon rothe Glut sichtbar; äussere Fumarolen in Südost aussen.

4 54 | IV — Gewöhnlicher Ausbruch dunklen Aschengewölks.

4 56,5 | III — Aehnlich, aber bedeutender.

5 0,5 | | 2 — Weisser Dampf.

5 8,5 | IV — Asche.

5 12,5 | IV — Asche mit glühenden Steinen. d = 2,5 Min. Viele Hundert äussere Gipfelfumarolen.

5 27,0 | III — Ansehnlicher Ausbruch. In dieser Stunde 7 A, Intervall 8,5 Min.

8 3 | III — Grosse prachtvolle Eruption, deren mittlere Steingirandole sich 120 Meter über den Gipfel erhob. Oben erscheinen am Rande Glutblöcke mit gelben Flammen an ihrer Südseite. Vom Schiff gesehen bemerken wir an dem weit gegen die Paläa Kaymeni vorragenden Kap des neuen Terrains Glutblöcke. Da die ganze Masse als träger Lavastrom aufzufassen ist, so erscheint das gelegentliche Hervortreten glühender Stellen nicht auffallend. In nur beiläufiger Beobachtung sah ich in der Nacht noch verschiedene sehr schöne Eruptionen, die

U.	M.	A.	B.	
				den Berg theilweis mit dem vielbewunderten, aber rasch erlöschenden Feuermantel umgaben.

Januar 7.

U.	M.	A.	B.	
— 5 —		III		Grosse Eruption, deren Steine den Gipfel des alten Conus treffen. (Meldung der Wache.) Später klare Luft bei schwachem Westwind. Das Deck des Dalmat schwarz von Asche.
— 8	17	IV		Ascheneruption.
— 8	25		1	Dampf, grosses donnerndes Brausen.
— 8	32	IV		Gewöhnlicher Aschenauswurf.
— 8	35	IV		Nach Norden wird ein förmlicher Aschensack im flachen Bogen ausgeworfen, der, auf den Fuss des Conus aufschlagend, als schwarze Wolke wieder aufwirbelnd sich erhebt. Oft schon sah ich diese flachen Würfe, im matten Fluge den Rand überschreitend und am Abhange niederschlagend, wo sie dann wegen der zahllosen grauen Staubfumarolen in herabrollender Bewegung manchmal den Anblick eines Schlammstromes gewährten. Solche Auswürfe liessen dann an den Seiten des Berges die langen weissen Streifen von Bimstein zurück, während die grossen Blöcke bis an den Fuss des Berges gelangten, wo sie eine regelmässige Schuttmoräne bildeten.
— 8	45	IV		Ascheneruption.
— 8	49			Gewaltiges Getöse.
— 8	55,5	IV		Ascheneruption.
— 8	56			Grosses Getöse.
— 9	2	IV		Ascheneruption. In dieser Stunde 6 A; Intervall = 10 Minuten. Jetzt ward für andere Zwecke eine Fahrt um Nea und nach Paläa Kaymeni unternommen. Im westlichen Georgshafen fanden wir die kleine Kapelle sehr ruinirt, die Landfesten, mit Ausnahme der weissen Steinköpfe, unter Wasser.
—11	58	III		(Auf dem Kap der Paläa Kaymeni.) Grosse Eruption mit gewaltigem Kanonenschusse; 10 Sek. darauf schwächer wiederholt. Zuerst kam der Aschencumulus, prachtvoll von der Sonne beleuchtet; dann zeigten sich zu unterst

U.	M.	A.	B.	

schwarze Aschensäcke, die flach über die Ränder geworfen wurden. Die Haupteruption begann in der Mitte des Kraterbezirks, die schwächeren folgten an vielen anderen Stellen zwischen den Blöcken. Es war (da man von hier aus hineinblicken konnte) leicht, die allgemeine Anlage eines Kraterwalles zu erkennen; doch gab es inwendig keine eigentliche Tiefe, sondern ein Feld von Felsblöcken. Nach Süden war der Wall flach und offen, und ungefähr an jener Stelle erhob sich ein grösseres Haufwerk von Trümmern, worin ich die beweglichen Felsen m n o wiedererkannte. Dieser Hügel lag also ausser dem unmittelbaren Bereiche der zentralen Ausbrüche; er wurde gehoben und gesenkt wie vermuthlich das ganze innere Kraterfeld, und ward zu Banko, über den Ostrand hinweg, sichtbar, wenn seine Erhebung dafür ausreichte.

0 2 · 2 Dampferuption und Brausen; nördlich und westlich dichte weisse Randfumarolen.

0 26 Deutliches kleines Erdbeben von 0,5 Sek. Dauer, auf dem Kap der Paläa Kaymeni beobachtet.

0 28 III Mächtige 7fache Ascheneruption, Dröhnen und Zittern meines Standortes. Diese Insel verlassend, besuchten wir die grössere südliche Maiinsel, deren höchsten Punkt über See Baron *Wickede* zu 26 Wiener Fuss vermaass; es genügt dafür 8 Meter anzunehmen. Da sich kein schaumiges poröses Lavagestein vorfand, so war anfänglich der Anblick der grossen geradlinig gespaltenen Massen sehr auffallend. Sie waren glatt, glasglänzend, oft sehr scharfkantig und glichen dem dunklen Obsidian, den ich auf Milos gesehen hatte. Das Ganze glich doch nur der gewölbten vielfach gesprungenen Kruste des submarinen Lavastromes, der hier an einigen Punkten über Wasser aufragte. Es gab im Ganzen 3 Maiinseln, zwischen der Paläa Kaymeni und den Laven des Georg; früher war ihre Anzahl grösser.

2 — (Auf Banko.) Nachmittags viele gewöhnliche Eruptionen. Es fiel mit Westwind feine weisse Asche, durch deren Schleier hindurch Thera wie im Schneegestöber erschien.

U.	M.	A.	B.	
				Später fiel grobe dunkle Asche, und an Bord, also in 1 Meile Distanz; ich sammelte Stücke von 3,5, 2,5 und 0,5 pariser Linien nach den 3 Dimensionen. — Abends, bei starkem Westwinde, fiel oft harte Asche auf Deck. Der Vulkan unruhig und oft empfindlich laut tobend, so dass an Bord das Gespräch dadurch sehr erschwert ward. Da uns der Wind so häufig den Dampf zuführte, waren die Phänomene schlecht zu beobachten. Es ward aber noch eine Stunde lang, wie folgt, das Gesehene notirt.
7	25	IV		Ziemlich starker Knall, Aschenausbruch.
7	35	III		Kolossaler Knall, wie die Breitseite eines Linienschiffs aus 3000 Meter Distanz gehört. Die Asche mit einer Unmasse glühender Steine erhob sich 70 Meter über den Gipfel.
7	45	IV		Ein gewöhnlicher Ausbruch.
7	53			Grosses Brüllen, Heulen und Pfeifen mit Tonwechsel, sowohl aufwärts als abwärts. Beim Aufsteigen des Tones endete er sehr hoch und plötzlich. Dauer des wilden Lärms 6 Minuten.
7	59,5	IV		Asche, dann Heulen.
8	5	V		Kleiner Ausbruch, Pfeifen.
8	10			Glutfelsen m n o steigen empor, mit 7 Meter hohen gelben Löthrohrflammen.
8	11	IV		Gewöhnliche Eruption.
8	18	IV		Schöne Eruption, mässiger Schall, Pfeifen.
8	29	IV		Aehnlich; dumpfer Ton. Auf die Stunde kommen 8 A. Intervall 7,5 Min. Die Nacht verfloss unter denselben Erscheinungen.

Januar 8.

U.	M.	A.	B.	
—	8 15			Luft still und meist klar bei West-Brise. Der Vulkan strömt mit Brausen viel weissen Dampf aus; dazwischen matte Detonationen, oft nur ein dumpfer Hauch, wenn Asche ausgeworfen wird. Bis — 8 Uhr 37 Min. waren 5 kleine A. vom V. Range.
—	8 40	IV		Eruption mit Krachen.
—	8 42		1	Nachdrängen dicken Dampfes.

U. M.	A.	B.	
— 8 48,₅	IV		Eruption ohne Ton, dann lange dauerndes Getöse.
— 9 —	V		Schwach. Für die Stunde hat man 10 A, das Intervall im Mittel 6 Minuten. Es ward nun die Beobachtung unterbrochen, da wir der Messungen wegen die Insel umfuhren, um später auf Paläa Kaymeni Aufenthalt zu nehmen. Unterwegs sah und hörte ich viele Eruptionen.
1 47	III		Grosser harter Donner, Ausbruch von Asche (jetzt wieder auf Banko).
1 50			Noch grosser Rombo.
1 51,₅			Asche an Bord, weissgrau und weiss.
1 57	V		Schwache Eruption.
1 57,₆	IV	2	Schwacher Donner, Asche und Dampf.
1 59,₁	IV		Dumpfer Ton, Asche.
2 —			Gewaltiger Donner.
2 4			Asche an Bord.
2 13,₀	IV		Lebhafte Eruption.
2 13,₅			Grosses Krachen und Donnern, sehr gewaltiger Rombo.
2 20	IV		Nach dem Ausbruche weisse Asche an Bord.
2 28,₂	IV		Gewöhnlicher Ausbruch; bis 2 Uhr 31 Min. grosses Donnern und Brüllen.
2 32			Kesselton.
2 38	IV		Schwacher Aschenausbruch.
2 38,₂			Schwaches Getöse, allmälig steigend.
2 39,₂		2	Grosses donnerndes Getöse.
2 40,₃			Pfeifen.
2 43			Harte dunkle Asche an Bord.
2 43,₆		2	Brausen und Dampf.
2 44,₁			Grosser Lärm und Donnern.
2 44,₇		1	Brausen, sehr dicker Dampf.
2 45,₃	IV		Donner, Asche.
2 46,₁			Grosser Lärm mit Heulen.
2 48			Unterirdischer Donner, Rombo, ausserhalb des Vulkanes. In der Stunde 11 A, Intervall 5,5 Min.
4 22,₅	V		Es fällt fast gar keine Asche an Bord, ungeachtet günstiger Windrichtung; viel weisser Dampf.
4 27,₅		2	Weisse Dampfwolke.
4 28,₅	V		Schwache Eruption.
4 35	V		Krachen, schwacher Ausbruch.

U.	M.	A.	B.	
4	36			Grosser Lärm, d = 1 Min.
4	37			Asche an Bord.
4	38,₂	V		Matter Ausbruch.
4	40		2	Dampf mit Lärm ausfahrend.
4	45,₅	IV		Krach, dann Ausbruch.
4	46,₅		2	Dampf und Lärm.
4	47			Unterirdischer sehr tiefer Ton.
4	49,₅		2	Grosser Lärm, Dampf, Rombo.
4	53	IV		⎰ 2 Eruptionen rasch nach einander.
4	53,₂	IV		⎱
4	55		2	Dampf, dann einige Minuten still und dampffrei; neuer Lärm.
5	3		2	Dampf, geringer Lärm.
5	6	V	2	Schwache Eruption, jetzt mit der dunklen Feuerröthe an der Basis.
5	8,₅			Bramido.
5	10,₇	IV		Matte Eruption, der Aschencumulus wird von weissen Dampfballen ausgetrieben.
5	13,₅		2	Grosses Brausen.
5	18	IV	2	Asche durch weissen Dampf emporgedrängt.
5	24		2	Dampf. — In der Stunde 10 A, Intervall = 6 Minuten. So dauert das Spiel der Eruptionen ohne erhebliche Abwechslung fort. In der Nacht war die Feuergarbe einmal 9° breit, das Getöse, besonders der Rombo, mitunter gewaltig und von erschütterndem Eindrucke; doch waren wir an den steten Lärm so gewöhnt, dass wir Nachts nur selten geweckt wurden.

Januar 9.

Morgens bedeckt und still bei schwachem Südwind. Die Eruptionen von Asche und Dampf meist nicht leicht von einander zu trennen.

U.	M.	A.	B.	
— 8	15	V		Schwach; hernach Lärm, dann sehr still.
— 8	26	IV	2	Nach der Eruption still.
— 8	30,₅	IV		Fast tonlose Eruption.
— 8	36,₅		2	Dampf, Lärm.
— 8	39,₀	IV	2	Asche und Dampf gleichzeitig.

U.	M.	A.	B.	
— 8	41,5	IV	2	Ebenso.
— 8	49,5	IV	2	Dieselbe Erscheinung.
— 8	55		2	Dampf, dann still. Ich setze für die Stunde 8 A, Intervall 7,5 Minuten.
				Während eines 2stündigen Aufenthaltes auf der Mikra Kaymeni sah ich einige ausgezeichnete Eruptionen und befand mich fast beständig im Aschenregen. Da die Asche grobkörnig war, so machte sie, auf trockene Feigenblätter fallend, ganz den Eindruck des Hagel- oder Graupelfalles. Gegen 4 Uhr ward ich im Boote abgeholt und begab mich an den Molo der Nea Kaymeni, also an den Fuss des alten Conus, und sehr nahe an den nördlichen Fuss des Georg; Baron *Wickede* und ich näherten uns dem Letzten auf einem terassenförmigen Plateau von Blocklava so weit, als wir glaubten vor grösseren Fallblöcken gesichert zu sein. Hier nun, in nächster noch zulässiger Nähe (falls man nicht muthwillige Wagnisse mit in Betracht ziehen will) sahen wir 3 starke Eruptionen über uns. Der Eindruck war sehr gross, besonders wegen der mächtigen, tiefen Detonation, die aber keineswegs den Boden erzittern liess. Die Steinwürfe waren mässig, und selbst kleine Steine gelangten nicht ganz an unsern Standort. Für eine wirkliche Beobachtung ist die Stellung so nahe am Vulkane, abgesehen von der Gefahr, ganz unvortheilhaft. Wir sahen bei dieser Gelegenheit, dass am äussern Ostrande des alten Conus noch Fumarolen aufstiegen.
7	9,5			(Auf Banko.) Glut und grosser Dampf am Gipfel.
7	19	IV		Gewöhnliche Eruption.
7	31	IV		Eine ähnliche.
7	37	V		Eine schwächere.
7	50	V		Ebenso.
7	52	IV		3facher grosser Knall, Asche.
8	4	III		Prachtvolle, grossartig donnernde Eruption, 3fach, Steingarbe 130 Meter hoch über den Gipfel aufsteigend. Die ganze Erscheinung währte nur 20 Sek.
8	11	IV		Gewöhnliche Eruption.

U.	M.	A.	B.	
8	17	IV		Ebenso. — In einer Stunde 8 A, Intervall 7,5 Minuten. — Um 9 Uhr lichtete der Dalmat die Anker und wir reisten ab. Noch bei Jos war das Feuer des Vulkanes sichtbar.

Anmerkung. Beide Kirchen der Ortschaft Vulkano sind noch sichtbar. Es hat sich also der Fuss des Georg seit Ende Mai 1866 nicht weiter gegen Osten bewegt. Bei der griechischen Kapelle erhebt sich ein steiler Blockwall, und über ihm liegt das flach geneigte, schon im Februar 1866 vorhandene, jetzt durch Asche geebnete Plateau, aus welchem sich dann die Aschenwände des Georg aufbauen. Südlich neben der Kapelle ist heisses gelbes Seewasser und noch etwas südlicher der hohe bis nahe zur Mikra Kaymeni ziehende Lavawall.

V.

Fremde Beobachtungen.

1868.

Ein Eparchialbericht d. d. Thera Januar 22./10. meldet die unaufhörliche Thätigkeit des Berges, die Vermehrung des Terrains, der Höhe und den starken Fall der Asche.

Ueber die Januarphänomene vergl. Brief von *J. Schmidt* an *W. Haidinger*, d. d. Syra 1868 Jan. 11. im Sitzungsberichte der k. k. Akademie zu Wien. Jahrgang 1868 Nr. IV.

Ferner: *J. Schmidt* in *Petermann's* geogr. Mitth. 1868 Heft III p. 90.

Aus den Monaten Februar, März, April haben wir keine detaillirten Angaben [*]). Ein Nomarchialbericht d. d. Thera Februar 19./7. meldet nichts Neues, sondern erwähnt nur, dass die heftigen Eruptionen ohne Aufhören fortdauern. Dasselbe konnte ich Aussagen von Personen entnehmen, welche damals den Vulkan gesehen hatten, und schliesslich ward die stete Thätigkeit des Vulkans auch durch einige Zeitungsstellen gelegentlich in Erinnerung gebracht. *Dekigala* wird beobachtet haben, aber davon ist Nichts bekannt. Messungen und Beobachtungen beginnen erst mit Ankunft europäischer Schiffe.

Mai 5. An diesem Tage war der englische Gesandte, Herr *E. W. Erskine*, an Bord der Korvette Entreprise in Thera. Die Offiziere des Schiffes veranstalteten eine sorgfältige Aufnahme, welche ich später mittheilen werde. Aus den Beobachtungen *Erskine's* folgt, dass am 5. Mai die Häufigkeit der Eruptionen in der Stunde von 12 zu 9 wechselte, also nach Intervallen von 5 und 6,6 Minuten. Es zeigte sich, dass die zwei nördlichen Maiinseln

---

[*]) Nur *Dekigala* sagt, dass Anfangs Februar nach je 4 oder 5 Minuten eine Eruption erfolgte.

jetzt mit einander verbunden waren. Für den Verlauf des Mai und Juni lässt sich nur sagen, dass die Eruptionen niemals aufhörten.

Nur eine Angabe ist genauer, und gehört dem Ende Mai, oder Anfang Juni an. Ich entnehme sie einem Briefe des Kommandanten des Wizard, Herrn *P. Murray*, an den englischen Gesandten, Herrn *E. W. Erskine*, der mir denselben mitzutheilen die Güte hatte. Das Schreiben ist datirt: Suda Bay, Kreta, 1868 Juni 7. Darin heisst es, dass der kleine Hügel im Krater des Georg beweglich, 15 bis 20 Fuss auf- und absteigend, gefunden ward (so wie ich es im Januar vielfach genau beobachtet habe). Diese Bewegung wiederholte sich im Verlaufe einiger Eruptionen, bis der Hügel verschwand, um später wieder zum Vorschein zu kommen. Kapitän *Murray* erstieg den Berg von Süden her, war aber bald genöthigt, wegen der Hitze und wegen Gefahr der bedeutenden Eruptionen, wieder umzukehren. Es war vor dem 3. Juni.

Zu Anfang des Juli kam der Wizard, Kapitän *Murray*, wieder nach Santorin, der einige Tage dort verweilte, und besonders den Kanal zwischen Nea und Mikra Kaymeni genau sondirte. Er fand den Vulkan in grösserer Thätigkeit, und die Steinwürfe weiter reichend, als im Oktober vorigen Jahres. Durch Herrn *Erskine's* Güte erhielt ich eine momentane Photographie, die Herr *Stillmann* am 1. Juli aufgenommen hatte. Sie ist nicht von so grosser Schönheit und Schärfe, wie die von *Degranges*, aber von grossem und ungewöhnlichem Werthe, da sie Phänomene darstellt, die sich ebenso schwer zeichnen als beschreiben lassen. *Stillmann* hatte den Apparat am Nordost-Fusse des Vulkans, ihm nahe, aufgestellt, und wählte den Augenblick, als ein Aschencumulus etwa 100 Meter sich über den Gipfel erhoben hatte. Dies Bild ward fixirt, und zugleich der Auswurf grosser, mit weissem Dampf vermischter Massen von Asche und Bimstein, die über die Ränder des Kraters allseitig herabstürzend, sich wie Schlamm oder Staubströme am Abhange ergossen, 12 oder 15 grosse über 100 Meter lange helle Radialbänder auf dem dunklen Kegel darstellend. Der Apparat muss am Ostrande des östlichen Plateaus gestanden haben, da ich auf dem Bilde alle jene Dinge vermisse, die bei grösserem Abstande im Vordergrunde hätten sichtbar sein müssen. Auch im Juli waren beide Kapellen noch sichtbar, von der westlichen wenigstens die Osthälfte, über welcher sich unmittelbar die Wände des Georg erhoben. Der Boden war jetzt (und schon im Januar) so stark gesunken, dass die Trümmer nur etwa 1 oder 2 Fuss über See lagen, daraus ersichtlich, dass die gelben Pfützen, die mit der See zusammenhingen, von den Kapellen nur wenige Schritte entfernt lagen. Auch am nördlichen Molo standen noch dieselben Haustrümmer, auch das Chimeion, ungefähr so, wie ich es im Januar gefunden hatte. Daraus folgt, dass zwar die Senkung des alten Bodens von 1707, von 1866 bis 1868 fortwährend zugenommen, dass aber die schiebende, gegen Nordost und Nord vorrückende Bewegung der grossen Lavawälle längst aufgehört habe. Nach Osten und Süden dagegen fanden die submarinen Laven stets noch abschüssigen Boden. Hier flossen sie langsam weiter, und an ihren Vorsprüngen dampften sie nicht nur, sondern zeigten Nachts noch Glutblöcke, wenn die äussere Kruste hier und da absprang.

Juli 19., 20., 21. Unaufhörliche Eruptionen wurden Tag und Nacht von einem Reisenden beobachtet, der sich damals zu Apanomeria, 6 Meilen nördlich vom Vulkane aufhielt. Der Donner war leicht daselbst hörbar, und die Kraft der schwarzwolkigen Ausbrüche oft so stark, dass der ganze Berg mit Feuer überdeckt wurde. Am 19. Juli von 4 Uhr 35 Min. bis 4 Uhr 45 Min. erfolgten 4 grosse Eruptionen, und in solcher Häufigkeit wurden sie auch sonst gesehen. Es sind also für diese Zeit 24 Ausbrüche auf die Stunde zu rechnen, das Intervall 2,5 Min.; die Lebhaftigkeit der vulkanischen Wirkung war also im Juli erheblich grösser als im Januar. (Brief von *Georg Wurlisch* aus Kumi, an mich. Aug. 1868.)

Juli 21. ankerte die französische Fregatte Themis auf Banko; nach Befehl des Admirals ward von den Offizieren eine neue Aufnahme ausgeführt. Ein Theilnehmer an dieser Arbeit, Herr Lieutenant *Leyer*, hat die Güte gehabt, mir eine Kopie der Karte, und des Berichtes dazu, mitzutheilen. Ich entnehme die folgenden Daten der mir zugestellten Kopie du rapport, adressé à M. le C. Amiral C! en chef de la division navale du Levant; sie ist datirt Piräus 1868 August 1 an Bord der Themis, und unterzeichnet: Le lieutenant de vaisseau, aide de camp *N. Leyer*. Am Morgen des 21. Juli und später wurden die Messungen von den Herren *Leyer* und *Gendron* gemacht, wobei sie das Profil der englischen Admiralitätskarte zu Grunde legten. Sie fanden die Südost-Spitze der neuen Formation noch in Bewegung und glühend. Bis 15 Meter Abstand von den Laven war das Meer stark erhitzt, und auch weiter hinaus war es von Strömungen wärmeren Wassers durchzogen. Nirgend war jedoch die See so heiss, dass man nicht die Hand hätte eintauchen können. Den Ort der warmen und eisenhaltigen Quellen am Molo und im Georgshafen fand man so, wie er seit 1866 und früher bekannt war. Die Höhe des Georg ward gleich 107 Meter bestimmt. Von den Maiinseln sahen sie 3, und vermaassen neuerdings die Lage derselben. Nördlich von diesen Inseln, im Kanale von 15 Meter Tiefe, fanden sie eine Bank nur 3 Meter unter Wasser. Der Fels an der Nordküste des Georgshafens schien seit 1848 seine Lage verändert zu haben. In der Lava von 726 (nördlich an Paläa Kaymeni) fanden sie einen Teich, den die englische Karte nicht verzeichnet. (Merkwürdiger Weise finde ich in meinen Papieren von 1866 keine Notiz über den auffallenden, viereckigen Teich, der mir doch nicht hätte entgehen können, als ich im März 1866, ganz in seiner Nähe, die Paläa Kaymeni erstieg. Im Januar 1868 erregte er meine besondere Aufmerksamkeit als ein neuer Gegenstand. Der Teich enthielt klares Seewasser, und Fische darin. Er darf nicht verwechselt werden mit der nahen kleinen Lagune, östlich bei der Kapelle Hay. Nicolaos.) Die Themis ankerte auf Banko über 10,5 Meter Tiefe. — Was in diesem Bericht nicht steht, was mir *Leyer* aber erzählte, ist die seltsame Beobachtung, dass er am Südkap der neuen Laven Nachts einen Feuerschein unter Wasser gesehen habe. Es ist dieselbe Stelle, wo ich am Mittage des 6. Januar 1868 aus 28 Faden Tiefe einen dumpfen brodelnden Ton vernahm. Dort ungefähr war der Fuss des kolossalen Stroms, dessen dampfende Blockwände sich vor uns 30 Meter hoch über See erhoben. *Leyer* sah Juli 21. 15 Eruptionen in der Stunde, demnach das Intervall = 4 Minuten.

1869.

Besonders arm an Nachrichten über den Vulkan ist das vierte Jahr der Eruption, das Jahr 1869. Die Zahl der gelegentlichen Mittheilungen, die ich zu Athen von Reisenden erhalten habe, ist zwar nicht unbedeutend, aber aus ihnen lässt sich doch nur entnehmen, dass kein Tag der Pause eintrat, dass zahlreiche und starke Ausbrüche, Aschenregen und Steingarben, deutlich die nicht verminderte Kraft des Vulkans bezeichneten. Die nützlichen mir zugekommenen Beobachtungen sind die folgenden.

Dekigala gibt in der C. Rend. 1. März 1860 Nachricht vom Zustande des Georg, oder vielmehr, die Akademie druckt nicht jenes Schreiben ab, sondern gibt, und zwar ohne Datum (wie schon früher mehrmals geschah), nur einen sehr kurzen Auszug. Hätte man *Dekigala's* und *Delanda's* thatsächliche Notirungen (mit Ausschluss ihrer Spekulationen) drucken lassen, so wäre der Wissenschaft ein grösserer Dienst geleistet worden, als durch die meisten Spekulationen, die durch das Santoriner Ereigniss ins Leben gerufen sind. Diese werden der Vergessenheit anheimfallen, jene hätten dazu dienen können, meine beiden vollständigen Beobachtungsreihen zu verbinden und eine Ephemeride der Erscheinungen zu entwerfen. Durch sie wäre der Zukunft ein klares Bild der 5jährigen Aktion des Vulkanes überliefert. Die sehr rühmenswerthen Beobachtungen der Jesuiten des vorigen Jahrhunderts hätten unserer Zeit andeuten können, was einem so grossen und wichtigen Ereignisse gegenüber zu Gunsten der strengen Anforderung der Wissenschaft hätte geschehen sollen.

7*

Aus der oben erwähnten Notiz *Dekigala's*, die vermuthlich im Januar 1869 geschrieben ward, ersieht man, dass sich der Vulkan fortwährend im Zustande grosser Erregung befand, dass er unter heftigen Detonationen Tag und Nacht Asche, Blöcke und Schlacken auswarf. Von den 8 kleinen Inseln waren nur noch die 3 mehrfach erwähnten Maiinseln sichtbar. Im Januar fanden die Offiziere des „Rapid" den Georg 50 engl. Fuss höher als den alten Conus. Die Eruptionen waren gross und zahlreich, oft eine in je 2 oder 3 Minuten, dann aber gab es auch Pausen von 30 Minuten (was 1868 schwerlich vorgekommen ist). Der Kanal am Molo, nämlich die enge Einfahrt an der Südostseite der Mikra Kaymeni war 1 bis 2 Meter tief. An der Südseite des Georg bemerkte man Spalten, durch welche das Innere weissglühend erschien. (Dies nach einem Briefe von Capt. *Tupmann* an mich, d. d. Malta 1869 Febr. 9.)

Juni 15.—18. lag die französische Fregatte Themis wieder auf Banko. Die Offiziere sahen (z. Theil aus Capt. *Tupmann's* mir mitgetheilten Bemerkungen), dass der Georg seit dem vorigen Jahre wohl um 30 Meter gewachsen sei. Gegen Südost war das Lavagebiet sehr vergrössert, und ebenso wie die Ostküste der neuen Laven noch dampfend. Die Maiinseln waren verschwunden und an ihrer Stelle hatte das Meer 3 Meter Tiefe. Nea und Mikra Kaymeni erschienen neuerdings gehoben, und der enge Kanal hatte nur wenige Zolle Wasser. (Möglicherweise fand ein ungewöhnlich niedriges Wasser statt, denn 1870 konnte man den Kanal doch noch mit Booten passiren.) — Der Vulkan stets in grosser Eruption.

Um dieselbe Zeit war *Fouque* wieder in Santorin (z. Th. aus einem Briefe des englischen Gesandten Herrn *Erskine* an mich, d. d. Korfu 1869, Juni 22.).

Ein Bericht von *Gorceix* in den C. Rend. 1870 Fol. 7 Nr. 6 ist abermals ohne Datum abgedruckt. Ich kann daher nicht sagen, auf welche Zeit er sich bezieht, vermuthe aber, dass der Herbst oder Winter 1869 gemeint sei. Die Höhe des Georg war 123 Meter, die Südostseite des Berges sanft geneigt, in der Asche daselbst fand sich noch 100° Wärme. Der Gipfel bildete eine Art weissgraue Calotte von grossen Blöcken; Wasserdämpfe aller Orten. Das Vorrücken der Südostspitze der neuen Laven ist noch merklich, und an jener Stelle sind die Seetemperaturen noch sehr hoch. Im Osten hebt sich der Boden, der Kanal bei der Mikra Kaymeni ist noch leicht mit Barken passirbar. Bei den Häusern am Molo hat eine Quelle 21°, eine andere 50°. Die Eruptionen haben noch ganz den früheren Charakter.

1870.

Für das 5. Jahr der Eruption sind die Nachrichten reichlicher, und z. Th. sehr vollständig, weil ich in einigen Fällen besondere Beobachtungen veranlassen konnte und von abendländischen Marineoffizieren über manche Erscheinung genauere Auskunft erhielt. *Dekigala's* Berichte fehlen gänzlich, da er im Laufe des Jahres Santorin verliess und nach der Insel Naxos zog. Für den Anfang von 1870 lässt sich aus Zeitungsnotizen und nach Aussagen von Reisenden konstatiren, dass sich der Vulkan stets in grossem Aufruhr befand. Ein guter Bericht von *Gorceix*, ohne Datum abgedruckt in: Ass. Scientf. 1870 Nr. 166, ist vor dem März 1870 geschrieben. Ein Theil bezieht sich aber möglicherweise noch auf den Herbst oder Winter 1869. *Gorceix* sagt, dass zwar im Allgemeinen die vulkanische Thätigkeit abnahm, dass aber dennoch an zahlreichen Eruptionen kein Mangel sei. Diese Ausbrüche folgten sich manchmal kontinuirlich, während zu anderer Zeit kaum 2 oder 3 auf die Stunde kamen. Sie künden sich an durch ein dumpfes Getöse, ähnlich dem Rollen des Bahnzuges; das Getöse wird schärfer und es entsteigt dem Gipfel eine Säule weissen Dampfes. An dessen Stelle ist aber öfter die Aschen- und Steinwolke sichtbar. Zwischen den ausgeworfenen Bimsteinen zeigen sich nur selten grössere Blöcke. Der Wasserdampf enthält nur wenig schweflige Säure. Zur Nachtzeit sind bei Ausbrüchen noch reiche Flammen am Krater sichtbar. Alle Inseln, welche sich in Folge der Eruption erhoben hatten, sind jetzt mit der Nea Kaymeni vereinigt. Der Georgkegel hat 123 Meter Höhe. — (Man wird finden, dass die Messungen österreichischer Offiziere noch 2 Maiinseln darstellen. S.)

Für die Monate Januar, Februar, März kann ich keine bestimmten Nachrichten beibringen, und für die obigen von *Gorceix* ist es unsicher, welcher Zeit sie angehören.

Im April (etwa April 15.) war König Georg I. in Thera, und umfuhr die Nea Kaymeni, die damals sich in sehr starker Eruption befand. · (Notiz des Prof. *Köppen.*)

Gorceix in C. Rend. 1872 Nr. 6 pag. 372. Das Datum des Briefes von *Gorceix* ist zwar nicht gedruckt, aber der Bericht lässt diesmal hinsichtlich der Chronologie nichts zu wünschen übrig. Seit Dezember 1869 fand er den Vulkan im Allgemeinen wenig verändert, und die Höhe $=118,5$ Meter. Es existirte kein offener Krater, sondern die Calotte von Lava und grossen Blöcken, oft zerstört und wieder erneuert, war auch jetzt, nämlich Anfang April, vorhanden. Wasserdampf, Asche und Schlacken wiederholten sich in 20 bis 25 Minuten.

April 8. Von 9—10 Uhr 8 Eruptionen; mittleres Intervall 4,5 Minuten.

April 12. Die Lavacalotte des Gipfels etwas westlich gestellt. Eine grosse Eruption schien nahe, eine beträchtliche hatte stattgefunden. Ueber die sehr grosse nun folgende Eruption vom ersten Range kursiren sehr abweichende Lesarten, besonders was das Datum betrifft. Das Datum schwankt um viele Tage. Doch wähle ich die Angaben der österreichischen Offiziere der Reka, die sich wohl auf die des zuverlässigen Limenarchen *Botsis* beziehen, und übergehe die Angaben der Zeitungen, auch die von *Gorceix*, der April 19 hat.

April 18., etwa Morgens 9 Uhr, sprengte der Vulkan unter gewaltigem Donner seinen Gipfel, und alle von 1866 bekannten Phänomene wiederholten sich in grossartigem Maassstabe. Nach *Gorceix* wurden schwere Blöcke bis 500 Meter Abstand geschleudert; nach andern Aussagen finde ich, dass Steine die Mikra Kaymeni überschritten. Die Steine verbrannten im Nordhafen der Nea Kaymeni einen grossen Schooner, und tödteten einen Mann an Bord. Dies war also seit 1866 Februar 20. das zweite Opfer; es scheint, dass noch zwei Barken beschädigt oder zerstört wurden. Ein russisches Handelsschiff lag ebenfalls nördlich an Nea Kaymeni und ward vom Steinhagel der Eruption überfallen. Einige Glutblöcke durchschlugen das Deck, erloschen aber in der Weinladung, so dass keine Feuersbrunst entstand. Nach *Gorceix* blieben die nächsten 15 Tage reich an starken Ausbrüchen und Explosionen. Vom Beginn des Mai an nahmen die Erscheinungen wieder ab. (Ueber die grosse Eruption des 18. April: Augsb. Allg. Ztg. 1870 pag. 2275, nach der *Μέριμνα*, die aber ein falsches Datum gibt. Ferner Capt. *Germounig* in seinem Berichte aus dem Juni 1870 in den Wiener geogr. Mitth.)

Mai 15. Capt. *Tupmann* bestimmt die Höhe des Georg zu 142 Meter, und findet den Berg in gewöhnlicher Thätigkeit. (*Tupmann*'s Brief an mich, d. d. Gibraltar 1870, Sept. 30.)

Mai 30. fand eine grosse Eruption statt, welche alle Neubildungen in dichten Dampf einhüllte; es fiel so dichte Asche auf Santorin, dass man eine Stunde lang die Sonne nicht sah. *Botsis* in Thera bestimmte die Höhe des Cumulus zu 35°, woraus ich die wahre Höhe zu 2480 Meter berechnete; es war also eine Eruption ersten Ranges.

Juni 16. kam die österreichische Korvette Reka wieder nach Santorin. Ich hatte den Kommandanten Herrn *Germounig* ersucht, eine neue Aufnahme zu veranstalten, und nach meiner schriftlichen Instruktion gewisse Beobachtungen anzustellen. Mit grösster Bereitwilligkeit und dem rühmlichsten Fleisse sind treffliche Arbeiten ausgeführt worden. Ich selbst fand auch diesmal nicht die Zeit, mich der Expedition anzuschliessen. Der Architekt, Herr *Paul Ziller*, reiste mit und nahm auf meinen Wunsch eine genaue Zeichnung der Kaymenen, wie sie damals von Thera aus sich darstellten. Die Offiziere vermaassen die Neubildungen, und auf mein Verlangen nochmals genau die wichtigern Höhenpunkte der drei Kaymenen. Von der sehr sorgfältigen Karte ward mir eine photographische Kopie mitgetheilt, auf welche ich später zurückkommen werde. Aus dem vollständigen handschriftlichen Berichte des Kommandanten, Herrn *Germounig* (der später seitens der Geographischen Gesellschaft in Wien gedruckt ward), entnehme ich das Folgende:

Juni 16. liessen sich schon bei 40 Meilen Abstand die einzelnen Eruptionen deutlich beobachten, obgleich Santorin selbst nicht sichtbar war. Die Intervalle der Eruptionen schätzte man zu 15 Minuten. In dieser Entfernung von 40 Meilen konnte indessen ein Getöse nicht gehört werden. Die Reka legte sich dann auf Banko vor Anker, woselbst die geringste Wassertiefe 6 Faden gefunden ward. Der Kanal an Mikra Kaymeni konnte nur im Boote passirt werden; er hatte 16—18 engl. Fuss Breite und 4—5 engl. Fuss Tiefe. *Germounig* meint mit Recht, dass hier seit zwei Jahren keine merkliche Veränderung stattgefunden haben könne.

Die sonstigen Veränderungen im Kanale zwischen Mikra und Nea Kaymeni sind sehr genau von *Germounig* beschrieben, und in seiner Abhandlung nachzusehen, woselbst man auch Beobachtungen über die Temperatur der Thermen auf dem gesunkenen Gebiete findet. Die Beschreibung des Kraterplateau auf dem Georg gibt keine grosse Veränderung seit 1868 zu erkennen; es wird des Steinkegels und seiner raschen Veränderungen gedacht, so wie einer Oeffnung gegen Südost, die u. a. auch April 12. eine starke Eruption hatte. Aus der Schilderung des Georgshafens ersehe ich, dass seit Januar 1868 daselbst keine neue Senkung stattgefunden haben kann.

An Paläa Kaymeni auf der Lava von 726 fand man den Salzwasserteich wie er früher gesehen ward; in der Lagune bei Hag. Nikolaos Gasblasen und eine Wassertemperatur von 31^0 C. (Diese Temperatur muss der Lokalität wegen allein von der Sonne herrühren, ebenso wie die 27^0 C. im Georgshafen.) Im Kanal zwischen Paläa und Nea Kaymeni fanden sich noch 2 Maiinseln in früherer Form, steil zu See abfallend. Eine frühere Angabe, der zufolge die Inseln fehlten, wird hierdurch also in Frage gestellt.

Während die Reka auf Banko lag, etwa Juni 16—20 (leider sind im Berichte die Beobachtungstage nicht gesondert aufgeführt), fand man bei zweckmässiger Theilung der Arbeit und in genauer Zählung:

1. in 24 St. 212 Erupt., 105 starke, 107 schwache, 148 mit Getöse, 64 ohne Lärm.
2. - 24 - 154   -   87   -   67   -
3. - 24 - 195   -   128   -   67   -

Unter 1; waren 8 Eruptionen von je 5 Minuten Dauer, und 5 so zu sagen doppelte Ausbrüche, d. h. solche, welche sich ohne Zeitintervall folgten. Einmal folgten 9 starke Ausbrüche nach einander von 3 bis 15 Minuten Intervall. Schwache folgten sich 7 als Maximum in kurzen Zeiträumen von wenigen Minuten. Unter 2; einmal folgten sich 13 starke Ausbrüche, der Reihe nach alle von donnerndem Getöse von mehreren Minuten Dauer begleitet. Im Allgemeinen kann·man annehmen, dass die starken Ausbrüche wirkliche Auswürfe zu Tage förderten, die bei den schwachen Aktionen meist fehlten. Die folgenden Schilderungen der Ausbrüche sind gut ausgeführt, und lassen erkennen, dass niemals ein Phänomen auch nur 2. Ranges vorkam. Flammen am Kraterrande wurden ebenfalls mehrmals gesehen, und sehr wohl von der rothen Beleuchtung des Dampfes unterschieden.

Juni 24., Abd. 6 Uhr grosses Erdbeben auf Santorin; (Andere haben irrthümlich Juni 30). Felsen stürzten bei Merovigli u. a. a. O. in die See, und bei Akrotiri entstand ein beträchtlicher Spalt (aus einem Briefe von *Botsis* an den Lieut. *Hausser* von der Reka). Hier will ich nur bemerken, dass dies grosse Erdbeben sein Zentrum in Kreta hatte, dass es in Aegypten, Kleinasien, Dardanellen, in ganz Hellas, in Neapel und Süditalien stark verspürt wurde. Der Vulkan zeigte keine Aenderung. In Athen notirte ich den kräftigen Stoss um 5 Uhr 53,6 Min. auf der Sternwarte; die untere Pendeluhr blieb nach 5 Minuten stehen.

Juni 28. *Germounig*, südöstlich von Santorin in 20 Meilen Abstand segelnd, sah um 9 Uhr Abends einen starken rothen Schein in der Richtung gegen den Georg; es war damals Neumond und heiterer Himmel. Um 12 1/2 Uhr Nachts hörte man bei 25 Meilen Abstand ein dumpfes kurzes Getöse aus der Richtung von Santorin.

Juni 29. Abd. 7 Uhr 40 Min. Grossartige Eruption zweiten Ranges, welche Gestein bis Banko trieb. (*Botsis'* Brief an *Hausser*, d. d. Thera, Aug. 3. n. St.)

Juli 12. Als die Reka, von Kreta kommend, westlich um Milos nach Norden fuhr, sah man die Wolken der Eruption und hörte den Donner in mehr als 40 Meilen Entfernung.

Juli 18. Früh 2 1/2 Uhr sah Herr *v. Heldreich*, westlich an Santorin vorbeifahrend, den beträchtlichen Dampf des Vulkans; doch erschien kein Feuer, und kein Getöse ward vernommen.

Anfangs Juli erwähnt *Gorceix* noch eine Eruption grösserer Art, ohne das Datum anzugeben. Er sagt bei dieser Gelegenheit, dass der Vulkan noch immer 118 Meter Höhe, und diese seit Nov. 1867 nicht geändert habe, womit alle von mir gesammelten Beobachtungen im starken Widerspruche stehen.

Für den Juli nennt er noch die Maiinseln, und dass der enge Kanal bei der Mikra Kaymeni 4 Meter Wassertiefe habe.

Aus dem August liegen keine Beobachtungen vor, doch weiss ich, dass sich ungewöhnliche Eruptionen nicht ereigneten. Ein charakteristischer klarer und sehr nützlicher Bericht des Hafenkapitäns *Botsis* an den Kultusminister, d. d. Thera, Sept. 2./14., vom Minister mir zugestellt, enthält folgende merkwürdige Details. (Ueberall rechne ich nach neuem Kalender.)

Sept. 3. Abd. 11 Uhr 10 Min. Ohne irgend ein Getöse blies der Vulkan eine grosse Menge Dampf, mit Asche gemischt, bis 80 Meter über den Krater empor. Inmitten dieser Wolke blitzt es auf seltsame Weise, zum ersten male als feurige Kette (*ἐν μέσῳ τῆς τέφρας καὶ τοῦ ἀτμοῦ ἐξήστραψε παραδόξως καὶ τὴν πρώτην φορὰν ψλογεράν ἅλυσιν*).

Sept. 5. Früh 2 Uhr 22 Min., ohne das geringste Getöse, ergoss der Vulkan feurige Schlacken (*μύδρους ἐκ λάβας*), das ganze Gebiet bis Mikra Kaymeni bedeckend.

Sept. 6. Ebenso tonlos warf er grosse Aschenmengen gemischt mit geringen Schlacken aus; aber in dieser Wolke, 30 Meter über dem Krater blitzte es, nach grossem Maassstabe in Gestalt zweier gegen einander gekehrter Besen (Büschel), deren Lage dem Krater nahezu parallel war, also fast horizontal (*ἀλλ ἐν μέσῳ τῆς τέφρας καὶ τοῦ ἀτμοῦ, τριάκοντα μέτρα ὑπὲρ τοῦ κρατῆρος, ἐξήστραψε εἰς μέγα σχῆμα δύο σαρώθρων ἀντιθέτως κειμένων, καὶ σχεδὸν ὁριζοντείως τοῦ κρατήρος*).

Sept. 9. Früh 1 Uhr 25 Min. brach der Krater Lavamassen nebst Dampf und Asche in ungeheurer Masse aus. In geringer Höhe über dem Krater blitzte es gewaltig, und mit so scharfem und schrecklichem Donner, dass in vielen Häusern Theras die Fensterläden sich öffneten, Glasscheiben zersprangen und alle Bewohner von Thera, Merovigli und vieler entfernter Dörfer aufwachten und sich ins Freie begaben, und aus Furcht schlaflos daselbst zubrachten. (So schlimm war es seit 1866 nicht gewesen, und ich erinnere daran, dass selbst im Februar 1866 die furchtbaren Eruptionen ersten Ranges wohl grossen Schrecken erregten, aber in der Ferne doch nicht solchen Eindruck bewirken konnten.)

An demselben Tage, Sept. 6. Nachm. 2 Uhr 55 Min., erumpirte der Vulkan abermals ohne Schall (*ἀκρότως*) und schleuderte ringsum Schlacken. Von nun an bis Sept. 14. blieb er sehr ruhig, ausser dass er einmal oder zweimal in 24 Stunden schalllose Dampf- und Aschenausbrüche hatte. Alle zuverlässigen Bewohner Santorins sagten vor *Botsis* aus, dass solcherlei Phänomene bisher nicht vorgekommen seien. *Botsis'* treffliche Beschreibung gibt klar zu erkennen, dass eine neue Phase der Thätigkeit des Vulkans begonnen habe.

Botsis' folgender Bericht an den Minister, d. d. Thera Sept. 28/16., gibt an, dass seit 15 Tagen nicht nur kein Ausbruch erfolgte, sondern dass nicht einmal Dampf mehr über dem Krater gesehen werde, woraus er schliesst, dass die Phänomene sich ihrem Ende nahen. Das Sinken des Gebietes von Vulkano hatte noch nicht aufgehört.

Im Oktober, etwa am 15., ereignete sich (nach *Dekigala*) noch eine starke Eruption; dann trat völlige Ruhe ein bis wenigstens Nov. 15. Inzwischen ward der Vulkan mehrmals von den Theräern erstiegen. Man sah weder Dampf, noch hörte man Getöse. Für den Dezember fehlt jede Angabe.

1871.

Nachdem die lebhaften Phänomene des Vulkanes aufgehört hatten, verminderte sich auch das Interesse und die Nachrichten wurden sehr selten. Im Februar ersuchte ich den Kommandanten der k. k. österreichischen Korvette Kerka, Baron *Spaun*, sich gelegentlich um neue Beobachtungen über Santorin zu bemühen. Er versprach es und lief bei der nächsten Reise gleich in den Golf von Thera ein. Da aber Banko von vielen Schiffen besetzt war und die Kerka sich bei dem ungestümen Wetter nirgends halten konnte, so war Baron *Spaun* genöthigt, die Insel nach wenigen Stunden zu verlassen. Ein Schreiben des k. k. Schiffsfähnrichs *F. J. Vieck*, d. d. Piräus 1871 März 29., meldet mir: „Am 20. März früh bei Tagesanbruch dublirten wir das Kap Apanomeria. Das Wetter war sehr schlecht; wegen völliger Besetzung von Merkantilschiffen auf Banko konnten wir nirgends halten, und wegen der hohen See auch nirgends an der Kaymeni landen. Ich konnte also nur konstatiren, dass, mir gemachten Aussagen entgegen, der Georgsvulkan beständig raucht, d. h. kontinuirliche, nicht von einem Punkte, sondern aus einer ganzen Fläche aufsteigende Dämpfe zeigt. Detonationen hörte Niemand an Bord, ebenso wenig sahen wir ein Steinrollen oder sonstige Erscheinungen, die auf eine erhöhte Thätigkeit des Berges hätten schliessen lassen."

Im Mai, Juni und Juli kann nicht wohl eine grössere Aktivität eingetreten sein, da ich mehrfach Personen sprach, die damals den Vulkan gesehen hatten.

Ende August besuchte der k. russische Gesandte, Herr *Sabourow*, Santorin. Er theilte mir im September mit, dass er den Gipfel des Georg erstiegen habe. Im Gebiete des Kraters sah man drei oder vier tiefe dampfende Schlünde, an den Rändern stieg aus erhitzten Stellen ebenfalls Dampf empor, Niemals liess sich Getöse hören. Ein Offizier nahm eine Skizze vom obern

Theile des Berges. Gegen Sept. 21. die letzte, ganz isolirte grosse Eruption.
(Demathas.)

Im Oktober besuchte *Gorceix* abermals den Vulkan (C. Rend. 1872.
Nr. 6. pag. 372). Er meldet, dass seit einiger Zeit keine Eruption gewesen
sei. (Meine Nachrichten lassen keine derartige Erscheinung seit einem Jahre
erkennen.) Der Raum des Kraters war mit grossen Lavablöcken bedeckt.
Man sah noch etwas Dampf, und zwar fast nur Wasserdampf.

Nov. 23. besuchte Professor *Rhoussopulos* (von Athen) den Vulkan. Er
sagte mir, dass man aus verschiedenen Stellen, besonders nördlich, noch starken Dampf aufsteigen sah. Auch war das Wasser am Molo und am Rande
der neuen Laven noch sehr erhitzt.

1872.

Von keinem Monate liegt eine bestimmte Beobachtung vor, und ebenso
wenig habe ich aus diesem Jahre von einer auch nur geringen Eruption vernommen. Zu Anfang des Oktober konnte man indessen, selbst noch von Thera
aus, schwache Dämpfe auf dem Vulkane wahrnehmen. (Demathas.)

Eine sehr werthvolle Beschreibung verdanke ich dem Herrn Architekten
Paul Ziller, der am 3. Dezember nach Santorin fuhr und auf meinen Wunsch
nicht nur die Nea Kaymeni besuchte, sondern auch den Gipfel des Georg-
vulkans erstieg. Am 7. Dezember fuhr er durch die enge Einfahrt südlich
an der Mikra Kaymeni. Das Fahrwasser, schon hier sehr warm, genügte
gerade für die Passage eines Bootes (so war es seit 1868 Januar ohne wesentliche Aenderung). Der innere Kanal, also das Meer am Molo von Vulkano,
und wenigstens bis zum Chimeion hin, war in einem an dieser Stelle nie gesehenen Zustande, es dampfte nicht nur heftig, sondern vom Grunde her und
aus der Region der Nea Kaymeni strömten zahlreiche starke Quellen und
Strudel empor, die wohl nicht daraus erklärt werden können, dass es kurz
vorher stark geregnet hatte. Zufällig hatte Herr *Ziller* nicht den Thermometer bei sich, den ich ihm für die Reise mitgegeben hatte. Wenn er aber
sagt, dass er die Hand nirgends sehr lange untertauchen konnte, ohne die
Hitze zu stark zu finden, so wird man die Temperatur wenigstens zu 50° R.
oder 62,5° C. schätzen dürfen. Niemals erreichte hier das Wasser vormals
solche Wärme. Es existirten noch die gelben Teiche, die sich bis zum Orte
der vormaligen Kapellen zusammenhängend mit einander hinzogen, und diese
hatten, wie auch die Thermen am Molo, nahe dieselbe hohe Temperatur. Den
Vulkan erstieg Herr *Ziller* an der Nordseite. Mächtige hochragende weisse
Fumarolen erhoben sich am Nordwestrande, sehr wenige im Gebiete des
Kraters, viele andere am östlichen und südlichen Abhange. Der Schwefel-

geruch war stark. Kein Getöse ward gehört, ausser, dass einige Fumarolen sausend ausfuhren. Ueberall war der Boden warm, und wo man Blöcke umwandte, glühend heiss. Ein wirklicher Krater existirte nicht, sondern im Gipfelplateau zeigten sich viele konische Löcher, von denen das mittlere grösste schüsselförmig und am Boden mit Blöcken angefüllt war. Am Südabhange des Georg sah man ein kraterförmiges Lokal, oder einen Einsturz der Felsen. Alle Neubildungen waren ohne Dampf. Aber der Georg selbst dampfte das ganze Jahr hindurch, und seine Fumarolen waren auch zu Thera sichtbar, besonders nach starkem Regen. Dez. 13/14. Nachts 12 $1/_2$ Uhr ein vierfaches Erdbeben zu Akrotiri beobachtet. Die Temperatur der Therme zu Plaka bestimmte Herr *Ziller* zu 40° C. Die Südseite der Mikra Kaymeni, ganz von unzähligen Aschenfällen der letzten Jahre überschüttet, hatte dennoch bereits eine neue lebhaft grüne Pflanzendecke.

VI.

Die Aphroessa.

In der vorigen Zusammenstellung meiner Beobachtungen über den Georg-vulkan war nur gelegentlich von der Aphroessa die Rede. Hier werde ich das auf sie Bezügliche hersetzen, um den Wechsel der Erscheinungen leichter überblicken zu lassen. Ist ihr Ort auch längst unkenntlich geworden, wie es scheint, schon seit 1867 Ende, so war sie als zweiter selbstständiger Aus-gangspunkt der Eruption doch von hohem Interesse, und die ihr angehörigen Beobachtungen dürfen nicht deshalb als untergeordnet angesehen werden, weil man den Berg nicht mehr sieht. Ueber die Anfänge der Aphroessa können nur die Mitglieder der griechischen Kommission Auskunft geben, die vom An-fang an über alle Erscheinungen als Augenzeugen zu reden vermögen.

U. M. **Februar II. 1866.**

3 32 Bei unserer ersten Umfahrung der Nea Kaymeni, östlich beginnend, durch Süd zu West nach Nord, kamen wir nahe südwestlich der Phlevaspitze an eine Stelle, die sich schon von weitem durch weisse Farbe auszeichnete. Wir steuerten hinein und *Palasca* liess an-halten, um an dieser Stelle zu sondiren, während ich Wasser her-aufholen liess, um die Temperatur (25,6° C.) zu bestimmen. Der Anblick vieler Tausend bis zollgrosser Gasblasen, die hier dicht gedrängt und nicht tumultuarisch neben einander aufstiegen, und dabei ein mässiges Geräusch verursachten, war sehr merk-würdig. In verschiedenen Schriften wird angegeben, dass an dieser Stelle die Tiefe 20 oder 25 Faden gewesen sei. In meiner Handschrift finde ich darüber nichts vermerkt, aber da ich zu jener Zeit neben *Palasca* stand und Alles von ihm erfuhr, so ist es mir erklärlich, weshalb mir die Zahl 21 im Gedächtnisse

U. M.

bleiben konnte. Es waren griechische Klafter, die von den englischen nicht stark abweichen, und so kann man denn bei der
Zahl 21 Fathoms, oder ungefähr 38 Meter, stehen bleiben. Aus
dieser Tiefe erhob sich 40 Stunden später der selbstständige
Vulkankegel, der dann den Namen unseres Schiffes erhielt.

8 30 Gegen Nacht fuhren wir, der Küste viel näher, als es mit dem
Dampfer geschehen konnte, wieder an diesen und an einen Ort
der Küste, und sahen daselbst die flammenähnlichen Erscheinungen
auf dem Wasser, die früher schon beschrieben wurden. Februar 12.
kam Niemand in diese Gegend.

Februar 13.

— 8 30 Auf dem Gipfel des alten Conus stehend, zeichnete ich die Phleva-
küste und ein Stück des Kanals zwischen dort und der Paläa
Kaymeni, und zwar wegen des vorgestern besuchten hellgrünen
Meerstrudels, in welchem die weissen Blasen emporstiegen.
Zwischen dem Strudel und der Küste, und in unserer Visirlinie
dahin, lagen 3 dunkle, von einander getrennte alte Lavariffe in
Wasser, dem Ufer ganz nahe.

—10 18 Als gerade das Brüllen des nahe unter uns liegenden Georghügels
aufgehört hatte, bemerkte Dr. *Christomanos* einen dunklen Fels
in der Oberfläche des Strudels, der nach 6 Minuten wieder verschwand. Wir sahen ihn sogleich alle, und ich verzeichnete
genau seinen Ort. Nach meiner zweiten Zeichnung lag der Fels,
vom südlichen Kraterrande des alten Conus gesehen, genau im
Vertikale des östlichen Absturzes vom grossen Kap der Paläa
Kaymeni, oder $1/4^0$ mehr links. Der Fels stand nun im südlichen
Theil des Strudels, und zwar war es der zweite, der aber nach
4 Minuten wieder verschwand. Die Uhrzeit finde ich nicht angegeben. Da aber meine nächste Barometerbeobachtung am
Molo um 10 Uhr 54 Min. erfolgte, so wird man wenig irren, wenn
die Erscheinung des zweiten Felsens auf 10 Uhr 35 Min. gesetzt
wird. Um diese Zeit dampften die grossen Spalten der Landzunge
Phleva, und von den vorhin genannten drei Uferklippen finde ich
in meiner Zeichnung nur noch zwei. Rings um den grünen
Strudel zeigten sich grosse dunkelbraune Flecken, die ich später
nur als submarine, soeben sichtbar werdende Laven anerkennen
konnte. Entfernung vom Auge etwa 730 Meter nach *Palasca*.

U. M.

Februar 14.

Während des Tages kamen verschiedene Blöcke bis 2 Meter über
See, und sanken nicht mehr unter. *Palasca* bestimmte ihre
Lage mit dem *Borda*'schen Kreise, und sah sie Abends in der
Nähe. Es entwickelte sich daselbst, und schon am Tage, starker
weisser Dampf, von dem wir Februar 13. noch Nichts gesehen
hatten.

Februar 15.

— 9 15 (Station auf dem alten Conus.) Die neue Insel besteht aus verschiedenen schwarzen Felsen von 2 und 3 Meter Höbe, vielfach
noch durch Wasserkanäle von einander getrennt; sie dampft bereits sehr stark. Meine Zeichnung gibt 5 grosse Blöcke und einen
kleineren im Westen. Rings um den Strudel, besonders gegen
die Phlevaküste hin (an welcher von den Klippen nur noch eine
sichtbar ist), dunkle Flecken unter Wasser, die submarine Lava.
Die Hauptmasse lag jetzt genau im Vertikal der Mitte der Kuppe
auf dem grossen Kap der Paläa Kaymeni, also beträchtlich westlicher als der erste am 13. Februar erschienene Fels. Dass auch
die heutigen Inseln noch in Bewegung waren, zeigte sich bald,
da der westlichste Block in 10 bis 12 Minuten wieder untersank.
Dass diese Felsen rothglühend waren, hatte *Christomanos* schon
am Abende des 13. Februar bemerkt; er sah damals schon zwischen
dem neuen Riffe und der Küste hellgelbe meterhohe Flammen auf
dem Wasser. Am 15. Februar fuhr *Christomanos* an die Westseite
der neuen Insel, in deren Nähe die See sehr erhitzt war, und
brachte ein Stück der schwarzen porösen Lava zurück.

5 40 (Auf dem Conus.) Wir beobachteten die neue Insel, die heute auf
Vorschlag des Professors *H. Mitzopulos*, nach unserm Schiffe,
den Namen „Aphroessa" erhielt. Sie war ringsum von starken
weissen Fumarolen verhüllt.

5 48 Als der Wind die Fumarolen niederlegte, sahen wir plötzlich an der
Nordseite, und unmittelbar auf dem Wasser, glänzendes Feuer,
ein ungewöhnlich schöner, eindrucksvoller Anblick. Wie die genaue Beobachtung mit dem Fernrohr zeigte, war es durchaus
keine Flamme, sondern die höchst intensive weissrothe Lavaglut,
unmittelbar auf der Wasserfläche ruhend. Da jene Feuerlinie
durch Irradiation stark vergrössert erscheinen musste, schätzte ich
ihre Dicke bei 10 Meter Länge nur = 0,5 Meter. Die glühende

submarine Lava hat eine starke und dunkle Steinkruste; so wie
sie aus dem Wasser emporsteigt, verdunstet die Oberfläche äusserst
rasch alle Wassertheile, und die innere Glut theilt sich schnell
der Oberfläche mit. Das erinnert an die Lavablöcke des Cotopaxi, die von Wasserströmen zwischen Eis und Schlamm stunden-
weit fortgeführt, aufs neue zu glühen anfingen, als sie, auf trocke-
nem Boden abgesetzt, das Wasser ihrer Oberfläche verdunstet
hatten.

6 — Von der Insel Aphroessa her erschollen viele Detonationen, ähnlich
Pistolenschüssen aus 1000 Meter Distanz gehört. Ich will damit
sagen, wenn am Orte der Aphroessa, 730 Meter von uns entfernt,
Pistolen abgefeuert wären, so hätten wir den Schall noch etwas
stärker empfunden. Jene Feuererscheinung dauerte für uns nur
10 Minuten. Die glühenden Felsen gingen langsam wieder unter,
und daher wohl die zahlreichen kurzen Detonationen.

Februar 17.

— 8 — Bei schlechtem Wetter und hoher See fuhren wir südlich um den
Georg und kamen bald der Aphroessa nahe. Ihre sehr grosse, aus
dichten Cumulusballen geformte Fumarole lag wegen des heftigen
Windes tief gegen die See herabgebeugt; man hörte kein vulkanisches Getöse, sondern nur ein leises Brausen und Zischen. Feuer
erschien nirgends. Ich schätzte die beiden Durchmesser der
flach konischen Lavainsel 100 und 60 Meter nach zwei Richtungen, die Höhe = 10 Meter. Die Dampfentwicklung war
äusserst stark. Da mir der Versuch einer Landung bei so un-
ruhiger See und namentlich wegen unserer Unbekanntschaft mit
dem Meergrunde nicht gerathen schien, liess ich mich im Georgshafen aussetzen, während die Andern von Norden her im stilleren
Wasser sich dem Nordrande der Laven nähern und Probestücke
aufnehmen konnten.

Februar 18.

— An diesem Tage fehlen die Beobachtungen wegen eines Ausfluges
nach Thera.

Februar 19.

8 30 Von Thera gesehen, hatte die Aphroessa eine sehr hohe, dichte und
weisse Fumarole. Abends fuhr *Palasca* nach der Aphroessa, und
fand zwischen ihr und der Phlevaspitze 17 Brassen Wassertiefe.
Die Oberfläche der Insel war glühend, und ihr nahe, zeigten sich

U. M.

auf der Wasserfläche wirkliche Flammen. Die See war dort sehr erhitzt und glatt wie von Oel bedeckt. In der Nacht erschien der Gipfel rothglühend.

Februar 20.

— 9 11 (Auf dem Conus beobachtet.) Aphroessa erscheint von hier unter 11,5° Durchmesser. Ihre Fumarole ist mächtig, das Brausen derselben stark und stetig. Selbst im Sonnenschein zeigt sich nordwärts an der Basis der Insel, also unmittelbar auf dem Meere, helle Glut, sobald nur der weisse Dampf seitwärts getrieben ward. Das Meer hatte dort noch lichtgrüne Farbe und viele grosse braune Flecken, herrührend von der submarinen Lava. Die Fumarole ist unten und in der Mitte des Stammes bald gelbbraun, bald goldfarbig, das Uebrige weiss. So war der Zustand bis unmittelbar vor der ersten grossen Katastrophe des Georg um 9 Uhr 36 Min.

—11 16 Während wir den früheren Ankerplatz unseres Schiffes verlassen, sehen wir die neue Insel von Norden aus mässiger Ferne; die Fumarole hat goldgelben und braungelben Dampf; sonst zeigt sich Nichts verändert.

Februar 21.

0 — (Station Athinio.) Von hier gesehen, liegt die neue Insel Aphroessa halb verdeckt vom Kap Phleva. Ich änderte auf der Karte meine frühere Einzeichnung, überliess aber *Palasca* die letzte Korrektur, von der später die Rede sein wird. Die Fumarole (schwächer als die des Georg) ist unten rothgelb, höher braungrau und oben weiss. Ausdrücklich wird hier bemerkt, dass dies Rothbraun die besondere Farbe des Dampfes war, und nicht etwa vom Reflex glühender Massen herrührte, der nur Nachts gesehen werden kann.

0 49 Während einer sehr grossen Eruption des Georg bleibt an der Aphroessa Alles ungeändert.

9 54 Nachts erscheint die Aphroessa glühend; dicht nördlich neben und hinter ihr erheben sich starke grünliche Flammen, die jedoch oft vom Phlevakap verdeckt werden, wenn sie an Höhe abnehmen.

Februar 22.

— 5 — Als am Georg eine Eruption ersten Ranges stattfand, zeigte Aphroessa keinerlei Veränderung. Der untere Theil ihrer Fumarole erschien nun ebenso roth glühend, wie das Gewölk des Georg; es war der

U. M.

Reflex der glühenden Laven, und die spezifische Farbe der Fumarole konnte in der Nacht und bei so grosser Feuerbeleuchtung begreiflicherweise nicht wahrgenommen werden.

— 8 45 Beginn der Dampfsiphonen an den Fumarolen beider Vulkane, worüber das Nähere früher mitgetheilt ward.

3 13 Während der grössten Eruption des Georg, die ich gesehen habe, blieb Aphroessa still und ohne Aenderung.

5 53 Erste Sichtbarkeit des Feuerscheins an der Basis der Fumarole, während die gelbbraune Farbe noch erkennbar.

9 6 Viele Schüsse ertönen aus der Gegend der Aphroessa; so dauert der Lärm die Nacht hindurch.

Februar 23.

— 7 24 (Athinio.) Der grosse Sipho, der gestern sich so oft erneuerte, ging selten über den Meridian der Aphroessa westlich hinaus. Die Farbe der Fumarole ist gelbbraun.

— 9 — Wir verlassen Athinio und fahren über Banko, nordwärts über Mikra Kaymeni nach Nordwest, bei welcher Gelegenheit von *Palasca* und mir neue Bestimmungen für die Lage der Insel gewonnen wurden. Dann erfolgte unsere Abreise nach Milos, so dass nun bis März 1. die Beobachtungen fehlen. Es war noch bequemes Fahrwasser für Barken zwischen Aphroessa und der nächsten Küste. Für den 24. 25. 26. 27. 28. Februar ist in den Notirungen von *Stephanos Stephanou* wohl gelegentlich von der neuen Insel die Rede, doch werden bestimmte Beobachtungen nicht mitgetheilt. Ich ersehe nur, dass keine Eruption daselbst stattfand und dass sich die Insel ruhig vergrösserte. Dasselbe Resultat ergibt die Durchsicht der handschriftlichen Mittheilungen *Dekigala's.*

März 1.

— 5 — Von Milos zurückgekehrt, waren wir bei Tagesanbruch 1 Meile nördlich von Aphroessa. Ihre hohe senkrechte Fumarole krümmte sich oben zu Ost und vereinigte sich dort mit dem Gewölke des Georg. Der Stamm war rothglühend vom Scheine der glühenden Felsen. Nördlich, der Aphroessa nahe, deckten hohe Flammen grosse Räume des Meeres.

März 2.

— 7 12 Aphroessa und Georg mit unbedeutenden Fumarolen von kaum 160 Meter Höhe. Zwischen ihr und Paläa Kaymeni zeigt sich

U. M.

oft ein glatter ölartiger Fleck auf dem Meere. (Beobachtungen auf dem Epitropeion zu Thera.)

1 45 Kleine Detonationen, wie Pistolenschüsse, scheinen der Aphroessa anzugehören.

März 3.

— 4 — Viele der zahlreichen Schüsse mögen von der Aphroessa ausgegangen sein. Auf dem Epitropeion liegen Georg und Aphroessa in einer Linie hinter einander, und zwar ist Aphroessa viel entfernter.

9 30 Die einzelnen Schüsse werden seltner, oder verlieren sich in dem Brausen des Georg.

März 5.

— Baron *la Motte* (von der Reka) fuhr heute im Boote durch den Kanal zwischen Aphroessa und Phleva, und schöpfte Wasserproben mitten zwischen den Flammen, die dort auf dem Meere loderten. Die Strömung war daselbst ungewöhnlich stark.

3 40 Die braune Fumarole, dünn und durchsichtig, viel höher als die des Georg.

März 6.

— 7 25 Die braune Fumarole ganz sichtbar, weil auf Georg sehr wenig Dampf lagerte. Viele Schüsse, auch noch später am Tage, vermuthlich bei der Aphroessa. (Beobachtet zu Thera.)

März 7.

— 7 3 Im Sonnenschein hat die Fumarole eine braune Farbe.

März 9.

— Es erheben sich westlich neben Aphroessa schwarze Felsen aus dem Meere, die von *Fouqué* den Namen Reka erhielten. Sie vereinigten sich bald mit der neuen Insel und bildeten an deren Westseite eine beträchtliche Anschwellung.*) Verschieden davon ist der 1870 Reka benannte Fels, westlich am Kap des Georghafens.

—10 30 Im Sonnenlichte erschien die Fumarole lebhaft zimmtbraun. Als den ganzen Tag hindurch Georg so überaus mächtige Schall-

---

*) Der Kommandant der türkischen Korvette Sinup, *Achmet-Bey*, fand die Temperatur der See dort, wo die Reka-Klippen gerade langsam aufstiegen $= 92^0$ F. $= 33^0$ Cels.

8*

U. M.

phänomene entwickelte, blieb, so viel ich in Thera erkennen konnte, Aphroessa ruhig.

März 10.

2 — Von Athinio gesehen, erscheint Aphroessa flach kegelförmig und sehr vergrössert.

3 — Die Fumarole ist der des Georg sehr ähnlich und eben so hoch; die Basis hat braune Farbe. Von Athinio her sind die Rekafelsen nicht sichtbar. Der südliche Vorsprung der Aphroessa schon ohne Dampf.

März 11.

— 7 30 Hell rothbrauner Dunst, ganz dem der Fumarole Aphroessa's gleichend, lagert fern über Therasia.

0 59 (Auf dem Kap der Paläa Kaymeni beobachtet.) Hier sah ich die erste Dampf- und Steineruption der nahen Aphroessa; ich sah und hörte die Steine ins Meer fallen.

1 14 Ebenfalls auf Paläa Kaymeni sah ich eine zweite derartige Eruption vierten Ranges. Die Gipfelfumarole lebhaft rothbraun im Sonnenlichte; alle andern Dampfsäulen und Wolken nur weiss. Westlich von Aphroessa, anscheinend kaum 30 oder 40 Meter entfernt, zeigten sich schwarze Felsen in Menge dem Meere entstiegen, die Reka; sie gaben nirgends Dampf.

März 12.

— Von Apanomeria, bei stiller klarer Luft gesehen, vereinigten sich die Fumarolen beider Vulkane in mehr als 1000 Meter Höhe zur grossen Schirm- oder Pinusform. Nachts verglich ich in 7050 Meter Abstand das Gipfelfeuer der Aphroessa mit dem Lichte des Sirius, und fand das Letztere etwas intensiver.

März 13.

— 8 — Zu Apanomeria; über beiden Vulkanen lag mächtiges weisses Cumulusgewölk; der Stamm der Fumarole der Aphroessa bis über die Mitte hinauf braun, feiner, dünner und glatter als die Säule des Georg. Sie hatte dazu noch drei oder vier kürzere weisse Dampfsäulen. Auf der Fahrt nach Therasia erzählte mir *Achmet Bey*, der Kommandant der türkischen Korvette Sinup, dass er bei dem Aufsteigen der Rekafelsen zugegen gewesen sei. Von Feuer oder andern Eruptionserscheinungen sagte er Nichts.

U. M.

0 30 Im Boote, der Aphroessa nahe, finden wir sie schon mit den Rekafelsen vereinigt, bis auf einen sehr schmalen Wasserstreifen, in
welchem bereits viele neue Felsköpfe auftauchen. Zwischen der
Aphroessa und der Phleva ist noch ein geräumiger Kanal für
Boote. Die Seetemperaturen nur selten bis 40°. Die Thätigkeit
des Lavahügels bestand in schwachen kochenden und brausenden
Tönen und im Aushauchen vielen Dampfes ohne Steinwürfe.

März 14.

— 5 — (Epitropeion.) Mässige Fumarole.

— 7 51 Donner, kleiner Aschenausbruch, *Palasca* meint von Aphroessa. .

—10 50 Das linke südliche Ende ist heute gut sichtbar, weil der Hügel sich
sehr erweitert hatte. Viel brauner Dampf; der Gipfel scheint
sich zum Krater umgestalten zu wollen.

März 15.

— 7 25 Die Fumarole der Aphroessa überragt alle Andern.

März 16.

3 15 Auf einem Boote der preussischen Korvette Nymphe und in Begleitung des Kommandanten Herrn *Henck*, landen wir an der Südseite der Aphroessa; sie brauste schwach und liess mitunter hei-
sere, rauschende Töne vernehmen. Die noch stark erwärmten
schwarzen, schaumig porösen Blöcke betretend, fand ich es sehr
schwer, festen Fuss zu fassen, und sah, wie sich die Matrosen
bemühten, höher hinaufzuklettern, wobei sie bald mit dem Gestein
wieder herabrollten. Herr *Henck* untersagt seinen Leuten mit
Recht, fernere Versuche, den Gipfel zu erreichen, zu unternehmen.
Die Wassertemperaturen waren hier von 28° bis 33°, unmittelbar
an den Berührungsflächen des Gesteins.

März 17.

— 8 35 (Epitropeion.) Aphroessa wohl etwas vergrössert, doch sonst nicht
merklich verändert; Dampferuption und kleiner Lärm.

5 30 Starke Seefumarolen bei Aphroessa, von Athinio gesehen.

März 18.

7 30 Dampf der Aphroessa sehr geringe; vielleicht heute fand die Ver-
einigung ihrer Nordostseite mit der Phlevaküste statt.

U. M.

| 6 37 | Ungewöhnlich grosse Dampfentwicklung, 7 Minuten lang. |
| 6 46 | Eine neue dicke Dampfwolke (zu Thera) ohne hörbares Getöse. |

März 19.

— 8 —	Vom Epitropeion gesehen, ist das Südkap der Aphroessa noch etwas rechts von der Phlevaspitze.
1 10,7	Dampferuption.
6 —	Aphroessa, von Südost gesehen, erscheint in eleganter flacher Kegelform mit brauner Gipfelfumarole. An der Basis in Südost dicker wüster Dampf, das Südkap frei. Auch der heutige Tag wird als die Zeit der Vereinigung mit der Phleva angegeben, so dass Aphroessa nun nicht mehr Insel ist, sondern das Südwestkap der Nea Kaymeni bildet.

März 20.

— 7 20	Vom Epitropeion gesehen, liegt das doppelte Südkap der Aphroessa genau im Vertikal der äussersten Phlevaspitze (die aber der Senkung wegen nicht mehr die der englischen Karte ist).
—10 40	Stets wenig Dampf, die Gipfelfumarole ist braun.
—11 9	Am Epitropeion erscheinen die beiden Südkaps der Aphroessa im Vertikal des Ostgipfels am Aspronisi. Kommandant *Henck* sondirt nördlich von Paläa Kaymeni 40 bis 60 Faden; an den Stellen, wo 1848 *Graves* 100 Fathoms gefunden hatte, maass er 69 Faden.
11 50	In der Nacht ist der Feuerschein der Aphroessa gelbroth, der des Georg matter und z. Th. grünlich. Von Thera gesehen, kann nun der Gipfel der ersteren, hinter dem Georg aufragend, erkannt werden. Mit Hilfe des Fernrohrs sah ich am Gipfel der Aphroessa viele rothe Glutpunkte, doch niemals Flammen, die am Georg an vielen Abenden mit Leichtigkeit bemerkt wurden.

März 21.

— 0 40	Am Gipfel starke Ausströmungen rothen Lichts, verschieden von dem allgemeinen Roth des erleuchteten Dampfes. Ich darf glauben, zum erstenmal jetzt Flammen am Gipfel der Aphroessa gesehen zu haben. (Am Fernrohr.)
— 0 50	Ein glänzender Lavatropfen am Gipfel sichtbar.
— 9 --	Auf See südlich nahe Aphroessa, an Bord der Panope. Die Reka

U. M.

bildet westlich an Aphroessa einen besondern wulstförmigen Anhang von 15 Meter Höhe.

— 9 — Zu Akrotiri erscheint Nachts Fumarole und Feuerlicht unbedeutend.

März 22.

— Der Anblick von dem des vorigen Tages nicht verschieden.

März 23.

— Noch ist die Fumarole braun.

März 24.

9 — Vom Hagios Elias (560 Meter hoch) gesehen, ist Licht und Fumarole der Aphroessa unbedeutend.

März 25.

— 8 — (Hagios Elias.) Gewaltige, unten braune Fumarole, 1200 Meter hoch, oben mit der des Georg vereinigt.

März 26.

3 — Aphroessa hat nördlich, eine hakenförmige Verlängerung gegen den Georgshafen; Fumarole braun.

Hier enden meine Beobachtungen. Als ich Januar 1868 wieder nach Santorin kam, gelang es mir nicht, von Paläa Kaymeni aus mit Sicherheit den Ort des merkwürdigen Vulkankegels wiederzuerkennen. Er war rings umgeben, oder wohl schon überdeckt von kolossalen Lavafeldern von brauner Farbe. Ich vermag aus den mir vorliegenden Dokumenten nicht nachzuweisen, wann Aphroessa zuletzt als noch einigermaassen kenntlicher Hügel gesehen ward. Im September 1866 war sie noch vorhanden.

Anm. In Beziehung auf *Reiss* und *Stübels* Werk über Santorin pag. 108 ist Folgendes zu erinnern. Allerdings senkte sich die Phlevaküste schon in den ersten Tagen der Eruption, doch zumeist in den mehr östlichen, also dem Hafen Vulkano benachbarten Theilen. Die Strecke von Süden an bis zum Georgshafen fand ich Feb. 11—13, auf dem Conus stehend, nicht merklich geändert, indem ich sie mit der englischen Karte verglich. Die Senkung hat aber stattgefunden und selbst 1870 noch nicht aufgehört, wie das Versinken der Landfesten im Georgshafen und die Veränderung des westlichen Kaps (Reka Fels) beweist. Die ursprüngliche Entfernung der Aphroessa vom nächsten Punkte betrug nicht 50 Meter, sondern nach meiner und *Palasca's* Bestimmung nahe 5 Bogensekunden des grössten Kreises der Erdkugel, also 150 bis 160 Meter. Selbst Feb. 23. war das Kap Phleva, wenn auch erniedrigt, noch vorhanden und verdeckte, von Athinio gesehen, die Hälfte der Aphroessa und die Basis der grossen Flammen nördlich von der neuen Insel.

In demselben vortrefflichen Werke, pag. 111, heisst es, dass ich und *Mitzopulos* mit dem Fernrohr Flammen zu sehen geglaubt haben. Nicht geglaubt haben wir, sondern gesehen, gezeichnet und gemessen. Bei der Santoriner Eruption waren echte Flammen eine gewöhnliche Erscheinung, die jetzt ja wohl Niemand mehr bezweifeln wird.

Anm. zu den Beobachtungen über Aphroessa. April 12. war, nach *Dekigala*, die Gipfelfumarole noch rothbraun. Die Nacht vorher hatte man im Georgshafen Flammen gesehen. April 20. wechselt Aphroessa in starken Eruptionen mit Georgios ab. Mai 17. hatte der Gipfel noch braunen Dampf. Die 8 Maiinseln entstanden zwischen Mai 20. und Juni 4., und die grösste, der Nikolauskapelle gegenüberliegende nannte *Dekigala* „Membliaria", die nördliche zweitgrösste „Aesania", welche Namen erhalten werden mögen, falls diese kleinen Inseln überhaupt Dauer haben sollten.

VII.
Einzelne Beobachtungen und Messungen.

---

1) Ueber den Zustand des Conus der Nea Kaymeni von 1707, seit 1866.

Indem ich wegen des Kraters auf die beigegebene Karte verweise, die später mit anderen ihre nähere Erklärung findet, lasse ich hier die Bemerkungen folgen, die ich 1866 und 1868 an Ort und Stelle notirt habe. Die Höhenmessungen werden in einem besonderen Abschnitte behandelt. (Tab. II. Fig. 5 u. 6. Tab. V. Fig. 4.)

1866 Feb. II., zwei Wochen nach dem Anfange der neuen Eruption. Der 30° bis 32° steile Aschenkegel, eine im Ganzen sehr regelmässige Gestalt, hängt im Nordwest durch einen wenig vertieften Sattel mit dem dortigen Lavarücken der Insel zusammen. Südlich sind die Abhänge lichtgrau, ganz aus vulkanischem Sand (Asche) und nicht vielem Gestein gebildet, und mühsam zu ersteigen. Am Fusse liegen sehr bedeutende Lavablöcke von 1707 bis 1711. Einige mögen Eruptionsmassen sein, obgleich sie denen von 1866 wenig gleichen. Der Mehrzahl nach dürften sie vom Kraterrande herabgestürzte, anstehend gewesene Felsen sein, wie eben solche jetzt noch den Gipfel bilden, und wie ähnliche auch am obern Rande des Georg gesehen werden. Die Nordseite des Aschenkegels ist dunkler, und von oben bis unten mit schwacher Frühlingsvegetation bedeckt, derselben, die wir auch auf Mikra Kaymeni sahen. Auf diesen beiden Inseln war aber die Vegetation viel schwächer als auf Paläa Kaymeni. Bäume gab es nirgends, und selbst in der kleinen schon verwüsteten Ortschaft Vulcano ward kein Baum gefunden. Dagegen sahen wir im Krater des Conus 2 oder 3 mittelgrosse Feigengebüsche, wie deren auch 3 auf Mikra Kaymeni vorkamen. Der Gipfelkrater ist flach, gegen Nordwest gesenkt, und im Westen fast offen, so dass man dort beinahe horizontal auf dem sandigen Sattel schreiten konnte, der zu den westlichen, wieder aufsteigenden Lavafeldern die Verbindung herstellt. Im Krater, der viele trockene vorjährige Disteln zeigt, findet man beträchtliche Felsmassen, grosse lose Blöcke, Sand und Rapilli in Menge, dazu etliche Löcher, die Mündungen der letzten Eruptionen. Ungefähr in der Richtung Südwest-Nordost ist der ganze Kraterboden gespalten, in mehrfach gebrochener, wellenförmiger Linie, welche von der Mitte an gegen Nordost sich ansehnlich verbreitet. An den meisten Stellen war der Spalt leicht zu überschreiten oder zu überspringen, östlich aber doch bis 2 Meter breit, und inwendig von Schutt und Blöcken verfallen. Von seinem östlichen Ende an liefen Spalten im Kraterrande fort, und so auch war der ganze Ost-, Südost- und Südrand tief zerklüftet. Indem die neue Eruption begann, senkte sich der südliche Theil der Insel am stärksten; es brach der Conus mitten durch, und seine südöstliche Hälfte senkte sich gegen Südost. An der Südwest-Seite nach aussen sind 2 flache Halbwälle, bedeckt von Asche und rother Rapilli, Seitenmündungen von Eruptionen, wie man ähnliche Bildungen an den Parasiten des Aetna und Vesuv mehrfach beobachten kann. Der Spalt auf dem Süd-Walle war ¹/₂ bis 3 Meter breit, die Ränder ungleich hoch, wie bei Rutschflächen, ebenso wie ich sie an den Erdbebenspalten bei Aigion (1862) gefunden habe. Abends war die Bodentemperatur im Spalt 17⁰ bis 18⁰ C. Zwar wohl etwas höher, als die damaligen Tagestemperaturen erwarten liessen, doch mit Rücksicht auf die 10stündige Einwirkung der Sonne nicht aussergewöhnlich. Die Höhe dieses Punktes war 105 Meter.

Feb. 12. Morgens 9 Uhr passiren wir den nördlichen Fuss des Georg-vulkanes, der damals nicht nur den ganzen Vulkanohafen, und den weissen Hügel nebst den dortigen Häusern bedeckt hatte, sondern der bereits den südlichen Fuss des alten Conus bedeckte, und seine Massen mehr und mehr gegen die Aschenwände nordwärts hinaufdrängte. Es war ein Engpass, den man noch ohne Gefahr in wenigen Minuten durchschreiten konnte. Hier sahen wir in Südsüdwest den Fuss des Conus entzündet. In gerader Linie gegen dessen Gipfel aufsteigend, entwickelten sich bei grosser Bodenhitze weisse schweflige Dämpfe. Mit dem Aneroïde bestimmte ich die Seehöhe des obersten Punktes dieser Solfatara (wie wir der Kürze wegen dies Lokal nannten) zu 28 Meter.

Feb. 13. Morgens 9 Uhr gingen wir abermals durch die Schlucht. Hitze und Dampf der Solfatara schien merklich gesteigert. Ich maass die Seehöhe des obern Endes = 29,6 Meter. Abends sahen *Palasca* und

Boujukas vom Gipfel des Conus aus, auf jenem entzündeten Gebiete bläuliche kleine Flammen.

Feb. 15. Morgens 9 Uhr war die Schlucht wegen vermehrter Hitze und des grossen Dampfes wegen nicht mit der früheren Leichtigkeit zu passiren. Das Lokal der Solfatara war so heiss, dass ich vorzog, sie von oben her zu umgehen, woselbst ich jetzt die Seehöhe zu 39 Meter bestimmte. Die Entzündung des alten Kegels an dieser Stelle machte also grosse Fortschritte nach Innen und nach Oben.

Feb. 16. Morgens. Am Nordost-Fusse des Conus, im letzten nördlichen Hause am Molo, welches wir das Chimeion nannten, fing ein Mauerspalt an sichtbar zu dampfen, auch war Schwefelgeruch im Hause. Abends erstiegen wir den Conus, und fanden die südliche Randspalte 6—8 Meter breit, die Spalte im Krater, östlich von der Mitte, 3—4 Meter breit.

Feb. 17. Morgens. Die Fumarole am Molo bei dem Chimeion fand ich 28,°8 warm., die See daselbst 18,°6. Am Südost-Fusse des Conus neue über 50° heisse Fumarolen aus Felsspalten. Das obere Ende der Solfatara schätzte ich in 56 Meter Seehöhe. Der Boden war dort so heiss, dass ich meine Thermometer nicht der Gefahr des Zerspringens aussetzen wollte.

Feb. 18. Die Seehöhe des obern Endes der Solfatara schätzte ich Mittags zu 78 Meter.

Feb. 20. Morgens 9 1/2 Uhr, nach der ersten kolossalen Eruption des Georg, ward der ganze Conus mit zahllosen Blöcken, glühenden Steinen und Asche überschüttet. Alle älteren und schon trockenen Pflanzen verbrannten hier wie auf der Mikra Kaymeni, die in derselben Weise mit betroffen wurde. Wie ich schon früher bemerkte, bin ich zwar überzeugt, dass die Menge von Flammen, die ich einige Minuten nach der Katastrophe auf beiden Vulkankegeln auflodern sah, nur vom Brande der Vegetation herrührte; aber ebenso neige ich zu der Ansicht, dass so grosse Dampfsäulen, wie sie von beiden Inseln aufstiegen, mit der Eruption Zusammenhang hatten, dass Dämpfe in Menge durch die ohnehin schon gelockerten Fugen bis auf grosse Abstände hin durchgepresst wurden, und aus Spalten der Oberfläche entwichen. Das Feigengebüsch auf beiden Inseln war nur an den Enden verbrannt, aber sonst übel zugerichtet. Es stand noch 5 Wochen später. Um Mittag sahen wir von Banko aus den äussern südlichen Riss am Gipfel des Conus erweitert, die beiden Signale noch aufrecht. Die Solfatara dampfte schwach.

Feb. 21. 0 Uhr 49 Min. (zu Athinio) nach dieser grossen Eruption des Georg bemerkte ich mit dem Fernrohre am Conus keine Aenderung.

Feb. 22. Früh 5 Uhr. Die Lichtpunkte an der Südseite des Conus waren Glutblöcke, welche eine grosse Eruption des Georg dorthin geworfen hatte. Am selben Tage bemerkte ich neben der oft erwähnten sogenannten Solfatara des Conus eine zweite, mehr gegen Westen, und der vorigen parallel gestellt, welche bis zum Nordwest-Lavasattel am Conus hinaufreichte. Um 3 Uhr 13 Min., bei der grossartigsten Eruption des Georg, zeigte das Fernrohr keine Veränderung am alten Kegel.

März 5. Abends 5 Uhr schätzte ich die Seehöhe des obern Endes der Solfatara == 62 Meter.

März 7. Mittags hatten die obern Fumarolen schon die südliche Basis der braunen Felsen erreicht, welche den Saum des Kraters von 1707 (auf dem alten Conus) bilden. Geschätzte Seehöhe == 78 Meter.

März 11. Von Paläa Kaymeni gesehen, hat die Südseite des Conus, fast bis oben hinauf, 21 weissgelbe Stellen, d. h. Oerter, an denen Fumarolen hellfarbige Effloreszenzen abgesetzt hatten.

März 12. Morgens, die ganze Südseite dampfte stark, mit Ausnahme des obern Felskranzes.

März 16. Abends erscheinen die Fumarolen schon nahe dem südlichen Gipfelrande.

März 17. Morgens, erscheint eine Fumalore auf dem südlichen Gipfel, also in 105 Meter Seehöhe. Mindestens 36 Tage hatte es gedauert, bis die Entzündung der Südseite des Conus vom Fusse bis zum Gipfel sich verbreitete. Ich denke, Niemand wird bezweifeln, dass es sich nur um eine sekundäre Mitleidenschaft des alten Vulkankegels handelt, indem nur heisse Wasserdämpfe der Georgeruption, gemischt mit sauren Dämpfen anderer Art, leicht genug Zutritt in den zerrütteten sehr benachbarten Schlackenberg gefunden hatten.

März 18. Morgens, die Fumarole des Südgipfels ist aus 3550 Meter Distanz dem freien Auge sichtbar.

März 19. Dieselbe Erscheinung; über der Mitte des alten Kraters ist nichts ähnliches wahrzunehmen.

März 20. Die Fumarolen des südlichen Abhanges sind schwach.

März 23. Morgens. Die Fumarolen des Conus ansehnlich, der Spalt am Gipfel erweitert.

März 24. Die Offiziere der Panope erstiegen den Gipfel, fanden den Krater gänzlich zerrissen, voll von Asche und grossen Blöcken des Georg, und schwer betretbar.

März 25. Die Südseite bis zum Gipfel dampfend. Am Fernrohr bemerkte ich, dass die obere Fumarole stossweis ausgetrieben ward.

März 26. 3 Uhr. Vom Molo lag das südöstliche Ende im Seespiegel; im Norden stand er noch 1,1 Meter über Wasser. Hier, zwischen dem Nordende des Molo und dem nahen Fusse des Conus fand ich das eingedrungene Seewasser dampfend bei 55° Wärme, wo Feb. 12. nur 17° beobachtet ward. Die heissen Dämpfe der Eruption hatten also bereits die ganze Basis des Conus durchzogen.

2) Zustand der Mikra Kaymeni.

Die Bodensenkung war nicht auf die Nea Kaymeni beschränkt, sondern erstreckte sich auf die kleine Nachbarinsel, deren Entstehung auf 1570 oder 1573 gesetzt wird*). Die Senkung der Letztern, und nur an der Südseite, ist wohl von allen Beobachtern bemerkt worden. Die südlichen Landfesten, die 1860 Februar noch über Wasser standen, waren 1868 im Januar bereits überflutet. Der Hauptkrater, der mit Recht einem Steinbruche verglichen wird, zeigte ansehnliche Spalten. Die von *Choiseul Gouffier* gezeichneten Nebenkrater waren zwar nicht zu finden, aber nordwestlich von der grossen Oeffnung gab es im Jahr 1866 noch verschiedene wirkliche Eruptionsschlünde, wie ich ähnliche am Vesuv in Aktion gesehen habe. Ihre anomale Form erinnerte freilich wenig an die Gestalt des Kraters. 1868 im Januar waren sie alle unter Blöcken und Asche des Georg vergraben, und die Oberfläche der Insel war wie durch ein starkes Schneetreiben sehr geebnet, und stellenweis gefährlich zu betreten. Ich selbst brach 2 mal auf der Asche durch, ohne indessen tiefer als 4 Fuss einzusinken.

3) Bewegung der Laven der Aphroessa.

Wie es sich mit der Bewegung der submarinen Lava verhielt, ersieht man aus folgenden Beispielen. Das erste entnehme ich handschriftlichen Mittheilungen von *Palasca*, das andere dem Werke von Herrn *v. Seebach*. Nachdem *Palasca* die Entfernung der ersten Felsen der Aphroessa (vom Conus gesehen) schon am 13. Februar bestimmt hatte, liess er auf dem Südrande des Conus ein Postament von Lavablöcken errichten, um seinen Messungen grössere Genauigkeit zu geben. Die Erscheinung des ersten Felsens setzt er Februar 13. auf 10 Uhr 24 Minuten Morgens. Vom folgenden Tage an konnte er mit Sicherheit einen und denselben Felsen fixiren, und er maass

---

*) Ich bin der Ansicht, dass die Eruption der Mikra Kaymeni 3 Jahre lang, von 1570 bis 1573, dauerte.

nun mit dem *Borda*'schen Kreise Depressionswinkel, in einer Seehöhe von
106 Metern. Die Resultate sind die folgenden:

Februar 14. 0,0 Uhr. Abstand vom Conus = 762 Meter Depression = 7º 38'.

„ 14. 1,2 „ „ „ „ = 751 „ „ = 7º 45'.

„ 14. 1,9 „ „ „ „ = 747 „ . „ = 7º 47'.

„ 15. 4,0 „ „ „ „ = 727 „ „ = 8º 0,5.

Die wahre Bewegung des Felsens von Süd—Nord berechnet *Palasca* =
60 Meter in 28 Stunden. Nach der Natur des Gefälles der Phlevaküste
musste sich eine flüssige Lavamasse freilich gegen Süden ergiessen. Aber
einmal waren zahlreiche Anomalien des Seegrundes zu überwinden, und dann
handelte es sich sehr vornehmlich um aufsteigende, aufquellende Bewegung
der Lava, deren Resultat an der Oberfläche nur in geringem Grade abhängig
von der Beschaffenheit des Grundes sein kann. Auch am Georg, ehe er den
Charakter eines normalen Vulkans annahm, flossen die Massen keineswegs alle
nach Süden, wie man nach dem Gefälle des Seegrundes erwarten sollte, sondern
sie stiegen nordwärts sogar bergan gegen den alten Conus. Betrachtet man
nun gar den grossen östlichen Lavawall, dessen Nordende beinahe die Mikra
Kaymeni berührt, so erkennt man leicht, dass es sich um noch ganz andere
Bewegungen handelt, als um die einfache des blossen Fliessens. Das Fliessen
über oder unter Wasser hatte hier kein anderes Interesse als an allen andern
Orten. Hier ist nur festzuhalten, und anzuerkennen nach dem Zeugniss der
Augenzeugen, dass sich die ersten Laven des Georg und der Aphroessa senk-
recht aus 7 und aus 21 Faden Tiefe erhoben haben, dass sie ohne Zweifel
feste Schichten emporgehoben haben würden, wären solche vorhanden gewesen.
So brachten sie aber nur ihres Gleichen zu Tage, weil der Seegrund nur aus
Lava und Asche bestand. Das Steigen oder Aufblähen der äusserlich erstarrten
Lava hielt an, bis die grossen Ausbrüche des Georg erfolgten, nahm dann
sehr ab, und hörte auf, als die normale Vergrösserung des Vulkanes durch
Eruption erfolgte, nämlich die fortwährende Aufschüttung des erumpirten
eigenen Materials. Der erste Ursprung der Neubildungen von 1866 war
durch Heben und Fliessen bedingt, durch Fliessen nur deshalb, weil dafür
der Boden günstig war; die zweite Phase der vulkanischen Thätigkeit bestand
ausschliesslich in der Aufschüttung.

Herr Prof. *v. Seebach* maass Höhen und Dimensionen der Aphroessa
trigonometrisch, und fand Resultate, die ihn (pg. 61) zu folgendem Ausspruche
nöthigten: „Aus diesen Messungen (März 30 — April 10) und den berechneten
„Näherungswerthen erkennt man, dass die Aphroessa im gedachten Zeitraume
„sowohl an Umfang als auch an Höhe beträchtlich zunahm. Es ergibt sich

„ferner, dass dieses Wachsthum zu verschiedenen Zeitpunkten ein verschiedenes „war, und endlich, dass der Lavaerguss nicht nach beiden Richtungen in „gleichem Verhältniss zunahm. Die Beobachtung einer Zunahme in der hori-„zontalen Richtung, bei einer Abnahme in der vertikalen; ist wohl ein anderer „unwiderlegbarer Beweis dafür, dass die Aphroessa wie der Georg, nur durch „den Erguss einer noch glühend flüssigen Lava gebildet worden ist. Eine „Wanderung der höchsten Wölbung der Aphroessa fand während jener Zeit, „wie wohl überhaupt, nicht statt."

Diesem habe ich nur beizufügen, dass allerdings für beide Hügel sich in den 2—3 ersten Wochen solche Ortsveränderungen zeigten, dass die Gipfel-, oder die Hauptaxe erst zu Ruhe kam, als sich ein nahe konstanter Schlot für die Eruptionen gebildet hatte. Die Definition bei Herrn v. Seebach (p. 61) ist nicht ausreichend, selbst wenn man auf die ersten Anfänge zurückgeht. Der einfache Lavaerguss, das Fliessen auf mehr oder weniger geneigtem Boden, hätte niemals solche Hügel gebildet, wie sie in der ersten Phase erschienen. Nicht das Fliessen, sondern die Steigkraft der Laven bedingte die Hügelform bis Februar Ende; die spätere Kegelbildung erfolgte nur durch die Eruptionen, nachdem die erste Wirksamkeit bereits aufgehört hatte. Ich wünsche diese' Unterschiede möglichst scharf gewahrt zu sehen. Alle Beobachter seit dem Anfange des März, die also die frühern Hergänge nicht beobachteten, gelten mir nicht als Augenzeugen für den eben erörterten, für die Vulkantheorie so wichtigen Fragepunkt.

4) Von der Bewegung der Laven des Georg.

Nicht aus 45[*]), sondern aus höchstens 7 Faden Wassertiefe sind die Laven des Georg zu Tage getreten. Als ich den Hügel zuerst am 11. Februar sah, deckte er bereits den kleinen Hafen, denn das Wasser an seinem östlichen Fusse war wegen des dort sinkenden Bodens das seitwärts eingetretene Wasser des ganz nahen Meeres. Die Ost- und Nordseite des Georg war damals unserer Beobachtung leicht und bequem zugänglich. Meine Beobachtungen beziehen sich vorwiegend auf den Nordost-Rand, wo er auf verhältlich ebenem Boden lag; südlich davon stand der Fuss schon im Wasser, nördlicher und nordwest-licher schob er sich gegen die Wände des alten Conus hinauf. Gegen 200 Meter lag damals die Nordost-Kante des Georg von der kleinen griechi-

---

[*]) Die frühesten Angaben fabelten von 45 Faden; es sollte wohl 4,5 Faden heissen; eine Zahl, die ich für noch wahrscheinlicher halte, als die 7 Faden.

schen Kapelle entfernt. Um die Bewegungen der Masse zu sehen, oder vielmehr von Zeit zu Zeit zu erkennen, wählte ich als Standort die noch entferntere
Kath. Kapelle, weil zwischen ihr und dem Georg grosse scharfeckige Blöcke
lagen, die gute Visirpunkte abgaben. Wählte ich nun einen markirten Punkt
im Randprofil des Georg, oder einen hellen Fleck in seiner vordern (östlichen),
zu jener Zeit zwar sehr zerklüfteten, im Ganzen aber doch sehr steilen, zum
Theil senkrechten Wand, und machte die Beobachtung stets am nämlichen
Orte, so konnte ich die Bewegung erkennen, und durch Zeichnung von
Richtungslinien in der Asche konnte ich von Zeit zu Zeit das Fortrücken nach
Winkelwerthen berechnen. Wo es anging, suchte ich Bewegungen, die senk-
recht gegen die Visirlinie stattfanden.

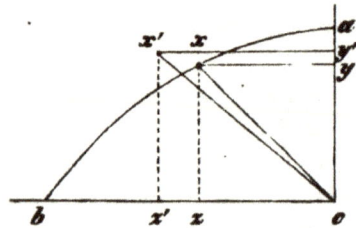

Fig. 3.   Fig. 4.

Figur 3 stellt einen Theil des östlichen Steilrandes vom Georg dar, etwa
Februar 14. Während durch die allgemeine Bewegung der ganzen Masse
die Lavazacke b in 24 Stunden nach b' rückte, zeigte sich die Fortrückung
der Kante a geringer, indem sie in 24 Stunden nur bis a' fortschritt. Es fand
also am östlichen Fusse eine Stauung statt, so dass Theile bei b während
ihrer Bewegung nach Osten noch eine aufsteigende Bewegung hatten, und am
nächsten Tage nicht so niedrig erschienen, als man es erwartet hatte. Der
östliche Steilrand war vielfach durch Radialthäler (Analoga der Barancos)
unterbrochen. In diesen kleinen Thälern sammelte sich der Schutt, der häufig
von den Seiten herabfiel, und endlich an der Mündung des Thales, d. h. am
Fusse des Hügels, in Form sehr unregelmässiger Schutthalden sich aufhäufte.
Zwischen je 2 solcher Thalöffnungen stand eine annähernd senkrechte Wand
von Felslava, die mitunter rohe horizontale Schichtung zeigte. Mir lag nun
sehr daran, den Effekt der Bewegung des Fusses solcher Wand auf dem fast
horizontalen Aschenboden zu untersuchen. Aber es glückte nicht, weil sich
daselbst die herabstürzenden Trümmer der Lava zu sehr anhäuften. An ein
Wegräumen war nicht zu denken wegen der Glut der Felsen und namentlich
wegen des Falles grosser und kleiner Massen von den 30 bis 40 Fuss hohen

Rändern. Hätte indessen nur ein Fortschieben in horizontaler Richtung stattgefunden, so würde der Boden wulstförmig aufgestaut erschienen sein, zugleich aufgetrieben mit den Trümmern, welche dort schon lagen. Solche Aenderungen konnte ich jedoch nicht wahrnehmen. Dass die Annahme eines blos senkrechten Aufsteigens der Lava nicht genügte, lehrte der Augenschein, denn die ganze Masse rückte an dieser Stelle nach Osten. An einer Wand bemerkte ich eine hellere Stelle, die ich Abends durch Visiren prüfte. Am andern Morgen lag sie keineswegs tiefer, sondern soviel sich durch den Wasserdampf erkennen liess, höher als am Tage vorher, wenn auch nur um ein Weniges, etwa 7—10 Zoll. Das habe ich in der ersten Figur durch α und α' angedeutet, wo die Lage α' dem folgenden Tage angehört. In Figur 4 sei: a c b ein vertikaler Schnitt durch den Berg, a c die Axe, c b die Seelinie, x ein beweglicher Punkt der Oberfläche. Die aus der Beobachtung sich ergebende Bewegung war zusammengesetzt aus der horizontalen Bewegung y x und der vertikalen x z. Die resultirende Richtung lag also in c x. Einen Tag später hatte nun der Punkt x entweder noch dieselbe Seehöhe, oder eine vergrösserte, die Bewegungen waren also $y'x'$ und cx' gewesen, die Resultante cx'. Je nachdem der Punkt x nördlich, östlich, südlich oder westlich von der Axe angenommen wird, muss der Effekt der täglichen Bewegung nothwendig sehr ungleich ausfallen, und zwar wegen des zähflüssigen Zustandes der ganzen Masse, die sich auf ungleich geneigtem Boden bewegte. Gegen Süden, wo die Lava leicht auf abschüssiger Fläche abfliessen konnte, musste die Kraft y x weitaus die Kraft x z überwiegen. Gegen Osten und Westen konnten sich beide Bewegungen eine Zeit lang die Waage halten; gegen Norden, wo ein Fliessen unmöglich war, zeigte sich fast allein die Wirkung von x z. Man sieht leicht, dass die Natur der Bewegung einzelner grossen Felsmassen abhängt von der Beschaffenheit und der Konstruktion des Innern der ganzen Masse. Je nachdem man dafür die eine oder die andere Hypothese aufstellt, wird man sehr ungleiche Resultate für die Bewegung von Theilen der Oberfläche finden.

Figur 5 sei eine Seitenansicht des Georg (A), von Osten gesehen, B der alte Conus, c ein versunkenes Haus im Meere, b die kleine griechische Kapelle, a der östliche Steilrand des Georg. Durch die Pfeile α β γ δ ε bezeichne ich nach Richtung und verschiedener Länge die tägliche Bewegung der Masse. Der Plan, diese Bewegung zu messen, war von *Palasca* und mir am 17. Februar besprochen, aber die Katastrophe des 20. Februar machte derartige Versuche auf jenem Gebiete unmöglich.

Ueber die Bewegung der kolossalen Lavamassen ausserhalb der östlichen

Basis des Georg fehlt mir die eigene Anschauung. Als ich im Januar 1868 diese Massen vom Gipfel der Paläa Kaymeni betrachtete, schien mir auch für diese die Annahme des Fliessens allein nicht ausreichend, um die steilrandige Configuration, zwischen 50 und 100 Fuss über See aufragend, nach ihrer Entstehung klar zu begreifen. Gewiss war die bekannte Gestalt des See-bodens (der ehemaligen Mulde zwischen der Nea und Paläa Kaymeni) ganz genügend, das Fliessen der Lava aus der Südküste der Nea Kaymeni völlig einleuchtend zu finden, selbst dann, wenn sich die Tiefe von 100 Faden bis 60 Faden schon durch submarine Laven ausgefüllt hatte. Es blieb immer noch ein starkes Gefälle übrig. Aber die nachdrängenden Laven in der Zeit vom Mai 1866 bis Januar 1868 hatten den Rest des noch 20—30 Faden tiefen Kanals eben nicht ausgefüllt, sondern sie ragten mit schroffen, bis hundert Fuss hohen Blockwänden aus dem Meere hervor. Mir scheint nun, dass bei grösserer Flüssigkeit der Lava, also, was hier ungefähr dasselbe sagt,

Figur 5.

bei völliger Abwesenheit der See, niemals das Resultat zu Stande gekommen wäre, wie wir es jetzt haben. Die Laven würden bei viel grösserer Schnellig-keit ihres Laufs die Mulde bei Paläa Kaymeni gerade so ausgefüllt haben, wie die Laven des Vesuv den Fosso della Vetrana. Aber die Lava der Kaymeni, überall wo sie mit dem Meere in Berührung kam, erstarrte zu rasch, und baute aus sich selbst so mächtige Bollwerke, dass die nachdrän-gende, besser geschützte, und desshalb mehr flüssige Lava nicht durchzubrechen vermochte, sondern genöthigt war sich aufzustauen, und so die Formen darzu-stellen, wie sie schliesslich die neuen Umrisse zeigen. Wer aber mit dem Anblick erstarrter Lavaströme vertraut ist, wird mitten unter den Neubil-dungen wahre Ströme erkennen, welche sich durch eigenthümliche Kurven auf ihrem Rücken verrathen, die noch sichtbar, durch Schutt und Trümmer-linien, analog den Gufferlinien der Gletscher dargestellt werden.

Man wird ferner auf dem braunen Grunde der Neubildungen schwarze bandförmige Streifen wahrnehmen und leicht erkennen, dass es oberflächliche Seitendurchbrüche sehr flüssiger Lava sind, die spät, als die Hauptmasse fast schon zur Ruhe gekommen war, sich über das ältere Gestein ergossen. Ausgezeichnete Beispiele dieser Art beobachtete ich 1855 im Fosso della Vetrana, bei Picione und bei Massa di Somma am Vesuv. Auch im Atrio del Cavallo fand ich 1870 solche Beispiele in Menge. Die tiefschwarze Farbe, feineres Gefüge, weniger grobe Porosität, eng neben einander liegende Kurven der Oberfläche, und oft firnissartiger Glanz, machen diese spätern seitlich aus alten Strömen ergossenen Laven leicht kenntlich.

Als der Hügel des Georg, soweit er über dem Wasser lag, erst 8 oder 10 Tage alt war, zeigte der östliche Steilrand eine Formbildung, die möglicherweise einen Schluss gestattet auf die mittlere Anordnung der innern Theile, während sie empor und seitwärts gedrängt wurden. Jene steile Wand war mehrfach von oben bis unten gespalten, so dass sich keilförmige Ausschnitte bildeten, gewissermaassen die untern Mündungen kleiner Radialthäler an der Oberfläche des mit Blöcken und Schutt bedeckten Hügels. Irgend welche auffällige Regelmässigkeit fand nirgends statt; nur die allgemeine Anlage in der angedeuteten Weise war unverkennbar. An solchem Orte stand in der Fläche der Wand ein massives Postament von schwarzbrauner Felslava, etwas höher als breit, oben zugerundet, oder auch zackigt. Links und rechts, und zwar in der vorgestellten Fläche der Wand, stand je ein ähnliches Massiv, durch schmale nach unten steil ausgefurchte Thalschluchten von mittferen getrennt. Diese Schluchten mündeten entweder im Wasser oder auf dem Aschenboden der Nea Kaymeni. Dort setzten sie Schutt und Blöcke ab, und den Fuss der Wand bezeichnete eine unvollkommene Moräne. Um diese Anlage noch besser für die Zukunft zu fixiren, werde ich in Figur 6 eine Zeichnung beifügen, welche das Nöthige erklären kann. C sei die Mitte des Hügels, a b d die östliche Hälfte der Basis. Die ungefähre Lage der einzelnen Hauptglieder der Masse will ich durch die Figuren $\alpha \beta \gamma \delta \epsilon \zeta$ andeuten. Ob an der Westseite Aehnliches auftrat, wie ich nach zweimaliger Betrachtung aus grösserer Entfernung vermuthe, kann ich mit Sicherheit nicht sagen; dass solche Formation im Süden, wo die Massen rascheren Abfluss hatten, in solcher Gestalt, wenigstens äusserlich nicht erschien, kann ich mit Bestimmtheit behaupten. Das Gefälle des Seebodens vom einstigen Vulkanohafen, also vom Ursprunge des Georg gegen Südost, finde ich $= 6,9°$; das Gefälle des alten Seebodens von der Aphroessa gegen Südost ergibt sich $= 20,03°$ im Mittel. In diesen Richtungen habe ich an beiden Hügeln keine festen Felswände bemerkt, und, falls ich nach blosser Erinnerung urtheilen darf, überhaupt nicht

9*

an den Steilrändern der Neubildungen, soweit diese im Januar 1868 vor-
gerückt waren.

Nimmt man an, dass, der Erfahrung entgegen, nur isolirte Blöcke zu Tage
gefördert wurden, so ist kein Grund, ähnliche Bildungen, wie die beschriebenen,
zu erwarten. Da die Thatsache feststeht, dass grosse solide Felsmassen hinaus-
gedrängt wurden, so wird es schwierig, sich eine klare Vorstellung von der
Konstruktion der ganzen aufsteigenden Masse zu bilden, weil hier zunächst
zwei Fragen zu beantworten sind. Die erste, ob ganz flüssige Lava zuerst
den Seeboden erreichte, und bei zunehmender Steigung schichtenweis erstarrte,
und zu Block oder Felslava umgewandelt ward; die zweite, ob schon aus
grosser Tiefe unter dem Meeresboden feste Massen emporgedrängt wurden.

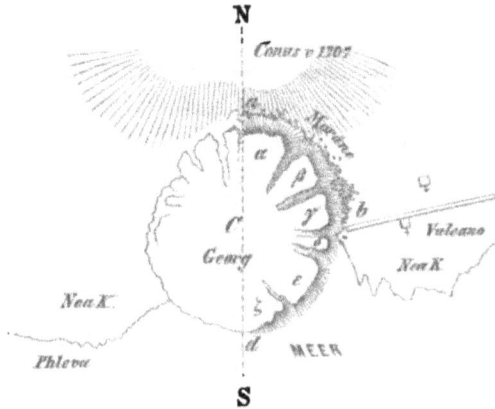

Figur 6.

Ohne hierüber entscheiden zu können, will ich nur daran erinnern, dass das
submarine Fundament der Kaymenen aus so lockerm Materiale besteht, dass
man infiltrirtes Seewasser bis zu grosser Tiefe annehmen darf, bis dahin, wo
die innere Wärme eine Grenze setzt. Es können also die Laven im Januar 1866
schon in sehr bedeutender Tiefe nur noch zähflüssig, oder schon in ihren obern
Schichten erstarrt gewesen sein. Was auch immer stattgefunden haben mag,
man wird immer 2 Formen des Emporsteigens annehmen können, einmal in
konzentrischen Kugelschichten, oder in partiellen vielförmigen Strömen aus
Spalten nach allen Richtungen. Für beide Arten geben die Vertikalschnitte
des Hügels eine Vorstellung, wie ich es in Figur 7 und Figur 8 darzustellen
versucht habe.

5) Flächen- und Kubikinhalt.

Palasca setzt, um eine Näherung für den Kubikinhalt des Georghügels zu finden: Anfang des Aufsteigens aus dem Seegrunde = Januar 30. Für Februar 16 die beiden Dimensionen der Basis = 300 und 225 Meter. Die Höhe = 52 Meter und findet sonach das Volum 1,838000 Kubikmeter tägliche Zunahme durch 17 Tage = 108118 Kubikmeter. Für März 22. findet *Palasca* die beiden Dimensionen 610 und 350 Meter. Die Wassertiefe an der Südspitze = 60 Meter. Die Höhe = 52 Meter. Das Volum = 6,643000 Kubikmet. Seit 52 Tagen täglich 132900 Kubikmeter.

„ 35 „ „ 137300 „

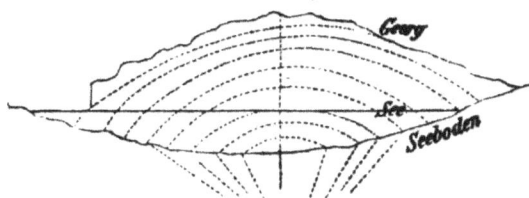

Figur 7.

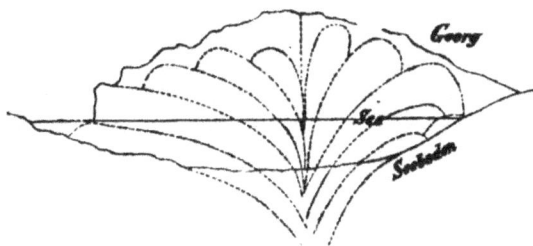

Figur 8.

Das Volum der Aphroessa berechnet er wie folgt: Anfang des Aufsteigens ebenfalls Januar 30. Erste Sichtbarkeit über Wasser Februar 13. Morgens 10 Uhr. Damals war das submarine Volum annähernd schon 1,639000 Kubikmeter und die tägliche Zunahme 117100. Für den 20. März ergab sich das Volum = 7,063500 Kubikmeter. Die mittlere tägliche Zunahme in 49 Tagen = 144150 Kubikmeter. Die tägliche Zunahme seit Februar 17. = 155000 Kubikmeter.

Eine andere Rechnung habe ich für den Januar 1868 versucht, nachdem Baron *Wickede* die Neubildungen vermessen, und in einer Karte, 4 mal grösser als die der englischen Admiralität, dargestellt hatte. Indem ich diese Karte auf quadrirtes Papier durchzeichnete, und zwar mit Einschluss der frühern Kaymenen, bestimmte ich zunächst das Maass der Quadrate. Setze ich 10 Kables = 6000 englische Fuss = 37,7 Theile meiner Skala, so ist 1 Theil = 159,15 engl. Fuss, also der Flächeninhalt eines meiner Quadrate = 25328,72 engl. Quadratfuss, wofür ich 25329 = a setzen werde. Durch genaue Abzählung aller vollen, und Taxirung der unvollständigen Quadrate, so weit sie Land bedeckten, erhielt ich:

Mikra Kaymeni	= 43,5 a =	1,101,811	Quadratfuss engl.
Nea Kaymeni vor 1866	= 376,9 a =	9,546,500	„ „
Bedeckter Theil der Nea	= 96,8 a =	2,451,847	„ „
Eruption bis Januar 9. 1868	= 534,6 a =	13,540,883	„ „
Maiinseln	= 4,1 a =	103,849	„ „
Paläa Kaymeni und Klippen	= 240,0 a =	6,078,960	„ „

Die Flächen der Paläa, Mikra und Nea Kaymeni, bis 1866, umfassen also 16,727271 Quadratfuss engl. Sämmtliche Neubildungen (über

See) bis Januar 9. 1868 „ „ 13,644732 „ „

Lässt man die Maiinseln ausser Acht, so war also die tägliche über der Seeoberfläche stattfindende Zunahme der Fläche nach: $\dfrac{13540883}{707} =$

19152 Quadratfuss englisch.

·Nimmt man in Rücksicht auf die ursprünglich grosse Seetiefe im Süden, die dortige Dicke der Lavaschicht auch nur zu 200 Fuss an, so ergibt sich seit 1866 die tägliche Zunahme des Volums = 3,860,000 engl. Kubikfuss.

6) Azimuthe und Höhen, nach Palasca.

Auf dem Südrande des alten Kraterkegels von 1707 liess *Palasca* ein Postament von Lavablöcken aufrichten, und maass auf ihm, in 106 Meter Seehöhe, die folgenden Azimuthe und Höhen, die ich hier nach seiner französischen Handschrift wiedergebe. Die Azimuthe beziehen sich auf den wahren Meridian, gemessen mit dem *Borda*'schen Kreise. Höhen mit negativem Zeichen bedeuten Depressionswinkel.

Westspitze der Küste von Apanomeria. A = N. 21° 26′ W. h = — 0° 39.′0.
Ostrand von Apanomeria. = N. 4 10 W.
Tourlos, am Fusse des Skaro. = N. 28 54 O.
Mühle am Hause Sirigou in Thera. = N. 58 34 O. = + 5 1. 5.
Skala von Thera. = N. 65 50 O.

Gipfel der Mikra Kaymeni	= N. 72	—	O.	= — 2	30. 0.
Südost-Ecke der Mikra Kaymeni ·	= N. 84	—	O.	= —12	37. 0.
Ostende der Bäder von Vulkano (Feb. 16.)	= S. 65	—	O.		
Pyrgos, Mitte	= S. 62	36	O.		
Grosser St. Elias	= S. 55	0	O.	= + 5	9, 0.
Athinio, Hafenquai	= S. 56	—	O.		
Kalogero-Felsen	= S. 47	37	O.		
Georg Vulkan, Mitte	= S. 1	—	O.		
Akrotiri, Schloss	= S. 0	52	O.		
Linke Ecke von Paläa Kaymeni	= S. 31	50	W.	= — 3	16, 0.
Akrotiri-Spitze	= S. 34	48	W.	= — 0	37, 0.
Linke Seite des Gipfels der Paläa Kaymeni	= S. 41	—	W.		
Erster Fels der Aphroessa, Februar 13.	= S. 42	—	W.	= — 7	46, 0.
Gipfel der Insel Christiani	= S. 44	48	W.		
Aspronisi-Gipfel	= S. 58	58	W.	= — 0^0 6,0'.::	
Rechte Ecke der Paläa Kaymeni	= S. 71	23	W.		
Tripitispitze auf Therasia	= N. 87	22	W.	= — 1	12, 0.
Mühle auf Therasia, isolirt	= N. 56	10	W.		
Mühle auf Therasia (2 beisammen)	= N. 52	58	W.		
Spitze Simantiri	= N. 40	28	W.		
Ecke rechts auf Therasia, Zino	= N. 37	33	W.	= — 0	43, 0.

Palasca, im Uebrigen von der Vortrefflichkeit der englischen Karte überzeugt, ist der Meinung, dass doch einige Korrekturen bemerkt werden müssen.
Er schreibt mir darüber:

„Le cap Tourlos, ou plutòt la còte NO de la presqu'ile du fort Skaro, sont .
marquis defectneusement trop en NO. Il en est de même de la còte NE de la
presqu'ile Simantiri, trop SO. Le sommet de Palaea Kaymeni, qui est double,
a été mal marqué ou oublié totalement dans les hachures topographiques; il
faut le placer plus à l'Est de plus de 100 Metres. La pointe NO de Palaea
Kaymeni me parait aussi deborder ou saillir trop, de 40 à 50 Met. Enfin,
Tripiti avance un peu trop au S."

Um die Lage des Epitropeion, unserer Beobachtungsstation in Thera,
festzustellen, machte *Palasca* folgende Messungen.

Auf der Terrasse des Epitropeion in Thera.

Spitze von Apanomeria, Felsen S. Nikolaus . . .	A = N. 48^0 46' W.	
Kap Tourlos, unter dem Skaro	= N. 43 30 W.::	
Skaro, Mitte der alten Festung	= N. 31 50 W.	

Madonna di Malta	A = N.	21°	40' W.
Haus Sirigou	= N.	11	54 W.
Kreuz auf St. Minas (23 Meter entfernt)	= N.	1	54 O.
Erste Mühle südlich von Thera	= S.	13	13 O.
Zweite „ „ „ „	= S.	4	48 O.
Kap des Circus über Plaka	= S.	13	28 W.::
Kap Alonaki	= S.	21	— W.
Akrotiri, Schloss	= S.	26	56 W.
Insel Askania, links	= S.	43	37 W.
„ „ Gipfel	= S.	44	0 W.
„ „ rechts	= S.	45	12 W.
Kap Akrotiri	= S.	47	7 W.
Dortiges Nebenkap	= S.	47	2 W.
Felsen neben dem Kap	= S.	47	15 W.
Insel Christiani, links	= S.	46	20 W.
„ „ Gipfel	= S.	48	12 W.
„ „ rechts	= S.	49	30 W.
Paläa Kaymeni, links	= S.	57	53 W.
„ „ Gipfel links	= S.	62	0 W.
Phlevakap an der Nea Kaymeni, etwa März 5. 1866	= S.	64	20 W.
Aspronisi, Gipfel	= S.	64	25 W.
„ rechte Ecke	= S.	65	17 W.
Griechische Kapelle auf Nea Kaymeni	= S.	68	18 W.
Katholische „ „ „ „	= S.	69	7 W.
Gipfel des Conus von 1707	= S.	71	57 W.
Haus Langadas auf der Nea Kaymeni (im Meere) .	= S.	68	0 W.
Mikra Kaymeni, linke Ecke	= S.	70	2 W.
„ „ rechte „	= S.	80	26 W.
Nea Kaymeni, Stakti Kap	= S.	89	52 W.
Therasia, Tripiti	= S.	83	22 W.
„ Hagios Elias	= N.	84	18 W.
„ Mühle, isolirt	= N.	74	58 W.
„ zwei Mühlen beisammen	= N.	72	33 W.
„ Simantiri, Spitze	= N.	70	43 W.
„ Zino-Kap	= N.	60	45 W.
„ Riva, Spitze	= N.	58	3 W.
Bucht von Thera, rechte Seite	= N.	48	— W.
„ „ „ linke „	= S.	21	— W.

Anm. Nach *Palasca*'s Messung ist die Entfernung der Südspitze der Mikra Kaymeni vom Gipfel des alten Conus = 409 Meter, wofür die englische Karte 500 Meter gibt. 1866 März 20. Vormittags fanden sich die beiden Südspitzen der Aphroessa in 135 und 242 Meter Abstand von der Phlevaspitze.

Anm. Seit Mitte Mai existirt das Phlevakap nicht mehr.

Anm. *Langadas*, dessen Haus in Thera wir bewohnten, besass auch ein Haus in Vulkano, auf der Nea Kaymeni. Es lag südöstlich am einstigen Vulkanohafen. Wir sahen es Februar 11. schon bis zum Dache im Meere stehen. Es war bald ganz verschwunden. *Palasca*'s auf dieses Haus bezügliche Messung muss den ersten Tagen des März angehören.

7) Topographische Angaben.

Nach *Palasca*'s Bestimmung hat man für das Epitropeion, oder das Haus *Langadas*' in Thera, hart auf dem schroffen Zirkuswalle Santorins gelegen:

Breite = 36° 24' 50".

Länge Ost von Greenwich = 25° 26' 41" in Zeit = 1 Uhr 41 Min. 46,7 Sek.

„   „   „ Paris   = 23° 6' 32" „   „   = 1 „ 32 „ 26,1 „

Seehöhe nach *Palasca* und mir im Mittel = 201 Meter.

Die Lage der beiden Zentren der Eruption von 1866, also die der ersten auf der Seefläche sichtbaren Ausgangspunkte, sind von *Palasca* und mir Februar 11. bis Februar 23. auf verschiedene Art ermittelt worden. Diese Punkte waren in der ersten Zeit wandelbar; die jetzige Axe des Georg entspricht nicht mehr der Stelle des ersten Hervortretens aus dem Meere, und der Ort der Aphroessa ist überhaupt gar nicht mehr zu erkennen. Bezogen auf das Gradnetz der 1864 revidirten englischen Admiralitätskarte, finde ich:

Für Georg, 1866 Februar Anfang:

Breite = 36° 24' 8". Länge = 25° 24' 37" Ost von Greenwich.

Für Aphroessa, 1866 Februar 22:

Breite = 36° 23' 56". Länge = 25° 24' 11" Ost von Greenwich.

8) Höhenmessungen auf Santorin 1848 bis 1870.

Wenige Inseln werden an so zahlreichen Punkten vermessen sein, wie Santorin. Der Nutzen ist einleuchtend, wenn man sich der Veränderungen in vulkanischen Gebieten erinnert, und die grossen Vortheile erwägt, die *Stübel* für seine treffliche plastische Darstellung Santorin's benutzen konnte. Die Mehrzahl der jetzt vorliegenden Messungen ist barometrisch, nämlich mit

dem Quecksilberbarometer und mit dem Aneroide erhalten; eine geringe Anzahl wurde trigonometrisch ausgeführt, so die ältern in 1848 von *Graves* und
Mansell, die neueren 1866 von *Palasca*. Meine eigenen Beobachtungen geschahen Februar 11. — Februar 20. auf dem kleinen Raume der Kaymenen,
wo es leicht war, für jeden Tag vollständige Barometer- und Thermometer-
kurven am Meere zu ermitteln. Als wir dann März 1. in der Stadt das Haus
Langadas bezogen, welches das Epitropeion genannt wurde, ermittelte ich
täglich die Kurven für diesen Ort und bezog auf denselben alle andern Messungen, welche auf der Hauptinsel gemacht wurden, jene wenigen ausgenommen, die im Süden der Insel unmittelbar auf die See bezogen werden
konnten. Durch *Palasca's* Messungen und durch meine barometrischen Messungen zwischen der Küste und dem Epitropeion ward die Seehöhe des Letzteren genau bestimmt. Alle meine Höhenmessungen wurden nach *Carlini's*
Tafeln bestimmt. Die Barometermessungen des Herrn Baron *v. Seebach* geschahen Anfangs April, die der Herren *Reiss* und *Stübel* im April und Mai.
Alle Barometer-Beobachtungen der genannten Herren habe ich selbst nach
Carlini's Tafeln berechnet, dabei, wo es thunlich war, wirkliche oder hypo-
thetische Seekurven zu Grunde gelegt. *Palasca* maass mit dem *Borda'*schen
Kreise, und denselben Punkt meist von verschiedenen Standpunkten aus.
Alle Rechnungen sind von ihm selbst nach strengen Methoden ausgeführt.
Die Herren *v. Seebach, Reiss, Stübel* und *v. Fritsch* haben ihre Resultate be-
reits veröffentlicht und in der Abhandlung des Ersteren ist die grössere Zahl
meiner Messungen ebenfalls abgedruckt. Ich werde nun alle mir jetzt be-
kannten Höhenangaben zusammenstellen, und, wo es noch nicht geschah, alle
Daten auf das Metermaass reduziren, wobei ich 1 Toise = 1,949 Meter
annehme. *Palasca's* und *Graves* Messungen gebe ich, als trigonometrische
Bestimmungen, neben einander in den 2 letzten Kolumnen. Die Details der
Messungen übergehe ich und verweise auf die verschiedenen Abhandlungen.

I. Die Hauptinsel Santorin.

a) der nördliche Theil bis Merovigli.

Seehöhe in Metern.

		Schmidt. v.Seebach.	Stübel. Reiss.	Palasca.	Mansell. Graves.
1	Phinikia, oberer Theil des Dorfes		116,9		
2	Fuss des steilen Abhanges unter Phi-nikia		45,8		
3	Flaches Land nordwestlich von Ku-lumbo		8,8		

		Schmidt.	v. Seebach.	Stübel. Reiss.	Palasca.	Mansell. Graves.
4	Kap Kulumbo		54,8	55,9		
5	Ruinen auf Kulumbo	48,7				
6	Klippe bei Panagia (Tokaia)			22,2		
7	Tuffklippe an der Bucht südwestlich der Tokaia-Spitze			8,8		
8	Nordost-Küste, Weg am Fusse des kleinen Eliasberges			44,8		
9	Pfad nordöstlich bei Vurvulo			69,4		
10	Vurvulo-Kirche			209,9		
11	Vurvulo, Nordseite	167,6				
12	Apanomeria, Mühle an der Westklippe			122,6		
13	„ äusserste dortige Klippe des Circus			141,3		
14	„ Mühle östlich nahe der Stadt	139,6		146,6		
15	„ Haus Nomikos	130,6				
16	„ Elias-Kirche	223,3				
17	„ Stavros-Kirche	317,5		307,2		
18	Senkung des Circuswalles gegen den Megalo Vuno, Rapilli	203,3		208,5		
19	Senkung des Walles bei Megalo Potamo	234,3				
20*	Megalo Vuno		346,5	328,3	322,2	338,3
21	Kokkino Vuno		309,9	293,7		
22	Sattel zwischen 20 und 21			274,2		
23	Kleiner Eliasberg, Nordgipfel	335,0		321,0		353,6
24	„ „ Südgipfel, Rapilli	325,9		320,2		
25	Kapelle im Sattel zwischen 23 und 24	316,3		294,1		
26	Senkung des Circus südlich von 24	247,9				
27	Kirche nördlich am Friedhof von Merovigli	290,4				
28	Tiefste Senkung des Circus nördlich bei Merovigli			202,8		
29	Friedhof von Merovigli nördlich	276,9				

Anm. 20*. Hinsichtlich der Messungen *Palasca's* bemerke ich, dass ich überall die 2te schärfere Berechnung nach *Palasca's* Handschrift benutze.

		Schmidt.	v. Seebach.	Stühel. Reuss.	Pulasca.	Mansell. Graces.
	b) von Merovigli, durch Thera bis Athiniò.					
30	Merovigli, Madonna di Malta	361,9		360,8	355,4	356,9
31	„ Kloster Hag. Nikolas, Nord-Seite	322,5				
32	„ Kirche Hag. Georgios	343,2				
33	„ Circus, Kirche Hag. Gerasimos	272,9				
34	„ Sattel zwischen Merovigli und dem Skaro			254,5		
35	„ Skaro, Gipfel			303,7		
36	Thera, obere Stadt, Windmühle	289,8	288,4	295,9	288,4	289,5
37	„ Haus Sirigu	283,4			287,2	
38	„ Haus Delenda, das obere	264,5				
39	„ die Eparchie	236,8				
40	„ Haus Dekigala	226,1				
41	„ Hôtel du Volcan		235,4	236,6		
42	„ Panagia Belonia	210,5				
43	„ Epitropeion, Haus Tzanakis Langadas; Fensterbank	200,9				
44	„ „ nördliche Terrasse	200,2			202,5	
45	„ Weg zum Hafen, untere Rotunde	99,4			100,4	
46	Circus, erste Windmühle südl. bei Thera	221,6				
47	„ zweite „ „ „ „	229,2				
48	„ Tuff-Kap Alonaki	237,5				
49	„ Senkung südl. am Leprokomeion	223,3				
50	„ Senkung nördlich am Athiniò-Kap Nr. 51			214,2		
51	„ grosses Tuff-Kap, nördlich über Athiniò	302,7		311,8	295,2	
52	„ Mühle an dem Walle über Athiniò	267,2		273,1		
53	„ westlicher das Kap bei Hag. Marina	263,5				
54	Untere Grenze der oberen Tuffschicht über Athiniò			240,0		
55	Obere Schiefergrenze über Athiniò			222,4		

	c) von Athiniò bis Akrotiri.	Schmidt. v. Seebach.	Stübel. Reiss.	Palascn.	Mansell. Graves.
56	Megalochori, nördliche Kirche Hag. Anargyri	212,2	204,5		
57	„ Motochi, untere Zimmer	236,0			
58	Circus, Senkung Ost vor der östlichen Mühle von Akrotiri	72,7			
59	„ Mühle östlich bei Akrotiri	79,7	78,3		
60	„ tiefste Senkung östl. bei Akrotiri		64,5		
61	Kapelle Panagia, südöstlich von der Mühle	68,6			
62	Akrotiri, Nordost-Seite, Haus Inglés	95,9			
63	„ dortiger Rand des Circus	93,9			
64	„ Kirche		108,6		
65	„ obere westliche Häuser	139,7			
66	„ westliche Mühle	165,3			
67	Grosse Kuppe westlich bei Akrotiri	208,9	215,8		182,9
68	Lokal tertiärer Petrefakten, westlich von Akrotiri		174,8		
69	Hag. Michael südwestl. an der grossen Kuppe 67		146,4		
70	Circusklippe nahe der Nordwestspitze, westlich von Akrotiri		95,7		
71	Kap Akrotiri		130,2		113,7
72	Sattel zwischen Kap Akrotiri und Kap Mavro		93,0		
73	Kap Mavro		117,9		
74	Westlicher Fuss des Archangelo Vuno, Süd-Küste		86,3		
75	Dortiger Thalboden		66,8		
76	Nördlicher Fuss des Archangelo Vuno		127,3		
77	Gipfel desselben		168,2		
78	Klippe bei Anavryta		19,6		
	d) Umgebung des grossen Eliasberges.				
79	Im Süden, Echendra, Fuss des Monumentes	3,5			

		Schmidt.	v. Seebach.	Stübel. Reiss.	Palasca.	Mansell. Grates.
80	Ruinen über Echendra	9,5				
81	Westlicher, der grosse Felssarkophag	21,2				
82	Platanimos Mühle			116,9		
83	„ Gipfel (nur Schätzung)	136—				
84	Emporeion, obere Häuser (Markos)	93,1				
85	„ Kirche Metamorphosis	76,2		81,5		
86	„ Mühle am Kalkgipfel nord- westlich			176,4		
87	Fuss des steilen Abhanges von Empo- reion			71,1		
88	Oros, grosser Elias, Eingangsthor	556,6		564,6	564,8	
89	„ „ „ Zimmer des Igu- menos			566,4		
90	„ „ „ (ohne Angabe des Lokals)					575,1
91	„ Schule nördl. unter dem Kloster	336,0				
92	Sattel gegen Pyrgos	287,7				
93	Sellada, Einsenkung gegen Messa Vouno	270,3		268,2		
94	Messa Vouno, Hag. Stephanos	314,7				
95	„ „ Gipfel	372,8		375,8		
96	„ „ Höhle daselbst	366,3				
97	„ „ südliche Höhle mit In- schriften	316,7				
98	„ „ Südspitze			328,6		
99	„ „ Ostseite, obere Quelle	129,2				
100	„ „ „ untere Quelle	105,8				
101	Gonia, Kirche der Metamorphosis	79,7				
102	„ „ Hag. Panteleïmon	84,3				
103	„ „ Hag. Charalampos	194,7				
104	„ Christuskirche bei den Mühlen	231,5				
105	Pyrgos, oberstes Haus			371,1		
106	„ „ „ das. die Dächer	372,2				
107	„ Fuss der obern nördl. Häuser	359,0				
108	„ Haus Sorotos	366,2				
109	„ Kirche Hag. Theodosios	346,5				
110	„ westliche Mühlen	316,7				
111	Fuss des Abhangs von Pyrgos bei Gonia			67,8		

		Schmidt.	v. Seebach.	Stübel. Reiss.	Palasca.	Mansell. Graves.
112	Ost-Fuss des Nordost-Ausläufers von Pyrgos			94,9		
113	Karterados Kirche			116,9		
114	Monolithos Gipfel .					30,5
115	Messarià, Haus Tzanos	118,3				
116	„ Friedhof	121,8				

II. Therasia.

		Schmidt.	v. Seebach.	Stübel. Reiss.	Palasca.	Mansell. Graves.
117	Fuss des steilen Abhanges in der Bucht, Ostseite nahe Millo			42,3		
118	Potamos, Hag. Dimitrios	45,6				
119	Manolas, westliche Mühle	173,1				
120	Simantiri, Spitze			222,4		
121	Manolas, tiefste Senkung des Walles			161,0		
122	Elias-Berg, Nordgipfel			294,3		285,3
123	„ Südgipfel, Kapelle			277,9		274,3
124	Sattel zwischen 122 und 123			261,8		
125	Kirche an der äussersten Südspitze der Insel			192,0		184,4
126	Rücken nahe dem Meere, südwestlich			156,5		
127	Klippe an der Südküste, gegen Kimina, untere Grenze des obern Bimsteins			44,6		

III. Aspronisi.

		Schmidt.	v. Seebach.	Stübel. Reiss.	Palasca.	Mansell. Graves.
128	Gipfel (an 3 Tagen im Februar und März 1866 gemessen)				71,9	

IV. Die Kaymenen.

a) Paläa Kaymeni.

		Schmidt.	v. Seebach.	Stübel. Reiss.	Palasca.	Mansell. Graves.
129	Gipfel des grossen steilen Kaps	92,6	101,9	99,0	97,9	97,5
130	Plateau am westlichen Ende der Insel			59,4		
131	Gipfel in der Mitte	63,8				

b) Mikra Kaymeni.

		Schmidt.	v. Seebach.	Stübel. Reiss.	Palasca.	Mansell. Graves.
132	Gipfel des Kraters	74,1	72,8	68,6	71,1	67,7
133	Boden des Kraters		31,3	28,5		
134	Kraterförmiger Schlund in Südwesten	35,6				

		Schmidt. v. Seebach.	Stübel. Reiss.	Palasca.	Mansell. Graves.
	c) Nea Kaymeni.				
135	Kraterkegel von 1707, Südgipfel des Conus	105,0	109,2	105,2	106,8	107,0
136	Mittlerer Kraterboden (1866 Febr.)	90,8		90,6	
137	Tiefste Stelle im Krater	81,9			
138	Nordwest-Wall	95,0			
139	Derselbe, Südwest-Seite, oberer Wall eines Nebenkraters	63,9			
140	Derselbe, Südwest-Seite, unterer Wall eines Nebenkraters	45,6			
141	Oberer Rand der neuen Fumarolen, Süd-Seite, Februar 13.	28,8			
142	Oberer Rand der neuen Fumarolen, Süd-Seite, Februar 15.	39,5			
143	Rücken westlich vom Conus	60,8			
144	Vorsprung der Phleva, Spalten, westlich vom Conus	41,5			
145	Vulkano, katholische Kirche, Febr. 16., östlich vom Conus	9,7			
146	Vulkano, griechische Kirche, Febr. 16., östlich vom Conus	7,2			

d) Höhen im Gebiete der Neubildungen.

Die Neubildungen jetzt im weiteren Sinne fassend, rechne ich sämmtliche Kaymenen dazu, und werde, da einige Glieder sich wenigstens 1866—1870 als variabel der Höhe nach gezeigt haben, für die Hauptpunkte alle Messungen besonders mittheilen, so weit sie mir bis jetzt bekannt geworden sind. Das Meiste befindet sich darüber in meinen Händen, und man wird später nicht viel hinzuzufügen haben.

1) *Paläa Kaymeni.*

Das grosse steile Kap ist wie folgt vermessen worden: B == Barom., A == Aneroid.

1848	Seehöhe = 97,5 Meter	Engl. Offiz. *Mansell.* Trig.
1866 März 11.	92,6 „	*Schmidt.* 1 B. 1 A.
„ „	97,9 „	*Palasca.* Trig.
„ April 4., 9.	104,5 „	*v. Seebach.* 2 B.

1866 April 27., Mai 4., 21.	99,0 Meter	*Reiss.* 3 B.
1870 Juni	101,1 „	Österr. Offiz. d. Reka. Trig.

Da keine Einsicht in die Details der Messungen vorliegt, so ist es misslich, willkürliche Gewichte anzusetzen. Ich begnüge mich damit, den aus geodätischen Operationen geschlossenen Werthen das doppelte Gewicht beizulegen und finde dann für das Kap == 98,8 Meter == 50,69 Toisen == 304 Pariser Fuss.

2) *Mikra Kaymeni, Südrand des Kraters.*

1848	Seehöhe == 67,7 Meter	Engl. Offiz. *Mansell.* Trig.
1866 Februar 14.	74,1 „	*Schmidt.* 1 B. 1 A.
„ März	71,1 „	*Palasca.* Trig.
„ April 1., 24.	72,8 „	*v. Seebach.* 2 B.
„ „ 24.	68,6 „	*Reiss.* 1 A.
„ Mai 8.	67,1 „	Kapitän *Coote.* Trig.
1867 September 27.	63,2 „	Österr. Offiz. d. Freg. Radetzky. Trig.
1870 Juni 17.	77,7 „	Österr. Offiz. der Korv. Reka. Trig.

Von der Mikra Kaymeni ist es erwiesen, dass sie sich, wenigstens an der Südseite, gesenkt habe, und zwar in der Zeit von 1866, Februar, bis 1868, Januar. Nach eigener Beobachtung der südlichen Landfesten schätze ich die Senkung == 1 Meter. Die Höhenmessungen sind nicht genau genug, um darüber zu entscheiden. Ich setze die Höhe des Kraters == 69,9 Meter == 35,8 Toisen == 215 Pariser Fuss.

3) *Nea Kaymeni. Conus von 1707. Südrand.*

1830	Seehöhe == 109,2 Meter	Französ. Offiziere. Barom.
1848	107,0 „	Engl. Offiz. *(Mansell).* Trig.
1866 Februar 11.—20.	104,3 „	*Schmidt.* 4 B.
„ „ „	106,4 „	*Schmidt.* 5 A.
„ „ „	106,0 „	*Palasca.* 5 A.
„ „ „	106,1 „	*Palasca.* 6 Trig. Komb.
„ März 29.	105,4 „	Preuss. Offiz. d. Korv. Nymphe. Trig.
„ April 1.—10.	109,3 „	*v. Seebach.* 5 B.
„ April 25., Mai 3., 18.	105,2 „	*Reiss.* 2 B. 2 A.
„ Mai 8.	103,6 „	Kapt. *Coote.* Trig.
1867 September 26.	100,1 „	Österr. Offiz. d. Freg. Radetzky. Trig.
1870 Juni 17.	98,1 „	Österr. Offiz. d. Korv. Reka. Trig.

Eine trigonometrische Operation, die 1868 Januar 9. auf meine Veranlassung ausgeführt ward, konnte der Lokalität wegen nicht auf den Gipfel sich beziehen, sondern nur auf den Nordost-Rand, für den 93,6 gefunden ward. Gibt man den trigonometrischen Werthen das doppelte Gewicht, so hat man beiläufig die Höhen, die 1866—1868 auf evidente Art sich vor unsern Augen verminderten, etwa folgende Angaben:

Höhen des Conus von 1707 ... 1830—1848   = 107,7 Meter,
                                1866 Febr. 11.—20.   105,7 „
                       ,   1866 März 29. — Mai 18. 105,4 „
                                1867—1870   99,1 „

Die Senkung des südlichen Fusses, wo ehemals Vulkano und der kleine Hafen lag, ist für den Februar 1866 mindestens = 6 Meter anzunehmen, wie ich nach dem letzten im Meere stehenden, Februar 23. noch sichtbaren Hause schliesse. Im Osten betrug die Senkung 3—4 Meter, im Norden 0,5 Meter. Damit steht die Veränderung der gemessenen Höhenwerthe des Berges in gutem Einklange. Von März 1866 bis Januar 1868 muss man aber, wenigstens für den Ort der beiden Kapellen, noch 5 oder 7 Meter mehr annehmen.

9) Der Vulkankegel Georgios.

Die Neubildung des Lavafundamentes geschah im kleinen Hafen Vulkano, an einer Stelle von höchstens 7 Fathoms Wassertiefe. Die mit 1866 Februar 11. beginnenden Messungen sind von höchst ungleicher Genauigkeit, und die meisten geodätischen Operationen wurden erschwert durch die dichten Dämpfe der Eruptionen und durch den Mangel einer festen Standlinie in genügender Nähe. Darüber findet man Erörterungen in den Anmerkungen. Wenn ich Santoriner Schätzungen aus der ersten Woche der Erscheinung ganz übergehe, die dem Georg bei einer Breite von 10—20 Meter eine Höhe von 30—40 Meter beilegen, so wird man dies nach dem Folgenden gerechtfertigt finden.

1866 Febr. 4.   Seehöhe = 2,0 Met.   Schätzung der ersten Zuschauer. Anm. 1.
„   Febr. 11.   30,0 „   *Schmidt*. Schätzung nach dem
                                     alten Conus.   „ 2.
„   Febr. 14.   34,5 „   *Schmidt*. 1 Aneroidbeobachtung
                                     am Conus (indirekt).   „ 3.
„   Febr. 20.   43,3 „   *Schmidt*. Schätzung auf Banko.   „ 4.
„   Febr. 23.   53,6 „   *Palasca*. Trig.   „ 5.

1866 März 2.	53,5	„	*Schmidt.*	Schätzung in Thera,	
				am Meere.	Anm. 6.
„ März 11.	52,4	„	*Palasca.*	Trig.	„ 7.
„ März 14.	53,6	„	*Schmidt.*	Schätzung in Thera.	„ 8.
„ März 21.	51,6	„	*Palasca.*	Trig.	„ 9.
„ März 23.	52,5	„	*Palasca.*	Trig.	„ 10.
„ März 29.	58,1	„	*Sieverth.*	Trig. Korv. Nymphe.	„ 11.
„ März 30.	52,3	„	*v. Seebach.*	Bar. (indirekt).	„ 12.
„ April 7.	51,9	„	*v. Seebach.*	„ „	„ „
„ April 10.	60,1	„	*v. Seebach.*	„ „	„ „
„ Mai 8.	62,8	„	Kapt. *Coote.* Trig.		„ 13.
„ Mai 30.	70,0	„	*Reiss* und *Stubel.* Trig.		„ 14.
1867 März 5.	108,0	„	*Fouqué,* wahrscheinlich Trig.		„ 15.
„ Sept. 26.	129,6	„	Offiz. der österr. Freg. Radetzky.		„ 16.
„ Sept. 26.	118,8	„	Kapt. *Brine.*		„ 17.
1868 Jan. 5.	110,0	„	*Schmidt.* Schätzung auf Banko.		„ 18.
„ Jan. 9.	99,2	„	Lieut. *Müller*; Korv. Dalmat		„ 19.
„ Juli 21.	107,0	„	Lieut. *Leyer*; Freg. Themis		„ 20.
1869 Jan.	120,0	„	Offiz. des Rapid		„ 21.
„ Juni 15.	133,0	„	Offiz. der Themis		„ 22.
„ Herbst	123,0	„	*Gorceix.*		„ 23.
1870 ?	102,2	„	?		„ 24.
„ April 12.	118,5	„	*Gorceix.*		„ 25.
„ Mai 15.	142,0	„	Kapt. *Tupmann.* Trig.		„ 26.
„ Juni 17.	117,6	„	Offiz. der österr. Korvette Reka		„ 27.

Anm. 1. Die Angaben variiren stark, abgesehen vom Zweifel wegen der Stunde.

Anm. 2. Auf Banko geschätzt um 3 Uhr nach der Ordinate des Conus von 1707. Auf Banko und auf Santorin selbst hatte ich Punkte, wo bei gleicher Entfernung von beiden Objekten sich sehr genau schätzen liess.

Anm. 3. Ich maass an der Südseite des alten Conus in gleicher Höhe mit dem Vulkane, dessen Gipfel ich in der Seelinie hatte. Bei so grosser Nähe bedurfte es in Rücksicht auf die sonstige Unsicherheit keiner weitern Korrektion. Morgens 10 Uhr.

Anm. 4. Drei genaue Schätzungen auf Banko, an denen *Palasca* Theil nahm; etwa um 4 Uhr Abends.

Anm. 5. *Palasca* maass mit dem Borda'schen Kreise am Ufer von Athiniö, bei genau bekannter Distanz.

Anm. 6. Ich machte eine genaue Schätzung am Hafendamm Santorins und auf der untern Rotunde.

, Anm. 7. *Palasca* beobachtete Depressionswinkel des Georgberges mit dem Borda'schen Kreise, und zwar zu Thera auf dem Epitropeion, dessen Lage er durch viele Messungen genau bestimmte.

Anm. 8. Es gelang eine gute Schätzung unterhalb Thera.

Anm. 9. *Palasca* misst vom Epitropeion Depressionswinkel.

Anm. 10. *Palasca* beobachtet am selben Orte und an einem andern Punkte.

Anm. 11. Lieut. *Sieverth*, an Bord der preussischen Korvette Nymphe, Kapitän *Henk*, misst mit dem Sextanten auf Banko.

Anm. 12. *v. Seebach's* Barometerbeobachtungen sind ebenso angestellt, wie meine Messung am 14. Februar, indem er an der Südseite des alten Conus den Barometer mit der Seelinie und dem Gipfel des Georg in gleiche Höhe brachte. Die nähere Beschreibung in *v. Seebach's* Abhandlung über Santorin.

Anm. 13. Die mir von Kapitän *Coote* mitgetheilte Messung geschah mit dem Sextanten, wahrscheinlich auf Banko.

Anm. 14. *Reiss* und *Stübel* maassen trigonometrisch, geben aber nur an, dass es Ende Mai gewesen sei. Bei so geübten und sorgsamen Beobachtern muss man wünschen, die Details der Messung zu kennen, die sich auf ein bewegliches Objekt beziehen. Die bloss barometrischen Bestimmungen der Herren *Reiss*, *Stübel* und *v. Seebach* habe ich selbst berechnet.

Anm. 15. *Fouqué* gibt nur die Zahl, ohne zu sagen, durch welche Operation sie erlangt sei.

Anm. 16. Da die Fregatte Radetzky für alle ihre Aufnahmen nur 3 Stunden verwenden konnte, auch der Vulkan unaufhörlich erumpirte, so glückte die Messung (wahrscheinlich auf Banko) wohl nicht besonders. Ein beigegebenes Profil der 3 Kegel: Georg, Nea und Mikra Kaymeni gibt Ersterem eine noch grössere Höhe.

Anm. 17. Messung mit dem Sextanten, vermuthlich auf Banko, mir von Kapitän *Brine* durch Herrn *Erskine* mitgetheilt.

Anm. 18. Auf Banko von mir an Bord des Dalmat geschätzt, kurz vor einem Aschenausbruche, als die momentan gehobenen zentralen Felsmassen scheinbar über dem Ostrand des Gipfels erschienen.

Anm. 19. Auf meinen Wunsch veranstaltete der Kommandant, Baron *v. Wickede*, eine trigonometrische Vermessung, die Januar 9. Nachmittags in meiner Gegenwart und mit besonders thätiger Betheiligung des Lieutenant

Müller ausgeführt ward. Das Wetter war ungünstig; der Raum höchst beschränkt. Ueber den engen Kanal zwischen dem Südrande der Mikra und dem gesunkenen Molo an Nea Kaymeni ward ein Seil gespannt, und dessen Länge mit Rücksicht auf dessen Krümmung in der Luft und im Wasser bestimmt. An den Endpunkten ward der Quecksilberhorizont aufgestellt und von Lieut. *Müller* die doppelten Höhen der Gipfelränder vom Georg und vom Conus mit dem Sextanten gemessen. Für den Georg konnte nur der Nordrand, nicht die grössere zentrale, damals höchst veränderliche Höhe bestimmt werden. Die Winkel waren 13° bis 21°. Lieut. *Müller* führte mit Genauigkeit die Rechnung aus. Während dieser Operation und so nahe am Vulkane wurden wir 8 bis 9 mal durch grosse Aschenausbrüche gestört.

Anm. 20. Lieutenant *Leyer* brachte mir die an Bord der Themis von ihm mit dem Sextanten gemessenen Höhe; vermuthlich auf Banko genommen.

Anm. 21. Eine Schätzung der Offiziere des Rapid, mir von Herrn *Erskine* mitgetheilt.

Anm. 22. Auf der „Themis" beobachtet. ?

Anm. 23. *Gorceix* gibt 123 Meter in: Ass. Scientif. de France 20. März 1870 Nr. 164 p. 186. Da man aber das Datum des Briefes von *Gorceix* nicht abdruckt und in dem Briefe überhaupt kein Datum vorkommt, so bleibt selbst das Jahr zweifelhaft. Von einer Angabe, wie die Messung gemacht ward, findet sich Nichts.

Anm. 24. In der „neuen freien Presse", Wien 1870, August 12. Nr. 2139, finde ich jene Angabe. Sie ist entnommen einem an *H. Pogatschnigg* gerichteten, von diesem der geologischen Reichsanstalt mitgetheilten Schreiben. Da aber kein Datum abgedruckt ist, so lässt sich nur erkennen, dass die Messung vor Juli 8. 1870 geschah. Zu jener Zeit beobachtete in Santorin aber der Kommandant der Reka, *Germounig*, und dessen Offiziere, und deren Höhenmessung ergab eine 15 Meter grössere Höhe.

Anm. 25. In C. Rend. 1872 Nr. 6 p. 372 (auch früher schon in der Nr. des 15. Februar) gibt *Gorceix* seine Beobachtung zu Santorin, und darunter seine Messung des Georg = 118,5 Meter, ohne hier und anderswo etwas über die Methode der Messung und deren Sicherheit zu sagen. Angeblich war damals Herr *Gorceix* schon am Gipfel gewesen; ich halte aber für wahrscheinlicher, dass die Höhe trigonometrisch bestimmt ward. *Gorceix* fügt hinzu, dass vom April bis Juli die Höhe unverändert geblieben sei.

Anm. 26. Kapitän *Tupman*, vormals in Dienst auf der Panzerfregatte Royal Oak, ein ausgezeichneter, mit der theoretischen und praktischen Astronomie sehr vertrauter Beobachter, hat die Höhe des Georg auf meinen Wunsch abermals vermessen. In seinem Briefe d. d. Gibraltar 1870 September 30. meldet er mir, dass die Messung mehrmals (mit dem Sextanten) wiederholt ward, wobei von Beobachtung zu Beobachtung der jedesmalige Ort des langsam in 800 Meter Distanz vorbeifahrenden Schiffes genau ermittelt werden konnte.

Anm. 27. Auf mein Ersuchen hatte der Kommandant der österreichischen Korvette, Herr *Germounig*, die Güte, gegen Juni 17. eine genaue Messung des Georg mit dem Sextanten ausführen zu lassen, bei welcher Gelegenheit dann noch 5 andere Höhen mit bestimmt wurden. Die von den Offizieren und von Herrn *Paul Ziller*, der zugegen war, gezeichneten Profile der Mikra, der Nea und des Georg sind mit der Messung in guter Uebereinstimmung. Die Messungen wurden meist von Herrn Lieutenant *Hausser* besorgt; 2 derselben beziehen sich auf hervorragende Punkte der Neubildungen, südlich vom Georg, die einzigen in diesem Gebiete, die mir bis jetzt bekannt wurden.

Die Zahlwerthe für die Höhen des wachsenden Berges, so unvollständig sie auch für die Zeit nach dem Mai 1866 erscheinen mögen, haben indessen ein besonderes Interesse, wie sich aus Folgendem ergeben wird. Die wahrscheinlichen Fehler aller Angaben zwischen Februar 3. und Mai 30. sind durchschnittlich nicht grösser als $\pm$ 2 bis $\pm$ 3 Meter. Werden diese Werthe durch eine zwar ausgleichende, doch aber nahe anschliessende Kurve dargestellt (siehe die Figur 9), so bemerkt man 1) ein sehr rasches Aufsteigen der Kurve, also sehr rasche Zunahme der Höhe von Februar 4. bis Februar 23. Es begannen aber die kolossalen Aschen- und Steineruptionen ersten Ranges am 20. Februar Morgens 10 und wiederholten sich in seltener Grossartigkeit bis zum 28. Februar. Mit dieser Epoche hört das rasche Wachsthum der Höhe auf, und es behält einen Monat lang der aus erstarrter Lava bestehende Berg, wie unsere Messungen zeigen, nahezu dieselbe Höhe. In dieser Zeit, also im März, war der Berg ohne Unterbrechung thätig, aber nicht durch grosse Ausbrüche von Steinen und Asche, sondern durch Dampfexplosionen, durch gewaltige Entwickelung von Wasserdämpfen. Vom April an begannen die regelmässigen, oft sehr grossen Ausbrüche von Blöcken, Rapilli und Sand (Asche), die ich 1868 im Januar unverändert antraf und die 1869 und 1870 noch fortdauerten. Während also mit dem Beginne der grossen Eruptionen das ursprüngliche Wachsthum der halbflüssigen Laven aufhörte, begann die 2te Periode der vulkanischen Thätigkeit, die gewöhnliche, welche den normalen Sand- und Schlackenkegel, 30^0—32^0 nach aussen geneigt, bis

100 Meter und mehr aufthürmte. — 2) Man bemerkt ferner, dass auch am östlichen Fusse des Georg, also der einzigen bis zuletzt zugänglichen Stelle für genaue Beobachtung, die fortschiebende Bewegung nach Osten bald aufhörte oder doch äusserst schwach wurde. Während sich die Fundamente des

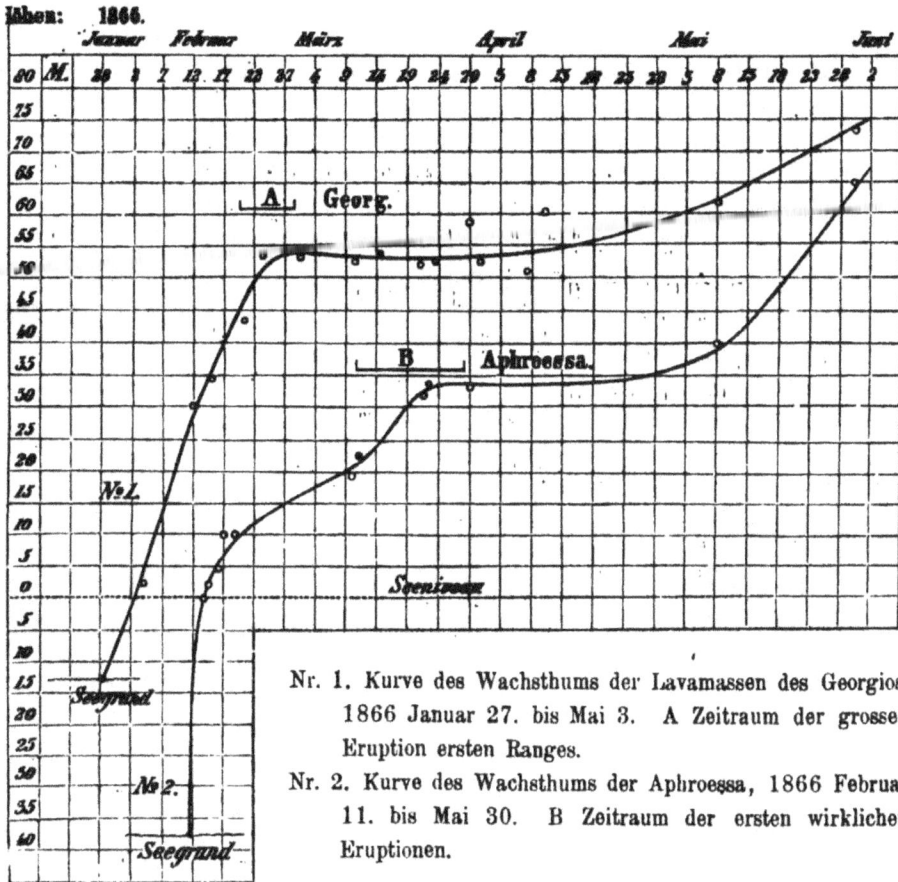

Nr. 1. Kurve des Wachsthums der Lavamassen des Georgios, 1866 Januar 27. bis Mai 3. A Zeitraum der grossen Eruption ersten Ranges.

Nr. 2. Kurve des Wachsthums der Aphroessa, 1866 Februar 11. bis Mai 30. B Zeitraum der ersten wirklichen Eruptionen.

Figur 9.

Berges vom Februar 4. bis Februar 20. wunderbar rasch der kleinen vielerwähnten griechischen Kirche (im Osten) näherten, etwa bis auf 80 Meter Abstand, war die fernere Bewegung zu Ost, in der Zeit von Februar 20. bis März 26., als ich zuletzt diese Stelle besuchte, so gering, dass nun zwischen der Kirche und dem nächsten Fusse des Berges kaum noch 4 Meter Abstand blieb. Aus *Reiss* Mittheilung erhellt, dass 2 Monate später, also Ende Mai 1866, die Lava die Kirche noch nicht bedeckt hatte. Sogar 1868 im Januar habe ich sie noch gesehen. Es wäre unrichtig, hier auf das sonstige ausserordentliche, die See in grosser Tiefe ausfüllende Anwachsen der Lava hinzuweisen. Ich bin der Ansicht, dass der bei weitem grösste Theil aller Laven gar nicht aus dem Bezirk des Georg, sondern aus vielen andern Punkten südlich an Nea Kaymeni ausgeflossen ist, so an der Aphroessa, die einen selbstständigen Eruptionsheerd bildete, und an vielen andern Punkten. Ich betrachte es als ein wohlbegründetes Resultat der Beobachtung, dass die Santoriner Eruption aus 2 Phasen bestand, der ersten, in der halbflüssige Laven emporstiegen und aufquollen (so dass sie feste Massen Landes, falls solche vorhanden gewesen wären, ohne Zweifel gehoben haben würden; die neuen Laven kamen aber nur in den Laven von 1707 zum Vorschein und konnten nichts Neues zu Tage fördern); der zweiten Phase, als die erste aufsteigende Kraft aufhörte und nun die gewöhnliche normale Ausbildung des Kegels begann, der nur durch Aufschüttung formirt ward, gerade so, wie die meisten Parasiten am Vesuv und Aetna, die ich untersucht habe, und wie in der Hauptsache auch der grosse Kegel des Erstern. Dass noch eine dritte mir aus eigener Anschauung bekannte Form der Bildung von Eruptionskegeln vorkomme, die aus halb- oder noch starkflüssigen Schlacken aufgehäufte, zusammengeschweisste, ist längst bekannt und besonders durch *Abich* genau erörtert worden.

Werden die Höhenmessungen von 1866 Mai bis 1870 ebenfalls durch eine Kurve dargestellt, die wegen der Beobachtungsfehler eine ausgleichende sein muss, aber im Ganzen doch der Lage der Daten folgte, wie sie im Gradnetze verzeichnet wurden, so ist man, um Willkür zu vermeiden, genöthigt anzuerkennen, dass der Berg noch 2 Minima und 2 Maxima hatte, die von der periodisch wechselnden Kraft der Eruptionen abhängig gewesen zu sein scheinen. Da Beobachtungen der Höhe zwischen Mai 1866 und März 1867 fehlen, so will ich die folgende Betrachtung zwar von März 1867 beginnen lassen, muss aber die 2 ersten Werthe für hypothetisch erklären. Des Raumes wegen zeichne ich hier die Kurve nicht, gebe aber ihre (mittlern) Werthe, so dass man sie leicht konstruiren kann. Ich stelle im Folgenden für den ersten Tag jedes Monats die Höhen des Georg, ausgedrückt in Metern, für 4 Jahre zusammen, so wie sie der Kurve entnommen wurden.

Von April 1870 an halte ich die Werthe für zweifelhaft, da sich die Angaben von *Tupmann* und *Gorceix* nicht vereinigen lassen. Die richtige Würdigung der Sache, namentlich die Erwägung der Frage, wie bei den

stürmischen Hergängen zahlloser Eruptionen, von mittleren Höhenwerthen die
Rede sein könne, die man durch Kurven darstellt, hängt in oberster Instanz
davon ab, dass man nicht nur aus eigener Anschauung die Phänomene der
Eruption, sondern speziell die der Kaymeni kenne. Grosse Katastrophen zerstören den Gipfel des Berges, ruhige und regelmässige Eruptionen, wie die
Hunderte, die ich Januar 1868 sah, bauen den Kegel langsam auf. Aber
ein anderes, bis jetzt fast unbekanntes Vorkommniss, von mir und andern
vielfach beobachtet, zeigt, dass zentrale Theile des Kraters periodisch sehr
regelmässig gehoben werden können, bis sie durch das Maximum des Dampf-
druckes überwunden werden. Ist nun die Kraft sehr gross, so wird das
zentrale Blockterrain ganz hinausgeworfen, ist sie mässig, so wird jenes
Terrain, zuvor gehoben, nur theilweis durchbrochen und es sinkt zum frühern
Niveau zurück. So sah ich es vielfach 1868 im Januar; allein hierdurch
kamen momentane Höhenunterschiede von 10 Metern und mehr. Dies wollte
ich in Erinnerung bringen, um zu verstehen zu geben, welche Rücksichten
ich bei dem Entwurfe der Kurve, namentlich für 1868, zu nehmen hatte,
ganz abgesehen von der unbekannten Genauigkeit jeder einzelnen Messung.
Die veränderlichen Werthe der Höhe sind nun folgende:

	1867.	1868.	1869.	1870.
Januar	98	112	118	117
Februar	103	110	121	116
März	106	107	124	117
April	111	105	126	118
Mai	114	105	127	120
Juni	118	105	128	127
Juli	120	105	128	—
August	121	106	127	—
September	122	108	125	—
Oktober	121	111	124	—
November	120	113	122	—
Dezember	117·	116	119	—

Die Kurve zeigt ferner folgende Extreme:

Maxima 1867 September.   Minima 1868 Mai.

„   1869 Juni.   „   1870 Februar.

Periode der Maxima == 272 Tage,

„   „   Minima == 276 „

Es ist kaum nöthig, ausdrücklich zu erklären, dass ich weit davon entfernt bin, diesem Resultate einen besondern Werth beizulegen. Nur der erste

Theil der Untersuchung, betreffend die Variation der Höhe von 1866
Februar 2.—Mai 30. ist genügend sicher. Der zweite Theil ist noch sehr
hypothetisch, und zwar wegen der geringen Zahl der Beobachtungen und
wegen ihrer zum Theil erheblichen Unsicherheit. Aber Phänomene dieser
Art sind nun einmal vorhanden und müssen mit andern Mitteln und von
andern Standpunkten studirt und erörtert werden, als seither geschehen ist.
Palmieri hat längst auf verschiedene Formen der Periodizität der Eruptions-
phasen des Vesuv hingewiesen. Ich habe nur eine neue Richtung angedeutet,
und hoffe, dass sich in Zukunft nicht alle Beobachter ausschliesslich nur mit
chemischen und mineralogischen Untersuchungen beschäftigen werden. Es
muss g e m e s s e n werden und zwar mit Aufwand der besten Kräfte und Hilfsmittel, die sich gewinnen lassen.

Schliesslich kann man nach den monatlichen Werthen der Kurve mittlere
jährliche Höhen des Berges ableiten und dann setzen:

$$1866 \quad h = 68,6 \text{ Meter,}$$
$$1867 \quad = 114,2 \text{ „}$$
$$1868 \quad = 108,6 \text{ „}$$
$$1869 \quad = 124,1 \text{ „}$$
$$1870 \quad = 119,2 \text{ „ .}$$

Wobei indessen zu bemerken, dass für 1866 der Januar nicht in Betracht
kam und 1870 nur bis zum Juni Messungen vorlagen. In 5jähriger fast
nie unterbrochener vulkanischer Arbeit ward also ein Bergkegel geschaffen,
der den vollkommen ähnlichen Kegel von 1707—1711 nur um wenige
Meter an Höhe übertrifft; er überragt sämmtliche Höhenpunkte der 3 Kaymenen. Am 7. Dezember 1872 erstieg Herr *Paul Ziller* den Gipfel des Berges;
er konnte nur wenig in den Krater des nahen alten Conus hineinsehen und
glaubte nur 6—10 Meter höher zu sein.

10) Die Aphroessa.

Ueber Wasser trat der erste Fels am Morgen des 13. Februar 1866,
und zwar vor den Augen der auf dem alten Conus versammelten Kommission.
Das Wachsthum der Lavablockmasse erfolgte ähnlich wie am Georgios; die
mir bekannt gewordenen Höhenbestimmungen sind die Folgenden. (— zeigt
eine Vormittagsstunde an.)

1866 Febr. 13. — 10 Uhr   Seehöhe 0,5 Met.   *Schmidt;* eine Schätzung.

„ 14.   0 „   2,0 „   „   „   „

„ 15. — 10 „   5,0 „   „   „   „

„ 17. — 10 „   10,0 „   „   „   „

Febr. 19. — 10 Uhr	10,0 „	*Palasca;* trig. Bestimmung.
März 10. — 10 „	19,2 „	„ „ „
„ 12.	23,0 „	„ „ „
„ 21.	32,1 „	„ „ „
„ 22. — 10 „	34,4 „	„ „ „
„ 29.	33,1 „	*Sieverth:* „ „
April 10.	43,0 „	*v. Seebach* „ „
Mai 8.	40,2 „	Kapt. *Coote* „ „
„ 30.	60,0 „	*Reiss* und *Stübel;* trigonom.
		Bestimmung.

Zu erinnern ist, dass Aphroessa aus einer viel grössern Tiefe aufstieg als Georgios. Am 11. Februar, Abends 0 Uhr 23 Min., maass *Palasca* an dem sehr bekannten und weit sichtbaren Orte der Gasblasen 20 oder 21 Brassen Tiefe, nachdem wir 12 Minuten früher, und nur einige hundert Meter östlicher, 26 Brassen Tiefe gefunden hatten. Da der erste Fels der Aphroessa am 13. Februar, Morgens 10 Uhr 35 Minuten, sich zeigte, so brauchten also die Laven wenigstens 42,9 Stunden, um sich senkrecht in einem Wasserraume von zirka 20 Brassen oder 37 Meter zu erheben, bis sie an die Luft traten. Diese Geschwindigkeit war also überaus viel grösser, als die spätere in der Atmosphäre, wie unsere Schätzungen und Messungen seit Februar 13. angeben. Behandelt man obige Daten wie früher vermittelst einer Kurve, so zeigt sie nahe den Charakter der Kurve des Georgios, ein etwas langsameres Ansteigen mit schwacher Einbucht, und dann einen Monat lang Horizontalität, bis Ende April das raschere Ansteigen beginnt. Da nun erst gegen Mitte März die wirklichen Aschen- und Blockeruptionen eintraten, so sieht man hier dieselbe Coincidenz des erwähnten Phänomens mit dem ersten Maximo der Kurve und der sodann beginnenden Horizontalität derselben, wie die vorige Figur 9 verdeutlicht. Vor dem 11. März, da ich selbst in der Nähe einen Aschen- und Steinausbruch der Aphroessa (auf Paläa Kaymeni) beobachtete, lässt sich keine sichere derartige Erscheinung nachweisen. Sie war ohnehin nicht häufig und fehlte März 16., als ich mit den Offizieren der preussischen Korvette Nymphe an Aphroessa landete, gänzlich. Aber bis März 26. gab es manche auch zu Thera sichtbare Eruption von Steinen und Asche, obgleich das Meiste unsicher blieb, weil Georg mit seinen Eruptionen uns die Aussicht benahm. Im Kataloge der Phasen der Aphroessa ist Alles zusammengestellt, was mir bekannt wurde.

11) Neigungswinkel der Kaymenen.

1. Conus der Nea Kaymeni von 1707, gemessen 1866 Februar 13. bis März 20. und 1868 Januar 6.

N.-W.-Profil, gemessen am Chimeion (Molo) Febr. 13. $= 28,03^0$. 13. Beob.

N.-O.- „   „   „   „   „ 13. $= 31,71^0$. 12. „

S.-   „   „ auf Banko   „ 20. $= 33,11^0$. 16. „

S.-   „ nach einer Photographie von *Konstantinos* $= 33,00^0$.

Der obere Kraterrand südlich aussen $= 37,30^0$. 5. „

S.-W.-Profil, gemessen auf Kap Alonaki März 20. $= 37,72^0$. 8. „

   sehr unsicher.

S.-   „   „   „ Banko 1868 Januar 6. $= 31,54^0$. 10. Beob.

2. Georg-Vulkan in der ersten Phase seiner Entwicklung.

S.-Profil, gemessen auf Banko 1866 Februar 20. $= 19,1^0$. 7. „

   „ nach einer Photographie von *Konstantinos* März 10.? $= 10^0$.

3. Georg-Vulkan, nachdem sich in 2 Jahren der Aschenkegel gebildet hatte.

S.-Profil, gemessen auf Banko 1868 Januar 6. $= 30,84^0$. 10. Beob.

4. Aphroessa, ein Hügel von grossen und kleinen Lavablöcken.

S.-Profil, gemessen auf Kap Alonaki 1866 März 20. $= 14,85^0$. 8. „

N.- „   „   „   „   „   „   „   „ $= 10,46^0$. 8. „

5. Mikra Kaymeni.

S.-Profil, gemessen am Chimeion (Molo) 1866 Febr. 13. $= 31,25^0$. 8. „

   „ nach einer Photographie von *Konstantinos*.

   1866 März 10.? $= 32^0$.   unsicher.

   „ gemessen auf Banko 1868 Januar 6. $= 34,25^0$. 10. Beob.

6. Paläa Kaymeni.

Ostseite des grossen Kaps, gemessen auf Banko 1866

   Februar 20. $= 81,2^0$. 7. Beob.

12) Meerestemperaturen.

Bevor ich die Beobachtungen über die Wasserwärme in der Nähe der Nea Kaymeni mittheile, ist es nützlich, die mittlere Temperatur des Mittelmeeres in $36^1/_2{}^0$ Breite und 25^0 Ost von Greenwich, also in der Gegend von Santorin, annähernd zu bestimmen. Die darüber von mir angestellten Messungen sind (nach korrigirten Zentigraden) die folgenden:

1866 Februar 11. — 10,7 Uhr = + 15,6° bei Sikinos.

„ 11. 1,7 „ = 16,5° 14 Meilen nördl. von Santorin.

„ 11. 1,9 „ = 16,2° nördlich von Therasia.

„ 24. — 10,0 „ = 14,2° Hafen von Milos.

„ 24. 2,0 „ = 16,3° Südostküste von Milos.

„ 25. — 9,0 „ = 15,1° Hafen von Milos.

„ 26. 2,0 „ = 14,7° Hafen von Milos.

„ 26. 6,0 „ = 14,7° Hafen von Milos.

„ 27. — 9,0 „ = 14,5° Hafen von Milos.

„ 28. 0,5 „ = 14,6° Hafen von Milos.

März 2. 4,5 „ = 16,9° Kulumbo nördlich von Santorin.

„ 27. 2,5 „ = 16,4° Hafen von Amorgos.

Aus dieser Reihe sind alle Beobachtungen entfernt, welche dem grossen Golfe von Santorin angehören, in dessen Mitte die Kaymenen liegen. Das Mittel vorstehender Zahlen, etwa für März 5. geltend, würde die Seetemperatur ungefähr 15,5° ergeben. Wird aber Milos als zu weit westlich gelegen nicht berücksichtigt und wird auch Amorgos wegen zu entfernter Lage ausgeschlossen, so erhält man die Seewärme rings um Santorin = 16,3°, ungefähr für Februar 26. geltend. Die Zunahme der Seewärme finde ich in 40 Tagen = + 1,3°, so dass man zur Beurtheilung der im Gebiete der Eruptionen beobachteten hohen Temperaturen die folgenden normalen der freien See zur Vergleichung benutzen kann, wobei ich indess die tägliche Variation der Letztern ausser Acht lassen muss.

Februar 11. = 15,8°.   März 8. = 16,6°.

„ 16. = 15,9.   „ 13. = 16,8.

„ 21. = 16,1.   „ 18. = 17,0.

„ 26. = 16,3.   „ 23. = 17,2.

März 3. = 16,5.   „ 28. = 17,4.

Die Beobachtungen im Golfe von Santorin, und zwar am innern Steilrande und bis 1 Meile Abstand von demselben (also 1,5 bis 2,5 Meilen von der neuen Lava entfernt), sind die Folgenden:

1866 Februar 11. 2,5 Uhr = 16,8° nördlich vom Skaro.

„ 11. 2,7 „ = 18,2° am Skaro westlich.

„ 11. 2,9 „ = 16,6° Skala von Thera.

„ 11. 3,1 „ = 16,7° östlich von Banko.

„ 22. — 8,5 „ = 16,3° bei Athinio.

März 1. — 9,5 „ = 16,3° Skala von Thera.

„ 3. 2,5 „ = 18,6° daselbst.

März 11. — 11,0 Uhr = 17,6° daselbst.
„ 11.   0,5 „ = 21,0° bei Therasia südlich.
„ 11.   3,5 „ = 19,7° Skala von Thera.
„ 13.   2,5 „ = 18,1° bei Therasia südöstlich.
„ 13.   4,0 „ = 17,7° Skala von Thera.
„ 16.   3,2 „ = 16,2° zwischen Paläa Kaymeni u. Therasia.
„ 21. —   9,7 „ = 18,2° Skala von Thera.
„ 21.   1,6 „ = 17,0° unter Akrotiri.
„ 26.   2,2 „ = 18,8° Skala von Thera.

Als mittlere Werthe hat man beiläufig in ihrer Vergleichung mit den genäherten wahren Seetemperaturen.

Im Golfe. A.	In freier See. B.	(A—B)
Februar 11. = 17,1°	= 15,8°	= + 1,3°
„ 27. = 17,1°	= 16,4°	= + 0,7°
März 13. = 18,4°	= 16,8°	= + 1,6°
„ 23. = 18,0°	= 17,2°	= + 0,8°.

Aus den Werthen (A—B) erkennt man, dass im Golfe von Santorin der überall der innern Küste benachbarte Wasserstreif (bei grosser Tiefe) durchschnittlich 1,1° wärmer war als die freie See. Diese Erwärmung betraf also Theile des innern Golfes, die durchschnittlich 2 Meilen Abstand von den submarinen Laven hatten.

Diese der innern Küste nahen Theile des Golfes hatten meist die gewöhnliche grünblaue Farbe der See, und nur in sehr seltenen Fällen kam das gefärbte Wasser der Nea Kaymeni dem Lande nahe.

Im Abstand von einer Meile fand ich die Temperatur doch selten = 20°, und erst in geringer Entfernung von den Laven und bei stets grosser Wassertiefe traten höhere Wärmegrade auf von 30° bis 45°, und in der Nähe der Laven von 70° bis nahe 100°. Zur Beurtheilung der Seetemperaturen an der Lavaküste dienen die 2 Figuren, Taf. I. 1 und 4; für 1866, und für 1868 Taf. II. 1 und 3, auf denen ich meist nach eigenen Beobachtungen die Wärmegrade verzeichnet habe; nur Taf. II. Fig. 3 enthält Messungen von den Offizieren der Reka.

13) Temperatur der Teiche.

Als sich in Folge einer allgemeinen Senkung der Südost-Seite der Nea Kaymeni, also des Bezirkes der Ortschaft Vulkano, Teiche bildeten, liess sich von Februar 11.—20. sehr bequem die Zunahme der dortigen Bodentemperatur bestimmen. Diese Zunahme, in solcher Art noch nicht beobachtet, zeigt die Vermehrung der vulkanischen Intensität; sie kann einst wichtig werden als Warnungszeichen vor nahen Katastrophen. Am Morgen des 20. Februar, als ich die rasche Steigerung der Temperatur gefunden hatte, sprach ich gegen Professor *Mitzopulos* einige Besorgniss aus. Eine halbe Stunde später waren wir dem Steinhagel der ersten grossen Eruption ausgesetzt.

Im Folgenden beziehe ich mich auf die Fig. 4, Taf. II, welche den gesunkenen Flächentheil östlich neben dem Georg darstellt. Durch die punktirten unter sich parallelen Bögen ist das Fortrücken der Ostgrenze des Georg von Februar 11.—März 26. 1866 bezeichnet; ebenso gebe ich den versunkenen Saum der Küste durch Punkte wieder. Die Lokalitäten, an denen Wassertemperaturen beobachtet wurden, habe ich durch Buchstaben kenntlich gemacht. Für weitere Erläuterung dienen noch folgende Bemerkungen.

V ist der einstige Hafen Vulkano, *α v* sein östlicher Rand, der Febr. 11. schon vom Berge bedeckt war; *α α α* ... ist der bereits unter Wasser befindliche Theil der dortigen Südost-Küste der Nea Kaymeni, 11' Häuser im Meere. Zwischen beiden Kapellen zieht die Hauptstrasse von Vulkano, deren östliches Ende unter Wasser lag. In diesem ganzen Gebiete gab es nur die 3 Teiche A B C, von denen die beiden ersten sehr oft von der Brandung der See überflutet werden konnten.*) Nur C war für genaue Beobachtungen sehr geeignet. Das gegen Norden bis q p eingedrungene Seewasser konnte nicht zu jeder Zeit beobachtet werden, weil es, dem Kochen nahe, so dichten Dampf entwickelte, da man sich wegen Gefahr der aus der Höhe herabstürzenden Lavablöcke nicht immer nähern durfte. In o p q bestanden wirklich heisse Quellen im dortigen Salzwasser. Von den Gebäuden sind ausser den 2 Kirchen noch die 5 Häuserruinen angegeben; weiter nördlich von der Strasse gab es deren noch andere. Die Teiche A B, oft von Bimstein erfüllt, hatten gelbbraunes Wasser, wie der dortige Seestrand, der dieselbe Farbe zeigte. Der Teich C dagegen hatte klares Wasser, und nur auf seinem Boden zeigte sich schwacher gelblicher Niederschlag. Die heisse Quelle Q mit 84,5° konnte nur Februar 11.—13. beobachtet werden, als der Vulkan sie bedeckte. Die Quelle q hatte Februar 11., Abends 4 Uhr, etwa 70°; auch dieser konnte man bald nicht mehr nahe kommen. Längere Zeit gelangen die Messungen von p, eine Quelle in der kleinen Bucht, nördlich an der Strasse. Für diese fand ich:

---

*) A und B fanden in Taf. II. Fig. 6 nicht Platz; aber in Fig. 5 derselben Tafel sieht man A. Früher lag B südlich daneben.

p.... Februar 12. — 8,0 Uhr $=$ 66,0⁰
„ 15. — 8,7 „ $=$ 75,0⁰
„ 15. 3,5 „ $=$ 78,7⁰
„ 16. — 8,5 „ $=$ 79,4⁰
„ 16. 4,1 „ $=$ 85,0⁰.

Wegen der Form der östlichen Wände des Georg blieb die heisse Quelle o noch länger zugänglich; ich beobachtete:

o.... Februar 12. — 8,0 Uhr $=$ 69,0⁰
„ 15. 3,0 „ $=$ 75,0⁰
„ 16. — 8,5 „ $=$ 78,1⁰
„ 16. 4,1 „ $=$ 80,2⁰
„ 17. — 10,7 „ $=$ 81,2⁰ jetzt 3 reiche Quellen.
„ 17. 5,9 „ $=$ 85,0⁰
„ 18. — 10,0 „ $=$ 85,6⁰ kein Sprudel mehr; nur ruhiges
Seewasser.
„ 18. 2,4 „ $=$ 86,2⁰.

Die Temperaturen der See bei n und m waren geringer; sie wurden nur selten gemessen; für die Stellen bei l und k' fand ich:

l.... Febr. 15. 3,5 Uhr $=$ 47,5⁰ k'.... Febr. 15. 3,5 Uhr $=$ 34,6⁰.
„ 16. — 8,5 „ $=$ 57,2⁰ „ 16. — 8,5 „ $=$ 39,4⁰

Für die Stelle k.... Februar 15. ... 3,5 Uhr $=$ 25,7⁰
„ 17. — 10,7 „ $=$ 32,0⁰
„ 18. — 10,5 „ $=$ 52,5⁰
„ 20. — 9,0 „ $=$ 58,8⁰.

Für die Stelle x Februar 15. 3,5 Uhr $=$ 27,6⁰
„ 20. — 9,0 „ $=$ 35,1⁰.

An der Ostseite der Landzunge beobachtete ich die Temperaturen der gelben Teiche A und B wie folgt:

A.... Februar 15. 3,5 Uhr $=$ 25,7⁰
„ 16. — 8,5 „ $=$ 27,2⁰
„ 17. — 10,7 „ $=$ 22,2⁰ Eintritt der See.
„ 17. 5,9 „ $=$ 27,3⁰
„ 18. — 10,5 „ $=$ 30,7⁰
„ 20. — 9,0 „. $=$ 41,3⁰
März 26. 3,5 „ $=$ 50,1⁰ mit der See vereint.
B.... Februar 15. 3,5 „ $=$ 27,6⁰
„ 16. — 8,5 „ $=$ 32,1⁰

Februar 17. — 10,7 Uhr = 20,7° Eintritt der See.

„ 17. 5,9 „ = 28,8°

„ 18. — 10,5 „ = 31,9°

. „ 20. — 9,0 „ = 42,6°

März 26. unkenntlich.

Anm. April 12. fand *Dekigala* noch 2 Teiche; der mit dem Meere verbundene hatte 75° Wärme. April 23. dagegen 56,3°. Aber bei dieser Gelegenheit sagt *Dekigala*, dass April 12. die Temperatur 63,3° gewesen sei.

C' .... Febr. 15. 3,5 Uhr = 30,1° meist der See zugänglich; März 26.

längst untergegangen,

„ 16. 8,5 „ = 29,9°

„ 18. — 10,5 „ = 33,8°

„ 20. — 9,0 „ = 47,0°.

Die Beobachtungen an dem sichelförmigen Teiche C sind am vollständigsten gelungen und konnten nie durch das Eintreten der See gestört werden. Die Beobachtungen an 6 Punkten von C sind die folgenden:

	bei d.	bei e.	bei f.	bei g.	bei h.	bei i.
Febr. 15. 3,5 Uhr =	43,8° =	— =	— =	— =	— =	42,5°
„ 16. — 8,5 „ =	— =	— =	48,2° =	45,1° =	42,5° =	—
„ 17. — 10,7 „ =	48,8° =	45,1° =	46,3° =	44,4° =	62,5° =	48,8°
„ 17. 5,9 „ =	43,2° =	45,1° =	42,6° =	46,3°	— 57,6° —	51,3°
„ 18. — 10,5 „ =	43,8° =	52,5° =	58,2°* —	56,3° =	60,1° =	56,3°
„ 18. 2,5 „ =	50,1° =	— =	59,4° =	53,8° =	— =	56,3°
„ 20. — 9,0 „ =	60,0° =	— =	66,3° —	61,8° =	68,8° =	62,6°

Bei diesen Lokalitäten fand, mit Ausnahme von i, Ab- und Zunahme statt. Die anfänglich einfache Quelle f war Februar 18.* Morgens 3fach, Nachmittags dagegen wieder einfach. i hat in 2 Tagen 17½ Stunden um 20,1° zugenommen, im Mittel also täglich um 7,32°.

Am Molo entlang hatte die See um die Mitte des Februar 17,8°; am 26. März 3 Uhr dagegen schon 25,0°. Am Nordende des Molo, zwischen seinem dortigen Mauerkopfe und dem wenige Meter davon entfernten Fusse des alten Conus fand ich Februar 12. das daselbst eingedrungene Meerwasser = 17,5°; März 26. war es dampfend und ich bestimmte seine Temperatur = 55,0°. So war es noch im Mai nach Dr. *Christomanos* Beobachtung, dem ich meinen Thermometer für seine zweite Reise mitgegeben hatte. Von Februar 12. bis März 26. war also die tägliche Zunahme = 0,9°.

Da im Februar und März einigemale bei starken Stürmen ein erhöhter Stand des Seespiegels eintrat, so liess sich eine ungestörte Zunahme der warmen, mit dem Meere theilweis in Verbindung stehenden Wasser nicht wohl erwarten. Für die ungefähre Zunahme der Temperaturen nehme ich an:

In p $= +$ 16,2° in 4,2 Tagen; in 24 Stunden $= +$ 3,8°
„ o $=$ 16,9° „ 5,9 „ 2,9°
„ $\beta =$ 15,0° „ 5,0 „ 3,0°
„ A $=$ 15,6° „ 5,0 „ 3,1°
„ d $=$ 16,2° „ 5,0 „ 3,2°
„ f $=$ 18,1° „ 4,0 „ 4,5°
„ g $=$ 16,2° „ 4,0 „ 4,0°
„ h $=$ 16,3° „ 4,0 „ 4,1°
„ i $=$ 20,1° „ 5,0 „ 4,0°

Die mittlere Zunahme der Wasserwärme betrug also von Febr. 12.—20. $+$ 3,95°, und zwar zeigte sich die Zunahme langsamer in der Nähe des Vulkanes, wo die See am meisten erhitzt war. Schneller erwärmte sich das Wasser in der flachen Lache C. Die zu Tage liegenden Massen des Vulkanes haben durch ihre Wärmestrahlung ganz bestimmt nicht jene Temperaturen bewirkt, sondern nach einfachstem Hergange, wie es vor Augen lag, waren es nur heisse Wasserdämpfe, welche unter jenem Boden die Heizung bewirkten. Etwas nördlich von der Strasse sah man sichtbar sich die Fumarolen heissen Wasserdampfes aus dem Boden erheben und ebenso an den täglich sich vermehrenden Bodenspalten bei den kleinen Kirchen.

14) Temperatur der Fumarolen (Wasserdampf).

Auf demselben sinkenden Gebiete, nordöstlich am Georg, südöstlich am Fusse des alten Conus, stiegen aus dem Aschenboden und häufiger noch aus Felsspalten Fumarolen, von denen eine, die ich in Fig. 4, Taf. II mit G bezeichnet habe, mehrfach beobachtet werden konnte. Februar 20. war sie schon nicht mehr ohne Gefahr zu erreichen. Ich fand:

Februar 12. — 8,0 Uhr $=$ 43,0°
„ 15. — 7,0 „ $=$ 56,2° vielleicht nicht genau dieselbe.
„ 15. 0,0 „ $=$ 67,5°
„ 16. — 8,0 „ $=$ 69,8°
„ 17. — 11,0 „ $=$ 73,7° Georg 10 Meter Abstand.
„ 18. — 9,0 „ $=$ 79,4° Georg 7½ Meter Abstand.
„ 18. 2,0 „ $=$ 80,0°.

Zwei andere Fumarolen wurden noch gelegentlich beobachtet:

J. Februar 15. — 8,0 Uhr $= 36,0^0$.

H. „ 18. — 9,0 „ — 56,0.

Lässt man für G die erste Angabe des 12. Februar ausser Acht, so betrug die tägliche Zunahme der Wärme $= 7,7^0$, also bedeutend mehr als bei den entfernteren Wassern, die täglich ausserordentliche Mengen verdunsteten, und doch (im Teiche C) ungefähr dasselbe Niveau behielten, woraus klar erhellt, dass der Abgang durch stets neue Infiltration des kühlen Seewassers ersetzt wurde.

Anm. April 12. fand *Dekigala* die Wasser in den Spalten des Molo bis $62,5^0$ erwärmt.

15) Temperaturen der See in der Nähe der Neubildungen.

Vom Februar 1866 bis Juli 1870 sind Beobachtungen dieser Art in sehr grosser Anzahl bestimmt worden. Ich übergehe aber alle Angaben, denen der Nachweis für die Korrektion des Thermometers nicht beigefügt ist. Für einige der fremden Messungen hatte ich die Thermometer selbst untersucht und deren Korrektionen ermittelt. Alle Angaben sind Zentigrade. Da ich für die graphische Darstellung einen sehr kleinen Maassstab wähle, so muss ich alle Details übergehen. Ich bemerke aber, dass im Georgshafen, so ferne nördlich von den neuen Laven liegend, im Februar 1866 43^0 gefunden ward. In den Erklärungen zu den Tafeln findet man mehrfache Hinweise auf Temperaturbeobachtungen.

16) Intervalle der Eruptionen.

Wie man aus dem Kataloge meiner Beobachtungen ersieht, habe ich besonders Sorgfalt auf die Notirung der einzelnen Eruptionen und deren Charaktere verwandt. Sie sind aber in der 5jährigen Dauer der Erscheinungen auch die Einzigen, welche für die folgende Betrachtung sich dienlich erweisen. Für eine weniger strenge Form der Untersuchung kann ich jedoch einige fremde Beobachtungen benutzen, die im Vorigen bereits mitgetheilt wurden. Nenne ich A die Aschenausbrüche, B die Dampferuptionen, D das isolirt auftretende Getöse, so hat man folgendes übersichtliche Ergebniss meiner Beobachtungen.

	A.	B.	D.	Dauer der Beobachtung.
1866 Februar 12.	2	—	3	1,8 Stunden
„ 13.	1	2	3	7,7 „
„ 14.	3	2	5	14,9 „
„ 15.	2	3	5	19,8 „

11*

		A.	B.	D.	Dauer der Beobachtung.
Februar	16.	2	4	3	16,4 Stunden
„	17.	0	0	0	24 ? „
„	18.	1	0	0	24 ? „
„	19.	0	0	0	24 ? „
„	20.	4	7	12	13,7 „
„	21.	3	2	7	21,2 „
„	22.	8	8	31	8,0 „
März	1.	3	1	21	13,2 „
„	2.	7	1	21	11,5 „
„	3.	1	1	11	10,5 „
„	4.	0	0	4	9,5 „
„	5.	0	3	13	11,0 „
„	6.	0	2	8	12,8 „
„	7.	0	0	6	11,5 „
„	8.	1	0	1	5,3 „
„	9.	7	73	198	14,5 „
„	10.	1	6	58	15,0 „
„	11.	1	3	29	10,4 „
„	14.	4	5	30	9,7 „
„	15.	1	4	13	7,0 „
„	16.	0	2	—	9,3 „
„	17.	0	0	2	5,3 „
„	18.	0	3	13	10,8 „
„	19.	0	1	24	9,5 „
„	20.	2	27	42	12,0 „
„	21.	1	14	6	4,5 „
„	23.	0	18	22	11,3 „
„	24.	0	8	1	0,4 „
„	26.	0	5	6	6,2 „
1867 Dezember	30.	26	—	—	2,8 „
1868 Januar	4.	17	2	23	2,0 „
„	5.	55	27	100	5,55 „
„	6.	17	1	17	2,0 „
„	7.	14	2	18	2,0 „
„	8.	27	12	46	2,75 „
„	9.	14	2	16	1,70 „
Summa		225	246	818	405,0 Stunden.

In vorstehender Tafel ward B, also der Dampfausbruch, nur mitgezählt, wenn er isolirt, also ohne Asche auftrat. Aber jeder Ausbruch, mag er Asche oder Steine zu Tage fördern, ist immer durch die Explosion des Dampfes bewirkt. Um die ganze Zahl aller der Zeit nach wirklich beobachteten Eruptionen zu erhalten, hat man die Summe von A und B zu nehmen, welche E heissen möge. Dann ist das Resultat:

in 405 Stunden wurden 471 E und 818 D beobachtet.

Da nun 1866 Februar 17., 18., 19. eine strenge Notirung nicht möglich war, 1867 Dezember 30. jene Beobachtungen aber zu Syra, in 72 Meilen Entfernung von Santorin gemacht wurden, so ist es räthlich, diese Daten auszuschliessen, und man findet alsdann:

in 330 Stunden wurden 444 E und 818 D beobachtet.

Da diese Zahlen keine richtige Vorstellung von der Häufigkeit der Eruptionen geben können, ist es nöthig, die Intervalle für alle Tage im Mittel zu bestimmen, welche ein hinreichendes Material für solche Untersuchung darbieten. Diese wird dazu einen grösseren Zeitraum umfassen, da ich manche fremde Angabe verwerthen kann, bei der es auf die Unterscheidung von A und B nicht mehr ankommt. Für meine eigenen Beobachtungen genügt es, mit Benutzung der angegebenen Zeiten, innerhalb welcher die Zahl der Eruptionen notirt ward, die Zählungen auf das Intervall von 24 Stunden zu reduziren. Da ich meist 5 bis 15 Stunden beobachtete, so wird der grössere Theil der Reduktionen auf 24 Stunden sich genügend der Wahrheit nähern. Einzelne Angaben, z. B. 1866 Februar 12., März 24., 1867 Dezember 30., mögen ihrer viel geringeren Sicherheit wegen ausgeschlossen werden.

Die fremden Beobachtungen haben in keinem einzigen Falle den Werth meiner Angaben, da sie die Aschenausbrüche von den reinen Wasserdampferuptionen nicht unterscheiden, da sie meist sich nur auf die grössern Phänomene beziehen, und die kleinern Ausbrüche nicht beachten, da sie das Schallphänomen gar nicht berücksichtigen und endlich, weil alle Schätzungen oder wirklichen Zählungen der Häufigkeit sich auf nicht mehr als je eine Stunde beziehen. Nur eine Ausnahme gibt es, nämlich die 3tägige Zählung an Bord der Reka, Juni 1870, die ich erbeten hatte. Durch des Kommandanten, Herrn E. Germounig, zweckmässige Anordnung, indem er die Zählung für Tag und Nacht auf die Schiffswachen vertheilte, ward eine Vollständigkeit erreicht, die man selbst in meinem Kataloge in keinem einzigen Falle finden wird.

Alle fremden Beobachtungen geben an, wie viele Eruptionen in gewissen

Zeitintervallen gesehen wurden. Daraus habe ich die Zahl berechnet, welche die Häufigkeit für 24 Stunden ausdrückt. Es ist also die nachtheilige Methode, vom Kleinen auf das Grosse zu schliessen. Liegen sehr viele Angaben vor, so hat der Fehler indessen wenig zu bedeuten, zumal wenn man die Untersuchung nach richtigen Grundsätzen führt und die Häufigkeit der Phänomene durch ausgleichende Kurven darstellt. Wenn man aus Angaben des einen Tages eine viel zu grosse Zahl für 24 Stunden findet, wird sich aus der Zählung eines andern Tages eine zu kleine ergeben. Wären aber im Laufe eines Jahres, ähnlich wie ich es 1866 für $1\frac{1}{2}$ Monate versucht habe, konsequente Beobachtungen vorhanden, oder wenigstens solche, die von Woche zu Woche regelmässig wiederholt wurden, so würde eine mittlere anschliessende Kurve zu sehr nützlichen Resultaten führen. Aus den Zahlen, die ich im Folgenden zusammenstelle, wird man den Zustand erkennen, in welchem sich heutzutage derartige Untersuchungen befinden, die freilich keine Vorgänger haben. Sie wird zu verstehen geben, was in Zukunft geschehen muss, wenn es Beobachter gibt, deren Interesse und Energie gross genug ist, um ausser dem blossen Betrachten einer Eruption und ausser der Besorgung jener Beobachtungen, welche bis jetzt als die allein wichtigen angesehen wurden, sich zur strengen Beobachtung jener Phänomene wenden, die ich wenigstens zu den bis jetzt wissenschaftlich durchaus Unergründeten rechne.

Die folgende Tafel enthält alle bekannt gewordenen Zählungen über die Häufigkeit der Eruptionen, ohne A und B zu trennen; sie gibt A + B, oder die Zahl E für die Dauer von 24 Stunden, und nimmt auf die Detonationen = D nur bis 1868 Januar 9. Rücksicht. Die unsichern Angaben erhalten ein *. Wo mir die Namen der einzelnen Beobachter auf den Schiffen, die Santorin besuchten, nicht bekannt wurden, setze ich den Namen des Kommandanten. Meine eigenen Angaben bezeichne ich durch S.

1866 Februar	12.	E =	27*	D =	40*	S. beobachtet zu Vulkano.
	13.	=	9	=	9	„ „ „ „
	14.	=	8	=	8	„ „ „ „
	15.	=	7	=	10	„ „ „ „
	16.	=	9	=	4	„ „ „ „
	17.	=	0*	=	0*	„ „ „ „
	18.	=	1*	=	1*	„ „ „ „
	19.	=	0*	=	0*	„ „ „ „
	20.	=	19	=	20	„ „ auf Banko.
	21.	=	7	=	8	„ „ zu Athinio.
	22.	=	48	=	93	„ „ „ „

März	1.	= 8	37	S. beobachtet in Thera.	
„	2.	16	44	„ „ „ „	
„	3.	4	25	„ „ „ „	
„	4.	0	10	„ „ „ „	
„	5.	6	28	„ „ „ „	
„	6.	= 4	= 16	„ „ „ „	
„	7.	= 0	= 12	„ „ „ „	
„	8.	= 6	= 28	„ „ „ „	
„	9.	= 132	= 320	„ „ „ „	
„	10.	= 11	= 93	„ „ „ „	
„	11.	9	67	„ „ „ „	
„	14.	22	74	„ „ „ „	
„	15.	= 16	= 45	„ „ „ „	
„	16.	= 5	= 0*	„ „ „ „	
„	17.	= 0	= 9	„ „ „ „	
„	18.	= 7	= 29	„ „ „ „	
„	19.	= 2	= 60	„ „ „ „	
„	20.	= 58	= 84	„ „ „ „	
„	21.	= 80	= 32	„ „ „ „	
„	23.	= 38	= 46	„ „ „ „	
„	24.	= 18	= 60	„ „ „ „	
„	26.	= 19	= 23	„ „ „ „	
April	2.—4.	= 96		v. Seebach beobachtet in Thera.	
„	21.	= 360*		Reiss beobachtet auf See.	
Dez.	13.—17.	= 264		Mörth beob. auf Banko (Dalmat).	
1867 Dezbr.	30.	= 223*		S. „ auf Syra.	
1868 Januar	4.	= 228	= 276	„ „ auf Banko (Dalmat).	
„	5.	= 354	= 432	S. u. v. Wickede „	
„	6.	= 216	= 204	S. beobachtet „	
„	7.	= 192	= 216	„ „ „	
„	8.	= 340	= 400	„ „ „	
„	9.	= 224	= 226	„ „ „	
Februar	1.(?)	= 320		Dekigala beob. in Thera.	
Mai	5.	= 252		Erskine beob. auf Banko(Surprise).	
Juli	19.	= 576*		G. Wurlisch beob. zu Apanomeria.	
„	21.	= 360		Leyer beob. auf Banko (Themis).	
1869 Januar		= 300*		Murray „ „ „ (Wizard).	
1870 April Anfang		= 64		Gorceix „ „ „	

April	8.	= 192	*Gorceix* beob. auf Banko.
Juni	16.	= 96*	*Germounig* beob. auf Banko (Reka).
„	17.	= 212	„ „ „ „
„	18.	= 154	„ „ „ „
„	19.	= 195	„ „ „ „
Septbr.	3.—6.	= 5*	*Botsis* beobachtet zu Thera.
„	6.—14.	=. 2	„ „ „ „
„	14.—28.	= 0	„ „ „ „
Oktober	15.	= 1	*Dekigala* „ „ „
Okt. 15.—Nov. 15.		= 0	„ „ „ „ .
1871 März	20.	= 0	*Vieck* beob. auf Banko (Kerka).

Diese Zahlwerthe müssen, um nutzbar zu werden, durch eine anschliessende oder vielmehr durch eine ausgleichende Kurve dargestellt werden. Auf solche Weise wird man zu Mittelwerthen gelangen, die möglichst frei von den Mängeln so isolirter Beobachtungen erscheinen. Dabei hat man sich zu erinnern, dass in den Jahren 1867, 1868, 1869 keinerlei Pausen eintraten, die auch nur einen Tag gedauert hätten. Aus der Kurve entnehme ich für die Mitte jedes Monats die Zahlen E, welche die Häufigkeit der Eruptionen in 24 Stunden ausdrücken und welche in der folgenden Tafel dargestellt sind.

	Jan.	Febr.	März	April	Mai	Juni	Juli	August	Septbr.	Oktbr.	Novbr.	Dezbr.
1866	—	12	21	160	220	237	248	255	262	275	277	280
1867	282	288	292	295	295	292	290	285	278	274	261	252
1868	250	248	252	275	337	390	420	420	410	380	360	333
1869	300	290	280	273	263	257	250	245	235	230	225	220
1870	215	210	205	200	187	175	150	87	5	1	0	0

Indem man nun jeden der obigen Werthe E durch die Zahl der betreffenden Monatstage multiplizirt, erhält man genähert die mittleren Monatssummen der Eruptionen jeglichen Grades, wie folgt:

	Jan.	Febr.	März	April	Mai	Juni	Juli	August	Septbr.	Oktbr.	Novbr.	Dezbr.
1866	—	336	651	4800	6820	7110	7688	7905	7860	8525	8310	8680
1867	8742	8352	9052	8850	9145	8760	8990	8835	8340	8494	7830	7812
1868	7750	6944	7812	8250	10447	11700	13020	13020	12300	11780	10800	10323
1869	9300	8120	8680	8190	8153	7710	7750	7595	7050	7130	6750	6820
1870	6665	5880	6350	6000	5797	5250	4650	2697	435	31	0	0

Die Jahressummen der Eruptionen, ermittelt mit Hülfe der Kurve, sind also:

$$1866 = 68685$$
$$1867 = 103202$$
$$1868 = 124146$$
$$1869 = 93248$$
$$1870 = 43755$$

Gesammtsumme = 433036.

Eine Zahl, welche man nur als Minimum gelten lassen kann und für welche ich ohne Bedenken 500000 oder eine halbe Million annehme. Nach dem Verhältnisse zwischen der Häufigkeit der Eruptionen und der Schallphänomene jeglicher Art, welches ich = 440:810 oder = 1:1,808 gefunden habe, würden sich im fraglichen Zeitraume 792932 einzelne, also isolirt hörbare Töne der Eruption ereignet haben, deren Anzahl, abgerundet, zu 800000 anzunehmen sein wird. Dabei sind die Erscheinungen, die 1871 noch mehrfach auftraten, nicht mit eingerechnet, weil alle Beobachtungen fehlen.

Um zu erkennen, was im Gebiete dieser Phänomene etwa den Charakter des Periodischen hat, gibt es verschiedene Wege der Untersuchung. Zuerst bilde ich für die 5 Jahre die Monatssummen, und deren einjährigen Mittelwerth = M; alsdann lasse ich 1866 und 1870 aus, weil im erstern Jahre die Eruption wächst, im letztern abnimmt, und weil Anfang und genähertes Ende nicht mit identischen Monaten coincidiren. Diese zweiten Mittelwerthe seien = N; man hat sonach folgende Uebersicht:

	M	N
Januar	E = 8114	Ė = 8597
Februar	= 5926	= 7805
März	= 6509	= 8514
April	= 7218	= 8430
Mai	= 8072	= 9248
Juni	= 8106	= 9390
Juli	= 8419	= 9920
August	= 8010	= 9817
September	= 7197	= 9230
Oktober	= 7192	= 9134
November	= 6738	= 8460
Dezember	= 6727	= 8318

Nach den Jahreszeiten geordnet, findet man aus N:

Dezember, Januar, Februar = Winter = 24720 E.
März, April, Mai = Frühling = 26192 E.

Juni, Juli, August = Sommer = 29127 E.

September, Oktober, November = Herbst = 26824 E.

Es fällt also das Minimum auf den Winter, das Maximum auf den Sommer, und das Verhältniss ist = 1 : 1,18.

Die absoluten Extreme gehören dem Februar und dem Juli an, und ihr Verhältniss der Häufigkeit ist = 1 : 1,27.

Man erkennt leicht, dass wir zu merkwürdigen Resultaten gelangt wären, wenn in jenen 5 Jahren auch nur ein kundiger ausdauernder Beobachter vorhanden gewesen wäre, der nur einmal in jeder Woche, selbst nur einmal in jedem Monate, eine strenge Zählung notirt hätte. Die Relationen, die ich hier entwickle, werden kundige Leser freilich nicht als gesicherte Resultate, sondern als Näherungen ansehen, aber meine Absicht ist, durch diesen Versuch hinzuweisen auf Vieles, was noch fehlt, und zu Gunsten der Auffassung späterer Ereignisse daran zu erinnern, auf wie viele Erscheinungen man ernstlich seine Aufmerksamkeit zu richten habe, ehe man, was freilich viel einfacher ist, sich mit Hypothesen beschäftigt.

Betrachten wir jetzt die etwaige Abhängigkeit der Eruptionserscheinungen von den Tageszeiten. Ich habe aus dem Kataloge meiner Beobachtungen, wo immer sie nur hinlänglich vollständig waren, die Summen der E und D, also die Eruptionen und Detonationen (für beide jegliche Phase mitgerechnet) neben die einzelnen Stunden geschrieben, wobei ich im Folgenden allen Vormittagsstunden ein Minuszeichen (—) gebe und der Kürze wegen statt 6 bis 7 Uhr; 7 bis 8 Uhr; 6,5 Uhr, 7,5 Uhr etc. setzen werde. So fand ich:

	Eruptionen.			Detonationen.		
Stunden	Beob.	Zahl der Erupt.	Mittel	Beob.	Zahl der Deton.	Mittel
— 7,5 Uhr	11	19	1,7	14	49	2,8
— 8,5 „	11	66	6,0	18	88	4,9
— 9,5 „	9	37	4,1	15	83	5,5
—10,5 „	5	19	3,8	10	68	6,8
—11,5 „	3	16	5,3	5	49	9,8
‚ 0,5 „	5	8	1,6	7	44	6,3
1,5 „	7	14	2,0	10	62	6,2
2,5 „	8	43	5,4	17	84	5,0
3,5 „	5	13	2,6	12	48	4,0
4,5 „	6	30	5,0	11	60	5,4
5,5 „	8	44	5,5	15	91	6,0
6,5 „	3	10	3,3	9	38	4,4

	Eruptionen.			Detonationen.		
Stunden	Beob.	Zahl der Erupt.	Mittel	Beob.	Zahl der Deton.	Mittel
7,5 Uhr	8	40	5,0	12	54	4,5
8,5 „	8	28	3,5	12	41	3,4
9,5 „	5	14	2,8	8	39	4,9
10,5 „	6	11	1,8	9	32	3,5
11,5 „	3	18	6,0	5	35	7,0

Bildet man Gruppen aus je 5 Stunden, so ergibt sich:

$$7,5 \text{ Uhr}—11,5 \text{ Uhr} \quad E = 157 \quad D = 337$$
$$0,5 \text{ „} — 4,5 \text{ „} \quad = 108 \quad = 298$$
$$5,5 \text{ „} — 9,5 \text{ „} \quad = 136 \quad = 263.$$

Dagegen erhält man aus je 6 Stunden, wenn einmal 1 Stunde doppelt gezählt wird:

$$7,5 \text{ Uhr} — 0,5 \text{ Uhr} \quad E = 165 \quad D = 381$$
$$0,5 \text{ „} — 5,5 \text{ „} \quad = 152 \quad = 389$$
$$6,5 \text{ „} —11,5 \text{ „} \quad = 121 \quad = 239.$$

Endlich, wenn man die Summen für 9 Stunden bildet und einmal eine Stunde doppelt rechnet:

$$7,5 \text{ Uhr} — 3,5 \text{ Uhr} \quad E = 236 \quad D = 575$$
$$3,5 \text{ „} —11,5 \text{ „} \quad = 208 \quad = 390.$$

Aus den 3 Zusammenstellungen geht hervor, dass alle Phänomene am Vormittage häufiger auftraten als in den Stunden nach Mittag und Abends. Für die Nachtstunden hatte ich dies Verhältniss aus der blossen Anschauung, lange vor aller Untersuchung, bereits erkannt.

Um die Mittelwerthe noch mehr auszugleichen, nehme ich das Mittel von je 2 benachbarten, so dass nun die Argumente der folgenden Tafel die vollen Stunden werden, also 8 Uhr, 9 Uhr etc., d. h. es sind die Stunden 7,5 Uhr—8,5 Uhr, 8,5 Uhr—9,5 Uhr etc. gemeint:

	Eruptionen.		Detonationen.	
Stunden	Mittelwerthe		Mittelwerthe	
— 8,0 Uhr	= 3,8	d = + 0,6	= 3,8	d = 0,0
— 9,0 „	= 5,0	— 0,5	= 5,2	— 0,2
—10,0 „	= 3,9	+ 0,3	= 6,1	+ 0,3
—11,0 „	= 4,5	— 0,8	= 8,3	— 0,1
0,0 „	= 3,4	— 0,7	= 8,0	0,0
1,0 „	= 1,8	+ 0,7	= 6,2	+ 0,2
2,0 „	= 3,7	— 0,6	= 5,6	— 0,4
3,0 „	= 4,0	— 0,3	= 4,5	+ 0,1

Stunden	Eruptionen. Mittelwerthe		Detonationen. Mittelwerthe	
4,0 Uhr	$= 3,8$	$+ 0,4$	$= 4,7$	$+ 0,1$
5,0 „	$= 5,2$	$- 0,6$	$= 5,7$	$- 0,2$
6,0 „	$= 4,4$	$+ 0,2$	$= 5,2$	$- 0,1$
7,0 „	$= 4,1$	$+ 0,3$	$= 4,4$	$+ 0,1$
8,0 „	$= 4,2$	$- 0,4$	$= 3,9$	$+ 0,1$
9,0 „	$= 3,1$	$0,0$	$= 4,1$	$- 0,1$
10,0 „	$= 2,3$	$+ 0,5$	$= 4,2$	$+ 0,2$
11,0 „	$= 3,9$	$- 0,2$	$= 5,2$	$- 0,1.$

Diese Mittelwerthe verrathen deutlich einen periodischen Gang, besonders die für die Detonationen, welche sehr bestimmt um Mittag ein Maximum haben. Da ich aus der Natur der Erscheinungen weiss, wie grossen Schwankungen die Mittelwerthe unterworfen sind, so würde ich, wenn es nöthig wäre, sie unbedenklich um $\pm$ 2 Einheiten ändern, wenn eine ausgleichende Kurve solche Variationen verlangen sollte. Ich finde aber, dass keine von der Kurve geforderte Aenderung auch nur eine Einheit erreicht. Die Kurve der Häufigkeit der Eruptionen ergibt:

1) Maximum —9,0 Uhr. 1) Minimum 0,7 Uhr. (Min.—Max.) $= 3,7$ Uhr.
2) „ 5,5 „ 2) „ 9,8 „ „ $= 4,3$ „
Abstand beider $= 8,5$ Uhr. Abstand beid. $= 9,1$ Uhr. Mittel $= 4,0$ Uhr.

Aus der Kurve für die Häufigkeit der Detonationen folgt:

1) Maximum —11,4 Uhr. 1) Minimum 3,4 Uhr. (Min.—Max.) $= 4,0$ Uhr.
2) „ 5,1 „ 2) „ 8,5 „ „ $= 3,4$ „
Abstand beider 5,7 Uhr. Abstand beider 5,1 Uhr. Mittel $= 3,7$ „

Die Werthe d bedeuten die Unterschiede: (Kurve — Beobachtung).

Aus diesen Resultaten erkennt man, dass sie zunächst nicht in direkter Beziehung zu den täglichen Variationen des Luftdruckes stehen und dass überdies die Kurve der Eruptionen der Kurve der Detonationen nicht parallel liegt. Sehr entfernt davon, aus diesen zwar einzig vorhandenen, aber doch nicht genügend vollständigen Beobachtungen, mich über die möglichen Ursachen der Natur der Kurven auszusprechen, will ich nur daran erinnern, dass es überhaupt verfehlt ist, so komplizirte Phänomene einseitig mit dem Luftdrucke oder einseitig mit der Ebbe und Flut in Verbindung zu setzen. Diese Wirkungen und wohl auch andere modifiziren gleichzeitig das Phänomen der Eruption. Ist in diesem Theile des Mittelmeeres wirklich die Ebbe und Flut erkennbar, so muss die dadurch bewirkte Veränderung des Wasserstandes für gewöhnlich ganz verschwinden in den Anomalien, die bloss von den Winden herrühren, und die praktische Ermittelung der Hafenzeit (établissement du port) kann nur mit den grössten Schwierigkeiten verbunden sein. Dass aber ein höherer Stand des Meeres in einem gewissen Stadium der Eruption die Lebhaftigkeit der Erscheinungen erhöhen kann, hat *Palasca* zuerst bemerkt, und ich bin geneigt, ihm darin beizustimmen. Aenderungen des Luftdruckes, sowie Aenderungen im Meeresniveau sind zuletzt abhängig von dem Stande der Sonne und des Mondes, und man wird einst finden, dass die periodischen Variationen in den Phänomenen der Eruption mit der Lage der genannten Himmelskörper in Verbindung stehen.

Wären die Beobachtungen viel vollständiger als sie sind, so müssten die Kurven für jeden Tag einzeln bestimmt werden. Aber nur der 9. März 1866 hat diesen Reichthum von zusammenhängenden Angaben, dass sich die Kurven für E und D, wenigstens bis 7 Uhr Abends, sehr genau konstruiren lassen. Ich gebe im Folgenden ihre Ordinaten und setze daneben d, den Unterschied zwischen der Kurve und dem jeder Stunde zukommenden Werthe der Häufigkeit von E und D.

März 9. Stunden		Eruptionen.		Detonationen.	
— 7,5 Uhr	E = 5	d = — 2	D = 8	d =	0
— 8,5 „	4	+ 3	14		+ 2
— 9,5 „	16	0	29		— 2
—10,5 „	14	0	32		+ 1
—11,5 „	7	+ 1	30		+ 1
0,5 „	4	0	27		0
1,5 „	2	0	21		— 1
2,5 „	5	— 1	10		+ 2
3,5 „	6	0	16		— 2
4,5 „	5	+ 1	12		+ 3
5,5 „	8	— 3	18		— 4
6,5 „	2	0	5		+ 3
7,5 „	0	0	5		— 1.

Für die Eruptionen des 9. März gibt die Kurve:

1) Maximum = —9,8 Uhr.   1) Minimum = 1,4 Uhr.

2)   „   =   4,1 „

Abstand beider =   6,3 „

Abstand des ersten Maximum vom ersten Minimum = 3,6 Uhr.

Für die Detonationen hat man:

1) Maximum == —10,5 Uhr.   1) Minimum == 2,6 Uhr.

2)   „   ==   4,5   „

Abstand beider ==   6,0   „

Abstand des ersten Maximum vom ersten Minimum == 4,1 Uhr.

Es sind also im Wesentlichen wieder die früheren Resultate.

Wie bekannt, hat *Palmieri* durch seine Beobachtungen am Vesuv darauf geführt, die Phasen der Eruptionen mit dem Alter des Mondes verglichen. Wollte man ein ähnliches Verfahren auf die Erscheinungen zu Santorin anwenden, so müssten im Laufe der 5 Jahre 1866—1870 vollständige Beobachtungen über alle Paroxismen des Vulkanes vorliegen, und zwar solche, die unter sich genau vergleichbar wären. Für diesen Zweck ist aber ausser meinen Beobachtungen gar nichts bekannt geworden. Möglicherweise gestatten aber dereinst die Beobachtungen *Dekigala's* eine derartige Untersuchung, obgleich ich es sehr bezweifle.

Indessen will ich für den Anfang der Eruption, deren erste Regungen ich auf Januar 26. setze, folgendes mittheilen, wobei ich auf das erste Erscheinen fester Gebilde über Wasser gar keine Rücksicht nehme. Als die Eruption sich zum ersten Mäle ankündigte, hatte die Erde noch nahe ihren kleinsten Abstand von der Sonne; es war 3 Tage nach dem Perigäum des Mondes, 4 Tage vor dem Vollmonde oder 3 Tage nach dem ersten Viertel.*) Die grossen Eruptionen Februar 20.—22. fielen 2—3 Tage nach dem Perigäum des Mondes und nahe auf die Zeit des ersten Viertels; die mächtigen Schallphänomene des 9. März auf das erste Viertel. 1866 August 18. eine grosse Eruption am Tage des ersten Viertels; 1870 April 18. eine grosse Eruption 3 Tage nach dem Vollmonde. Die elektrischen, von *Botsis* beobachteten grossen Ausbrüche, 1870 September 3.—9., waren in der Zeit vom ersten Viertel bis zum Vollmonde. Niemand wird aus diesen wenigen Angaben versuchen wollen, neue Hypothesen aufzustellen.

17) Geschwindigkeit der Dämpfe in den Eruptionen.

Mehrfach war Gelegenheit, die Zeit zu beobachten, in welcher eine Eruption, vom Gipfel des Vulkans an gerechnet, eine gewisse Höhe erreichte. Ich wählte dazu gewöhnlich die Höhendifferenz zwischen dem alten Conus und dem Georg, die ich damals konstant == 52 Meter annehmen konnte. In den 3 ersten Fällen musste aber ein Multiplum von der Höhe des alten Conus

---

*) Setzt man aber, womit ich nicht übereinstimme, den Anfang auf Januar 30., so traf er mit dem Vollmonde zusammen.

taxirt werden. Die folgenden Werthe sind, als Näherungen betrachtet, recht
zuverlässig. Wie früher unterscheide ich durch A und B die Ascheneruptionen von denen des weissen Wasserdampfes, und behalte auch die sonstige
Bezeichnung bei, die man in meinem Santoriner Kataloge findet.

	Uhr	Min.	A.	B.	g.	
1866 Febr. 21.	2	38	II	—	20	par. Fuss in 1 Sek.
„ 22.	3	13	I	—	87	„ „ „
März 2.	0	9	III	—	32	„ „ „
„ 9.	—10	0	—	1	24	„ „ „
„ 9.	—10	8	—	1	27	„ „ „
„ 9.	—10	11	—	2	27	„ „ „
„ 9.	—10	15	—	1	34	„ „ „
„ 9.	—10	47	—	1	40	„ „ „
„ 9.	5	30	—	1	27	„ „ „

Im Mittel findet man g = 55 Fuss bei Ascheneruptionen, 30 Fuss bei
Dampfausbrüchen; ein Unterschied, auf den man nicht viel Gewicht legen
darf, da für A die Zahl der Beobachtungen nicht ausreicht. Indessen nach
dem allgemeinen Eindruck zu schliessen, zumal 1868 im Januar, und aus
grosser Nähe gesehen, halte ich doch dafür, dass das dunkle Aschengewölk
rascher aufsteige als der weisse Wasserdampf. Einzelne Blöcke und Steine
haben gewiss eine erheblich grössere Geschwindigkeit, doch gar nicht so
gross, als man es angegeben findet. Alle Steinwürfe, die ich selbst in der
Nähe sah, waren matt, und ich vermuthe, dass Anfangsgeschwindigkeiten von
500 Fuss schon zu den Seltenheiten gehören. So fand ich es 1855 auch
am Vesuv, freilich nur an parasitischen Schlünden an der Nordseite des
grossen Kegels.

18) Meteorologische Beobachtungen 1866 Februar 11.
bis März 26.

So lange es uns an aller Kenntniss über den Zusammenhang vulkanischer Ausbrüche und Erdbeben mit meteorologischen Zuständen fehlt, ist es
nöthig, die Letzteren, falls beobachtet, in angemessener Ausführlichkeit zu
erörtern. Dies der Zukunft zu überlassen, ist nicht vortheilhaft, und ich
werde daher gleich an dieser Stelle alle Materialien beibringen, die übrigens
meist sämmtlich eigene Beobachtungen sind. Der Vollständigkeit wegen gebe
ich die Daten von 1866 Januar 1. bis März 31. Dabei ist nicht zu über-
sehen, dass für Januar 1. bis Februar 10. nur Athener Beobachtungen vorhanden sind. Von Februar 11. bis März 26. beobachtete ich selbst auf San-

torin. **März 27., 28., 29., 30., 31.** sind kompilirt aus meinen Notirungen zu Ios, Amorgos, Syra und Athen. Die Barometerstände sind pariser Linien, auf 0° und theilweise auf das Seeniveau reduzirt.*) Die Lufttemperaturen in Zentigraden, die Feuchtigkeit der Luft nach Prozenten, wenn der Sättigungsgrad der Luft = 100. Die Werthe gelten für 8 Uhr Morgens, 2 und 9 Uhr Abends und haben vielfach nur aus Kurven abgeleitet werden können. Ein * bedeutet Regen überhaupt; für Athen überdies den unmessbaren Niederschlag. Der Kürze wegen werden die Hunderttheile nicht berücksichtigt.

N. St.	Barometer.				Thermometer C.				Therm.C.		Regen	Wind	Bemerkungen.
	8 Uhr	2 Uhr	9 Uhr	Mittel	8 U.	2 U.	9 U.	Mittel	Min.	Max.			
Jan. 1.	337,7'''	337,2'''	336,9'''	337,3'''	5,5°	10,3°	7,9°	7,9°	3,2°	12,0°	—	NO.	Athen. Trübe.
„ 2.	6,5	5,9	5,6	6,0	3,4	11,7	7,5	7,5	3,6	12,7	—	NO.	Klar und Cirr.
„ 3.	4,6	4,2	4,7	4,5	6,8	9,7	6,2	7,6	5,2	10,6	–	NO.	Meist trübe.
„ 4.	5,1	5,5	6,1	5,6	6,8	8,4	5,3	6,8	5,6	9,5	0,29'''	NO.	„ „
„ 5.	5,9	5,4	5,7	5,7	5,0	9,9	3,2	6,0	2,7	10,0	—	NO.	Meist klar.
„ 6.	5,9	5,6	5,5	5,7	5,5	10,5	7,1	7,7	3,4	10,7	2,36	NO.	Zum Theil klar.
„ 7.	4,2	3,1	2,7	3,4	5,3	6,9	4,4	5,5	4,5	7,0	3,83	NO.	Trübe.
„ 8.	2,3	2,0	2,2	2,1	3,8	6,5	4,4	4,6	2,7	7,3	—	NO.	Meist klar.
„ 9.	2,7	32,5	32,4	32,5	2,0	9,4	7,3	6,2	0,6	9,5	—	NO.	Oft klar.
„ 10.	30,6	28,0	28,9	29,1	8,5	15,1	8,4	10,7	5,5	16,1	—	SW.	Klar. Abd. Blitzen in W.
„ 11.	2,5	33,3	34,8	33,5	5,9	12,8	8,5	9,1	5,1	12,9	0,16	SW.	Klar.
„ 12.	5,4	5,3	5,5	5,4	7,0	14,0	11,2	10,7	6,6	14,8	—	W.	Zum Theil klar.
„ 13.	5,1	3,9	8,0	4,0	13,9	16,5	13,6	14,7	10,9	17,4	—	S.; W.	„ „ Abends Sturm und Blitzen W.
„ 14.	3,5	4,4	6,1	4,7	10,4	13,4	6,7	10,2	10,2	15,3	—	NO.	Klar. NOSturm.
„ 15.	7,6	7,4	7,3	7,4	6,7	9,7	6,3	7,6	5,9	10,2	—	NO.	Klar.
„ 16.	7,3	6,5	6,5	6,8	5,5	9,7	5,3	6,8	4,8	9,9	—	NO.	Klar.
„ 17.	5,7	4,8	4,8	5,1	2,5	11,2	4,5	6,1	2,7	11,6	—	W.	Klar.
„ 18.	4,8	4,5	5,2	4,8	6,9	10,3	7,9	8,4	4,0	11,5	–	NO.	Meist klar.
„ 19.	6,1	6,2	6,6	6,3	7,1	8,0	5,3	6,8	5,9	10,2	0,66	NO.	Trübe.
„ 20.	6,7	6,0	6,4	6,4	4,2	12,2	5,0	7,1	2,5	12,6	—	NO.	Klar.
„ 21.	6,7	6,3	6,9	6,6	3,8	13,5	5,5	7,6	3,1	13,9	—	SW.	Klar.
„ 22.	7,7	7,1	7,4	7,4	6,5	14,3	7,0	9,3	3,7	14,3	—	O.	Klar.
„ 23.	6,5	5,5	5,1	5,7	4,3	13,5	6,3	8,0	3,7	13,6	—	S.	Klar, nie Wolkenspur.
„ 24.	4,9	4,7	5,6	5,1	7,3	14,2	10,4	10,6	4,6	14,5	0,02	S.	Klar und duustig.
„ 25.	5,6	4,8	4,8	5,1	5,6	11,7	5,8	7,7	5,5	14,0	1,85	O.	Meist trübe.
„ 26.	4,5	5,3	6,1	5,3	5,2	4,9	5,7	5,3	4,6	5,7	0,38	NO.	Trübe, Sturm. Bergschnee.
„ 27.	6,9	7,2	7,7	7,3	5,7	9,1	5,9	6,9	4,8	9,3	—	NO.	Zum Theil klar.
„ 28.	7,6	7,1	7,0	7,2	5,7	10,5	4,9	7,0	4,8	10,8	—	NO.	Klar.
„ 29.	6,1	4,9	4,9	5,3	2,6	13,5	4,0	6,7	1,9	13,6	—	SW.	Klar.
„ 30.	4,5	4,1	4,3	4,3	4,0	12,8	5,5	7,4	2,9	13,3	—	S.	Klar.
„ 31.	5,1	5,2	6,1	5,5	3,8	14,8	7,1	8,6	4,2	15,3	—	S.	Klar.
Febr.1.	7,0	6,7	6,8	6,9	5,1	14,1	6,4	8,5	4,0	14,6	—	SW.	Klar.
„ 2.	5,8	5,2	5,1	5,4	8,1	15,7	11,2	11,7	6,1	15,9	—	SW.	Meist klar.
„ 3.	4,7	4,2	4,4	4,4	9,9	16,2	9,9	11,7	8,7	16,8	—	SW.	Klar.
„ 4.	3,5	2,9	3,3	3,2	11,0	17,7	12,5	13,7	9,0	17,8	—	SW.	Klar bis Abend.

*) Seit Februar 11. gilt der Barometer-Stand für die See; früher für die Meereshöhe = 54 Toisen.

V. St.	Barometer.				Thermometer C.				Therm.C.		Regen	Wind	Bemerkungen.
	8 Uhr	2 Uhr	9 Uhr	Mittel	8 U.	2 U.	9 U.	Mittel	Min.	Max.			
ebr.5.	3,3'''	3,3'''	3,5'''	3,3'''	12,2°	14,0°	10,9°	12,4°	11,0°	14,0°	2,98'''	SW.	Trübe. Blitzen in NW.
„ 6.	3,5	3,5	4,1	3,7	9,6	13,2	8,1	10,3	8,7	13,7	—	NO.	Trübe.
„ 7.	4,5	4,4	4,8	4,6	5,6	14,4	8,3	9,4	5,0	15,0	—	SW.	Klar.
„ 8.	4,9	4,3	3,8	4,3	8,0	15,4	11,6	11,7	6,5	15,9	—	SW.	Klar.
„ 9.	3,0	2,5	4,0	3,2	11,8	16,1	9,8	12,6	8,7	16,4	0,11	W.	Klar.
„ 10.	336,2	336,2	336,7	336,4	7,7	12,0	6,2	8,6	6,7	12,5	—	NO.	Klar.
„*)11.	340,8	339,4	340,0	340,1	14,0	16,2	11,5	13,9	5,2	13,4	—	SW.	Santorin. Klar und still.
„ 12.	39,5	38,9	39,1	39,2	16,0	17,9	16,0	16,6	—	··	—	SW.	Klar; sehr still.
„ 13.	337,8	338,5	337,7	338,0	15,4	18,1	15,3	16,1	—	—	—	W.	Stürmisch.
„ 14.	7,5	7,4	6,5	7,1	15,5	18,2	15,5	16,4			—	W.	„
„ 15.	7,2	6,8	6,6	6,9	16,0	17,4	15,8	16,4			—	NW.	„
„ 16.	6,6	5,8	5,5	6,0	18,2	21,8	18,1	19,4			—	NW.	Wind sehr stark.
„ 17.	5,5	7,0	7,8	6,8	10,5	15,0	13,0	12,8			•	NW.	„ „ „
„ 18.	39,0	40,1	38,4	9,2	—	—	—	13··				N.	„ „ „
„ 19.	9,6	36,7	9,8	8,9	7,1	13,7	13,0	11,3			—	N.	Still.
„ 20.	9,0	8,3	—	—	11,8	15,0	12,0	12,9			—	SW.	„
„ 21.	9,0	8,7	8,9	8,9	13,4	17,2	14,5	15,0			—	S.	„
„ 22.	8,1	7,8	7,7	7,9	16,7	16,3	15,7	16,2			—	NO.	Wind lebhaft.
„ 23.	7,3	7,1	6,8	7,1	15,0	17,2	14,7	15,6			-	NO.	Still.
„ 24.	6,6	6,1	7,0	6,6	16,4	17,3	14,5	16,1			—	N.?	Auf Milos. Still.
„ 25.	5,8	5,3	4,9	5,3	13,0	15,5	14,0	14,2			•	NW.SO.	Wind stark.
„ 26.	4,2	3,9	5,0	4,4	12,0	14,2	13,5	13,2			•	NO.	„ „ } Milos.
„ 27.	5,4	5,4	6,6	5,8	13,6	14,5	13,4	13,8			•	SW.	„ „ }
„ 28.	7,9	8,9	9,1	8,6	12,7	15,3	13,2	13,7			•	N.?	Still.
lärz 1.	8,5	8,2	8,6	8,4	13,1	14,2	12,9	13,4			--	SW.	Santorin. Meist klar.
„ 2.	8,4	8,1	7,3	7,9	12,1	17,8	16,2	15,4			—	S.;SO.	Abends Wind stark.
„ 3.	7,5	7,7	7,6	7,6	14,4	19,4	15,9	16,2			•	S.	Wind stark.
„ 4.	7,5	7,3	7,6	7,5	15,8	15,6	15,2	15,5			•	W.	Sturm.
„ 5.	7,7	7,4	8,0	7,7	15,7	20,2	15,0	16,9			--	S.	Still.
„ 6.	6,5	5,7	5,8	6,0	16,5	23,1	14,7	18,1			•	SO.	Wind stark.
„ 7.	5,0	4,3	3,9	4,4	15,8	20,4	18,6	16,6			•	N.	Still. Ferne Gewitter.
„ 8.	3,1	3,9	5,4	4,1	13,5	14,9	13,7	14,0			—	W.	Sturm.
„ 9.	6,8	6,7	7,4	6,9	12,8	14,0	13,7	13,5			—	NW.	Wind lebhaft.
„ 10.	8,2	8,3	8,5	8,3	13,0	15,0	13,7	13,9			—	W.	Wind stark.
„ 11.	8,3	7,7	7,2	7,7	14,5	20,5	15,0	16,7			—	S.	Still.
„ 12.	7,0	5,7	5,6	6,1	14,5	18,0	13,5	15,3			—	NW.	„
„ 13.	6,8	6,8	6,9	6,8	13,0	13,5	14,9				--	N.	„
„ 14.	5,6	5,4	4,9	5,3	13,6	16,2	13,7	14,5			•	S.	Nachts Sturm.
„ 15.	3,7	3,7	4,2	3,9	14,5	17,2	14,2	15,3			-	SW.	Wind stark. Abend NW.
„ 16.	4,6	3,1	5,5	4,4	13,1	16,7	13,0	14,3			—	NW.	„ „
„ 17.	6,5	6,3	6,7	6,5	12,5	17,0	13,0	14,2			—	N.	
„ 18.	6,2	6,1	6,0	6,1	14,7	17,7	14,1	15,5			—	W.	Wind stark.
„ 19.	6,5	6,4	6,6	6,5	14,4	19,0	15,6	16,3			—	SW.	Still.
„ 20.	6,3	6,4	6,8	6,5	17,6	24,0	18,1	19,9			-	S.	
„ 21.	6,3	6,0	6,0	6,1	19,5	20,7	16,2	18,8			—	S.	Wind stark.
„ 22.	5,1	5,3	5,8	5,4	16,5	20,4	15,7	17,5			—	S.	„ sehr stark.
„ 23.	6,1	6,8	7,0	6,6	14,5	18,1	13,6	15,4			—	SW.	
„ 24.	7,1	7,0	7,0	7,0	14,0	21,5	13,5	16,3			—	NW.	Still.

*) Hier die Beobachtung zu Santorin; die früheren Barometerstände werden durch + 4,2''' beiläufig auf die See reduzirt. Für Februar 11. ist die Morgentemperatur auch zu Athen beobachtet; ebenso das Maximum, Minimum und der Wind.

N. St.	Barometer.				Thermometer C.			Therm.C.		Regen	Wind	Bemerkungen.
	8 Uhr	2 Uhr	9 Uhr	Mittel	8 U.	2 U.	9 U.	Mittel	Min.	Max.			
Mrz.25.	7,2'''	7,2'''	7,2'''	7,2'''	15,0⁰	17,0⁰	14,3⁰	15,4⁰			—	SW.	
„ 26.	6,9	7,2	7,4	7,2	14,0	18,7	14,5	15,7			—	W.	
„ 27.	6,8	6,7	5,9	6,5	14,0	16,2	13,0	14,4			•	SW.	Wind stark (Jos. Amorgos)
*)„ 28.	1,6	1,3	1,7	1,6	12,6	14,1	10,6	12,4			•	NO.	Athen.
„ 29.	2,0	1,8	2,2	2,0	10,7	17,5	8,9	12,4	17,7⁰	4,37'''	NO.	„
„ 30.	2,3	2,5	3,1	2,6	11,6	16,3	10,2	12,7	16,4	—	NO.	„
„ 31.	3,1´	2,8	2,4	2,8	12,0	13,0	9,9	11,6	13,7	1,75	NO.	„

Es lässt sich für jetzt nur darauf hinweisen, dass 16 Tage vor dem ersten Beginne der vulkanischen Thätigkeit ein sehr tiefes Barometerminimum, wenigstens für Athen, stattfand, wo auch der Sturm tobte und neuer Schnee die Berge bedeckte (Januar 10.). Dagegen war Januar 28. zu Athen ein sehr hoher Barometerstand, reduzirt auf die See == 341''' also an dem Tage, der allseitig für den Anfang der Erscheinung gilt. Am 10. Januar war der Luftdruck 9''' geringer. Von Januar 10.—13. war die Luft stürmisch bei fernen Gewittern. Ferne Blitze erschienen noch Februar 5., Februar 16., Februar 27., als auch Donner entlegenen Gewitters gehört ward; ebenso März 7. fernes Blitzen und Donnern im Süden. Sciroccoluft war März 3., 6., 14., der Halo von 22⁰ Radius Februar 21., März 20., 26. Ein auffälliger Zusammenhang der meteorologischen Phänomene mit denen des Vulkanes, tritt wenigstens nicht in klarer Weise hervor.

19) Erdbeben und andere Phänomene um die Zeit der Eruption.

Im Folgenden will ich für die Zeit von 1866 Januar 1. bis März 31. aus meinem grossen Erdbebenkataloge sämmtliche von mir gesammelten Notirungen über Erdbeben zusammenstellen, und zwar in 2 Abtheilungen. Die erste, Orient überschrieben, enthält Erdbeben in Hellas, Türkei, Kleinasien, Aegypten; die zweite alle übrigen sonst bekannt gewordenen Erdbeben. Ich bin aber sehr weit davon entfernt, nach irgend einem Zusammenhange zu suchen, da ich die ausserordentliche Häufigkeit der Erdbeben im Orient und an andern Orten kenne. Ich gebe den kleinen Katalog für Diejenigen, die nicht die Materialien zur Hand haben, um solche Anschauung zu vermitteln. Alle Zeiten sind Ortszeiten; wo der Stunde ein Minuszeichen (—) vorgesetzt ist, hat man immer eine Vormittagsstunde zu verstehen.

---

*) Von hier wieder Athener Beobachtungen, deren Barometerstände durch + 4,2''' ungefähr auf die See reduzirt werden. Februar 24.—28. geschahen die Beobachtungen auf Milos.

Tag.	Stunde. U. M.	Orte im Orient.	An andern Orten der Erde.
Jan. 2.	— 6 15		Mexiko, grosses zerstörendes Erdbeben.
„ 10.	5 30		Krain, zu Landstrass.
„ 14.	— 3 15	Euböa, zu Kourbatzi.	
„ 15.	9 30		Paterno in Sicilien.
„ 15.	— 2 5		Ungarn, im Honther Komitate.
„ 15.	— 2 50		Daselbst wiederholt.
„ 16.	— 5	Gallipoli, heftiger Stoss.	
„ 19.		Chios, Erdbeben mit Schaden.	
„ 20.		Chios.	
„ 21.		Chios.	
„ 22.	0 30	Chios, starkes Erdbeben, Seebewegung.	Paterno, kleine Schlammeruption.
„ 28.		Allgem. Anzeichen der Eruption zu Santorin.	Sachsen.
„ 28.	Nachts		Forli.
Febr. 1.	5	Angebl. schwache Stösse zu Santorin.	Umbrien, starke Stösse.
„ 2.	— 2		Laibach.
„ 2.		Chios, starkes Erdbeben.	
„ 6.	—10 15	Patrae, schwacher Stoss.	
„ 6.	1 40	Patrae, sehr bedeutendes Erdbeben, auch auf den Jonischen Inseln und im ganzen Peloponnes.	
„ 9.	— 7 20		Urbino.
„ 10.	4	Patrae.	
„ 13.	6 55		Temesvar u. a. a. O.
„ 14.	— 3 15	Brussa, stark.	
„ 17.		Nauplia.	
„ 17.		Patrae.	
„ 20.		Chios.	
„ 21.			Umbrien, starke Stösse.
„ 22.	3	Santorin, sehr schwach.	
„ 27.	Früh		Ungarn, bei Szöny.

12*

Tag.	Stunde. U. M.	Orte im Orient.	An andern Orten der Erde.
Febr.27	7 25		Ungarn, Komorn.
„ 27.	8 57		„ Komorn.
März 2.	—11	Korfu, Valona, Butrinto, 20 Stösse.	
„ 2.	8	Albanien, Valona etc., gefährliche Erdbeben.	
„ 3.	— 6	Valona.	
„ 3.	6	Valona, Seebewegung.	
„ 4.		Valona.	
„ 5.		Valona.	
„ 5.	4 30		Fiume.
„ 6.		Valona.	
„ 7.		Valona.	
„ 8.		Valona.	
„ 9.		Valona.	
„ 9.	— 2		Norwegen, zu Drontheim etc. Shetlandsinseln.
„ 10.	— 2	Patrae.	
„ 11.		Valona.	
„ 12.		Valona.	
„ 13.		Valona.	Norwegen und Schweden.
„ 14.		Valona.	Eruption auf Kadiak.
„ 15.		Valona.	
„ 15.	— 3	Euböa, zu Kumi.	
„ 15.	—10 10	„ zu Kourbatzi.	
„ 15.	6	„ zu Kumi.	
„ 16.		Valona.	
„ 16.	— 5	Chios.	
„ 16.	10		Bekes-Chaba.
„ 17.			Umbrien.
„ 18.	— 8 53		S. Jago de Chile.
„ 20.	10 15		Komorn.
„ 20.		Chios.	
„ 20.	— 9 15	Rhodos.	
„ 20.	—10 20	Rhodos.	

Tag.	Stunde. U. M.	Orte im Orient.	An andern Orten der Erde.
März 21			Komorn.
„ 21.		Rhodos.	
„ 22.		Rhodos.	
„ 23.		Rhodos.	
„ 23.	10 57		S. Jago de Chile.
„ 24.		Rhodos.	
„ 25.		Rhodos.	
„ 25.	4 30	Delphi, starkes Erdbeben.	
„ 26.		Rhodos, sehr stark.	Ostküste Siciliens, starkes Erdbeben; 2 Uhr 35 Min.
„ 27.	Abends		Valparaiso.
„ 28.	— 1 3		S. Jago de Chile.
März, Ende			Schottland.

20) Magnetische Störungen, Nordlicht.

	Uhr. Uhr.	Magn. Störung	Nordlicht.	Bemerkung.
Jan. 4.	6,9— 8,8		Peckeloh in Westph.	
„ 17.			Hernösand.	
„ 21.			Stockholm.	
„ 29.	6,0— 9,5		Peckeloh.	
Febr. 6.	9,0—10,5		Peckeloh.	
„ 7.	9,0—11,7		Papenberg.	
„ 7.			In Kurland.	
„ 13.			Haparanda.	
„ 21.	— 5	Allgm. grosse Störung.		Febr. 20.—28. die gr. Santoriner Eruptionen 1. Ranges.
„ 21.	12 —17		Albany, U. S.	
„ 25.			Stockholm.	
März 6.			Haparanda.	
„ 7.	5,5— 8,5		Peckeloh.	
„ 7.			Lappland.	

	U.	U.	Magn. Störung	Nordlicht.	Bemerkung.
März 9.				Lappland.	
„ 10.				Schweden.	
„ 16.	7,5—9			Peckeloh.	
„ 17.				Lappland.	

Wegen der ungewöhnlich starken in den meisten Ländern Europas beobachteten Störung des Magneten, Februar 21., würde es von Interesse sein, alle Details zu sammeln und versuchsweise, nach gehöriger Reduktion der Zeiten, mit den Momenten der grossen Paroxismen des Vulkanes zu vergleichen.

Die relative Feuchtigkeit habe ich zu Santorin nur von März 9.—26. beobachtet; die Tagesmittel lagen zwischen 83 und 64 Prozent.

VIII.

Erklärung der Tafeln.

Tafel I.

Auf dieser und einem Theile der folgenden Tafel habe ich die allmälige Vergrösserung der Nea Kaymeni verzeichnet, wie solche durch die Eruption von 1866—1871 bewirkt wurde. Die alten Formen, also Paläa, Mikra und Nea Kaymeni, sind dunkel gehalten, die Neubildungen seit 1866 habe ich durch rothe Farbe ausgezeichnet. Auf jedem Bilde ist eine punktirte Kurve wiederholt, welche nach der englischen Karte die 100Fadenlinie für die Seetiefe darstellt, und dieser Kurve ist stets einigemal die Zahl 100 beigesetzt. Jedes Bild enthält ausserdem noch andere Zahlen, deren Bedeutung aus dem Folgenden erhellt. Die rothen Ziffern in I. Fig. 1, 4 und II. Fig. 1, 3 bedeuten Temperaturgrade Celsius; die schwarzen Seetiefen. Die erläuternden und zum Theil kritischen Bemerkungen sind folgende.

Figur 1. Stand der Neubildung 1866 Februar 11.—13. nach *Schmidt* und *Palasca*. Für den Georg, der damals noch sehr klein war, genügte die nächste Umgebung, seine Lage zu bestimmen. Für die Aphroessa nahm ich einseitige Peilungen vom alten Conus gegen das hohe Kap der Paläa Kaymeni. *Palasca's* spätere Bestimmungen sind genauer. Zwischen der Mikra und Nea Kaymeni in a habe ich die Lage unsers Dampfers angegeben; hier lag er von Februar 11. bis Februar 20. In b ist der Ort des Lastschiffes, welches bei der Eruption des 20. Februar verbrannte und dessen Kapitän dort erschlagen ward. Banko erscheint auf allen diesen Situationskarten. Die Lavaklippen SO vom Georg wurden Ende Februar von den Neubildungen bedeckt. An der Westseite der Nea Kaymeni, dort wo das Meer tief eingreift, ist der Georgshafen. Den Namen der Inseln habe ich die Zeiten der

Eruptionen beigefügt. Bei Paläa Kaymeni steht: — 198, d. i. 198 Jahre v. Chr. An der Nordseite der Paläa Kaymeni bedeutet die eingeklammerte Zahl (726) das Jahr der dortigen Eruption. Die schwarzen Ziffern bedeuten Seetiefen nach Fathoms (1,83 Meter) und sind der englischen Karte entnommen. Sie mögen für den Anfang Februar 1866 noch Geltung gehabt haben, ausgenommen an der Südküste der Nea Kaymeni. Die rothen Ziffern sind Seetemperaturen, beobachtet von mir Februar 11. Nachmittags 3—4 Uhr. Ueber Wasser sichtbar ward Georg Februar 4., Aphroessa erst Februar 13., Morgens 10 Uhr.

Figur 2. Stand der Eruption am 23. Februar nach Aufnahmen von *Palasca* und *Schmidt.* Die schwarzen Ziffern sind die Vorigen.

Figur 3. Stand der Eruption am 26.—29. März nach Aufnahme des Seelieutenant *Sieverth*, an Bord der preussischen Korvette Nymphe, Kapitän *Henk.* Die mir von Letzterem zugestellte Karte im kleinen Maassstabe gibt zwar die Situation richtig, das rothe Kolorit aber irrig, indem die Phlevaküste ebenfalls roth erscheint, so dass also Aphroessa schon in Verbindung mit Georg hätte stehen müssen, was 2 Monate später noch nicht der Fall war. Ich habe daher nur die Aphroessa mit der Reka nach der preussischen Angabe aufgenommen, den mittlern Raum freigelassen und für Georg den Umriss nach meiner Aufnahme März 26. gewählt; ebenso habe ich die nördliche Verlängerung der Aphroessa hinzugefügt. Die bereits sehr verminderten Seetiefen sind (nach preussischen Faden) von den Offizieren der Nymphe gemessen.

Figur 4. Stand der Neubildungen am 1. April, nach Aufnahme des Professors *v. Seebach.* Die schwarzen Ziffern bezeichnen *v. Seebach's* Tiefmessungen in preussischen Faden. Des Raumes wegen war ich genöthigt, auf diesem Bilde meine Temperaturbeobachtungen des 13. März unterzubringen.

Figur 5. Neubildungen am 7. Mai. Aufnahme von Kapitän *Coote,* mitgetheilt von Sr. Exzellenz dem englischen Gesandten Herrn *Erskine.* *Coote* nennt selbst die Aufnahme nur eine „birdseye view". Sie hat den Fehler, dass sie Aphroessa mit Georg vereint darstellt, weil man an Bord darüber nichts wissen konnte, ohne von kundigen Lootsen belehrt zu werden. Ich habe daher das mittlere Stück ganz ausgelassen. Die Zahlen sind die neuen Sondirungen *Coote's* und seiner Offiziere, ausgedrückt in Fathoms. Eine Zahl wie $\frac{-}{50}$ bedeutet, dass die Tiefe grösser als 50 Fathoms war.

Figur 6. Stand der Eruption 1866 Mai 30. Aufnahme der Herren *Reiss, Stübel* und *v. Fritsch.* Diese ist als sehr genau anzusehen. Ich habe

6 Maiinseln angegeben nach der mir vorliegenden Karte. Die Sondirungen sind neu ausgeführt von den eben genannten Beobachtern. Kopirt habe ich nach der ersten Tafel in *v. Seebach's* Abhandlung.

Figur 7. Stand der Eruption 1867 September 26. Aufnahme der Offiziere an Bord der österreichischen Fregatte „Radetzky", mir mitgetheilt von dem Kommandanten *A. v. Daufalik.* Schon früher habe ich erwähnt, dass die Offiziere nur 3 Stunden für ihre Arbeiten zur Verfügung hatten. Deshalb musste die Aufnahme unvollkommen bleiben. Die mir vorliegende Kopie gibt das Kolorit der Neubildungen sogar an der ganzen Westseite der Nea Kaymeni bis zu deren Nordkap hinauf, weil man, wie es scheint, Niemand an Bord hatte, der im Stande war die alten Gebilde von den neuen zu unterscheiden. Unglücklicherweise ist jene Karte mit gedachtem Fehler in Wien publizirt worden, bevor meine Warnung dort ankam. Ich habe den südlichen Theil der Aufnahme angenommen und in Figur 7 reproduzirt. Der allgemeine Umriss kommt der Wahrheit nahe. Die zahlreichen Sondirungen, Wiener Klafter à 5 Wiener Fuss, wurden mir als zuverlässig angegeben.

Figur 8. Stand der Neubildung 1867 September 26. Aufnahme von Herrn *Brine*, Kapitän of H. M. Racer, mitgetheilt von Sr. Exzellenz dem englischen Gesandten, Herrn *Erskine*. *Brine* war längere Zeit zu Santorin und konnte in Ruhe seine Arbeit ausführen, deren Unterschiede von der gleichzeitigen Aufnahme auf „Radetzky" sogleich in die Augen fallen. Aber auch diese Karte gibt aus Unkunde ein Stück Neubildung am südwestlichen Kap des Georgshafens, woselbst keineswegs solche vorhanden war. In meiner Kopie habe ich den Fehler verbessert, also ein Stück rothen Kolorits der englischen Skizze weggelassen. Die Soundings sind neu und in Fathoms ausgedrückt. An der Stelle, wo 1848 die Admiralitätskarte 103 F. Tiefe angibt, fand *Brine* jetzt nur 28 F.; so stark war der Seeboden durch unterseeisch fliessende Lava erhöht.

Tafel II.

Figur 1. Stand der Neubildungen 1868 Januar 8. Aufnahme von Baron *v. Wickede*, Kommandeur der österreichischen Korvette „Dalmat". Bei dieser Arbeit war ich täglich zugegen und überzeugte mich von ihrer ausgezeichneten Sorgfalt. Nach *v. Wickede's* Handzeichnung habe ich dies Bild viermal verkleinert entworfen. Die schwarzen Ziffern bedeuten Tiefmessungen, hauptsächlich ausgeführt von den eifrigen und kenntnissreichen Offizieren *Müller* und *Pfusterschmidt.* Die rothen Ziffern geben meine Temperaturbestimmungen, Januar 5. und 6. ausgeführt. Das Südende der Lava hatte die 100Faden-

Linie noch nicht ganz erreicht. Iu jener Gegend waren die Laven über Wasser noch glühend.

Figur 2. Neubildungen der Eruption 1868 Juli 21. Aufnahme der Offiziere der französischen Fregatte Themis, besonders von Lieutenant *Leyer*, der mir seine Skizze mittheilte. Man bemerkt, dass am westlichsten Kap der Nea Kaymeni das äusserste Stück getrennt von der Insel erscheint. Im Januar hing es noch durch eine Reihe von Klippen mit der Insel zusammen. Diese Klippen sind also wegen der auch dort eingetretenen Senkung des Terrains von 1707 jetzt untergetaucht. Das Südkap der neuen Laven hatte die 100Faden-Linie überschritten und war glühend. Sondirungen in französischen brasses.

Figur 3. Stand der Neubildungen 1870 Juni 18. Aufnahme des Kommandeurs *Germounig* und seiner Offiziere, besonders des Seelieut. *Hausser*, der die vorzüglich schön ausgeführte Karte gearbeitet hat. Nach der photographischen Kopie desselben habe ich dies verkleinerte Bild entworfen. Das Original blieb an Bord der österreichischen Korvette „Reka", deren Mannschaft sich schon 1866 durch werthvolle Beobachtungen über die Eruption ausgezeichnet hatte. Die Aufnahme ist sehr genau und nimmt mit der des Baron *v. Wickede* unter Allen den ersten Rang in Anspruch. Die Sondirungen geben Wiener Klafter à 5 Wiener Fuss. Einige Zahlen habe ich einer Spezialkarte des Georgshafens und des Kanals der Mikra Kaymeni entnommen. Dort waren die Tiefen nach Wiener Fuss angegeben, die ich indessen in meiner Kopie in Klafter verwandelt habe. Die rothen Zahlen bedeuten Temperaturen Celsius, nach einem Thermometer, dessen Fehler ich vor der Expedition untersucht hatte.

Hiermit enden die mir bekannt gewordenen Aufnahmen des ganzen Gebietes, zu einer Zeit, als sich der Georg-Vulkan noch in grosser Thätigkeit und der südliche Theil der Laven sich noch in Bewegung befand. Von dieser Lava vermuthe ich, dass sie noch jahrelang gegen Südosten fortrücken wird und dass eine spätere Aufnahme davon den Beweis liefern kann. (Siehe die Schlussbemerkung.)

Figur 4. Auf diesem Bilde bringe ich verschiedene Dinge zur Anschauung, welche, da sie nicht gleichzeitig sind, eine genaue Erörterung verlangen. Diese ist folgende.

1) Der Plan gibt den alten Vulkano-Hafen und das östlicher daran stossende Gebiet der Ortschaft Vulkano. Alles ist bis auf geringe Spuren seit 1870 verschwunden. V ist der ehemalige Hafen, in welchem sich nicht zu grosse Schiffe kurze Zeit aufhielten, um ihre Kupferbelegung von dem

rothbraunen Meerwasser reinigen zu lassen. Den Umriss des Hafens gebe ich nach Kapitän *Tryons* Aufnahme in 1860. Eine Kopie der nicht publizirten Skizze erhielt ich am selben Orte durch die Vermittelung des englischen Gesandten, Herrn *Erskine.* Man sieht, dass im Hafen selbst alle Tiefen geringer als 7 Fathoms sind. *Dekigala,* dem ich die ursprüngliche Kopie in Thera vorlegte, und der nicht gewohnt war, den kleinen Hafen in so grossem Maassstabe dargestellt zu sehen, war, als ich ihn über den ersten Ort des Georg befragte, zweifelhaft, wo er ihn angeben sollte, ebenso über den Ort des etwa bis Februar 7. sichtbaren Lophiscus (isle blanche). Er entschied sich zuletzt für einen Punkt, den ich durch V bezeichnet habe. Dieser war also kaum 50 Fuss vom Lande entfernt und die Wassertiefe wird höchstens 4 Fathoms gewesen sein. Es scheint, dass der Lophiscus nördlich von V lag, am südlichen Abhange des alten Conus. Von Gebäuden zeichnete ich nur jene, welche *Tryon* für 1860 angab. 1866 standen um den Hafen schon neue Häuser und Bäder. $\alpha\,\alpha\,\alpha$ ist die alte Küstenlinie.

2) Der roth schraffirte Theil links ist der Georg, so weit er sich 1866 Februar 11. Abends nach Osten ausgedehnt hatte. Die 3 roth punktirten Kurven geben den Ostrand des Georg für die beigeschriebenen Zeiten.

3) Der schwarz punktirte Raum stellt die alte Küste dar, welche Ende Januar zu sinken begann. Die neue Küstenlinie habe ich durch Q p q o n m k x bezeichnet. Die südlichen Klippen wurden Ende Februar vom Georg bedeckt, nachdem sie früher schon merklich an Höhe über See abgenommen hatten. Die vier Gebäude auf dem gesunkenen Theile ragten Februar 11. noch mit dem obern Viertel aus dem Meere auf.

4) Der übrige Theil ist ein Stück des alten Ortes Vulkano mit den zwei kleinen vielgenannten Kapellen. In diesem Gebiete habe ich beiläufig die kleinen Unebenheiten, die Spalten, die Fumarole G und den Teich C angegeben. In dem Kapitel über die Wasser- und Bodentemperaturen wird auf diese Karte Bezug genommen.

Figur 5. Lage des Georg, des alten Conus, der gesunkenen Ortschaft Vulkano und des Kanals der Mikra Kaymeni, giltig für 1866 März 26. Den Spalt im Krater von 1707 habe ich nach meiner Beobachtung im Februar gezeichnet. m n ist der Weg auf den Conus, den *Palasca* anlegen liess. q *Palasca's* Signal für seine Messungen, p der Ort der Kommission, als sie Februar 20. von der ersten grossen Eruption des Georg überfallen wurde, r der Theil des grossen Kraterspaltes, in welchem ich während des Hagels glühender Steine Schutz suchte und fand. Die Ziffern im Kanal bedeuten die frühern englischen Tiefmessungen in Fathoms. 2 unterstrichene Ziffern sind Temperaturgrade Celsius, von mir 1866 März 26. beobachtet.

Figur 6. Stellt dieselbe Gegend für 1868 Januar 9. dar, nach Baron *v. Wickede's* und meinen Beobachtungen. Man sieht den Fortschritt der (rothen) Neubildungen und die östliche Einengung des Kanals der Mikra Kaymeni. Bei A hat das Meer über der versunkenen Küste lebhaft gelbrothe Farbe und hohe Temperaturen. Die Ruinen der Gebäude sind meist unter Asche und Steinen vergraben. Die Senkung des Molo habe ich gleichfalls anzudeuten versucht. Die Spalten im alten Krater sind willkürlich gezeichnet; sie waren zahlreicher und tiefer als 1866. Die Sondirungen nach *v. Wickede's* Karte in Wiener Klafter à 5 Fuss; die unterstrichenen Ziffern meine Temperaturbeobachtungen 1868 Januar 8. und 9. Die Tiefe des Kanals hat seit 1866 merklich zugenommen. Für kleine Schiffe ist er sehr nützlich, aber von Osten, also von Banko her, nicht mehr zugänglich. Nur Boote können von Osten einfahren.

Tafel III.

Darstellung der 3 Kaymenen giltig für 1870 Juni 18., nach Aufnahme des Kommandanten und einiger Offiziere der österreichischen Korvette „Reka". Die von Lieutenant *Hauser* gezeichnete, mir in photographischer Kopie mitgetheilte, sehr werthvolle Arbeit liegt meiner Karte in der Hauptsache zu Grunde. Man wird Abweichungen in der Form der alten Gebilde von der englischen Karte bemerken, die z. Th. von den Senkungen seit 1866 herrühren. Die Höhen sind Meter, bei Mikra, Nea und Paläa meine Mittelwerthe des Textes; 2 Höhen der Neubildungen von Kapitän *Germounig* und dessen Offizieren bestimmt; die schwarzen Ziffern Seetiefen in Wiener Klaftern. Gedachte Aufnahme gibt noch Spezialkarten für den Georgshafen und für den Kanal der Mikra Kaymeni und setzt dort die Tiefen in Wiener Fuss an. Für diese Lokalitäten habe ich indess in meiner hier vorliegenden Karte bereits die Fusse in Wiener Klafter verwandelt, weil dies Maass für alle übrigen Sondirungen gilt. Die rothen Ziffern bedeuten Seetemperaturen Celsius, von Lieutenant *Hauser* und seinen Genossen 1870 Juni 18. beobachtet. Durch die rothe Linie bringe ich Baron *v. Wickede's* Aufnahme 1868 Januar 9. zur Anschauung, damit man die Zunahme der Neubildungen in 2 Jahren 5 Monaten mit einem Blicke erkenne. Von den Maiinseln waren 1870 Juni nur noch 2 vorhanden.

1) Mikra Kaymeni nach der österreichischen Karte *(Hauser)*; sie ist von der ältern englischen Darstellung, namentlich im Osten, verschieden.

2) Nea Kaymeni. Die nördlichen und nordöstlichen Spitzen nach *Hauser's* Karte merklich verschieden von der alten Karte. Westlich vom Georgshafen ist das mittlere Stück des dortigen Kaps bereits versunken und nur das westlichste Felshaupt ragt noch über Wasser. Dieser Fels erhielt von den Offizieren den Namen „Reka-Fels". Im September hatte er sich nach des Hafenkapitäns *Botsis* (zu Thera) Beobachtung abermals tiefer gesenkt. Dieser Reka-Fels darf also nicht verwechselt werden mit den Reka-Klippen, die sich 1866 März 9. westlich neben der Aphroessa erhoben und sich bald mit dieser vereinigten. Die Spalten im Conus von 1707, die Lage des Molo und der gesunkenen Küste der Ortschaft Vulkano gebe ich nach *Hauser's* Karte. Ebenso kopire ich die Oberfläche der Neubildungen, wenigstens im Grossen und Ganzen, nach *Hauser's* Zeichnung. Mit Ausnahme des Georgkegels wird jetzt nur noch Weniges von der ehemaligen Konfiguration kenntlich sein, da von 1870 bis 1872 die Laven fortwährend in Bewegung blieben. An der nordwestlichen Ecke der Neubildungen sieht man, wie die Aufnahmen von 1868 und 1870 nicht übereinstimmen. Dies liegt z. Th. in der Natur der Peilungen selbst; aber eine wirkliche Verschiebung jener Massen im Laufe der 2 Jahre halte ich keineswegs für unwahrscheinlich, da sie, wie alle andern Neubildungen, auf mehr oder weniger flüssiger Unterlage ruhten.

3) Paläa Kaymeni. Der Umriss nach *Hauser's* Karte, das Detail der Oberfläche aber nach meinen Zeichnungen vom Januar 1868, so den grossen gegen 600 Schritt langen Spalt c im Westen, die Lage der Nikolaos-Kapelle und östlich daneben der mehrfach erwähnten gelben Lagune, die damals durch einen Sanddamm vom Meere getrennt war. Das Lavagebiet vom Jahre 726 mit seinem Teiche erscheint hier merklich anders gestaltet, als bei der englischen Aufnahme, und wie ich es 1866 und 1868 noch gesehen habe, nämlich gegen Norden spitz auslaufend. Auch hier muss sich also die Küste seit 1868 merklich gesenkt haben.

Was die neue Nomenklatur anlangt, so will ich darüber Folgendes bemerken. Der Name, Kap Schmidt, für das steile Kap D der Paläa Kaymeni wurde 1870 von den Offizieren der Reka gewählt und in der der Admiralität übergebenen Originalkarte verzeichnet. Die 4 Namen *C. Palasca*, *C. Wickede*, *C. Daufalik*, *C. Germounig* habe ich selbst in meiner Karte angegeben, zu Ehren jener trefflichen mir befreundeten Männer, denen man die wichtigsten topographischen Arbeiten über die Kaymenen verdankt, und von denen Einer, *A. v. Daufalik*, in dem Untergang der Fregatte Radetzky (1869 Februar 20.) seinen frühen Tod fand. Für die spätern Besucher dieser Insel mag daran erinnert werden, dass sie bei der Nikolaos-Kapelle gut erreichbar ist und daselbst westlich in der Richtung G F erstiegen werden kann.

Tafel IV.

Figur 1. Ansicht der Kaymenen, östlich auf Banko gezeichnet, Sicht gegen Westen. Ich nahm dies Bild 1866 Februar 20., einige Stunden nach der ersten grossen Eruption des Georg. Ueberall habe ich die beobachteten Neigungswinkel auch in der Abbildung möglichst genau berücksichtigt. Von links beginnend hat man: a das Südwestende Santorins, Kap Akrotiri; b Askania; c Christiana; d Paläa Kaymeni. Die braune Fumarole e gehört zur Aphroessa, welche hier durch das Südende des Georg = f verdeckt wird. g der alte Conus der Nea Kaymeni von 1707 nebst der Ortschaft Vulkano. h der südliche Theil der Mikra Kaymeni.

Figur 2. Ansicht der Kaymenen, östlich auf Banko gezeichnet, Sicht gegen Westen, 1868 Januar 8. Die ausserordentliche Veränderung seit 1866 ist auch ohne Erklärung sogleich einleuchtend. a Kap Akrotiri, die Christiani-Inseln und Paläa Kaymeni sind ganz verdeckt durch a b c, die neuen (östlichen) Laven im Vordergrunde. f der Georg-Vulkan, der links Wasserdampf und Steine auswirft, rechts dagegen einen Aschenausbruch 4. Ranges zeigt; rechts am Abhange 2 flache Würfe von Asche (Aschensäcke), g = Conus der Nea Kaymeni, h = Mikra Kaymeni.

Die 1866 September 26. auf der Radetzky, 1870 Juni 18. auf der Reka von *P. Ziller* gezeichneten Ansichten (von Banko gesehen) sind von meiner Figur 2 zu wenig verschieden, als dass ich sie hätte mittheilen sollen.

Figur 3. Ansicht der Kaymenen von SW gesehen, gezeichnet 1866 März 11. auf dem fast 100 Meter hohen Kap der Paläa Kaymeni. Den Hintergrund a a bildet der innere Steilrand Santorins, nicht ganz die Strecke von Apanomeria bis Athinio umfassend; b der Megalo Vouno; c der Skaro; d Merovigli; e Thera. f ist das Westkap der Nea Kaymeni. Der niedrigere Theil r war 1868 Januar 8. schon so weit gesunken, dass er nur eine Klippenreihe bildete. 1870 sicher, wahrscheinlich aber schon 1868 Juli, war das Stück r untergegangen und der isolirte Fels f erhielt 1870 den Namen: Reka-Fels. g ist der Georgshafen an der Westseite der Nea Kaymeni, l die Phlevaküste, damals durch grosse Spalten zerklüftet, m der alte Conus von 1707 mit vielen weissen Fumarolen am südlichen Abhange und mit den zwei alten Schlackenwällen s; n die Mikra Kaymeni. Bei o liegt der Georg-Vulkan, seit 35 Tagen über Wasser bis zu dieser Grösse angewachsen, südlich gelb von schwefligen Efflorescenzen und stark aus sehr vielen Löchern dampfend.

h i ist die Aphroessa, seit 26 Tagen über Wasser, am Gipfel mit grosser zimmetbrauner Fumarole, und ringsum an vielen Uferstellen lebhaft dampfend.

k die Reka-Klippen, welche März 9. über die Seefläche hervortraten und sich bald mit der Aphroessa vereinigten.

Um die Zahl der Tafeln nicht zu sehr zu vermehren, habe ich verschiedene andere Aufnahmen von der Publikation ausschliessen müssen. Diese sind folgende.

Fünf kleine Ansichten der Kaymenen von Thera und Athinio aufgenommen, und ein Panorama auf dem grossen Elias, welche ich im März 1866 entwarf. Ferner ein grosses Bild der Kaymenen, gesehen zu Thera vom 1.—3. März 1866. Den Stand der Neubildungen 1868 Januar 8., von Süden gesehen auf Paläa Kaymeni gezeichnet, würde ich als Gegenstück zu Nr. 3 noch beigegeben haben, wenn die Herausgabe dieser Arbeit dadurch nicht verzögert und erschwert worden wäre. Von fremden späteren Zeichnungen nenne ich noch eine sehr gelungene Aufnahme der Kaymenen, wie sie 1870 im Juni zu Thera erschienen, vom Herrn Architekten *Paul Ziller*. Die englische Admiralitätskarte gibt am Rande gute Seitenansichten. Die untere Ansicht hat aber in der Beischrift den starken Irrthum, dass sie N e o Kaymeni anstatt P a l ä a Kaymeni setzt.

Tafel V.

F i g u r 1. Der nördliche Absturz des grossen Kaps der Paläa Kaymeni aus 4000 Meter Distanz am Fernrohre gezeichnet. Ich habe die Abbildung für nützlich gehalten, da sie einen Durchschnitt der vulkanischen Masse darstellt, welcher uns belehrt, dass wir in diesem Theile durchaus nicht durch Eruption aufgeschüttetes Material vor uns haben, sondern den massiven Fels, wie er ähnlich, wenn auch lange nicht so grossartig, 1866 im Februar aus dem Seegrunde emporstieg. Die Struktur der Felswand der Paläa Kaymeni zeigt aber ausserdem, dass nicht alles gleichzeitig gebildet ward, wie ich aus der gekrümmten Schicht schliesse, die möglicherweise in genauerer Untersuchung sich als mächtiger Gang erweisen wird, ähnlich wie Basaltgänge in andersartigen Formationen.

F i g u r 2. Um das im Texte über die Entstehungsart des Georg-Vulkanes Gesagte zu erläutern und zu befestigen, gebe ich diese Abbildung, für welche Folgendes zu bemerken ist. Ueber den östlichen Fuss des Georg,

über seine dortigen im Ganzen massiven, wenn auch sehr zerklüfteten Felswände, hatte ich 1866 von Februar 11.—19. bereits 5 oder 6 genaue Zeichnungen ausgeführt. Diese verbrannten auf dem alten Conus während der
grossen Eruption des 20. Februar. Nach diesem Tage kam ich nur noch
einmal (März 26.) für wenige Minuten an jene Stelle. Inzwischen hatte ich
den Ostrand oft mit dem Fernrohre beobachtet und gefunden, dass die Un-
masse des von oben herabrollenden Materials von Blöcken und kleinen Trümmern den ganzen östlichen Fuss umhüllten, so dass März 26. schon nirgends
mehr eine feste Felswand zu erkennen war. Das Bild, welches ich hier gebe,
ist also nicht authentisch; aber es ist nach strenger Erinnerung entworfen
und der Natur der Verhältnisse genau entsprechend. Die massive, fest erstarrte, aus der Tiefe aufsteigende Lavamasse dehnt sich allseitig aus, erleidet
nach Umständen Aufstauungen und ist auf ihrem Rücken mit Blöcken und
Schutt bedeckt. Die spätern normalen Eruptionen haben dies solide Fundament des Georgkegels, also das Produkt der ersten Phase der Eruption von
1866, fast vollständig den spätern Beobachtern entzogen.

Figur 3 gibt die 3 charakteristischen Formen der Exhalationen des
Georg, wie sie im Februar 1866 oft und nicht selten gleichzeitig gesehen
werden konnten. Ich zeichnete sie bei der kleinen griechischen Kapelle,
also wenige Meter vom östlichen Fusse des Georg entfernt. Links die gewöhnliche nie fehlende Fumarole weissen Wasserdampfes, die nur selten einige
Steine mit emporriss. In der Mitte die feine gelbe, durchsichtige, wahrscheinlich sehr heisse Fumarole, niemals Steine auswerfend. Rechts ein Aschenausbruch 4. Ranges, ein κουνουπίδιον (Blumenkohl) gewöhnlicher Art mit
Rapilli und Blöcken.

Figur 4. Plan des Kraters auf dem Conus von 1707, nach meiner
Zeichnung vom 12. Februar 1866. Diese verdient nicht den Namen einer
Aufnahme, unterstützt von Messungen, aber sie ist ausreichend genau und
zeigt Alles, was damals von einigem Interesse erschien. Der Krater war
westlich bei A fast geöffnet und sehr flach. Ringsum bestand der Saum aus
braunrothen zerklüfteten Lavafelsen, deren manche auch inwendig die zahlreichen Unebenheiten bewirkten. In a b c ziemlich tiefe Löcher, die Schlünde
der letzten Eruptionen. Die grossen Spalten d e, f, g, h sind nahe richtig
angelegt. Der innere Raum des Kraters zeigte eine schwache grüne Pflanzendecke, in k und l zwei kräftige Feigensträucher. m und n rothbraune
Schlackenwälle, 2 Seitenmündungen später Eruptionen andeutend, wie solche
auch anderswo vorkommen. a der westliche Lavarücken, von A durch einen

flachen, mit Asche bedeckten Sattel getrennt. 1870 fanden die Offiziere der Reka Alles total zerrissen und in Asche vergraben.

Figur 5. Darstellung der Flammen auf dem östlichen Rande des Georg, teleskopisch beobachtet am 23. März 1866 zu Thera, in einer Entfernung von 3500 Metern. Links ist die Kuppe der Aphroessa, rechts der Gipfel des Georg. Die gelben nicht sehr lebhaften Flammen hatten grünblaue Spitzen, und lagen projicirt gegen den glühend roth beleuchteten, dampferfüllten Hintergrund. Zeitweise verschwanden sie, kamen aber oft wieder zum Vorschein und schienen von den häufigen Ausbrüchen nicht merklich abhängig. Die rothen Flecken an beiden Gipfeln sind entweder Glutblöcke oder Lavatropfen, oder auch Löcher, durch welche man in die innere Glut des Lavabezirkes blickt. Ich halte für wahrscheinlich, dass es die nach Aussen zu Tage tretenden Kopfenden kleiner Lavabäche sind. Am Gipfel der Aphroessa habe ich niemals Flammen sicher sehen können. Die Flammen dieser Region lagen nördlich bei der Aphroessa unmittelbar auf dem Meere. Um diese oft grossartige Erscheinung zu sehen, bedurfte es der Anwendung des Fernrohres freilich nicht, da sie selbst auf 6—7 Meilen Distanz, zu Ende des Februar, mit freiem Auge leicht wahrgenommen werden konnten. Auch sie waren hellgelb und grün, von grösserer Intensität als der roth erleuchtete Dampf der Gipfelfumarole, welcher von jeher, und noch jetzt, irrthümlich als Flamme beschrieben ward.

Tafel VI.

Darstellung der zweiten Haupteruption ersten Ranges des Georgvulkanes, 1866 Februar 22. Nachmittags 3 Uhr 13 Minuten, beobachtet an Bord des Dampfers Aphroessa im Hafen Athinio, in Entfernung von 3800 Metern. Ich habe auf dies Bild in mehrfacher Beziehung Sorgfalt verwandt; einmal, um den grossartig furchtbaren Charakter der Erscheinung treu wiederzugeben; dann hinsichtlich der Details, die bei solchen Darstellungen nur zu oft nachlässig oder unrichtig behandelt werden. Den Hintergrund bildet die Insel Therasia, gegen Norden. Links liegt Paläa Kaymeni, dann folgt Aphroessa mit der braunen Fumarole, hierauf die Phlevaküste, dann der erumpirende Georg, endlich der Conus von 1707 und ganz rechts die Mikra Kaymeni. Die Formen und Neigungswinkel sind der Wirklichkeit angemessen. Von dem grossen Dampfgewölk der Eruption ist das untere Dritttheil unmittelbar und während der Erscheinung gezeichnet, das Uebrige in den nächsten 4 bis 5 Minuten sogleich ergänzt. Die Form der etagenweis übereinander gelagerten schwarzgrauen, weiter oben grauweissen Dampfringe ist nicht nur bei dieser, sondern schon bei zwei frühern aber geringern Eruptionen gezeichnet worden. Die Struktur ihrer Oberfläche ist von mir 1866 und 1868 sehr häufig beobachtet und mit Hilfe des Fernrohrs gezeichnet. In der Distanz von 3800 Metern war nun keineswegs das ganze Detail der zahllosen feinen Kurven auf den Dampfringen mit freiem Auge sichtbar, sondern ich erkannte daran nur die stärkern Abtheilungen. Ich wagte es aber die Inkonsequenz zu begehen und alles Detail zur Charakteristik des Aschencumulus anzugeben, ehe ich mich zu einer Spezialzeichnung entschloss. So erlangte ich eine Darstellung, welche nach den allgemeinen Verhältnissen zur Umgebung, nach Gestaltung und Abstufung der Dampfringe, der Wahrheit sich genugsam nähert, um eine richtige Vorstellung von der Natur einer Ascheneruption ersten Ranges zu gewähren. Bei der grossen Entfernung war Nichts von der riesigen Steingarbe, Nichts von den einzelnen grossen Blöcken mit freiem Auge zu erkennen, die auf die Inseln und auf das Meer herabstürzten. Wohl sah ich die Schaumsäulen scheinbar vor Paläa und Mikra Kaymeni, wo die Blöcke niederfielen und kleine Siphonen bildeten, ähnlich den wirklichen, langdauernden Siphonen; aber die ersten waren in 1 Sekunde bis 2 Sekunden wieder verschwunden. An der linken Seite habe ich den Aschenregen darzustellen versucht, der zum grossen Theile die gewöhnlichen Fumarolen verdeckt; dazu 4 grosse Dampf-Siphonen, entstehend im Vulkangewölk, und gegen die See sich herabsenkend. Diese Siphonen, seit dem Morgen des 22. Februar sich sehr oft wiederholend, waren wenigstens in der letzten Minute vor der Eruption noch in grosser Entwicklung sichtbar. Ob auch $\frac{1}{2}$ bis 1 Minute später, kann ich mit Sicherheit nicht sagen. Auf der See vor Aphroessa und dem Georg habe ich die Hauptgruppen der gewöhnlichen Seefumarolen angegeben; ebenso an der linken Seite des alten Conus die Fumarolen der von uns sogenannten Solfatara. Ich habe mich bemüht, ein zwar nicht künstlerisches, aber charakteristisches und wissenschaftlich genaues Bild zu entwerfen. Wer den grössern Theil der Vulkanliteratur, und zumal die des Vesuv nahe vollständig kennt, muss, falls er nach eigener Anschauung reden kann, zugeben, dass sich wenig oder Nichts brauchbares unter der grossen Reihe von Abbildungen der Eruptionen findet. Alle Bilder geben nur Rauch und Dampf, wie man sie bei jeder Feuersbrunst sehen kann. Nach dem Individuellen in Form und Farbe wird man sich vergebens umsehen. Unter sämmtlichen Abbildungen des Vesuv, die grossen Oelgemälde im Palazzo Borbonico mit eingerechnet, hat nur eine meine volle Anerkennung; es ist die vorzügliche Darstellung der gewaltigen Eruption vom August 1779 in dem seltenen Werke des Arztes *Attumonelli**). Sie hat Vorzüge vor der Meinigen, die aber schon in der Region der Kunst liegen. Die vollkommene Darstellung des Aschencumulus gibt die momentane photographische Aufnahme, wie solche 1866 zuerst von Baron *Degranges* versucht ward. Die zweite derartige Aufnahme ist von *Stillmann* im Jahre 1868. Beide trafen aber nur Eruptionen 4ten und 5ten Ranges, in denen die Ringbildung des Gewölkes wenig oder gar nicht zu Stande kommt. Nur sehr grosse Ausbrüche, stark genug, um eine bedeutende Oeffnung im Berge aufzureissen, zeigen die normale, aber seltene Form, die ich unter Hunderten von ähnlichen Erscheinungen zu Santorin, doch auch nur einmal in ihrer Vollkommenheit gesehen habe. Am Vesuv war der grosse Aschencumulus, wie es scheint, bei jeder Eruption ersten Ranges, aber nicht immer kam es zur vollen Entwicklung, so auch nicht in der Katastrophe des 26. April 1872, über welche wir eine bewundernswürdige Photographie (von *Sommer* und *Behls* in Neapel) besitzen. Nachträglich will ich zu dieser bemerken, dass eine Nachmessung auf dem Papier, unter Annahme einer mittlern Berghöhe von 630 Toisen = 1228 Meter, mir folgendes Minimum der Höhe des Gewölkes ergeben hat. Die Vesuvhöhe als Einheit betrachtet, war die Seehöhe des Gipfels der Aschensäule

= 5,7 = 6998 Meter = 21500 par. Fuss,

die Höhe des Gipfels der Aschensäule über dem Krater

= 4,7 = 5770 Meter = 17800 par. Fuss.

Tafel VII.

Figur 1. Obgleich es nicht Absicht dieser Schrift ist, von den alten Formen Santorins zu reden, habe ich doch diese Skizze beigefügt, da es für viele Leser, welche eine Karte Santorins nicht zur Hand haben, angenehm sein kann, in Umrissen die Lage der Kaymenen gegen den alten Circuswall angedeutet zu finden. Wer mehr wünscht, findet die reichsten Daten in der englischen Admiralitätskarte und besonders in dem grossen Atlas von *Reiss* und *Stübel*.

Figur 2. Darstellung von Siphonen, gezeichnet am 22. Februar 1866 zu Athinio. a, b, c sind drei oft wiederkehrende Formen, 100 bis 300 Meter hoch, deren Anfang stets in dem Gewölk des Georg, seltener in dem der Aphroessa beobachtet ward. In der Fumarole, hoch über dem Meere, ent-

---

*) Auch *Poullet Scropes* Darstellung der Eruption von 1822, sowie eine wahrscheinlich derselben Epoche angehörende, die ich in Neapel kaufte, ist zu den besonders charakteristischen zu rechnen.

stehend, senkten sie sich bis zum Meeresspiegel herab und trieben mit dem Winde, wahrscheinlich zumeist rotirend von O durch N zu West. Die Schraubenform war wohl häufig genug, konnte aber oft wegen der grossen Entfernung oder wegen Schmalheit der Figur nicht erkannt werden. Sowohl gerade wie hakenförmige oder vielfach gewundene Siphonen, oft 7 bis 8 zugleich, bildeten sich im Gewölke und trieben mit dem Winde, ohne jedesmal die See zu erreichen. Die grosse Trombe b wiederholte sich Februar 21. und 22. vielmals, immer zwischen Georg und Aphroessa, doch lag ihr Kurs südöstlich von der Verbindungslinie beider, wie ich vermuthe in dem Striche der höchsten Meerestemperaturen, woselbst auch die meisten vom Wasser aufsteigenden Seefumarolen sichtbar waren. Die Figur b ward auch oft am Fernrohr beobachtet. Ihre Basis hatte die angedeutete Form und schien nur mit dem einen untersten Punkte die See zu berühren. Ihr unterer Durchmesser mochte einigemal 20—30 Meter oder mehr betragen. Sie war sehr durchsichtig und die Phlevaküste blickte durch sie wie durch Nebel hindurch; die Schraubenform zeigte sich selten an b. Ueber Aphroessa links oder westlich hinaus kam sie nur wenig und sie löste sich dort auf; dann war der neue Sipho schon von Osten her im Anzuge. Mit dem Fernrohr betrachtet, sah ich die Formen d und e. Der Sipho bestand aus zahlreichen schraubenförmig gewundenen, gelegentlich auch geraden Nebelreifen oder dünnen Stäben von Zylinderform, eine feinere Nebelmasse, welche im Ganzen den Sipho bildet, umschliessend. Im Momente der Auflösung sieht man noch einige Reifen isolirt, wie ich in e dargestellt habe.

Mir scheint, dass dies Phänomen nicht geradezu für identisch mit den Seetromben oder Wasserhosen gehalten werden darf, obgleich die Analogie nicht zu verkennen ist. Am 20. Februar, als die Eruptionen ersten Ranges ihren Anfang nahmen, waren sie noch nicht vorhanden. Sie erschienen in dieser Grösse und Eigenthümlichkeit nur am 21. und 22. Februar. An die grosse allgemeine magnetische Störung des 21. Februar soll hier nur beiläufig erinnert werden. Nicht weniger deutlich erscheint mir die Analogie jener Siphonen mit den zahlreichen, nie ganz fehlenden Gebilden, die ich Seefumarolen nenne. Sie hatten ihren Anfang stets im stark erhitzten Meerwasser, trieben mit dem Winde und zeigten von Weitem durch ihr Verschwinden die Regionen geringerer Temperaturen an. Bei stiller sonniger Luft sah ich sie oft 10 bis 20 Meter hoch, und 1 bis 1 1/2 Meter dick. Einigemale bin ich im Boote durch kleine derartige Formen hindurchgefahren. Die See hatte dort nur gegen 30°—40° C. und im Sipho, der sich als sehr zartes Nebelgebilde ausnahm, wenn man mitten darin war, zeigte sich sonst Nichts auffälliges. Sichtbare elektrische Phänomene, so sehr ich darauf Acht gab und Abends in der stark vorgeschrittenen Dämmerung mit dem Fernrohr danach suchte, erkannte ich niemals. Alle diese Tromben und die Staub- und Sandtromben scheinen mir in Wahrheit nicht erklärt zu sein. Ich sehe wohl, dass an Hypothesen kein Mangel, vermisse aber zahlreiche und strenge Beobachtungen.

Schlussbemerkung.

Wenn einst die vulkanische Thätigkeit sich aufs Neue unter den Kaymenen regen sollte, wird man, wie sich vermuthen lässt, den Erscheinungen eine noch grössere Aufmerksamkeit zuwenden, als diesmal geschehen ist oder der Zeitverhältnisse wegen geschehen konnte. Nur eine Akademie, die Französische, hat wiederholt durch Absendung *Fouqué's* nach Santorin ihr dauerndes Interesse kundgegeben. Nur zwei Fürsten, der Kaiser *Napoleon III.* und der König *Georg* von Hannover sandten wissenschaftliche Männer aus, um das Phänomen zu beobachten. Die griechische Regierung ernannte eine Kommission zur Untersuchung der Ereignisse auf Santorin; die Regierungen Englands, Preussens, Oesterreichs, Italiens, Russlands und der Türkei beauftragten die Kriegsmarine, Schiffe nach Santorin zu senden, um nöthigenfalls Hilfe zu leisten. Von den Offizieren der meisten Schiffe sind werthvolle Beobachtungen und Aufnahmen bekannt geworden. Mit dem vorigen Jahrhundert verglichen, sehen wir also den grossen Fortschritt der Zeit, die Macht der Mittel, die jetzt der Wissenschaft zu Gebote stehen. Indem man dies anerkennt, wird man aber doch für die Zukunft den Wunsch hegen dürfen, dass, wenn solche Eruption, besonders zu Santorin, wieder eintritt, mehr als eine Akademie wissenschaftliche Männer hinsendet, dass eine ständige, in den Mitgliedern sich ablösende Kommission für die ganze Dauer der Erscheinungen auf Santorin verbleibe, damit an keinem Tage die Beobachtungen fehlen. Theilung der Arbeit wird um so nothwendiger sein, je mehr sich in Folge erweiterten Horizontes der Anschauungen die Arbeiten und Aufgaben mehren. Die geringen Fragmente, die ich geliefert habe, mögen das Mangelnde erkennen lassen.

Athen 1872, Dezember 31.

J. F. Julius Schmidt.

Nachtrag.

Im Jahre 1873 habe ich noch einige Angaben über Santorin erhalten, die ich jetzt, nachdem meine Arbeit schon zu Ende 1872 abgeschlossen ward, noch mittheilen will.

Herr *Andreas Miaulis*, ein thätiger und kenntnissreicher Offizier der griechischen Marine, dem ich werthvolle Beobachtungen über die Strömung des Euripos, sowie über Erdbeben verdanke, hat auf meinen Wunsch den Umriss der Santoriner Neubildungen nochmals sorgfältig aufgenommen, und zwar im März 1873. Diese Karte kann ich meiner Abhandlung jetzt nicht mehr beifügen, doch will ich das Nöthige angeben.

Die südlichsten Kaps der Neubildungen erreichen sehr nahe den Parallel des Südost-Kaps der Paläa Kaymeni, und das Südost-Kap der neuen Lava liegt einige hundert Fuss südlicher als die Mitte der Paläa Kaymeni und hat die 100 Faden-Linie bereits ansehnlich überschritten. Von den Maiinseln sind 2 dargestellt, auffallend gross, in einer Richtung beinahe so breit als die Lava von 726, von West bis Ost gemessen. Beiden Mai-Inseln liegt nördlich je eine Lavaklippe vor, so dass man auch 4 dieser Inseln zählen könnte. Im Norden zeigt sich keine merkliche Veränderung, weder im Georgshafen, noch am Molo, wo von Osten her die enge Durchfahrt bei der Südspitze der Nea Kaymeni noch im Boote möglich war. Im März 1873 sah man am Gipfel des Georg nur wenig Dampf. Am 28. November 1873, bei Südwest-Wind, war der ganze Ostrand des Gipfels mit zahlreichen weissen Fumarolen besetzt. *Miaulis* machte diese Beobachtung auf Banko, eine Seemeile östlich vom Berge.

Athen 1874, Januar 24.   **S.**

Vesuv, Bajae, Stromboli, Aetna.

1870.

I. Der Vesuv und das phlegräische Gebiet.

Als ich im Januar 1870 Wien verlassen wollte, um nach Griechenland
zurückzukehren, hatte Se. Exzellenz, der Freiherr *v. Sina,* die Gewogenheit,
meinen Italien betreffenden Reiseplan zu billigen und die erforderlichen Mittel
in jener Weise zu gewähren, wie man es bei dem grossmüthigen Protektor
der Athener Sternwarte zu erwarten gewohnt ist. Ihm bin ich zum dauernden
Danke verpflichtet, da es mir nun zum zweiten Male vergönnt war, auf dem
vulkanischen Gebiete Rom's und Neapel's jene Arbeiten fortzusetzen, die ich
daselbst im Jahre 1855 begonnen hatte. Es war diesmal meine Absicht,
besonders die noch fast unbekannten Theile der Somma, Vieles auf Stromboli
und Einiges am Aetna näher topographisch zu untersuchen. Wenn nun auch
die überaus ungünstige Witterung im Februar, März und April 1870 sehr
viele Pläne vereitelt hat, so glaube ich doch, dass die erlangten Resultate
einiges Interesse beanspruchen dürfen und werth seien, an diesem Orte gedruckt zu werden. Man kann diese Mittheilungen betrachten als Zusätze zu
meiner Schrift „Die Eruption des Vesuv im Mai 1855". Aus Wien hatte
ich zwei ganz umgearbeitete Reisebarometer von *Capeller,* den alten seit
14 Jahren benutzten Metallbarometer von *Bourdon,* verschiedene Thermometer
und ein Winkelinstrument mitgenommen. Ueber die Untersuchung dieser
Instrumente gebe ich keine Einzelnheiten, sondern will nur daran erinnern,
dass bei allen meinen derartigen Arbeiten die genaue Kenntniss und Berücksichtigung der Instrumentalfehler als selbstverständlich vorauszusetzen ist.
Da ich wegen der Menge des Mitzutheilenden nach Kürze der Fassung trachte

muss, werde ich diesmal alle Höhenmessungen zwischen Wien und Neapel
übergehen und ebenso zahlreiche Beobachtungen innerhalb der Stadt Rom.
Die Methode der genauen Messungen mit dem Barometer ist dieselbe wie
1855. So oft als möglich suchte ich Ablesungen am Meere zu gewinnen,
um jedesmal die dem Seeniveau entsprechende Kurve des Luftdruckes direkt
zu erhalten. Ueberdies stand mir immer die auf Capodimonte beobachtete
Tageskurve zu Gebot, die ich oft der Gefälligkeit der Astronomen Neapel's
verdankte. Alle Rechnungen geschahen mit Hilfe von *Carlini's* Tafeln und,
falls die Korrektion wegen der Feuchtigkeit nöthig erschien, ward *Bessel's*
Tafel benutzt. Alle Höhen gebe ich ausgedrückt in Toisen und pariser Fuss.
Die Thermometerzahlen sind stets Zentigrade. Wegen der Namen und des
topographischen Details muss ich auf die betreffenden Karten und auf meine
frühere Schrift über den Vesuv verweisen. Man wird noch besonders in
J. Roth's Werke über den Vesuv einen gründlichen Erklärer finden.

Bevor ich die Höhenmessungen mittheile, die ich im Februar und März
1870 bestimmen konnte, wird es nützlich sein, mit Wenigem des Zustandes
zu gedenken, in welchem sich der Vesuv damals befand. Von welcher Art
die Veränderungen waren, die ihn seit 1855 betrafen, darüber findet man in
verschiedenen Abhandlungen des verdienstvollen Professors *L. Palmieri* jeden
Nachweis, auch in topographischer Hinsicht, so dass ich, von den Eruptionen
seit 1856 redend, nur schon Beschriebenes wiederholen würde. Sonach beschränke ich mich auf das Folgende, welches für die Zeit vom 21. Februar
bis 30. März 1870 Geltung hat. Der erste Anblick des Berges von Neapel
aus zeigte zwei mir neue Erscheinungen, die Erhöhung des Gipfels und die
ausserordentliche Vermehrung der Lavaströme am westlichen Abhange bis tief
zur Ebene herab. Auf dem einstigen Gipfelplateau des grossen Vesuvkegels,
wo seit dem Februar 1850 an der Ostseite sich die schmale Punta di Pompeji gebildet hatte, erhob sich jetzt, nicht viel höher, aber breiter und massen-
hafter, ein neuer Kegel, sehr stark aus seinem Krater dampfend. Er verlief nördlich in das allgemeine Profil des Hauptberges, aber seine Südseite
lag nicht in derselben Linie mit dem südlichen Abhange des grossen Kegels,
sondern war davon durch einen Wulst und durch eine zwar erhöhte, aber
früher schon vorhandene kleine geneigte Ebene auffällig geschieden. Dieser
obere Kegel, das Produkt der Eruptionen in den 60er Jahren, nahm die
Nordost-Seite des vormaligen grossen Gipfelkraters ein; sein westlicher und
südlicher Abhang verlief in verminderter Neigung gegen die einstigen Ränder
des ganz umgestalteten Gipfelplateaus. Er deckte also das Gebiet der grossen
Schlünde von 1850, die erst seit Dezember 1855 zerstört wurden, so voll-

ständig, dass vielleicht nur noch der mit neuer Asche überschüttete Südwall des südlichen Schlundes von 1850, in dem vorerwähnten Wulste sichtbar war, eine Art von Terrasse am südlichen Abhange des obern neuen Kegels bildend.

Es war also der eigentliche normale Hauptkrater des Vesuv, wie man ihn nach den grossen Katastrophen des Juni 1794 und des Oktober 1822 kannte, jetzt ebensowenig als 1855 vorhanden. Der neue obere Kegel hatte seinen eigenen sehr bedeutenden Krater, von dessen Innerm ich jedoch, als ich Februar 26. auf seinem Rande stand, nicht das Geringste wegen der dichten Dampfmassen sehen konnte. Der nördliche Abhang dieses Eruptionskegels, besonders da, wo er mit dem muthmaasslichen (sehr erhöhten) Lokale der vormaligen Punta del Palo zusammenhing, war entzündet, goldgelb gefärbt, voll Fumarolen und fast unnahbar wegen der Hitze des Bodens und der irrespirablen Luft. Ungefähr an dieser Stelle oder doch auf dem Nordrande des alten Gipfelplateaus stand schon Ende 1871 ein neuer Randkrater, den *Palmieri's* Zeichnungen angeben, der aber in der Eruption des 26. April 1872 wieder verschwand. Die meisten Fumarolen am obern Kegel erschwerten das Athmen im hohen Grade, andere, tiefer und westlicher, gaben nur Wasserdampf und waren geruchlos. Die kleinern, zum Theil zugänglichen Fumarolen hatten zwischen 50° und 70° C. Was ich schliesslich von dem einstigen Gipfelplateau wiederzuerkennen glaubte, aber nur der allgemeinen Lage nach, war der Westrand, wo man einen Wall von Blöcken zum Schutze der Fremden aufgerichtet hatte, und zwar über der Stelle des Schlundes vom 14. Dezember 1854; dann ungefähr die (jetzt viel höhere) Stelle, wo ehemals Punta del Palo war, und südlich die 13°—15° geneigte Aschenebene. Ich werde später auf Grund von *Schiavoni's* Arbeiten nachweisen, in welchem Sinne die Aenderungen erfolgt sind.

Fragt man nach dem von Westen gesehenen Profil der Kuppe des Berges, so hatte dasselbe nun völlig die Gestalt, wie sie *Hamilton* für den 20. Oktober 1767 abbildet. In der folgenden Skizze gebe ich die erwähnte Ansicht und die von mir im März 1870 in Neapel gezeichnete. Erstere habe ich indessen hinsichtlich der Neigungswinkel verbessern müssen, die gewöhnlich, und zwar bei neun Zehntheilen aller Darstellungen des Vesuv sehr fehlerhaft sind. Die Basis der Figuren liegt etwa in 580 Toisen Seehöhe. Das Atrio del Cavallo, im April 1855 noch über grosse Räume hin bequem begehbar, zeigte sich jetzt fast ganz von gewaltigen Lavaströmen überfluthet, so dass nur bei der Punta Nasone di Somma und mehr in Nordost geringe Stellen ebenen aschebedeckten Bodens freigeblieben waren. Ein Theil der Laven hatte sich

östlich in den Fosso di Maura, der grössere
Theil aber westlich in den Fosso Vetrana,
durch das Thal südlich von Canteroni, durch
den Fosso grande und endlich über weite
Räume des westlichen Abhanges bis in die
Ebene ergossen. Ausserordentlich gross war
hier überall die Umgestaltung des Bodens,
und besonders grossartig, veranlasst durch die
Eruption von 1858, die kuppelförmige Anschwellung der Lava, südöstlich von Palazzo
Vesuviano, etwa in der Höhe des Atrio, an
der Stelle, wo ich 1855 noch ein Stück des
rothen Walles von Bocca Francese, oder, falls
es diese nicht gewesen sein sollte, von den
Parasiten der Jahre 1820—1822 gesehen
hatte.

Auf dem Reitpfade von Resina bis zum
Eremiten, an einer Stelle, wo der Pfad horizontal auf neuen Laven hinzieht, schon nahe
den Canteroni und in 200 Toisen Seehöhe,
sah man an manchen Stellen noch Fumarolen und ebendort, hart am Wege, hauchte
ein Schlund in der Lava (von 1858 ?) noch
Dämpfe von 65° Wärme aus. Das Observatorium war, wie bekannt, bis jetzt verschont
geblieben und lag noch ansehnlich hoch über
den Laven, die seit 1855 die nördliche
Vetrana-Schlucht fast ausgefüllt hatten. Südlich, noch tief unter dem Gebäude, lagen die
mächtigen Ströme, welche den Fosso grande
ausfüllten. Aber die Gefahr droht von Osten
her aus dem Atrio, und dass in diesem selbst,
verhältlich nahe dem Palazzo Vesuviano,
Eruptionen auftreten können, lehrt, ausser
den Erscheinungen von 1822, das unglückliche Ereigniss des 26. April 1872, bei welchem *Palmieri* mit hohem Muthe in dem
bedrohten Observatorium ausharrte und unbe-

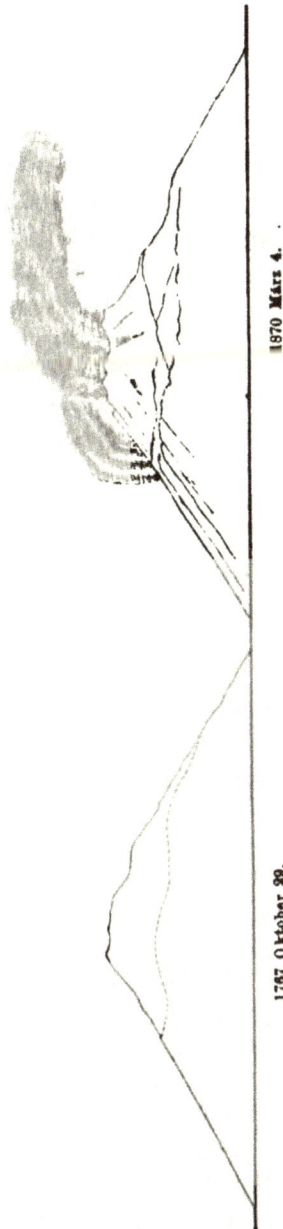

1870 März 4.

1787 Oktober 29.

irrt durch die furchtbaren Phänomene in seiner Nähe, seine Beobachtungen
fortsetzte. Damals, bei der Eruption im Mai 1855, hatten *Palmieri* und ich
es leichter, als wir tagelang in dem Gebäude verweilten. Wohl flossen die
grossen Lavaströme nahe nördlich unter den Umfassungsmauern hin, aber
weder hier noch überhaupt von Seiten der Eruption des Vesuv konnte von
Gefahr die Rede sein.

Am 16. März 1870 besuchte ich die Schlünde der denkwürdigen Eruption des 8. Dezember 1861, die durch ihre Laven die nahe südlich darunter
liegende Stadt Torre del Greco schwer bedrohte. Es werden diese unter den
bis jetzt bekannten die am tiefsten und der Küste am nächsten Liegenden
sein. Dies ergibt sich, wenn man meine Höhenmessungen hier und bei der
ganz ähnlichen Kraterreihe (Voccole) von 1760 mit einander vergleicht. Die
Ersteren liegen niedriger und dem Meere näher. Andere Eruptionen dieser
Art seit 1631, was geringe Seehöhe und Meeresnähe betrifft, sind mir nicht
bekannt. Meine Messungen in dieser Gegend und bis Camaldoli della Torre
hin, geschahen nur mit dem alten Aneroide und sind verhältlich mangelhaft.
Da sie aber sowohl die nahe Seeküste, als auch einen trigonometrischen,
freilich nicht ganz genau bekannten Punkt als Basis haben, so mögen sie
so lange gelten, bis bessere Angaben an ihre Stelle treten können. Von den
10—11 radial gegen die Achse des Vesuv gestellten Kraterschlünden bei
Torre del Greco, deren oberer ein blosses Loch in dem dortigen hellen Tuff-
gebirge bildet, stieg ich höher bis zum Beginne der Piane, wo der zusammenhängende Lavamantel des Vesuvkegels beginnt, also bis dahin, wo man
die letzten Spuren des alten Tuffes noch erkennen kann, wo noch Gebüsch
und kleine Bäume wachsen. Hier war ich in der Nähe der Schlünde von
1794, die ich vormals besucht hatte, und glaubte zu bemerken, dass von
ihnen nur noch Wenig sichtbar sei.

Einer der ersten Schlünde vom 8. Dezember 1861, nämlich der dritte
von oben gezählt, hatte in seinem Ostwalle, einen Zoll unter der Oberfläche
der Rapilli und Asche eine Temperatur von 18° C., während die Luft 6°
bis 7° und der Boden selbst da, wo er günstig von der Sonne beschienen
ward, an diesem kalten Morgen sich nur bis 13° erwärmt zeigte. So war
hier nach Verlauf von 8 Jahren und 4 Monaten noch die innere Wärme
des Kraters merklich.

Auf dem Lavastrom dieser Schlünde, der nahe oberhalb Torre del Greco,
auf einem Arme der Lava von 1794 zum Stillstande gelangt war, ging ich
östlich weiter, wo ich bald sein Ende antraf, und kam stets durch Gärten
und über ältere Lavaströme in dieser Richtung nach Camaldoli della Torre.

Der Gipfel dieses weithin sichtbaren Hügels ist der Art von den Klostergebäuden bedeckt, dass sich keine sichere Antwort auf die Frage geben lässt, ob dieser normale Eruptionskegel, der grösste unter den Parasiten des Vesuv, noch Spuren eines Kraters zeige. Mir scheint, dass zwar der Krater einst vorhanden war, sich aber bei langsam abnehmender Eruption wieder ausfüllte. Der kleine Klostergarten liegt nicht vertieft und hat noch in der Mitte einen Hügel von Lavablöcken.

Am 21. März gedachte ich Höhenmessungen der östlichen Somma bis gegen Punta Nasone auszuführen. Es gelang aber nur bei den ersten östlichen Felshöhen, Cognuli di fuori, denn der sich erhebende Nordsturm bei Temperaturen von 0° bis — 1° trieb mich bald wieder in das Atrio zurück, wo ich dann den Rest des Tages dazu benutzte, mich, so weit es das unglaublich zerklüftete Lavafeld gestattete, den Stellen der Eruption von 1855 zu nähern. Hier fand ich wegen der spätern Ausbrüche Alles der Art verändert, dass ich kaum einen Gegenstand mit Sicherheit wiedererkannte. Der Tag gab nur geringe Resultate nach grossen Beschwerden.

Am 26. März fuhr ich nach Torre Annunziata und ging von da über Bosco reale, über die wilden Lava- und Aschenfelder, die zum Theil der grossen Eruption vom Oktober 1822 angehören, zu den ausgezeichneten Kraterkegeln von 1760, Voccole genannt, die ich früher nur in der Nähe flüchtig gesehen hatte. Auch diese, deren Zahl sich jetzt nicht mehr sicher angeben lässt, liegen in einer Linie radial gegen den Vesuv gestellt; die oberen am grössten und vollständigsten, die unteren mehr verworrene Lavamassen und anomale Schlünde, und dort in der Richtung etwas nach Osten ausbiegend, Alles fast genau so wie bei den Schlünden von 1861. Oberhalb der Voccole und östlicher hat man vielfach Weinstöcke in die Asche gesetzt, und am südlichen Ende der Kegel erhebt sich ein schöner Wald von einigen Tausend Pinien, die auf dem jetzt Califano genannten Gute, angeblich erst vor 30 Jahren gepflanzt wurden. Von diesem Walde aus ging ich zu den benachbarten alten parasitischen Kraterkegeln, Viuli genannt. Auch sie sind auf einer Radialspalte ausgebrochen, und ihre unteren wenig deutlichen Glieder zeigen in der Richtung eine Ablenkung nach Osten. Der obere Krater ist flach und bebaut, der mittlere mehr ein Schlackenhügel und die unteren scheinen sehr verwüstete unkenntliche Gebilde.

Was Pompeji betrifft, so habe ich daselbst, besonders März 6., sorgfältige Barometermessungen für die nur geringen Höhenunterschiede ausgeführt, nachdem ich zuerst die Höhe der Eingangsschwelle am Hôtel Diomedes durch doppelten Anschluss an den Seestrand, Rovigliano gegenüber, ermittelt hatte.

Im folgenden Höhenverzeichnisse (nach Toisen und pariser Fuss) bezeichnet B das Resultat des Quecksilberbarometers, A das Resultat des Metall-
barometers, welches stets nur wenig sicher ist. Wo doppelte Angaben vorkommen, gebe ich die Werthe gesondert, damit man ihre Uebereinstimmung
erkenne; ich bezeichne die Messung während des Aufsteigens mit a, die
während des Absteigens mit b, das Mittel Beider mit m.

1) Messungen am 26. Februar 1870; ein klarer windstiller Tag mit
regelmässiger Barometer- und Thermometerkurve. Morgens und Abends ward
zu Portici am Meere beobachtet. Zur vollständigen Konstruktion der Kurven
wurden die Beobachtungen auf Capodimonte benutzt, die Herr Prof. *Brioschi*
mir mittheilte. Auf dem Gipfel des Vesuv war es schwierig, die Instrumente vor der Hitze des Bodens und der Fumarolen zu schützen. m ist das
Mittel zweier Messungen a und b.

		Toisen.		par. Fuss.
Pfad auf der Lava von 1858, südlich unter dem Eremiten; Lavahöhle von 65° Wärme		199,15	B	1195
Eremit, oberes Zimmer	a	308,30	B	
„ „ „	b	307,00	B	
„ „ „	m	307,65	B	1846
Eremit, Hausthür	a	305,80	B	
„ „	b	305,70	B	
„ „	m	305,75	B	1834
Palazzo Vesuviano, äusseres rothes Gitterthor	a	314,95	B	
„ „	b	318,23	B	
„ „	m	316,59	B	1899
Croce di Salvatore		353,33	A	2120
Atrio del Cavallo, erster Pferdeplatz		348,57	B	2091
Nordwest-Fuss des grossen Kegels, zweiter Pferdeplatz	a	406,45	B	
„ „ „ „ „ „	b	406,88	B	
„ „ „ „ „ „	m	406,66	B	2440
Vesuv, Gipfelplateau, Westnordwest-Rand, Lavamauer	a	614,87	B	
„ „ „ „ „	b	611,59	B	
„ „ „ „ „	m	613,23	B	3679
„ Gipfel, Nordwest-Wall (westl. von der einstigen Palo-Spitze)	a	626,95	B	
„ „ „	b	622,30	B	
„ „ „	m	624,62	B	3748

		Toisen.		par. Fuss.
Vesuv, oberer Kegel, Südwest-Wall des Kraters		657,30	B	3944
„ Gipfelplateau, oberer Kegel, Terrasse an dessen				
südlichem Fusse		639,47	B	3839
„ südlicher die Aschenebene		608,84	B	3653

2) Messungen am 21. März. Ein stürmischer kalter Tag. Es ward Abends und Morgens zu Portici am Meere beobachtet, und bei der Berechnung die Tageskurve, auf Capodimonte bestimmt, berücksichtigt.

			Toisen.		par. Fuss.
Oberhalb Portici die Kirche S. Vito			79,53	A	477
Daselbst eine andere Kapelle am Wege			125,87	A	755
Haus am Wege und an der Lava von 1858			103,23	A	619
Pfad auf der Lava von 1858, südlich unter Eremo,					
Lavahöhle von 65° Wärme			202,67	B	1216
Pfad auf der Lava nahe Canteroni			281,03	A	1686
Eremit, Hausthür		a	310,70	B	
„ „		b	310,14	B	
„ „		m	310,42	B	1862
Palazzo Vesuviano, äusseres Gitterthor		a	316,93	B	
„ „		b	317,52	B	
„ „		m	317,22	B	1903
Croce die Salvatore			355,65	A	2134
Ostrand am Fosso Vetrana, nahe Croce di Salvatore			354,30	B	2126
Derselbe Rand nordöstlich, nahe der Somma			401,22	B	2407
Atrio del Cavallo, nahe südlich an Punte Nasone			419,48	B	2517
„ „ „ nahe Canale dell' Arena			424,53	B	2547
„ „ „ östl. am Fusse der Cognuli di fuori			387,23	B	2323
Somma, Cognuli di fuori, der südliche, am nördl.					
Rande des Fosso di Mauro			404,25	B	2425
„ „ „ „ der nördliche Nachbar			414,01	B	2484
„ „ „ „ der folgende runde Gipfel			420,33	B	2522
Vesuvkegel, nördl. Fuss, Gipfel eines Parasiten von					
1868			443,08	B	2658
Atrio del Cavallo, zweiter Pferdeplatz			410,82	B	2465

Die heute gefundenen Höhen sind 4—5 Toisen grösser als die am 26. Februar gemessenen. Man bemerkt, dass die östlichsten Gipfel der Somma, die Cognuli, kaum das Maximum der Höhe des Atrio erreichen, wobei ich an die gewölbte Gestalt des Atrio und an die analoge Figur der Pratalunga von Roccamonfina erinnere, die ich 1855 zufolge meiner Beobachtungen gefunden habe.

3) **Messungen** allein mit dem Metallbarometer, März 16., am südlichen Fusse des Vesuv. Ich erwirkte den Anschluss an einen mir nicht ganz genau bekannten trigonometrischen Punkt, von dem ich nach *Palmieri's* Angabe in seinem Traktat über die Eruption des 8. Dezember 1861 nur vermuthen kann, dass er dem Nordrande des obern Tuffschlundes angehört. Die Verbindung mit der See erhielt ich zu Torre del Greco, bei den Laven von 1794. Das Instrument leistete schlechte Dienste, so dass man die Resultate nur als Näherungen betrachten darf. Bei Camaldoli della Torre habe ich 10 Toisen weniger, als die ältere trigonometrische Bestimmung jener Höhe angibt, die sich aber möglicherweise nicht auf den Gipfel des Hügels, sondern auf den Thurm des Klosters bezieht. Nahe komme ich der Messung *Hoffmann's*.

		Toisen.		par. Fuss.
Torre del Greco, Nordseite, Lavawall von 1794		61,3	A	368
Eruption des 8. Dez. 1871 südl. Krater VI. Nord-Rand		112,2	A	673
„ „ „ Krater V. Südw.-Gipfel		117,2	A	703
„ „ „ Krater IV. Südw.-Gipfel		126,7	A	760
„ „ „ dessen Ost-Gipfel		132,1	A	793
„ „ „ Krater III. Ost-Gipfel		136,3	A	818
„ „ „ Krater II. Ost-Gipfel		139,7	A	838
„ „ „ Krater I. im Tuff, Nord- Wall (trigonom. Punkt)		148,9	A	893
Tuffregion höher gegen Norden, Beginn der Piane		233,9	A	1403
Anfang des allgemeinen Lavamantels des Vesuv		246,8	A	1481
Lava des 8. Dezember 1861, östliches Ende		41,7	A	250
Vigna Passero		80,3	A	482
Pfad nördlich an Camaldoli della Torre		61,1	A	367
Camaldoli della Torre, Gipfel (im Garten)		85,6	A	514
„ „ „ Eingangsthor		80,0	A	480
„ „ „ Südwest-Fuss		41,2	A	247
„ „ „ südlicher Fuss, Strasse		30,5	A	183

4) **Messungen** am 26. März, von Bosco Reale bis Voccolo und Viulo. Es ward nur mit A beobachtet, und zweimal der Anschluss an die See bei Torre Annunziata erlangt. Die Tageskurven wurden nach den Notirungen auf Capodimonte verbessert. Die Resultate sind ziemlich sicher.

	Toisen.		par. Fuss.
Bosco Reale, Haus in Nordwest, nahe der Aschenregion	73,4	A	440
Westlicher ein Wall schwarzen Sandes	117,3	A	704
Voccole, Krater von 1760, der obere I. Nord-Fuss	150,2	A	901
„ „ „ „ dessen West-Wall	163,5	A	981
„ „ „ „ Kraterboden	155,6	A	934
„ „ „ „ Krater II, Ostwall	159,8	A	959
„ „ „ „ Krater III, Ostwall	154,9	A	928
„ „ „ „ Krater IV, mittlerer Wall	142,7	A	856
„ „ „ „ Krater V, Südost-Gipfel	140,1	A	841
„ „ „ „ dessen Boden	125,7	A	754
Haus Califano im Walde	111,2	A	667
Viulo, der nördliche Gipfel	100,8	A	605
„ Weg am westl. Fusse des mittlern Hügels	91,7	A	550
„ südlicher, Südwest-Wall, ein Haus	78,3	A	470
„ „ Südwest-Gipfel	87,5	A	525
Haus am Südwest-Fusse des mittlern Viulo	67,6	A	406
Bosco tre Case, westliche Kirche	55,8	A	335

Dem nördlichen Hauptkrater der Voccole kam ich 1855 nahe und fand unfern seiner Nordseite die Höhe = 159 Toisen. Auf dem nördlichen Viulo, Bocca della Monaca, stehen 3 Häuser; der flache geräumige Krater ist bebaut. Der südlicher liegende, mehr steile Hügel zeigt keinen auffälligen Krater, und ist mehr ein Haufwerk von Lava und Rapilli. Die noch südlicher folgenden tieferen Formen sind unklar und erfordern eine genauere Untersuchung.

5) Messungen in Pompeji, März 6. Der Tag war ziemlich günstig. Es ward nur mit B beobachtet.

	Toisen.		par. Fuss.
Gasthaus Diomedes, Eingangsschwelle an der Strasse	6,99	B	42
Südliches Stadtthor, erste Stufe	13,46	B	81
Basilika, rechts an der ersten Strasse	18,08	B	108
Forum triangulare	11,96	B	72
Stadttheater, obere Mauer	14,39	B	86
„ innere Fläche	7,34	B	44
Amphitheater, obere östliche Mauer	20,63	B	124
„ innere Fläche	12,28	B	74

	Toisen.		par. Fuss.
Stadtmauer in Nordost, oberer Rand	30,02	B	180
Thor im Westen (gegen Herculanum)	22,54	B	135

Unter diesen 74 dem Vesuvgebiete angehörigen Höhen sind gegen 50 entweder noch niemals, oder wenigstens 1855 nicht von mir bestimmt worden.

II. Das phlegräische Gebiet.

Die Beobachtungen westlich von Neapel, zwischen dem Posilipo und Miseno, geschahen zwischen Februar 28. und März 19. (1870). Am erstern Tage erlangte ich nur wenige Messungen am Monte Nuovo, da alsbald bei der Ablesung auf dem Boden des Kraters Luft in das Quecksilber trat und das Instrument bleibend unbrauchbar machte. Später kam der andere Barometer in Verwendung und häufiger noch der Aneroid, von dessen geringer Leistungsfähigkeit schon die Rede war.

		Toisen.		par. Fuss.
1) Messungen bei Pozzuoli und am Monte Nuovo, Februar 28.				
Pozzuoli, Amphitheater, innere Fläche		17,06	B	102
Monte Nuovo, Südwall-Gipfel		49,44	B	297
„ „ Südwall, Einschnitt		41,06	B	246
2) Messungen von Lago d'Agnano bis Monte Nuovo, März 9.				
Lago d'Agnano, Seefläche	a	4,78	B	
„ „ „	b	5,39	B	
„ „ „	m	5,08	B	30
Astroni, Torre dell' Ingresso	a	47,31	B	
„ „ „ „	b	48,51	B	
„ „ „ „	m	47,91	B	287
„ südlicher Zentralberg		36,69	B	220
„ der südliche grosse Teich*)		5,48	B	33
„ Wall nahe nördl. über Torre dell' Ingresso		66,00	B	396

*) 1855 habe ich an dieser Stelle eine Barometerlinie irrig abgelesen. Es muss (Eruption des Vesuv 1855) pag. 148 anstatt 16.3 jetzt 3.3 Toisen gelesen werden.

			Toisen.		par. Fuss.
Solfatara, Eingangsthor		a	51,94	B	
„ „		b	53,82	B	
„ „		m	52,88	B	317
„ Kraterebene neben Bocca grande			50,52	B	303
„ „ südl. ein Brunnen mit kaltem					
Wasser			51,59	B	309
Monte Nuovo, Südwall, Einschnitt		a	44,48	B	
„ „ „ „		b	44,83	B	
„ „ „ „		m	44,65	B	268
„ „ Boden des Kraters			8,24	B	49
„ „ Nordwest-Rand			63,43	B	380
„ „ Ostgipfel, Sommità			72,92	B	437

3) Messungen an der Solfatara, März 18. Es wurden mit A nur Differenzen gegen Bocca grande in der Kraterebene bestimmt.

Posilipo, Grotte, östliches Ende ⎫ unsicher		10,3	A	62
„ „ westliches Ende ⎭		18,5	A	131
Solfatara, Eingangsthor		54,2	A	325
„ West-Wall		104,7	A	628
„ Ost-Wall, Einschnitt		96,3	A	578
„ Heisse Bocca im Nordwest-Walle		74,7	A	448
„ Pinus in der westlichen Kraterebene		52,9	A	317

4) Messungen am 19. März zu Bajae, Miseno und Cumae.

Vigna am Südfusse des Monte Gauro	5,1	A	31
Lago d'Averno, Ostwall (am Monte Nuovo)	9,2	A	55
Bajae, Castello, westlicher Fuss	18,0	A	108
Miseno, Villa Pasquale	5,4	A	32
„ Gipfel	78,7	A	472
Bajae, Strasse nach Cumae, erster Höhenpunkt	7,3	A	43
Cumae, Akropolis, östlicher Gipfel	20,5	A	123
„ „ westlicher Gipfel	29,5	A	177
„ Arco felice, Strasse	29,1	A	175
Lago d'Averno, Nordwest-Wall	31.4	A	188

14*

III. Bemerkungen über Höhenmessungen am Vesuv.

Ein Vulkan, dessen Gestalt durch Lavaströme und Aschenregen so bedeutende Veränderungen erleidet wie der Vesuv, wird in später Zukunft wenig oder nichts von den Einzelnheiten aufweisen, die wir jetzt noch vor Augen haben. Es verschwindet nach und nach die alte Tuffbedeckung im Westen und Süden, von der nicht mehr viel zu erkennen ist. Es füllt sich das Atrio del Cavallo mehr und mehr aus, und dauern die Eruptionen Jahrhunderte lang fort, so wird nothwendig auch die Somma überdeckt werden. Die älteren Parasiten in Atrio sind ganz überflutet, die von 1794, 1820, 21, 22 nur noch in Spuren vorhanden oder schon unsichtbar. So auch werden die Kraterreihen von 1861, Camaldoli della Torre, die Viuli und die Schlünde von 1760 verschwinden. Die Zunahme des Vesuvkegels nach Höhe und Breite, jetzt klar durch *Schiavoni's* Messungen ermittelt, kann leicht so bedeutend werden, dass nicht gerade Jahrtausende erforderlich sind, um die Gipfel der Somma als Theile seines nördlichen Abhanges erscheinen zu lassen. Indessen ist dieser Kegel doch von ziemlich baufälliger Beschaffenheit. Wie grosse Verwüstungen die Seitenausbrüche bewirken, zeigen die Ereignisse von 1855 bis 1872, besonders das Letztere, und diese, so wie die Zerstörungen des Gipfels durch grosse Explosionen setzen der Zunahme in der Höhe doch bedeutende Hindernisse entgegen. Im Hinblick auf so starke und vielartige Wandlungen ist es einleuchtend, dass topographische Studien auch die Höhen und Neigungsverhältnisse nicht vernachlässigen dürfen, und dass in Zeichnungen und in der Mittheilung von Zahlwerthen eine mehr kritische Behandlung gewünscht werden muss. Die Abbildungen sind in der Mehrzahl unrichtig und in Hinsicht des Details vielfach weder genau noch hinlänglich charakteristisch; die Höhenzahlen werden gegeben ohne Beifügung solcher Bemerkungen, die ein Urtheil über die Methode der Messung und deren Genauigkeit gestatten. Die folgende Uebersicht wird darlegen, in welchem Zustande sich die Hypsometrie am Vesuv befindet. Manches habe ich schon in meiner Schrift „Erupt. des Vesuv 1855" mitgetheilt, anderes entnehme ich dem Werke *Roth's* (1857) und den Schriften aus den letzten 17 Jahren. Die Relationen über die Jahre 1631, 1737, 1752 habe ich bereits 1857 zu Olmütz ausgearbeitet.

Genauere Barometermessungen am Vesuv haben wir erst seit dem Anfange dieses Jahrhunderts. *L. v. Buch, Gay-Lussac, A. v. Humboldt* haben sorgfältig beobachtet, und des Letztern Messungen sind von *Oltmanns* nach *Laplace's* Formel berechnet worden. Für viele der spätern Angaben lässt sich der Grad der Genauigkeit nicht ermitteln; für viele trigonometrische Messungen mangelt sowohl die Kenntniss der Methode, die der Grenzen der wahrscheinlichen Fehler, ja oft sogar die genaue Angabe des Punktes, welcher bestimmt ward. Die Kritik, welche in andern Disziplinen selbstverständlich bei jeder Gelegenheit angewandt wird, soll man auf diesem Gebiete noch nicht erwarten. Ich bezweifle durchaus nicht, dass die einzelnen Beobachter in den meisten Fällen mit Sorgfalt und Sachkenntniss verfuhren; die vorliegenden Publikationen aber ermangeln des Charakters astronomischer Genauigkeit und Strenge. Der Zusammenstellung der Höhenwerthe lasse ich eine Relation über die Seehöhe des Eremiten vorangehen, welche man oft als Basis für die Höhenbestimmung des Vesuvkegels betrachten kann; ihr anzuschliessen ist die Höhe des nahen Palazzo Vesuviano, wo *Palmieri* beobachtet, wo ich 1855 meine Instrumente aufgestellt hatte, und wo in neuerer Zeit manche Beobachter ihre Messungen als an einen festbestimmten Punkt anschliessen. Durch B bezeichne ich die barometrischen, durch T die trigonometrischen Angaben, durch p das ungefähre Gewicht.

Plateau vor dem Eremiten.

			Toisen.			
1805 Juli 29.	*Gay-Lussac*	=	298,8	B	p =	1
1805 August 4.	*A. v. Humboldt*	=	300,4	2 B		2
1816	*Visconti*	=	306,1	T		4
1822 Novbr. 25.	*A. v. Humboldt*	=	303,0	B		1
1822 Dezbr. 1.	*A. v. Humboldt*	=	314,3	B		1
1823 März	Lord *Minto*	=	307,9	2 B		2
1828 ?	Generalstabskarte	=	305,5	T		4
1832 Juli 10.	*Hoffmann*	=	299,8	2 B		1
1855 April, Mai	*J. Schmidt*	=	304,9	2 B		3
1870 Februar 26.	*J. Schmidt*	=	305,7	2 B		3
1870 März 21.	*J. Schmidt*	=	310,4	2 B		2.

Das Mittel stellt sich auf 305,48 T = 1833 par. Fuss und liegt also den trigonometrischen Bestimmungen sehr nahe. Die Verbindung dieser Station mit dem nahen Observatorium kann, falls barometrisch, nur durch meine Differenzmessungen von 1855 und 1870 erlangt werden. 1855 maass ich den Unterschied zwischen dem Barometergefäss in dem obern Oktagon des Observatoriums; 1870 aber nur das Stück vom Eremitenplateau bis zum äussern Eingangsthore des Palazzo Vesuviano. Von diesem Thore bis zum Anfang der innern Marmortreppe ist die Höhendifferenz nach einer Mittheilung *Palmieri's* = + 2,77 Toisen. Vom letztern Punkte bis zum Barometer-Gefässe im Oktagon nach meiner direkten Messung = + 3,66 Toisen; also vom Thore bis zu den Barometern = + 6,43 Toisen.

Unter Annahme dieser Zwischenglieder finde ich die Seehöhe:

des Palazzo Vesuviano, Barometergefäss im obern Oktagon.

Toisen.

		Toisen.		
1855 April 16.	=	321,32	B	p = 2
1855 April 22.	=	327,59	B	1
1855 April 28.	=	329,44	B	1
1855 Mai 29.	=	322,77	B	2
1870 Febr. 26.	=	323,02	B	3
1870 März 21.	=	323,65	B	2.

Das Mittel ergibt 322,92 Toisen = 629,37 Meter = 1937 par. Fuss. Für den obern Fussboden kann man 628 Meter annehmen. Da nun *Palmieri* ehemals die Seehöhe = 610 Meter, 1868 aber zu 637 Meter angab, so schliesse ich, dass seine Bestimmung entweder überhaupt keine definitive war, oder, falls sie trigonometrisch erlangt wurde, die erstere Zahl sich auf das Eingangsthor, die Letztere aber auf den Gipfel des Gebäudes bezogen habe. Vom Eingangsthore bis zum Gipfel mögen es leicht 26 Meter sein, da das Gitter am Wege noch tief unter dem Fusse des Gebäudes liegt und sich über dem Oktagon noch ein Thurm erhebt.

Indem ich die obigen Mittelwerthe für den Eremiten und das Observatorium anwende, die jedenfalls als der Wahrheit sehr genähert gelten dürfen, finde ich meine verbesserten Messungen von 1855 wie folgt:

1855. Punta del Palo, oder NOWall = 623,34 Toisen = 3740 par. Fuss.
Beobachtet an 6 Tagen.

1855. Punta di Pompeji, Ost-Wall = 650,46 Toisen = 3903 par. Fuss.
Beobachtet an 3 Tagen.

1870. Nordnordwest-Wall = 624,43 Toisen = 3747 par. Fuss.
Beobachtet an 1 Tage.

1870. Gipfel des obern Kegels gegen SW = 657,11 Toisen = 3943 par. Fuss.
Beobachtet an 1 Tage.

Diese verbesserten Werthe erscheinen in dem folgenden Verzeichnisse der Vesuvhöhen. So lange nicht neue, sehr strenge und in ihrem Detail erkennbare Messungen für die Fundamentalörter bekannt werden, darf ich den spätern Beobachtern folgende Daten empfehlen:

Plateau vor dem Eremiten $= 305,48$ T. $= 595,38$ Met. $= 1832,9$ p. Fuss.

Palazzo Vesuviano, äusseres
Gitterthor $= 316,49$ T. $= 616,84$ Met. $= 1898,9$ p. Fuss.

Palazzo Vesuviano, Ort der
Baromet. im Oktagon $= 322,92$ T. $= 629,38$ Met. $= 1937,5$ p. Fuss.

Ist die Zahl 629,38 Meter die richtige für die Seehöhe der Instrumente im Observatorio, so muss die Angabe *de Verneuil's* von 1869, der nach *Palmieri* 637 zu Grunde legte, 1287—8 $= 1279$ Meter für die damalige Gipfelhöhe des Vesuv gelesen werden.

Vesuvhöhe im Jahre 1631.

Für die Zeit um 1631, mit welcher die reiche Literatur über den Vesuv beginnt, kann es sich nur um mehr oder weniger wahrscheinliche Näherungen handeln, bei deren Ermittelung ich nur die eine Hypothese zu Grunde lege, dass sich die Seehöhe der Punta Nasone di Somma $= 577,2$ Toisen nicht merklich geändert habe. (Eruption des Vesuv 1855 pag. 95). Die alten Schriftsteller seit 1631 verglichen öfter diese Höhe mit der des eigentlichen Vulkankegels, mit der Campana del Vesuvio. Solche Vergleichungen, die noch durch Zahlenangaben unterstützt werden, können uns zur genäherten Kenntniss der Höhenverhältnisse zu jener Zeit verhelfen. Ueber 100 Schriftsteller handeln von der gewaltigen furchtbar verheerenden Eruption im Dezember 1631. Aber in der langen Reihe dieser von *Scacchi* im Auszuge mitgetheilten Werke findet sich für unsern Zweck sehr wenig Brauchbares. Eigentlich nüchterne Beobachtungen sind nur selten, und dann zum Theil von hohem Werthe, neben vielen poetischen und religiösen Ergüssen; auch fehlt es nicht an Abbildungen, die später, manchmal mit Zusätzen, neu herausgegeben wurden.

In der Abhandlung des *Giambernardino Giuliani* „Trattato del Monte Vesuvio e dei suoi incendi. Nap. 1632", findet man 2 Abbildungen des ganzen Berges. Genau dieselben hat der Jesuit *Giovan Battista Mascolo* in seiner Schrift de incedio Vesuvii 1631, und ebenso finden sie sich in der Vesuvgeschichte des *Mecatti*, durch welche sie mir bekannt geworden sind. Beide Zeichnungen sind ungeschickt, von mangelhafter Behandlung der Perspektive und stehen mit dem beigefügten Texte gelegentlich in Widerspruch. Im Ganzen zeigen sie, wie die Somma und das Atrio del Cavallo vor 1631 mit Bäumen bewachsen war, und dann die Verheerungen auf dem Berge seit dem 16. Dezember 1631. Für die Höhen der Somma und des Vesuvkegels lässt sich nichts Sicheres folgern. In dem Briefe *Bulifon's* an den Pater *Mabillon* sind in 4 Blättern die Figuren des Vesuv vor und nach 1631, sowie für 1684 bis 1689 gegeben, die mir bis jetzt unbekannt blieben. Ebenso gibt es für 1631 oder 1638 von dem bekannten römischen Jesuiten *Athanasius Kircher* eine gute Abbildung im „mundus subterraneus" unter dem Abschnitte „de montis Vesuvii relinquarumque insularum exploratione abauthore facta". In *Mascolo's* Schrift steht die Angabe, dass vor dem Dezember 1631 der Kegel 30 Passi = 28,5 Toisen höher als die Somma war. Demnach wäre also die Höhe = 577,2 + 28,5 = 606 Toisen gewesen. Fände sich diese Zahl nicht wiederholt bei andern Schriftstellern, wenn auch mitunter in etwas veränderter Grösse, so würde man wenig Zutrauen zu einer Darstellung fassen, aus welcher *Scacchi* speziell hervorhebt den Ueberfluss an tollen Spekulationen und abgeschmackten Einfällen. Eine rohe Zeichnung gibt die Schrift des *Giacomo Milesio*, Nap. 1631; eine ähnliche mittelmässige Abbildung, in welcher der Vesuv viel niedriger als die Somma erscheint, die Abhandlung des *Julius Caesar Papaccio* „Relazione del fiero ed iracondo incendio del monte Vesuvio. Nap. 1632. Suchen wir nach ferneren Dokumenten über die Gestalt des Berges in damaliger Zeit, so treffen wir in dem Werke des *Francesco Sanzmoreno di Andosilla* „Ampla copiosay verdadera relacion del incendio de la montaña de Soma o Vesubio, declarando todo dia por dia ect. ect. Nap. 1632" ebenfalls die Bemerkung, dass der Hauptkegel vor 1631 höher als die Somma war. In den Jahren 1582, 1612, 1619 ward der Berg von *Pighio*, von *Braccini*, von *Magliocco*, vom Pater *Salimbeni* und *Nicola de Rubeo* erstiegen, von Letzteren 1619, wie *Carafa* in seiner epistola de Vesuvii conflagratione Nap. 1632 erzählt und *Julius Caesar Braccini* in dem Werke „dell' incendio fattosi nel Vesuvio Nap. 1632" wiederholt. Von diesen Männern haben wir die Beschreibung des Kraters vor 1631, zu welcher Zeit nach *Carafa* und Andern der Vesuv die Höhe der Somma um etwa 30 Toisen übertraf. Allein *Carafa* lässt in der Eruption den Berggipfel derart sich verringern, dass er etwa 215 Toisen niedriger lag als Punta Nasone. Wollte man auch, was sich einigermaassen begründen liesse, sagen, dass damals das Atrio del Cavallo 20 Toisen niedriger war als jetzt (1857), dass damals also das Atrio von der Punta Nasone um 160 + 20 = 180 Toisen, statt wie jetzt (1857) um 160 Toisen überragt wurde, so muss man nothwendig jene Angabe gänzlich verwerfen, da nicht nur demgemäss der ganze Vesuvkegel verschwunden wäre, worüber alle Welt geredet haben würde, sondern auch die ganze Region der Basis des Kegels eine Einsenkung gebildet haben müsste. Wie natürlich findet diese und eine spätere ebenso leichtsinnige als gedankenlose Behauptung *Mecatti's* keinerlei Berücksichtigung. Dieser näm-

lich lässt den Vesuv sich um 1 Miglio $=$ 975 Toisen erniedrigen, während
Jeder weiss, dass die ganze Höhe des Berges überhaupt nur $^2/_3$ der Miglie
beträgt. Viel glaubwürdiger ist die Messung (oder Schätzung) *Braccini's* und
zweier Geometer, die vielleicht am 18. Dezember 1631 ausgeführt wurde, als
man bei der ersten Aufheiterung der von der Asche verfinsterten Luft den
ungeheuren Ruin des Berges und seiner Umgebung gewahrte. Man fand den
Vesuv jetzt zirka 86 Toisen niedriger als die Somma, also 577 — 86
$=$ 491 Toisen. War die Messung auch nicht genau in unserm Sinne, so
gab sie doch wahrscheinlich eine Näherung, die sich noch in anderer Weise
prüfen lässt, wie folgt. Nimmt man an, dass vormals wie jetzt die Seiten des
Vesuvkegels 30° oder 31° geneigt waren, wie es wegen der Bedeckung durch
Asche und Rapilli der Fall sein muss, so kann man bei bekannter Dimension
des Gipfelkraters, wie er vor 1631 war, die beiläufige Erniedrigung des
Berges für den 18. Dezember 1631 ungefähr ermitteln. Setzen wir die
frühere Berghöhe $=$ 606 Toisen, ferner nach einer Messung *Salimbeni's* im
Juni 1631 den mittlern Durchmesser des Kraters $=$ 258 Toisen (siehe den
Katalog von *Scacchi* im Pontano); setzen wir ferner nach *Carafa* die wirklich
gemessene Dimension des Kraters nach dem 18. Dezember 1631 $=$ 823 Toisen,
so haben wir die Abnahme:

$$= \left(\frac{823}{2} - \frac{258}{2} \right) \text{tang. } 30^0 = 282 \text{ tang. } 30^0 = 163 \text{ Toisen},$$

demnach genähert die Vesuvhöhe am 18. Dezember 1631 $=$ 606 — 163
$=$ 443 Toisen. Versuchen wir der Sicherheit wegen noch eine Prüfung
und legen die Höhe und Dimension des Gipfelplateaus von 1855 zu Grunde,
Höhe $=$ 620 Toisen, Halbmesser des Altopiano $=$ 175 Toisen, so hat man
die Abnahme:

$$= \left(\frac{823}{2} - \frac{350}{2} \right) \text{tang. } 30^0 = 236 \text{ tang. } 30^0 = 136 \text{ Toisen},$$

also die Vesuvhöhe für Dezember 18. 1631 $=$ 620 — 136 $=$ 484 Toisen,
wobei indessen zu beachten, dass 1855 bei gleicher Seehöhe jeder horizontale
Durchschnitt des Kegels grösser sein musste als 1631, weil dieser 224 Jahre
hindurch in allen Dimensionen zugenommen hatte. Bei Erwähnung der
Messung *Braccini's* habe ich angenommen, dass die Verminderung so zu verstehen sei, als wenn der Berg am 18. Dezember 1631 gegen 86 Toisen
niedriger gewesen als die Somma; allein eine Stelle bei *Scacchi*, der ich lieber
folgern werde, lautet „ma secondo le misure prese del *Braccini* con due altri
„geometri, il gran cono del Vesuvio scemò di metri 168 ect.", weshalb ich
vorziehe: 606 — 86 $=$ 520 Toisen.

Welcher Mittel sich jene Männer zu ihrer Messung bedienten und welcher Grad der Sicherheit ihrem Resultate beizulegen sei, lässt sich jetzt nicht mehr bestimmen. Erwägt man aber, dass die vorige Untersuchung im Ganzen doch annehmbare Ergebnisse lieferte, so stehe ich nicht an, das folgende Endresultat als wohlbegründet anzusehen und als das Einzige, welches bis jetzt den alten Nachrichten abgewonnen wurde. Gebe ich den wirklichen Messungen das doppelte Gewicht, so hat man für die Zeit nach der Explosion im Dezember 1631:

Höhe = 520 Toisen, nach *Braccini*'s Messung,

= 443 ,, nach meiner ersten Hypothese,

= 484 ,, nach meiner zweiten Hypothese,

Mittel = 492 Toisen = 959 Meter = 2952 par. Fuss.

Demnach betrug die Abnahme der Berghöhe 114 Toisen oder 684 par. Fuss, und entsprach einem Volum, welches das des Monte nuovo etwa um das Doppelte übertraf. In diesem Zustande ward der Vesuv um 85 Toisen von der Somma überragt.

1737.

Höhen und Dimensionen am Vesuv wurden im vorigen Jahrhundert oft nach dem in Neapel gebräuchlichen Maasse „palmo" ausgedrückt; geradezu jene Reduktion auf die Toise anzunehmen, welche heutzutage Geltung hat, scheint mir nicht gerathen, und ich ziehe vor auf besonderm Wege zu ermitteln, wie gross der Palm war, der oft bei *Serao* und andern gebraucht wird. In dem sehr verdienstlichen Kataloge, den Professor *Arcangelo Scacchi* über die ältere Geschichte des Vesuv zusammengestellt hat (Il Pontano, biblioteca di Scienze lettere ed arti, pubblicata da Carlo de Petris, Nap. 1847) wird die heutige Reduktion 1 pariser Fuss = 0,81302 Palm angewandt. *Francesco Serao* in seinem sehr beachtenswerthen Werke: Istoria del Incendio del Vesuvio, accaduto nel mese di Maggio, dell' anno 1737 (pag. 89 der akademischen Ausgabe von 1738) sagt: „Neapolitana canna palmis item „Neapolitanis octo comprehenditur, palmus autem nostras pede parisiensi sexta „parte minor est, ut sex Neapolitani palmi quinque pedibus parisiensibus aequiparentur. Nach ihm wäre also 1 Palm = 0,83333 par. Fuss. In dem racconto storico-filosofico del Vesuvio ect. gibt *Mecatti* irgendwo an, dass 5 Palm = 4 par. Fuss seien, also 1 Palm = 0,8 par. Fuss. Um zu prüfen, welcher Palm zu *Serao*'s Zeit in Gebrauch war, berechnete ich einmonatliche von *Serao* 1737 zu Neapel angestellte Barometerbeobachtungen, unter Annahme der 3 Reduktionen: A = 0,83333, B = 0,8000, C = 0,81302.

Die Beobachtungen findet man in dem erwähnten Werke pag. 26; sie sind ausgedrückt durch Zolle, geben keine Temperaturen des Quecksilbers, sondern nur Lufttemperaturen nach einem Thermometer von *Hawksby*, von dem *Serao* sagt „Thermometrum quo usi sumus, Hauksbejani opificii esse, in quo scilicet frigus summum gradibus 100 ostenditur; summus vero calor gradu $= 0$". Nach dieser Angabe lässt sich freilich nicht reduziren. Da ich aber zu Neapel, im selben Monate, wenn auch 118 Jahre später, täglich den Barometer abgelesen habe, so finde ich, dass man, ohne viel zu irren, die Temperatur des Quecksilbers in jenem alten Barometer $= 15^0$ R. setzen darf. *Serao's* Barometer war in neapolitanische Zolle und deren Dezimalen eingetheilt, z. B. Mai 1. Barometer $= 34{,}7''$. Diese Zahl mit $0{,}83333$ multiplizirt, gibt $28{,}917$ par. Zolle $= 347$ par. Duodenimallinien nach der Hypothese A; nach der 2. Hypothese B würde man $333{,}1$ Linien finden. So habe ich alle Beobachtungen in 3 Hypothesen berechnet. Die Kolumne D gibt die Werthe C auf 0^0 reduzirt. Die letzte Kolumne E den Unterschied von meinen Beobachtungen, die dem Datum nach identisch, im Uebrigen, wie erwähnt, 118 Jahre jünger sind. Es ist also der Werth $E = (Serao\text{-}Schmidt)$, ausgedrückt in par. Linien.

1737.	Bar. *Serao.*	A.	B.	C.	D.	E.
Mai 1.	$34{,}7''$	$347'''$	$333{,}1'''$	$338{,}5'''$	$337{,}4'''$	$+\,0{,}5'''$
2.	$34{,}6$	346	$332{,}2$	$337{,}6$	$336{,}5$	$-\,1{,}2$
3.	$34{,}5$	345	$331{,}2$	$336{,}6$	$335{,}5$	$-\,0{,}5$
4.	$34{,}4$	344	$330{,}2$	$335{,}6$	$334{,}5$	$-\,1{,}1$
5.	$34{,}7$	347	$333{,}1$	$338{,}5$	$337{,}4$	$+\,1{,}0$
6.	$34{,}6$	346	$332{,}2$	$337{,}6$	$336{,}5$	$-\,2{,}8$
7.	$34{,}3$	343	$329{,}3$	$334{,}6$	$333{,}5$	$-\,3{,}9$
8.	$34{,}4$	344	$330{,}2$	$335{,}6$	$334{,}5$	$-\,1{,}8$
9.	$34{,}5$	345	$331{,}2$	$336{,}6$	$335{,}5$	$-\,0{,}9$
10.	$34{,}3$	343	$329{,}3$	$334{,}6$	$333{,}5$	$-\,2{,}4$
11.	$34{,}6$	346	$332{,}2$	$337{,}6$	$336{,}5$	$-\,1{,}2$
12.	$34{,}4$	344	$330{,}2$	$335{,}6$	$334{,}5$	$-\,2{,}8$
13.	$34{,}3$	343	$329{,}3$	$334{,}6$	$333{,}5$	$-\,4{,}0$
14.	$34{,}5$	345	$331{,}2$	$336{,}6$	$335{,}5$	$-\,2{,}4$
15.	$34{,}6$	346	$332{,}2$	$337{,}6$	$336{,}5$	$-\,0{,}1$
16.	$34{,}4$	344	$330{,}2$	$335{,}6$	$334{,}5$	$-\,0{,}7$
17.	$34{,}3$	343	$329{,}3$	$334{,}6$	$333{,}5$	$-\,3{,}2$
18.	$34{,}6$	346	$332{,}2$	$337{,}6$	$336{,}5$	$-\,1{,}4$

1737.	Bar. *Serao.*	A.	B.	C.	D.	E.
Mai 19.	34,6''	346'''	332,2'''	337,6'''	336,5'''	— 2.0'''
20.	34,9	349	335,0	340,5	339,4	+ 1,2
21.	34,7	347	333,1	338,5	337,4	— 1,4
22.	34,6	346	332.2	337,6	336,5	— 3,3
23.	34,6	346	332,2	337,6	336,5	— 3,0
24.	34,7	347	333,1	338,5	337,4	— 0,8
25.	34,7	347	333,1	338,5	337,4	— 1,0
26.	34,9	349	335,0	340,5	339,4	+ 1,4
27.	34,7	347	333,1	338,5	337,4	— 0,3
· 28.	34,6	346	332,2	337,6	336,5	— 1,1
29.	34,6	346	332,2	337,6	336,5	0,3
30.	34,7	347	333,1	338,5	337,4	+ 0,8
31.	34,9	349	335,0	340,5	339,4	+ 2,0
Juni 1.	34,7	347	333,1	338,5	337,4	+ 0,5.

Die nach A reduzirten Barometerwerthe geben unmögliche Stände des Quecksilbers, wenn man sich erinnert, dass der mittlere Stand am Meere 338''' beträgt. Die mit B reduzirten sind so klein, dass sie für Neapel nur ausnahmsweise bei Südstürmen eintreten können, oder man müsste annehmen, dass *Serao* hoch oben an Capo di Monte oder an St. Elmo gewohnt habe, wofür wenig Wahrscheinlichkeit, da ein geschätzter Arzt wie *Serao*[*], eher im Mittelpunkte der Stadt, dem Palaste, der Universität und dem Meere nahe gewohnt haben wird. Die auf 0° reduzirten Stände D dagegen entsprechen dem Luftdrucke im untern Theile Neapels, und harmoniren bis auf — 1,14''' im Mittel mit meinen in derselben Jahreszeit zu Neapel angestellten Beobachtungen. Jene mittlere Differenz, um so viel der alte Barometer niedriger stand als der meinige, kann nur herrühren von mangelhafter Konstruktion des Barometers zu Neapel, von einer in das Vacuum eingedrungenen Luftblase, endlich davon, dass *Serao's* Barometer etwa 15 Toisen höher hing als mein Barometer in einem Hause an der Santa Lucia, sich sonach in einer Seehöhe von etwa 24 Toisen befand. Diese Prüfung ist nicht ohne Interesse, und macht es wahrscheinlich, dass im Jahre 1737 ein Palm von 0,813 par. Fuss Länge zu Neapel gebräuchlich war. Weiter kann man nicht mit Sicherheit zurückgehen, und für die Passi, Palmi und Canne der frühern Zeit nur

---

*) Nach einer handschriftlichen Bemerkung in meinem Exemplare von dem Werke *Serao's* starb der zu seiner Zeit berühmte Verfasser in der Nacht des 3. zum 4. August 1783 zu Neapel.

annehmen, dass sie von der sonst schon ermittelten Grösse nicht viel abweichen. Wahrscheinlich von derselben Ansicht ausgehend, hat *Scacchi* überall 1 Palm = 0,813 par. Fuss angenommen und mit dieser Grösse alle seit 1631 vorkommenden Zahlen auf den Meter reduzirt.

Serao im Capo ultimo p. 226 sagt vom Mai 1737: confirmabunt omnes, meridionalem Vesuvii verticem, ex quo nempe ignis emittitur, antea longe erectiorem, quam in praesentiarum est, exstitisse, wobei ich doch zweifelhaft bleibe, ob er nicht, wie andere auch, den Vesuvkegel überhaupt als südlichen Gipfel im Gegensatze zur Somma meint, ohne speziell an den Südrand des Kraters zu denken. Die Zahlen, die er nun anführt, beruhen offenbar auf einem Irrthume, wie auch *Scacchi* annimmt. Verstehe ich unter vertex septentrionalis die Somma, unter vertex meridionalis den Vesuvkegel, so hatte ersterer nach *Serao* 720, letzterer 686 Canne der Höhe nach, also 800 und 762 Toisen, nach Annahme, dass 6 Palm = 5 par. Fuss, oder wenn ich 1 Palm = 0,81302 par. Fuss setze, 780 und 744 Toisen, beides unmögliche Werthe. Setzt man für die Somma 577 Toisen = 720 Canne, so wäre in diesem Falle 1 Toise = 1,248 Canne, und der Unterschied beider Höhen 27 Toisen; der Vesuv wäre also 577 — 27 = 550 Toisen hoch gewesen, zwar nicht unglaublich, aber doch nicht wahrscheinlich, da die Eruptionen seit 106 Jahren den Berg doch wohl mehr erhöht haben mochten. Auch gibt *Serao's* Abbildung (von Neapel gesehen) beiden Gipfeln dieselbe Höhe. Seine zweite Tafel enthält einen Durchschnitt des Berges, in welchem die Somma höher als der Gipfelkrater erscheint. Endlich wird man vor 1737 die Vesuvhöhe zu mindestens 580 Toisen annehmen dürfen, nach oben erwähntem Ausspruche.

1739 oder 1740.

Die Höhe des Vesuv bestimmte der Abt *Nollet* barometrisch = 1160 Meter = 595 Toisen anno 1739, wie *Scacchi* pag. 118 angibt, vielleicht erst später nach *Laplace's* Formel berechnet; pag. 128 nennt *Scacchi* das Jahr 1740. *Nollet's* Schrift „Plusieurs faits d'histoire naturelle observé en Italie, in der Histoire de l'Academie d. S. 1750 pag. 14 ff. kann ich nicht nachsehen.

1752.

Am Schlusse von *Mecatti's* Werke pag. CCCLXXXVIII findet man die Osservazioni del Signor *Francesco Geri*, des Obergärtners von Portici. Der sehr weitschweifige, zum Theil höchst verworren geschriebene Bericht enthält ausser manchen guten und vielen unnützen Dingen auch die umständliche

Darlegung eines Nivellements des Vesuv, welches ganz zu verstehen mir nur mit Hilfe der beigefügten Tafel einigermaassen gelungen ist. Diese Tafel findet sich nebst andern bei *Mecatti* an einer Stelle, wo sie nicht hingehört, pag. CCCXVI. Da sie ein verschobenes Halbprofil darstellt und die in Palm ausgedrückten Höhen einzeichnet, so sagt sie mehr als der lange Bericht, den man ohne Bedenken von 12 Quartseiten auf eine reduziren kann, ohne dabei etwas einzubüssen. Wendet man für den Palm die Reduktion 0,81302 an, so findet man Werthe, die keinerlei Misstrauen erregen. Wie das Instrument beschaffen war, erfährt man nicht, wohl aber, dass *Geri* sich aller Sorgfalt befleissigte. *Geri* fand die Seehöhe des Atrio = 406,6 Toisen, und zwar an der Nordseite. Meine 3 Messungen daselbst, 103 Jahre später angestellt, ergaben, stets am Fusse der Somma, in Nordwest = 398,3, in Nord = 413,7, in Nordost = 412,2 Toisen, also Differenzen gegen *Geri:* — 8,3 + 7,1 + 5,6 Toisen. Da aber *Geri* mehr in Nordost und Nord beobachtete, so kann man ohne Zweifel meine erste, in Westen liegende Messung ausschliessen, und dann hatte *Geri* im Mittel das Atrio 6,3 Toisen niedriger gefunden, ganz der Natur angemessen, da jene bekannte Ebene sich stets erhöht. Er maass ferner im Westen einen Punkt im Atrio, wahrscheinlich bei Croce di Salvatore, mit 377 Toisen, wo ich nach wenig sichern Beobachtungen mit dem Aneroid 378 Toisen gefunden habe. Zeigen sich nun *Geri's* Messungen im Atrio als der Wahrheit gut genähert, so darf man auch seine Bestimmung der Vesuvhöhe für genügend sicher halten. Er fand im März 1752:

die Höhe des Kraterrandes Nordost = 547,7, die Höhe in
Südwest = 540,4 Toisen.

Arbeiten des Uffioio topografico in Neapel 1845—1872.

Auf dem Pizzofalcone zu Neapel beobachtet man seit 1845 die Veränderungen des Vesuvgipfels von einem festen, geodätisch genau bestimmten Punkte, und misst mit einem 8zölligen *Ertel*'schen Kreise Azimuthe und Höhen derjenigen Punkte im Profil der oberen Kuppe des Berges, die für die Topographie und für die Kenntniss der dortigen Veränderungen von Bedeutung erscheinen. In einer Entfernung vom Berge etwa = 7900 Toisen sieht man eine Toise unter dem Winkel von 26 Bogensekunden; das Instrument würde also Resultate bis auf Theile des Fusses genau geben, wenn nicht die Unsicherheit der irdischen Refraktion die Genauigkeit verminderte. *Schiavoni* hat 1872 die Resultate zusammengestellt und durch den Ingenieur-Geographen *Cav. Arabia* graphisch darstellen lassen. Nach Erklärung der Beobachtungsmethode folgt die Erläuterung einer kolorirten Tafel. Die Basis ist ein horizontaler Durchschnitt des Berges in 1100 Meter Seehöhe. Die Mitte, durch h bezeichnet, deutet die vulkanische Axe an, die Region der häufigsten Ausbrüche. Nach links und rechts, oder nach Nord und Süd von h sind die Abscissen in Metern angegeben, durch a b c d etc. etc., entsprechend den Differenzen der Azimuthe, und über denselben Punkten die zugehörenden Ordinaten, als Abstände der Gipfelpunkte von der erwähnten Basis. Diese Darstellung, von welcher ich eine genäherte, um die Hälfte verkleinerte Kopie gebe, zeigte nicht nur die Variation der Höhe, die man längst kannte, sondern auch das Wachsthum des Berges der Dicke nach, und hierüber fehlte es bis jetzt an allen zuverlässigen Messungen. In der folgenden Figur wiederhole ich aus *Schiavoni's* Abhandlung indessen nur die Profile von 1847 und 1872 und behalte die Buchstaben des Originals bei.

Nicht nach dieser Figur, sondern nach der genauen Konstruktion bei *Schiavoni* gebe ich die folgenden durch Nachmessung gefundenen Werthe. Es bedeutet: A die jedesmalige Seehöhe (Meter und Toisen) der nördlichen Gipfelregion, die ehemals Punta del Palo genannt wurde, und zwar ist dies in der Figur die Region senkrecht über b; ferner: B, die Höhen in der Region zwischen k und x, also südlich an der Axe, und wohl in jedem Falle zugleich östlicher gelegen. C endlich die jedesmalige Dicke des Vesuvkegels, von

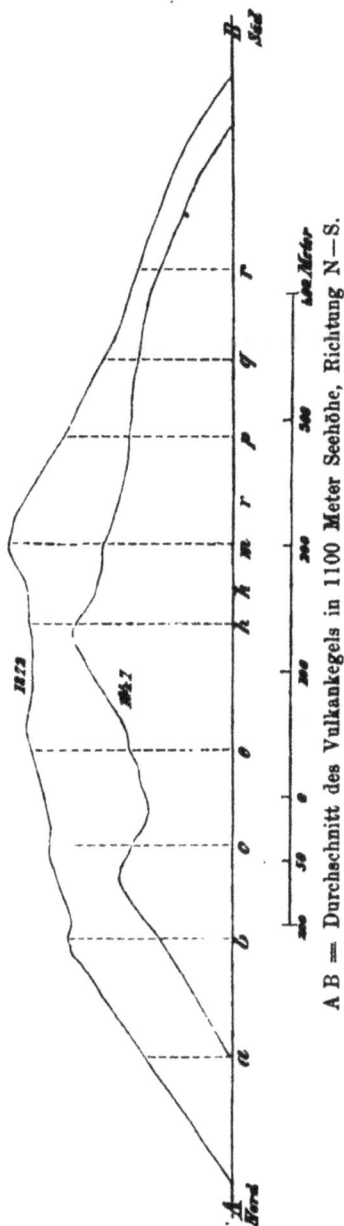

Nord zu Süd gemessen in einer 1100 Meter über See gelegenen Ebene.
h = Seehöhe, d = Dicke.

Jahr.	A.		B.		C.	
	Meter	Toisen	Meter	Toisen	Meter	Toisen
1845 h =	1196 =	613,6	h = 1175 =	602,8	d = 748 =	383,8
1847	1196 =	613,6	1205 =	618,3	748 =	383,8
1850	1202 =	616,7	1292 =	662,9	759 =	389,4
1855	1205 =	618,3	1285 =	659,3	767 =	393,5
1858	1208 =	619,8	1259 =	643,9	772 =	396,1
1868	1231 =	631,6	1298 =	665,9	785 =	402,7
1872	1246 =	639,3	1295 =	664,6	871 =	446,8

In 27 Jahren erhöhte sich also der Berg am Nordrande 50 Meter
= 25,7 Toisen, in der Region k x um 120 Meter = 61,8 Toisen; die Dicke
des Berges in der Seehöhe 1100 Meter hatte um 123 Meter oder 63 Toisen
zugenommen. Nach diesen Daten kann man unter den nöthigen Hypothesen
berechnen, wann der nördliche Saum der Basis des Vesuv den Fuss der Punta
Nasone erreichen wird, wenn also das Atrio del Cavallo nicht mehr existirt.
Der Werth solcher Rechnung würde indessen nur ein geringer sein. Die
genaue Summirung derjenigen Tage, welche zur Zeit von Eruptionen, Lavaströme aus dem Gipfelkrater und aus den Seiten nachweisen, sowie die Dauer
der Aschenfälle würde als Mittelwerth das Volum erkennen lassen, welches
durchschnittlich eine Eruption liefert, sofern dabei nur das Volum des Vesuvkegels betrachtet wird.

Wir sehen also, wie dieser Vulkan sich nur durch Aufschüttung vergrössert, durch Materien, die in jedem einzelnen Falle gesehen und nach
ihrer Lagerung oft vermessen wurden. Niemals fanden Hebungen statt, falls
man nicht lokales Aufblähen der Lava an wenigen Stellen so nennen will.
Nicht die Beobachter unserer Tage, welche jetzt so lebhaft die Erhebungs-
theorie bekämpfen, sondern *Hamilton* vor mehr als 100 Jahren war es, der
zuerst wiederholt und mit Nachdruck den richtigen Schluss aus seinen sehr
verdienstlichen Beobachtungen am Vesuv und am Aetna gezogen hat. Er
war auch wohl der Erste, der nicht nur den durch die Lavaglut erleuchteten
Dampf richtig erklärte, im Gegensatze zu der stets wiederkehrenden Schilderung der Flammen bei Ausbrüchen, sondern der die blaue Flamme eines
Kegels im grossen Krater, als ein ihm neues Phänomen, besonders beschrieben
hat. Da bei dieser Beobachtung (Anfang November 1765) kein normaler
Ausbruch stattfand, so darf man *Hamilton's* spätere Aussage, dass er bei

keiner Eruption wirkliche Flammen · gesehen habe, nicht für einen Widerspruch erklären.

Tafel der gemessenen Vesuvhöhen.

Indem ich in der folgenden Zusammenstellung mich auf den Vesuvkegel beschränke und nur Höhen ˙mittheile, die sich auf die Gipfelregion beziehen, will ich bemerken, dass ich meine eigenen Messungen 1855 und 1870 schon nach der vorhin ermittelten Höhe des Eremiten und des Palazzo Vesuviano verbessert habe; dass ich *de Verneuil's* beide Angaben doch unverändert aufnahm; dass ich endlich nur dann die Angaben des Ufficio topografico nach *Schiavoni's* Profilen angebe, wenn mir die wirklichen Resultate der Messungen nicht bekannt waren. Mehrfach wähle ich *Roth's* Zahlwerthe, weil ich vermuthe, dass ihm in Neapel und anderswo mehr und bessere Hilfsmittel als mir selbst zugänglich waren. Für 1631—1752 bleibe ich indessen bei den von mir gefundenen Resultaten stehen. Es wäre wohl zweckmässig, die Lokalitäten gesondert zu behandeln; allein schon bei Punta del Palo ist es unmöglich, die Identität überall nachzuweisen, deshalb werde ich die der Gipfelregion angehörenden Höhenzahlen nur chronologisch anreihen. B bedeutet die Messung mit dem Quecksilberbarometer, A die mit dem Aneroide. T sind stets aus geodätischen oder trigonometrischen Operationen erlangte Werthe, und N ist das einfache Nivellement. Die eine von Kapitän *Tupmann* herrührende Messung = K geschah mit dem Kochapparate, indem der Siedepunkt des Wassers am Meere und auf dem Berge bestimmt ward. Die drei ersten Angaben sind nach dem Frühern, als wohlbegründete Schätzungen = S anzusehen; spätere Schätzungen nehme ich nicht auf.

№	Jahr	Tag	Gemessener Punkt	Seehöhe Tois.	Met.	p. F.	Meth.	Beobachter
1	1631	—	Mittlere Höhe des Vesuvkegels	606	1181	3636	S	*Mascolo.*
2	1631	Dezbr. 18.	Höhe des Kraters nach der grossen Eruption Dezbr. 16.	492	949	2952	S	*Salimbeni.*
3	1737	Mai	Höhe des Kraters nach einer Eruption	550	1072	3300	S	*Serao.*
4	1740		Höchster Punkt des Vesuv	595	1160	3570	B	*Nollet.*
5	1752	März	Nordost-Wall	547,7	1067	3296	N	*Geri.*
6	1752	März	Südwest-Wall	540,4	1053	3242	N	*Geri.*
7	1773		Nord-Wall (etwa die spätere Palo-Spitze)	609,8	1188	3659	B	*Saussure.*
8	1776		Eruptionskegel oder Bocca im gr. Krater	615,8	1200	3695	B	*Shuckburgh.*
9	1778		Höchster Kraterrand	632	1229	3792	N	*Richeprey.*
10	1785	?	Höchster Gipfel	595	1159	3570	B	*Vairo.*
11	1794	April	Nordrand	613,8	1196	3683	B	*Poli.*
12	1794	Juni	Nordost-Rand (Palo nach der grossen Eruption ˙Juni 16.	613,3	1195	3680	B	*Breislak.*
13	1805	Juli 29.	Höchster Punkt	602,5	1175	3615	B	*Gay-Lussac.*

№	Jahr	Tag	Gemessener Punkt	Seehöhe Tois.	Met.	p. F.	Meth.	Beobachter
14	1805	Juli 29.	Niedrigster Punkt	533,9	1040	3203	B	Gay-Lussac.
15	1805	August 4.	Niedrigster Rand	510,6	995	3064	B	Buch, G. Lussac, Humboldt.
16	1805	August 4.	Eruptionskegel im grossen Krater	541,9	1055	3251	T	Dieselben Beobachter.
17	1810	Febr. 21.	Höchster Gipfel	640,9	1249	3845	T	Brioschi.
18	1816		Nord-Wall, P. d. Palo	622	1212	3732	T	Visconti.
19	1822	MärzApril	Nord-Wall, P. d. Palo	620,0	1208	3720	B	Lord Minto.
20	1822	MärzApril	Südrand, hohe Spitze	651,4	1269	3908	B	Lord Minto.
21	1822	Mai 27.	Nord-Wall, P. d. Palo	624	1216	3744	B	Monticelli, Corelli.
22	1822	Mai 27.	Südrand, hohe Spitze	648	1263	3888	B	Dieselben Beobachter.
23	1822	Novbr. 25.	Nord-Wall, P. d. Palo	630,4	1228	3782	B	Humboldt.
24	1822	„	Kraterrand südlich gegen Bosco tre case	546,2	1064	3277	B	Humboldt.
25	1822	„	Kraterrand westlich gegen Resina	550,8	1073	3305	B	Humboldt.
26	1822	„	Kraterrand südwestlich gegen Torre del Greco	571,1	1113	3427	B	Humboldt.
27	1822	„	Kraterrand südöstlich gegen Annunziata	599,2	1168	3595	B	Humboldt.
28	1822	„	Kraterrand nordöstlich gegen Ottajano	592,7	1155	3556	B	Humboldt.
29	1822	Dezbr. 28.	Nord-Wall, P. d. Palo	603,8	1176	3623	B	P. Scrope.
30	1822	„	Niedrigster Südost-Wall	529,2	1031	3175	B	P. Scrope.
31	1827		Nord-Wall, P. d. Palo	602	1173	3612	B	Nobile, Corelli.
32	1828	?	Nord-Wall, P. d. Palo	618,7	1205,8	3712	T	Generalstabs-Karte.
33	1828	März	Nord-Wall, P. d. Palo	606,5	1182,0	3639	B	Babbage.
34	1828	„	West-Wall, Einschnitt	531,6	1036,1	3190	B	Babbage.
35	1829		Nord-Wall, P. d. Palo	600,3	1170,0	3602	B	Galanti.
36	1830	August	Nord-Wall, P. d. Palo	606,7	1182,3	3640	B	Hoffmann.
37	1830	„	West-Wall, Einschnitt	531,5	1035,9	3189	B	Hoffmann.
38	1832	Juni 15.	Eruptionskegel im grossen Krater	585	1140,2	3510	B	Hoffmann.
39	1832	Juli 5.	Nordwest-Rand	545	1062,2	3270	B	Cassola, Pilla.
40	1832	Juli 10.	Gipfel im Südrande	569,2	1109,4	3415	5 B	Hoffmann.
41	1832	„	West-Wall, Einschnitt	542,3	1056,9	3254	2 B	Hoffmann.
42	1832	„	Ost-Wall, Einschnitt	539,7	1051,9	3238	2 B	Hoffmann.
43	1834		Gipfel im Süd-Walle	578	1126,5	3468	B	Abich.
44	1841		Nord-Wall, P. d. Palo	614,7	1197,9	3688	?	?
45	1844		Nord-Wall, P. d. Palo	611,6	1192,0	3670	B	Scacchi.
46	1844		Nord-Wall, P. d. Palo	606,7	1181,2	3640	B	Schafhäutl.
47	1844		Südwest-Wall, Einschnitt	585,1	1140,4	3511	B	Schafhäutl.
48	1845	Novbr. 20.	Nord-Wall, P. d. Palo	617,2	1202,9	3703	T	Amante.
49	1845	„	Eruptionskegel im grossen Krater = A	606,3	1181,7	3638	T	Amante.
50	1846	Febr. 27.	Derselbe Kegel A	612,35	1193,5	3674	T	Amante.
51	1846	März 31.	Kegel A	613,74	1196,2	3682	T	Amante.
52	1846	Juli 5.	Kegel A	625,69	1219,5	3754	T	Amante.
53	1846		Nord-Wall, P. d. Palo	616,7	1203,0	3700	B	Uff. topogr.
54	1847	Januar 16.	Kegel A	627,13	1222,3	3763	T	Amante.
55	1847	März 29.	Kegel A	634,57	1236,8	3807	T	Amante.
56	1847	Aug. 16.	Kegel A	636,26	1240,1	3817	T	Amante.
57	1847		Nord-Wall, P. d. Palo	613,6	1195,9	3682	T	Uff. topogr.
58	1849		Nord-Wall, P. d. Palo	603,3	1175,8	3620	B	S. v. Waltershausen.
59	1850	März 7.	Nord-Wall, P. d. Palo	616,7	1201,9	3700	T	Amante.
60	1850	„	Südost-Gipfel, P. di Pompeji	662,3	1290,8	3974	T	Amante.
61	1855	Januar	Südost-Gipfel, P. di Pompeji	659,8	1285,7	3959	T	Schiavoni.
62	1855		Nord-Wall, P. d. Palo	616,7	1201,9	3700	T	Schiavoni.
63	1855	April Mai	Nord-Wall, P. d. Palo	623,34	1214,9	3740	6 B	J. Schmidt.
64	1855	April Mai	Punta di Pompeji	650,46	1267,7	3903	3 B	J. Schmidt.
65	1855	Mai 28.	Punta di Pompeji	651,8	1270,4	3911	2 B	S. Cl. Deville.

№	Jahr	Tag	Gemessener Punkt	Seehöhe Tois.	Met.	p. F.	Meth.	Beobachter
66	1855	April	Nordost-Wall des nördlichen Kraters von 1850	624,1	1216,4	3745	A	*J. Schmidt.*
67	1855	„	Süd-Wall des südlichen Kraters von 1850	626,4	1220,9	3758	A	*J. Schmidt.*
68	1855	„	Südwest-Kuppe dieses Kraters	633,5	1234,7	3801	B	*J. Schmidt.*
69	1855	„	Süd-Fuss dieses Kraters, Aschenebene	609,0	1186,9	3654	2 B	*J. Schmidt.*
70	1855	„	Nordwest-Wall, Schlund des 14. Dez. 1854	608,2	1185,4	3649	8 A	*J. Schmidt.*
71	1858		Nord-Wall	619,8	1208,0	3719	T	Uff. topogr.
72	1862	Febr. 13.	Punta di Pompeji	652,3	1271,3	3914	T	Uff. topogr.
73	1867	Novbr.	Höchster Gipfel des Eruptionskegels	658	1282,4	3948	B	*de Verneuil.*
74	1868	März 7.	Höchster Gipfel	664,9	1295,9	3989	T	Uff. topogr.
75	1868	Mai 7.	Höchster Gipfel	660,3	1286,9	3962	B	*de Verneuil.*
76	1868		Nord-Wall	631,6	1231,0	3790	T	Uff. topogr.
77	1869	April 26.	Höchster Gipfel	661,3	1288,9	3968	B	*de Verneuil.*
78	1869	„	Höchster Gipfel	662,4	1291,0	3974	K	*Tupmann.*
79	1870	Febr. 26.	Höchster Südwest-Wall des Eruptionskegels	657,1	1280,7	3942	B	*J. Schmidt.*
80	1870	„	Nordwest-Wall	624,4	1216,9	3746	2 B	*J. Schmidt.*
81	1870	„	Südlicher Wulst am Eruptionskegel	639,5	1246,4	3837	B	*J. Schmidt.*
82	1870	„	Südlicher Fuss des Kegels, Aschenebene	608,8	1186,6	3653	B	*J. Schmidt.*
83	1872	Mai ?	Höchster Gipfel in Südost	664,6	1295,3	3988	T	Uff. topogr.
84	1872	„	Nord-Wall	639,3	1246,0	3836	T	Uff. topogr.

IV. Neigungswinkel.

Wenn man auch weiss, dass Aufschüttungskegel aus leichtem Material gebildet, mögen es nun Werke der Menschen oder Wirkungen der Eruptionen sein, Neigungswinkel von ungefähr 30° zeigen, so kann es doch keinem aufmerksamen Beobachter entgangen sein, dass selbst an einem und demselben Vulkane sich merkliche Verschiedenheiten herausstellen. Die Zahl der gemessenen Neigungen ist nicht gross und manche in sonst angesehenen Schriften angeführte Werthe erregen Zweifel. Macht man im Sinne der ältern Schule noch den Unterschied zwischen Erhebungs-, Eruptions- und Explosionskrater, und vergegenwärtigt sich dabei so extrem verschiedene Formen, wie z. B. einige der Eifeler Maaren, den steilen Cotopaxi (von dem mir auf meine Frage *A. v. Humboldt* erwiederte, dass die Abbildung nach gemessenen Winkeln berichtigt sei), endlich noch gewisse sehr flache Formen unter den Kratern des Mondes, so wird man geneigt, sich die Verschiedenheit der Neigungswinkel in naher Verbindung mit der Entstehungsweise zu denken. Bleiben wir bei sehr bekannten Formen stehen, so will ich, um nicht missverstanden zu werden, drei von mir selbst untersuchte Vulkane als Beispiele anführen, und dabei die ältere Ausdrucksweise, blos der Kürze wegen, beibehalten. An der Roccamonfina, am Vesuv und an Santorin ist man gewohnt, zwei Phasen von einander zu unterscheiden, a das alte Gerüste, den Wall,

15*

den Circus des Eruptionskraters, und b, den neuern zentralen Theil, den oft
noch thätigen Vulkan oder Eruptionskegel. So haben wir

an Roccamonfina, a die Cortinelle, b den zentralen Trachytberg ohne Krater.
am Vesuv,   a die Somma,   b den zentralen thätigen Vesuvkegel.
an Santorin,   a den Circus,   b die zentralen Kaymenen.

Die von mir gemessenen Neigungswinkel an diesen Vulkanen sind in
runden Zahlen folgende Mittelwerthe

$$\text{an Roccamonfina} \quad a = 22^0 \quad b = 31^0$$
$$\text{am Vesuv} \quad a = 24 \quad b = 30$$
$$\text{an Santorin} \quad a = 21 \quad b = 30.$$

Jeder wird sich der analogen Formen an Teneriffa, am Pico auf der
Insel Pico und am Aetna erinnern, obgleich mir scheint, dass an Letzterem
a kaum nachweisbar ist, und seit Jahrhunderten durch die zentralen und
seitlichen Ausbrüche überschüttet und unkenntlich ward. Nach früherer Ansicht betrachtete man a als vor Alters gehobene Masse und legt dieselbe Entstehungsart auch dem zentralen Kegel bei, ohne auf die oft sehr auffälligen
Unterschiede der Neigungen Rücksicht zu nehmen, wobei sie annehmen
könnte, dass sowohl a als b gehoben seien, b aber durch Asche und Rapilli
späterer Eruptionen überschüttet und umgeformt sei. Indem man heutzutage
vielfach, und so weit ich sehe, mit guten Gründen die ältere Theorie bekämpft
und beide Formen nur auf dem Wege der Ergiessung und der Aufschüttung
vor sich gehen lässt, scheint mir, dass doch die Frage wegen des Unter-
schiedes der Neigungen von a und b noch einer näheren Prüfung bedürfe;
dass zu untersuchen sei, welcher Unterschied der Neigung bei gleichem Material unter und über dem Wasser stattfinde. Santorin hat viel Aufklärung
gebracht, aber dies Beispiel auf alle andern Formen anzuwenden, scheint mir
nicht zulässig. Für den Monte nuovo (1538) und für den Yorullo (1759)
halte ich mich unbeirrt an die Aussagen der Augenzeugen, dass sich zuerst
der Boden gehoben habe. Um dies zu konstatiren, bedarf man keines Gelehrten und keiner höhern Bildung. Ob das spätere Produkt dieser Eruptionen
Erhebungskrater waren, ist eine andere Frage. Einen Tuffkrater wie den
Monte nuovo, der nur 22° Neigung hat, kann man nicht ohne Weiteres mit
Yorullo vergleichen, und ebensowenig mit der Kaymeni von 1866, deren
doppelte Phase der Entstehung in unsern Tagen in der Nähe beobachtet
werden konnte. Selbst wenn es sich nur um Eruptionskegel handelt, mögen
sie nun zentrale oder parasitische sein, wird man Unterschiede der Neigungen
finden, und es ist nicht einerlei, ob geflossene Laven oder Blöcke den Berg

bilden, ob feine Asche oder halbflüssige Schlacken, ob spezielle Formen des Ausbruchs steile Kegel aus zusammengeschweissten Massen bilden, wie sie von *Abich* gesehen und abgebildet wurden. Am Vesuv und am Aetna finden sich lehrreiche Beispiele für die verschiedenen Stufen der Neigungen, falls man sie an den Parasiten aufsuchen will. Um Einiges zur Kenntniss dieser Frage beizutragen, habe ich, nachdem ich seit 1847 in der Eifel darauf zuerst Acht gegeben hatte, seit 1855 solche Formen häufig gemessen, und solche Beobachtungen sind es, welche ich nun in aller Kürze mittheilen will, ohne indessen auf die Messungen von 1855 Rücksicht zu nehmen. Hier gebe ich nur die Resultate von Februar bis April 1870, die der steten Einwirkung des Windes wegen nicht die sonst erreichbare Genauigkeit besitzen.

Neigungen am Vesuvkegel 1870.

Nordseite, von Neapel am Pizzofalcone gesehen	$= 29,87^0.$	100 Beob.
Südseite, „ „ „ „ „	$= 30,08$	100 „
Nordseite, von Pompeji gesehen	$= 32,65$	10 „
Südseite, „ „ „	$= 28,78$	10 „
Nordostseite, von Camaldoli della Torre gesehen	$= 27,95$	10 „
Südwestseite, „ „ „ „ „	$= 29,75$	10 „
Nordseite des obern neuen Eruptionskegels	$= 29,38$	10 „

Neigungswinkel an den Parasiten des Vesuv.

Camaldoli della Torre, Südseite	$= 29,0^0.$	1 „
Voccole von 1760, oberer Kegel, Nordseite	$= 27,8$	8 „
„ „ „ dessen Westseite	$= 31,4$	10 „
„ „ „ dessen Ostseite	$= 32,6$	10 „
„ „ „ der 3te Kegel, Ostwall	$= 37,0$	1 „
Eruption des 8. Dez. 1861, mittlerer Kegel, Westwall	$= 28,7$	28 „
Eruptions-Schlünde von Juni 1794	$= 29,5$	1 „

Parasiten im grossen Vesuvkrater.

Krater vom Februar 1850, der nördliche, Westwall	$= 27,4^0.$	10 „
„ „ „ „ „ südliche, Südwestwall	$= 32,4$	10 „

Im Jahre 1847 fand *Amante* die Neigung eines Kegels während der Eruption $= 35,3^0$. Diese 3 Beispiele, sowie 2 Zahlen für die Voccole, gebe ich 'ausnahmsweise für eine frühere Zeit.

Somma.

Nordseite bei Punta
Nasone, zu Neapel
beobachtet $= 24{,}78^{\circ}$.   20 Beob.

Nordseite (ein anderes
Profil) zu Pompeji
beobachtet $= 23{,}34$ 10 „

Neigungswinkel im phlegräischen Gebiete.

Astroni, äusserer Ost-
wall $= 16{,}6^{\circ}$.   10 Beob.

Solfatara, äusserer Süd-
ostwall $— 21$ 1 „

Lago d'Agnano, äusse-
rer Nordwall $— 16$ 1 „

Lago d'Averno, innerer
Nordwestwall $= 39{,}7$ 10 „

V. Bemerkungen über die Liparischen Inseln. 1870.

Zeit und Wetter erlaubten mir im April nicht mehr, diese Inseln zu bereisen. Von Palermo ausfahrend, musste ich mich damit begnügen, sie in der Nähe zu sehen und zu zeichnen, als das Schiff 2 Stunden lang im Hafen von Lipara anhielt. Die Entwicklung zahlreicher weisser Fumarolen auf den Rändern von Volcano war leicht kenntlich; Vocanello zeigte keinen Dampf auf der ganz pflanzenlosen Lavadecke. Stromboli, dessen genaues Profil ich beifüge, lag noch weit im Norden und entwickelte starken grauen Dampf, der nur selten eine geringe Zunahme verrieth und sich oben zu einem verzerrten Schirmdache ausbreitete. Im Laufe von etwa 7 Stunden, so lange ich den Berg im Auge behielt, gewahrte ich keine eigentliche

Gezeichnet im Hafen von Lipara.

Stromboli 1870 April 7.

Gezeichnet 6 Meilen Ost von Lipara.

Eruption. Doch war dafür die Entfernung auch wohl zu gross. Die gemessenen Neigungswinkel sind folgende:

Saline, westlicher Kegel, Ostseite	= 29,5°.	10 Beob.
„ östlicher Kegel, Westseite	= 25,4	10 „
„ „ „ Ostseite	= 16,5	10 „
Volcano, äusseres Maximum der ebenen Fläche	= 29,0	1 „
Stromboli, Westseite	= 29,5	12 „
„ Ostseite	= 32,1	12 „

VI. Aetna, April 1870.

Auf der Fahrt von Lipara gegen Messina sah ich zum ersten Male den schneebedeckten Gipfel des Vulkanes, hoch über den Wolken, die ihn scheinbar von den grünen Bergen der Nordküste Siziliens trennten. Der grossen Entfernung wegen konnte selbst mit Hilfe des Fernrohrs kein Dampf über dem Krater gesehen werden. Als ich ihn gegen Mitte April von Catania aus, aber nur bis zum Ende der bewohnten Region, erstieg, sah ich, wie tief das mächtige Schneelager bis in die Waldregion herabreichte, wie wenig Aussicht vorhanden sei, auf den Gipfel zu kommen. Wegen trüber Luft und häufigen Regen sah man den Gipfel selten, erkannte nun aber zu Nicolosi und auf dem Monte rosso den Dampf des Aetnakraters mit Leichtigkeit, auch ohne Fernrohr. Er stieg in dünnen grauweissen Fumarolen aus dem nördlichen Rande empor. Ein geringer Theil des äussern Ostwalles musste stark erhitzt sein, weil dort der Schnee fehlte. Das Profil des Gipfelkraters, zum Theil mit Hilfe des Fernrohres, und in den Neigungswinkeln berichtigt, wie es zu Catania, also von Süden gesehen, erschien, ist das Folgende.

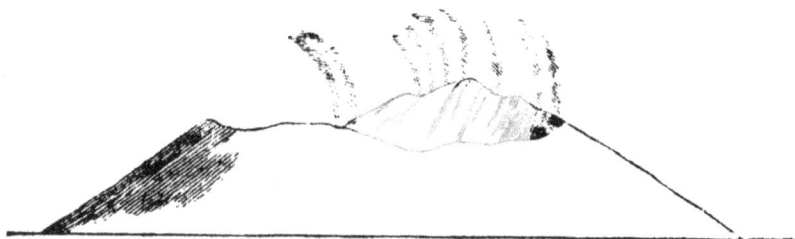

Form des Aetna-Kraters, zu Catania gezeichnet 1870 April 14.

In Hinsicht auf die grossen Arbeiten Sartorius v. *Waltershausen's* hielt ich es nicht für wichtig, neue Höhenmessungen hinzuzufügen. Nur ein Barometer, für Athen bestimmt, war noch unversehrt, und dies Instrument wollte ich keiner Gefahr der Beschädigung aussetzen. Ich liess es daher in Messina zurück, reiste dann nach Taormina, Catania und Syrakus, und benutzte auf dieser Fahrt, sowie April 14. am Aetna den alten Metallbarometer, für den ich die am Vesuv erhaltenen Ablesungen zu einer neuen Korrektionskurve verarbeitete. Einige der folgenden Bestimmungen mögen neu sein. Für den Aetna wird man Alles besser in *v. Waltershausen's* Werke finden. Ich bemerke noch, dass ich für den Anfang und das Ende der Bergreise das in Catania und das in Nicolosi beobachtete Stück der Barometer und Thermometerkurve jedesmal so weit ausdehnte, als es für die kaum dreistündige Auf- und Abfahrt nöthig war. Auch können die Aetnahöhen später noch verbessert werden, wenn man die Höhe von Nicolosi nach der Angabe *v. Waltershausen's* verändert.

Messungen zwischen Messina und Syrakus 1870 April 9.—19.

		Toisen.	par. Fuss. A.
Giardini, Bahnhof	Seehöhe =	4,8	29
Calatapiano, „		7,9	47
Piedimonte, „		19,1	115
Mascali, „		10,0	60
Giarre, „		15,2	91
Magnano, „		43,8	263
Aci reale, „		49,4	296
Aci castello, „		21,6	129
Catania, „		8,0	48
Lentini, „		18,0	108
Carlentini, Markt		105,0	630
Villasmunda, Ostseite		113,0	678
Paola, Markt		15	90
Syrakus, Achradina, Nordrand		15	90
„ „ Mitte		21	126
„ Polichne, Olympieon		7	42
„ Amphitheater, oberer Rand		7	42
„ Theater, oberer Rand		16	96
Catania, Fuss des Leuchtthurmes		9	54
„ Gambazita, Fluss unter Lava von 1669		6	36
„ westlich der Lehmhügel (Pojo di Creta)		29	174
„ daselbst die Kirche		11	66
„ Kloster S. Benedetto, Nordseite des Gartens		6	36

	Toisen.	par. Fuss. A.
Catania, Nordende der Aetnastrasse, Rotunde Seehöhe ==	51	306
Misterbianco, Dom	89	534
Taormina, Hôtel Timeo, oben	99,0	594
„ das südliche Thor	99,7	598
„ Theater, innere Fläche	106,9	641
„ „ Fels nördlich	114,4	686
„ „ Kreuz westlich	122,5	735
„ „ Gipfel des Felsen bei dem Kreuze	126,7	760
Sattel am rothen Fels nahe Mola	163,6	982
Altes Sarazenen-Schloss	191,2	1147
Sattel westlich vom Schlosse	157,4	944
Mola, Akropolis	263,1	1579
„ Kirche am Thore	244,1	1465

Messungen am Aetna 1870 April 14., 15.

	Toisen	par. Fuss
Licatia, Kirche Seehöhe ==	103,0	618
Gravina, südliches Haus	151,0	906
Mascaluccia, südliche Kirche	180,5	1083
„ folgende Kirche	210,5	1263
„ Dom	216,1	1297
Turrelifo, untere Kirche	244,5	1467
„ obere Kirche	285,7	1714
Grotta del Bove, ein Lavaschlund	288,6	1731
Nicolosi, Albergo Mazzaglia, oberes Zimmer	364,6	2187
„ Dom	363,4	2180
„ Albergo dell' Etna, und S. Antonio	356,3	2138
Aschenebene zwischen Monte Rosso und Monte Fusaro	416,2	2497
Monte Fusaro, Südwall des Kraters	452,8	2717
„ „ Nordostwall des Kraters	459,1	2755
„ „ Nordwall des Kraters	452,5	2715
„ „ Boden des Kraters	440,8	2645
Weg am Krater Grotta Palomba	429,4	2576
Gipfel des Kraters südlich	432,2	2593
Rother Hügel westlich vom Nebenkrater des Monte Rosso	426,1	2557
Monte Rosso, westlicher Nebenkrater, Südgipfel	447,5	2685
„ „ Nordwall, Sattel des Nebenkraters	432,5	2595
„ „ Boden des Nebenkraters	416,0	2496

			Toisen.	par. Fass. A.

Monte Rosso, Nordostwall, am grossen Monte

		Rosso anschliessend	Seehöhe - -	441,7	2650
„	„	nördl. Hauptkrater, Nordwall, Sattel		448,3	2690
„	„	Boden dieses Kraters		436,0	2616
„	„	südlicher Hauptkrater, Südwall, Sattel		443,5	2661
„	„	Boden dieses Kraters		427,3	2563
„	„	Mittelwall beider Krater		447,9	2687
„	„	Nordostwall des südlichen Kraters		469,1	2815
„	„	grosser Hauptgipfel am Signal		478,2	2869
„	„	Fuss des Kegels am Campo santo		388,1	2329
Mompilieri, Pfad am nördlichen Fusse				360,4	2162
„	Nordwall			384,0	2304
„	Boden des Kraters			376,7	2260
„	Südostwall			392,4	2354
„	Südwall			387,8	2327
„	Südwestwall		.	398,5	2391
Kloster S. Nicolo Arena, Thor				421,2	2527
Daselbst Krater mit gelben Schlacken, Südwestwall				407,1	2443
„	„	dessen Nordwall		426,3	2538
„	„	Haus südlich vom Kloster		416,9	2501.

Neigungswinkel des Aetna.

a der Gipfelkrater.

Neigung des linken, westlichen Abhanges, zu Catania gemessen - - 33,2°,

des östlichen --- 30,3

Neigung des linken westlichen Abhanges, auf Mompilieri gemessen -- 34,1

des östlichen == 29,3

Der nächstfolgende tiefere Abhang, links, zu Catania gemessen == 21,9

rechts = 16,6

Der nächstfolgende noch tiefere Abhang, links, zu Catania gemessen -- 8,8

rechts = 12,3.

Neigungswinkel der Parasiten.

Monte Peluso, Westseite	= 33,5°.	48 Beob.
„ „ Ostseite	= 28,3	47 „
Monte Gervasi, Ostseite	= 27,4	10 „
Mompilieri, Westseite	= 26,8	20 „

Mompilieri, Ostseite	= 26,5°.	20	Beob.
Monte Rosso, Nordwestseite	= 27,2	30	„
„ „ Südostseite	= 27,3	30	„
„ „ Westseite	= 27,2	30	„
„ „ Ostseite	= 27,3	30	„
„ Fusaro, Südwestseite	= 22,9	10	„
„ „ Nordostseite	= 27,8	10	„
Kraterkegel B, Ostseite	= 20,6	10	„
„ C, Westseite	= 36,2	10	„
„ C, Ostseite	= 24,8	10	„
„ F, Westseite	= 30,0	10	„
„ F, Ostseite	= 30,7	10	„
„ G, Südwestseite	= 28,7	10	„
„ G, Nordostseite	= 29,2	10	„
„ H, Westseite	= 35,5	10	„
„ H, Ostseite	= 30,1	10	„

Mompilieri und Monte Fusaro sind alte Krater, stark mit Weinreben und Obstbäumen besetzt und durch die Arbeit der Menschen in ihrer Form bereits verändert. Monte Rosso, 1669 entstanden, sah ich 201 Jahre später und fand auf ihm und in seinen Kratern die Vegetation sehr schwach. Ausser einigen Feigen- und kleinen Pinusstämmen sah ich nur selten kleine Pflanzen. Die Krater B bis H maass ich aus der Ferne und konnte ihre Namen nicht mit Sicherheit erfahren.

Athen, 1872 Dezember 31.

J. F. Julius Schmidt.

Berichtigung.

Anfänglich lag die Absicht vor, den „Vulkanstudien" als Anhang eine Arbeit über „Erdbeben" anzufügen. Doch musste das später aufgegeben werden, da es geboten erschien das nicht unwichtige ausgedehnte Kapitel als selbstständiges Werk folgen zu lassen, was binnen Kurzem geschehen soll.

Leider hat sich dadurch eine Aenderung der gedruckten Norm „Studien über Vulkane und Erdbeben" nicht mehr vornehmen lassen, was wir zur Vermeidung von Missverständnissen hiermit kundgeben.

Juli 1874.

Der Herausgeber.
Der Verleger.

Druck der Leipziger Vereinsbuchdruckerei.

Verbesserungen.

Pag. 57, Zeile 5 von unten, lies: Lavabäche anstatt Lavabrüche.
- 77, - 1 - - - phänomene - phänome.
- 99, - 8 - oben, - Hag - Hay.
- 100, - 14 - unten, - Febr. 7 - Fol. 7.
- 105, - 6 - - - Sept. 9 - Sept. 6.
- 107, - 5 - oben, müssen die durch ( ) eingeschlossenen Worte ausfallen.
- 118, - 19 - - lies: von   anstatt an.
- 171, - 17 - unten, - vom - von.
- 208, - 16 - oben, - 8. Dez. 1861 - 8. Dez. 1871.
- 216, - 18 - - - copiosa y - copiosay.
- 223, - 15 - - - zeigt - zeigte.

T. I.

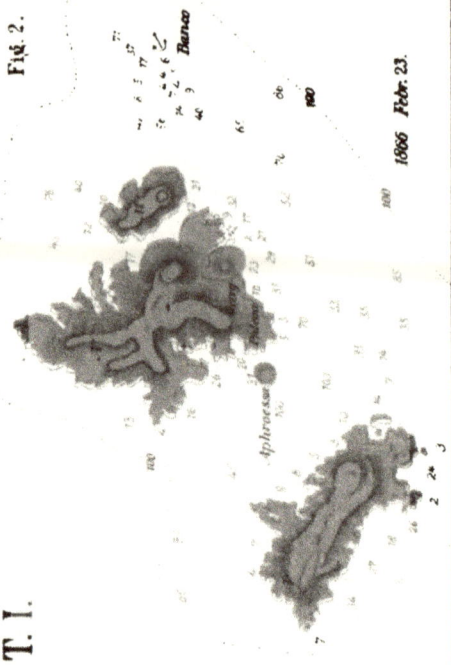

Fig. 2.

Banco

Aphroessa

1866 Febr. 23.

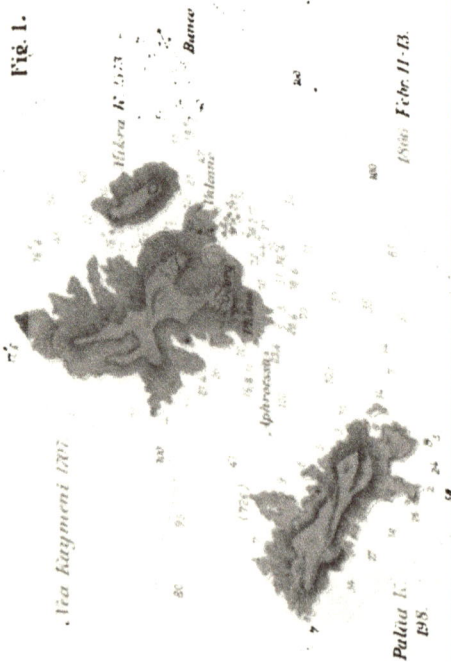

Fig. 1.

Hiera K.

Banco

Vulcano

Aphroessa

1866 Febr. 11-13.

Nea kaymeni

Palaia K.

Fig. 4.

Banco

Fig. 3.

Banco

1866 März 26-29.

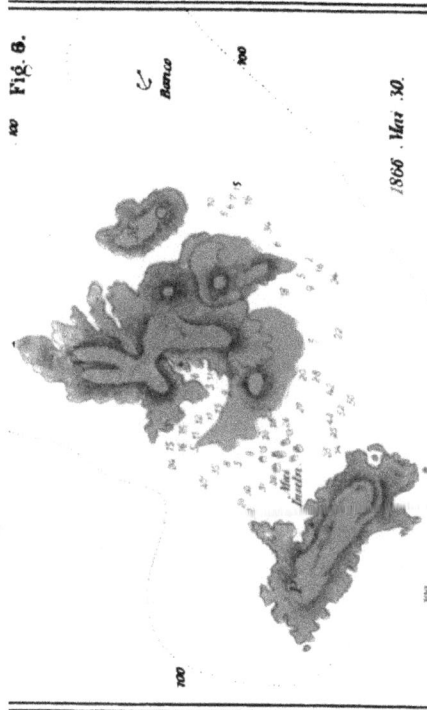

Fig. 5.

← Banco

1866 . Mai 30.

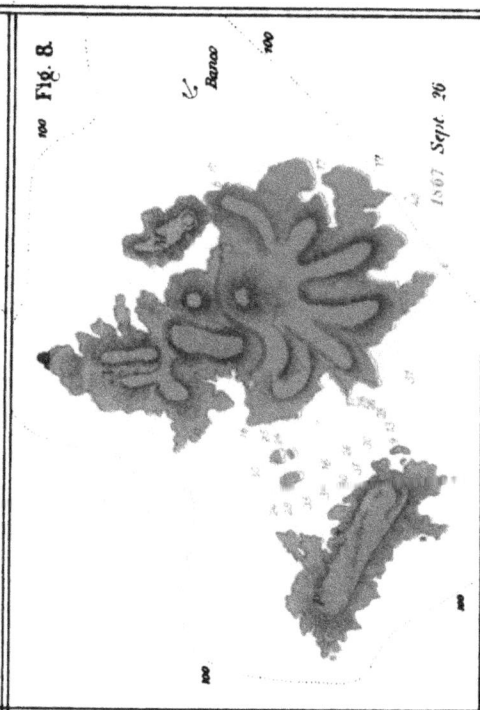

Fig. 8.

← Banco

1867 Sept. 26

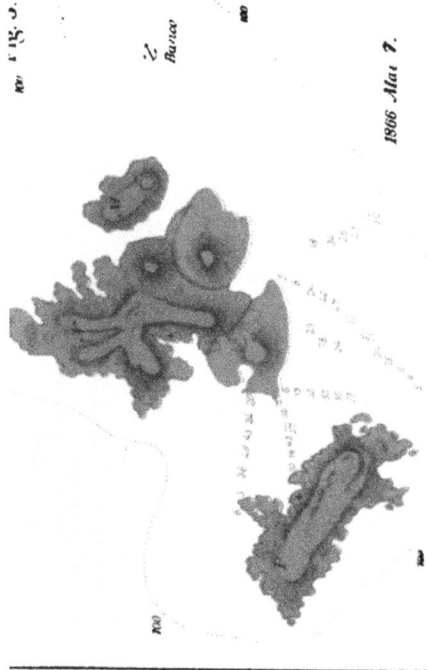

Fig. 5.

← Banco

1866 Mai 7.

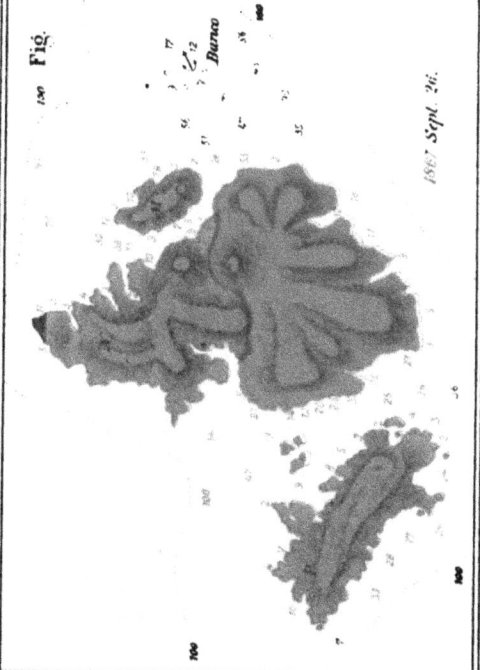

Fig. 7.

← Banco

1867 Sept. 26.

T. II.

Fig 1

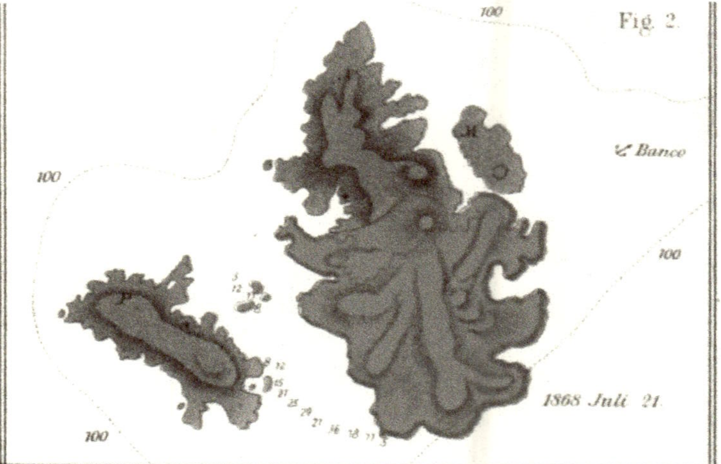

M

_.V. Banco

1868 Jan 8

100

100

100

Fig 3

_.V. Banco

1870 Juni 18

M

100

100

100

Fig 2

Fig 2

_.V. Banco

100

100

M

1868 Juli 21

100

100

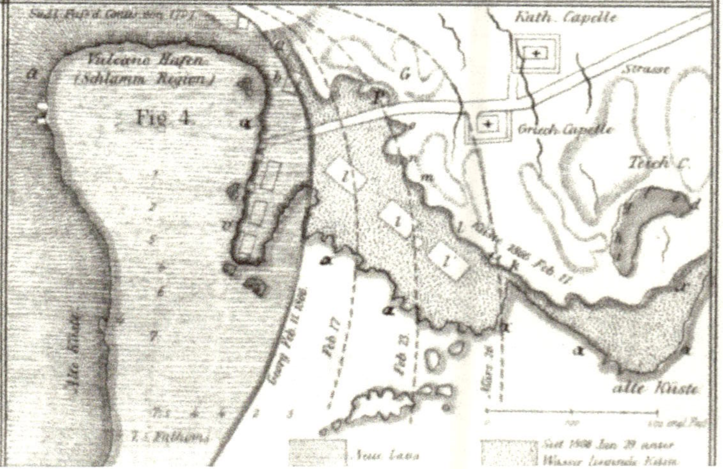

Fig 4

Kath. Capelle

Strasse

Griech. Capelle

Tiefe C.

alte Küste

Gut 1868 Jan 29 ankam
Wässer (Lavasäume) Faine

Valcano Hafen
(schlamm Regen)

Fig 4.

alte Küste

Süd- Point Guai am 1771

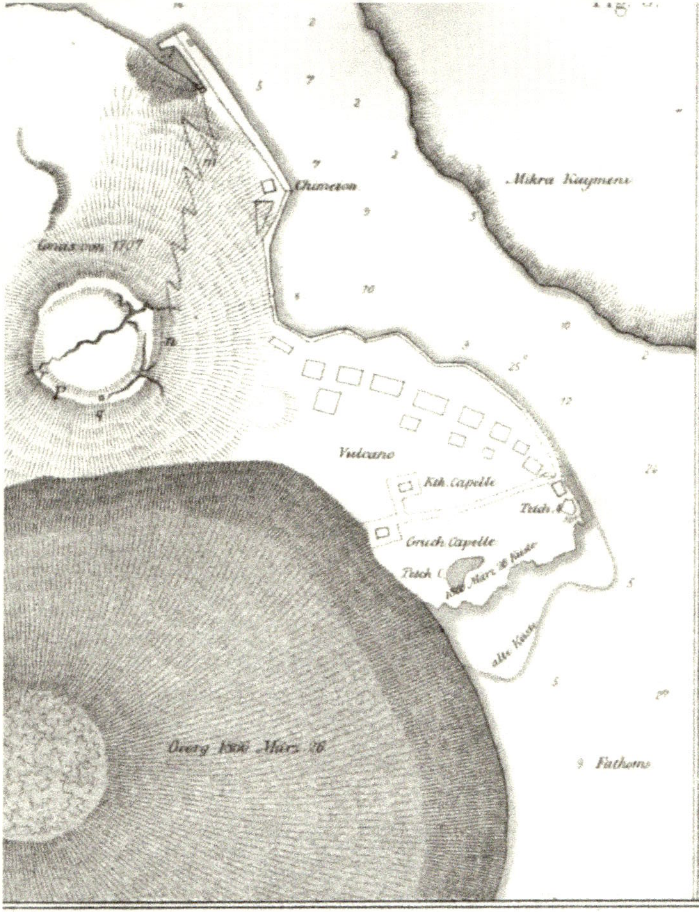
Mikra Kaymeni
Chimeron
Conus von 1707
Vulcano
Kth. Capelle
Griech. Capelle
1866 März 16 Küste
alte Küste
Georg 1866 März 26
9 Fathoms

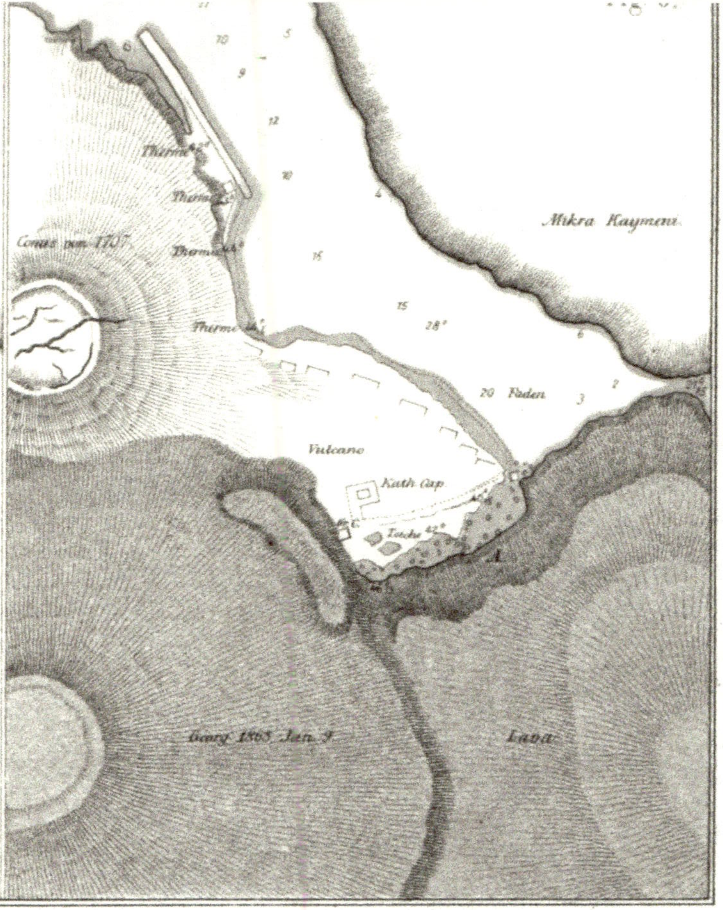
Mikra Kaymeni
Therme
Conus von 1707
20 Faden
Vulcano
Kath. Cap.
A
Georg 1866 Jan. 9
Lava

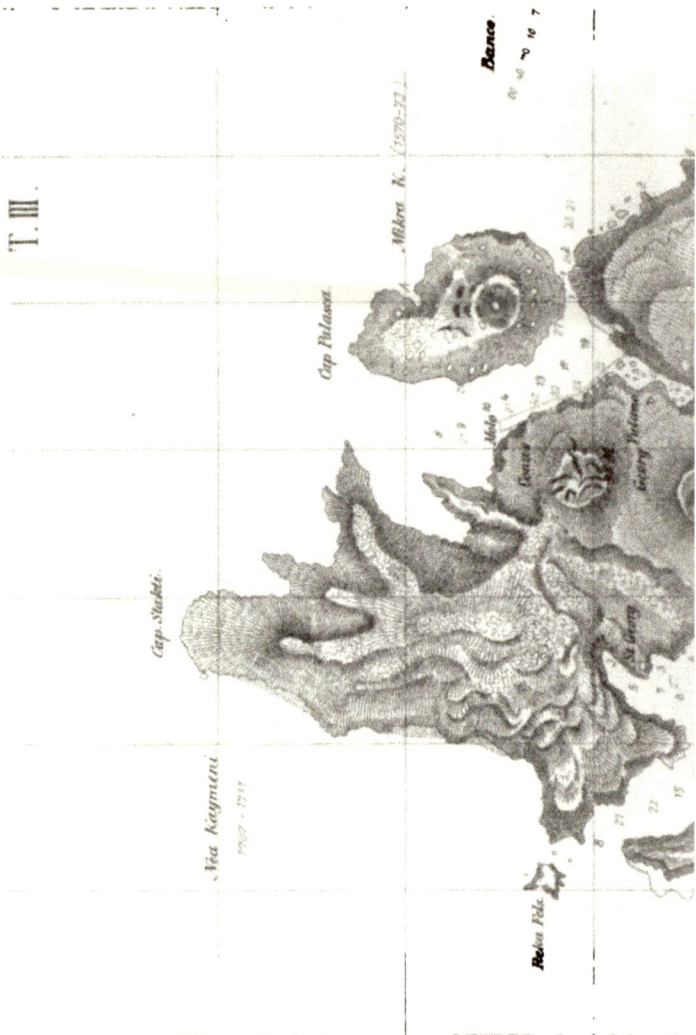

T. III.

Cap. Stable.

Nea Kaymeni
1707 - 1711

Cap. Palaeon.

Mikra K. (1570-73.)

Banco.

Reka Pke.

Cap.
ﬆ﬇

Kropf 726

Cap.

Mai Inseln
Menblaurin

Asunin.

S. Nicolaus.

Cap. Schmidt

Cap. Daufirlik.

Cap. Wickede.

70 Met.

Tata.

Ost v. Greenwich

23° 23' 15"   23° 30'   23° 45'   24° 0'   24° 15'   24° 30'   24° 45'   25° 0'   25° 15'

Fig. 1.

Banko.

Fig. 2.

Banke

Fig. 3.

T. V.

Fig. 1.

Fig. 2.

Fig. 3.

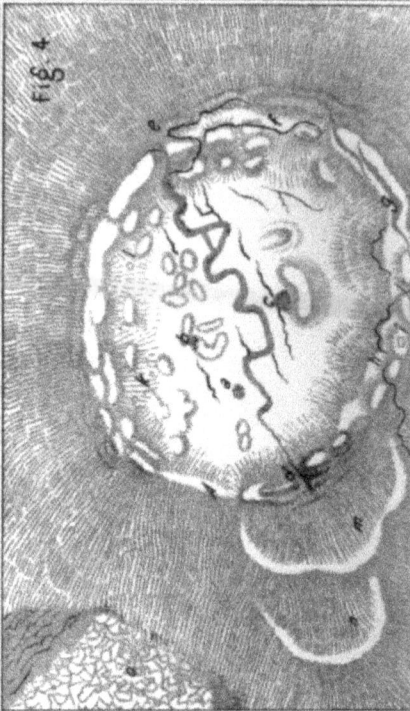

Fig. 4.

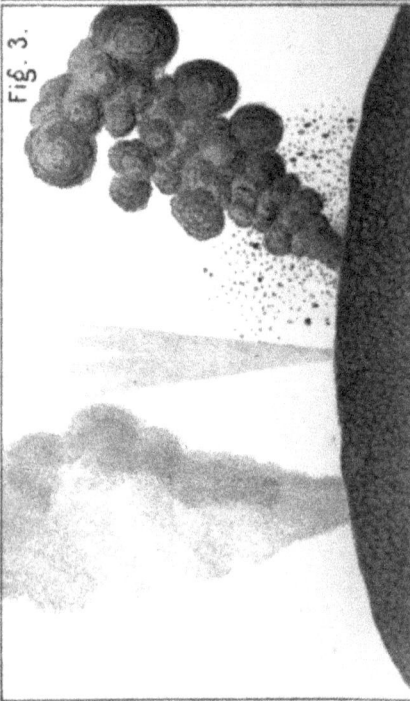

Schmidt, Vulkan Studien.

Verlag v. Carl Scholtze, Leipzig.

Lith u Druck v. A. Bruckmann, Leipzig.

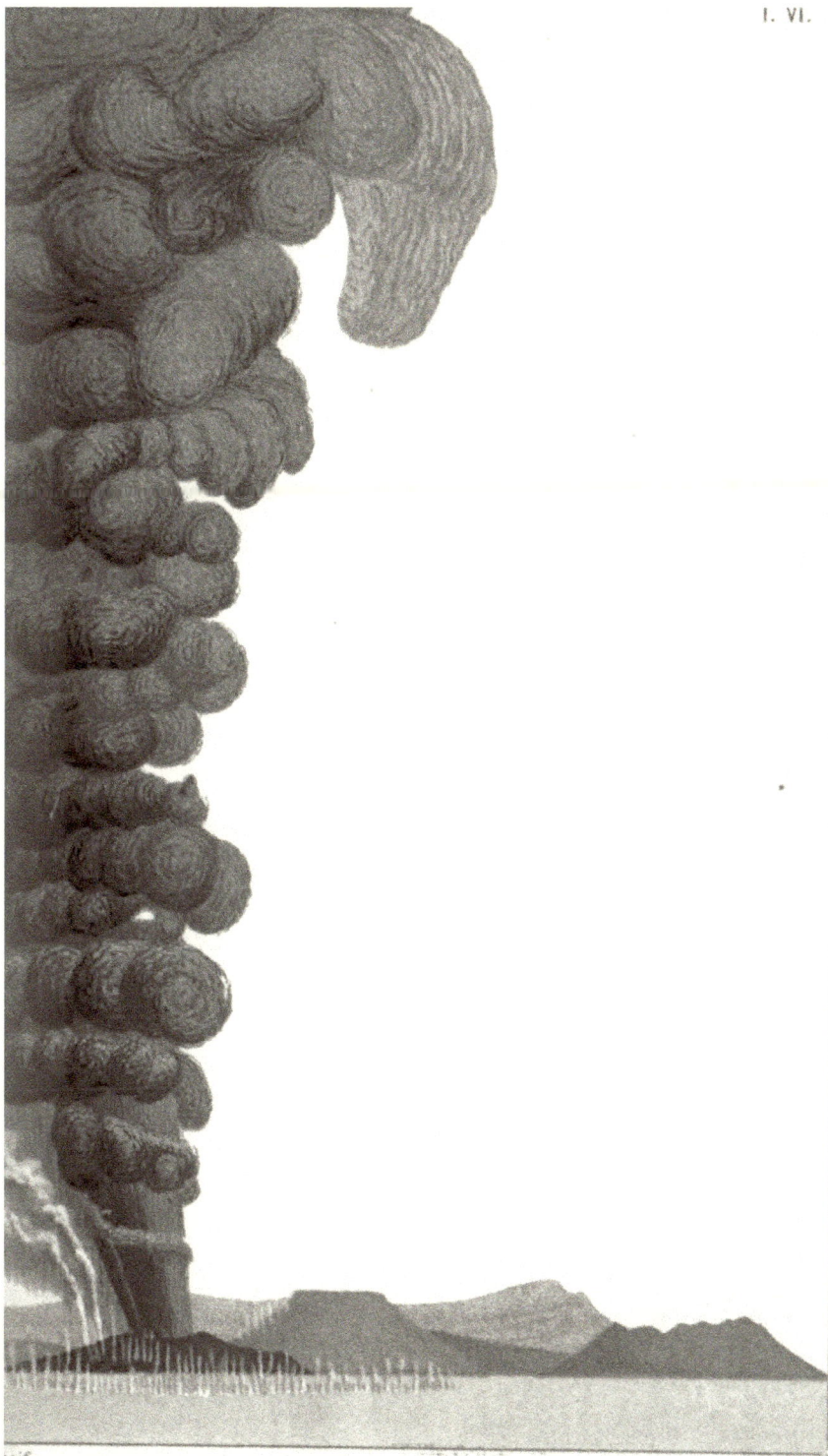

Studien über Vulkane und Erdbeben.

II. Abtheilung.

Studien

über

Erdbeben.

Zweite Ausgabe,
erweitert um die Beobachtung bis zur neuesten Zeit.

beben untersucht werden müssen, so zeigt die Erfahrung von 20 Jahren, dass man im Oriente nur auf die Energie europäischer Beobachter allein zu rechnen habe, und dass als einzige rühmliche Ausnahme, auch jetzt noch, nur *Barbiani* zu nennen ist, der 40 Jahre lang in Zante den Erd- beben sein stets reges Interesse zuwandte.

Athen 1879, Februar 24.

J. F. Julius Schmidt.

' Erklärung der Tafeln.

Tafel I. Nr. 1. Diese Doppelkurve gehört zu I E. Erdbeben und Luftdruck; die
schwarze Kurve B entspricht den beobachteten, die rothe C den
berechneten Werthen.

„ Nr. 2. Verschiebung des Postamentes der Statue (von *Maitland* in
Argostoli) a b gegen die Basis c d. Die Basis c d ist fest mit
dem Felsen verbunden, worauf das Ganze steht; die Platte a b,
welche die Statue trägt, ward durch das Erdbeben am 4. Febr.
1867 in angegebener Richtung verschoben. c ist der Mittelpunkt
der Basis, C' der Mittelpunkt des obern verschobenen Theiles.

Tafel II. Nr. 1. Die am Morgen des 26. Dez. 1861 zu Kalamaki beobachteten
kleinen Sandkrater hatten den ungefähren hier dargestellten vertikalen Durchschnitt; die blaue Farbe bezeichnet das in ihnen
und in den Spalten stehende Wasser.

„ Nr. 2. Einige dieser Sandkrater von oben gesehen; 1861 Dezember 26.
Morgens 9 Uhr.

„ Nr. 3. Spalten und Sandkrater bei Trypia in Achaja, gezeichnet am
23. Januar 1862. Der Sandkegel hatte 8 bis 10 Schritte im
Durchmesser.

„ Nr. 4. Vertikalschnitt der grossen Spalte bei Punta in A' Tab. IV. 'A
ist der von B abgelöste, versunkene Theil der Ebene. Das Stück
α β gegen 10 Fuss hoch; Die Spalte bei α sehr schmal, in der
Nähe der See bis 1 Meter breit.

Tafel III. Ansicht der versunkenen Küste, der Spalten und Sandkrater
nördlich bei Diakophtitika Es sind nur 3 mittelgrosse Sandkegel dargestellt. Aus dem Meere sieht man Bäume und Sträucher
des versunkenen Küstensaumes aufragen. Den Hintergrund bilden
die Berge an der Nordseite des Korinthischen Golf's, links die
Bucht von Salona, hinter ihr rechts der Parnassos. Der Gipfel
an der rechten Seite des Hintergrundes ist der Helikon.

Tafel IV. Darstellung der Ebene von Achaja nach ihrer Verwüstung durch
das Erdbeben am 26. Dezember 1861. Der beigefügte Maassstab lässt in Bogenminuten ausgedrückt, beiläufig die Entfernungen
erkennen. Im Süden ist der Nordabhang der peloponnesischen
Berge angegeben. In dem grossen Spalte, der rechts bei Punta
in A beginnt und links bei Gardena in A' endet, hat sich die

Ebene vom Fusse der Berge getrennt, und sich gegen Norden gesenkt, so dass von Punta bis Temenion der Küstensaum bleibend unter die See versenkt ward. Der muthmaassliche Ort der einst hier versunkenen Seestadt Helike ward bei Taratza angesetzt. Die Lage von Bura ist noch kenntlich. Von Punta bis Temenion, dann westlich von Aigion, findet man die Lage, Häufigkeit und Stärke der Spalten und Sandkegel verzeichnet. Die Orte, welche schwer litten, sind fein punktirt, die Sandkegel durch kleine Kreise ○○ hervorgehoben. Die Ziffern bezeichnen meine Messungen und Schätzungen der Seehöhen, ausgedrückt in Toisen. Durch blaue Farbe sind die Flüsse dargestellt und das Meer, und durch blaue Schraffur der versunkene Saum der Küste. Die rothen Linien geben den Zug meiner Wanderungen im Januar 1862; das Stück von Bura bis A³ und von da bis Aigion, gehört der Reise vom Mai 1861 an. Auf diesem trifft man südöstlich vor Aigion eine türkische Brücke, welche den ehemaligen Lauf des Selinous bezeichnet. Durch 2 punktirte Linien habe ich die Richtungen angegeben, welche der Sage nach, vormals der Fluss genommen hatte.

Tafel V. Darstellung des ungefähren Gebietes der grossen Erdbeben von 1846, 1856, 1867, 1870. In 5 Fällen sind die wahrscheinlichen Epicentra durch rothe Farbe angedeutet worden, aber nicht für das Erdbeben von 1870. Die rothen Gränzkurven können nur Minima der Ausdehnung der Erschütterungen bezeichnen, da es in allen Fällen an genügenden Nachrichten fehlt.

Tafel VI. Darstellung der Stossgebiete von 9 Erdbeben. Die rothen Kurven umgränzen das Gebiet der in den verschiedenen Erdbeben erschütterten Flächen, und können wegen Unvollkommenheit der Nachrichten nur Minima angeben. An 19 Stellen sind durch rothe Farbe die bis jetzt von mir sicher erkannten Epicentra hervorgehoben. Die beträchtliche Zahl der noch nicht genauer untersuchten Centra ist jetzt nicht berücksichtigt worden. Man sieht, wie die grossen Erdbeben von Hellas nicht nach Asien gelangen, und wie so schwere Erschütterungen, wie die von Mytilene und Samos höchstens einige der Kykladen berührten. Für den Kenner bedarf es kaum der Bemerkung, dass diese Kurven nur als die ersten Versuche gelten dürfen auf einem so gut wie völlig unbekannten Gebiete. Santorin, das oft schwer erschüttert ward, ist kein Zentrum gewöhnlicher Erdbeben. 1707 gab es deren bei der damaligen Eruption, ohne dass uns Nachrichten vorliegen, aus denen erhellt, ob nicht vielleicht jene Erschütterungen nur übergeleitete waren. Bei der grossen Eruption von 1866—1872 hatte die Insel zwar 2 oder 4 sehr starke Bebungen, aber die grossen Stösse, die sie in dieser Zeit erlitt, hatten ihr Zentrum fern von Santorin.

Inhaltsverzeichniss.

Vorbemerkung zur ersten Ausgabe.

Als ich im Jahre 1845 begonnen hatte, Nachrichten über die Erdbeben aller Länder zu sammeln, um die damals noch sehr unvollständigen Kataloge zu bereichern, ward bald ein Ereigniss von entscheidendem Einflusse auf die Richtung, welche ich in diesen Studien für die Zukunft verfolgen sollte. Das rheinische Erdbeben am 29. Juli 1846 war das Erste von mir selbst beobachtete, und die, alle Nachrichten umfassende Bearbeitung desselben durch Professor *Nöggerath* in Bonn, zeigte mir den Weg, der betreten werden musste, um zu wissenschaftlichen Resultaten zu gelangen. Von jeher dem Bestreben abgeneigt, aus wenigen, oft mangelhaft erkannten Thatsachen sogleich zu allgemeinen Schlüssen, zu Theorien zu gelangen, denen die sichere Grundlage fehlt, lernte ich frühzeitig einsehen, dass das schwierige Problem des Erdbebens nur auf dem Wege vieljähriger umfassender Beobachtungen zu lösen sei. Indem ich die Sammlung der von Jahr zu Jahr sich mehrenden Nachrichten ohne Unterbrechung fortsetzte, fand ich seit 1859 in Griechenland Mittel und Wege, zu so zahlreichen Angaben zu gelangen, wie ich sie in dieser Schrift mitgetheilt habe, hoffend, dass sie in Zukunft die Untersuchungen über die Natur des Erdbebens merklich unterstützen werden. — Theils aus eigenem Antriebe, theils auf meine Veranlassung, haben sich in diesem Lande verschiedene Personen mit der Beobachtung und Aufzeichnung der Erschütterungen beschäftigt, und im Laufe vieler Jahre mit einer Ausdauer, die des höchsten Lobes würdig erscheint, ihre werthvollen Kataloge entworfen, die mir dann zuvorkommend zur Verfügung gestellt wurden mit der Erlaubniss, sie dereinst zu veröffentlichen. So beobachtete *Barbiani* 40 Jahre lang in Zante, bis an seinen am $\frac{30.}{18.}$ Mai 1866 erfolgten Tod. Seine Arbeiten sind bereits von *A. Perrey* benutzt. Herr *G. von Gonzenbach*, (im Juli 1873 gestorben), notirte Erdbeben in Smyrna 30 Jahre lang, und ungefähr 20 Jahre umfassen die reichen Kataloge von Capt. *Mansell* in Chalkis, und Herrn *A. Wild* zu Kourbatzi in Euböa. Diese Männer, die ich hier besonders hervorhebe, haben aus eigenem Antriebe sich für das Studium der Erdbeben dauernd interessirt, lange, bevor ich nach Griechenland kam, und mein Einfluss auf die drei Letzteren konnte sich nur auf die Form der Beobachtungen, auf den schärferen Ausdruck ihrer schriftlichen Darstellung beziehen. Noch manche andere Personen, deren Namen man im Kataloge findet, habe ich nach und nach kennen gelernt, und wie der Erfolg zeigte, mit gutem Grunde zu solchen Beobachtungen aufgefordert und ermuthigt. In Folge solcher Unterstützung ward es möglich, im Laufe von 15 Jahren ein Verzeichniss über 3000 Erdbeben für ein kleines Gebiet zu einem Gesammtbilde über die nieruhende Erschütterung der Erdoberfläche aufzustellen, in welchem etwa 2600 als seither unbekannte zu betrachten sind, von denen gegen 180 meiner eigenen speziellen Wahrnehmung angehören.

Die Veranlassung zur theilweisen Bearbeitung des von mir gesammelten Materials ward mir im November 1873 durch 2 werthvolle russische Abhandlungen über Sibirische Erdbeben von Herrn *A. Orlow*. Ich fand es an der Zeit, wenn auch nicht das Ganze, sodoch einzelne Theile meines Kataloges durch eingehende Bearbeitung der Wissenschaft zugänglich zu machen. So entstand diese Schrift, die sich nach Beschaffenheit ihres Inhaltes zunächst freilich nur an Wenige wendet, in den Monographien jedoch auf Interesse in grösserem Kreise hoffen darf.

Im Abschnitte I habe ich nicht Hypothesen behandelt, sondern versucht, auf dem Wege der Rechnung gewisse Fragen zu erörtern, die lange vor mir erhoben wurden; Fragen über den Einfluss des Mondes und der Sonne, über den vermuthlichen Einfluss 'des Luftdruckes auf die Häufigkeit der Erdbeben. Sind auch nur 2 Fälle in strengerer Form behandelt, und mögen auch die Ansichten Anderer sich von den meinigen entfernen, so können jene Versuche doch als Beispiele neuer Methoden der Untersuchung dienen, deren schärfere Entwicklung der Zukunft vorbehalten bleibt.

Wenn von einer Theorie des Erdbebens die Rede ist, so verstehe ich darunter (bei dem jetzigen Stande unsers Wissens) die mathematische, welche sich mit der Bewegung und Wirkung der Stosswellen beschäftigt, nicht aber die lange Reihe der Hypothesen von *Aristoteles* an bis auf unsere Zeit, durch welche man das Problem zu lösen gedachte, bevor man Beobachtungen hatte. Die mathematische Theorie, wie solche von *Hopkins* und *Mallet*, neuerdings von *Winningerode* (in *K. v. Seebach's* ausgezeichneter Arbeit über das Erdbeben des 6. März 1872) entwickelt ward; die lichtvolle graphische Darstellung der Letzteren durch Dr. *H. Wagner;* ferner die Arbeiten von *Pfaff* und die werthvollen Untersuchungen von Prof. *v. Hochstätter* über das Peruanische Erdbeben von 1868 — diese betrachte ich als maassgebend, und sehe in ihnen die sichere Basis für die Zukunft. An solchen Arbeiten habe ich seit 1846 in zwei Fällen theilgenommen, und auch in dieser Schrift findet man Versuche ähnlicher Art, die sich auf grosse Orient-Erdbeben beziehen. Freilich wird der Kenner bald bemerken, dass jene Sorgfalt, wie ich sie 1846 und 1858, wie *K. v. Seebach* sie 1872 im Falle sehr reicher Beobachtungen in Anwendung brachte, diesmal gar nicht in Frage kommen konnte, da es sich nur um Angaben der unvollkommensten Art handelte. Desshalb, nur um Gränzwerthe zu erlangen, beschränkte ich mich auf ein summarisches Verfahren, welches zahlreichen und genauen Beobachtungen gegenüber, keineswegs gestattet sein würde. In den 98 monographischen Skizzen findet man neue Werthe über die Geschwindigkeit der Stosswellen auf Land und Meer, und Andeutungen über die Tiefe des Heerdes, von dem die Erschütterungen ausgingen. Es sind die mit den Erdbeben verbundenen meteorologischen Phänomene in Betracht gezogen, und es wurden besonders die Spalten und Sandkrater (im Erdbeben von Aigion 1861) genau beschrieben und durch Abbildungen näher erläutert.

In den Abschnitten III und IV gebe ich Auszüge aus meinem grossen Kataloge, der aus den Sammlungen im Laufe von 29 Jahren entstanden ist. III enthält Nachrichten über Erdbeben, die entweder bei *Mallet* und *Perrey* fehlen, oder, falls notirt, mit neuen Bemerkungen versehen werden konnten. Der Katalog IV umfasst die Zeit meines Aufenthaltes in Griechenland, und stellt alle in 15 Jahren bekannt gewordenen Erdbeben in einem Bilde zusammen. Wer unter dem Einflusse so zahlreich auftretender, oft grossartiger Erscheinungen steht, wird nicht geneigt sein zu glauben, dass Hypothesen allein der Wissenschaft zu nützen vermögen, sondern behaupten, dass dieser zunächst nur durch allseitige Beobachtung wahre Dienste geleistet werden.

Athen 1874, April 18.

J. F. Julius Schmidt.

Vorbemerkung zur zweiten Ausgabe.

Die Bereicherung der zweiten Ausgabe der „Studien über die Erdbeben" besteht in der Fortsetzung des Katalogs der im Oriente, vornehmlich in Griechenland wahrgenommenen Erschütterungen von Land und Meer, beginnend mit dem Anfange von 1874, endend mit Dez. 31. 1878. In diesen 5 Jahren habe ich gegen 800 Erdstösse verzeichnen können, und darunter befinden sich manche, die ich selbst zu Athen beobachtet habe. Obgleich diese Zahl recht beträchtlich erscheint, möchte ich doch glauben, dass in den letzten Jahren in der Häufigkeit dieser glücklicherweise nur selten unheilvollen Ereignisse, eine merkliche Abnahme eingetreten sei.

Bis jetzt waren es nahezu dieselben Personen, die wie früher, meist auf meine Veranlassung, sich mit der genauen Beobachtung und Notirung des Erdbebens beschäftigten. Gestorben sind von diesen zuverlässigen Beobachtern: *Barbiani* in Zante im Mai 1866, *G. v. Gonzenbach* in Smyrna im Juli 1873, *B. Wurlisch* in Kumi im Dezember 1877.

Was die reichhaltigen Angaben von Herrn Capt. *Mansell* zu Chalkis betrifft, so ist zu bemerken, dass dieser ausgezeichnete (ehemalige) Marineoffizier jedes Jahr einige Monate im Auslande zubringt, wesshalb sich die Lücken in seinem mir 1877 Februar zugesandten Kataloge erklären.

Was mir gelegentlich von der Regierung und von verschiedenen Landeseingeborenen mitgetheilt ward, ist sehr dankenswerth; handelt es sich aber um andauerndes Interesse im Verlaufe vieler Jahre, mit welchen die Erd-

I.

Die Häufigkeit der Erdbeben im Vergleiche mit den Stellungen der Erde gegen den Mond und gegen die Sonne, mit der Tageszeit, dem Luftdrucke und den Gewittern.

Zu den Versuchen, welche *Perrey*, *Mallet* und Andere vor mir gemacht haben, will ich neue hinzufügen, ohne indessen jetzt alle vorhandenen Hilfsquellen erschöpfen zu können. Wenn in Zukunft ein kritisch durchgearbeiteter, viel umfassender Katalog bestehen wird, zu einer Zeit, da bei vermehrter Einsicht in die Grösse und Wichtigkeit der Fragen man die notirten Erdbeben nach Hunderttausenden zählt, mag man die Untersuchungen im grösseren Maassstabe und nach wesentlich erweiterten Gesichtspunkten ausführen. Im Voraus muss für die folgenden Mittheilungen bemerkt werden, dass sich im Allgemeinen die Zählungen auf die Erdbebentage, nicht auf die einzelnen oft sehr häufig sich wiederholenden Erschütterungen beziehen. Dagegen ward ein Tag doppelt, dreifach oder mehrfach gerechnet, wenn an solchem Erdbeben in ganz verschiedenen Gebieten auftraten, in denen besondere Zentra der Erschütterungen nachgewiesen werden können. Der Nachweis über diese Zentra erfordert ein Werk für sich und kann noch nicht gegeben werden. Die folgenden Untersuchungen auf dem Wege der Zahlen sind von allen Hypothesen unabhängig; sie suchen Beziehungen nachzuweisen oder zu verneinen und so Wahrscheinlichkeiten für Phänomene zu begründen, die mehrfach zu früh für Thatsachen gehalten wurden. Keine der frühern Arbeiten, so weit ich sie kenne, zeigt genügende Strenge oder lässt den Gang der Untersuchung im Einzelnen erkennen. Ich habe versucht in A eine strenge Form, in B eine genähert strenge Form der Rechnung durchzuführen, indem einmal die veränderliche Gravitation des Mondes allein, dann die veränderliche Stellung des Mondes und der Sonne gegen die Erde in ihrer möglichen Wirkung auf die Häufigkeit der Erdbeben näher erörtert ward. Das Uebrige, die Vertheilung der Erdbeben nach den Monaten, hat nicht mehr Werth als das sonst schon Bekannte. Dahingegen sind in der Behandlung der meteorologischen Beziehungen Mittel in Anwendung gekommen, die ich in den frühern hierauf bezüglichen Arbeiten vermisst habe.

A. Erdbeben und Entfernung des Mondes von der Erde.

Die astronomischen Ephemeriden geben an Stelle der Entfernung des Mondes von der Erde seine Parallaxe $= \pi$, oder den Winkel, unter welchem, vom Mittelpunkte des Mondes gesehen, der Halbmesser des Erdäquators erscheint. Nach Maassgabe der elliptischen Bewegung des Mondes sind nicht nur die Entfernungen, also auch die Parallaxen veränderlich, sondern auch die Zeiten, die Dauer, in welcher Parallaxen innerhalb gewisser Grenzwerthe stattfinden. Ich werde im Folgenden die in der Astronomie gebräuchlichen Zeichen beibehalten und des genauen Verständnisses wegen eine Tafel hersetzen, in der man die fraglichen Werthe der Parallaxen nebst zugehörigen Signaturen zusammengestellt findet.

P+60′= Werth der Parallaxe zwischen 61′29″ u. 60′ 0″. Dafür die Zeitdauer= t

59′=	„	„	„	„	60 0	„ 59 0	„	„	„	$=t_1$
58′=	„	„	„	„	59 0	„ 58 0	„	„	„	$=t_2$
57′=	„	„	„	„	58 0	„ 57 0	„	„	„	$=t_3$
56′=	„	„	„	„	57 0	„ 56 0	„	„	„	$=t_4$
55′=	„	„	„	„	56 0	„ 55 0	„	„	„	$=t_5$
A+54′=	„	„	„	„	55 0	„ 53 56	„	„	„	$=t_6$

P soll ausserdem das Perigäum oder die Erdnähe, A das Apogäum oder die Erdferne bedeuten. Hat man für einen grössern Zeitabschnitt die Erdbebentage mit den zugehörigen Parallaxen zusammengestellt, so wird man finden, dass scheinbar die grösste Anzahl auf die Zeit für (A + 54′) fällt, während in Wahrheit das Gegentheil stattfindet. Es muss aber, unter Annahme einer gleichmässigen Vertheilung der Erdbeben, berechnet werden, wie viele Erdbebentage den Zeiten t, t_1, t_2, t_3 etz. zukommen, also den Zeiten, welche der Dauer der Parallaxen π, π_1, π_2 etz. entsprechen. Dies wäre nun leicht zu ermitteln, wenn es eine constante Mondbahn gäbe, da mit Anwendung der aus dem Kepler'schen Gesetze folgenden Regeln sich die Zeiten t, t_1, t_2 etz. strenge berechnen lassen. Die Bahn des Mondes ist aber bekanntlich der Störungen wegen, im hohen Grade veränderlich, und ich habe nach vergeblichen Versuchen erkannt, dass sich keine mittlere Bahn finden lasse, durch welche im Mittel die Hauptstörungen auf genügende Weise berücksichtigt würden. Nennt man a die halbe grosse Axe der Bahn, e die Exzentrizität, r den radius vector, q die Erdnähe, p den Parameter, v die wahre, E die exzentrische Anomalie; ferner U die wahre Umlaufszeit und setzt die mittlere Parallaxe $= 57' 2,2''$, so gibt zunächst diese Letztere den Hauptdurchmesser der Bahn. Welche Gestalt sie habe, hängt von e ab, und e ist wieder abhängig von dem Werthe π, wie er in P oder A stattfindet. In der Zeit des wahren Umlaufes $= 27^{t} 7^{u} 43^{m}$ vollendet sich aber nicht der volle Zyklus derjenigen Veränderungen, welche π (oder r) betreffen. Diese Periode ist länger, dauert im Mittel $27^{t} 12^{u} 19^{m}$, und wird der anomalistische Umlauf genannt. Wollte man nun die Werthe t, t_1, t_2 etz. durch Rechnung bestimmen, so wäre für jedes $\pi \ldots .. \; r = \dfrac{\varrho}{\sin \pi}$, wenn ϱ den Halbmesser der Erde (als Einheit) bedeutet. Ferner wenn man bereits a und q, also auch e bestimmt hat:

$$r = \frac{a\,(1 - e^2)}{1 + e \cos v} \qquad p = a\,(1 - e^2)$$

$$\cos v = \frac{\left(\dfrac{p}{r} - 1\right)}{e} \qquad \operatorname{tang} \tfrac{1}{2} E = \operatorname{tang} \tfrac{1}{2} v \sqrt{\left(\frac{1-e}{1+e}\right)}$$

Mit E findet man sodann die Zeiten t, t_1, t_2, t_3 etz.

Beispiel. Setzt man für den Zeitraum 1871 bis 1873 Ende als mittlere Werthe, die kleinste Parallaxe $= 54' 4,7''$, die grösste $= 60' 25,4''$, so wird die (mittlere) Erdferne $= 63,57239$, die (mittlere) Erdnähe $= 56,89727$; a $= 60,23483$, e $= 0,055409$, U $= 27,2938^{t}$.

Dann ist bei

$\pi =$	60'	25,4''	T $= 0,0000^{tg}$		für P $+$ 60' $= 2,1546^{tg}$	t $= 4,3092^{tg}$
„	60	0	„ $= 2,1546$	…. „	59 $= 1,9343$	$t_1 = 3,8686$
„	59	0	„ $= 4,0889$	…. „	58 $= 1,4669$	$t_2 = 2,9338$
„	58	0	„ $= 5,5558$	…. „	57 $= 1,3708$	$t_3 = 2,7416$
„	57	0	„ $= 6,9266$	…. „	56 $= 1,4346$	$t_4 = 2,8692$
„	56	0	„ $= 8,3612$	…. „	55 $= 1,7162$	$t_5 = 3,4324$
„	55	0	„ $=10,0774$	…. „ A $+$	54 $= 3,5695$	$t_6 = 7,1390$
„	54	4,7	„ $=13,6469$			

Man sieht also in diesem Beispiele an den Werthen der letzten Reihe, wie verschieden die Zeiten t, t_1, t_2 etz. ausfallen, die der Dauer gewisser Parallaxen entsprechen; wie der Mond 4,3 Tage in jenem Theile seiner Bahn verweilt, wo die Parallaxe sich von 60' 0'' bis 60' 25,4'' und wieder bis

60' 0'' ändert; wie er dagegen 7,1 Tage zu dem analogen Stück im Apogäo
gebraucht; wie endlich bei mittlerem Abstande die doppelte Dauer für
$\pi = 57'$ noch nicht 3 Tage beträgt. Es ist also einleuchtend, dass die
Untersuchung über den möglichen Einfluss der Mondentfernung auf die Erdbeben erst dann einen bestimmten Sinn habe, wenn auf obiges Verhältniss
der Zeiten gehörig Rücksicht genommen wird.

Das gewählte Beispiel ist nicht strenge richtig. Jenes $U = 27,2938^t$
kann als gestörter Umlauf zwar vorkommen, ist aber dem mittlern Umlaufe
im gewählten Zeitabschnitte nicht entsprechend. Es genügt aber, um die in
Frage kommenden Elemente zur Anschauung zu bringen.

Nachdem viele Versuche in dieser Richtung fehlgeschlagen, fand ich
den für meinen Zweck allein tauglichen, freilich aber sehr beschwerlichen
Weg. Ich beschloss, für das letzte Jahrhundert sämmtliche Parallaxen der
Ephemeriden in Kurven darzustellen und aus ihnen die Zeiten t, t_1, t_2 etz.
graphisch zu ermitteln. Diesen Plan hätte ich wenigstens für 98 Jahre ausführen können, da die Ephemeriden seit 1776 vorlagen. Indessen fand ich,
dass sich die Arbeit abkürzen lasse. Zunächst hätte ich die Parallaxen der
Bode'schen Jahrbücher (1776—1829) um 10'' verkleinern müssen, um sie
mit den Späteren in Einklang zu bringen. Diese Ephemeriden geben für
jeden Tag nur einen Werth von π, während seit 1830 Encke's Jahrbuch,
sowie der Nautical Almanac π für 0^u und 12^u ansetzen. Es kam dabei
noch in Betracht, dass bis etwa 1820 die Erdbebenkataloge, mit denen der
Gegenwart verglichen, doch allzu arm erscheinen. So wählte ich schliesslich
den Abschnitt von 1842 bis 1873 und die Angaben des Nautical Almanac.
Die Kurven wurden in gross Folio-Format gezeichnet, dessen Gradnetz
Quadrate von 4,5 Millimeter Seitenlänge enthielt. Da ungefähr 400 vollständige Kurven entworfen werden mussten, liess ich auf jede Seite die Kurven
von 4 Jahren fallen, mit Beachtung der Schaltjahre und mit Wahrung des
beiderseitigen genauen Anschlusses der Blätter aneinander. Ein Theil der
Kurven ward schwarz, der andere roth gezeichnet, um Verwirrungen zu vermeiden, denn es zeigte sich, dass in den Schaltjahren die Maxima meist sehr
nahe zusammenfielen. Diese Arbeit, unter gelegentlicher Mitwirkung zweier
Gehilfen, nahm allein gegen 300 Stunden in Anspruch. Die Ermittlung der
Zeiten t, t_1, t_2 besorgte ich allein und fand auch Gelegenheit, alle Fehler,
die hier besonders vom Sehen abhingen, zu erkennen und zu verbessern.
Der wahrscheinliche Fehler jeder dem Gradnetze entnommenen Zeitdifferenz
beträgt etwa $\pm$ 0,03 Tage. Damit sich dieser Fehler nicht merklich sum-
miren könne, bestimmte ich die Zeiten der Maxima und Minima der Kurven

nicht nach der Zeichnung, sondern wählte dafür die im Nautical Almanac berechneten Zeiten der Erdnähe und Erdferne, die innerhalb ± 0,5 Stunden richtig sind. Wenn dann in einzelnen Fällen die Summe aller t nicht genügend mit der Länge des Jahres übereinstimmte, wurden die wenigen Zehntheile des Tages auf die einzelnen t zweckmässig vertheilt und somit jede Fehlerquelle, die in unserm Falle irgendwie in Betracht kommen könnte, vermieden. Um zu zeigen, wie im Verlaufe eines Jahres sich die Werthe t, t₁ gestalten, möge das folgende Beispiel für 1868 dienen.

P	60'	59'	58'	57'	56'	55'	54'	A
t	t	t	t	t	t			
1,77	1,28	1,10	0,98	1,15	1,13			
1,72	1,39	1,08	1,09	1,07	1,24	1,62	3,21	1,29
1,32	1,68	1,16	1,01	1,19	1,36	1,78	3,67	1,46
1,35	1,56	1,09	0,97	1,15	1,06	1,62	3,70	—
—	2,21	1,70	1,50	1,51	1,94	2,21	4,67	—
—	2,13	1,46	1,25	1,13	1,19	1,57	3,18	—
—	—	3,42	2,46	2,22	1,89	2,18	3,63	—
—	—	2,92	1,60	1,38	1,48	1,69	2,98	—
—	—	2,60	2,75	1,82	1,57	1,79	3,12	—
—	—	2,63	2,95	2,00	1,73	1,85	3,18	—
—	—	3,12	1,45	1,30	1,41	1,59	3,04	—
—	—	3,63	2,16	1,96	1,97	2,35	3,73	—
—	2,18	1,44	1,15	1,15	1,17	1,56	3,33	—
—	2,41	1,70	1,40	1,48	1,71	2,18	4,58	—
1,19	1,69	1,16	1,05	1,00	1,28	1,61	3,85	—
1,21	1,75	1,19	1,23	1,11	1,40	1,83	3,99	0,66
1,46	1,56	1,17	1,14	1,08	1,30	1,75	3,75	0,84
1,47	1,52	1,11	1,08	1,06	1,24	1,56	4,12	—
—	2,77	1,36	1,30	1,29	1,61	2,06	4,82	—
—	2,60	1,25	1,06	1,16	1,14	1,57	3,44	—
—	1,31	2,43	1,89	1,83	2,00	2,36	4,10	—
—	1,31	1,98	1,35	1,25	1,21	1,64	3,05	—
—	—	2,83	3,18	2,12	1,81	2,01	3,38	—
—	—	2,42	2,30	1,57	1,50	1,80	2,91	—
—	—	2,56	2,00	1,52	0,92	2,18	3,07	—
—	—	3,02	3,03	2,12	1,95	2,10	3,45	—
—	1,75	1,70	1,25	1,11	1,25	1,59	3,10	—
—	1,88	—	—	—	—	—	—	—

Die Zählung beginnt 1868 Januar 2., 17. und endet 1869 Jan. 2., 13.

Summen der t im Jahre 1868.

t für P + 60' = 44,57 Tage,
„   59 = 53,23 „
„   58 = 44,78 „
„   57 = 38,70 „
„   56 = 39,41 „
„   55 = 48,05 „
„ A + 54 = 97,29 „
S. = 366,03 Tage.

Aus dieser Tafel ersieht man den Wechsel der Werthe t und die grossen periodischen Aenderungen der Mondbahn im Laufe eines Jahres, was zunächst π betrifft. Es findet eine Ausdehnung und wieder eine Zusammenziehung der Bahn statt, so dass zuweilen Wochen lang die extremen Werthe von π gar nicht auftreten. Wenn diese stattfinden, hat die Bahn ihre am stärksten elliptische Form; wenn sie nicht erreicht werden, nähert sie sich mehr als im mittleren Zustande der Form des Kreises. Diesen Variationen gemäss zeigen auch die Werthe t die grossen Veränderungen, die ich in vorstehender Tafel zur Anschauung bringen wollte.

Nachdem in solcher Form die 32 Jahre, von 1842 bis 1873, durcharbeitet waren, wurden die einzelnen Jahresresultate so abgerundet, dass sie der Länge jedes Jahres gleichkamen, und in solcher Form zeigt sie die folgende Tafel, die ich ganz hersetze, nicht nur, weil sie zur genauen Beurtheilung dieser Untersuchung dient, sondern weil sie als die erste dieser Art auch in Zukunft noch mehrfach in Betreff gewisser meteorologischer Probleme mit Nutzen verwendet werden kann.

Werthe t für die Jahre 1842 bis 1873.

Jahr	P	60'	59'	58'	57'	56'	55'	54'	A	P + 60'	A + 54'
	t	t	t	t	t	t	t	t	t	t	t
1842	12,70	29,10	51,28	45,94	38,24	38,19	47,08	89,62	12,85	41,80	102,47
1843	12,59	36,81	46,71	38,07	35,73	37,81	48,34	97,25	11,69	49,40	108,94
1844	11,48	29,39	50,49	44,27	38,23	39,59	48,23	89,99	14,36	40,87	104,35
1845	9,84	34,40	52,46	44,98	39,20	39,15	47,39	91,29	6,74	43,74	98,08
1846	8,41	29,85	52,46	45,25	39,54	40,51	49,09	88,72	11,17	38,26	99,89
1847	12,77	37,16	46,41	38,97	36,12	37,03	45,97	96,60	13,96	49,93	110,56
1848	12,97	32,15	47,80	43,15	38,19	39,10	50,16	90,64	11,84	45,12	102,48
1849	10,47	32,32	53,80	45,54	38,75	38,92	46,77	90,94	7,49	42,79	98,43

Jahr	P	60'	59'	58'	57'	56'	55'	54'	A	P + 60'	A + 54'
	t	t	t	t	t	t	t	t	t	t	t
1850	7,67	26,46	54,94	47,42	39,28	40,09	50,25	88,25	10,64	34,13	98,89
1851	13,34	30,42	49,88	41,24	36,52	37,82	46,09	94,47	15,22	43,76	109,69
1852	12,79	36,02	44,80	40,78	38,15	40,13	49,33	93,00	11,00	48,81	104,00
1853	14,11	32,61	53,67	44,24	36,56	38,74	46,73	90,49	7,85	46,72	98,34
1854	7,89	31,37	55,93	44,07	39,34	40,80	50,52	91,57	3,48	39,26	95,05
1855	13,41	29,52	51,50	42,25	37,46	38,33	47,95	99,35	5,20	42,93	104,55
1856	14,36	36,05	46,08	39,47	37,80	39,67	48,81	95,82	7,94	50,41	103,76
1857	14,23	33,64	51,83	42,81	36,19	38,11	47,52	90,59	10,08	47,87	100,67
1858	10,06	32,14	51,66	44,20	38,68	41,09	49,16	92,82	5,19	42,20	98,01
1859	10,60	26,43	55,45	43,15	38,07	36,97	50,09	96,63	7,61	37,03	104,24
1860	10,58	36,58	49,69	41,58	37,44	38,64	49,50	00,50	9,46	47,16	101,99
1861	16,07	37,65	48,83	38,55	36,12	38,06	46,61	92,63	10,48	53,72	103,11
1862	11,30	31,97	51,25	44,57	38,83	40,15	48,45	91,45	7,03	43,27	98,48
1863	7,76	32,16	52,30	43,68	38,46	36,76	49,26	96,72	7,90	39,92	104,62
1864	12,71	33,12	51,42	41,84	38,30	39,65	50,03	88,14	10,79	45,83	98,93
1865	12,97	37,91	49,58	41,94	33,90	38,81	47,87	93,23	8,79	50,88	102,02
1866	13,00	33,79	46,16	44,94	38,38	39,65	49,42	91,69	7,97	46,79	99,66
1867	7,37	32,03	52,72	43,56	36,25	39,32	49,73	96,71	7,31	39,40	104,02
1868	11,48	33,07	51,09	44,77	38,70	39,40	50,21	93,03	4,25	44,55	97,28
1869	13,62	34,97	50,34	42,68	35,33	38,54	47,52	93,97	8,03	48,59	102,00
1870	14,13	34,24	49,19	39,28	36,91	39,79	48,33	92,86	10,27	48,37	103,13
1871	10,48	27,89	54,04	43,18	38,22	37,41	49,55	95,01	9,22	38,37	104,23
1872	10,47	33,44	52,04	44,84	39,17	39,94	49,24	91,32	5,54	43,91	96,86
1873	14,04	31,64	52,40	43,58	38,94	36,08	47,00	90,93	10,39	45,68	101,32

Die Gesammtsumme der Tage ist $= 11688 = 32$ Jahre, unter denen 8 Schaltjahre. Ist S diese Summe, a, b, c etz. die Summe der t, t_1, t_2 etz., so ist $n = \dfrac{a}{S}$, $n_1 = \dfrac{b}{S}$, $n_2 = \dfrac{c}{S}$ etz. und man hat

		log				
für P + 60'	... 1421,47 Tage.	log $= 3,15274$	log n	$= 9,08500$	n	$= 0,12162$
59	... 1628,20	„ „ $= 3,21170$	„	$= 9,14396$	„	$= 0,13930$
58	... 1374,79	„ „ $= 3,13823$	„	$= 9,07049$	„	$= 0,11762$
57	... 1207,00	„ „ $= 3,08171$	„	$= 9,01397$	„	$= 0,10327$
56	... 1244,25	„ „ $= 3,09491$	„	$= 9,02717$	„	$= 0,10646$
55	... 1552,24	„ „ $= 3,19096$	„	$= 9,12322$	„	$= 0,13281$
A + 54	... 3260,05	„ „ $= 3,51323$	„	$= 9,44549$	„	$= 0,27893$
S = 11688		log S $= 4,06774.$				

Bevor ich zur Mittheilung der Endresultate übergehe, halte ich für nützlich, das Detail der Zählung der Erdbebentage von 1776 bis 1873 herzu-
setzen, damit man Kenntniss vom Zustande der Kataloge erlange und den
möglicherweise periodischen Gang der Zahlen betrachte. Seit den zwanziger
Jahren zeigt sich die Zunahme des Interesses für die Sammlung der Nachrichten über Erdbeben; seit 1845 habe ich daran Theil genommen und seit
1859 habe ich in Griechenland dergleichen Sammlungen mit grösstem Nachdrucke betrieben und einige Hundert Erdbeben selbst beobachtet. Die Zählungen nach meinem Kataloge stelle ich in folgender Tafel zusammen; Jahre
mit grossen Erdbeben erhalten ein *.

Jahr	P	60'	59'	58'	57'	56'	55'	54'	A	P + 60'	A + 54'	Summe
1776	0	1	6	5	5	4	7	6	0	1	6	34
1777	2	0	4	8	2	2	3	5	0	2	5	26
1778	5	13	7	5	6	9	5	18	3	18	21	71
1779	3	3	4	7	1	3	4	12	0	6	12	37
1780	3	7	4	5	5	5	6	10	2	10	12	47
1781	0	4	4	1	2	4	6	9	0	4	9	30
1782	0	2	3	6	4	2	0	1	0	2	1	18
1783*	7	16	34	19	21	22	25	53	0	23	53	197
1784	4	7	7	4	11	4	10	20	1	11	21	68
1785	4	7	7	6	9	7	7	17	5	11	22	69
1786	1	6	7	10	6	12	9	11	0	7	11	62
1787	1	5	8	4	10	2	5	4	0	6	4	39
1788	2	0	3	2	3	1	5	7	0	2	7	23
1789	0	1	3	2	5	2	5	12	0	1	12	30
1790	2	1	2	3	3	9	3	7	0	3	7	30
1791	4	3	4	3	4	1	1	10	0	7	10	30
1792	0	3	1	1	1	2	0	2	0	3	2	10
1793	1	0	3	2	0	2	3	2	0	1	2	13
1794	1	3	2	4	3	4	2	2	0	4	2	21
1795	0	0	1	0	0	2	0	1	0	0	1	4
1796	0	0	2	2	1	1	2	3	0	0	3	11
1797*	3	5	5	4	1	1	1	1	0	8	1	21
1798	2	0	8	3	0	0	0	3	0	2	3	11
1799	2	3	4	0	0	3	1	7	0	5	7	20
1800	0	0	2	2	1	2	3	7	0	0	7	17
1801	0	0	1	2	1	1	1	2	0	0	2	8
1802	4	5	7	6	7	7	9	11	0	9	11	56

9

Jahr	P	60'	59'	58'	57'	56'	55'	54'	A	P + 60'	A + 54'	Summe
1803	2	0	1	2	1	2	5	9	0	2	9	22
1804	5	7	15	5	6	2	8	14	0	12	14	62
1805	2	5	10	1	1	6	4	6	0	7	6	35
1806	0	6	2	3	2	0	3	14	0	.6	14	30
1807	2	5	3	3	4	1	2	6	0	7	6	26
1808	5	9	4	8	7	7	8	11	0	14	11	59
1809	3	3	5	4	5	5	1	9	0	6	9	35
1810	2	8	4	1	3	3	6	18	1	10	19	46
1811*	3	6	23	7	10	12	11	14	0	9	14	86
1812*	4	8	6	13	12	10	11	28	0	12	28	92
1813	5	6	7	17	8	9	4	18	1	11	19	75
1814	0	6	5	5	7	7	5	9	0	6	9	44
1815	0	2	3	3	3	4	2	4	0	2	4	21
1816	1	3	5	8	3	5	11	17	0	4	17	53
1817*	5	3	16	13	18	14	18	20	0	8	20	107
1818	3	2	17	11	6	10	13	14	0	5	14	76
1819	3	6	9	8	8	12	9	22	0	9	22	77
1820	3	8	18	4	8	9	22	25	0	11	25	97
1821	4	10	9	10	5	10	7	29	4	14	33	88
1822*	10	21	30	27	16	17	20	48	2	31	50	191
1823	2	12	20	15	17	17	20	28	0	14	28	131
1824	6	8	21	22	13	19	19	40	6	14	46	154
1825	5	11	21	13	22	17	19	40	5	16	45	153
1826	11	17	19	8	13	8	17	32	1	28	33	126
1827	4	16	36	8	7	8	12	26	0	20	26	117
1828	4	15	24	21	16	20	19	41	5	19	46	165
1829	6	18	24	26	28	21	34	55	0	24	55	212
1830	4	13	14	13	7	11	12	27	2	17	29	103
1831	2	7	8	11	10	13	10	23	3	9	26	87
1832	1	10	16	18	12	11	5	29	2	11	31	104
1833	5	14	24	24	23	23	17	44	4	19	48	178
1834	4	9	22	18	15	22	12	43	8	13	51	153
1835	3	6	18	18	7	10	12	35	1	9	36	110
1836	2	5	9	11	11	11	10	25	5	7	30	89
1837*	4	8	26	19	19	19	16	34	5	12	39	150
1838	3	15	16	12	10	10	14	31	1	18	32	112
1839	9	15	28	14	20	25	22	40	12	24	52	185

Jahr	P	60'	59'	58'	57'	56'	55'	54'	A	P + 60'	A + 54'	Summe
1840	14	27	40	35	19	29	37	63	5	41	68	269
1841	15	26	41	46	24	28	41	76	6	41	82	303
1842	2	8	17	11	10	8	20	30	4	10	34	110
1843*	12	39	40	37	33	37	45	83	3	51	86	329
1844	6	10	20	18	12	18	16	28	3	16	31	131
1845	4	23	28	24	11	23	20	49	0	27	49	182
1846*	4	11	27	21	13	13	19	23	3	15	26	134
1847	4	16	33	18	22	20	15	38	6	20	44	172
1848	5	11	18	22	10	16	21	29	5	16	34	137
1849	2	5	13	6	7	8	11	17	1	7	18	70
1850	5	15	30	37	26	24	23	46	3	20	49	209
1851*	19	38	50	54	30	42	40	93	8	57	101	374
1852	17	40	38	35	32	28	28	84	4	57	88	306
1853	12	22	42	22	34	30	50	91	3	34	94	306
1854	7	9	29	22	26	28	26	42	0	16	42	189
1855*	25	44	68	74	59	68	64	123	0	69	123	525
1856*	19	47	61	46	31	42	50	90	0	66	90	386
1857*	13	17	24	23	22	16	41	71	4	30	75	231
1858*	8	25	77	74	49	53	57	129	0	33	129	472
1859*	3	12	11	9	13	20	14	39	0	15	39	121
1860	11	13	14	13	17	20	19	40	2	24	42	149
1861*	4	22	27	14	10	7	26	44	1	26	45	155
1862	9	17	24	29	44	28	41	65	2	26	67	259
1863*	5	12	16	10	15	14	16	39	0	17	39	127
1864	5	9	18	9	12	8	15	32	1	14	33	109
1865	11	20	25	10	17	20	29	60	0	31	60	192
1866	4	18	27	23	26	25	30	49	2	22	51	204
1867*	6	17	55	45	49	43	57	104	0	23	104	376
1868*	14	23	53	52	55	42	42	81	1	37	82	363
1869*	8	26	37	29	28	25	32	58	1	34	59	244
1870*	38	53	60	66	35	47	66	137	3	91	140	505*)
1871	10	20	36	33	36	42	43	82	0	30	82	302
1872	6	28	49	32	27	23	36	80	0	34	80	281
1873*	9	17	46	40	34	24	40	87	5	26	87	302

*) Einige Hundert von Kapt. *Mansell* zu Chalkis beobachtete Erdbeben in 1870, 1871, 1872 und 1873 haben leider für diese und die folgenden Rechnungen

	Summen für 1776—1841	Summen für 1842—1873	Summen für 1776—1873	Summen der t 1842—1873
P + 60' =	688	= 994	= 1682	1421,5 Tage
59 =	757	= 1113	= 1870	1628,2 „
58 =	621	= 958	= 1579	1374,8 „
57 =	538	= 845	= 1383	1207,0 „
56 =	581	= 862	= 1443	1244,2 „
55 =	641	= 1052	= 1693	1552,3 „
A + 54 =	1400	= 2128	= ·3528	3260,0 „
S =	5226	7952	13178	11688,0 Tage
	a	b	c	d

Die zwei Reihen a und b zeigen nun die Vertheilung der Erdbebentage nach den Parallaxen geordnet, für zwei grosse Zeiträume; die Reihe c bezieht sich auf den ganzen Zeitraum von 98 Jahren. Für die letzten 32 Jahre sind die Summen der Zeiten t berechnet, welche der Dauer der verschiedenen Parallaxenwerthe angehören. Diese Summen sind unter d nochmals aufgeführt, damit man leicht die Variation der Zahlen beurtheilen könne.

Unter der Annahme einer gleichmässigen Vertheilung der Erdbebentage und mit Hilfe der Werthe n habe ich nun für jedes Jahr des Abschnittes 1842—1873 berechnet, wie viele Erdbebentage den Werthen t, t_1, t_2 etz. entsprechen müssten. Ist B die Angabe der Beobachtung, R die Angabe der Rechnung, so ist (R — B) der Unterschied Beider. Diese (R — B) werde ich in der folgenden Tafel zusammenstellen.

		P + 60'	59'	58'	57'	56'	55'	A + 54'
1842	(R — B) ·	+ 2	— 2	+ 3	+ 1	+ 4	— 6	— 3
1843	„	— 7	+ 2	— 3	— 1	— 3	— 2	+ 13
1844	„	— 1	— 2	— 2	+ 2	— 4	+ 1	+ 6
1845	„	— 5	— 1	— 2	+ 8	— 4	+ 4	0
1846	„	— 1	— 8	— 5	+ 1	+ 2	— 1	+ 11
1847	„	+ 3	— 11	0	— 5	— 3	+ 6	+ 7
1848	„	+ 1	0	— 6	+ 4	— 1	— 3	+ 4
1849	„	+ 1	— 3	+ 3	0	— 1	— 2	+ 1
1850	„	— 1	+ 1	— 10	— 4	— 1	+ 6	+ 8
1851	„	— 12	+ 1	— 12	+ 7	— 3	+ 8	+ 11

nicht benutzt werden können, da sie mir erst im April 1874 zugänglich wurden. Sie finden sich alle im letzten Kataloge, Kapitel IV, verzeichnet.

		P + 60'	59'	58'	57'	56'	55'	A + 54'
1852	(R — B) =	− 16	+ 1	− 1	0	+ 5	+ 13	− 2
1853	„ =	+ 5	+ 3	+ 14	− 3	+ 3	− 11	− 11
1854	„ =	+ 4	0	+ 1	− 6	− 7	0	+ 9
1855	„ =	− 7	+ 7	− 12	− 4	− 12	+ 6	+ 22
1856	„ =	− 13	− 11	− .4	+ 9	0	+ 1	+ 18
1857	„	0	+ 9	+ 4	+ 1	+ 8	− 11	− 11
1858	„	+ 19	− 10	− 17	+ 1	0	+ 7	0
1859	„	− 3	+ 7	+ 5	0	− 7	+ 3	− 5
1860	„	− 4	+ 6	+ 4	− 2	− 4	0	− 1
1861	„ =	− 4	− 6	+ 3	+ 5	+ 9	− 6	− 1
1862	„ =	+ 4	+ 12	+ 3	− 17	0	− 7	+ 4
1863	„ =	− 3	+ 2	+ 5	− 2	0	+ 1	− 4
1864	„ =	0	− 3	+ 3	− 1	+ 4	− 1	− 3
1865	„ =	− 5	+ 1	+ 12	+ 2	0	− 4	− 7
1866	„ =	+ 4	− 1	+ 1	− 5	− 3	− 2	+ 6
1867	„ =	+ 17	− 1	0	− 10	− 3	− 6	+ 1
1868	„ =	+ 7	0	− 8	− 17	− 3	+ 6	+ 15
1869	„ =	− 3	− 3	0	− 4	+ 1	0	+ 9
1870	„ =	− 24	+ 6	− 12	+ 16	+ 8	+ 1	+ 5
1871	„ =	+ 2	+ 9	+ 3	− 4	− 9	− 2	+ 3
1872	„ =	0	− 7	+ 2	+ 3	+ 8	0	− 6
1873	„ =	+ 10	− 3	− 4	− 2	+ 7	− 1	− 8

Diese (R — B) scheinen bei dem ersten Anblicke wenig befriedigend; dennoch führen sie zu einem unerwartet günstigen Resultate. Ich hatte selbst nie an einen grossen Einfluss der Gravitation des Mondes geglaubt und im Beginne dieser Arbeit gefürchtet, dass die Unvollständigkeit der Nachrichten über Erdbeben den etwaigen Einfluss des Mondes gar nicht oder nur zweifelhaft möge hervortreten lassen. Berechnet man die Summen (R — B), so hat man:

$$
\begin{aligned}
\text{bei } P + 60' \ (R - B) &= -30 \\
59 \quad „ \quad & -5 \\
58 \quad „ \quad & -32 \\
57 \quad „ \quad & -27 \\
56 \quad „ \quad & -9 \\
55 \quad „ \quad & -2 \\
A + 54 \quad „ \quad & +91.
\end{aligned}
$$

Hier zeigt sich nun, dass die Rechnung für die Erdnähe zu wenig, für die Erdferne aber zu viel Erdbebentage ergibt, dass also in Wirklichkeit die Erdbeben in der Erdnähe häufiger waren als in der Erdferne. Setzt man die mittlere Parallaxe = 57,0' (anstatt 57,03'), so wird nun für die Parallaxen:

von (P + 60') bis 57,0' ... (R — B) = — 94 = $\dfrac{1}{42}$ der Summe 3910,

von 57,0' bis (A + 54')... „ = + 80 = $\dfrac{1}{50}$ der Summe 4042.

Nachdem die strenge Rechnung dies Resultat für den Abschnitt 1842 bis 1873 ergeben hatte, war es von nicht geringem Interesse, zu untersuchen, ob die Jahre 1776—1841 ein ähnliches Verhältniss zeigen würden. Ich wählte Zeiträume von etwa 32 Jahren, und überzeugte mich vorher, dass die in den Werthen n möglichen Variationen an der Hauptsache nichts zu verändern vermochten. Denn jetzt handelte es sich darum, für die Jahre 1776 bis 1841 die für 1842 bis 1873 direkt ermittelten Werthe n hypothetisch in Anwendung zu bringen. Ich fand die folgenden (R — B), die ich mit den vorhin gegebenen (R — B) jetzt zusammenstellen werde.

		P+60'	59'	58'	57'	56'	55'	A + 54'
1776—1809	(R—B) =	— 44	0	+ 8	— 6	— 1	+ 8	+ 46
1810—1841	„ =	— 6	— 27	— 23	+ 9	— 22	+ 44	+ 25
1842—1873	„ =	— 30	— 5	— 32	— 27	— 9	— 2	+ 91

Für den ganzen Zeitraum von 98 Jahren hat man also die Summen:

bei P + 60' (R — B) = — 80

59 „ — 32

58 „ — 47

57 „ — 24

56 „ — 32

55 „ + 50

A + 54 „ + 162.

Theilt man wieder bei π = 57,0' die Bahn in zwei ungleiche Abschnitte, und nennt den der Erdnähe angehörigen P_1, den andern A_1, so folgt:

in P_1 ... (R — B) = — 183

in A_1 ... „ = + 180.

Sonach führen die drei Abtheilungen zwischen 1776 und 1873 zu demselben Resultate, dass in der Erdnähe des Mondes die Erdbeben häufiger seien als in der Erdferne.

Obgleich die zuletzt gefundenen Werthe an sich genügen, die Frage für jetzt hinreichend zu beantworten, viel sicherer als von den frühern Arbeiten zu erwarten war, wird man doch wünschen, Etwas über den wahrscheinlichen Fehler der Angaben zu erfahren. Die (R — B), welche ich für die einzelnen Jahre 1842—1873 berechnet habe, können nicht wol hinsichtlich der wahrscheinlichen Fehler direkt geprüft werden, da sie aus Summen resultirten, die zwischen 70 und 525 lagen; je grösser die Zahl der Beobachtungen, desto genauer ist das Ergebniss. Ich habe daher einen andern Weg gewählt und das Verhältniss der (R — B) zu der betreffenden berechneten Ordinate ermittelt, wie folgendes Beispiel anzeigt.

Für P + 60′

$$\text{beob.} = 180, \text{berechn.} = 167. \ (R-B) = -13. \ x = \frac{(R-B)}{R} = -0{,}078.$$

Indem ich so die 32 Jahre berechnete, fand ich beispielsweise:

$$\text{bei } P + 60′ \dots x = -0{,}0220 \pm 0{,}0242$$
$$\text{bei } A + 54′ \dots x = +0{,}0214 \pm 0{,}0140.$$

Diese wahrscheinlichen Fehler und die der andern Werthe zwischen P und A angewandt auf die ganze Beobachtungsreihe, gestatten eine beiläufige Beurtheilung der Zuverlässigkeit der Resultate. Ich fand:

bei P + 60′ ... (R—B)	= —	80 ± 39	Grenzen —	41	und —	119
59	„ = —	32 ± 44	„ +	12	„ —	76
58	„ = —	47 ± 32	„ —	15	„ —	76
57	„ = —	24 ± 39	„ +	15	„ —	63
56	„ = —	32 ± 36	„ +	4	„ —	68
55	„ = +	50 ± 37	„ +	87	„ +	13
A + 54	„ = +	162 ± 51	„ +	213	„ +	111

Es ist demnach für den gegenwärtigen Standpunkt unserer Einsicht in die vorhandenen Beobachtungen hinreichend erwiesen, dass die mit der Distanz veränderliche Gravitation des Mondes sich, wenn auch in geringem Maasse, in der veränderlichen Häufigkeit der Erdbeben kundgebe.

B. Erdbeben in ihrer Beziehung zur Lage des Mondes gegen Erde und Sonne.

Die längst erhobene Frage wegen einer der Ebbe und Flut analogen Beziehung zwischen dem Monde und den Erdbeben habe ich ebenfalls auf dem Wege der Zahlen untersucht. Sehr entfernt davon, jene Analogie geradezu anzunehmen oder nur sonderlich wahrscheinlich zu finden, habe ich nicht daran gezweifelt, dass es jedenfalls nützlich sein möchte, auf strengere

Weise als zuvor geschehen ist, die Häufigkeit der Erdbeben im Vergleiche mit der wechselnden Lage des Mondes zu erörtern. Ist auch auf diesem Wege der Einfluss der Gravitation des Mondes nachzuweisen, so gewinnt die Frage auch ein astronomisches Interesse, denn indem ein bejahendes Resultat unsere Vorstellung von dem Zustande des Erdinnern näher begrenzt, 'deutet es zugleich auf die Möglichkeit einer Verschiebung des Schwerpunktes der Erdmasse, wenn diese aus einer festen Oberfläche und einer wenn auch nur im gewissen Grade flüssigen zentralen Region zusammengesetzt sich darstellt. Indessen überlasse ich sämmtliche physikalischen Spekulationen Anderen und beschäftige mich hier nur mit Thatsachen, wie die Beobachtungen sie darbieten. Gelingt es, diese und verwandte Fragen durch Rechnung auf bestimmte Weise zu erledigen, so haben derartige Resultate doch mehr Werth als die Hypothesen aus 24 Jahrhunderten, von denen man nicht sagen kann, dass sie unser Wissen von dem grossartigen und hochwichtigen Phänomen des Erdbebens merklich gefördert haben. Wie es scheint, hat zuerst *Perrey* im grössern Umfange die Häufigkeit der Erdbeben mit dem Mondalter verglichen. In den 20 oder mehr Abhandlungen von ihm, die ich darüber habe nachsehen können, finde ich indessen keinerlei Detail über die Art der Arbeit oder über die Sicherheit der Resultate. Ich habe daher versucht, die Frage auf's Neue zu behandeln, wobei ich mich indessen auf das letzte Jahrhundert beschränkte.

Bode's Ephemeriden von 1776—1829 geben nur die Zeiten der Mond-Viertel, entstellt durch zahlreiche Druckfehler. Encke's Jahrbücher seit 1830 sind höchst korrekt, geben aber auch nur die Zeiten der Viertel. Dagegen findet man seit 1842 im Nautical Almanac das Alter des Mondes Tag für Tag angezeigt, genau auf $1/_{10}$ des Tages. Diese Werthe, also für 32 Jahre, habe ich vorzugsweise für eine genauere Rechnung benutzt. In der folgenden Tafel bilden die Tage des Mondalters das Argument (erste Reihe); die zweite Reihe enthält die Zählung der Erdbebentage, die dritte diese Tage als Mittel aus je 3 Tagen, und zwar so, dass Mittel gebildet

wurden aus: $\dfrac{0^t + 1^t + 2^t}{3}$; $\dfrac{1^t + 2^t + 3^t}{3}$; $\dfrac{2^t + 3^t + 4^t}{3}$ etc., um

die Anomalien möglichst auszugleichen. Diese Werthe heissen m, und ihr Gesammtmittel M. Die vierte Reihe gibt (M — m). Die nun folgende Reihe enthält m', Werthe einer mittleren Kurve, die nach grösster Einfachheit strebt, das Mittel M'. Endlich m'' und (M''—m'') die Werthe einer Kurve, welche sich den gegebenen Daten so nahe als zulässig anschliesst.

Mondalter. Tage	Erdbeben- tage	m	(M — m)	m'	(M' — m')	m''	(M'' — m'')
0	237	285	— 7	289	+ 4	281	— 4
1	272	269	+ 9	285	+ 16	277	+ 8
2	297	281	— 3	283	+ 2	279	— 2
3	275	283	— 5	282	— 1	282	— 1
4	278	281	— 3	282	+ 1	283	+ 2
5	291	284	— 6	282	— 2	282	— 2
6	284	281	— 3	282	+ 1	280	— 1
7	268	279	— 1	283	+ 4	280	+ 1
8	287	282	— 4	284	+ 2	284	+ 2
9	290	293	— 15	285	— 8	293	0
10	303	289	— 11	285	— 4	289	0
11	275	278	0	283	+ 5	279	+ 1
12	255	272	+ 6	282	+ 10	276	+ 4
13	287	276	+ 2	280	+ 4	274	— 2
14	286	276	+ 2	278	+ 2	274	— 2
15	254	273	+ 5	276	+ 3	274	+ 1
16	278	272	+ 6	274	+ 2	276	+ 4
17	283	280	— 2	272	— 8	276	— 4
18	279	278	0	270	— 8	273	— 5
19	272	266	+ 12	267	+ 1	267	+ 1
20	247	263	+ 15	265	+ 2	261	— 2
21	269	257	+ 21	264	+ 7	259	+ 2
22	254	269	+ 9	265	— 4	262	— 7
23	284	270	+ 8	268	— 2	267	— 3
24	271	270	+ 8	272	+ 2	271	+ 1
25	254	272	+ 6	277	+ 5	277	+ 5
26	291	278	0	285	+ 7	288	+ 5
27	260	286	— 8	289	+ 3	291	+ 5
28	277	304	— 26	292	— 12	303	— 1
29	346	287	— 9	292	+ 5	296	+ 9

Für diese Zahlwerthe ist zunächst Folgendes zu bemerken. Die mittlere synodische Umlaufszeit des Mondes beträgt 29,6 Tage; es ist also der Tag des Neumondes ein unvollständiger, während die Rechnung den vollen Tag verlangt. In Wirklichkeit ergab die Zählung für das Bruchtheil des letzten

Tages 236 Erdbebentage, nicht viel weniger als die ganzen Tage. Es muss aber die Zahl 236, welche zu 0,6 Tagen gehört, im Verhältniss von 0,6 zu 1,0 vergrössert werden. Ich berechnete diesen Werth auf doppelte Weise, wozu die zufällig in zwei Abschnitten gemachte Zählung Veranlassung bot. Die erste Abtheilung hatte die Summe = 3946 Tage, die zweite die Summe = 4278 Tage. In der ersten Reihe war die Zahl bei Tag 29 = 120, in der zweiten war sie = 116. So fand ich: $\dfrac{3946 - 120}{29} = 132$ und

$\dfrac{4278 - 116}{29} = 143$ und ferner

für Tag 29 .... = 120 + 132 . 0,4 = 173

„ „ 29 .... = 110 + 143 . 0,4 = 173 oder $\dfrac{8224 - (120 + 116)}{29}$

= 275,4 und der verbesserte Werth für Tag 29 = 236 + (275,4 . 0,4).
= 346, welchen man als letzte Zahl der ersten Reihe der Tafel neben dem Argumente 29 angesetzt findet.

Berechnet man aus den (M — m), (M' — m') und (M'' — m'') die Summen der Quadrate der übrig bleibenden Fehler = Σ, und die wahrscheinlichen Fehler = ε, so ergibt sich:

für m .... Σ = 2566 $\varepsilon = \pm 1{,}158$
„ m' .... Σ = 999 $\varepsilon = \pm 0{,}723$
„ m'' .... Σ = 407 $\varepsilon = \pm 0{,}462$.

Durch die letzte Hypothese, d. h. durch die anschliessende Kurve, wird also Σ 6mal kleiner als in der ersten, und demgemäss erfolgte auch die beträchtliche Verminderung von ε. Die Kurve m'' zeigt folgende Charaktere:

Ein Hauptmaximum .... am Tage 29,0 des Mondalters.
„ sekundäres Minimum „ „ 1,7 „ „
„ sekundäres Maximum „ „ 4,9 „ „
„ sekundäres Minimum „ „ 7,2 „ „
„ Hauptmaximum „ „ 9,7 „ „
„ sekundäres Minimum „ „ 14,4 „ „
„ sekundäres Maximum „ „ 17,1 „ „
„ Hauptminimum „ „ 21,4 „ „

Will man die geringeren Anomalien der Kurve m'' nicht anerkennen, so hat man nach der einfacheren Kurve m' folgende Werthe:

Maximum Tag 29,0   Maximum Tag 9,8
Minimum „ 4,6   Minimum „ 21,5.

Auf das Maximum fallen 305, auf das Minimum 259 Erdbebentage; der Unterschied beträgt 46 Tage; da sich nun $\varepsilon = \pm\, 0{,}46$ der Ordinate ergab, so ist er 100mal kleiner als obiger ·Unterschied von 46 Tagen. Wäre ε aber selbst 10mal grösser als 0,46, so würde ich nach der ganzen Sachlage nicht daran zweifeln, dass die Stellung des Mondes gegen Erde und Sonne einen veränderlichen Einfluss auf die Häufigkeit der Erdbeben ausübe.

Eine viel weniger scharfe Rechnung für die 98 Jahre von 1776—1873 liess mich finden:

Maximum Tag 1	Maximum Tag 10
Minimum „ 6	Minimum „ 27.

131 grosse oder mehr als gewöhnlich starke Erdbeben der Periode 1842—1873 ergaben, allein behandelt, ein entschiedenes Maximum am Tage nach dem Neumonde; ein Minimum am 4ten Tage; ein starkes Maximum am 8ten Tage; ein Minimum gegen Tag 13; das Uebrige blieb zweifelhaft.

Aus allen diesen Versuchen lässt sich für jetzt folgern, dass statt-findet:

1) ein Maximum der Erdbeben um die Zeit des Neumondes,
2) ein anderes Maximum 2 Tage nach dem ersten Viertel,
3) eine Abnahme der Häufigkeit um die Zeit des Vollmondes,
4) die geringste Häufigkeit am Tage des letzten Viertels. Vergl. die Anm. zu I. A.

C. Häufigkeit der Erdbeben in verschiedenen Monaten.

Beschränke ich mich zunächst auf Orient-Erdbeben von 1200 bis 1873. und unterscheide:

A ... Erdbeben in der europäischen und asiatischen Türkei,
B ... Erdbeben in Griechenland, nebst denen in Kreta, Valona und Janina,

so ergibt sich nach den Monaten folgende Vertheilung:

Monat.	A	B	A + B
Januar	21	173	194
Februar	54	175	229
März	78	178	256
April	54	120	174
Mai	57	87	144
Juni	24	87	111
Juli	17	77	94
August	29	184	213

Monat.	A	B	A + B
September	23	184	207
Oktober	54	216	270
November	38	117	155
Dezember	18	123	141

Rechnet man Dezember, Januar, Februar als Winter = W, März, April, Mai als Frühling = F, Juni, Juli, August als Sommer = S, September, Oktober, November als Herbst = H, und setzt man die Häufigkeit der Erdbeben im Sommer als Einheit, so hat man:

	für A	für B	für A + B
W =	93 = 1,33	471 = 1,35	564 = 1,35
F =	189 = 2,70	385 = 1,10	574 = 1,37
S =	70 = 1,00	348 = 1,00	418 = 1,00
H =	115 = 1,64	517 = 1,49	632 = 1,51.

Werden die Werthe B durch eine Kurve dargestellt, so ergibt diese:

Maximum = September 26. und Februar 17.

Minimum = Dezember 3. „ Juni 13.

Zählt man nach meinem Kataloge nur die Erdbebentage von 1774 bis 1873, so findet man für die Orient-Erdbeben:

W = 1,42   Maximum März 1.

F = 1,77   Minimum Juli 7.

S = 1,00   Maximum Oktober 1.

H = 1,94   Minimum Dezember 15.

Zählt man allein für die Jahre 1859—1873 die Erdbebentage, wie sie im Oriente beobachtet wurden, so findet man:

Erdbebentage		Mittel für 1 Jahr	Kurve	(R—B)
Januar =	123	8,20	6,90	— 1,30
Februar	89	5,93	6,80	+ 0,87
März	92	6,13	6,13	0,00
April	80	5,33	5,26	— 0,07
Mai	65	4,33	4,33	0,00
Juni	55	3,66	3,70	+ 0,04
Juli	63	4,20	4,45	+ 0,25
August	127	8,46	7,60	— 0,86
September	132	8,80	8,30	+ 0,50
Oktober	137	9,13	8,50	— 0,63
November	84	5,60	5,90	+ 0,30
Dezember	80	5,33	5,33	0,00

2*

$$W = 292 = 1,191$$
$$F = 237 = 0,967$$
$$S = 245 = 1,000$$
$$H = 353 = 1,441.$$

Je nachdem man die Mittelwerthe durch eine gerade Linie (A) oder durch 'eine Kurve (B) darzustellen sucht, findet man aus den jedesmaligen (R—B):

in A .... $\Sigma = 40,316$ $\varepsilon = \pm 1,3$
in B .... $\Sigma = 3,993$ $\varepsilon = \pm 0,4.$

Die Kurve, der früheren ähnlich, hat das Hauptminimum gegen Mitte Juni, ein geringeres Anfang Dezember. Das Hauptmaximum zeigte sich zu Anfang des Oktober, ein schwaches Maximum Ende Januar.

Werden aber alle Erdbeben seit den ältesten Zeiten in Betracht gezogen, so findet man:

$$W = 5891 = 1,180$$
$$F = 5745 = 1,151$$
$$S = 4990 = 1,000$$
$$H = 5523 = 1,107.$$

In dieser Zusammenstellung verlieren sich die bei den Orient-Erdbeben gefundenen Charaktere der Kurve. Doch bleibt ein deutlicher Gang in den Zahlen übrig, wie aus der folgenden Uebersicht erhellt:

Januar == 2033	Juli == 1646;	Januar und Februar == 3961
Februar 1928	August 1749;	März „ April 3801
März 1903	September 1675;	Mai „ Juni 3334
April 1898	Oktober 2090;	Juli „ August 3395
Mai 1719	November 1953;	Septbr. „ Oktober 3765
Juni 1615	Dezember 1874;	Novbr. „ Dezember 3827

Diese Werthe zeigen die einfache Kurve

mit Maximum == Januar 3
„ Minimum == Juli 8

Die grösste Häufigkeit der Erdbeben im Allgemeinen fällt auf die Zeit der Sonnennähe, die geringste auf die Zeit der Sonnenferne.

D. Erdbeben und Tageszeiten.

Für die Untersuchung der Abhängigkeit der Erdbeben von den Tageszeiten ist es vortheilhaft, die einzelnen Erschütterungen in Betracht zu ziehen. Ich wähle im Folgenden nach meinem Kataloge die Orient-Erdbeben der Jahre 1774—1873. Die Ortszeiten 0 Uhr bis 1 Uhr, 1 Uhr bis 2 Uhr,

2 Uhr bis 3 Uhr etz. bezeichne ich der Kürze wegen durch 0,5 Uhr, 1,5 Uhr, 2,5 Uhr etz., und zähle 24 Stunden von Mittag bis Mittag. Ich fand folgende Werthe:

0,5 Uhr = 61	12,5 Uhr = 89	0 Uhr bis 2 Uhr = 178
1,5 „ = 55	13,5 „ = 89	2 „ „ 4 „ = 215
2,5 „ = 90	14,5 „ = 99	4 „ „ 6 „ = 235
3,5 „ = 99	15,5 „ = 116	6 „ „ 8 „ = 190
4,5 „ = 79	16,5 „ = 99	8 „ „ 10 „ = 158
5,5 „ = 82	17,5 „ = 136	10 „ „ 12 „ = 171
6,5 „ = 79	18,5 „ = 103	12 „ „ 14 „ = 116
7,5 „ = 74	19,5 „ = 87	14 „ „ 16 „ = 189
8,5 „ = 105	20,5 „ = 78	16 „ „ 18 „ = 161
9,5 „ = 98	21,5 „ = 80	18 „ „ 20 „ = 153
10,5 „ = 93	22,5 „ = 92	20 „ „ 22 „ = 203
11,5 „ = 127	23,5 „ = 79	22 „ „ 0 „ = 220

Von 6 Uhr bis 12 Uhr = 576 ⎫
„ 12 „ „ 18 „ = 628 ⎭ 1204 von Abends 6 Uhr bis Morgens 6 Uhr

„ 18 „ „ 0 „ = 419 ⎫
„ 0 „ „ 6 „ = 466 ⎭ 885 von Morgens 6 Uhr bis Abends 6 Uhr.

Eine Kurve setzt das Maximum auf 14,3 Uhr, das Minimum auf 2,2 Uhr. Werden die Werthe durch eine gerade Linie dargestellt (wodurch man also die Abhängigkeit der Erdbeben von den Tageszeiten verneint), so wird $\Sigma = 8638$ und $\varepsilon = \pm 13,1$, während nach der Kurve $\Sigma = 5737$ und $\varepsilon = \pm 10,6$. Hiernach darf man vorläufig schliessen, dass 2 Stunden nach Mitternacht die Erdbeben am häufigsten eintreten, 2 Stunden nach dem Mittage aber am seltensten. Von den mir bekannten sehr grossen Erdbeben in Hellas fielen die meisten auf die Stunden zwischen Mitternacht und Mittag. Vergl. die Anm. zu I. A. Da mich dies Resultat wenig befriedigte, untersuchte ich die kürzere Reihe von 1859 bis 1873, in welcher über 2000 Erdbeben benutzt werden konnten, die nur auf dem kleinen Gebiete der östlichen Mittelmeerländer beobachtet wurden. Das Ergebniss dieser war viel günstiger, wie die folgenden Werthe zeigen.

Stunden	Erdbeben	Kurve		
	B	R	(R — B)	(M — B)
0,5 Uhr =	54	62	+ 8	+ 36
1,5 „ =	66	63	— 3	+ 24
2,5 „ =	74	65	— 9	+ 16
3,5 „ =	75	69	— 6	+ 15

Stunden	Erdbeben	Kurve		
	B	R	(R — B)	(M — B)
4,5 Uhr =	69	74	+ 5	+ 21
5,5 „ =	84	79	— 5	+ 6
6,5 „ =	81	84	+ 3	+ 9
7,5 „ =	89	87	— 2	+ 1
8,5 „ =	87	96	+ 9	+ 3
9,5 „ =	105	102	— 3	— 15
10,5 „ =	114	108	— 6	— 24
11,5 „ =	126	114	— 12	— 36
12,5 „ =	103	119	+ 16	— 13
13,5 „ =	90	123	+ 33	0
14,5 „ =	122	124	+ 2	— 32
15,5 „ =	121	123	+ 2	— 31
16,5 „ =	112	120	+ 8	— 22
17,5 „ =	131	113	— 18	— 41
18,5 „ =	104	104	0	— 14
19,5 „ =	83	92	+ 9	+ 7
20,5 „ =	68	81	+ 13	+ 22
21,5 „ =	72	74	+ 2	+ 18
22,5 „ =	80	66	— 14	+ 10
23,5 „ =	62	66	+ 2	+ 28.

In dieser Rechnung sind diejenigen Beobachtungen zu Chalkis. 1870 bis 1873, mit benutzt, die früher noch nicht zu meiner Kenntniss gekommen waren. B gibt die Zählung nach dem Kataloge, R die Werthe der Kurve, R—B den Unterschied Beider. M ist der Mittelwerth der Reihe B, also M—B der Unterschied dieses Mittels von den einzelnen jeder Stunde zukommenden Zahlwerthen. Der Anblick von R—B und M—B zeigt sogleich, dass die Kurve unbedingt vorgezogen werden müsse. Man findet aus

$$M—B \ldots \Sigma = 11274$$
$$R—B \ldots \Sigma = 2717.$$

Das Maximum der Häufigkeit der Erdbeben fällt auf 14,5 Uhr oder 2 1/2 Uhr Morgens, das Minimum auf 0,7 Uhr oder 3/4 Stunden nach dem Mittage. Sonach ist das frühere Resultat zwar bestätigt, das jetzige aber von erheblich grösserer Sicherheit.

Auf die Stunden 18,5 Uhr bis 6,5 Uhr fallen 891 Erdbeben,
„ „ „ 6,5 „ „ 18,5 „ „ 1281 „ oder;

von 0,5 Uhr bis 5,5 Uhr $=$ 422 Erdbeben,

„ 6,5 „ „ 11,5 „ $=$ 602 „

„ 12,5 „ „ 17,5 „ $=$ 679 „

„ 18,5 „ „ 23,5 „ $=$ 469 „

E. Erdbeben und Luftdruck.

Oft ist diese Frage und schon vor langer Zeit erörtert worden, aber vergebens wird man sich nach einer gründlichen Untersuchung umsehen. Es scheint, dass vormals *Hoffmann* geglaubt hat, aus nur 57 sicilischen Erdbeben einen entscheidenden Schluss ziehen zu können. Die gänzliche Unzulänglichkeit des seither über den Zusammenhang der Erdbeben mit den Barometerständen Gesagten hat mich veranlasst, diese Angelegenheit selbst, und zwar meist nur nach eigenen Materialien, möglichst erschöpfend zu prüfen. Da man diese und ähnliche Dinge, wie ich glaube, zu leicht genommen hat, so will ich darlegen, welche Mittel erforderlich sind, um mit Hilfe zahlreicher Beobachtungen aus vielen Jahren zu einem Resultate zu gelangen, dessen Sicherheit sich auf annehmbare Weise nachweisen lässt. Die nöthigen Mittel habe ich in der Hauptsache selbst zu Athen seit 1858 erworben; es liegen vor 15 vollständige Jahrgänge von Barometerbeobachtungen, 3mal des Tages abgelesen, und mehr als 1100 Erdbeben, die seit 1858 in Hellas notirt wurden. Zunächst ist klar, dass man wissen müsse, bis zu welchen Entfernungen hin man auf gleiche oder nahe gleiche Barometerstände rechnen könne, wobei selbstverständlich nur von Ständen in einerlei Niveau, z. B. an der Fläche des Meeres, die Rede sein kann. In dieser Hinsicht hielt ich mich an die eigenen Erfahrungen, denen zu Folge die von mir in Euböa, Böotien, im Peloponnes und auf Syra beobachteten Barometerhöhen meist nahe mit den gleichzeitigen Ablesungen zu Athen übereinstimmten, wenn sie auf die See reducirt wurden. Niemals war die Differenz grösser als eine Linie, und dies bei Entfernungen von 15 bis 20 geographischen Meilen. Als ich aber in Kephalonia, Zante, Milos, Santorin und im nördlichen Kleinasien beobachtete, war auf keine Uebereinstimmung mehr zu rechnen, denn wegen der zu grossen Entfernungen zeigten sich nun schon Unterschiede von 3 und selbst 4 Linien. So ergab es in diesem Klima und in der guten Jahreszeit die Erfahrung. Betrachte ich nun die so nützlichen Kurven-Karten, welche dem Bulletin International täglich beigegeben werden, und die ähnlichen in dem Werke „Daily Bulletin of Weather-reports Signal-Service, United states Army, September 1872", so erkenne ich die Grenzen, welche nicht überschritten werden dürfen, wenn man Erdbeben mit gleichzeitigen

Barometerständen vergleichen will. Ich habe daher angenommen, dass für Griechenland im Mittel ein Radius von 20—25 geographischen Meilen die Grenze der Fläche bezeichne, über welcher im Grossen und Ganzen nahezu derselbe Luftdruck stattfindet. Es ist nun ferner einleuchtend, dass nur solche Erdbeben benutzt werden dürfen, deren Zentra innerhalb dieser Fläche liegen; dass also übergeleitete Wellen von Erdbeben in Italien, in Kreta oder in Syrien nicht berücksichtigt werden dürfen. Inzwischen habe ich die in Hellas thätigen Erdbeben-Zentra kennen gelernt und habe seit 1859 Einrichtungen getroffen, durch welche ich in den meisten Fällen sicher entscheiden konnte, ob es sich um ein fremdes oder um ein einheimisches Erdbeben handle. Es hat sich gezeigt, dass Zentra im südöstlichen Mittelmeere ihre Erschütterungen bis Arabien, Sicilien und bis in die nördliche Türkei ausbreiten können; alle diese Erdbeben sind also in der vorliegenden Frage auszuschliessen. Die Erfahrung hat ferner gelehrt, dass die grossen Katastrophen von Brussa, Rhodos, Samos, Mytilene und Syrien nicht mehr in Hellas gefühlt werden, oder in seltenen Fällen doch nur Theile von Euböa schwach berühren. Ebensowenig gelangen die Stösse der grossen Kalabrischen Erdbeben nach dem Peloponnes. Die Erschütterungen der Zentra in Euböa und bei Korinth sind meist so schwach, dass sie zu Athen in Abständen von 10 und 9 Meilen nicht mehr verspürt werden. Nach Erwägung aller Thatsachen ergab sich nur selten ein zweifelhafter Fall, und so benutzte ich für meine Rechnung 1147 Erdbeben, die ich zunächst in 2 Gruppen theilte. Die erste umfasst alle Erdbeben im Peloponnes, mit Ausnahme derjenigen, die erweislich von Zante und Kephalonia ausgingen; ferner die in Phokis, Lokris, Doris, Böotien, Euböa und Attika, nebst Aigina und Hydra. Die Erdbeben auf Kreta wurden nicht mit gezählt, wol aber die der Sporadeninseln Skiathos, Skopelos und Skyros. Die zweite Gruppe enthält die Erdbeben in Ithaka, Kephalonia, Zante, mit Ausschluss der erweislich von Italien, von Epirus und vom Peloponnes her übertragenen Stösse.

So ward erst das ganze Material gesichtet, ehe es in Rechnung genommen ward. Vorher aber war ein sicheres Fundament zu gewinnen durch die Erledigung der Frage nach der Häufigkeit der verschiedenen Stände des Barometers; denn es ist klar, dass wenn ein Luftdruck a hundertmal häufiger ist als ein Luftdruck b, diese Beiden nicht ohne Weiteres mit den Erdbeben verglichen werden können. Zuerst musste also, wenigstens näherungsweise, das Gesetz bestimmt werden, nach welchem alle möglichen Barometerstände im Laufe des Jahres vertheilt scheinen. Würde man nur die Tagesmittel zu Rathe ziehen, so würde man die Extreme nicht mehr genügend berück-

sichtigen; wollte man aber, falls sie vorhanden wären, stündliche Barometerhöhen für viele Jahre anwenden, so würde die Arbeit eine viel zu grosse
Ausdehnung erlangen. Ich wählte daher einen mittlern Weg, der mehr als
genügend befunden ward, indem ich meine und meiner Gehilfen Barometerbeobachtungen von Dezember 1858 bis Dezember 1873 benutzte, und zwar
die täglichen dreimaligen Ablesungen. In diesen 15 Jahren fehlen nur 4
einzelne Beobachtungen, und es mussten zuerst mehr als 16000 Angaben
auf das Seeniveau reduzirt werden, weil im Laufe der Jahre das Lokal des
Barometers 6mal gewechselt ward. Bei diesen Reduktionen kam es mir auf
das Zehntheil der Linie nicht an; ich sorgte nur dafür, dass nicht Fehler von
0,2 bis 0,3 Linien vorkamen. Die extremen Stände wurden bei 3maliger
Beobachtung am Tage hinlänglich berücksichtigt. Die letzte Genauigkeit ist
aber bis jetzt für unsern Zweck auch durchaus überflüssig. In der folgenden
Tafel gebe ich eine Uebersicht über die Vertheilung der vorkommenden Barometerstände zwischen 344 und 330 pariser Linien, wobei z. B. unter 344
verstanden wird die Linie (345,0′′′—344,0′′) etc.

Jahr	344′′′	343′′′	342′′′	341′′′	340′′′	339′′′	338′′′	337′′′	336′′′	335′′′	334′′′	333′′′	332′′	331′′′	330′′′	329′′′	Summa
1859	4	9	26	41	72	173	215	258	189	69	21	11	5	2	0	0	1095
1860	0	1	6	22	52	109	134	214	237	179	96	25	15	7	0	1	1098
1861	0	0	3	18	63	122	171	231	234	148	51	30	16	5	1	2	1095
1862	0	0	2	23	64	174	180	180	245	151	49	19	7	1	0	0	1095
1863	0	6	21	35	113	152	214	251	166	66	43	20	7	1	0	0	1095
1864	4	9	14	36	82	98	176	237	210	128	73	23	5	2	1	0	1098
1865	0	0	4	30	62	127	214	253	188	118	43	29	16	7	2	2	1095
1866	0	0	10	40	105	126	208	255	213	86	40	9	3	0	0	0	1095
1867	6	8	21	32	93	151	224	273	169	88	19	10	1	0	0	0	1095
1868	0	0	8	27	66	157	229	225	195	106	39	25	10	8	3	0	1098
1869	0	3	25	78	69	126	231	228	181	68	36	18	19	7	6	0	1095
1870	0	6	8	34	93	139	202	233	188	114	39	19	8	5	3	2	1091
1871	0	3	20	35	59	120	177	278	236	102	44	14	2	4	1	0	1095
1872	0	1	12	62	86	157	226	282	170	67	21	9	5	0	0	0	1098
1873	0	9	30	38	59	141	208	247	197	107	33	15	9	2	0	0	1095
15 Jahr	14	55	210	551	1188	2072	3009	3645	3018	1597	647	276	126	51	17	7	16433

Mit diesen Angaben ward ähnlich verfahren wie früher mit den
Parallaxen. Es soll ermittelt werden das Verhältniss der Häufigkeit
einzelner Barometerstände zur Gesammtzahl aller Beobachtungen, also:

$$n = \left(\frac{14}{16433}\right); \quad n' = \left(\frac{55}{16433}\right); \quad n'' = \left(\frac{210}{16433}\right); \quad \text{etz.}$$ In der folgenden Tafel gibt A die mittlere oder durchschnittliche Häufigkeit der Stände
344′′′, 343′′′, 342′′′ etc. nebst ihren wahrscheinlichen Fehlern ε. Unter B
stehen die in Hellas beobachteten Erdbeben, geordnet nach den gleichzeitigen
Barometerhöhen, unter C die analogen Werthe, berechnet mit dem betreffenden

n, unter Annahme einer gleichmässigen Vertheilung der Erdbeben. Zuletzt $(R_\sigma - B)$ oder der Unterschied der Werthe B und C.

Barom.	A	ε	B	C	(R — B)	log. n
344'''	0,9	$\pm$ 0,34	1	0,6	— 0,4	6,93041
343	3,7	0,66	2	2,3	+ 0,3	7,52464
342	14,0	1,60	7	9,0	+ 2,0	8,10650
341	36,7	2,68	24	23,4	— 0,6	8,52543
340	75,9	3,21	42	48,5	+ 6,5	8,84042
339	138,1	3,91	89	88,3	— 0,7	9,10067
338	200,6	4,77	120	128,2	+ 8,2	9,26270
337	243,0	4,78	142	155,3	+ 13,3	9,34598
336	201,2	4,61	96	128,6	+ 32,6	9,26400
335	106,5	5,98	63	68,0	+ 5,0	8,98758
334	43,1	3,46	42	27,6	— 14,4	8,59518
333	18,4	1,23	33	11,8	— 21,2	8,22519
332	8,4	0,98	26	5,4	— 20,6	7,88465
331	3,4	0,50	11	2,2	— 8,8	7,49185
330	1,1	0,29	1	0,7	— 0,3	7,01573
329	0,5	+ 0,15	0	0,3	+ 0,3	6,62938

Vergleicht man die beobachteten B mit den berechneten C, so bemerkt man, dass bei dem Luftdrucke über 335''' die Rechnung mehr, unterhalb 335''' aber weniger angibt als die Beobachtung. Werden die Werthe B und C durch eine Kurve dargestellt (Tafel I, Nr. 1), so zeigt sich, dass die berechnete (rothe) Kurve C die schwarze Kurve B bei 335,3''' schneidet. Hiernach sind die Erdbeben bei Barometerständen über 335''' seltener, unter 335''' aber häufiger als der Fall sein würde, wenn keinerlei Abhängigkeit oder Zusammenhang mit dem Luftdrucke stattfände. Man hat:

von 344''' bis 335''' (R — B) = + 66,2

„ 335 „ 329 „ = — 65,0.

Also über 335''' kommen auf 9''' nach der Rechnung 66 Erdbeben mehr, unter 335''' auf 6''' nach der Rechnung 65 Erdbeben weniger, als beobachtet ward. Hiernach ist meine seit 1859 in Attika vielfach genährte Erfahrung bestätigt, dass die Erdbeben vorwiegend bei tiefem Barometerstande zu erwarten seien; eine Erfahrung, die ich schon im Sommer 1864 durch Rechnung näher prüfte, ohne damals für gut zu finden, die Resultate zu veröffentlichen.

In ähnlicher Weise berechnete ich die Erdbeben von Zante und Kephalonia im Anschlusse an die Barometerbeobachtungen zu Athen. Was ich erwartet hatte, traf ein; der Zeichenwechsel von (R—B) gestattete keinerlei Entscheidung. Die Zahl der Erdbeben (447) war gross genug, aber die Entfernung jener Inseln von Athen ist schon viel zu beträchtlich, als dass man hier auf ein annehmbares Resultat rechnen dürfte. Werden die Jonischen Angaben mit Obigen verbunden, so führen nun 1147 Erdbeben doch ganz wieder zu dem früheren Ergebnisse, jedoch mit viel geringerer Sicherheit, indem man hat:

$$\text{von } 344''' \text{ bis } 335''' \ (R—B) = +61,7$$
$$„ \ 335 \ „ \ 330 \ „ \ = -62,4.$$

Um eine noch grössere Sicherheit zu erlangen, zählte ich die dem engeren Gebiete angehörigen Erdbeben nochmals, schloss alle Erschütterungen von Santorin und Milos aus, sowie einige in Elis und Nordgriechenland, bei denen der Verdacht eines fremden Ursprunges sich erhoben hatte. So ward die Rechnung wiederholt und zugleich geprüft, wie weit sich der Einfluss der wahrscheinlichen Fehler in den Häufigkeitszahlen der Barometerstände erstrecken könne. Die folgende Uebersicht gibt unter A die neue Zählung. Hinzugefügt werden 3 Reihen (R—B), die erhalten wurden, wenn man einmal die Verhältnisszahlen der Barometerhöhen um den Betrag von ε vergrössert, (b) sodann, wenn man sie um denselben Betrag verkleinert (c). Die Reihe a gilt für die mittlern Verhältnisszahlen.

Barom.	A	a	b	c
$344'''$ =	1	— 0,4	— 0,3	— 0,6
343 =	1	+ 1,3	+ 1,6	+ 0,9
342 =	6	+ 2,6	+ 3,3	+ 1,9
341 =	20	+ 2,6	+ 3,5	+ 1,8
340 =	43	+ 3,8	+ 4,2	+ 3,5
339 =	84	+ 1,2	+ 0,6	+ 1,9
338 =	122	+ 1,8	+ 0,4	+ 3,4
337 =	140	+ 10,0	+ 7,7	+ 12,5
336 =	98	+ 26,2	+ 24,7	+ 27,9
335 =	59	+ 6,7	+ 8,1	+ 5,3
334 =	32	— 5,4	— 4,2	— 6,6
333 =	32	— 20,6	— 20,3	— 21,0
332 =	26	— 20,8	— 20,4	— 21,2
331 =	11	— 8,9	— 8,7	— 9,2
330 =	1	— 0,3	— 0,2	— 0,5

Das Ergebniss ist mit dem Früheren übereinstimmend und etwas genauer; man hat aus a:

$$\text{von } 344''' \text{ bis } 335''' \ (R-B) = +55,8$$
$$\text{,, } 335 \text{ ,, } 330 \text{ ,, } = -56,0.$$

Demnach lässt sich für das kleine Gebiet von Griechenland und für die dortigen Erdbeben-Zentra feststellen, auf Grund 15jähriger Beobachtungen mit 676 Erdbeben, dass die Erdbeben bei einem Luftdrucke unter 335''' häufiger sind als bei höheren Barometerständen; dass ihre Häufigkeit bei geringem Luftdrucke rascher zunimmt als die Abnahme derselben bei stärkerem Luftdrucke über 335'''. Niemand wird für wahrscheinlich halten, dass wenige Linien Aenderung der Barometerhöhe auf ein so mächtiges und weitreichendes Phänomen Einfluss haben könne. Indess wird man einst aus dem grossen Zusammenhange der Dinge auch hier die wahre Erklärung zu entwickeln vermögen. — Vergl. die Anm. zu I. A.

F. Erdbeben und Gewitter.

Ohne irgend eine Hypothese zu berücksichtigen, werde ich in der früheren Weise lediglich die vorhandenen Beobachtungen befragen und versuchen, ob sich irgend welcher Zusammenhang der Erdbeben mit den elektrischen Erscheinungen nachweisen lasse. Auch hier muss erst die Bahn geebnet werden und eine zweckmässige Methode in Anwendung kommen. Scheinresultate, wie sie sonst wol aufgestellt wurden, hoffe ich streng zu vermeiden. Es soll die Einsicht gestattet werden in den Gang der Untersuchung und es sollen die Gründe für diese Jedem, der selbst im Stande ist, diese Dinge durch eigene Arbeit zu prüfen, nicht unbekannt bleiben. Da bei Gewittern gewöhnlich, wenigstens in Hellas, die tieferen Barometerstände eintreten, kann man gleich Anfangs nahezu das vorige Resultat erwarten. Es bleibt aber noch zu ermitteln, ob die Periode der Gewitter, wie sie diesem Lande eigen ist, sich in der Periode der Erdbeben wieder erkennen lasse. Für die Erdbeben habe ich die zu beachtenden Grenzen früher schon angegeben; für die Gewitter muss zunächst das Folgende festgestellt werden. Den Ausdruck „Gewitter" will ich nur in dem Falle gebrauchen, wenn am Orte der Beobachtung der Donner gehört werden kann. Aus unvollständigen Notirungen schliesse ich, dass in Attika der Donner bei günstigen Umständen noch aus der Entfernung von 4 geographischen Meilen gehört werde; der Schallweg ist dann 90 Sekunden, doch dürfte diese Zahl noch zu geringe sein. Die sämmtlichen nur sichtbaren elektrischen Entladungen nenne ich „Blitzen oder Wetterleuchten". Die Erfahrung ergibt, dass zu Athen das Wetterleuchten aus Entfernungen von 17—20 geographischen Meilen noch mit Leichtigkeit gesehen wird. Ich bin darüber versichert, dass Blitze am Athos und Olympos, auf Kephalonia und Zante, Cerigo und Syra noch zu Athen gesehen werden können, also bis zu Distanzen von mehr als 30 Meilen. Zu ähnlichem Schlusse gelangte ich, als ich zu Kephalonia über dem Aetna oder über Kalabrien, als ich auf Syra Blitze über Kreta, und auf Santorin das ferne Wetterleuchten aus der afrikanischen See und über den Bergen Kleinasien's wahrnahm. Sonach ist der Radius der kenntlichen Gewittererscheinnngen (den Donner ausgenommen) grösser als der Radius für die Erdbeben, die ich zu benutzen habe. Eine Reduktion der Ersteren ist nicht möglich; eine Beschränkung auf das kleine Gebiet von 4—5 Meilen rings um Athen nicht zulässig, weil gerade in diesem kein Erdbeben-Zentrum nachzuweisen ist. Desshalb nehme ich die Beobachtungen über Gewitter und Wetterleuchten unverändert wie sie vorliegen. Seit 1858 habe ich den elektrischen Erscheinungen besondere Sorgfalt zugewandt, und, wie es bei der Beschäftigung des Astronomen natürlich erscheint, mussten die Notirungen zahlreicher ausfallen als bei den Meteorologen. Dazu kam noch, dass ich namentlich seit 1863, durch 2 Diener der Sternwarte jede nächtliche Erscheinung melden liess und dass ich 2 Personen meines Hauses seit 10 Jahren daran gewöhnte, mir jedes Wetterleuchten, das sie gesehen hatten, zu melden, damit meiner Kenntnissnahme möglichst wenig entgehe. Das folgende Verzeichniss der Gewitter und des Wetterleuchtens, giltig für Athen und für die Seehöhe 54 Toisen, darf man also zu den vollständigsten aller vorhandenen rechnen.

In der Tafel gebe ich unter a die elektrischen Erscheinungen im Allgemeinen, d. h. „Blitzen" mit und ohne hörbaren Donner; unter b die hörbaren Gewitter allein; unter c das Wetterleuchten allein. Dann hat man nach den meteorologischen Tagebüchern zu Athen (1858—1873):

	Januar			Februar			März			April			Mai			Juni		
	a	b	c	a	b	c	a	b	c	a	b	c	a	b	c	a	b	c
1859	0	0	0	0	1	0	1	0	1	2	0	2	9	3	6	11	6	5
1860	3	1	2	6	3	3	1	0	1	1	0	1	9	7	2	6	0	6
1861	2	1	1	0	0	0	3	2	1	1	0	1	1	0	1	7	1	6
1862	5	2	3	3	1	2	1	0	1	1	1	0	5	0	5	6	2	4
1863	0	0	0	0	0	0	2	1	1	0	0	0	0	0	0	1	0	1
1864	3	1	2	7	2	5	7	1	6	6	3	3	4	1	3	10	2	8
1865	9	3	6	11	7	4	13	3	10	1	0	1	7	3	4	7	2	5
1866	2	0	2	2	0	2	2	0	2	1	0	1	9	3	6	11	3	8

	Januar			Februar			März			April			Mai			Juni		
	a	b	c	a	b	c	a	b	c	a	b	c	a	b	c	a	b	c
1867	7	1	6	4	0	4	3	1	2	3	1	2	3	0	3	10	3	7
1868	4	3	1	1	0	1	6	1	5	2	0	2	3	2	1	12	2	10
1869	1	0	1	3	1	2	11	4	7	6	4	2	3	0	3	11	2	9
1870	2	2	0	0	0	0	1	0	1	1	1	0	4	1	3	2	0	2
1871	12	3	9	2	0	2	1	0	1	8	5	3	7	2	5	4	2	2
1872	6	2	4	1	0	1	2	1	1	5	0	5	10	5	5	6	1	5
1873	4	0	4	4	1	3	1	1	0	8	2	6	8	5	3	5	3	2

	Juli			August			Septbr.			Oktober			Novbr.			Dezbr.		
	a	b	c	a	b	c	a	b	c	a	b	c	a	b	c	a	b	c
1859	5	2	3	13	2	12	4	1	3	7	3	4	2	1	1	6	1	5
1860	7	4	3	8	1	2	6	0	6	5	2	3	7	2	5	5	1	4
1861	4	3	1	4	1	3	4	4	0	6	1	5	2	0	2	7	2	5
1862	7	1	6	14	1	13	4	0	4	1	0	1	2	0	2	2	1	1
1863	0	0	0	2	0	2	5	1	4	14	2	12	14	6	8	0	0	0
1864	8	3	5	2	0	2	14	8	6	12	7	5	11	5	6	4	3	1
1865	4	1	3	2	1	1	5	0	5	10	1	9	10	1	9	2	1	1
1866	4	1	3	4	1	3	6	2	4	8	1	7	12	6	6	3	1	2
1867	3	1	2	5	0	5	3	0	3	13	2	11	9	3	6	4	0	4
1868	10	4	6	10	0	10	7	1	6	15	6	9	7	3	4	9	2	7
1869	10	1	9	5	0	5	1	0	1	5	2	3	2	2	0	5	2	3
1870	3	0	3	10	3	7	10	4	6	7	2	5	7	1	6	1	1	0
1871	6	0	6	9	0	9	4	1	3	9	6	3	12	6	6	13	3	10
1872	6	0	6	8	3	5	3	1	2	5	1	4	12	2	10	4	2	2
1873	5	0	5	8	2	6	8	3	5	8	2	6	8	2	6	6	2	4

Nach diesen Angaben aus 15 Jahren hat man folgende Summen und Resultate:

	a Allg. elektr. Erscheinung	b hörb. Gew.	c Blitzen allein	Mittel für ein Jahr			b : c	b : a
Januar	60	19	41	a = 4,00	b = 1,26	c = 2,74	1 : 2,15	1 : 3,15
Febr.	44	16	28	2,93	1,06	1,87	1 : 1,74	1 : 2,74
März	55	15	40	3,66	1,00	2,66	1 : 2,67	1 : 3,66
April	46	17	29	3,06	1,13	1,93	1 : 1,70	1 : 2,70
Mai	82	32	50	5,46	2,13	3,33	1 : 1,56	1 : 2,56
Juni	109	29	80	7,26	1,93	5,33	1 : 2,76	1 : 3,76

Allg. elektr. Erscheinung	hörb. Gew.	Blitzen allein	Mittel für ein Jahr			b : c	b : a
Juli 82	21	61	a = 5,46	b = 1,40	c = 4,06	1 : 2,90	1 : 3,90
August 99	15	84	6,60	1,00	5,60	1 : 5,60	1 : 6,60
Septbr. 84	26	58	5,60	1,73	3,87	1 : 2,23	1 : 3,23
Oktbr. 125	38	87	8,33	2,53	5,80	1 : 2,29	1 : 3,28
Novbr. 117	40	77	7,80	2,67	5,13	1 : 1,92	1 : 2,95
Dezbr. 71	22	49	4,73	1,46	3,27	1 : 2,23	1 : 3,22

	a	b	c
Winter =	175	57	118
Frühling =	183	64	119
Sommer =	290	65	225
Herbst =	326	104	222.

	a	b	c
Herbst und Winter =	501	161	340
Frühling und Sommer =	473	129	344.

Werden die Werthe a b c in Kurven dargestellt, so findet man nach:

	Kurve a	Kurve b	Kurve c
Maximum	Oktober 7.	November 3.	Oktober 15.
sek. Maximum	Juni 22.	Juni 4.	Juni 15.
Minimum	März 7.	März 3.	März 2.
sek. Minimum	August 5.	August 15.	August 7.

Im Mittel ergibt sich also, mit Januar beginnend, das Hauptminimum aller elektrischen Erscheinungen in der ersten Märzwoche; dann folgt ein bestimmtes Maximum gegen Mitte des Juni, und ein folgendes Minimum zu Anfang des August. Das Hauptmaximum stellt sich auf die Mitte des Oktober oder etwas später.

Vergleichen wir damit das Ergebniss der Kurve, welche die Häufigkeit der Erdbeben in Beziehung auf die Entfernung der Sonne ausdrückt, so fanden wir früher für die Orient-Erdbeben: Maximum September 26. und Februar 17. Minimum Dezember 3. und Juni 13. Demnach fallen nahe zusammen die Hauptmaxima der Gewitter und der Erdbeben, während im Uebrigen jede weitere Uebereinstimmung mangelt. Vergl. die Anm. zu I. A.

G. Periode von längerer Dauer.

Vor der Mitte unseres Jahrhunderts sind die Erdbeben-Kataloge so unvollständig, dass die Ermittelung grösserer Perioden mit vielen Schwierig-

keiten verbunden ist. Um wenigstens eine ungefähre Vorstellung davon zu
erlangen, habe ich (nach meinem Kataloge) die Erdbebentage seit 1600 durch
eine Kurve dargestellt; einmal indem die Jahressummen angewandt wurden.
dann aber nach dreijährigen Mitteln, um die Lücken und die Unvollständigkeit
des Katalogs weniger hervortreten zu lassen. Das allgemeine Aufsteigen der
Kurve besonders seit 1820 hat seinen Grund in der rasch zunehmenden
wissenschaftlichen Kultur, deren Variationen man in manchen Richtungen auf
lehrreiche Art durch Kurven zur Anschauung bringen kann. Diese Zunahme
der mittlern Ordinaten von etwa 5 zu Anfang des 17. Jahrhunderts, bis zu
300 in unsern Tagen, werde ich hier nicht weiter berühren. Es bleiben
jedoch grosse Aenderungen übrig, die nach meiner Ansicht nicht lediglich
der Unvollständigkeit der Nachrichten über Erdbeben zugeschrieben werden
können. Es ist freilich wahr, dass diejenigen Jahre reicher an Nachrichten
erscheinen, in denen durch sehr grosse unglückliche Katastrophen die Menschen
aus dem gewöhnlichen Traumleben aufgerüttelt wurden. Doch gilt dies nur
für die europäischen Kulturstaaten, aber keineswegs für den Orient und für
den grössern Theil der bewohnten Erde überhaupt, wo selbst die schwersten
Heimsuchungen nicht genügten, auch nur zu den dürftigsten Beobachtungen
anzuregen. — Hätten wir über Zeiträume von 4 oder 5 Jahrhunderten so
vollständige Angaben, wie sie auf Zante 40 Jahre lang *Barbiani* sammelte,
wie aus Athen, wo ich 15 Jahre lang alle irgend erreichbaren Nachrichten
nebst den eigenen Beobachtungen aufbewahrte, so würden wir, wie ich vermuthe, die längere Periode der Erdbeben jetzt schon erkennen, und bemerken,
dass die sehr grossen und dauernden Erdbeben nur als Störungen in einer
im Ganzen regelmässigen Kurve sich kundgeben würden. Erdbeben wie das
Kalabrische von 1783, das Mitteleuropäische von 1855*) treten jetzt so stark
mit ihren Zahlwerthen hervor, weil sie viele Beobachter in Bewegung setzten.
und so haben sie auf den Gang der Kurve einen grossen Einfluss. Wäre
aber die gleichzeitige ausserordentlich grosse Anzahl der sonstigen Erschütterungen der ganzen Erde bekannt, so würde die Anomalie viel weniger hervortreten. Auch ist es verfehlt, im Voraus genaue Resultate oder eine
regelmässige Kurve zu verlangen und die Wahrheit des Resultates nur nach
der Uebereinstimmung des Zahlwerthes einzelner Perioden zu beurtheilen.
Wer so verfährt, kennt wol nicht die ausserordentlichen Differenzen, welche
die verschiedenen Umläufe des Mondes aufweisen, wenn man sie miteinander

*) *Volger* hat im grossen Umfange alle Nachrichten über das Erdbeben des
25. Juli 1855 zusammengestellt.

vergleicht, obgleich die mittleren kalkulatorischen Resultate auf das Strengste
begründet sind. Er bedenkt auch nicht, dass man der Wahrheit der Theorie
von Ebbe und Flut nicht widerspricht, wenn gelegentlich die grössten lokalen
Ausnahmen stattfinden, auch dann nicht, wenn man nicht im Stande ist, den
speziellen Grund solcher Anomalie nachzuweisen. Die Gesammtheit der Erscheinungen muss hier das Urtheil leiten, und so lange man noch mit den
grössten Unvollkommenheiten der Beobachtungen zu kämpfen hat, müssen die
ersten Versuche sich mit einer Freiheit bewegen können, die in Zukunft nicht
mehr gestattet sein wird.

Den Versuch, einen periodischen Gang der Zahlwerthe für die Erdbeben
von 1600–1873 zu ermitteln, werde ich in aller Kürze mittheilen, mit
Weglassung aller Details, die ich durch Zeichnung und Rechnung zu behandeln hatte; denn ich will es vermeiden, einer nur beiläufigen Untersuchung
durch die Zuthat von genauern Zahlen und wahrscheinlichen Fehlern ein
scheinbares Gewicht zu verleihen, welches ihr durchaus nicht zukommt. Ich
hoffe nur, dass diese und die vorherigen Betrachtungen eine neue Anregung
geben mögen, damit die Erdbebenstudien in viel mehr umfassender und
strengerer Form betrieben werden, als seither geschehen ist.

Die Kurve hat folgende Resultate ergeben, die aber nur in etwa einem
Viertheil der Fälle eine gewisse Wahrscheinlichkeit beanspruchen können.

Maxima	Minima
1620,0	1623,5
1640,6	1645,5
1650,5	1656,5
1661,0	1663,7
1668,5	1675,5
1681,8	1686,5
1695,5	1699,0
1705,5	1713,5
1719,0	1723,5
1729,0	1736,0
1741,5	1746,5
1755,8	1761,0
1770,0	1775,5
1783,5	1796,5
1812,5	1816,0
1826,5	1834,2

Maxima	Minima
1841,7	1848,2
1855,7	1863,0
1870,0	—

Die Periode wäre hiernach im Mittel ungefähr 12 Jahre. Eine Vergleichung mit *R. Wolf's* Tafel der Minima und Maxima der Sonnenflecken gibt keine Uebereinstimmung zu erkennen, da die Hälfte der Daten nicht harmonirt. Zwar liesse sich mit Rücksicht auf die beiderseitigen wahrscheinlichen Fehler noch Vieles ändern, doch halte ich für besser, jetzt davon abzusehen. Es mag genügen, auf die Möglichkeit solcher Periode hingewiesen zu haben.

Einige der bekannten grossen Erdbeben fallen mit den Maximis der *Wolf*'schen Periode zusammen, andere, wie Lima 1746, Rhodos 1863, kommen auf Zeiten der Minima, und die grossen hellenischen Erdbeben von 1837, 1853, 1858, 1861, 1867 treffen in meiner Kurve nicht mit den Extremen zusammen. *E. Kluge* hat wol zuerst diese Kombination in Betracht gezogen, und neuerdings ist *Poey* in Havana zu dem Resultate gelangt, dass die Maxima und Minima der 11jährigen von *R. Wolf* gefundenen Periode der Sonnenflecken und des Erdmagnetismus zu den Erdbeben eine deutliche Beziehung haben. (Vergl. *Poey* in C. Rend. 1874, Jan. 5.)

II.

Monographien von Orient-Erdbeben 1837—1873.

Perrey hat in zahlreichen Abhandlungen bereits die hauptsächlichsten Thatsachen über die meisten Erdbeben zusammengestellt, die ich im Folgenden näher zu erörtern unternehme, weil manche Angaben der Rechnung zugänglich erscheinen und weil doch sehr Vieles unbekannt blieb, was der Aufbewahrung würdig zu erachten ist, besonders in Fällen, da ich selbst an den Beobachtungen Theil nehmen konnte. Nach Tagebüchern auf Reisen, nach Handschriften, Briefen und Druckberichten habe ich im Winter 1873 diese Monographien nebst dem grösseren Theile der Karten ausgearbeitet, überall das Nebensächliche auslassend und mit Vermeidung aller Hypothesen, da es meine Absicht ist, in dieser ganz selbstständigen Arbeit durchaus nur Thatsachen mitzutheilen und diese nöthigenfalls näher zu erörtern. Es sei gleich Anfangs bemerkt, dass in den Monographien nur nach dem neuen Kalender gerechnet wird, dass ich unter Meilen jene verstehe, deren 15 dem Grade des Erdäquators gleichen; dass ich Temperaturen in Zentigraden angebe und vielfach dort ein (—) Minuszeichen anwende, wo ich die Vormittagsstunden von Nachmittagsstunden unterscheiden will. Für Erdbeben vor 1859 gebe ich Auszüge aus meinem grossen nicht gedruckten Kataloge in Kap. III; für solche seit 1859 verweise ich auf den dieser Schrift beigefügten Katalog der Orient-Erdbeben von 1859 bis 1873 in Kap. IV.

1) 1837 März 20., das Erdbeben von Hydra.

Bevor ich das Wenige zusammenstelle, was sich über dies gefahrdrohende Ereigniss notirt findet, gebe ich eine Uebersicht der Erschütterungen nach meinem Kataloge, wie sie zu jener Zeit in Griechenland und benachbarten Ländern vorkamen. Die Zeiten sind mittlere Ortszeiten, alle nur rohe Näherungen, denen ich, wie schon erwähnt, allemal ein Minus- (—) Zeichen vorsetze, wenn eine Vormittagsstunde bezeichnet werden soll.

Januar 1.	—3 Uhr 30 Min.			Ancona.
„ 1.	·5 „			Syrien, gefährliches Erdbeben.
März 3.	—2. „			Zara.
„ 3.	8 „	45	„	Perugia.
„ 8.	Abends			Messina.
„ 11.	6 „			Zante, Erdbeben bei Sturmregen.
„ 20.	—9 „	45	„	Hydra, grosses Erdbeben in Hellas.
„21.—26.				Hydra und a. a. O.
„ 27.	—6 „ ·			Athen und a. a. O.
„ 28.				Hydra, Athen.
„ 28.	8 „	30	„	Lagosta, Curzola.
„29.—31.				Hydra.
April 1.—3.				Hydra.

Die mir bekannten Berichte über das Erdbeben sind die Folgenden.

1) *L. Ross* in der Zeitung *Ἀθηνᾶ ἀρ.* 422. Der Aufsatz handelt aber zumeist über alte Nachrichten bei *Strabo*, *Ovid* und *Pausanias*, die sich auf die bekannte Eruption bei Methana beziehen.

2) *Oekonomos* in der Zeitung *Θεατὴς, περίοδ. Α. ἀρ.* 12. 20. *Απρ.* 1837.

3) Bericht in *Ἀθηνᾶ ἀρ.* 420. *Πόρος* 9. *Μαρτ.* 1837.

4) *A. Perrey*, Mémoire sur les tremblements de terre ressentis dans la peninsule Turko-Hellenique etc. (1848).

5) Persönliche Mittheilungen von *F. Hager* und des engl. Predigers *Hill* in Athen; 1859 und 1864.

Da sämmtliche Aussagen des wissenschaftlichen Charakters entbehren, so lässt sich das Thatsächliche sehr kurz darstellen.

Am 20. März 1837 war die Luft trübe und still. Die grosse Erschütterung um 9 Uhr 45 Minuten Morgens begann zu Hydra plötzlich mit donnerndem Getöse, und in meist vertikalen, später wellenförmigen Bewegungen, und Letztere zeigten sich besonders an allen von Hydra mehr oder weniger entfernten Orten. In Hydra und Poros sowie in den zwischenliegenden Dörfern kam den ersten Tag und die Nacht hindurch die Erde nur selten zur Ruhe und man zählte in 24 Stunden gegen 50 grössere Stösse. Die Berichte aus Hydra und Poros sind noch unter dem ersten Eindrucke des

Schreckens geschrieben und mögen wie gewöhnlich in solchen Fällen einiger Reduktion bedürfen. — Es ging keinerlei Anzeichen dem Erdbeben voraus; in beiden Mittheilungen ist übereinstimmend von dem starken Schwefelgeruche die Rede, der gleich nach dem ersten grossen Erdbeben verspürt ward (τὴν τρομερὰν ταύτην θέαν συνώδευεν πνιγηρὰ ὀσμὴ θειωδῶν πνευμάτων). Wie bekannt, darf nun zwar in Zeitungsberichten über Erdbeben weder der übliche Schwefelgeruch fehlen, noch das Einstürzen von Bergen oder die Bildung eines neuen Vulkanes. Man braucht indessen auch keineswegs in jedem einzelnen Falle an Aussagen über auffallenden Geruch zu zweifeln, da man ja nicht nöthig hat, gerade an wirklichen Schwefel zu denken. Mir selbst war 1861 Dezember 26. am korinthischen Isthmos der starke Geruch am Meere auffallend, als der Seestrand spaltend sich senkte und kleine Sandkrater hervortraten, unmittelbar nach dem Eintritte des grossen Erdbebens von Aigion. Es war der Geruch von Schwefelwasserstoffgas, den man öfter, wenn auch viel weniger stark und weniger verbreitet, am Meeresufer wahrnehmen kann, besonders wenn Lagen alten Seetanges umgewendet werden. Hydra und Poros liegen hart am Meere und man hat in diesem Punkte sicher eine Thatsache berichtet. Die Erschütterung am 20. März war so heftig, dass in den beiden Städten und noch andern Ortschaften der Hermionischen Küste die Häuser schwere Beschädigungen erlitten, wobei aber daran zu erinnern ist, dass die Bauart in diesem Lande nicht auf grossen Widerstand berechnet ist. Wenn es aber an einer Stelle heisst, dass in Hydra manche Häuser ganz einstürzten, so steht dem die Aussage *Hill's* entgegen, der wenige Tage später mit Sir *Edmund Lyons* auf der englischen Fregatte nach Hydra kam und dort wol viele Risse und andere starke Beschädigungen, aber nirgends ein Haus gänzlich in Trümmern fand. In Athen war die Wellenbewegung sehr bedeutend, so dass aus dem Giebel des Tetrakionion an der Agora grosse Marmorblöcke gegen Westen herabfielen, wo sie jetzt noch liegen. Auch aus dem Umstande, dass viele Personen die Häusser verliessen und das Kreuz schlugen, kann man entnehmen, dass man grösseres Unheil zu fürchten Ursache hatte.

Während meiner Reisen im Peloponnes, 1859 und später, habe ich mich vergebens bemüht, sichere Angaben über das Erdbeben von Hydra zu erlangen. Das Gedächtniss der Menschen ist aber so schwach, und das Zeitbewusstsein so wenig entwickelt, dass man gewöhnlich auf jede brauchbare Nachricht verzichten muss, ebenso wie auf schriftliche Dokumente, die sich auf Naturereignisse beziehen. Indessen konnte ich ungefähr das Gebiet ermitteln, welches damals erschüttert ward. Ich fand vielfach des Sturzes grosser

Felsmassen erwähnt, wie solche am stärksten bei Poros vorkamen. Es scheint, dass nach dem Hauptstosse kein zweiter von ähnlicher Kraft, dass keine nochmalige Steigerung eintrat und dass man schon seit April 3. auf die kleinen gelegentlich noch fühlbaren Bewegungen nicht mehr Acht gab. Man darf glauben, dass nur ein Menschenleben verloren ging, und es wird gesagt, dass einige Thiere erschlagen wurden.

Setzt man die Intensität der grossen Erdbeben von 1746, 1755, 1783 und 1797 = 10, so würde ich dem Hydräischen Erdbeben nur die Zahl 4 oder 5 zuschreiben. Aus dem geringen allgemein erschütterten und dem sehr geringen stark beschädigten Gebiete schliesse ich, dass die Tiefe des Ursprunges der Bewegung nur unbedeutend gewesen sei, wie man dies für die meisten griechischen Erdbeben annehmen darf. Da auf Zante keine Erschütterung, auf Syra nur zweifelhaft eine solche notirt ward, so habe ich namentlich nach diesen Punkten die Grenzkurve bestimmt. Gab es *Mallet's* Kataloge zufolge am 20. März auf Santorin ein Erdbeben, so stand es ausser Beziehung zu Hydra. Ich habe 1866 in Santorin Niemand gefunden, der ein Erdbeben in 1887 bestätigen konnte; es ward allgemein verneint. Die letzte Nachricht erhielt ich 1873 von einem Athener Bürger, der aussagte, dass auch zu Kalamae in Messenien das Erdbeben stark gewesen sei.

Die beiden Halbmesser der allgemein erschütterten Fläche nehme ich an zu 16 und 12,5 geographische Meilen; die Area zu 630 Quadratmeilen; den Halbmesser der zentralen Region, die schwer beschädigt ward = 1,75 Meilen, die Area = 9,6 Quadratmeilen oder $1/{65}$ der ganzen Fläche. (Vergl. Taf. VI.)

2) 1846 März 28., Kreta.

Das sehr grosse und gefährliche Erdbeben, welches gegen 5 Uhr Abends die Insel erschütterte, gehört zu jenen, deren Epizentrum vielleicht im südöstlichen Mittelmeere liegt. Es war von der Art, wie Aehnliche in den Jahren 1856, 1867 und 1870. Genauere Nachrichten sind nicht vorhanden. Es ward gewaltsam erschüttert: ganz Kreta, schwächer die Gruppe der Kykladen, die türkischen Sporaden, Rhodos, viel von Syrien und Aegypten, Hellas, Zante, selbst Malta und Sicilien. In Kreta gab es viele Trümmer, doch verlautet nichts Sicheres über Verluste von Menschenleben. Der Botaniker Herr *Th. v. Heldreich* sah zu Kanea, wie der grosse Erdstoss ein Minaret in sehr bedenkliche Neigung brachte, wie aber ein folgender Stoss den Thurm wieder in die senkrechte Lage zurückführte, so dass er nicht umstürzte. Nach Aussage eines Lloydkapitäns war auch auf See das Erdbeben sehr fühlbar, doch scheint ein Anschwellen des Meeres nicht stattgefunden zu haben. (Vergl. die Kurve Taf. V.)

3) 1846 Juni 6.—10., Messenien.

Von den zahlreichen Erdbeben im südlichen Peloponnes erreichten drei oder vier ein Maximum am 10. Juni. Da zu jener Zeit sich König *Otto* mit Gefolge in Kalamata aufhielt, so fehlt es nicht an Nachrichten, wenn sie sich auch nicht zu besondern Erörterungen eignen. Von Dr. *Brachmann* in Kalamata, von Dr. *Vouros*, dem Leibarzte der Königin *Amalie*, und von dem Botaniker Herrn *Sartori* erhielt ich mündliche und schriftliche Angaben, aus denen erhellt, dass das Erdbeben bei normaler Witterung mit grosser Kraft auftrat und auch auf See deutlich gefühlt ward. Es gab starke Beschädigungen in den Dörfern Mavromati und Mikromani, wo Häuser zerstört wurden, und es sandte der König den Dr. *Vouros* dahin, um den Verwundeten Beistand zu leisten. Bei Mikromani, eine Stunde vom Meere entfernt, in ebener ganz niedriger Fläche, entstanden 2—3 Zoll breite Spalten mit handbreiten Sandkegeln, deren Mündungen feuchte Materien ergossen. An der Mündung des Pamisos waren die Spalten breiter und zum Theil mit Schlamm erfüllt. Diese, dem Phänomen von Aigion (1861) analogen Bildungen wurden von Herrn Dr. med. *Brachmann* beobachtet. Der Katalog hat:

Juni 6.	Smyrna.	
„ 6.	Messenien.	
„ 7.	„	
„ 8.	„	
„ 9.	„	besonders Kalamata.
„ 10. — 4 Uhr 30 Min.	Zante.	
„ 10. — 5 „	Kalamata.	
„ 10.	Mytilene.	
„ 10. — 5 „ 30 „	Zante.	
„ 10. — 6 „	„	
„ 10. 4 „ 30 „	„	
„ 10. 8 „	Kalamata und a. O. stark.	
„ 10. 9 „ 30 „	Zante.	
„ 11. — 4 „ 50 „	Smyrna.	
„ 11.	Messenien.	
„ 11. — 6 „	Zante.	
„ 16.	Smyrna.	

Juni 16. Messenien-Patrae.

„ 17. Messenien-Zante.

4) 1850 Januar 13., Isthmos.

Um 8 Uhr 30 Minuten Abends ward der Isthmos von Korinth nebst Theilen des Peloponnes und der Megaride sehr stark erschüttert. Diese Nachricht erhielt ich 1859 von dem Lloydagenten Herrn *Mensello* zu Kalamaki, dem ich aus späterer Zeit noch viele werthvolle Beobachtungen verdanke. Das Lloydgebäude bei den Thermen von Loutraki ward beschädigt. Auf dem Meere fühlte man deutlich die Erschütterung.

5) 1851 Februar 28., Rhodos.

Gegen 5 Uhr Abends ward Rhodos und viel vom nahen Festlande durch ein grosses Erdbeben gefährdet. Die Zeitungsnachrichten darüber scheinen ziemlich übertrieben und werden durch das, was ein genauer Beobachter, der durch seine Reisen bekannte Maler *A. Berg* in seinem Werke über Rhodos erzählt, sowie durch Mittheilungen des Herrn *G. v. Gonzenbach* in Smyrna, nicht genügend bestätigt. Die von *E. Kluge* erwähnte Senkung der Küste bei Makri wird richtig sein, aber ein 2000 Fuss hoher Berg hat sich keineswegs in die See gestürzt. Viele Dörfer wurden ruinirt und viele Menschen verloren das Leben. Hierbei muss man sich doch wundern, dass Herr *A. Berg*, der den Winter von 1853—54 in Rhodos zubrachte, in seinem Werke des Ereignisses von 1851 nicht gedenkt. Als ich ihn 1874 zu Athen darum befragte, wusste er sich keiner einzigen Aussage über gedachtes Erdbeben zu erinnern; die Katastrophe von 1856 hat er umständlich beschrieben. Wäre 1851 das Unglück sehr gross gewesen, so hätte Herr *Berg* darüber doch von den in Rhodos lebenden Europäern Etwas vernehmen müssen. Die neueren Trümmer hätten ihn wol nicht aufmerksam gemacht, denn Trümmer sind überhaupt charakteristisch für den Orient, besonders in türkischen Ortschaften und vor Allen in Rhodos. An dem kleinen Orte Tatza im Distrikte Mogla gab es viele Erdbeben, denen jedesmal der unterirdische Donner vorausging.

Anm. Um die Zeit der Zerstörung von Melfi in Kalabrien, 1851 August 14., sind in Hellas keine Erdbeben notirt worden, selbst nicht in Zante, wo der ganz zuverlässige *Barbiani* beobachtete. Erst seit August 19. findet man Erdbeben in Kleinasien verzeichnet.

6) 1853 August 18., Theben in Böotien.

Die vorhandenen Nachrichten sind, mit einer Ausnahme, mangelhaft und wenig zahlreich. Was in Athenischen Zeitungen sich findet, ist ungenügend, und nur Professor *Pappadakis* meteorologische Angaben haben Werth. *Perrey* gibt eine Uebersicht in seiner Note sur les tremblements de terre ressentis en 1853, und fügt ihr einen Bericht bei von Herrn *Raynold*, der sich damals in Athen aufhielt. Diese Relation ist die vollständigste von Allen. — Auf meinen Reisen seit 1859 habe ich viele Erkundigungen eingezogen. Die Erinnerung war wegen der Grösse des Ereignisses meist noch lebhaft genug, doch mangelte jede spezielle Aussage, und in Theben selbst, nur 7 Jahre nach dem Unglücke, fand ich, dass das Erdbeben schon zu den fast mythischen Dingen gehörte; selbst über das Jahr war man nicht mehr völlig sicher. Ich musste mich sonach darauf beschränken, die Orte zu ermitteln, wo man das Erdbeben noch verspürt hatte.

Zuerst will ich denjenigen Auszug aus meinem Kataloge mittheilen, der sich in den spätern Fragmenten dieser Schrift nicht findet, damit man die Häufigkeit und Vertheilung der Erschütterungen zu jener Zeit erkenne. Mit dem Dezember schliesse ich ab, denn vergebens würde man sich bemühen zu entscheiden, wann die Wirkungen des grossen Erdbebens aufhörten und wann neue Bewegungen auftraten. Alle Beobachtungen in Zante rühren her von *Barbiani;* die Attischen und Böotischen meist von *Pappadakis* und *Raynold*.

August 4.	0 Uhr	30 Min.		Zante.
„ 5.	9 „	23 „		Zante.
„ 18.	— 5 „			Böotien und Attika.
„ 18.	—10 „	20 „		Theben stark.
„ 18.	—10 „	30 „		Umsturz von Theben, grosses Erdbeben in Böotien, Attika und Euböa.
„ 18.	—10 „	54 „		Athen, sehr stark, 8 Sek. N.—S.
„ 18.	—11 „	34 „		Athen und Theben.
„ 18.	0			„ „ „
„ 18.	—11 „	30 „		Zante.
„ 18.	Nachts			Sehr viel in Böotien.
„ 19.	„			Theben, 20 Stösse, 2 starke.
„ 20.	— 3 „		}	Theben, 6 Stösse.
„ 20.	—10 „			
„ 21.	— 3 „			Theben.
„ 21.	0 „			Zante.

August 21.	0 Uhr	25 Min.	Zante.		
„ 22.			Theben.		
„ 23.	2 „	30 „	Athen-Theben.		
„ 24.			Böotien, Attika.		
„ 25.	4 „		„ „		
„ 26.	10 „	19 „	Athen, Dauer 4 Sek.		
„ 27. — 2 „	30 „		Zante.		
„ 28. Abends			Theben, stark.		
„ 29.			Attika und Böotien.		
„ 30.			Theben, 2 kleine Stösse.		
„ 31. Nachts			„ „ „ „		
Septbr. 1.			Böotien, schwach.		
„ 2. u. 3.			„		
„ 14. Früh			Theben, 17 Stösse.		
„ 16.			„ stark.		
„ 22. Nachts			Athen.		
„ 23. — 6 Uhr			„		
„ 24. — 6 „	30 Min.		„		
„ 25. —11 „	50 „		„		
„ 26.,27.,28.			Attika und Böotien.		
„ 29.	11 „	30 „	Attika, Böotien, Euböa, sehr grosses Erd-beben mit manchen Zerstörungen in Chalkis, Talanti und a. O.		
„ 29.	11 „	46 „	Athen, stärker als zuvor, Dauer 30 Sek.		
„ 29.	11 „	50 „	„ sehr stark, NO—SW.; dann andere.		
„ 30. — 2 „	27 „		„ auch stark in Böotien.		
„ 30. — 4 „	42 „		„		
„ 30. — 4 „	52 „		„		
„ 30. —11 „	0 „		„		
„ 30. —11 „	46 „		„		
Oktober 1.			„ und in Lokris.		
„ 2. — 2 „	28 „		„		
„ 2. — 7 „	30 „		„		
„ 2.	2 „	30 „	Zante.		
„ 2.	6 „	0 „	„		
„ 3. — 0 „	30 „		Athen, Talanti.		
„ 5. — 5 „	25 „		„		
„ 6.			in Attika.		

Oktober	7.				Athen.
„	8.				Attika und Böotien.
„	9.—14.				„ „ „
„	14.—18.				„ „ „
„	15.	5 Uhr	0 Min.		Zante.
„	19.—21.				Attika und Böotien.
„	22.—24.				„ „ „
„	25.	3 „	40 „		Athen.
„	26.				„
„	27.				„
„	27.	— 4 „	50 „		Zante.
„	27.	—10 „	0 „		„
„	28.				Athen.
„	29.	— 4 „			„
„	29.	— 4 „	25 „		„
Novbr.	16.	— 3 „			Zante.
„	16.	— 5 „			„
„	26.	3 „			„
„	26.	3 „	5 „		„
Dezbr.	25. Nachts				„

Seit November 8. begannen neue Erdbeben in Rhodos, seit Dezember 7. in Konstantinopel und später in Dalmatien.

Der 18. August war ein gewöhnlicher heisser Sommertag mit völlig klarem Himmel; der Barometerstand zu Athen ein Wenig unter dem Mittel. Besondere Anzeichen gingen dem Erdbeben nicht voraus; doch trat es nicht unvermittelt und plötzlich auf, sondern schon in der Frühe verspürte man zu Theben schwache Stösse, und selbst der grossen zerstörenden Erschütterung gegen 11 Uhr Morgens ging eine starke und desshalb warnende Bewegung vorher. Als der Hauptstoss erfolgte, flüchtete, wer konnte in's Freie. Von dem Einsturze vieler Häuser und Kirchen und durch das allseitig von den sich aufrechthaltenden Gebäuden herabfallende Material bildete sich eine dichte über Theben lagernde Staubwolke, die erst nach einiger Zeit den Bewohnern gestattete, die Grösse des Unglücks zu erkennen. Besonders im tieferliegenden nördlichen Theile der Stadt waren die meisten Gebäude gänzlich verwüstet, und alle, welche noch standen, waren so stark beschädigt, dass sie unbewohnbar waren und der Gefahr wegen gar nicht betreten werden durften. Von diesen fielen später noch manche zusammen in Folge anderer Stösse, besonders in dem drohenden Erdbeben der Nacht des 29./30. Septem.

ber. So litten Thespiae, Talanti, Chalkis und andere Orte, doch Theben am Meisten. Hier und bei Chalkis wurden auch die Bögen der Wasserleitung zertrümmert und bedeutend waren die Massen, die von Bergen und Fels- wänden herabfielen. Von einem nicht näher bezeichneten Berge bei Theben und in dem kahlen Gebirge Ptoon bei den Böotischen Seen lösten sich grosse Felsmassen und rollten durch die Thäler gegen die Ebene herab.

Dem grossen Erdbeben folgte Tag und Nacht eine lange Reihe schwächerer Erschütterungen, unter denen einige noch mit bedeutender Kraft auftraten und baufällige Ruinen zum Sturze brachten; so besonders die drei sehr gefährlichen Stösse September 29./30. gegen Mitternacht, die namentlich in Chalkis schwere Verwüstungen anrichteten. Die Bewegungen im Oktober und November waren schon kraftlos aber noch häufig und die Nachwirkungen hielten an bis wenigstens zum Februar 1854, so dass man dem Erdbeben eine Dauer von mindestens 6 Monaten zuschreiben darf. —

Die Zahl der Getödteten und Verwundeten habe ich nicht ermitteln können. Nach *Raynold*, der Ende August Chalkis und Theben besuchte, wurden in Theben 13 Personen verschüttet; von diesen waren 11 todt, als man sie auffand. Man hielt sie für erstickt, da man keine körperliche Ver- letzung entdeckte. Auf Euböa kam Niemand um's Leben; so wurde mir wenigstens 7 Jahre später gesagt, als ich in jener Insel in verschiedenen Orten Erkundigungen einzog.

Theben liegt auf einem mehrfach gegliederten Hügel, der sich von Süd zu Nord ziemlich rasch abdacht. Durch barometrische Bestimmung fand ich die Seehöhe der südlichen Kuppe (der alten Kadmeia) gegen 105 Toisen; den nördlichen Theil, wo sich Meerschaum findet, 82 Toisen. Für den grossen Brunnen in der Vorstadt Pyri ergab sich 60 Toisen. Die Höhe der nörd- lichen Ebene nahe der Stadt fand ich 54 Toisen; die Mitte derselben auf dem Wege zu den Seen 48 Toisen und den See Hylike 15 Toisen. Südlich von Theben, gegen den Kithäron hin, hebt sich der Boden bis 146 Toisen, und senkt sich in der Ebene des Asopos wieder bis 127 Toisen. Die grösste Erhebung der Trümmerstätte von Platää erreicht 157 Toisen und östlicher das Dorf Kriokuki 193 Toisen. (Vergl. Publ. de l'Observat. d'Athènes II. 2 p. 145.) Der Stadthügel Theben's ist im Ganzen dachförmig, östlich und westlich durch schmale Thalfurchen mit schwachem Wasserlaufe von den be- nachbarten Höhen getrennt. Der Boden besteht aus lockerem Materiale und es fehlt hier der feste Kalkstein, der im Ganzen besser den Erdbeben wider- steht als angeschwemmtes Land von vielartiger Zusammensetzung. Vulka- nische Formationen sind bei Theben nicht bekannt.

Die Figur der Grenzkurve des Erdbebens stützt sich auf die von mir gesammelten Nachrichten. Die Enden der grossen Axe bei Skyros und Zante geben wenigstens das Minimum der Ausdehnung von W.—O. Die Endpunkte der kleinen Axe sind viel weniger sicher. Auf Euböa fand ich zu Stheni. Konistra und Kumi noch bestimmte Angaben über das Erdbeben. Dass Skyros erschüttert ward, ist sicher; aber das theilweise Versinken der Insel, der eingesunkene Berg, der verschwundene Kopaïs-See, Alles gehört zu den Fabeln, wie solche oft bei grossen Ereignissen erfunden werden.

Die beiden Halbmesser der allgemein erschütterten Fläche bestimme ich zu 26 und 13 Meilen, die Area zu 1062 Quadrat-Meilen. Den Radius der Fläche, in welcher überhaupt Beschädigungen vorkamen, zu 2,775 Quadratmeilen, die Area zu 24 Quadratmeilen. Den Radius der Fläche mit den grössten Zerstörungen setze ich 1,25 Meilen und die Area $=$ 4,9 Quadratmeilen. Diese Letztere beträgt also $1/_{217}$ der allgemein erschütterten Fläche. (Vergl. die Kurve Taf. VI.)

7) 1855 Februar 28., Brussa.

Das durch zahlreiche und grosse Erdbeben ausgezeichnete Jahr 1855 ist besonders denkwürdig wegen der furchtbaren Verwüstung, welche Brussa am 28. Februar und 11. April betraf. Da, wie gewöhnlich, die Nachrichten eine genauere Untersuchung nicht gestatten, werde ich nur Weniges mittheilen und zuerst eine Uebersicht geben, aus welcher man die Vertheilung der Erdstösse zu jener Zeit beurtheilen kann.

Januar 16.	— 0 Uhr 10 Min.	Tarsos, starkes Erdben			*Tchihatscheff.*
„ 24.	— 4 „ 50 „	Konstantinopel			nach *Perrey.*
„ 30.	5 „ 50 „	Tabris in Persien			*Abich.*
Februar 9.		Bagla-Agatsch, Makri			*Gonzenbach.*
„ 10.	5 „	„ „			„
„ 13.		Makri, Uebertritt der See			„
„ 18. Früh		Samos, 5stündiges Erdbeben			nach *E. Kluge.*
„ 18.	12 „	Samos, Makri			„
„ 19.		„ „			„
„ 20. 21.		„ „ Bagla-Agatsch			„
„ 22.	5 „	Makri, 2 starke Stösse			„
„ 22.	11 „ 40 „	Smyrna			nach *Perrey.*
„ 23.	12 „	„ stark			*Gonzenbach.*
„ 24.	— 4 „	„ 2 Stösse			„
„ 25.		Samos, Makri			nach *E. Kluge.*

Februar 28.	2 Uhr 35 Min.	Gallipoli, Dardanellen, erst ein schwacher Stoss, dann ein sehr starker, halb vertikal. Nachts 8 Andere	nach *Perrey*.
„ 28.	2 „ 46 „	Adrianopel, der erste Stoss schwach, 30 Sek. später das grosse Erdbeben	„
„ 28.	2 „ 50 „	Smyrna, lange, sehr regelmässige Bewegung. SO.—NW.	*Gonzenbach*.
„ 28.	3 „	Brussa, um 9 Uhr 40 Min. nach türkischer Uhr begann das Erdbeben mit einer Schwingung von W.—O., dann folgte der grosse senkrechte Stoss, der nach 50 bis 60 Sekunden aufhörte. Es wurden 300 Menschen erschlagen und es ward in der Stadt und auf den Dörfern sehr grosse Zerstörung angerichtet. Bis Mitternacht zählte man wenigstens 5 grosse Stösse. Das Erdbeben war auch stark in Chios, Rhodos und Samos	*Perrey*.

Vom Anfange des März bis wenigstens zur Mitte des Juni waren Erdbeben überaus häufig, wobei anzunehmen ist, dass man nur die grösseren Erschütterungen beachtet habe. Am 11. April Abends nahe 8 Uhr erfolgte dann die grösste Katastrophe, die in Brussa angeblich 1300 Menschen tödtete und Alles zusammenwarf. Eine heftige Feuersbrunst kam noch dazu in den Trümmern zum Ausbruche. Die Interferenzerscheinungen, auf welche *E. Kluge* aufmerksam macht, wurden an den Dörfern um Brussa in auffallenden Beispielen beobachtet. In 15 Stunden zählte man gegen 150 Stösse. In Smyrna ging dem Erdbeben ein Luftgetöse voraus. Als am 10. Februar Bagla-Agatsch, 8 Stunden von Makri entfernt, mässig erschüttert ward, bildeten sich in der ganzen Ebene des Dorfes zahlreiche Spalten und es entstand eine Menge kleiner Hügel. Leider fehlt jede genaue Beschreibung, aber ich erkenne, dass hier nahe dieselben Phänomene auftraten, wie 1861 Dezember 26. in Achaja.

A. Perrey hat die Hauptsachen zusammengestellt, denen ich die von *Gonzenbach* erhaltenen Angaben beifüge. *E. Kluge* hat das Erdbeben besprochen in *A. Petermann's* geogr. Mitth. 1858 p. 236. Er findet, dass der Ort des Maximum der Stösse sich von Februar 28. bis April 11. veränderte, was ganz wahrscheinlich ist. Aber seiner Ansicht von strichweise fortschreitenden Erdbeben, von parallelen Erschütterungslinien kann ich nicht beistimmen. Das Erdbeben war ebenso ein zentrales wie alle Andern, von denen ich nähere Kunde habe. Ueberall treten nach einfachem Gesetze dieselben mechanischen Wirkungen auf, vielfach modifizirt durch die ungleiche Beschaffenheit des Bodens. — Einzelne Berichte findet man noch in der Augsb. Allgem. Zeitung 1855 p. 2082, 2157, 2184. Wegen Armuth und Unvollkommenheit der Nachrichten muss man auf jede genauere Erörterung verzichten. Hinsichtlich der meteorologischen Verhältnisse ist es von Interesse zu bemerken, dass Februar 28. Mittags 1 Uhr ein grosses Gewitter mit Hagel über Brussa niederging, und zwar bei Südwest-Sturm, bei welchem ganz sicher ein niedriger Barometerstand eingetreten sein musste. Auch zu Smyrna war zur Zeit des Erdbebens ein gewaltiger Sturm.

8) 1856 Oktober 12., Mittelmeer.

Dies grosse besonders merkwürdige Erdbeben würde unsere Kenntniss vorzüglich bereichert haben, wenn die übrigens zahlreichen Angaben einen wissenschaftlichen Werth beanspruchen könnten. Handelt es sich zunächst um genaue Uhrzeiten, um das Bewusstsein sowol der Begründung solcher Angabe als auch ihrer Wichtigkeit, so findet man, dass wir im Ganzen nicht weiter sind, als man vor Jahrhunderten war. Diesen Ausspruch halte ich für den ganzen Orient aufrecht, ohne dabei den seltenen Fall hervorzuheben, wenn merkwürdigerweise einmal ein europäischer Reisender eine gute Zeitbestimmung mittheilt und ganz ungewöhnlicher Weise dabei wirklich aussagt, worauf solche sich gründe. Will man wissen, wie es mit Zeitbestimmungen im mittleren Europa beschaffen sei, so genügt es nachzusehen, was ich darüber beigebracht habe in meinen Rechnungen über die Erdbeben von 1846 und 1858, oder was sich in *K. v. Seebach's* Untersuchungen über das Erdbeben vom 6. März 1872 findet. Eigentlich sollte man es ganz unterlassen, die Orient-Erdbeben in nähere Betrachtung zu ziehen, wenn es sich um strenge Erörterungen handelt, die sich vorwiegend mit Zahlen befassen. Aber die Hoffnung, doch wenigstens Grenzwerthe zu finden, hat mich veranlasst, Arbeiten, die ich schon 1857 zu Olmütz begonnen hatte, 1874 zu Athen fortzusetzen.

Zuerst werde ich die auf die Zeiten bezüglichen Daten mittheilen. Die Hauptsammlung findet man bei *Perrey* in der Note sur les tremblements de terre ressentis en 1856, woselbst ein wesentlicher Zusatz beigefügt ist, der den Notirungen *Barbiani's* in Zante entnommen ward. Anders hat *E. Kluge* bekannt gemacht in *A. Petermann's* geogr. Mitth. 1857 p. 425. Zerstreute Bemerkungen habe ich selbst gesammelt und 10 Jahre nach dem Erdbeben noch manche Angaben auf den Kykladen, besonders auf Santorin, erhalten. Da ich nur den grossen Hauptstoss um 2 bis 3 Uhr in der Frühe des 12. Oktober zu behandeln habe, so werde ich das sonst für die Vormittagsstunden anzuwendende —Zeichen nicht berücksichtigen. Die Hauptbewegung bestand in 3 grossen Stössen, die 3 bis 5 Minuten dauerten. Man darf glauben, dass der Erste der stärkere war.

Morgens

3 Uhr 15 Min.		} Kairo, grosses gefährliches Erdbeben	Dr. *r. Neimann's.*			
3 „ 19 „						
3 „ 20 „						
3 „ 7 „	Kairo, Dauer = 90 Sek.		nach *Barbiani.*			
3 „ 0 „	Alexandria (nach Andern um 2 Uhr)		„			
3 „ 15 „	Jaffa, später um 3 Uhr 30 Min. nochmals		„			
—	Jerusalem, mässige Bewegung		*Barb.* nach Dr. *Granich.*			
—	Damaskus, angeblich um 1 Uhr		„			
3 „ 15 „	Beirut		„			
2 „ 40 „	Rhodos. grosses zerstörendes Erdbeben		Mittel	nach *A. Perrey.*		
2 „ 50 „	„		2 Uhr	„ *A. Berg.*		
2 „ 52 „	„		49,5 Min.	„ *Barbiani.*		
2 „ 56 „	„			andere Angabe.		
2 „ 45 „	Kypros, 3 Stösse		nach *Perrey.*			
2 „ 45 „	Santorin, grosses gefährl. Erdbeben		*Perrey* und *J. Schmidt.*			
2 „ 45 „	Kreta, grosses gefährl. Erdbeben, grosse Zerstörung		*Barbiani.*			
—	Karpathos, } sehr grosse Verwüstung		„			
—	Kasos,					
3 „ 10 „	Aïdin, sehr stark		„			
2 „ 45 „	Smyrna, sehr stark		*G. v. Gonzenbach.*			
2 „ 35 „	Syra		*Perrey.*			
2 „	Athen, starke Bewegung					
2 „ 22 „	Zante, Dauer = 25 Sek.		*Barbiani.*			

2 Uhr 10 Min.	S. Maura		*Barbiani.*
2 „ 10 „	Avlona		„
2 „ 10 „	Korfu		*Perrey.*
2 „ 20 „	Korfu		*Barbiani.*
2 „ 0 „	Ragusa; dann um 2 Uhr 8 Min.		„
1 „ 30 „	Curzola (zwischen 1 und 2 Uhr)		*Perrey.*
2 „ 10 „	Ancona, 3 Stösse		„
2 „	Urbino		*Serpieri.*
1 „ 30 „	Chamberry		*Perrey.*
1 „ 30 „	Moutiers		„
1 „ 51 „	Zittau		nach *E. Kluge.*
2 „	Neapel		
2 „	Palermo		
2 „	Syrakus		
1 „ 48 „	Malta		*Perrey.*
2 „ 11 „ „			*E. Kluge.*
2 „ 12 „ „			„

Eine vorläufige Rechnung (vom Jahre 1857) liess mich erkennen, welche ganz unsichern Angaben keine Berücksichtigung verdienen. Ich habe mich im Ganzen an die Angaben der Seestädte gehalten, wo man wegen des Verkehrs und besonders wegen der dort ansässigen Europäer auf einigermaassen genaue Zeitbestimmungen rechnen konnte. Wenn ein wissenschaftlicher Reisender, Dr. *v. Neimanns* in Kairo, sagt, dass er, vom Erdbeben erwacht, auf seine Uhr gesehen habe, und nicht das Geringste darüber beifügt, ob er eine Korrektion anbrachte, ob es sich überhaupt um mittlere Ortszeit handle, so schliesse ich, dass er keinen Begriff von dem Werthe einer wolbegründeten Zeitangabe hatte. Was man nach solchem Beispiele von den meisten andern Uhrzeiten zu halten habe, braucht nicht weiter berührt zu werden. Die Nachtstunde war ohnehin für die Beobachtung sehr ungünstig, und es fehlt leider auch für Athen eine brauchbare Zahl, obgleich man dort zu jener Zeit die Mittel hatte, genaue Uhrvergleichungen zu erlangen. —

Im Jahre 1857 hatte ich versuchsweise Santorin als Zentrum der Bewegung angenommen. Jetzt, nun ich weiss, dass dieser Vulkan nicht für den Sitz grösserer Erdbeben gehalten werden kann, musste ich dies Zentrum aufgeben und entschied mich für einen mehr südlichen Punkt auf 34° Breite. So lange jeder andere Anhaltspunkt fehlt, muss man sich durch die Maxima der Wirkungen leiten lassen, wenn man genähert das Oberflächenzentrum (das Epizentrum nach *K. v. Seebach's* Bezeichnung) erkennen will. Es liegt nun eine besondere Merkwürdigkeit dieses Erdbebens darin, dass die zerstörenden Wirkungen sich auf einer so grossen Fläche finden, wie vielleicht nur die Katastrophen von 1755 November 1. und 1868 August 13. Aehnliches aufzuweisen haben. Wenn wir finden, dass 1856 Oktober 12. Verwüstungen gleichzeitig vorkamen in Aegypten, Syrien, Rhodos, Karpathos, Kasos, Kreta, Santorin und selbst noch auf Malta und Sicilien, so muss man das Epizentrum innerhalb dieses Raumes suchen und zugleich bemerken, wie wenig die Oberfläche der Erde von homogener Beschaffenheit sein könne, in Rücksicht auf die Lage der mehr oder minder beschädigten Ortschaften. Was die Erschütterung in Nord-Italien, Savoyen und Sachsen betrifft, so bezweifle ich zwar nicht, dass sie unserm Erdbeben angehört; da aber die Geschwindigkeiten in der Oberfläche mit steigender Entfernung vom Epizentrum abnehmen, so würden nur sehr genaue Rechnungselemente im Stande sein, auf dem Wege der Theorie den erforderlichen strengen Beweis dafür zu liefern.

Mit Uebergehung aller Nebenversuche gebe ich jetzt die Daten der Rechnung, bevor ich die zweifelhaften Uhrzeiten von den besseren ausscheide. Ich reduzire alle Zeiten auf den Meridian von Athen, und benutze dazu theils Karten, theils das Verzeichniss in *Behm's* geogr. Jahrbuche für 1866, wo aber die Länge von Zante irrig ist und gegen 10 Min. verkleinert werden muss. Das Epizentrum C setze ich in 46° Ost von Ferro und 34° Breite. Die Entfernungen E der Orte von C gebe ich in geographischen Meilen, deren 15 dem Grade des Erdäquators gleichkommen; t ist immer die Zeit in C, bezogen auf den Meridian von Athen; g die Geschwindigkeit in einer Minute, so dass $E = g\ (t'-t)$, $E' = g\ (t''-t)$ etc.

		Ortszeit	Red. auf Athen	Athener Zeit	E
1)	Kairo	3 Uhr 7 Min.	— 30,1 Min.	2 Uhr 36,9 Min.	70 M.
2)	Alexandria	3 0	— 24,6	2 34,5	45
3)	Jaffa	3 15	— 44,0	2 31,0	85
4)	Beirut	3 15	— 47,0	2 28,0	88
5)	Rhodos	2 49,5	— 18,4	2 31,1	37
6)	Smyrna	2 45	— 13,6	2 31,4	67
7)	Aïdin	3 10	— 17,2	2 52,8	60
8)	Syra	2 35	— 4,7	2 30,3	65
9)	Zante	2 22	+ 11,3	2 33,3	107
10)	Korfu	2 15	+ 15,2	2 30,2	133
11)	Malta	2 11,5	+ 36,9	2 48,4	171

		Ortszeit	Red. auf Athen	Athener Zeit	E
12)	Ancona	2 Uhr 10 Min.	+ 40,8 Min.	2 Uhr 50,8 Min.	225 M.
13)	Chamberry	1 30	+ 71,3	2 41,3	303
14)	Zittau	1 51	+ 34,6	2 25,6	293

Dass die geringen, seither durch meine, *Mallet's* und neuerdings durch *v. Seebach's* Rechnungen bekannt gewordenen scheinbaren oder Oberflächengeschwindigkeiten in unserm Falle nicht ausreichen, war mir schon im Jahre 1857 einleuchtend, und ich fand auch jetzt wieder, dass nur ausserordentlich grosse Werthe für g anzunehmen seien, um den beobachteten Zeiten einigermaassen zu genügen. Ich werde auslassen: Aidin, einen Ort, wo genaue Zeitbestimmungen nicht zu erwarten sind; sodann Malta, obgleich man hier das Beste hoffen sollte, wo aber entweder eine Uhrzeit ohne alle Korrektion vorliegt, oder eine Beobachtung nach wahrer oder Sonnenzeit, welche Zeit am 12. Oktober gegen 13 Minuten grösser sein musste als die Angabe einer richtig gehenden Uhr nach mittlerer Zeit. Ancona, dann Chamberry und Moutiers, endlich Zittau werde ich wegen zu grosser Entfernung jetzt nicht berücksichtigen, abgesehen von der Schwierigkeit, welche die abnehmende Geschwindigkeit in so grossen Distanzen mit sich bringt. Setze ich zuerst in 6 Hypothesen die scheinbaren Geschwindigkeiten in der Minute = 5, 50, 100, 200, 300, 400 geographische Meilen und berechne, von den Orten der Beobachtung ausgehend, die Athener Zeiten des Erdbebens in C, so finde ich die Mittelwerthe für t nebst den Summen der Quadrate der übrigbleibenden Fehler in nur beiläufiger Rechnung wie folgt:

Hypothese I   t = 2 Uhr 16,5 Min. Σ = 424,8
„   II   2   30,4   72,0
„   III   2   31,2   66,3
„   IV   2   31,6   64,0
„   V   2   31,7   63,3
„   VI   2   31,8   61,8.

Wird die 5. Hypothese auf Malta und Ancona angewandt, so findet man den Unterschied der berechneten und der beobachteten Zeit des Erdbebens:

für Malta   R—B = — 16,1 Min.
für Ancona   „   = — 18,4 „

Nimmt man aber an, dass die Zeiten Sonnenzeiten waren, so hat man — 2,9 Min. und — 5,2 Min.

4*

Für die übrigen 9 Orte hat man nun diese Unterschiede (R — B)

Hypothese I	II	III	IV	V	VI
No. 1	— 6,4 Min.	— 5,1 Min.	— 5,0 Min.	— 5,0 Min.	— 5,0 Min.	— 4,9 Min.
„ 2	— 9,9	— 4,1	— 3,8	— 3,6	— 3,6	— 3,5
„ 3	+ 2,5	+ 1,1	+ 1,0	+ 1,0	+ 1,0	+ 1,0
„ 4	+ 6,1	+ 4,2	+ 4,1	+ 4,0	+ 4,0	+ 4,0
„ 5	— 7,2	0,0	+ 0,5	+ 0,6	+ 0,7	+ 0,8
„ 6	— 1,5	+ 0,3	+ 0,5	+ 0,5	+ 0,5	+ 0,5
„ 7	— 0,8	+ 1,4	+ 1,5	+ 1,6	+ 1,6	+ 1,6
„ 8	+ 4,6	— 0,8	— 1,0	— 1,2	— 1,2	— 1,2
„ 9	+ 12,9	+ 2,8	+ 2,3	+ 2,1	+ 1,9	+ 1,9.

Wenn man jetzt noch Zittau nach Hypothese V berechnet, so findet man (R — B) = + 7,1 Min. und für Chamberry (R — B) = — 8,6 Min. *Neimann's* Angabe für Kairo führt auf (R — B) = — 13,0 Min. Wegen dieser grossen Unterschiede habe ich die 5 fraglichen Orte von der Rechnung ausgeschlossen. Die andern 9 sind mit der Annahme eines sehr grossen Werthes von g leidlich vereinbar, mehr sogar, als ich vom Oriente erwarten durfte. Versetzt man das Zentrum 2 bis 3 Grade östlicher oder westlicher, so wird man in den (R — B) keine erhebliche Aenderung bewirken, und auch nicht, wenn man für t, die Zeit in C, willkürlich eine andere Zahl wählt. Setze ich t = 2 Uhr 33,0 Min., so wird:

		bei g = 200	g = 300	g = 400
1)	R — B =	— 3,2 Min.	— 3,6 Min.	— 3,7 Min.
2)	„	— 2,0	— 2,2	— 2,3
3)	„	+ 2,8	+ 2,4	+ 2,3
4)	„	+ 5,9	+ 5,4	+ 5,3
5)	„	+ 2,4	+ 2,1	+ 2,0
6)	„	+ 2,3	+ 1,9	+ 1,8
7)	„	+ 3,3	+ 3,0	+ 2,9
8)	„	+ 0,8	+ 0,2	+ 0,1
9)	„	+ 4,1	+ 3,5	+ 3,2.

Sodann bei g = 200, Σ = 96,3
g = 300, Σ = 82,0
g = 400, Σ = 78,2.

Auf diesem Wege ist also nichts Besseres zu erreichen, und ich begnüge mich mit dem nicht unwahrscheinlichen Resultate, dass diesmal sehr grosse Oberflächengeschwindigkeiten stattfanden. Diese müssen jedesmal grösser sein als die wahren Geschwindigkeiten in den wahren Erschütterungsradien,

nämlich in jenen, welche man sich von dem unterirdischen Heerde des Erdbebens gegen die Oberfläche der Erde gezogen denkt. Läge dieser Heerd im
Mittelpunkte der Erde, diese als homogene Kugel betrachtet, so würden die
Erschütterungen an jedem Punkte der Oberfläche im selben Momente auftreten; es müsste also überall $t'-t =$ Null sein und die scheinbare Geschwindigkeit an der Oberfläche wäre unbestimmt oder unendlich. Setzt man
für unser Erdbeben hypothetisch die wahre Tiefe des Ursprunges $= 100$ geographische Meilen, so müsste man die wahre Geschwindigkeit in den Radien
bis auf 110 Meilen vergrössern, um nahezu den Beobachtungen zu entsprechen. Da wir keine Nachrichten aus dem südlichen Aegypten, aus Arabien und aus den barbarischen Orten an der Nordküste Afrika's haben, so
lässt sich die Grösse der erschütterten Fläche nur sehr unsicher berechnen.
Ich finde, dass 62000 Quadrat-Meilen als ungefähre Näherung gelten kann.
Für die allgemein erschütterte Fläche setze ich die Halbmesser $= 13,5^0$ und
$6,5^0$, für die Fläche mit Zerstörungen den Radius $= 4,3^0$, die Area $=$
13070 Quadrat-Meilen, also $\frac{1}{4,7}$ der ganzen Fläche. Solches Verhältniss
kann nie bei Erdbeben stattfinden, deren g gering und deren wahre Tiefe des
Ursprunges nur 2 bis 3 Meilen beträgt. (Vergl. die Kurve Taf. V.)

Der Schaden, den das Erdbeben verursachte, ist nicht zum kleinsten
Theile speziell bekannt geworden; er war aber sehr gross und würde, wenn
in Europa geschehen, als ein gewaltiges für die ferne Zukunft denkwürdiges
Ereigniss angesehen worden sein. Aber in dem trümmervollen Oriente ist
dergleichen Unheil rasch vergessen, und ehe die alten Trümmer beseitigt
werden, sind die neuen schon wieder da. Viele Angaben aus der ersten Zeit
sind offenbar übertrieben, wie es gewöhnlich zu geschehen pflegt. Doch ist
es gewiss, dass in Rhodos sehr grosse Verwüstungen stattfanden, dass aber
nicht 1000 Menschen, sondern nur 60 getödtet wurden. Auf Karpathos und
Kasos gingen 8000 Häuser zu Grunde, wobei die geringe Zahl von nur
20 Erschlagenen auffallen muss. Aus Kreta, wo das Unheil grossen Umfang
erreichte, fehlen die Nachrichten, ebenso aus Kypros und den syrischen
Küstenstädten, wo überall sehr viele Gebäude ruinirt wurden. Für Santorin
zählten die Zeitungen die Zahl der Erschlagenen nach Hunderten, aber 1866,
als ich daselbst mit gebildeten Männern sprach, erfuhr ich, dass auf der
ganzen Insel nur 6 oder 7 umkamen, dass aber der Schaden an Häusern und
Kirchen sehr gross gewesen sei. Wie zu erwarten, war von einer Bestätigung
der Fabel über das Versinken von Dörfern hier ebensowenig die Rede, wie
auf Kreta, wo Kissamos verschwunden sein sollte. Dagegen war man in

Santorin einstimmig darüber, dass die auf dem Tuff stehenden Häuser mehr litten, als Häuser, welche auf der Lava standen, diese wieder mehr als Häuser auf dem Kalkboden. Die Mönche im Kloster Hagios Elias, 1700 Fuss über See, sagten mir, dass ihr grosses Gebäude keinerlei Schaden erlitten habe, und dies liegt auf dem mächtigen Kalkstocke, dem noch sichtbaren Theile der alten Formation, die von den Produkten kolossaler Eruptionen zum grössten Theile überdeckt wurde.

Die ungewöhnlichen meteorologischen Zustände im Herbste 1856 hat *E. Kluge* zusammengestellt, wobei ich hier nur bemerke, dass man darauf auch kein zu grosses Gewicht legen möge, da viele grosse Erdbeben in Zeiten auftraten, die sich durch atmosphärische Hergänge ungewöhnlicher Art keineswegs auszeichneten.

Der Katalog gibt keine bestimmte Auskunft über die letzten Nachwirkungen des Erdbebens. Für Oktober 13.—31. sind nahe täglich Stösse zu Rhodos notirt, auch gelegentlich noch in Mytilene, Brussa, Kairo, Athen, Zante und Valona; es hatten auch die Bewegungen des Erdbebens zu Algier (seit August) noch nicht aufgehört. Bis November 12. wird Rhodos noch täglich genannt, einmal Smyrna und Zante. Gegen Ende Dezembers sind noch Stösse zu Mytilene und Smyrna verzeichnet. Nichts verlautet von ungewöhnlichen Bewegungen der See am 12. Oktober, die vermuthlich der Nachtzeit wegen nicht wahrgenommen wurden.

9) 1857 Dezember 10., Kalabrien.

Ohne hier dies grosse unglückliche Erdbeben auch nur flüchtig berühren zu wollen, gebe ich eine kurze Uebersicht der Erschütterungen im benachbarten Osten, die zum Theil noch nicht bekannt wurden. Das Meiste hat *Barbiani* in Zante beobachtet; einige Nachrichten verdanke ich den Herren *C.* und *A. Wild* in Euböa, sowie Herrn *G. v. Gonzenbach* in Smyrna.

Dezember 9.	6	Uhr	25	Min.	Smyrna.
„	10.	9	„	25	„	Kourbatzi in N. Euböa.
„	11.	7	„	30	„	Valona.
„	12.	11	„	15	„	Zante.
„	14.	5	„	55	„	Zante.
„	15.	4	„	5	„	Janina, Valona.
„	15.					Rhodos, Kreta.
„	16.	1	„	0	„	Valona.
„	16.	9	„	45	„	Valona.
„	16.	10	„	30	„	Grosse Katastrophe in Kalabrien.

Dezember 20.			Brussa.
„ 22.			Brussa.
„ 27.	2 Uhr 50 Min.		Janina.
„ 28.			Zara.
„ 29.			Brussa.

Man bemerkt, dass Albanien ausgenommen, Griechenland und namentlich auch Zante nicht merklich erschüttert wurden zu einer Zeit, als Hunderte von kalabrischen Ortschaften in Trümmer fielen und Tausende von Menschen das Leben verloren.

10) 1858 Februar 21., Zerstörung von Korinth.

Seit dem Erdbeben in Kalabrien, 1857 Dezember 16., sind noch verschiedene Erschütterungen von Bedeutung eingetreten, bevor die ernste Katastrophe von Korinth zum Ausbruch kam. Zunächst 1857 Dezember 25. das heftige Erdbeben zu Rosegg, S. Veit, Ossiach, Klagenfurt; ferner ebendaselbst 1858 Januar 8. und dann Januar 15. das gefährliche Erdbeben in Nord-Ungarn, Mähren und Schlesien, welches ich umständlich beschrieben habe. Beträchtlich und zahlreich waren die Erschütterungen zu Naupaktos, Jan. 29. Am 15. Februar erfolgte ein starkes Erdbeben zu Algier. Um die Vertheilung und Verbreitung der Bewegungen der Erdoberfläche zu überblicken, gebe ich für Griechenland und benachbarte Länder folgende Uebersicht, die ich in dem spätern Kataloge III ausgelassen habe.

Jan. 29.	Nachts		Naupaktos, 27 starke und viele kleine Stösse	Off. Bericht des Nomarchen.
Febr. 3.	8 Uhr		Saloniki, stark	—
„ 6.	—3 „	20 Min.	Smyrna, ziemlich stark	*Gonzenbach.*
„ 8.	—3 „	31 „	Kuru-Tschesmè bei Konstantinopel	nach *Perrey.*
„ 11.	—6 „	30 „	Zante	*Barbiani.*
„ 12.	5 „		Zante	„
„ (?)			Tripolis im Peloponnes	Off. Bericht des Nomarchen.
„ 21.	—11„		Grosses Erdb., Zerstörung von Korinth und a. O.	*Koustas.*
„ 21.	—11„	2 „	Athen, 2 starke Wellen. d = 2 Sek. SO.—NW.	*Pappadakis.*
„ 21.	—11„		Zante, kein Erdbeben	*Barbiani.*
„ 21.			Tag und Nacht sehr viele Stösse zu Korinth	*Koustas.*

Febr. 21.	4 Uhr	Zante	*Barbiani.*
„ 22.		Korinth und a. O. sehr viele Erdbeben	
„ 23.,24.		Korinth und a. O.	
„ 24. —11 „ 40 Min.	Zante	*Barbiani.*
„ 25.		Korinth und a. O. Erdbeben sehr häufig	
„ 26.,27.,28.		Korinth und a. O.	
März 1.		Korinth	
„ 2. —10 Uhr	Blantanosa (Pellene), Korinth, stark	*Koustas.*
„ 3.,4.		Korinth	
„ ·5.		Korinth, Hexamilia, gewaltiger Stoss	*Delaporte.*
„ 6.		Korinth	
„ 6.	4 „	Lamia	
„7.od.8.	2 „	Korinth, sehr grosser Stoss	*Vitalis.*
„9.bis 15.		Korinth, täglich Erdbeben	
„ 12. —9 „	Zante	*Barbiani.*
„ 16. Abends	Hexamilia, Donner u. Stoss	*Bayard Taylor,*
„ 17. —7 „	„ sehr gr. Stoss und Donner	„
„ 17. 0 „	Korinth, grosser Vertikalstoss, d = 30 Sek.	„
„ 17. Nachts	Korinth, grosses Erdbeben	„
„ 18. —5 „ 30 „	„ sehr grosser Stoss	„
„ 18.		Bukarest	Wiener Zeitg. April 2.
„ 18. 3 „ 5 „	Smyrna, zieml. stark, W—O.	*Gonzenbach.*
„19.bis23.		Korinth, täglich	
„ 24. Nachts	„ Detonation	Dr. *Lindermayer.*
„ 24. 4 „ 30 „	Valona	
„25.bis27.		Korinth	
„ 27.		Naupaktos, 2 kl. Stösse	Bericht des Nomarchen.
„ 27. 11 „	Monastir	nach *Perrey.*
„28.bis31.		Korinth	
„ (?)		Pikermi am Pentelikon	*S.*
April 1.bis5.		Korinth	
„ 9. —9 „	Monemvasia	Bericht des Nomarchen.

April 11. bis 15.				Korinth	
„	13. —10 Uhr			Monemvasia	
„	16.— 4	„	50 Min.	Smyrna, von O.—W.	*Gonzenbach.*
„	18.—10	„		Korinth, sehr stark	*Koustas.*
„	19.— 3	„	15 „	Brussa	
„	19. 9	„	5 „	Brussa	
„ 20. und 21.				Brussa	
„	22.— 6	„	30 „	Zante	*Barbiani.*
„	27. 3	„	35 „	Konstantinopel	*Perrey.*
„	29.— 0	„	25 „	Smyrna	*Gonzenbach.*
„	29. 1	„	40 „	Smyrna	„
„	30.—11	„		Konstantinopel	„
Mai	3. 3	„	16 „	Smyrna	„
„	4. Nachts			Kourbatzi in Euböa	*A. Wild.*
„	16.			Rhodos, stark	
„	18.			Korinth	
„	19. —1	„	30 „	Konstantinopel	
„	21. —4	„		„	
„	25.			Rhodos	
„	27. —2	„		„	
„	28.			Samsun	
Juni	1. 2	„		Korinth, starkes Erdbeben	*Koustas.*
„	2.			Valona	

Hier beschliesse ich die Uebersicht; es beginnt zunächst eine lange Reihe von Erdstössen in Albanien, die zum Theil gleichzeitig von *Barbiani* in Zante notirt wurden. Von Korinth ist kaum noch die Rede. Juni 9. wird hier noch ein Stoss erwähnt, dann aber hören die Berichte auf. Ich weiss aber, dass im ganzen Verlaufe des Jahres die Erde nicht zur Ruhe kam, und als ich Ende März 1859 Korinth besuchte, waren die Stösse zwar schwach und selten, fehlten aber wol an keinem Tage. Die Dauer des Korinthischen Erdbebens kann man, ohne zu übertreiben, zu 13 Monaten annehmen.

Nach diesen Bemerkungen über die zeitliche Ausdehnung werde ich aus den mir vorliegenden Berichten die räumliche Ausdehnung nebst den besondern Erscheinungen erörtern. Streng wissenschaftliche Beobachtungen darf man auch diesmal nicht erwarten, doch gibt es wenigstens einen guten Bericht, ohne welchen sehr Vieles unklar bleiben würde.

1) *Σεισμὸς Κορίνθου*, von dem Eparchial-Arzte *G. Koustas*, der das Erdbeben selbst erlebte. Der werthvolle Aufsatz findet sich in der Athener Zeitschrift: *Νέα Πανδώρα. Τόμος* IX. *φυλλ. Σ. Β.* 1. *Αυγ.* 1858.

2) *Ἔκθεσις τοῦ κατὰ τὴν* 9. *φεβρουαρίου* 1858 *ἐν Κορίνθῳ καὶ τοῖς πέριξ συμβάντος σεισμοῦ, καὶ τῶν συνεπειῶν αὐτοῦ, παρὰ τῶν ἰατρῶν Θ. Ἀρεταίου καὶ Σ. Σταυρινάκη*, in 8⁰ gedruckt bei *Angelopulos* zu Athen. 1858.

3) Tremblement de terre de Korinthe du 21. Février 1858; ein Manuskript, welches der französische Ingenieur Herr *Jules Delaporte* die Güte hatte, auf mein Ersuchen für mich auszuarbeiten (1859). *Delaporte* war während des Erdbebens in Athen, reiste aber bald darauf nach Korinth.

4) Persönliche und schriftliche Aussagen, welche ich 1859—1862 auf Reisen gesammelt habe.

Im Jahre 1858, als es in Griechenland noch keine Telegraphen gab, hatte man auch im ganzen Lande, Athen ausgenommen, keine genauen Zeitbestimmungen. *Koustas* setzt den grossen Erdstoss auf wenig vor 11 Uhr Vormittags. Für Athen gibt *Delaporte* 10½ Uhr. Unter den meteorologischen Beobachtungen von Mistriotis finde ich aber 11 Uhr 2 Minuten Morgens, und diese Angabe wird nahe richtig sein.

Ueber den Hauptstoss sind die Meinungen verschieden. Ich habe 1859 zu Korinth manche Personen darum befragt, ohne besondere Uebereinstimmung zu finden. Sonach ziehe ich vor, mich auf die Darstellung von *Koustas* zu beschränken. Nach ihm hörte man schon um 9 Uhr Morgens zu Kenchreä, Hexamilia und Kalamaki am Isthmos donnerndes Getöse, hielt es aber für Kanonenschüsse im Piräus, worüber man also schon Erfahrung haben musste; die Entfernung beträgt 8 bis 9 Meilen. So blieb die Warnung unbeachtet, als um 11 Uhr die Stadt Korinth in einem Augenblicke gänzlich zertrümmert und zu Boden geworfen ward. Gleichzeitig fielen zusammen: Kalamaki, Hexamilia, Kortesa, Pergiali, Assisi und Neochori, während noch manche andere kleine Ortschaften mehr oder weniger schwere Beschädigungen erlitten. In Korinth hatten die Leute die Kirchen schon verlassen und befanden sich meist in den Strassen, da gerade eine lebhafte Wahlbewegung herrschte. Als Korinth, ein letzter unscheinbarer Rest der uralten hochberühmten Stadt, niedersank, erhob sich ringsum dichtes Staubgewölk und verhinderte längere Zeit die Grösse des Unheils zu erkennen. Da kein Obdach mehr übrig war, musste man zunächst im Freien zubringen, mit allem Ungemach rauher Winternächte kämpfend. Wer es vermochte, zog nach Athen oder nach benachbarten Orten des Peloponnes.

Da das Verderben so plötzlich hereinbrach, und während des Unterganges der Stadt noch das Getöse des unterirdischen Donners, der fallenden Gebäude, der Sturz mächtiger Felsmassen vom nahen Akrokorinth dazu kam, so erreichte der Schrecken bei Allen einen so hohen Grad, dass von einer genauen Beobachtung wol in keinem Falle die Rede sein konnte.

Koustas, indem er die elliptische Fläche beschreibt, auf welcher die grossen Zerstörungen vorkamen, sagt, dass diese Fläche bei der ersten grossen Erschütterung leicht gehoben ward (τὸ ἐλλειψοειδὲς ἔδαφος ἀνορθωθὲν ἐλαφρῶς, ἐκλονήθη ἰσχυρῶς); dann kam die mächtige Bewegung von O.—W. und gleich darauf die Umgekehrte. Hierauf folgten kleinere Bewegungen, ähnlich einem Zittern, Alles im Ganzen etwa 10 Sek. anhaltend. Den ersten Stoss von O.—W. fühlten Alle, und die Lage der Trümmer liess darüber keinen Zweifel. Später jedoch waren die Bewegungen zusammengesetzter Natur oder folgten andern Richtungen. Es zeigte sich, dass die zerstörenden Wirkungen keinen grossen Raum umfassten, dass, fern vom Zentrum, die Erschütterung gegen Süd und West stärker war als gegen Nord und Ost. An *Koustas'* Ermittelung der Ellipse, welche die grossen Zerstörungen umschliesst, finde ich Nichts zu ändern. Sehr richtig hat er Loutraki ausgeschlossen, wo ich selbst nur unbedeutende Trümmer fand. Die grosse Axe dieser innern Ellipse hat 2,37 geographische Meilen Länge und ist etwa 20° gegen den Parallel geneigt, so dass ihr östliches Ende gegen Norden aufgerichtet erscheint. Die kleine Axe hat 1,925 geographische Meilen Länge und das Zentrum liegt einige Tausend Meter südlich von Akrokorinth, zwischen diesem und dem Dorfe Neochori. Die schwer beschädigten Orte sind ausser Korinth: Kalamaki, Hexamilia, Kontoumatza, Diavatiki, Pergiali, Assisi, Asso, Vrachati, Trano Zeugolatio, Kortesa, Hagios Vasilios, Kleonä, Neochori, Xylokerasa und Kenchreä. Nördlich zieht die Ellipse durch einen geringen Theil des Golfes von Korinth, östlich durch einen eben so kleinen Theil des Saronischen Golfes oder der Bucht von Kalamaki. Das Oneïsche Kalkgebirge liegt ganz innerhalb dieses Gebietes. Die Halbmesser der allgemein erschütterten Fläche nehme ich an zu 24 und 18 geographischen Meilen, die Area zu 1357 Quadrat-Meilen, so dass die schwer beschädigte innere Fläche nur $\frac{1}{380}$ des Ganzen beträgt. (Vergl. die Kurve Taf. VI).

Der Handschrift von *Delaporte* entnehme ich folgende Beobachtungen, die mich lebhaft an eigene Wahrnehmungen erinnern. „Kalamaki, März 5. Le sol d'alluvion qui avoisine le port, était profondément fissuré en plusieurs endroits. Le mur de quai était séparè du terrain contigu, et surplombait sur la mer. La caserne, batie récemment à l'extrémitè orientale du port, était litteralement cassée en deux; les murs étaient ouverts en éventail. Am selbigen Tage erlebte *Delaporte* zwischen Hexamilia und Korinth den ausserordentlichen Erdstoss, der dem ersten wenig nachgab; es folgt die Beschreibung der Trümmer der Stadt und Akrokorinths. Februar 21. verlor der Stadtbrunnen sein Wasser und hatte es März 7. noch nicht wieder erlangt. Ein Jahr später sagte man mir in Korinth, dass alle Stadtbrunnen ihr Wasser 24 Stunden lang verloren, dass aber die Quelle auf Akrokorinth und die Peirene im Norden der Stadt nicht verändert wurden. — „Un fait digne de remarque et qui me frappa tout d'abord, c'est que les détonations accompagnant les secousses, semblaient partir de la montagne de l'Acrocorinthe, et, a cet égard, je n'ai pas observé une seule exception. Je suis tenté de croire, que le foyer, ou moins que le centre de la cause du phénomène était-là. Ce qui me confirme dans cette idée, c'est que le bruit, qui avoit si fort effrayé les chevaux de ma voiture entre Hexamilia et Corinthe, venait précisément de cette direction, vers laquelle immédiatement chacun de nous tourna instinctivement ses regards; tandis que toutes les détonations que j'entendis pendant mon séjour à Corinthe, semblaient partir d'autant plus près de moi, que j'étais plus rapproché de l'Acrocorinthe.

Ces bruits souterrains ne roulaient pas; ils étaient secs, instantanés et pouvaient être comparés à une bordée de grosse artillerie, entendu d'une assez faible distance. Ou sentait qu'ils venaient d'une immense profondeur, et ils étaient parfois tellement forts, que l'imagination ne peut se faire une idée de la puissance de la cause, qui les produit. Quelque fois ces détonations étaient accompagnées d'une faible vibration métallique, assez semblable a celle que l'on remarque dans les canons en bronze. Les secousses étaient très nombreuses encore 11 jours après la premiére, car j'en comptai journellement plus de 30 pendant mon sejour à Corinthe. Chose digne de remarque, ces secousses ne sentaient à peine sur le rivage du golfe, qui n'est qu'a un mille environ de la ville." *Delaporte* spricht dann von dem einzigen Hause, nahe dem dorischen Tempel, welches ganz unbeschädigt blieb; es war ein Haus von türkischer Bauart mit hoher Steintreppe, deren untere Stufe durch eine Marmorstatue gebildet ward. Ueber den Tempel sagte mir *F. de Dubnitz*, der lange in Korinth wohnte, dass die starke Verschiebung des Kapitäls der westlichen Säule, so lange er sie kenne, unverändert dieselbe gewesen sei. Die vorletzte westliche Säule, ohne Kapitäl, hatte den schrägen Riss schon vor dem Erdbeben; doch wurde der Spalt am 21. Februar sehr erweitert. *Dubnitz* hatte eine Eingabe an die Regierung gesandt, damit das Nöthige zur Erhaltung der beschädigten Säule geschehe. Nachdem im Laufe eines Jahres keine Antwort erfolgte, brachte ich im April 1859 die Sache zur Kenntniss des Ministers *Christopulos*, der dann verfügte, dass die Säule eiserne Reifen erhielt. Aufrecht blieb in Korinth auch eine Kirche mit dem Glockenthurme, obgleich sehr ruinirt; ferner nahe nördlich von dem Tempel das Mauerwerk einer neuen Schule, welches man bis zum Dache aufgeführt hatte. Diese Wände waren frei von Rissen und Verschiebungen; die Kanten bestanden aus gut gearbeiteten Quadern und die steinernen Bögen über den Fenstern und Thüren waren mit Sorgfalt hergestellt.

Im Dezember 1860 war die Stätte von Korinth eine fast ebene Trümmerfläche, dicht mit dunkelgrünen Nesseln bewachsen. Ausser der Kirche, dem erwähnten kleinen Hause, der unvollendeten Schule und dem alten Tempel sah man neben den Ruinen der Moschee 6 oder 7 hölzerne Häuser, die von Wenigen bewohnt wurden. Neu-Korinth begann bereits sich am nördlichen Strande auszudehnen. Durch *Menzello* in Kalamaki erfuhr ich, dass am 21. Februar die Luft trübe, kalt und zum Schneien geneigt war; das Getöse vor 11 Uhr hielt man für Gewitterdonner oder für Kanonenschüsse. Schon einige Tage früher ward solches Getöse gehört, am 21. aber nicht in Kalamaki selbst. Es wird behauptet, dass Kalamaki und Korinth genau im selben Momente einstürzten, weil man zu Perachora die Staubwolken beider Orte gleichzeitig sich erheben sah. Dabei muss ich bemerken, dass man im obern Theile Perachoras wol Korinth, nicht aber Kalamaki sehen kann, welches von den hohen Vorbergen des Geranion verdeckt wird. Kalamaki erhält sein Trinkwasser aus der eine Stunde entfernten μάνα τοῦ νεϱοῦ, welche nach dem Erdbeben reichlicher floss denn zuvor. In Korinth bemerkte man wenig und unbedeutende Spalten; stärker waren sie südlicher, dann zu Kalamaki, nahe am Meere, und bei Sousaki, wo auch ein Brunnen sich spaltete und grünes übelriechendes Wasser aufstieg. An der Solfatara von Sousaki bemerkte man keinerlei Veränderung. Der 1846 erbaute Molo zu Kalamaki, ein langer in die See hinaus gebauter Damm aus grossen Felsquadern, hatte stark gelitten. Im fand im März 1859 sein westlich vom Ufer am meisten entferntes Ende 0,05 Meter niedriger als das Uebrige, dabei vielfach verschoben und gespalten. 1861 litt er abermals, und es senkte sich dann auch der Mauersaum des Hafens. Es scheint, dass der Erdstoss am 21. Februar 1858 keinen merklichen Einfluss auf das Meer ausübte.

Aus offiziellen Berichten und mancherlei Mittheilungen sei noch das Folgende bemerkt.

Argos. In der ganzen Ebene, in Nauplia und umliegenden Bergdörfern ward das Erdbeben gefühlt; es wiederholte sich noch öfter bis 1859.

Spetzä und Hydra, Februar 21. Morgens 10³/₄ Uhr, Stoss von NW.—SO.; zu Poros angeblich Nichts verspürt, mit dem Bemerken, dass man hier nur das Erdbeben von 1838 kenne; es soll 1837 heissen. In Poros wird jedes grössere Peloponnesische Erdbeben gefühlt, und darunter sind viele, die nicht mehr nach Athen gelangen. Jene Aussage ist ohne alles Gewicht.

Tripolis. Schon vor dem 21. Februar gab es Erdbeben. Der grosse Stoss des 21. war sehr fühlbar. Er ward in der ganzen Gortynia verspürt; in Mantineia dauerten die Bewegungen bis zum Juni. In Xylokastron, Hagios Georgios, Trikala, Sparta, Megalopolis, Phigalia, Kalamata, in Gastuni und Olympia fühlte man das Erdbeben, aber nicht in Mesolongion oder sonst in Nordgriechenland. Diese letzte negative Aussage ist ohne Werth, wenn sie nur von Einem Berichterstatter herrührt. In Patrae war das Erdbeben noch lebhaft, und so war es an vielen Orten jenseits des Korinthischen Golfes. War ein Erdbeben schwach, so ist Niemand, der einige Wochen später sich desselben noch erinnert, denn kleine Stösse sind häufig, aber Niemand hat dafür ein Interesse. So erfuhr ich 1859, dass in Attika zu Therikos, zu Kapandriti und Kalamos kein Erdbeben am 21. Februar verspürt sei, während doch positive Nachrichten aus ganz benachbarten Orten vorliegen. Ich habe daher, als ich die Grenzkurve des Korinthischen Erdbebens zeichnete, auf die wenigen negativen Angaben gar keine Rücksicht genommen. Dass dies im Falle umfassender und genauer Beobachtungen hätte geschehen müssen, ist selbstverständlich. Aber hier von Interferenzerscheinungen zu reden, wo alle Bedingungen zu genauen Forschungen mangeln, wäre durchaus verfehlt und könnte nur dazu dienen, die grosse Zahl von Hypothesen über schlecht erklärte Erscheinungen muthwillig zu vermehren.

Bayard Taylor (Reisen in Griechenland) sah März 18. noch die grossen Erdspalten zu Kalamaki und bemerkt, dass starke Wassermengen daraus hervortraten. Ihm sagte der Demarch von Hexamilia, dass der Donner mit dem Hauptstosse gleichzeitig gewesen sei.

In Korinth tanzten Kinder in einem Zimmer und die Mütter sahen zu. Als vom Erdbeben das Dach des Hauses einfiel, hielten es die Frauen so lange mit den Händen, bis Alle gerettet waren.

Am 26. März besuchte König *Otto* die zerstörten Ortschaften und musste wegen der noch häufigen und starken Erschütterungen im Zelte übernachten.

In dem ärztlichen Berichte von Aretäos und Stavrinakis findet man die Anzahl der Verunglückten. Es wurden getödtet: in Korinth 8, in Kalamaki

4, in einer Höhle bei Hexamilia 3, in Pergiali 3, in Assisi 1, zusammen 19.
Mehr oder weniger schwere Verwundungen erlitten 70—80 Personen.

Meteorologisches.

Genaue meteorologische Beobachtungen gab es damals nur an der Sternwarte zu Athen, wo sie von Professor *Pappadakis* und dessen Gehilfen, *G. Mistriotis*, besorgt wurden. Die barometrischen Ablesungen habe ich auf Pariser Linien reduzirt und von den Instrumentalfehlern befreit. Sie sind auf 0⁰ reduzirt und gelten für die Seehöhe von 54 Toisen. Im Januar betrug die grösste Aenderung des Luftdruckes 12‴, und zwar von Januar 7. bis Januar 23., als Abends ein sehr tiefer Stand eintrat. Im Februar und März kamen so grosse Aenderungen nicht vor. Im Januar und Februar waren die Temperaturen meist sehr niedrig; es war viel wolkig und man zählte 9 Schneetage zu Athen. Am 21. Februar war das Mittel der reduzirten Barometerstände 1,42 Linien unter dem Monatsmittel, welches 335,25‴ betrug. Die niedrigsten Stände waren Februar 3., 17., 22., und zwar der Reihe nach: 330,9‴, 330,6‴, 332,4‴. Die höchsten Stände: Februar 9., 19., 24. = 338,1‴, 335,6‴, 337,1‴. Die Regenhöhe im Januar = 35,333‴, im Februar = 39,56‴. Am 21. Februar war es zu Athen trübe und stürmisch aus Norden und ebenso finster, doch zum Theil windstill in Megaris und im Peloponnes.

Eine merkwürdige, von *Koustas* und *Delaporte* am 7. März zu Korinth beobachtete und gut beschriebene Erscheinung setzte die Menschen in grossen Schrecken. Denn eine finstere Wolke, die, ehe sie ganz heraufkam, der aufsteigenden Dampfsäule eines erumpirenden Vulkanes glich, erregte sofort die Meinung, dass es sich um einen nahen Ausbruch hinter Akrokorinth handele, besonders als sich aus der Wolke zugleich mit dem Regen ein reichlicher rothbrauner Schlamm ergoss. Dieser Staubregen wird in den spätern offiziellen Dokumenten auch aus andern Orten gemeldet; aber den Tag wusste man schon nicht mehr und verlegte die Erscheinung sogar auf den Tag des Erdbebens. Am 7. März, einem wahren Sciroccotage, war der Barometer 6 Linien unter dem Monatsmittel und das Maximum der Wärme = 18,4⁰ C. Eine ganz ähnliche Erscheinung über Griechenland war im März 1860, als mit dem Regen viel rother Staub herabkam.

Terrain des Isthmos, Quellen, die Solfatara von Sousaki.

Das Oneïsche Gebirge, Akrokorinth und die westlichen Höhen bis Penteskuphia bestehen aus altem und festen Kalkstein. Einzelne Kuppen der älteren Formation unterbrechen hier und da die viel jüngeren Schichten von Meeresablagerungen, welche den Isthmos bilden bis dahin, wo im Osten der Kalk des Geranion auftritt. Von diesem gegen Süden besteht die Ebene zwischen Kalamaki und den Skironischen Felsen bei Megara aus Abschwemmungen und Geschieben mit Rollsteinen, die man dort sieht, wo Bäche das Profil der Durchschnitte der Ebene erkennen lassen. In dem Bache von Sousaki findet man scheinbar vulkanische Produkte, die aber ihr auffallendes Ansehen der Einwirkung von sauren Dämpfen verdanken, wie *Reiss* und *Stübel* nachgewiesen haben. Auf dem Isthmos findet man in den Felslagern zahllose Austern und Muscheln, oft noch mit sehr lebhaften Farben, besonders an den 40—60 Fuss hohen Mergelufern am Meere zwischen Lechäon und Neukorinth. Alle neueren Formationen haben geringe Konsistenz und sind bei grossen Erdbeben gefährlich, da die Lage der Theile sich leicht verschiebt und die Regelmässigkeit der Bewegungen gestört werden muss. Indem man Korinth nach seinem Untergange aufgab, verlegte man die neue Stadt an die nördliche Küste, wo sie auf Sand und Alluvionen erbaut ward. Wegen Erdbeben ist die neue Stadt gewiss nicht mehr gesichert als die alte. Aber man hatte die wolbegründete Absicht, eine Seestadt zu schaffen, und konnte so nicht wol einen andern Ort wählen, Loutraki ausgenommen, welcher Platz möglicher Weise mehr geeignet gewesen wäre, was Erdbeben und die Beschaffenheit des Hafens anlangt.

Die Quellen des Isthmos, zum Theil Kephalarien von geringer jährlicher Veränderung, verdienen Beachtung, falls durch Versetzung des Bodens durch Erdbeben sich langsame Aenderungen der Temperatur zeigen sollten. Ich werde daher mittheilen, was ich bis jetzt darüber erlangt habe, eigene und fremde Beobachtungen, aber mit Ausschluss aller älteren Daten, die Nichts über die Korrektion der Thermometer angeben. Meine Thermometer waren genau untersucht und ich kannte die Fehler für die einzelnen Theilstriche innerhalb 0,1 des Grades. Ebenso habe ich zu Athen die Thermometer Derjenigen untersucht, die auf meinen Wunsch diese Beobachtungen bei Gelegenheit ihrer Reisen wiederholt haben.

Therme von Loutraki. Sie entspringt am Fusse hoher und steiler Kalkfelsen im Niveau der See und ist oft vom Meere überflutet. Die neueren Beobachtungen sind folgende:

1859 März 29. – 9,0 Uhr Temp. = 30,90°C. Beob. von *J. Schmidt* an 1 Therm.
1860 Nov. 30. –10,5„ „ = 31,46 „ „ „ „ „ 5 „
1861 Mai 15. –9,0 „ „ = 31,15 „ „ „ „ „ 3 „
1862 Jan. 2. 0,0 „ „ = 31,21 „ „ „ „ „ 4 „

1866 Juni 20. —8,5 Uhr Temp. = 31,25 °C. Beob. *Reiss* u. *Stübel* an 2 Therm.

1867 Aug.15. —7,5 „ „ = 31,27 „ „ *Th.v.Heldreich* „ 2 „

Loutraki, Warmbrunnen am Lloydhause.

1860 Dezbr. 1. —7,7 Uhr Temp. = 27,40 °C. Beob. von *J. Schmidt*.

1861 Mai 15. —6,5 „ „ = 26,50 „ „ „ „

1862 Januar 2. 0,0 „ „ = 25,20 „ „ „ „

1867 Aug. 15. —7,5 „ „ = 28,33 „ „ „ *Th. v. Heldreich*.

Südlich bei Loutraki sind noch verschiedene Thermen, auch im Sande am Meere. Eine neben einer alten Säule war 1867 August 15. = 31,33°; es gibt deren von 22,56° bis 31,3°.

Quellen am Isthmos und bei Perachora.

			Temperatur	Seehöhe
1860 Dez.	3.	Quelle am Isthmischen Poseidonion	= 18,00 °C.	= 22,7 Toisen
„ „	2.	„ im Thale gegen Kenchreä	18,60	30 „
„ „	2.	Brunnen (Pigadi) am Meere zu Kenchreä	14,20	1 „
„ „	2.	Das Helena-Bad, SW. von Kenchreä (4 Thermometer)	19,06	1,5 „
„ „	2.	Hexamilia, Trinkbrunnen	17,10	37,5 „
„ Nov.30.		Kalamaki, Pigadi	18,80	1 „
„ Dez.	1.	Korinth, Peirene nördlich von der Stadt, die östliche	17,50	22,0 „
„ „	1.	Korinth, die folgende westliche	18,70	
„ „	1.	„ Keramitaki	17,20	
„ „	1.	„ Paroxydika	15,90	30,1 „
1861	„ 26.	„ Peirene, die östliche (Tag des Erdbebens von Aigion)	17,10	22,0 „
1860	„ 1.	Korinth, Stadtbrunnen	17,70	46,8 „
1861	„ 26.	„ „	18,80	46,8 „
1860	„ 1.	An Akrokorinth, Brunnen Mustapha-Bey	14,10	113,1 „
1861	„ 28.	„ „ „ „	12,50	113,1 „
1860	„ 1.	Akrokorinth, Dragonera	14,90	256,2 „
1861	„ 28.	„ „	13,60	256,2 „
1860	„ 1.	„ Dervisch Pigadi	13,30	234,2 „
1861	„ 28.	„ „	12,60	234,2 „
1860	„ 1.	Loutraki, der nördliche Brunnen	15,50	1 „
„	„ 1.	„ der folgende südliche	17,40	1 „

		Temperatur	Seehöhe

1867 Aug. 19. Loutraki, Trinkbrunnen am Platze
   (von *Heldreich* beobachtet) =19,57°C.

„   „ 19. Loutraki, Trinkbrunnen im Garten
   (von *Heldreich* beobachtet) 19,07

1860 Dez. 1. Neukorinth, Nord-Küste, Pigadi	16,80	=: 2 Toisen
1862 Jan. 15. Lechäon, Quelle bei Hagios Joannes	18,10	2 „
1859 März 29. Quelle Panteleïmon am Akrogeranion	14,70	141,8 „
„ „ 29. Quellstollen am See Vouliasmeni	12,90	2 · „
„ „ 30. Quelle zu Vissia	12,90	291,3 „
„ „ 30. Waldquelle bei Skinos	9,90	261,4 „
„ „ 30. Quelle im Flussthale	9,90	196,5 „
„ „ 30. Brunnen am Meere bei Skinos	14,90	1 „
„ „ 31. Perachora, Hauptbronnen	15,60	157 „

Die Solfatara von Sousaki.

In der grossen Höhle, welche Kohlensäure ausströmt, fand ich folgende Temperaturen:

1860 Nov. 29. 1 Uhr Innere Bodenwärme = 39,3° C. Luftwärme in der
   Höhle = 37,5° C.

1861 Jan. 2. 2 Uhr   Luftwärme in der
   Höhle = 37,5° C.

1861 Jan. 28. 1 Uhr   Luftwärme in der
   Höhle = 36,0° C.

Die benachbarten erwärmten Stellen, 3—4 Zoll tief, haben alle 30,8° bis 35,5°. 1866 Juni 12. fanden *Reiss* und *Stübel*, dass an keinem Punkte die Temperatur 40° erreichte. (Ausflug nach Aigina und Methana, von *Reiss*. *Stübel* und *v. Fritsch*, pag. 51.) — (Publ. de l'Obs. d'Athènes. Band I. und II. Ser. 2.)

Zusatz.

In *Ἀθηνᾶ ἀρ*. 2639 findet man den ersten Bericht über das Korinthische Erdbeben.

„   „   „ 2640 der Königl. Erlass über 50000 Drachmen Hilfsgelder.

„   „   „ 2645 Angabe, dass auch in Patrae und Naupaktos das Erdbeben heftig war.

„   „   „ 2646 über den rothen Staubregen zu Perachora und Livadia, Februar 23. = März 7. um 2 Uhr Nachmittags, über

Erdbeben zu Lamia und Ueberschwemmung des Spercheios.

In *Ἀϑηνᾶ* ἀρ. 2651 der Königl. Erlass über die Verlegung von Korinth und Neubau der Stadt an dem Orte Schinia der Nordküste des Isthmos, 19. März 1858.

11) 1859 August 21., Imbros.

Grosse Erdbeben vor dem Ruin von Imbros betrafen im Januar: Erzerum und die Stadt Schemaki im Kaukasus. Die Erdstösse im Peloponnes dauerten, freilich sehr vermindert, noch fort, vermuthlich als schwache Nachwirkungen von 1858 Februar 21. Am 16. Juli ward Athen erschüttert, nach einem Gewitter, und ich beobachtete den Stoss um 9 Uhr 42 Min. Abends. Ende Juli erfolgten die letzten Zerstörungen zu Erzerum. August 20. war das grosse unglückliche Erdbeben von Nurcia in Italien und am 21. August die Verwüstung von Imbros. - - Die Nachrichten sind ganz unvollständig, und die einzige Darstellung von einem Augenzeugen erhielt ich durch Vermittelung des Herrn Professor *H. Mitzopulos* in Athen von dem Diakon *Barnabas Koutloumousianos*, der auf mein Ersuchen mir im Januar 1860 eine kurze schriftliche Mittheilung zusandte. Aus dieser geht hervor, dass die Erdstösse auf Imbros schon vor der Mitternacht des 20./21. August begannen, dass sie aber erst am 21. August Früh 4 Uhr ihr Maximum erreichten und sich am Nachmittage stark wiederholten. Es scheint, dass kein Menschenleben verloren ging, dass aber in allen Ortschaften der Insel sehr grosse Verwüstungen stattfanden, indem viele Häuser und Kirchen einstürzten. Manche Wasser, die früher ohne Unterbrechung flossen, versiegten und andere traten an Orten hervor, wo es ehemals trocken war. Die Erde spaltete sich und es trat ein Schlamm mit Schwefelgeruch zu Tage. Dem Erdbeben ging ein gewaltiger Donner aus Nordost voraus. Wie gewöhnlich, hielten die Bebungen lange an und hatten im Januar 1860 noch nicht aufgehört. Als ich im Mai 1864 das nördliche Kleinasien besuchte, erkundigte ich mich in der Ebene von Troja, zu Bunarbaschi, Tschiblak und Neochori nach dem Erdbeben. Zwar wusste man weder Jahr noch Datum mehr, aber man hatte noch die Kraft und die zerstörenden Wirkungen der grossen Stösse in Erinnerung. In Bunarbaschi und Tschiblak sah ich die noch nicht wieder ausgebesserten Schäden an den Minarets, deren Spitzen herabgestürzt waren. In dem später folgenden Kataloge findet man Alles bekannte zusammengestellt. Ob die August 21. zu Athen und Zante notirten Erdstösse von Imbros ausgingen, kann wegen mangelnder Beobachtungen an den Zwischenstationen nicht entschieden werden.

12) 1860 Februar 1. und 6., Attika und Peloponnes.

Ueber dies lebhafte langdauernde Erdbeben hat man die folgenden
wenigen Angaben:

Februar 1. —5 Uhr 33 Min. Zante   *Barbiani.*

—6 „   Mesolongion, stark   —

—6 „   2 „   Tripolis, Kalamata   *Pyrlas.*

—6 „   Kalamaki   Dr. *Krüper.*

—6 „   1,1 „   Athen, S.—N.   Dauer 15 Sek.   *J. Schmidt.*

Die Bewegung hat Viele aus dem Schlafe aufgerüttelt; sie begann
schwach und sanft und endete heftig. Die Luft war still und meist klar, der
Barometerstand (39,5 Toisen Seehöhe) sehr niedrig. (Vergl. die Kurve
Taf. VI.)

Bar.-Mittel Januar 31. = 331,2$'''$

Februar 1. = 329,6   Min. = 329,4$'''$

„   2. = 332,3

„   3. = 334,6

„   4. = 335,6

„   5. = 334,4

„   6. = 330,7   Min. = 329,7

„   7. = 328,6   „   = 328,2

„   8. = 331,4   „   = 329,9   Monatsmittel = 332.7$'''$.

Februar 6. —2 Uhr 25 Min. zu Athen und Kephissia ein starker vielfach verspürter Erdstoss. Februar 5. von der Frühe bis Abends eine sehr
ungewöhnliche dichte und krause Wolke am nördlichen Ende des Hymettos.
Februar 6. Früh 4 Uhr Regensturm zu Athen mit Hagel bei Gewitter.
Februar 6., 7., 8., 9. grosse verheerende Gewitter zu Alexandria. Die Nachricht über das Wetter in Aegypten aus einem Briefe von Samaritani an
Th. v. Heldreich, d. d. Februar 9. Auch während des heftigen Erdbebens
am Abend des 21. Februar in Nordgriechenland war der Barometerstand
329,3$'''$ zu Athen.

13) 1861 Dezember 26. Das Erdbeben von Aiglon (Vostizza).

Da ich selbst mich während des Ereignisses zu Kalamaki am Isthmos
befand und bald nachher Achaja und Nordgriechenland bereiste, kann ich
mich in der Darstellung des Erdbebens fast ganz auf eigene Beobachtungen

und Erkundigungen beziehen. Die folgenden Citate nennen die seitherigen Publikationen über die Begebenheit in Achaja; doch ist erst dieser Bericht der definitive, den ich im 13. Jahre nach dem Erdbeben ausgearbeitet habe mit Benutzung aller mir vorliegenden Handschriften und Abhandlungen. Die Zeitungsangaben dürfen wir ohne Bedenken übergehen.

1) *J. Schmidt* in C. Rendus N. 11, 1862 März 24., mitgetheilt durch *Grimeau de Caux*, dem ich zu Athen eine Note über das Erdbeben gegeben hatte.

2) *J. Schmidt*, über das Erdbeben zu Aigion, in *E. Heis* wöchentl. Unterhaltg. 1862, No. 15 und 16.

3) *Lamont*, über magnetische Störungen 1861 Dezember 26, bei *Heis* l. c. 1862, No. 16.

4) Sir *Thomas Wyse*; An excursion in the Peloponnesus, Bd. II, addition; Note by director *J. F. J. Schmidt* on the earthquake of Vostizza.

5) *Πραγματεία περὶ τοῖ γενομένου τῷ* 1868 *φ Δεκεμβρ.* 26. *η* (14,*η*) *Σεισμοῦ τοῦ Ἀιγίου, ὑπὸ Ι. Φ. Ιουλίου Σμιτίου, διευθυντοῦ τοῦ ἐν Ἀθήναις Ἀστεροσκοπείου, μεταφρασθεῖσα ἐκ τοῦ Γερμανικοῦ ὑπὸ ΗΡ. Μητσοπούλου. — ἐν Ἀθήναις ἐκ τοῦ ἐθνικοῦ τυπογραφείου.* 1867.

Das Jahr 1861, reich an grossen Erdbeben, darunter die furchtbare Katastrophe von Mendoza (am 20. März), schloss mit dem Erdbeben in Achaja und dessen zahlreichen Nachwirkungen. Das Letztere erschütterte dasselbe Gebiet von Hellas, welches schon in alter Zeit gewaltige Verheerungen erlitten hatte, zuletzt noch 1817 am 23. August.

Um das allgemeine Auftreten der Erschütterungen in Hellas und benachbarten Ländern zu beurtheilen, dient der später folgende sehr reiche Katalog (IV) von 1861, so dass ich an dieser Stelle keinen Auszug geben werde. Es ist von Interesse, die Angaben von 1861 November bis 1862 März näher zu betrachten. Mit März 8. beginnt eine neue Reihe bedeutender Erdbeben auf den Jonischen Inseln, die indessen jetzt nicht besprochen werden sollen. Die Nachrichten aus Achaja hören gänzlich auf, so dass man vermuthen darf, dass das Erdbeben von Aigion nur gegen 3 oder 4 Monate gedauert habe.

Geschwindigkeit der Erdbebenwellen.

Nur ganz wenige Angaben sind geeignet, ein beiläufiges Resultat für die Fortpflanzung der Stosswellen erkennen zu lassen. Während des Erdbebens war ich nahe bei Kalamaki am Isthmos, hörte aber nur den Donner, und sah nicht auf die Uhr, weil ich kein Erdbeben vermuthete. Die Zeit entnahm ich von 2 Personen, die sich genau die Minute gemerkt hatten. Diese Uhren verglich ich mit der meinigen, deren Stand ich Dezember 25. auf der Sternwarte zu Athen genau bestimmt hatte, und erhielt so die Athener Zeit des Erdbebens in Kalamaki. In Athen brachte das Erdbeben die Kessel'sche Pendeluhr zum Stillstande. Da der Stoss von Westen kam, musste der Pendel, der sich von Nord nach Süd bewegte, an die nahe östliche Wand des Uhrkastens anschlagen und zur Ruhe kommen; so zeigte sie, nach Berücksichtigung des Fehlers, 8 Uhr 50,0 Min. (Morgens). Für Kalamaki war die (Athener) Zeit $=$ 8 Uhr 42,14 Min. Die Entfernung beider Orte von einander, die nahe in der Richtung des Erschütterungsradius liegen, beträgt 32360 Toisen. Sonach war die Dauer der Welle zwischen beiden $=$ 7,86 Minuten, die Geschwindigkeit in 1 Minute $=$ 4117 Toisen, in 1 Sek. $=$ 68,5 Toisen $=$ 411 pariser Fuss oder 1,08 geographische Meilen in der Minute. Eine Erfahrung jedoch, die ich 1870 Juni.24. auf der Sternwarte machte, belehrte mich darüber, dass der gestörte Pendel die Zeiger der Uhr doch noch eine Zeit lang in Bewegung hält. Ich war im Meridiansaale, einen Meter von der dortigen Pendeluhr entfernt, als ein heftiger Erdstoss die Linse gegen die nahe Wand anschlagen liess. Die Bewegung des Pendels ward vermindert und der Sekundenzeiger setzte mit schwächerem Schlage wie zögernd seinen Weg fort, bis er 4,9 Min. später stillstand. Die Richtung des Stosses war diesmal 20° gegen die Schwingungsebene des Pendels geneigt (der sich von Süd nach Nord bewegte), und so war die Störung geringer als bei dem viel stärkeren Erdbeben von 1861, welches nahe senkrecht gegen die Schwingungsebene des (oberen) Pendels traf. Daher darf ich mit einiger Wahrscheinlichkeit annehmen, dass die Uhr am 26. Dezember 1861 schon 2 Minuten nach dem Stosse ganz zur Ruhe kam, dass also die Zeit des Erdbebens 8 Uhr 48 Min. war. Dann ist die Dauer der Welle $=$ 5,86 Min., die Geschwindigkeit in 1 Minute $=$ 1,45 geographische Meilen $=$ 5522 Toisen, oder in 1 Sek. $=$ 92,3 Toisen $=$ 554 par. Fuss. Diese ist wol vergleichbar mit ähnlichen, wie sie seit 1846 bei andern Erdbeben ermittelt wurden.

Wählt man den ersten Werth von g, setzt das Epizentrum zwischen Aigion und Galaxeidion in den Korinthischen Golf und reduzirt man die Zeiten auf das Letzere, so findet man:

	Ortszeit.	Red. auf Zentrum.	Dauer der Welle.	Ortszeit im Zentro.
Kalamaki =	8 Uhr 39,3 Min.	—2,8 Min.	9,6 Min.	8 Uhr 26,9 Min.
Athen	8 „ 50,0 „	—5,5 „	16,4 „	8 „ 28,1 „
Tripolis	8 „ 40,0 „	—0,3 „	11,1 „	8 „ 28,6 „
Zante	8 „ 20,0 „	+5,3 „	16,7 „	8 „ 9,8 „

Mittel (ohne Zante) = 8 Uhr 27,9 Min.

Wird aber der zweite Werth von g in Anwendung gebracht, so hat man nun:

Kalamaki =	8 Uhr 39,3 Min.	—2,8 Min.	7,1 Min.	8 Uhr 29,4 Min.
Athen	8 „ 48,0 „	—5,5 „	13,6 „	8 „ 30,9 „
Tripolis	8 „ 40,0 „	—0,3 „	8,3 „	8 „ 31,4 „
Zante	8 „ 20,0 „	+5,3 „	12,1 „	8 „ 12,9 „

Mittel (ohne Zante) = 8 Uhr 30,6 Min.

Für Zante gibt es noch zwei andere und zwar geringere Angaben, die mir durch den Astronomen *E. Weiss* aus Wien, der sich damals in Zante aufhielt, mitgetheilt wurden. *Weiss* hat jedoch selbst die Zeit des Erdbebens nicht beobachtet, sagt mir aber, dass die Uhrzeiten auf Zante keinerlei Gewähr haben, was ich im Mai 1861 ebendaselbst von *Barbiani* erfuhr, der sich nur nach der Stadtuhr richtete. Demnach darf Zante nicht weiter berücksichtigt werden. Für die Ortszeit im Zentrum haben wir nun:

in Hypothese I t = 8 Uhr 27,9 Min. $\Sigma = 1,53$ $\varepsilon = +0,30$ Min.

in Hypothese II t = 8 „ 30,6 „ $\Sigma = 2,17$ $\varepsilon = +0,42$ „

Die erste Hypothese ist also doch die genauere, und man würde sich durch weitere Rechnung noch mehr der Wahrheit nähern können, wenn die Unzulänglichkeit der Beobachtungen es nicht als überflüssig erscheinen liesse. Die Oberflächengeschwindigkeiten waren also geringe, und hieraus wie aus der unbedeutenden Ausdehnung der zerstörten Fläche schliesse ich, dass auch die wahre Tiefe des Heerdes der Erschütterung nur wenige Meilen betragen haben könne.

Das Epizentrum.

Nach Erwägung aller mir bekannten Thatsachen und nach eigener Betrachtung der Verwüstungen in Achaja und Phokis bin ich über die Lage des Mittelpunktes der Erschütterung in der Oberfläche nicht zweifelhaft. Ich lasse mich dabei noch besonders durch den Raum bestimmen, in welchem das Meer mit so grosser Gewalt die Ufer überflutete, wie es hier seit dem Jahre 1817 nicht mehr geschehen war. Das Epizentrum setze ich in den Korinthischen Golf, zwischen Aigion und Itea in 22° 20′ Ost von Greenwich und

+ 38° 13′ Breite. Als Helike und Bura untergingen, lag dieser Punkt wahrscheinlich östlicher und etwas südlicher; 1817 lag er näher bei Aigion. Aber 1870 hatte das Epizentrum seinen wechselnden Ort sicher viel nördlicher im Gebiete des Parnassos. Aigion ward 1861 bei weitem nicht so schwer heimgesucht als 1817, denn es fiel 1861 nur ein Haus zusammen; aber fast alle wurden arg beschädigt. Eine bis zwei Stunden östlicher wurden die Dörfer in Achaja übel zugerichtet, Valymitika aber und Trypia nebst dem dortigen Kloster von Grund aus vernichtet. Am Ende der Ebene, östlich bei Punta, waren die Trümmer schon nicht mehr erheblicher Art. Westlicher als Aigion gab es keinen grösseren Schaden. Aber im Norden, jenseits des Golfes, in Galaxeidion, fielen 9 oder 10 ansehnliche gut gebaute steinerne Häuser zusammen. Es fiel das Dach der grossen neuen Schule und alle Häuser und Kirchen, die hier auf dem Kalkfels erbaut sind, erlitten starke Beschädigungen. Der Hafenort Itea verlor einige Häuser und ward, wie ein Theil von Galaxeidion und der Skala von Vytrinitza, durch die Seeflut überschwemmt. In Amphissa, Chryssò und Delphi gab es keine Zerstörungen von Belang. Die heftig erschütterte Fläche, welche ruinirt ward, und in der vorwiegend Spalten erschienen, hatte 6,2 geographische Meilen im Durchmesser und eine Area von 30 Quadratmeilen. In diesem Raume zeigte sich in der Ebene von Achaja, dass die West- und Ostseiten der Häuser am meisten gelitten hatten; in Galaxeidion waren es mehr die Nord- und Südseiten. So gross aber war der Wechsel in diesen Erscheinungen, dass ich es bald aufgab, mich ernstlich damit zu beschäftigen.

Offizielle Dokumente, Erkundigungen auf zwei Reisen, sodann Nachrichten in Briefen ermöglichten die Bestimmung der Grenzkurve des Erdbebens, wenn diese auch wie gewöhnlich nur das Minimum der erschütterten Fläche bezeichnen kann. Die grosse Axe der elliptischen Fläche ist von Skyros gegen Zante gerichtet und ist 43 geographische Meilen lang; die kleine Axe hat 36 Meilen, die Area 1216 Quadratmeilen. Dagegen ist der vollständig verwüstete Raum so unbedeutend, dass ich seinen Halbmesser nur = 0,45 Meilen, die Area nur = 0,64 Quadratmeilen oder = $^1/_{1910}$ der ganzen Fläche annehmen kann. Dagegen umfasst der vorhin erwähnte Raum, auf welchem überhaupt Schäden und die meisten Spalten vorkamen, $^1/_{405}$ des Ganzen. (Vergl. die Kurve Tafel VI.)

Der grosse Stoss am 26. Dezember.

Ueber die mächtige Bewegung am Morgen des 26. Dezember ist keine genaue Beobachtung bekannt geworden. Alle, die ich in Aigion und an andern Orten darum befragte, waren durch den plötzlichen gewaltigen Donner und den unmittelbar darauf folgenden schrecklichen Stoss von 3 bis 8 Sekunden so ausser Fassung gerathen, dass sie keine deutliche Erinnerung daran bewahrt hatten. In Kalamaki, 12 Meilen östlicher, war das Erdbeben schon mässig, aber doch noch so intensiv, dass Alle aus den Häusern in's Freie flüchteten. Ich ging zu der Zeit nahe nördlich bei Kalamaki am Südwest-Fusse des steilen Berges Surlas unter den Linien, um die dortigen Petrefakten anzusehen. Auf dem unebenen Boden zwischen Felsblöcken auf- und absteigend, fühlte ich die Bewegung nicht, sondern hörte nur den Donner. Was ich später in Phokis erfragte, führte ebenfalls zu keinem sichern Resultate. Schrecken und die Sorge um das Leben hatte jede Beobachtung verhindert. Es ist aber gewiss, dass der Hauptsache nach ein Vertikalstoss die Verheerungen bewirkte; ihm folgten schwächere, mehr zusammengesetzte und 17 Minuten später ein bedeutender, der an den meisten Orten, so auch in Zante von *Barbiani* notirt ward. Die geringeren Bewegungen, die ich in Achaja und Phokis beobachtete, waren von dem Getöse meist nicht zu unterscheiden; sie waren kurz und in der Mehrzahl schwache senkrechte Stösse; eine ausgezeichnete Wellenbewegung habe ich damals nicht bemerkt. Diese ist aber meist erst in beträchtlicher Entfernung vom Epizentrum vorherrschend. Die Dauer des Hauptstosses wird in Aigion zu 3 Sek. angenommen. Für die Vertikalität desselben gilt mir auch der Umstand, dass ich in Achaja aus der Lage der Trümmer auf keine bestimmte Richtung zu schliessen vermochte.

Besondere Beobachtungen.

Zwei Reisen, die erste während des Erdbebens, die andere bald nachher, haben mir Gelegenheit geboten, die sehr merkwürdigen Erscheinungen, welche dem grossen Hauptstosse folgten, an Ort und Stelle näher zu untersuchen. Die erste Reise 1861 Dezember 25. bis Januar 4. hatte den Zweck, eine totale Sonnenfinsterniss am 31. Dezember auf dem Berge Polyphengos bei Nemea zu beobachten. Die zweite Reise machte ich auf den Wunsch Ihrer Majestät der Königin Amalia, nachdem der Leibarzt derselben, Herr Dr. *Vouros*, die Anregung dazu gegeben hatte. Diese, wegen der Mittel durch den Kultusminister Herrn *Christopulos* begünstigt, dauerte von 1862 Januar 15. bis Januar 29. Sie führte mich nach Korinth, Itea, Chrysso, Delphi, Galaxeidion und Vytrinitza. Von hier fuhr ich über die Korinthische See nach Aigion, besuchte die ganz verwüstete Ebene von Achaja in der sehr erspriesslichen Begleitung des Dr. *Diamantopulos* und kehrte von Aigion auf dem Schraubendampfer Sphendoni, den die Regierung zuvorkommend zur Verfügung gestellt hatte, nach Korinth zurück. Von da reiste ich zu Lande über Megara und Eleusis wieder nach Athen und besuchte unterwegs zum dritten Male die Solfatara von Sousaki.

Die Erdbebenwoge im Korinthischen Golfe.

So weit meine Nachrichten und eigene Beobachtungen reichen, erstreckte sich die mehrgliedrige Woge westlich von Aigion nicht bis Rhion, östlich nicht bis Sikyon. Im Norden überflutete sie die Bucht von Vytrinitza und die ganze Bai von Salona oder den Krissäischen Golf. Aus der Bucht von Aspra Spitia, östlich von der vorigen, fehlen alle Angaben. An der Küste von Achaja fand ich keine brauchbaren Aussagen, sondern musste die hinterlassenen Spuren der Woge als Zeugniss benutzen, während sich zu Vytrinitza, Galaxeidion und Itea die Nachforschungen erfolgreich erwiesen. Es muss zunächst unterschieden werden: die temporäre Ueberflutung der Küste von dem dauernden Versinken derselben. Im Süden sank die ganze Ebene von Achaja und es verlor deshalb die Sandküste bleibend einen Saum von 20 bis 200 Metern Breite. Im Norden kann der Verlust des Strandes nur ganz unbedeutend gewesen sein und kaum wenige Fuss betragen haben. Während des grossen Vertikalstosses hob sich die See im Epizentrum und das gestörte Gleichgewicht machte sich in konzentrischen Wellenringen an den Küsten 8 bis 10 Minuten später durch 3 bis 5 zum Theil verderbliche Seewogen bemerklich, welche das gewöhnliche Ufer überschreitend, weit in's flache Land vordrangen, am Felsgestade sich in mächtigen Brandungen aufthürmten.

Die Ausgleichung der Störungen im Niveau der See, die um $8\frac{1}{2}$ Uhr Morgens begonnen hatten, kam, wenigstens in dem schmalen Hafen von Galaxeidion, erst um 1 Uhr Nachmittags zu Stande, als man am Ufer nur noch die kleine, fast nie fehlende gewöhnliche Wellenbewegung bemerkte. Bei Aigion, welches auf einem 30 Toisen hohen Felsplateau liegt, überschwemmte die See nur die Hafenstrasse und die Quellen bei der alten Platane, etwa 2 oder 3 Fuss ansteigend. Oestlich von Aigion, bis Diakoptos und Punta hin, war die Zerstörung der Küste durch zahllose, oft klafterbreite Spalten so grossartig, dass die Spuren der Seewoge, die sonst leicht genug zu entdecken, von mir nicht mehr erkannt wurden. Es darf aber die Breite des momentan überfluteten ganz flachen Küstensaumes von Temenion an, über das Gebiet der alten Helike bis Diakoptos, zu 100 bis 200 Meter und mehr angenommen werden. Das Versinken der Küste soll später erörtert werden. An der Phokischen Küste, wo der Ufersaum kaum gelitten hatte, fand ich wegen des angeschwemmten Seetanges überall leicht den weitesten Uebergriff der Woge, und ich erhielt über die Flut auch brauchbare Aussagen. Zu Itea, dem Hafenorte der Krissäischen Ebene, waren es 5 Wogen nacheinander. Da das dortige Ufer ganz flach ist, wurden die Häuser am Strande alle 5 bis 6 Fuss hoch in ihren untern Theilen überschwemmt. Die Bewegung war hier keine heftige; die erste Woge griff nur 3 bis 4 Schritte weit in's Land hinein, die zweite 6 bis 8 Schritte, aber die dritte 75 Schritte, wie ich selbst an dem deutlichen Tangstreifen, mitten in Itea, nachgemessen habe. In dem schmalen von Nordost—Südwest gerichteten, von Felsufern eingefassten Hafen von Galaxeidion war der Hergang von ernsterer Natur. Die grosse in die Bucht von Itea eintretende Woge fand an der nordöstlichen Hafenmündung keinen genügenden Spielraum. Es entstand eine mächtige Stauung, so dass die Menge der dort ankernden Handelsschiffe und Boote in schwere Bedrängniss gerieth und einen Schaden erlitt, der damals auf mehr als 200000 Drachmen taxirt ward. In diesem Hafen begann die Anschwellung des Wassers 8 bis 10 Minuten nach dem Erdbeben und es wiederholte sich das Sinken und Steigen der Flut bis 11 Uhr mehrmals; um 1 Uhr Nachmittags ward die See ruhig. Das Südwest-Ende des Hafens hat zwei kleine schmale Buchten. Hier lag viel Bauholz, welches nebst den dort auf's Land gezogenen Booten und nebst Schiffen auf dem Stapel auseinandergeworfen und verschwemmt wurde. Ich fand, dass in der Bucht Potamakion die See 186 Schritte, in der Bucht Chirolaka 124 Schritte weit das gewöhnliche Ufer überschritten hatte, auf einem Boden anscheinend von 5^0 bis 7^0 Neigung. Im Hafen von Vytrinitza (wo sich noch Januar 18. Morgens 9—10 Uhr eine anomale Wasserbewegung gezeigt hatte) kam die Seewoge ungefähr 15 Minuten nach dem Erdbeben; sie überschwemmte die untern Räume der Häuser am ganz flachen Strande 6 Fuss hoch, und ich fand nach guten Anzeichen, dass sie 52 Schritte landeinwärts gedrungen sein musste, und zwar in grosser Längenerstreckung. Bis hier handelte es sich also um die Bewegung der See an der Küste, nicht aber um die Veränderung der Letzteren.

Das angenommene Epizentrum hat von den Küsten bei Galaxeidion und Vytrinitza ungefähr dieselbe Entfernung, 9,8 Bogenminuten = 9623 Toisen. Die Ankunft der Woge erfolgte im erstern Hafen 8 bis 9 Minuten, im letztern gegen 15 Minuten nach dem Stosse; das Mittel ist 11,7 Minuten. Demnach wäre die Geschwindigkeit der Seewoge 13,7 Toisen oder 82 pariser Fuss in der Sekunde gewesen. Leider sind diese Zeitangaben ohne alle Gewähr; sie würden sonst dazu dienen können, das Epizentrum genauer zu bestimmen. (Vergl. *H. Schmick*, „das Flutphänomen" (Leipzig, Scholtze 1874), in welchem man werthvolle Untersuchungen über die Bewegung der ozeanischen Erdbebenwoge findet, die früher schon von Professor *v. Hochstätter* sorgfältig erörtert ward.)

Von den Erdspalten und Sandkratern.

Das Merkwürdigste aller Erscheinungen fand ich diesmal in der grossartigen Entwickelung der Spalten in Achaja, und besonders in der Menge von sandigen Kraterkegeln, die nur im Gebiete der Spalten auftraten. Diese Bildungen sind wol seit Alters bekannt, aber selten richtig gedeutet worden. Man findet solche beschrieben in dem Hauptwerke über das Kalabrische Erdbeben von 1783 (Istoria de' fenomeni del tremoto avv. nelle Calabrie etc. dalla r. Acc. di Napoli 1784) und sie werden mehrfach noch später erwähnt bis auf unsere Zeiten. Eine genaue Erörterung jener Hergänge scheint mir wünschenswerth, um das eigentlich Thatsächliche festzustellen und das Gebiet der Hypothesen zu beschränken. Ich war vom Glücke begünstigt, dass ich wenn auch nicht auf dem Hauptschauplatze, sondern zu Kalamaki am Saronischen Golfe, wenige Minuten nach dem Erdbeben, und auf dem noch sinkenden Meeresstrande die Entstehung und Ausbildung der Spalten und Sandkrater in vielen zwar kleinen, aber höchst deutlichen Beispielen beobachten konnte. Es mochten 10 oder 15 Minuten seit dem Erdbeben verflossen sein, als ich den südlichen Theil von Kalamaki erreichte. Der gemauerte Quai zieht nahe Südost—Nordwest und endet gegen Norden an dem Molo. Zwischen dem Quai und der östlichen Häuserreihe zieht die breite Strasse, die südlich im Sande der Küste endet. In dieser Strasse, namentlich in ihrem südlichen Theile, wo bereits 1858 Februar 21. ähnliche Erscheinungen vorkamen, bildeten sich jetzt die Spalten, und hier war es, wo auch die stärkste Senkung des Hafendammes (der Quai-Mauer) erfolgte, dessen südliches Ende schon untergetaucht war, als ich hinkam. Mein Reisebegleiter und Dragoman, *François Vitalis*, befand sich an jener Stelle mit vielen ·Leuten gerade im Momente des Erdbebens, und Alle sahen und fühlten die langsame und sanfte Senkung des Bodens. Später, als ich dies Gebiet zeichnete, bevor es vom Verkehre unkenntlich gemacht würde, liess sich das fernere Sinken nur noch durch Messung nachweisen, und gegen 10 Uhr Morgens hörte diese Bewegung des Bodens auf. Die Spalten waren zahlreich, 30 bis 40 Schritte lang, doch nur selten eine Spanne breit; sie waren nicht tief, sondern ausgefüllt mit flüssigem blaugrauen Schlamme und Sand, so dass nach theilweisem Austreten dieser Materien sich kleine Schlammpfützen gebildet hatten. Die mittlere Richtung der Spalten war Südost—Nordwest, ungefähr der dortigen

Küste parallel; doch fehlte es nicht an stärkeren Krümmungen, und wo diese vorkamen, war die hohle Seite der Kurven gegen Westen gerichtet. In den feineren Spalten nun war es, wo sehr zarter weisser Sand bald in einzelnen Flecken, bald in grösserer Erstreckung hervortrat. In vielen Fällen hatte es mit diesem Vorgange sein Bewenden; aber überall, wo Luftblasen aufstiegen, dem Geruche nach meist Schwefelwasserstoffgas enthaltend, war die Kraft der Blasen und des nachdringenden Seewassers und Schlammes gross genug, um kleine Sandkegel zu bilden, einen bis fünf Zoll breit, sehr flach geformt, mit kaum 20° geneigten Seitenflächen. An ihren Gipfeln platzten die Luftblasen und so entstanden zierliche flache Krater, deren mitunter 2 bis 4 oder noch mehr durch einen Kanal verbunden waren. Oft floss Wasser heraus, oft auch weisser salziger Schaum. Der Thermometer, in die kleinen Krater gestellt oder in den Grund der Spalten, sowie in das Meer, gab nur die Temperatur des Letzteren, die damals ungefähr 13° C. betrug; um 7,7 Uhr Morgens war sie 12,2° gewesen. Bis gegen 11 Uhr Vormittags, als ich abreiste, hörte die Neubildung der Sandkegel bereits auf. Nach meiner Rückkehr, Januar 2., sah man nur noch Spuren der grösseren Spalten. Unvergleichlich viel bedeutender waren die ähnlichen Erscheinungen in der Ebene von Achaja, zwischen der Mündung des Meganitas, westlich bei Aigion, und der Mündung des Erasinos, im Delta von Punta, östlich von Aigion, in einer Erstreckung von 11,5 Bogenminuten oder 2,87 geographischen Meilen. Mehr als jede Beschreibung wird die Karte Taf. IV und das Bild Taf. III das Verständniss dieser merkwürdigen Bodenveränderungen befördern.

Die ganze Ebene von Achaja, von Punta im Osten bis westlich über Aigion hinaus, ist flaches angeschwemmtes Land, eine Deltaformation der Flüsse Erasinos, Buraïkos, Kyrneïtis, Selinus und Meganitas. Ausgenommen davon ist der felsige Vorsprung von Diakoptos und das Hügelgebiet, auf welchem Aigion liegt und welches sich südlich und südwestlich bis zum Fusse der peloponnesischen Kalkberge erstreckt. Der Boden besteht aus Humus, Lehm, Sand und Rollsteinen, die von den Bergströmen herabgeführt werden. Der Strand ist weisser Sand und nur in der Nähe der Flussmündungen mit grösserem Gestein gemengt. Bei Temenion, Taratza und Diakophtitika reichten die Fruchtfelder bis nahe an die See. Das Ansteigen der Ebene gegen die Berge südwärts ist unbedeutend und mag 10 bis 15 Toisen betragen. Indem jene Ebene sich im Laufe der Jahrtausende bildete, ein Produkt der aus dem Peloponnes herabkommenden 5 Flüsse, hatte sie von Anfang her keine feste Verbindung mit den steil geneigten nördlichen Abhängen der hohen Berge, welche die südliche Grenze der Ebene bilden. Sie war die Oberfläche einer mächtigen Schutthalde, deren Fuss im Grunde des Meeres stand, und die sich anlehnte an den nördlichen Abhang der Berge. Die grosse Erschütterung des nahen Erdbebenheerdes, die ungleichförmige Fortpflanzung der Stosswellen in sehr heterogenen Schichten bewirkte mit Leichtigkeit die Lostrennung der Alluvionenmasse von den geneigten Abhängen des Urgebirges, so dass jene in eine abwärts gleitende Bewegung gegen Norden gerieth. So entstand zunächst (Taf. IV) der 13000 Meter lange, bis 2 Meter und mehr breite Spalt A A'... A"..., der sich von Punta bis Gardena hart am Fusse der Berge hinzog. Von A₃ an verlässt er die wirkliche Ebene, zeigt sich westlicher im Hügellande, welches, wie ich vermuthe, in Form von Schutthalden den Fuss der Berge umlagert. In dieser Bewegung der ganzen Ebene, indem sie sich bei dem erwähnten Spalte 2 Meter und mehr senkte, neigte sie sich schwach gegen Norden und es musste nothwendig ihr Küstensaum bleibend unter dem Seeniveau verschwinden. Die Länge des untergetauchten Saumes wird ebenfalls nahe 13000 Meter betragen, die Breite desselben wechselt von 100 bis 200 Meter und ist namentlich gross bei Diakophtitika und Taratza, dort, wo ehemals, aber nördlicher, Helike lag, welche Stadt im Erdbeben des Jahres 373 v. Chr. vom Meere verschlungen ward. Gegen Westen nimmt die Breite des versunkenen Saumes ab und ich schätzte sie bei Temenion nur auf 10 bis 20 Meter. Ich schliesse, dass ungefähr 1300000 Quadratmeter von dem Küstenstriche der Ebene verloren gingen. Der Raum, der vorwiegend von zahllosen Spalten zerrissen ward, umfasst etwa 6500000 und die Fläche der überhaupt gesunkenen Ebene, einschliesslich des verschwundenen Theiles der Küste, gegen 15000000 Quadratmeter. Auf dieser Fläche liegen die Dörfer Staphydalona, Temenion, Valymitika, Zevgolatiò, Rizomylo, Gardena, Taratza, Chalkaniotika, Nikoleïka, Rhodià, Trypià, Diakophtitika und, durch einen Felsgrat davon getrennt, östlich Punta; es sind zum Theil nur Gruppen von wenigen Häusern, nicht immer Dörfer und in keinem Falle grosse Ortschaften. Von diesen wurden Valymitika und Trypia absolut zerstört, die meisten andern schwer beschädigt und nur Rizomylo blieb fast unberührt. So ging einst Helike durch ein völlig ähnliches, nur gewaltigeres Ereigniss zu Grunde, als durch ein Erdbeben die ganze Ebene in abwärts gleitende Bewegung gerieth und die alte (schon von Homer erwähnte) Seestadt mit allen Bewohnern plötzlich in's Meer versenkte. Bura dagegen lag auf hohem Kalkfels, 3 Stunden südlicher in einer Meereshöhe von nahe 2500 par. Fuss, die ich 1861 annähernd barometrisch bestimmt habe.

In Folge der Senkung einer so grossen Masse auf stark geneigter Fläche.

die selbst wieder von zahlreichen Anomalien unterbrochen war, musste sie,
auch wegen der Ungleichförmigkeit ihrer Struktur, vielfach zerreissen. Durch
die ungleiche Bewegung der Theile und demnach verschiedene Geschwindigkeit mussten zahllose Spalten in der ganzen Masse und also auch an der
Oberfläche entstehen. Diese Spalten waren im Ganzen der Küste parallel,
sehr verzweigt und durch Querrisse mit benachbarten Spalten verbunden,
dabei theilweis so breit, dass ich sie oft weder zu Fuss noch zu Pferde überschreiten konnte. Nie waren sie mehr als 4 oder 5 Fuss tief und stets mit
Erde, Sand oder Schlamm ausgefüllt. Es zeigte sich aber auch das vom
kalabrischen Erdbeben her bekannte étoilement des Bodens in grossen und
ausgezeichneten Beispielen. Von einem 2—3 Meter breiten Loche aus erstrecken sich strahlenförmig gerade oder gewundene Spalten, die unter sich
wieder durch feine Querrisse verbunden waren. Solche Stellen waren oft die ·
Zentra der Sandkegel und Sandkrater.

Verbunden mit dem eben beschriebenen Hergange des ungleichförmigen
Sinkens war ferner nothwendig ein ungleicher, vielfach und rasch wechselnder
Druck, so dass also leichter bewegliche Massen, wie Wasser, Schlamm und
Sand, stark gequetscht, genöthigt waren, den Weg des geringsten Widerstandes
zu suchen und so durch schon vorhandene oder momentan sich bildende
Spalten allein durch Druck oder Pressung an die Oberfläche gelangten. War
dieser Druck schnell und stark, so konnte sich Schlamm und Sand zu Kegeln
aufthürmen, und traten noch mächtige Wasserstrahlen und gewaltsam getrie-
bene Gasmassen hinzu, die im Sande oder Schlamme nur im beschränkten
Zuge ihren Weg finden konnten, so kam es zur Bildung von Kratern auf
diesen Kegeln, an deren Gipfeln die flüssigen Materien ausgeworfen wurden.
Dass dieser Hergang so und nicht anders erfolgte, sah ich, wie schon erwähnt, im kleinen Maassstabe an den Spalten und Sandkegeln zu Kalamaki.
Was in Achaja im Grossen sich ereignete, war genau dasselbe. Der Umstand, dass ich bei keinem der Kegel Neigungswinkel der Aussenflächen von
30° fand, beweist, dass nicht blos sehr feuchte Massen ausgetrieben wurden,
sondern dass die Krater Wasser in Menge ergossen, wodurch die Steilheit der
Kegel vermindert ward, deren Neigung im trockenen Zustande 25° bis 30°
betragen musste. Ich fand in Achaja alle Neigungswinkel der Kegel zwischen 10° und 20°. In der östlichen Ebene zählte man die Kegel nach
Hunderten. Den Durchmesser des Fusses vom Grössten fand ich = 20 Meter,
dessen sehr schön erhaltenen Krater aber kaum einen Meter breit. Er war
wenig tief, sanft ausgehöhlt, mit abgerundeten Rändern. Auf seinem Grunde
zeigten sich zwei Löcher von etlichen Zollen Durchmesser, und aus diesen

waren Rollsteine und schwarze Holzstücke, Theile von Baumzweigen mit dem
Wasser und dem Sande ausgeworfen worden. Die Entstehung dieser Gebilde
muss wenigstens in einem Falle von sehr heftiger Art gewesen sein, da ein
in seinem Felde arbeitender Mann dabei das Leben verlor. Weiter gegen
Westen nahm die Grösse der Sandkegel ab und die Krater wurden seltener.
wobei jedoch zu bemerken, dass diese Beobachtungen nahe einen Monat nach
dem Erdbeben datiren (1862 Januar 23.—26). Bei Temenion waren es
meist nur fussbreite Sandflecken und noch kleiner traf ich sie westlich von
Aigion, nahe der Mündung des Meganitas. Von Valymitika bis Diakoptos
zeigte sich der Küstensaum höchst zerrissen und voll kleiner Lagunen, weil
dort die See in die Spalten hatte eindringen können. Bei Diakoptos sah ich
am Orte des versunkenen Strandes hohe Schilfhalme (arundo donax), Garten-
gesträuch, Mandel- und Oelbäume aus dem Meere aufragen, wovon ich Einiges
auf meinem Bilde (Taf. III) dargestellt habe. In Zukunft werden sich hier
ähnliche Hergänge wiederholen, wenn in der Nähe grosse Erdstösse auftreten.
Auch das Vorland bei Kalamaki kann sich vermindern, ebenso die Küste
von Itea.

Der vom Erdbeben bewirkte Schaden.

Ohne angeben zu können, welchen Werth die zerrissenen und versunkenen Kulturstrecken, sowie die umgeworfenen und versenkten Oelbäume in
Achaja hatten, mag in Kurzem der folgende Ueberblick genügen. Man findet
bei grossen Erdbeben stets zwei Arten von Uebertreibungen. Die erste zeigt
sich gleich Anfangs, wenn es sich um Aussagen über zerstörte Häuser, um
die Zahl der Todten und Verwundeten handelt. Die zweite Uebertreibung
hört man später oft dann, wenn die Verluste dem Geldwerthe nach taxirt
werden. Beide können gewöhnlich stark reduzirt werden. Schon am Abend
des 26. Dezember, als ich in der Trümmerstätte von Korinth verweilte, kur-
sirten dunkle Gerüchte über Aigion und andere Orte. Ich selbst hatte
Gründe, um gerade von Westen her unglückliche Nachrichten zu erwarten.
Gegen Ende des Abends schickte ich einen reitenden Boten an die See nach
Neukorinth, um zu erfahren, was inzwischen durch den Telegraphen aus
Aigion oder Athen gemeldet sei. In der Nacht erhielt ich Berichte von
schrecklichen Begebenheiten und auch an den folgenden Tagen fehlte es nicht
an traurigen Botschaften. Auch später zu Athen konnte ich die wahre Sachlage keineswegs befriedigend ermitteln. Gegen Ende Januar kam ich selbst
nach Phokis und Achaja. In Aigion fand ich mit Ausnahme nur eines ganz ein-
gestürzten Hauses alle übrigen Gebäude aufrecht und die Aussenseiten der

Häuser und Kirchen nicht bedeutend beschädigt; aber das Innere der Häuser und die Ost- und Westseiten hatten doch schwer gelitten. Nur eine Frau ward in Aigion erschlagen und die Zahl der Verwundeten ward als geringe angegeben. Von den Orten in der Ebene ward früher schon erwähnt, dass zwei Dörfer vollständig zu Grunde gerichtet wurden, die andern aber, mit Ausnahme eines, sehr grosse Verwüstungen aufzuweisen hatten. Es waren bei Temenion selbst türkische Mauern ruinirt, welche das Erdbeben von 1817 überstanden hatten. Dasselbe erzählte man von ähnlichen Gebäuden in Aigion. Hier hatte der Hauptstoss 3 Sek. (nach Andern 8 Sek.) gedauert und es folgte 20 Minuten später eine neue grosse Bewegung. Das pracht-volle neu erbaute, sehr hohe Haus von Panagiatopulos war im Innern sehr zerrissen; von den Akroterien stürzten viele gegen Südost und Nordwest herab. Auch wurden die Quadern der Kanten mehrfach verschoben und es zerbrachen die marmornen Architrave. Die alte Kirche Phaneromeni hielt sich gut, bekam keine Risse und verlor nur Dachziegel. So auch blieb an der Hafen-strasse die alte Kirche bei Tripiti ohne Schaden. In Valymitika dagegen und Trypia fand ich die Verwüstung so vollständig, namentlich am Kloster, wo nun die alten Mönche in Bretterhütten oder unter Geflecht von Myrthen-zweigen kampirten, wie ich Aehnliches später doch nur in Kephalonia und Phokis gesehen habe. In Trypia zeigten sich Kloster und Kirche bis zum Boden durchaus zertrümmert, und Steine, Balken, Theile der Kuppel so zer-streut, dass sich keine Richtung des Stosses erkennen liess, weil der Stoss ein senkrechter gewesen war. Der 90jährige Igumenos *Arsenios* sagte mir, dass die spätern Bewegungen von West—Ost gerichtet waren, wie man besonders an der Schwingung der Bäume erkannte. — Weiter östlich ward kein Haus mehr umgeworfen, und von Orten im Peloponnes, von Kalavryta, Megaspiläon, Sudena, ward es bekannt, dass man hier keine Verluste zu beklagen hatte.

Auf der andern Seite des Golfes aber, in Phokis, fand ich die Zerstö-rungen grösser, wenn man Valymitika und Trypia ausnimmt. Dass eine Menge von Handelsschiffen im Hafen von Galaxeidion sehr gelitten hatte, fand ich durch den Augenschein bestätigt. In der Stadt sah ich die Trüm-mer von 9 oder 10 ansehnlichen Häusern am Boden, und man erkannte, dass der südliche Theil der Stadt am meisten beschädigt war. Wegen der Dauer der Bewegung erfolgte der Sturz des Daches vom neuen Schulhause so lang-sam, dass die dort versammelten Kinder, gegen Hundert, sich alle noch recht-zeitig bergen konnten. Der mittlere niedrige Theil der Stadt, wo sich die alte Felszisterne befindet, litt wenig, und auch auf der nördlichen Felshöhe blieb die grosse gelbe Kirche nebst den dortigen Häusern aufrecht. Es wurden 160 Häuser stark beschädigt und 30 gänzlich ruinirt. Ein Haus fiel noch zur Zeit meines Aufenthaltes daselbst. Verwundet wurden Manche, doch finde ich keine Angabe über die Zahl der etwa Getödteten, die jedenfalls nur sehr klein gewesen sein kann. Auch in Itea und Chryssò war die Zahl der ganz zerstörten Häuser unbedeutend und in Amphissa und Delphi der Schaden noch geringer. Westlich von Galaxeidion, zu Vytrinitza, fand ich nur wenige kleine Häuser ganz eingestürzt. Man gab mir die Zahl solcher auf 20 an und zählte zu Xylogaïdaro deren 30, zu Velenika 20. Es wurden in dieser Gegend 4 Personen getödtet. Die Gesammtzahl der vom Erdbeben unmittelbar Getödteten wird, wie ich glaube, kaum 15 erreichen. In Lidoriki, Naupaktos und Karpenision gab es keine grösseren Zerstörungen.

Felsstürze.

Ueberall auf einem Gebiete von 7 geographischen Meilen Durchmesser ereigneten sich Fälle vom Sturze grösserer Felsmassen. Ausserhalb dieser Fläche gab es deren nur ausnahmsweise und geringe, und bei Korinth z. B. fand ich, dass sich nur von den Lehm- und Mergelwänden, dann von der weichen Thonformation bei der Peirene kleine Stücke abgelöst hatten. Der Nordrand der Berge über der Ebene von Achaja lieferte viel Gestein in die Tiefe. Alles der Art war bedeutender bei Vytrinitza, an den südlichen Abhängen des Parnassos und an der Kirphis. Bei Chryssò kamen schwere Massen herab und beschädigten Häuser. Ueber Delphi löste sich am 26. Dezember nicht viel Gestein von den Phädriaden, aber westlich über dem Stadium setzte sich ein Block von 8 Schritten im Durchmesser in Bewegung und bedeckte den westlichen Theil der Rennbahn. Der Fels kam nicht von den hohen Wänden, sondern ganz aus der Nähe von dem wenige Meter höheren Rücken im Westen. Während meines Aufenthaltes in Delphi, 1862 Januar 16.—19., waren die Erdstösse schwach und selten. Am 18. Januar kam Gewitter mit grossem Regen. Früh 6 Uhr und Nachmittags 1½ Uhr notirte ich schwache Bebungen. Um 3¼ Uhr erfolgte mit furchtbarem Getöse ein gewaltiger Felssturz in meiner Nähe, aus einer Region etwa 1000 Fuss oberhalb der Kastalischen Quelle. Das Schlimmste befürchtend, eilte ich sogleich an das Fenster und sah wie im Augenblicke die Bewohner von Delphi in die Strassen flüchteten. Das dichte, tiefhängende Regengewölk erschwerte die Orientirung; doch sah ich bald in der Richtung, woher der Schall kam, und zwar in einer Oeffnung des Gewölkes, nachstürzende Blöcke, welche den früheren folgten. Vom grossen Erdbeben im Dezember war das Gestein vielfach gelockert und der heftige Regen am 18. Januar hatte sich in den Zwischenräumen gesammelt; so erfolgte der Sturz auf Anfangs stark geneigten unebenen Abhängen, traf dann mit Gras bewachsene Terrassen und stürmte von diesen in 2 oder 3 Armen in die Tiefe, ohne indessen damals die nächste Umgebung des berühmten Lokales der Kastalischen Quelle zu berühren, weil das Gestein im Bogen über die Schlucht auf das westlich anstossende Feld herabfuhr. Dadurch, dass sehr dunkle verwitterte Platten und Blöcke sich von den oberen Wänden ablösten, kam das frische rothgelbe Kolorit des bis dahin verborgenen Kerngesteines plötzlich zu Tage, ward überdies oberhalb der Wolken von der Sonne momentan beleuchtet; so hatte ich den schreckhaften Eindruck, als zeige sich dort eine von Dampf umgebene Flamme. Diese war aber ganz bestimmt nicht vorhanden und der scheinbare Dampf konnte sehr wol herrühren von dem Regendunste oder von dem Staube der im Sturze an den Wänden sich zermalmenden Blöcke. Ich war indessen nicht der Einzige, der jenen beunruhigenden Eindruck hatte.

Was sich hier Grosses in späterer Zeit ereignete, werde ich im Abschnitte über das Phokische Erdbeben mittheilen.

14) 1862 April 26., Peloponnes.

Ein starkes Erdbeben erschütterte Abends 4 ½ Uhr ausser Zante einen grossen Theil des Peloponnes, und zwar Kalamata, Sparta, Andritzäna, Olympia, Zocha, Sinano, Dimitzana. In dem Orte Mattioli entstanden grosse Spalten.

15) 1862 Juni 21., Kykladen, Peloponnes, Attika.

Ein Erdbeben von grosser Ausdehnung um 7 Uhr Morgens, dessen Ursprung vielleicht im Kretischen Meere zu suchen ist, gibt leider keine Veranlassung zu Rechnungen, da nur meine Athener Beobachtung eine genaue Zeitangabe enthält. Der Katalog gibt die Details. Es ward erschüttert: Kephalonia, Zante, der Peloponnes, Megaris, Attika, Siphnos, Milos, Pholegandros, Santorin und sicher Alles dazwischenliegende, worüber indessen die Nachrichten fehlen. P. *Scrope* führt auch Malta und Kreta an, aber *Scrope's* Angaben sind durchweg abweichend und oft total verschieden von den Quellen, die ich benutzt und geprüft habe. Zu Athen stand der Barometer 0,8''' unter dem Monatsmittel = 332,8'''. Auf den Inseln war die Erschütterung so stark, dass Mauern Risse bekamen. Aus der langen Wellenbewegung zu Athen schliesse ich auf ein sehr entferntes Epizentrum.

16) 1867 Februar 4., Kephalonia.

Am Montage den 4. Februar (nach altém Kalender Januar 23.) betraf die Insel einer der schwersten Unglücksfälle, wie solche sich im Laufe der Jahrhunderte nur selten ereignen. Alle griechischen Erdbeben seit 1817, die sich durch grosse Zerstörungen auszeichneten, kamen dem jetzigen nicht gleich, was die Menge der verwüsteten Ortschaften betrifft und die Verluste an Menschenleben. Wenn Erdbeben in solcher Kraft auftreten, lässt sich im Anblicke der vollendeten Verheerung kaum noch Etwas übertreiben, es müsste denn sein, dass man die Zahl der Getödteten aus irgend einem Grunde vergrösserte. Nachdem ich die Trümmer von Korinth, Aigion, Trypia und Galaxeidion gesehen hatte, erlangte ich erst dann den genügenden Maassstab der Beurtheilung solcher Katastrophe, als ich 2 Monate nach dem Erdbeben, im April 1867, Kephalonia besuchte.

Es gab auf der Insel keinen wissenschaftlichen Beobachter, und unter den dortigen gebildeten Männern hatte keiner, gefesselt durch den Schrecken, durch die drohende Gefahr und durch die nachfolgenden Bedrängnisse, daran denken können, die Phänomene im Einzelnen aufzufassen oder aufzuschreiben. So ist auch dies grossartige Ereigniss in vieler Beziehung für die Wissenschaft verloren, weil besonders alle nöthigen Daten fehlen, die zur Grundlage von Rechnungen hätten dienen können. Dennoch mangelt es nicht an verschiedenen mehr oder weniger sicher überlieferten Thatsachen, die ich mit dem, was ich selbst in Kephalonia beobachtete, im Folgenden zusammenstellen werde.

Das mir vorliegende Material an gedruckten und handschriftlichen Berichten, meist im Jahre 1867 gesammelt, ist sehr reichhaltig. Da aber das Meiste für die Wissenschaft nicht ergiebig ist, so werde ich Vieles übergehen und mich jetzt, wie früher, vorwiegend auf Aussagen von Augenzeugen und auf eigene Beobachtungen beschränken. Die Zeitungsberichte können, einen oder zwei ausgenommen, ebenfalls unberücksicht bleiben. Sonach sind es folgende Quellen, auf welche ich mich zu beziehen habe.

1) Ἀναμόρφωσις, ἀρ. 29. Πέμπτη 2./14. φεβρ. 1867. In dieser zu Argostoli gedruckten Zeitung findet sich die erste schon ziemlich vollständige Nachricht über das Erdbeben.

2) Π. Βεργωτις, ὁ σεισμὸς τῆς 23. Ἰαν. 1867 ἐν Κεφαλληνία. Ἀργοστόλιον. 9. φεβρ. 1867.

3) Γ. Σολωμός, ἥ ἐν Κεφαλληνία συμβάσα καταστρσφή; ἐν

Κεφαλληνία. 22. *φεβρ.* 1867. Nr. 2 und 3 können nicht als wissenschaftliche Abhandlungen angesehen werden.

4) *Ὁ σεισμὸς ἐν Κεφαλληνίᾳ, ἔκθεσις πρὸς τὸ ἐν Ἀθήναις ὑπουργικὸν συμβούλιον, ὑπὸ Νικολάου Ἰωσήφ Τυπάλδου, Κεφάλλινος. Ἐν Κωνσταντινουπόλει τῇ* 1. *ῃ Ἰαν.* 1868. In dieser 20 Druckseiten langen Schrift wird nur die Bauart der Häuser untersucht, und es fehlt nicht an Bemerkungen und Vorschlägen, die Beachtung verdienen.

5) *Πραγματεία περὶ τοῦ γενομένου τῷ* 1867 *ῳ Ἰανουαρίου* 23. *ῃ σεισμοῦ τῆς Κεφαλληνίας, ὑπὸ Ι. Φ. Ἰουλίου Σμιτίου, διευθυντοῦ τοῦ ἐν Ἀθήναις Ἀστεροσκοπείου, μεταφρασθεῖσα ἐκ τοῖ Γερμανικοῦ ὑπὸ Η. Ρ. Μητσοπούλου. Ἐν Ἀθήναις, ἐκ τοῦ ἐθνικοῖ τυπογραφείου.* 1867. In dieser Schrift habe ich auf 29 Druckseiten zusammengestellt, was ich damals vorläufig ausgearbeitet hatte. Herr Professor *Mitzopulos* übernahm mit besonderer Sorgfalt die Uebersetzung. Der Kultusminister, Herr *Ch. Christopulos*, hatte den Druck der Abhandlung angeordnet.

6) Rapport sur les tremblements de terre de Cephalonie et de Métélin en 1867 par *M. Fouqué*. Ein Bericht an den Minister, Paris 1867 Juli 15. Diese Darstellung ist vornehmlich in geologischer Hinsicht sehr vollständig und verdient besondere Aufmerksamkeit. *Fouqué* irrt sich leider im Datum und setzt das Erdbeben auf Februar 11. anstatt Februar 4. Doch ist es vielleicht nur ein Druckfehler.

Die handschriftlichen Berichte, die ich benutzt habe, sind die Folgenden:

1) Briefe Sr. Exzellenz des englischen Gesandten, Herrn *E. W. Erskine*, enthaltend Mittheilungen des englischen Konsulates zu Argostoli in Kephalonia.

2) Briefe des Baron *Everton*, englischen Konsuls in Argostoli, nebst schriftlichen Antworten auf gestellte Anfragen.

3) Briefe der Herren *G. Valsamakis* und *E. Inglès* in Argostoli an Herrn *Th. v. Heldreich* und an mich.

4) Offizielle Schreiben der Eparchen und Demarchen auf Kephalonia, Zante und im Peloponnes, mir vom Kultusminister zugesandt.

5) Briefe vom Herrn Obergärtner *Klötzscher* in Korfu.

6) Briefe von Fräulein *E. Wursich* (im Hause des Grafen *N. Luntzi*) in Zante. Auch lange nach dem Erdbeben von 1867 sandte mir diese in ihren Angaben genaue Dame ihre späteren Beobachtungen auf Zante.

7) Brief des Herrn *Marstaller* zu Bari in Apulien.

8) Schreiben des Kapitän *A. L. Mansell* in Chalkis auf Euböa über seine dortigen Erdbebenbeobachtungen, nebst Tafel von Barometerständen.

9) Schreiben des Lloydagenten Herrn *Menzello* zu Kalamaki am Isthmos.

10) Barometrical readings from log of H. M. S. Enterprise, from the 20. Jan. to 20. Febr. 1867 near Kephalonia, mitgetheilt von Herrn *Erskine* in Athen.

Im Jahre 1867 erschien noch eine Schrift zu Konstantinopel: περὶ σεισμοῦ καὶ ἡφαίστου ὑπὸ τοῦ μακαρίτου Γυμνασιάρχου Σύρου, Γ. Σερουΐου (ἐκ τῶν παρέργων αὐτοῦ). Diese enthält aber Nichts über neuere Erdbeben in Hellas und lässt sich auch sonst für unsere Zwecke nicht verwerthen.

Zeit des Erdbebens.

Wie gewöhnlich fehlt es auch diesmal an jeder genauen Angabe, selbst in Athen, da ich das Erdbeben nicht bemerkte; erst am 7. Februar fand sich Jemand, der die Minute seiner Uhr notirte als der Stoss eintrat. Ich habe zwar die erforderliche Uhrkorrektion ermittelt, aber diese Näherung würde nur dann Werth haben, wenn sich an andern Orten Angaben von ähnlicher Genauigkeit fänden. Die frühe Morgenstunde war überdies nicht günstig für eine sorgfältige Zeitbestimmung. Auf den Jonischen Inseln variirt die Zeit zwischen Morgens 6 Uhr 0 Minuten und 6 Uhr 15 Minuten. Die scheinbar genäherten Angaben sind folgende:

	Mg.	E	R	T	T'
1) Kephalonia	6 U. 4 M.	=0,0 M.	= 0,0 M.	=6 U. 4,0 M.	=6 U. 4 M.
2) Zante	6 - 20 -	7,5 -	— 1,3 -	6 - 18,7 -	6 - 15 -
3) Korfu	6 - 17 -	21,7 -	+ 2,1 -	6 - 19,1 -	6 - 8 -
4) Kalamaki	6 - 15 -	31,2 -	— 9,7 -	6 - 5,3 -	5 - 50 -
5) Athen	6 - 19 -	37,5 -	—11,7 -	6 - 7,3 -	5 - 49 -
6) Chalkis	6 - 15 -	36,0 -	—11,3 -	6 - 3,7 -	5 - 46 -
7) Achmèt-Agà	6 - 30 -	37,5 -	—11,9 -	6 - 18,1 -	5 - 59 -
8) Janina	6 - 0 -	24,0 -	— 1,9 -	5 - 58,1 -	5 - 46 -

Nehme ich das Epizentrum in der westlichen Halbinsel von Kephalonia, bei Hagia Thekla an, so sei E die Entfernung der Orte von diesem Punkte C, ausgedrückt in geographischen Meilen; R ist die Reduktion der Ortszeiten auf den Meridian von C, und T jede auf C reduzirte Ortszeit. Wird die Oberflächengeschwindigkeit des Erdbebens = 2 Meilen in der Minute gesetzt, so findet man damit die Zeiten T', d. h. die Ortszeit des Erdbebens im Epizentrum. Man sieht, dass die einzelnen Angaben um eine halbe Stunde differiren. Das Mittel wird dann T' = 5 Uhr 57 Minuten Morgens, mit welchem man die extremen Werthe der übrigbleibenden Fehler = + 11 Minuten und — 18 Minuten findet. Um ungefähr zu erkennen, bis wie weit sich die Uhrzeiten wenigstens für Korfu, Kalamaki, Athen und Chalkis darstellen lassen, habe ich angenommen:

Hypothese 1) g = 2 Meilen T' = 5 Uhr 57 Min. Σ = 98,3

„ 2) g = 2 „ „ = 6 „ 1 „ „ = 46,1

„ 3) g = 2 „ „ = 6 „ 5 „ „ = 112,6

so dass also die zweite Hypothese vorzuziehen wäre, falls sich g = 2 Meilen begründen liesse. Andere Versuche mit verschiedenem g führten nicht zu besseren Resultaten, und ich schliesse, auch nach Analogie anderer Fälle, dass g unbedeutend war, wie auch die Tiefe des ersten Impulses nicht gross gewesen sein könne, angemessen der kleinen Fläche, auf welcher sich die bedeutenden Zerstörungen ereigneten.

Aus dem Kataloge ersieht man, welche Reihe von Erschütterungen dem Erdbeben des 4. Februar 1867 vorangingen. Das Letztere war nur ein starkes unter Hunderten von Schwachen. Die Eruption von Santorin begann Ende Januar 1866 und erreichte bald jenen 4 Jahre lang nicht unterbrochenen Grad der Intensität, der selbst bis 1872 anhaltend, auch am Tage des Erdbebens von Kephalonia sich ebenso wenig änderte, als zu Zeiten anderer Erdbeben, die inzwischen eintraten, so 1866 Februar 6. in Achaja, März 2. in Albanien, März 26. in Rhodos, Juli 8. in Patrae, September 19. in Kephalonia, Oktober 24. im Peloponnes. Seit Anfang 1867 finden wir

Januar 2. Algier, grosses zerstörendes Erdbeben,

Februar 4. — 4 Uhr Algier, starkes Erdbeben,

„ 4. — 5 „ 30 Min. Valona, Durazzo, Otranto, Messina,

„ 4. — 6 „ Kephalonia, grosse Katastrophe.

Am 4. Februar Morgens gab es also drei grosse Erschütterungen, die keineswegs von demselben Zentrum ausgingen. Die vier in Algier notirten Stösse sind wegen des Längenunterschiedes reduzirt, im Mittel eine Stunde früher als der Stoss zu Kephalonia. Bei dem Erdbeben in Albanien, Kalabrien und Sicilien geht es aber nicht an zu sagen, dass die Stunde nur verschrieben oder die Zeitbestimmung unsicher sei, denn es wird noch gemeldet: Bologna — 5 Uhr 45 Minuten und Locorotando in Apulien — 5 Uhr 30 Minuten, so dass es sich hier um eine Erschütterung handelt, die man nicht mit dem grossen Kephalonischen Erdbeben in Verbindung setzen darf. Bologna und Locorotando auf Kephalonia wegen der Länge reduzirt, geben 6 Uhr 21 Minuten und 5 Uhr 43 Minuten, und mit g = 2 Meilen wird T' =

Morgens 4 Uhr 40 Minuten und 5 Uhr 18 Minuten. So schlecht diese auch übereinstimmen mögen, zeigen sie, wie Valona, Durazzo und Messina, dass dies Erdbeben $\frac{1}{2}$ bis $\frac{3}{4}$ Stunden vor dem Kephalonischen eingetreten sei. Sonach erhellt, dass am Morgen des 4. Februar von drei verschiedenen Heerden grosse Erschütterungen ausgingen innerhalb einer Stunde.

Die Hauptstösse in Kephalonia.

Am Vormittage des 4. Februar erfolgten wenigstens vier grosse Bewegungen, deren erste die meisten Bewohner noch, früh um 6 Uhr, in ihren Häusern erlebten. Wie *Fouqué* wol mit Recht bemerkt, war dieser Stoss schwerlich der heftigste. Die folgenden, die man nur im Freien oder auf Schiffen beobachtete, waren höchst gewaltsam und sie vollendeten die früher begonnene Zerstörung. Die Bewegung war nicht rein vertikal, wenigstens nicht in Argostoli und Lixuri, sondern nach Art heftiger Drehungen inmitten des Rüttelns; aber für Orte, deren Trümmer ich gesehen habe, wie Hagia Thekla und andere, halte ich für sehr wahrscheinlich, dass ein enormer Vertikalstoss, nach Art einer Sprengung, Alles ohne Ausnahme zu Boden warf. Die spätern grossen Stösse notirte man Morgens $6\frac{1}{4}$, $7\frac{1}{4}$ und 11 Uhr und dazwischen vermuthlich noch einen andern. Die stete Schwingung und das Zittern des Bodens hielt den ganzen Tag an und Baron *Everton* zählte zwischen den 2 ersten Hauptstössen über 30 kleinere. Diese, sowie zahllose andere in den späteren Tagen hat man im Speziellen nicht weiter beachtet und nur gelegentlich einige der stärkeren aufgeschrieben. Als ich nach Argostoli und dann nach Zante kam, notirte ich die schwachen Bewegungen und veranlasste auch Andere, dasselbe zu thun. Die meisten Beobachtungen zu Argostoli verdanke ich den Herren *Valsamakis* und *Inglès*, einige dem Baron *Everton*. Die Dauer des ersten Stosses wird zu 25 bis 30 Sekunden angegeben; sie war vermuthlich viel geringer oder behielt in solcher Länge schwerlich dieselbe Intensität. Wie gewöhnlich, ging Donner und mannigfaltiges Getöse den Erschütterungen voraus. Doch fehlte es nicht an Ausnahmen, wie ich im April selbst wahrnahm, da man zumal Nachts den Lärm deutlich hörte und doch oft die Bewegung nicht konstatiren konnte.

Verbreitung des Erdbebens.

Grösser als in den bisher betrachteten Fällen, ausgenommen 1846 März 28. und 1856 Oktober 12., war der Umfang des diesmal erschütterten Gebietes von Land und Meer. Wenn ich nach den mir zugänglichen Angaben die Minimalgrenze in Form einer Ellipse zeichne, deren grosse Axe die

Richtung Südost—Nordwest hat, so umfasst diese ganz Griechenland, etliche Kykladen, Theile der Türkei und Italiens. Der grösste Durchmesser der Ellipse hat nahe 6,6° oder ungefähr 100 geographische Meilen, die kleine Axe 5,1° oder 76,5 Meilen und die Area ist 5950 Quadratmeilen. Ich zweifle nicht daran, dass die erschütterte Fläche grösser war, aber die Armuth der Nachrichten nöthigt uns, diesen Werth, als der Wahrheit vielleicht genähert, gelten zu lassen. Den schwer beschädigten Raum will ich möglichst gross zu 5,1 Meilen Durchmesser, seine Area = 20 Quadratmeilen annehmen = $1/_{297}$ der ganzen Fläche. Dem Raume jedoch, den die vollkommenste Verwüstung betraf, gebe ich nur 1,4 Meilen Durchmesser, die Area demnach 1,58 Quadratmeilen oder $1/_{3760}$ der allgemein erschütterten Fläche. (Vergl. die Kurve auf Taf. V und VI.)

Intensität und Epizentrum des Erdbebens.

Fouqué, der gleichzeitig mit mir im April 1867 die Insel besuchte, hat sich sehr bemüht, an verschiedenen Orten die Richtung der Stösse zu ermitteln, sowol nach Aussagen, als auch nach Merkmalen an den Trümmern. Dasselbe habe ich ebenfalls versucht, ohne mich jedoch dazu entschliessen zu können, die Beobachtungen mitzutheilen, weil ich ihnen keinen Werth zuschreiben mag. Was nach Verlauf von 6—8 Wochen von den Leuten ausgesagt ward, zeigte oft am selben Orte keinen erträglichen Grad von Uebereinstimmung, und die Merkmale der Trümmer sind von sehr täuschender Natur, abgesehen von Hag. Thekla, wo nicht allein die vertikale Sprengung stattfand, sondern wo noch die Trümmer auf dem stark geneigten Boden über einander wegstürzten, so dass sie am unteren Theile des Ortes Wälle oder Schutthalden bilden konnten. Ich sah zu Dallaportata, das vollkommen vernichtet am Boden lag, weder die Lage der Strassen noch die des Hauptplatzes; in solcher Art fielen die Trümmer über und durch einander. Eine jüngst neu erbaute, nun gänzlich zerstörte Kirche liess zwar eine Richtung des Stosses erkennen, da das Dach 15 oder 20 Schritte weit nach aussen geschleudert ward, aber die Lage des gefallenen Thurmes war von der Richtung, die das Dach genommen hatte, 90° verschieden. Auf dem südlichen Theile der grossen steinernen Dammbrücke von Argostoli, welche über den schmalen Meerbusen führt, den eigentlichen Hafen der Stadt von der südlichen flachen Bucht, dem Koutavos, trennend, sah ich die Ruinen des beiderseitigen Mauerwerkes, welches früher als Geländer diente. An 3 Stellen war es völlig ruinirt, aber für die Richtung des Stosses ergab sich kein Resultat. Der westliche Ansatz der Brücke hat die Richtung Südwest—Nordost. Auf diesem will ich, bei der Stadt beginnend, die drei zertrümmerten Stellen a, b und c nennen. In a waren die Steine des linken und rechten Geländers nach aussen in die See gefallen; in b fielen sie beiderseitig nach innen auf die Brücke und in c fielen sie beiderseitig wieder nach aussen. An andern Orten traf ich Gartenmauern, die mehr als einen gewöhnlichen Stoss erhalten hatten. Die Lage der Steine verrieth, dass sie auf viele Schritte weit geschleudert waren; aber diese Erscheinung galt keineswegs für die ganze Erstreckung der Mauer, denn Theile der Mauer lagen auch auf der der vorigen Stelle entgegengesetzten Seite. Verschiedene benachbarte Gebäude ergaben hinsichtlich ihrer Risse und abgetrennten Theile die stärksten Widersprüche, so auch zu Argostoli das Standbild von Maitland und die Pyramide auf der Brücke. Ich habe daher für gut befunden, alle derartigen Beobachtungen, die dem Epizentrum grosser Erdbeben nahe, wenig oder gar keinen Werth haben, nicht zu berücksichtigen, sondern das Epizentrum zu ermitteln nach den zerstörenden Wirkungen im Grossen und Ganzen. Auch hier gibt es noch merkliche Unterschiede, je nachdem die Ortschaft auf Kalkfels, auf losem Konglomerat, auf Mergel oder Sand erbaut war, aber in der Hauptsache kann man sich bei diesem Erdbeben nicht erheblich irren. Für 1867 lässt sich sicher feststellen, dass das Zentrum der Bewegung in der Paliki, der westlichen Halbinsel von Kephalonia lag, und hier war auch in älteren Zeiten der Ausgang der grossen Verheerungen. Für die Zukunft ist es von Nutzen anzugeben, dass diesmal das Epizentrum bei Hagia Thekla und Damoulianata war, und man wird einst entscheiden können, ob hier wie an anderen Orten der Erde eine Verschiebung, eine Ortsveränderung der bewegenden Ursache eingetreten sei oder nicht. Die Frage nach den säkularen Aenderungen der Epizentren, die zuerst durch *A. v. Humboldt* berührt ward, kann nur durch umfassende Beobachtungen gelöst werden; ihre Wichtigkeit für die Theorie ist kaum geahnt. Zur Begründung des Ausspruches, dass schon vormals die Paliki vorwiegend von schweren Erdbeben heimgesucht ward, dienen die Daten, die ich in den später folgenden Anmerkungen und Zusätzen III mitgetheilt habe. Aus ihnen erhellt, dass jedesmal Lixuri und die Dörfer der Paliki zertrümmert wurden, dass aber Argostoli und die andern Ortschaften stets viel weniger litten.

Der vom Erdbeben bewirkte Schaden kann beurtheilt werden nach dem von den Gemeinden offiziell gemeldeten Schadenlisten, welche die Behörde in der Zeitung *Ἀναμόρφωσις* zu Argostoli drucken liess; sodann nach einem Verzeichniss bei *Fouqué*, welches sich in der Hauptsache auf jenes Dokument stützen wird. Ich habe beide Quellen benutzt und im Folgenden Bemerkungen nach eigenen Erfahrungen beigefügt. Verschiedene Orte sind von *Fouqué* und mir, andere nur von mir allein besucht worden. Dass grosse Unterschiede hervortreten, darf nicht befremden, da man hinsichtlich der Definition des Begriffes „Zerstörung" sehr verschiedener Meinung sein kann. Ich nenne aber einen Ort absolut zerstört, wenn alle oder doch $^9/_{10}$ aller Gebäude am Boden liegen und wenn sich die etwa noch aufrecht gebliebenen Häuser im Zustande höchster Baufälligkeit befinden, so dass sie bis zum Fundamente abgetragen werden müssen. Es kann aber ein Ort im Ganzen aufrecht geblieben, aber dennoch derart ruinirt sein, dass nur etwa $^1/_{10}$ aller Häuser durch Reparatur erhalten bleibt. Endlich trifft man Orte, denen man äusserlich fast Nichts ansieht, obgleich die Häuser und Kirchen im Innern stark gelitten hatten. Mitten zwischen solchen scheinbar unversehrten Gebäuden findet man vollständige Ruinen. Man wird in solchem Falle meist mit grösserem Rechte auf frühere Baufälligkeit oder schlechte Konstruktion schliessen dürfen, als sogleich zu Hypothesen über Interferenzen seine Zuflucht zu nehmen. Findet man also bei Ortschaften der zweiten und dritten eben angedeuteten Klasse in den offiziellen Berichten ausgesagt, dass sie völlig ruinirt seien, so ist zu erwägen, dass der Schaden für die Eigenthümer jedenfalls sehr gross war, und dass sie, durch die Noth gedrängt, sich in Hoffnung auf Unterstützung lebhafterer Ausdrücke bedienten.

In dem Schadenverzeichnisse schreibe ich die Ortsnamen so, wie sie neugriechisch ausgesprochen werden; die strenge Orthographie habe ich mit Hilfe der gedruckten und schriftlichen Quellen keineswegs ermitteln können. So fand ich die Varianten: *Πύλαρος* und *Πίλαρος*, *Λακκήθρα* und *Λακύθρα* u. dergl.

Ortsname.	Häuser mehr oder weniger ruinirt.	Häuser völlig zerstört.	Menschen getödtet.	
1) Lakithra	250	—	—	*Fouqué* ebenso.
2) Karandinata	—	70	—	
3) Koriana	180	—	1	
4) Hag. Georgios	—	10	—	
5) Lixuri	1750 ?	200 ?	35	
6) Hag. Thekla	—	220	41	
7) Damulianata, Riphi	—	200	63	
8) Skinia	—	15	9	*Fouqué* hat: 85 ganz zerst. Häuser, 10 Todte,

Ortsname.	Häuser mehr oder weniger ruinirt.	Häuser völlig zerstört.	Menschen getödtet.	
9) Kontogenata	—	76	2	
10) Dematora	—	20	—	
11) Kalata	—	56	—	
12) Michalitzata	—	36	—	
13) Illari	—	200	4	
14) Mantzarinata	—	120	7	
15) Vouni	—	60	4	
16) Vlichata	—	31	1	
17) Chavriata	—	110	4	
18) Chavdata	—	210?	1	*Fouqué:* 230 fast ganz zerstört.
19) Typaldata	—	15?	—	*Fouqué:* 30 vollkommen zerstört.
20) Katarelata	17	17?	—	*Fouqué:* 35 vollkommen zerstört.
21) Mantukata	15	15?	—	*Fouqué:* 30 vollkommen zerstört.
22) Dallaportata	—	20?	5	Mir scheint die Zahl 20 viel zu geringe.
23) Kumonarata	—	140	6	
24) Monopolata	94	46?	3	
25) Parissata	13	7?	—	
26) Lukerata	—	30	—	
27) Kuvalata	—	160	19	
28) Phalakrata	40	35	—	*Fouqué:* 25 gestürzte Häuser.
29) Rhasata	60	—	—	
30) Procopata	20	—	—	
31) Dilinata	60	15	—	
32) Davgata	135	—	—	*Fouqué* hat 150. Von weitem sah ich den Ort aufrecht.
33) Pharsa	10	—	—	

Ortsname.	Häuser mehr oder weniger ruinirt.	Häuser völlig zerstört.	Menschen getödtet.	
34) Kuruklata	—	65	1	
35) Kontogurata	—	125	3	
36) Rhissa	10	60	2	
37) Kardakata	100	—	1	
38) Athera	50	—	—	
39) Ancona	170	—	9	*Fouqué* hat: 160 zerstört.
40) Patrikata	10	80	—	
41) Nyphi	10	30	—	
42) Zola	45	—	—	
43) Lurdata	26	26	—	
44) Simotata	9	3	—	
45) Poriarata	11	13	—	
46) Musata	17	5	—	
47) Vlachata	43	—	—	
48) Asso	86	11	—.	
49) Sami	—	—	2	
50) Trojanata	—	30	—	

Bei *Fouqué* sind die Namen Caminarata, Conruclata, Monoata verschrieben oder verdruckt. Das Verzeichniss ist jedenfalls unvollständig und ungenau. So ward mir angegeben: Phokata mit 60 ganz zerstörten Häusern. Ich sah den kleinen Ort in einiger Nähe, fand aber Vieles aufrecht stehen. Was ich sonst notirte ist Folgendes:

April 7. Karandinata fand ich wie Menegata ganz zerstört; Koriana sehr beschädigt im Innern der Häuser; Mazarakata und Kastro litt weniger. In Aphrato, Pessades, Spartia fand ich wenig, in Klismata viel Schaden.

April 8. In Spiglia bei Argostoli sehr wenig beschädigt, so auch nahe dabei in Miniaes; die West- und Nordecken der Häuser zumeist betroffen. Auf Lascaratos Gute bei Kechriona starke Erdspalten.

April 9. Drepanon, die Westseiten der Häuser sehr beschädigt, die Trümmer gegen Westen gefallen. In der Kirche dort Vertikalspalten in einer Ebene, der Längenrichtung der Mauer entsprechend; an der Meerbrücke Senkungen.

April 10. Lixuri, drei Viertel ruinirt. Hagios Dimitrios ganz zerstört, Seehöhe h = 50 Toisen. Korelata ganz zerstört, der Thurm der Panagia fiel gegen Südwest. Hier wurden 12 erschlagen. Das Dach der Kirche fiel weit gegen Nordwest. Kontogenata auf Kalkboden, ohne viel Schaden. Skinia absolut verwüstet, der Thurm der Panagia fiel gegen West. Kalata ganz zerstört. Hagia Thekla absolut vernichtet, ein gräulicher Anblick; ein Thurm fiel gegen Nord. Klatoria auf Kalk, litt weniger. — Vovikaes sehr ruinirt, doch waren die Häuser mit gut gebauten Kanten ziemlich erhalten. Die West- und Ostseite vorwiegend beschädigt. Alles steht auf Kalkfels. Diese Orte liegen am Nord- und Ostabhange des Bergzuges der Paliki, Hagia Thekla auf sehr geneigter Fläche. Hier findet sich Humus gemengt mit Kalkblöcken und Schutt geringen Zusammenhanges. Vilatoria und Vovikaes stehen mehr auf dem flachen Rücken kleiner Kalkhügel. Von hier sieht man westlich die See. Westlicher liegt Hagios Dimitrios, etwa 120 Toisen hoch; sehr zerstört, doch hielt sich ein Thurm und daneben ein Haus. Kontogenata fast ganz zerstört, die gegen Ost gerichteten Kanten der Mauern meist gut erhalten. In Lixuri ward ein schweres Quaderstück, belastet von einer Holzsäule, aus der Richtung Süd — Nord in die Richtung Südost — Nordwest verschoben.

April 12. Kompothekrata und Dörfer südlicher fast ohne Schaden. In Koriana viel Verwüstung. Die Kirche hielt sich, aber der Thurm ward höchst zerrüttet, die 3 Glocken auf ihren Trägern verschoben. Die Häuser mit guten Quaderkanten hielten sich aufrecht. h = 70 Toisen. Keramiaes ohne bedeutenden Schaden, ähnlich Spartia. In Kurkumalata, Kaligata, Sklavata kein merklicher Schaden. In Svoronata grosse Beschädigungen. In Argostoli litten am meisten die Gebäude am Strande, die auf angeschwemmtem Lande stehen, doch ward nur ein Haus durchaus zerstört, und man sprach von 2 oder 3 Todesfällen. Der offizielle Bericht, noch aus der ersten Zeit, ergab:

2946 beschädigte Häuser,
2642 gänzlich zerstörte Häuser,
224 Todesfälle.

Die Zahl der Verwundeten war sehr gross, doch liess sich darüber nichts Näheres ermitteln.

Den Gesammtverlust schätzte man auf 15 Millionen Drachmen.

In Ithaka, S. Maura, Zante und in Elis trat das Erdbeben schon sehr gemässigt auf; in Zante fiel, dem Meere nahe, ein geringes baufälliges Haus. Das Erdbeben war hier doch von sehr drohendem Charakter.

Besondere Erscheinungen.

Da das Erdbeben um die Zeit der Morgendämmerung begann, waren die meisten Menschen noch im Schlafe, und es fehlen daher fast alle Angaben über auffallende Phänomene, selbst zuverlässige Aussagen über die Witterung der vorhergehenden Nacht, die ruhig und sternenhell gewesen sein soll. Nur *Fouqué* hörte, dass es im Libatho regnete. Die See blieb während des Erdbebens und später zu Argostoli und Lixuri durchaus ruhig, und diese Wahrnehmung ist sicher, schon desshalb, weil so Viele auf die Schiffe flüchteten, denen merkliche Bewegungen am Strande nicht hätten entgehen können. Am 3. Februar Abends 10 Uhr sah ein Bewohner zu Lixuri einen Feuerschein auf dem Meere. Ein Anderer daselbst, in derselben Nacht vor dem Unglück, kam wegen innerer Angst nicht zur Ruhe und brachte die Nacht schlaflos zu. Obgleich die Spaltbildungen nicht fehlten, blieben sie weit hinter den Erscheinungen von Aigion (1861) zurück. Ich sah sie an manchen Stellen, auch die bedeutende Spalte im Strassenpflaster von Lixuri, unweit des Baches und der Hauptkirche, deren Dach gestürzt war, deren isolirter hoher Glockenthurm aber ohne Schaden das Erdbeben überstanden hatte. Es zeigten sich auch keine Sandkegel, weil überall die Bedingungen zu ihrer Entstehung fehlten, wenigstens an allen Orten, die ich besucht habe. Doch ist auch sehr wol möglich, dass sie an Orten vorkamen, die mir unbekannt blieben. Es ward aber ein Schlammausbruch in der Paliki beobachtet, der Anfangs viel von sich reden machte und dessen erste Beschreibung ich Herrn Baron *Everton* verdankte. Diese Stelle bei Hagios Dimitrios und nahe der Schwefelquelle neben Hagia Eleousa habe ich April 4. in *Everton's* Begleitung besucht. Das Kalkgebirge ist hier mit Erd- und Lehmlagen auf stark geneigter Fläche bedeckt. Durch Druck der in Bewegung gerathenen feuchten Massen ward ein blaugrauer Schlammkegel aufgetrieben, der Anfangs einen Krater von 1 Meter Breite und $1/2$ Meter Tiefe hatte, aus welchem sich Wasser und Schlamm ergoss, der auch desshalb sogleich die Sage von der Entstehung eines neuen Vulkanes veranlasste. Als ich hinkam, war die Masse schon zusammengetreten, bei 1 Fuss Höhe und 16 Fuss Durchmesser. An der Stelle, wo sich früher das Kraterloch befand, ward ein 8 Fuss langer Eisenstab eingestossen, der in der zähen Masse starken Widerstand fand. Die Temperatur des Loches war 16^0, nahe die der Luft. Die Quelle bei Hagia Eleousa hatte $14{,}2^0$; sie war trübe von feinem weisslichen Schlamme und hatte starken Eiergeruch; die Seehöhe mag hier 40 Toisen betragen. Von dem Wasser und dem blauen Thone habe ich damals Proben nach Wien gesandt. — Die

Meermühlen bei Argostoli und der unter Wasser bewegliche Fels bei Lixuri erlitten keine Aenderung durch das Erdbeben.

Topographische Bemerkungen.

Da ich keine Karte von Kephalonia beifüge, will ich hier an das jüngst erschienene, besonders vollständige Werk von *M. Wiebel* erinnern, „die Insel Kephalonia und die Meermühlen von Argostoli. Hamburg 1874, bei L. Friederichsen & Co.", worin man ziemlich Alles bekannte zusammengestellt findet, nebst einer guten Karte mit Angabe der grösseren Ortschaften. Da *Wiebel* die in den Publ. de l'Observat. d'Athènes euthaltenen Höhenbestimmungen nicht kannte, so will ich sie hier mittheilen und später die Quelltemperaturen hinzufügen.

Kephalonia zeigt keine vulkanische Formation. Das bedeutende Gebirge besteht aus Kalk und in der westlichen Halbinsel, der Paliki, trifft man ausserdem Mergel und Lehmbildungen. Die grösste Höhe erreicht das Gebirge im Monte Nero, dem alten Ainos, an der Südostseite der Insel. Für diese Höhe geben die seitherigen Messungen die folgenden Werthe:

Seehöhe des Ainos = 4921 par. Fuss nach *Smyth.*
,,   ,,   ,,   4978 ,, ,, ,, *Slater.*
,,   ,,   ,,   4987 ,, ,, ,, Messungen der Franzosen.
,,   ,,   ,,   4895 ,, ,, ,, Messungen der Engländer.
,,   ,,   ,,   4961 ,, ,, ,, *J. Schmidt.* 1861.

Ausser diesen giebt es noch drei genäherte Angaben von *Unger, Mousson* und *Ansted,* die aber hier nicht mitstimmen können. Das Mittel jener fünf Messungen ist 4948,4 par. Fuss = 824,73 Toisen = 1607,2 Meter = 5275 engl. Fuss. Da man sich nicht überall die Mühe genommen hat zu sagen, welche Methode der Messung angewandt wurde, so konnte ich nur ein einfaches arithmetisches Mittel wählen, ohne Gewichte anzusetzen. Meine Messung geschah 1861 im Mai, mit einem Metallbarometer von Bourdon, dessen Korrektionen ich 1860 am Berge Delph in Euböa genau untersucht hatte. *Wiebel's* Karte enthält für die Insel 22 Höhenangaben. Diesen will ich meine, 1861 mit dem Metallbarometer bestimmten Resultate beifügen, mit Auslassung weniger, deren Lokal ich nicht genau bezeichnen kann.

Windmühle an der Strasse westlich über Argostoli 46,4 Toisen = 278 par. Fuss
Strasse bei alten Gräbern, südlicher   53,5 ,,   321 ,, ,,
Höchste Strasse westlich von Pessades   88,3 ,,   530 ,, ,,
Pessades   52,1 ,,   313 ,, ,,
Pessades, Kirche Evangelistria   43,7 ,,   262 ,, ,,

Mazarakata	84,4 Toisen	=	506	par. Fuss
Daselbst Windmühlen auf flachem Hügel	94,7 „		568	„ „
Metaxata	90,6 „		544	„ „
Kurkumelata, grosse Palme	73,1 „		439	„ „
Kalligata, Kirche	56,2 „		337	„ „
Orphanata, Haus von G. Orphanou	66,7 „		400	„ „
Tomata	33,3 „		200	„ „
Sarlata	27,3 „		164	„ „
Svoronata	33,9 „		203	„ „
Miniaes	42,6 „		256	„ „
Strasse östlich Argostoli gegenüber, Mühle	44,4 „		266	„ „
Olivenebene von Rasata	56,5 „		339	„ „
Rasata	91,1 „		547	„ „
Rasata, Kirche Hag. Joannes	93,9 „		563	„ „
Steinregion, Wendung der Strasse	140,5 „		843	„ „
Gipfel des Xerisomeno, Schätzung	243,5 „		1461	„ „
Pass bei Koulumi	267,8 „		1607	„ „
Frangata, untere Strasse	201,1 „		1207	„ „
Frangata, Haus von Cap. Koutava	223,2 „		1339	„ „
Ebene (Omalo) Strasse	198,9 „		1193	„ „
Kloster des Heil. Gerasimos	201,7 „		1210	„ „
Frangata, Kirche Panagia	214,3 „		1286	„ „
Frangata, Kirche Hag. Nikolaos	204,6 „		1228	„ „
Ebene vor Valsamata	196,9 „		1181	„ „
Valsamata, Mitte	228,8 „		1373	„ „
Letzte Oelbäume am Aenosgebirge	289,5 „		1737	„ „
Grosser gelber Berg südlich, Schätzung	349,6 „		2098	„ „
Westliche untere Region der Tannen	420,7 „		2524	„ „
Wachthaus	453,9 „		2721	„ „
Nordwest-Grenze der Tannen des Ainos	511,7 „		3070	„ „
Forsthaus im Walde	567,4 „		3404	„ „
Pfad auf dem folgenden Gipfel	644,2 „		3865	„ „
Letzter Sattel vor dem Ainos-Gipfel	730,9 „		4385	„ „
Gipfel des Ainos, Fuss des Signals	826,8 „		4961	„ „

Nach der Handzeichnung eines Kephaloniers, die ich benutzen konnte, gebe ich noch die Namen der 15 Distrikte der Insel:

1) Erissos.
2) Pilaros.

3) Samos (Sami).

4) Potamiana.

5) Omala.

6) Pyrgi.

7) Livathos.

8) Ikosimia.

9) Heraclion.

10) Skala.

11) Elios.

12) Thinia.

13) Anoï.

14) Misochoria.

15) Katoï.

Erissos bildet den nördlichsten Theil mit Kap Guiscardo und dem Fort Asso. Nr. 12 bis 15 umfassen die westliche Halbinsel Paliki, also das Gebiet, wo das Erdbeben die grössten Zerstörungen anrichtete. Elios liegt in der Südost-Spitze, Livathos im Süden. Samos an der Ostküste, Ithaka gegenüber, wird mehrfach in der Odyssee erwähnt. Auch findet sich, was nicht bekannt scheint, der homerische Name Dulichion wieder im Distrikte Erissos, an der Nordostküste, wo in der handschriftlichen Karte eine Bucht *Δουλιχὰ*, ein kleines Dorf *Δουλίχα* genannt wird. Ich kann nicht entscheiden, ob sich dieser viel bestrittene Name aus dem Alterthume erhalten hat, oder ob er erst in sehr später Zeit wieder eingeführt ward. Um auf einer Karte den Ort zu finden, sei noch bemerkt, dass Dulicha etwa eine Stunde Wegs nördlicher liegt als der Ort Asso, aber an der Ostküste, Asso nordöstlich gegenüber. Nach der englischen Seekarte des Hydrographic Office ist der genauere Ort: 20° 34,9′ Ost von Greenwich und 38° 25,3′ nördliche Breite.

Temperatur der Quellen.

Da es in Zukunft ein Interesse erlangen kann, die etwaigen durch Erdbeben bewirkten Aenderungen von Quelltemperaturen zu prüfen, so werde ich im Folgenden meine Beobachtungen der Jahre 1861 und 1867 mit denjenigen zusammenstellen, welche auf mein Ersuchen Herr *Th. v. Heldreich* daselbst 1867 ausführte. Ueberall sind Zentigrade zu verstehen. Die Fehler der benutzten Thermometer waren genau bekannt und ermittelt nach einem Normalthermometer von *Capeller* in Wien, dessen Fehler zwischen 0° und 60° mit besonderer Sorgfalt bestimmt waren.

1861 Mai	7. Quelle bei Argostoli	= 16,9⁰ C.	h = 7 Toisen

1861 Mai	7.	Quelle bei Argostoli	= 16,9⁰ C.	h = 7 Toisen
„	„ 10.	Quelle östlich Argostoli gegenüber	17,4	
„	„ 8.	Brunnen zu Orphanata	14,9	67
„	„ 11.	Kephalari zu Lixuri	18,6	
„	„ 10.	Salzquelle östlich von Argostoli	17,1	
1867 April	2.	Salzquelle bei Drepanon	17,0	am Meere
„	„ 4.	Schwefelquelle bei Markopulata, trübe	17,4	80
„	„ 4.	Schwefelquelle bei Hagia Eleousa	14,2	50
„	„ 6.	Hausbrunnen in Argostoli, bei Hag. Georgios	16,7	6
„	„ 7.	Kephalari zu Aphrato	18,8	25
„	„ 8.	Quelle an der Kirche zu Bpiglla	16,0	15
„	„ 10.	Kephalari zu Lixuri (siehe 1861)	18,7	1
„	„ 10.	Lixuri, ein Gartenbrunnen	14,3	4
„	„ 11.	Kephalari am Felsen bei Kutavos	18,0	0,5.

Herrn *Th. v. Heldreich's* Beobachtungen im August und September 1867 sind die Folgenden:

1867 Aug.	26.	Argostoli, Hausbrunnen bei Hag. Georgios	= 17,2⁰ C.
„	„ 29.	See Akali (Morgens 10 Uhr)	21,3
„	„ 29.	Samos, Thalquelle Michalitza	15,5
„	„ 29.	„ Quelle am Meere	15,7
„	„ 29.	„ Trinkquelle *εἰς τὸ λουτρὸ*	17,5
„	„ 30.	„ Salzquelle 1.	15,3
„	„ 30.	„ „ 2. ohne Abfluss	15,3
„	„ 30.	„ „ 8. gross, ein Teich, treibt Mühlen	15,2
„	„ 30.	„ „ 4. lebhaft fliessend	15,2
„	„ 30.	„ „ 5. die grösste	15,2
„	„ 30.	Nördlich von Samos, Salzquelle bei Hag. Euthymia	16,5
„	„ 30.	„ „ „ *Κεφαλόβρυσις*, obere *Κρήνη*	18,9
„	„ 30.	„ „ „ Quelle *λάκκος*	17,5
„	„ 30.	Bei *Παναγία τῆς κρήνης*	17,5
„	Sept. 2.	Kephalari *φραγκιά*	18,8
„	„ 2.	*Κεφαλόβρυσις τῆς Αυχάτης*	20,9
„	„ 2.	Schwefelquelle Hag. Eleousa in Paliki	22,6
„	„ 3.	Argostoli, Salzquelle bei Drepanon	17,6
„	„ 3.	„ am Kutavos, *Γαστρινόβρυσις τοῦ περιβολάκη*	18,4

7*

1867 Sept. 3. Argostoli, am Kutavos, $\grave{\varepsilon}\iota\varsigma$ $\tau o\grave{\upsilon}\varsigma$ $\mu\acute{\upsilon}\lambda o\upsilon\varsigma$ = 18,4⁰ C.

„ „ 3. „ „ „ bei Hagios Joannes 19,0

Meteorologisches.

Für die Woche, in welcher das Erdbeben stattfand, gebe ich beiläufig auf die See reduzirte Barometerstände, beobachtet zu Chalkis in Euböa, zu Athen und bei Patrae. Erstere von Kapitän *Mansell;* für die Temperatur des Quecksilbers ward zu Patrae ungefähr 55⁰ Fahrenheit angenommen und damit die Reduktion auf 0⁰ bewirkt; dann verwandelte ich das englische Maass in par. Linien. Die geringe Seehöhe von 35 Fuss habe ich nicht weiter beachtet. In Athen beobachtete ich in 54 Toisen Seehöhe und reduzirte die Angaben auf das Meer. Es sind hier wie in Patrae, wo im Schiffe Enterprise beobachtet ward, ungefähre Tagesmittel. Für die einmalige Ablesung in Chalkis kenne ich die Tageszeit nicht. Auch sind für Chalkis und Patrae die Instrumentalfehler unbekannt.

	Chalkis	Athen	Patrae	Mittlere Wärme zu Athen	Wind zu Athen	Regen	Zu Athen
Febr. 1. =	339,2'''	338,2'''	337,3'''	12,5⁰C.	SW.	—	klar und dunstig
„ 2. =	339,8	339,5	338,7	10,9	SW.	unmessb.	gebrochen, früh Blitzen in SO.
„ 3. =	341,5	341,6	339,6	9,1	O.	—	gebrochen.
„ 4. =	340,4	341,1	339,8	7,2	NO.	0,04 Lin.	gebrochen, still. Berge in Wolken.
„ 5. =	339,8	340,4	339,4	7,3	NW.	—	sehr klar.
„ 6. =	337,0	339,5	337,3	10,5	W.	—	klar, Berge in Wolken.
„ 7. =	334,7	337,7	336,7	11,8	W.	—	klar, Berge in Wolken.
„ 8. =	339,2	336,3	335,5	11,7	W.	0,23 Lin.	trübe, Regen, Abds. Blitzen in S.

In Chalkis war Februar 3. Schneefall und die Berge wurden weiss, auch Schnee Februar 4., 5. Kurz vor dem Erdbeben war also ein hoher Barometerstand, der in der Nacht vom 3.—4. Februar abzunehmen begann. Am 4. Februar lagen die tiefern Stände westlich von Kephalonia. Ueber Kepha-

Ionia selbst aber war um die Zeit des Erdbebens ein Maximum des Luftdruckes, wie die Beobachtungen in der Nähe, zu Patrae, zeigen.

17) 1867 März 7. Mytilene.

Das grosse und in seinen Wirkungen so unglückliche Erdbeben hat
Fouquè, der die Insel im März besuchte, genügend beschrieben, so dass ich
mich damit nicht beschäftigen werde. Aus meinem Kataloge und aus der
Karte ersieht man, dass es wol die Insel Skyros, aber nicht andere Theile
von Griechenland berührte. Nachrichten über die Zerstörung Mytilenes und
über die Erdbeben damaliger Zeit findet man ausser im Kataloge in:

Ἐθνοφύλαξ ἀρ 1191. 1192. 1195. 1203 und Kölner Zeitung 1867
April 12., Beilage.

Koner, Ges. für Erdkunde, 1867, II. Heft 5. p. 401. Berichte von
Henck, Kapitän der Korvette Hertha, und *Jung*, Kapitän des Kanonenbootes
Blitz.

Fouquè in C. Rend. 1868, Nr. 7 und Nr. 15.

Fouquè, rapport sur les tremblements de terre de Cephalonie et de
Métélin, 1867.

Um die wahre Grenzkurve des Erdbebens zeichnen zu können, müssten
sehr vollständige Angaben, positive wie negative, aus der Türkei und Griechenland vorliegen. Aber solche fehlen, und ich habe nur 2 oder 3 nützliche
Aussagen erlangen können. Dass Skyros noch erschüttert ward, ist sicher;
ob Euböa, bleibt zweifelhaft. Am 7. März war Mittags Erdbeben in Kumi
und Abends 5 Uhr in Achmet-Aga. Nach einem Schreiben *Frank Calverts*
aus der Dardanellenstadt war hier das Erdbeben gewaltig und die Vibrationen
(die durch eine Zeichnung erläutert wurden) dauerten 22 Minuten, ehe der
Boden zur Ruhe kam. In den Ortschaften der Ebene von Troja gab es
mancherlei kleine Schäden und in Jenischer (Sigeion) fielen 2 Häuser. In
Gallipoli war die Bewegung mässig und ward in Konstantinopel angeblich
nicht gefühlt. (Vergl. die Kurve in Taf. V und VI.)

Eine genaue Liste aller Verluste ist wol nicht bekannt geworden. Ge-
tödtet vom Erdbeben wurden mehr als 500 Personen. Zwei Tage nach dem
Unglücke gab die in Smyrna erscheinende Zeitung Ἀμάλθεια die Zahl der
Todten über 5000 an; so sehr hatten die Gerüchte übertrieben.

Da meteorologische Beobachtungen zu Mytilene mir nicht zu Gesichte
kamen, so will ich mittheilen, wie damals die Witterung zu Athen und zu

Achmet-Aga in Euböa beschaffen war. Beobachtungen zu Smyrna geben wenig Detail, doch ist zu ersehen, dass das Monatsmittel niedrig == 29,868 == 335,5′′′, und dass am 13. März, bei heftigem Erdbeben, ein besonders tiefer Barometerstand beobachtet ward, 29,584 == 332,3′′′. Hierbei ist angenommen, dass die Temperatur ungefähr 55° F. betrug. Die Seehöhe des Barometers == 25 engl. Fuss.

Athen.	Barometer-Mittel	Temperat. Minimum	Temperat. Maximum	Wind	Regen	
März 1. == 332,45′′′	9,8°C.	19,6°C.	SW.; NO.	2,70′′′	Meist trübe. Berge verhüllt.
„ 2. == 335,38	9,0	12,2	NO.	0,65	Ganz trübe. Berge verhüllt.
„ 3. == 336,95	7,2	10,4	NO.	—	Meist trübe. Berge verhüllt.
„ 4. == 335,45	5,5	7,1	NO.	0,20	Ganz trübe. Berge verhüllt. Schnee auf Parnes.
„ 5. == 332,90	2,9	9,0	NO.	1,42	Bis Abends sehr klar.
„ 6. == 330,80	3,8	12,7	W.	—	Zum Theil klar. Berge in Wolken, viel Bergschnee. •
„ 7. == 332,18	7,7	11,6	NO.	0,60	Zum Theil klar. Berge in Wolken.
„ 8. == 333,93	6,5	11,9	NO.	—	Abends sehr klar. Berge in Wolken.
„ 9. == 332,40	6,4	15,2	W.	Spur	Meist trübe. Berge in Wolken.
„ 10. == 330,98	9,5	18,8	SW.	—	Bedeckt, selbst niedrige Berge in Wolken, Halo von 22° Radius.
„ 11. == 330,08	11,6	21,4	W.	0,02	Dichter Nebel auf Land und Meer.
„ 12. == 329,58	13,2	22,9	SW.	2,83	Ebenso.
„ 13. == 329,82	12,4	21,1	W.	0,09	Halb klar.
„ 14. == 332,34	12,3	15,7	NO.	0,15	Zum Theil klar.

Beobachtungen zu Achmet-Aga in Nord-Euböa, von Herrn *Müller;* Seehöhe unbekannt; Thermometer wahrscheinlich Réaumur.

	Barometer 7 Uhr a. m.	Temperatur 7 Uhr a. m.	Temperatur 2 Uhr p. m.	Wind	
März 1. = 333,7'''	7,5°	8,5°	NNO.	Bewölkt, kleiner Regen um 4 Uhr.
„ 2. = 337,0	6,0	6,7	NNO.	Nebel und feiner Regen den Tag über.
„ 3. = 337,9	6,0	7,0	NNO.	Trübe und Regen.
„ 4. = 338,6	4,0	4,5	NNO.	Trübe und Regen. Berge schneebedeckt.
„ 5. = 336,3	3,5	6,0	NO.	Ganz bewölkt.
„ 6. = 332,7	2,0	8,0	NO.	Trübe, Schnee auch in den Thälern.
„ 7. = 333,2	6,5	7,5	O.	Trübe, Regen.
„ 8. = 336,4	7,0	9,0	O.; NW.	Trübe, Regen.
„ 9. = 335,2	4,0	10,5	NO.	Ebenso.
„ 10. = 332,8	4,5	15,0	W.; NO.	Trübe; später klar.
„ 11. = 331,5	12,5	19,5	W.	Klar.
„ 12. = 331,9	8,0	13,0	NO.	Nebel; Abends 8 Uhr grosser Regen.
„ 13. = 332,0	8,0	15,5	W.	Klar und Wolken.
„ 14. = 334,2	7,5	7,2	O.	Trübe und Regen.

18) 1867 September 19. und 20. Griechenland.

Von besonderer Eigenthümlichkeit waren die bedeutenden Erdbeben dieser Tage wegen der Seeflut, die im Meere zwischen Kreta und dem Peloponnes erzeugt, sich über die Küsten der Kykladen, des Peloponnes, der Inseln Zante und Kephalonia ergoss. Ich will zuerst aus meinem Kataloge den Theil der Beobachtungen ausheben, der nach Ausscheidung des Unbrauchbaren, auf genäherte Zeitangaben schliessen lässt und durch Rechnung näher untersucht werden kann. Meine Beobachtung zu Athen am Abend des 19. September ist auf $\pm$ 10 Sek. sicher, für alle andern Daten ist der zu befürchtende Fehler wenigstens $\pm$ 5 Minuten. Die von Major *Stuart* herrührende Beobachtung in Janina kann aber genauer sein,

September 19.

Athen	5	Uhr	44,3 Min.	*J. Schmidt.*
Chalkis	5	„	45 „	*Mansell.*
Kalamaki	5	„	47 „	*Menzello.*
Argostoli	5	„	30 „	*Inglès.*
Malta	5	„	25 „	—

September 20.

Athen	— 5	Uhr	15,3 Min.	*F. Wiener.*
Volo	— 4	„	55 „	
Kalamaki	— 5	„	13 „	*Menzello.*
Patrae	— 5	„	0 „	
Argostoli	— 4	„	55 „	*Inglès.*
Janina	— 5	„	10 „	*Stuart.*
Malta	— 4	„	45 „	
Messina	— 5	„	30 „	

Am Abend des 19. September war es ein Erdstoss, aber am Morgen des 20. kamen im Verlaufe einiger Minuten 3 oder 4 Stösse. Mit dem ersten Erdbeben war entweder keine oder nur eine unbedeutende, nicht beachtete Seewoge verbunden. Das andere Erdbeben aber erregte die grosse bis Kreta, Kephalonia und Sicilien reichende Bewegung der See.

Ich nehme an, dass beide Erdbeben nahe von demselben Zentrum ausgingen. In den 12 Stunden zwischen ihnen gab es manche schwache Erschütterungen, und die Maxima der grossen Stösse betrafen ungefähr dieselben Orte. In der Bestimmung der Lage des Epizentrums liess ich mich durch die grössten Wirkungen leiten und durch das Auftreten der Seewoge. Erstere waren auf nur kleinem Raume, auf der mittlern der drei südlichen Halbinseln des Peloponnes, und hier gab es Zerstörungen, von denen nur sehr wenig bekannt wurde. Es ist nicht einmal zu entscheiden, welches der beiden Erdbeben in Mani, bei Paganea, Gytheion und Areopolis Schaden bewirkte; doch zweifle ich nicht, dass es am Morgen des 20. September geschah, als Häuser fielen und einige Menschen erschlagen wurden, als die See heftig die Ufer des Golfes von Gytheion überflutete und viele Fische auf dem Trocknen zurückliess. Zu Kanea auf Kreta, bei Zante und Kephalonia ging die Bewegung der See langsam vor sich und brauchte lange Zeit, von 5½ Uhr Morgens bis 10 Uhr, bevor sie sich nach mehrmaligem Anschwellen und Zurücktreten ganz beruhigte. So gross und merkwürdig diese Erscheinungen waren, blieben sie doch fast ganz unbeachtet, und nur mit Mühe habe ich einige Nachrichten darüber erlangen können. Die Angaben aus Paganea, südlich von Gytheion, habe ich von Professor *Sigel* und *G. Wurlich*, die daselbst das Erdbeben und die grosse Seewoge nahe am Strande beobachteten. Nach Aussage des Dr. med. *Brachmann* zu Kalamata fand auch im messenischen Golfe das Fluten der See am Ufer statt und es wurden viele Fische ausgeworfen.

Indem ich das Epizentrum in 20° Ost von Paris und $+ 36°$ Breite annahm, westlich von Kreta im Meere, hatte ich es dem Orte der grössten Wirkungen genügend genähert. Die Seewoge, hier erregt, konnte ungehindert an die Nordwest-Küste Kreta's, ebenso nach Gytheion, Seriphos und Syra gelangen; nicht weniger leicht kam sie ungebrochen nach Zante und Argostoli. Ihre Wirkung zeigte sich am Besten in den gegen Süden geöffneten Häfen Della Gracia auf Syra, Gytheion und Lixuri auf Kephalonia. Es ging hier ebenso, wie 1861 Dezember 26. zu Galaxeidion; je enger der Hafen, desto höher und lebhafter die Anstauung der Wasser.

Indem ich drei Hypothesen für die Oberflächengeschwindigkeit g aufstellte und durch Versuche die Athener Zeit im Epizentrum c genähert == September 19. 5 Uhr 24,6 Minuten gefunden hatte, ergab sich $(R — B)$ für die auf Athen reduzirten Ortszeiten wie folgt.

		$g = 2$ Meilen	$g = 1,5$ Meilen	$g = 1,8$ Meilen
Athen	R — B ==	— 2,2 Min.	+ 3,6 Min.	— 0,4 Min.
Chalkis	„	— 0,8 „	+ 5,9 „	+ 1,4 „
Kalamaki	„	— 9,4 „	— 4,4 „	— 7,8 „
Argostoli	„	+ 1,9 „	+ 8,2 „	+ 4,0 „
Malta	„	+10,2 „	+26,0 „	+15,7 „

Ferner Σ, und wenn Malta ausgeschlossen wird Σ':

bei g == 2 Meilen	Σ == 201,5	$\Sigma' ==$ 97,4
„ 1,5 „	„ 676,0	„ 134,4
„ 1,8 „	„ 246,5	„ 79,0

Durch weitere Annäherung fand ich zuletzt, wenn die Zeit in c == 5 Uhr 25,1 Minuten und g == 1,8 Meilen:

Athen	R — B ==	+ 0,1 Minuten,
Chalkis	„	+ 1,9 „
Kalamaki	„	— 7,3 „
Argostoli	„	+ 4,5 „

so dass nun $\Sigma' = 77,2$ ward. Mehr lässt sich nicht erreichen, wie andere Versuche gezeigt haben, in denen auch die Lage von c verändert ward. Ich schliesse, dass die Geschwindigkeiten in der Oberfläche gering waren und dass der Heerd des Erdbebens keine grosse Tiefe hatte. Das zweite Erdbeben entzieht sich der Berechnung, weil keine genaue Zeitangabe vorliegt und weil sich die einzelnen der grossen Bewegungen nicht voneinander unterscheiden lassen.

Nur selten habe ich ein Erdbeben unter so günstigen Umständen beobachten können, als am Abend des 19. September. Bei sehr stiller sonniger Luft war ich auf dem hölzernen Aufbau der Terrasse, am höchsten Punkte des Daches. Man vernahm kein Getöse; die 8 Sek. dauernde Bewegung war wellenförmig, sehr sanft und selbst angenehm, ohne an eine Gefahr zu mahnen. Meine neben mir sitzende Katze legte die Ohren ganz glatt an den Kopf zurück und sah sich im Beginnen der Schwingung nach mir um, wie spähend nach der Ursache der ungewöhnlichen Bewegung.

Als Minimum setze ich für die von Südost — Nordwest gerichtete grosse Axe des erschütterten Raumes 11,6°, für die kleine Axe 7,5°, d. h. 174 und 112 geographische Meilen, die Area $= 15300$ Quadratmeilen. Die sichern Orte, wo im Süden und Norden die Seewoge noch auftrat, waren Kanea und Korfu, und diese sind 78 Meilen von einander entfernt. Man darf aber annehmen, dass die See gestört wurde auf einer Fläche von 9200 Quadratmeilen, bei 108 Meilen Durchmesser. (Vergl. die Kurve Taf. V.)

Bis September 19. war die Witterung die normale des Monats gewesen; es herrschte meist Nordostwind bei völlig klarem Himmel. September 17. absolut klar, Abends starker Thau. September 18. durchaus wolkenlos; aber seit der Frühe zeigte sich bei schwachem Südwestwind feiner ringsum lagernder Dunst, besonders am Horizonte, als trockener Nebel. September 19. bis Abends derselbe jetzt dichtere Dunst von bräunlicher Farbe, verschieden von dem Rauche, der von Waldbränden herrührt. Bald nach dem Erdbeben ging die Sonne glanzlos unter in braunrother Farbe; kaum zeigten sich die Umrisse der peloponnesischen Berge. Um 12 Uhr Nachts erhob sich ein gewaltiger Nordost-Sturm, der bis zum Morgen des 20. September dauerte. Der braune Dunst war dann verschwunden und es blieb ein sehr feiner weisslicher Dunst am wolkenlosen Himmel übrig. In dieser Nacht war ich auf der hoch und frei gelegenen Sternwarte, um Erdbeben, die ich noch erwartete, besser beobachten zu können. Aber so gross war die Macht und der Lärm des Sturmes, der Sand und Steine durch die Luft führte und auf das Dach fallen liess, dass ich von den 3 oder 4 Erdstössen, die nach 12 Uhr eintraten, kaum den einen mit Sicherheit bemerken konnte. Die folgenden Tage hatten die gewöhnliche Klarheit und seit September 1. sah man zuerst wieder am 23. September Abends Blitze in Nordwesten. Die zu Athen in 54 Toisen beobachteten Barometer- und Thermometerstände nebst Windrichtungen waren die Folgenden:

	Barometer-Mittel	Temperatur-Minimum	Temperatur-Maximum	Wind
September 15. =	334,95'''	21,3° C.	26,4° C.	NO.
„ 16. =	4,63	19,8	27,9	NO,
„ 17. =	4,67	17,4	28,8	N.
„ 18. =	5,15	16,9	30,0	NW.
„ 19. =	4,74	20,5	31,6	W.
„ 20. =	6,03	22,6	25,7	N.
„ 21. =	6,32	17,8	26,9	NO.
„ 22. =	6,16	19,5	28,2	W.
„ 23. =	5,45	20,7	30,8	W.
„ 24. =	4,12	21,6	32,2	W.

Die Beobachtung zu Gytheion findet sich im Ἐϑνοφύλαξ ἀϱ. 1825. Hier wird die Dauer der Seebewegung von der Frühdämmerung bis 9 Uhr Morgens angegeben. Zerstörungen wurden gemeldet aus Maroulia und dem Kloster Gola, aus Areopolis sowie a. a. O. der westlichen Maina. In Lakonien fielen zu Hagios Jeremias 2, in Tzitziana 5 Häuser, am Kloster Jerbezi ein Thurm. Viele Häuser litten Schaden und einige Menschen wurden erschlagen. Am 20. September Morgens ward zu Pulkowa bei Petersburg von Professor *Wagner* eine auffallende Bewegung der Wasserwage bemerkt. Ueber diese und eine ähnliche Beobachtung von mir vergl. *Heis'* wöchentl. Unterh. 1868 p. 128 und 1871 Nr. 31.

Einen Monat nach dem jetzt besprochenen Ereignisse begannen die grossen und gefährlichen Erdbeben auf der Sporadeninsel Skopelos, im Norden von Euböa. Sie erreichten Oktober 22. und 27. ihr Maximum mit vielem Schaden. Mein Katalog IV. giebt die Einzelheiten. Jene Erdbeben erschütterten noch stark Euböa, aber Attika nicht mehr. Um diese Zeit fand ich zu Athen die meteorologischen Verhältnisse wie folgt:

	Barometer-Mittel	Temperat. Minimum	Temperat. Maximum	Wind	Regen	Bemerkung
Okt. 20. =	335,45'''	15,2°C.	23,9°C.	SW.	—	Sehr klar.
„ 21. =	6,24	15,9	24,2	SO.	—	Sehr klar.
„ 22. =	6,64	14,9	24,0	O.	—	Zum Theil dunstig. Abends Blitzen in W.
„ 23. =	5,93	14,7	24,1	NW.	—	Sehr klar. Abends Blitzen in W.
„ 24. =	5,83	15,0	21,8	NO.	—	Halb wolkig. Abends Blitzen in W.
„ 25. =	6,39	14,7	19,2	NO.	—	Halb wolkig.
„ 26. =	6,08	13,8	19,7	NO.	—	Halb wolkig. Abends Blitzen in SW. und S.
„ 27. =	4,95	14,4	20,2	NO.	—	Zum Theil klar. Abends Blitzen in SO. und S.
„ 28. =	3,97	12,2	21,2	W.	—	Klar.
„ 29. =	1,44	15,9	20,0	SW.	19,19'''	Bedeckt, Regen. Abends Blitzen in SW. und W.
„ 30. =	1,91	14,3	18,8	NO.	1,72	Trübe, Gewitter. Abends Blitzen in SW.
„ 31. =	4,71	16,3	21,6	NO.	—	Gebrochen.

19) 1868 Oktober 4., Skiathos.

Die Sporaden-Insel Skiathos, 18 geographische Meilen von Athen entfernt, im Norden Euböa's, ward in der Frühe des 4. Oktober schwer von grossen Erdstössen betroffen, die sich diesmal auch bis Athen fortpflanzten. Herr Dr. med. *Wild* in Skiathos hat mir eine Reihe seiner Beobachtungen mitgetheilt, die man nebst andern in meinem Kataloge verzeichnet findet. So zahlreich nun auch Nachrichten aus Skiathos und aus Euböa vorliegen, so fehlen über das merkwürdige Erdbeben doch alle Angaben aus anderen Theilen Griechenlands, und es lassen sich spezielle Resultate nicht gewinnen. In Skiathos wurden 150 Häuser beschädigt. Die Witterungsverhältnisse habe ich zu Athen wie folgt beobachtet. Zwischen September 17. und Oktober 31 fand der niedrigste Barometerstand am Tage des Erdbebens, Oktober 4., Nachmittags statt mit 332,98'''; der höchste am 11. Oktober, Abends, mit 335,86'''. Vergl. die Erdbeben im Kataloge IV.

	Barometer-Mittel	Temperat. Minimum	Temperat. Maximum	Wind	
Okt. 1. =	333,75'''	21,2°C.	30,2°C.	SW.	Sehr klar.
„ 2. =	4,68	20,1	28,9	SW.	Sehr klar, feiner Dunst.
„ 3. =	4,29	19,7	30,6	SW.	Sehr klar, feiner Dunst.
„ 4. =	3,24	22,0	33,4	NO.	Sehr klar.
„ 5. =	3,35	20,9	32,3	SW.	Sehr klar, etliche Streifen. Abends grosser NO.
„ 6. =	5,50	19,6	23,5	NO.	Sehr klar, NO stark.
„ 7. =	5,14	16,7	23,7	NO.	Klar und dunstig.
„ 8. =	4,43	15,8	26,1	SW.	Meist klar. Abends 10 Uhr Regenspur. Blitzen in NW.
„ 9. =	4,38	16,4	26,1	SW.	Dunstig und klar. Abends 7 Uhr Blitzen in W.
„ 10. =	4,55	16,6	26,1	SW.	Klar.
„ 11. =	5,91	18,1	26,4	NO.	Dunstig. 7 Uhr Gewitter. Regen 1,34'''. Nachts Blitzen in W.
„ 12. =	5,57	16,9	25,1	NO.	Zum Theil klar. Abends Blitzen in W.

20) 1869 Dezember 28., Santa Maura.

Um die Zeit des sehr bedeutenden, für Santa Maura unglücklichen Erdbebens war ich nicht in Griechenland und konnte nicht dafür wirken, dass genügende Nachrichten gesammelt wurden. Sonach liegt nichts Brauchbares vor und ich kann mich auf wenige Worte beschränken. Das Erdbeben hatte sein Epizentrum im Norden der Insel und erschütterte heftig die nahe Küste des Festlandes, Korfu, Ithaka und Kephalonia. Es war 5 Uhr Morgens, als die Hauptstadt Amaxiki fast gänzlich zusammenstürzte. Bis Dezember 31. zählte man 15 Todte. Kurz vorher war grosses Ungewitter. In meiner Abwesenheit beobachtete mein Gehilfe, *Alex. Wurlisch,* Folgendes zu Athen. Der niedrigste Barometerstand war Dezember 18. mit 331,10''' (in 54 Toisen Seehöhe), der höchste Dezember 6. mit 339,67'''.

Barometer-Mittel	Temperat. Minimum	Temperat. Maximum	Wind	Regen	(† bedeutet Thau
1869					
Dez. 22. = 334,87‴	8,7°C.	17,6°C.	S.	0,02‴ †	Klar. Berge verhüllt, starker Thau.
„ 23. = 334,74	10,5	17,5	S.	0,015 †	Ebenso.
„ 24. = 334,53	11,6	18,3	S.	0,03 †	Ebenso.
„ 25. = 333,83	12,1	17,1	S.	—	Dunstig. S. sehr stark.
„ 26. = 332,45	14,4	17,1	S.	1,27	Trübe. S.-Sturm.
„ 27. = 333,59	13,8	16,6	S.	—	Trübe. S. sehr stark.
„ 28. = 334,14	14,3	18,9	S. '	—	Meist trübe. Berge verhüllt. S. sehr stark.
„ 29. = 336,02	10,8	15,9	S.	4,26	Bedeckt.
„ 30. = 334,94	11,4	13,9	O. NO.	10,41	Bedeckt.
„ 31. = 332,51	11,5	15,6	SO. N.	10,885	Bedeckt; 1 Uhr Gewitter.
1870					
Jan. 1. = 333,92	9,1	14,6	NW.	—	Klar.
„ 2. = 336,57	7,8	15,0	S.	—	Dunstig.
„ 3. = 335,51	8,0	13,4	S.	1,76	Ebenso.
„ 4. = 333,41	9,1	15,9	S.	—	Zum Theil klar.

21) 1870 Juni 24., Mittelmeer.

Von ungewöhnlicher Ausdehnung war dies, dem Ereignisse des 12. Oktober 1856 ähnliche Erdbeben, welches die Küsten Arabiens, Aegyptens, Syriens, den Archipelagos nebst Kreta, Hellas, Sicilien und das südliche Italien erschütterte. Ich habe es genau beobachtet, und zwar im Meridiansaale der Sternwarte zu Athen.   Hier war es ein heftiger, plötzlich anstürmender Doppelstoss, begleitet von Zittern und tiefem Donner.   Die Luft war still und sonnig.   Der Pendel der Berthoud'schen Uhr, in deren Nähe ich mich befand, und dessen Schwingungen die Richtung Süd — Nord haben, ward augenblicklich durch Anschlag gegen die Wand des Uhrkastens gestört; aber erst 4,9 Min. nach dem Stosse kam der Sekundenzeiger, der sich mit mattem zögernden Schlage noch so lange fortbewegt hatte, ganz zur Ruhe.   Die bis auf 2 oder 3 Sekunden genaue mittlere Zeit des Erdstosses war Abends 5 Uhr 53,6 Minuten. Die Richtung der Bewegung schien Ostnordost — Westsüdwest zu sein, oder

Südwest — Nordost. Ich halte für wahrscheinlich, dass Stoss und Donner vom Meere kamen, aus Süd oder Südwest.

Zu Santorin, dessen neuer Vulkankegel sich damals noch in gewohnter grosser Thätigkeit befand, hatte nach Kapitän *N. Botsis* Beobachtung das Erdbeben sehr bedeutende Heftigkeit, so dass zu Aspronisi und an andern Punkten Felsstürze stattfanden. In Heraklion auf Kreta war das Erdbeben stark, doch ohne Unglück; mit dem Donner erfolgte der einmalige Stoss und nach ihm kamen mässige Wellenbewegungen des Bodens. In Syra und Chalkis fühlte man das Erdbeben schwach, ebenso zu Poros. Zu Kairo, Ismaïla, Alexandria, Naplus, Beirut, Smyrna war die Erschütterung heftig und verursachte in Kairo kleine Schäden. Messina und Neapel fühlten eine mässige Wellenbewegung. Der Katalog gibt alle bekannten Nachrichten. Die Zeitangaben, die allein in Betracht kommen können, sind die folgenden, wobei zu bemerken, dass die Athener Beobachtung, wie erwähnt, völlig genau, die von Neapel (Sismograph *Palmieri's* in der Stadt) wol sehr genähert ist. Ueber die andern Daten ist nicht zu urtheilen, weil dazu jeder Anhalt fehlt. ** genau; * vielleicht genähert.

	Ortszeit.	Athener Zeit.		
Neapel	5 Uhr 16,4 Min.	= 5 Uhr 54,3 Min.**		*Palmieri* (Sismograph.
Locorotondo	5 „ 15 „	= 5 „ 41,3 „		*Campanella.*
Athen	5 „ 53,6 „	= 5 „ 53,6 „	**	*J. Schmidt.*
Dardanellen	5 „ 53 „	= 5 „ 41 „		Mittheil. von *Koumbary.*
Kreta	6 „ 0 „	= 5 „ 56 „		*Kalokairinos.*
Smyrna	6 „ 6 „	= 5 „ 52,4 „	*	Met. Station.
Alexandria	6 „ 25 „	= 6 „ 0,4 „	*	Mittheil. von *Koumbary.*
Santorin	6 „ 10 „	= 6 „ 3,0 „	*	*N. Botsis.*

Diese Daten werden nicht genügen, Befriedigendes für die Geschwindigkeit des Erdbebens zu ermitteln. Dass zu Neapel und Athen das Erdbeben nahe momentan auftrat, zeugt an sich nicht entscheidend für eine sehr grosse Geschwindigkeit, weil sich die Lage vom Epizentrum nicht genau angeben lässt. Damit für gedachte Orte gleiche Radien resultiren, musste das Epizentrum südlich bei der Afrikanischen Sirte angenommen werden. Lag es aber in Aegypten oder Nord-Arabien, so musste Athen früher als Neapel erschüttert werden, und der Unterschied von 0,7 Minuten würde auf eine enorme Geschwindigkeit dann schliessen lassen, wenn die Zeit zu Neapel zweifellos wäre. Aus der Gesammtheit der Beobachtungen bin ich der Ansicht, dass wol in diesem Erdbeben der Heerd eine sehr grosse Tiefe hatte, dass demzufolge über' grosse Räume hin die Erschütterung nahezu gleichzeitig auftreten musste. Der Raum, in welchem kleine Beschädigungen und wo Felsstürze vorkamen, umfasst Santorin, Smyrna, Kreta, Syrien und Aegypten, ähnlich wie 1856. Von beiden Küsten des rothen Meeres, bis Aden hin, wird das Erdbeben gemeldet, so dass ich das Epizentrum in Nord-Aegypten oder Nord-Arabien vermuthe, schon desshalb, weil diesmal nirgends von einer Seewoge die Rede ist. Als ungefähre Näherung für die Grenzkurve setze ich die Länge der von Südost — Nordwest gerichteten Hauptaxe = 26° oder 390 geographische Meilen, die kleine Axe = 18° oder 270 Meilen, die Area nahe = 83000 Quadratmeilen, also mehr als bei dem viel stärkeren Erdbeben von 1856. Doch ist stets zu bedenken, dass die Armuth und Unvollkommenheit der Nachrichten uns keine sichern Schlüsse erlauben kann. Ich habe wol daran gedacht, durch Briefe mehr in Erfahrung zu bringen, aber im Hinblicke auf die Barbarei jener Länder hatte ich keine Hoffnung auf Erfolg. Auf Tafel V gehört die grösste Kurve diesem bedeutenden Erdbeben an, einem der Vorläufer der schrecklichen Katastrophe, welche 37 Tage später Phokis verwüstete.

Nach Athener Beobachtungen waren die meteorologischen Zustände von Juni 20. bis 30. folgende:

Barometer-Mittel	Temperatur-Minimum	Temperatur-Maximum	Wind	
Juni 20. = 334,50'''	20,7°	30,1°	NO.; W.	Klar.
„ 21. = 3,81	20,7	30,8	SW.	„
„ 22. = 2,57	22,3	33,5	W.; NO.	„
„ 23. = 3,05	20,7	26,6	W.; N.	Trübe, etliche Tropfen.
„ 24. = 3,48	18,1	32,0	NO.; W.	Klar.
„ 25. = 3,35	19,5	29,6	W.	„
„ 26. = 2,78	20,7	30,3	SW.	„
„ 27. = 3,15	22,3	32,3	O.	„
„ 28. = 3,07	21,9	31,8	N.	„
„ 29. = 2,91	21,2	30,9	NW.	„
„ 30. = 8,57	21,0	33,7	SW.	„

22) 1870 August 1. Das Phokische Erdbeben.

Nur selten finden wir in der Geschichte der Erdbeben so bedeutende Ereignisse verzeichnet, welche, wie die nun zu schildernde Verwüstung der Provinz Phokis, mit grösster Gewalt ihren Anfang nahm und mit zahllosen,

darunter oft mächtigen Erschütterungen, länger als drei Jahre anhielt. Viele
der bis jetzt erhobenen Fragen der Wissenschaft, viele Experimente hätten zu
reichen Ergebnissen führen müssen, wenn auch nur ein kundiger Beobachter
in so langer Zeit gewesen wäre, der, ausgerüstet mit den nöthigen Kennt-
nissen, und was so überaus wichtig ist, mit unerschütterlicher Ausdauer, sich
dem Studium der wechselvollen, oft gefährlichen Erscheinungen gewidmet
hätte. Es ist aber Nichts von Belang geschehen, und das Wenige, was ich
selbst, 4 Tage nach dem Erdbeben, in jenem Lande beobachtet und ermittelt
habe, ist verschwindend dem gegenüber, was nun unwiederbringlich für die
Wissenschaft verloren scheint. Dennoch aber ist anzuerkennen, dass die
überaus traurigen Verhältnisse, in welche alle Städte und Dörfer von Phokis
versetzt wurden, Monate lang jede ernste Bestrebung vereiteln mussten. Das
Unglück war zu gross und Jeder war genug mit den Leiden seiner Angehörigen beschäftigt. Konnte ich doch selbst während meines dreitägigen Aufenthaltes in Phokis keine irgend welche genaue Untersuchung ausführen, da es
an jeglichem Obdache fehlte, da jede Mauer, falls noch eine aufrecht stand,
jede Felswand und Höhle, die Schutz gegen die Glut der Augustsonne gewähren konnte, sorgsam gemieden werden musste, aus Furcht vor der Gewalt
der Stösse des Erdbebens, die ohne Aufhören, Tag und Nacht hindurch, begleitet von Donnern und Brüllen, oft mächtig den Boden in die Höhe hoben
und wieder sinken liessen. Wer nicht ein Land in solchem Zustande gesehen
hat, in welchem volkreiche Ortschaften gänzlich zertrümmert am Boden liegen,
wo die Bewohner unter Bäumen, Zelten und Bretterverschlägen kampiren,
und wer nicht Zeuge der Stimmung war, die in solcher Zeit die Gemüther
beherrscht, wird sich schwer die Grösse des Eindruckes vergegenwärtigen
können, und vielleicht weniger geneigt sein, das Fehlen aller brauchbaren
Beobachtungen zu entschuldigen. Es war aber noch ein anderer Umstand,
der bewirkte, dass selbst die Zeitungen sich wenig oder gar nicht mit dem
Unheil in Phokis beschäftigten, denn wenige Tage vor dem Erdbeben begann
der Krieg zwischen Deutschland und Frankreich, und die Wirkung desselben
war auch hier zu Lande so gross, dass Jeder nur auf die Vorfälle des Krieges
seine Aufmerksamkeit richtete. In dieser Spannung der Gemüther verging
das Jahr 1870, und die Folgezeit war auch hier zu Lande nicht geeignet,
irgend welches tiefergehende Interesse dem Erdbeben, den langdauernden
Leiden der Phokier zuzuwenden. Hiermit habe ich dargelegt, weshalb abermals ein grosses, höchst lehrreiches Ereigniss für die Wissenschaft als verloren erachtet werden muss.

Das Gesehene und das Erfragte will ich im Folgenden mittheilen, aber einen Auszug aus dem Kataloge gebe ich an dieser Stelle nicht. Den Katalog selbst muss man vor Augen haben und den Inhalt der Jahre 1870 bis 1873 durchsehen, um sich eine Vorstellung von der Dauer, der Menge und der Kraft der Erdstösse zu bilden.

Ich habe kurz zuvor von der weitreichenden Erschütterung am 24. Juni gehandelt. Am 11. Juli erbebte Mytilene und Smyrna; Juli 29. und 30. die Insel Lissa und zugleich nahmen die Erdbeben in Hellas ihren Anfang, zunächst schwach, unbestimmt, doch über grosse Räume verbreitet. Am Abende des 31. Juli erfolgte eine Erschütterung von ernsterem Charakter, deren Wirkung in Euböa, Attika und im Peloponnes zwar nicht sonderlich auffiel, in Phokis aber den Einwohnern nach Stärke und Dauer einen drohenden Eindruck machte. Aber Niemand liess sich dadurch warnen, denn hier sind die Erdstösse überhaupt sehr häufig, und die Unglücksfälle von 1817 und 1861 waren von den Meisten bereits längst vergessen. In der folgenden Nacht schliefen glücklicherweise sehr Viele der Hitze wegen im Freien, und so ward der Verlust an Menschenleben nicht so gross, als er zur Winterszeit gewesen sein würde. In der Frühe des 1. August, an einem Montage (20. Juli nach altem Kalender) gegen 2 3/4 Uhr begann der furchtbare Vertikalstoss, dem sogleich drehende und schwingende Bewegungen von grösster Heftigkeit folgten, 15 bis 20 Sekunden anhaltend, nicht angezeigt durch den Donner, der später wegen seiner Häufigkeit kaum noch beachtet ward. In wenigen Sekunden sanken in Trümmer Itea, Xiropigadi, Chryssò, Delphi, dann Theile von Arachova und Amphissa, nebst manchen andern Orten, isolirten Kirchen und Klöstern, von denen kaum mehr als vorübergehend einmal die Namen genannt wurden. Neunzehn Minuten später erbebte die Erde abermals mächtig, und um 1 1/2 Uhr Nachmittags warf ein ungeheurer Stoss den Rest der Trümmer zu Boden, und verursachte am Parnassos, am Korax und an der Kirphis die unerhörten Felsstürze, von denen später die Rede sein wird. Ungezählte Bewegungen der Erde, Donnern und mancherlei Getöse, Tag und Nacht nicht aussetzend, dauerten den ganzen August, September und Oktober. Viele der grösseren Stösse erschütterten fast ganz Griechenland und Theile der Türkei, und was ich von solchen irgend in Erfahrung bringen konnte, ist im Kataloge verzeichnet. Am 25. Oktober, als die meisten Bewohner im Freien waren, um die für sie schreckenvolle Erscheinung eines rothen Nordlichtes zu betrachten, erfolgte ein Erdstoss von vernichtender Gewalt, so dass die Stadt Amphissa, die sich August 1. noch ziemlich erhalten hatte, in einem Augenblicke zum grössten Theile zertrümmert ward, und dass zu Delphi, Chryssò, Itea und Galaxeidion Jeder die Bretterhütten verliess, von denen noch viele zerrissen wurden. Alles, was man im Laufe der letzten 10 bis 11 Wochen neu erbaut hatte, ward wieder zerstört oder im hohen Grade beschädigt. Es kam der Winter, und es mussten die Phokier unter den bedauerlichsten Verhältnissen in Holzverschlägen oder im baufälligen Mauerwerke eine schwere Zeit durchleben, fortwährend erschreckt durch neue bedeutende Erdstösse, und ohne Hoffnung, dass die Bebung des Bodens bald aufhören werde. Zwar hatte die Regierung das Mögliche versucht, um das Unglück zu mindern; aber es war zu gross, als dass sich allseitige Hilfe hätte finden lassen. Wie weit die Zerstörungen reichten, wie hoch man den Verlust geschätzt habe, wie Viele erschlagen oder verwundet wurden — Nichts ist durch Druckberichte hinlänglich bekannt geworden, und meine Nachforschungen blieben ohne befriedigendes Resultat. Ich glaube aber, dass im Ganzen wol 100 umkamen, und zwar meist am 1. August, denn später war man vorsichtig und in den Nothwohnungen mehr gesichert. Dass am 25. Oktober, wie es scheint, Niemand getödtet ward, ist nur dem Nordlichte zu danken. In Folge mangelnder Beobachtungen und Nachrichten kann also, wie man sieht, meine Darstellung nicht viel anders lauten, als ein Bericht von *Procopius*. 1300 Jahre vor unsern Tagen.

Als auch im dritten Jahre die Erdbeben nicht aufhörten, wandte ich mich schriftlich an den Herausgeber der in Amphissa erscheinenden Zeitung „*Παρνασσὸς*," und ersuchte ihn, jedes Erdbeben von nun an mitzutheilen. Einige Wochen lang geschah es auch; dann hörten die Notirungen auf, sowie ähnliche, die ich von andern Personen in Amphissa und Chryssò erbeten hatte. Meine Bemühung, wenigstens die Blätter des *Παρνασσὸς* seit August 1870 zu erhalten, schlugen fehl, denn selbst in der Redaktion waren sie nicht mehr vorhanden, und man konnte mir nur zerstreute Nummern aus den Jahren 1871 und 1872 mittheilen, die gelegentlich ein Erdbeben erwähnten. Ebenso erging es mit der Phokischen Zeitung *Πυϑία*, in welcher jedoch im Herbste 1873 ein dankenswerther Aufsatz von Herrn *Makrides* erschien, dem ich später manche brauchbare Details entnehmen werde. Aber selbst diesen Bericht, wenige Wochen nach seinem Erscheinen, konnte man mir nicht vollständig verschaffen.

Grösse der erschütterten Fläche.

Am wenigsten bei diesem Erdbeben bin ich im Stande, die Grenzkurve mit irgend erwünschter Sicherheit anzugeben. Da ich aber von den Jonischen Inseln und von Euböa weiss, dass hier die Bewegung deutlich gefühlt ward, da Herr *Gorceix* mir meldete, dass das Erdbeben zu Ferselé (Pharsalos) noch stark war, endlich da Attika und wol der ganze Peloponnes betroffen ward, so lässt sich wenigstens ein Minimum der Entfernung der Grenzkurve von dem Epizentrum annehmen. Ist das Epizentrum August 1. in der Ebene von Salona, nahe bei Chryssò, und Oktober 25. bei Amphissa, so setze ich den Durchmesser der allgemein erschütterten Fläche = wenigstens 55 geographische Meilen, die Area = 2375 Quadratmeilen. Den Durchmesser der allgemein beschädigten Fläche schätze ich auf 6 Meilen, die Area auf 28 Quadratmeilen, den Durchmesser der völlig zerstörten zentralen Fläche = 3 Meilen, die Area = 7 Quadratmeilen oder $^1/_{340}$ des Ganzen. (Vergl. die Kurve Taf. VI.) Zerstörungen gab es nicht mehr an der Nordküste des Peloponnes, in Megaris und Attika, wenn man nicht rechnet, dass gelegentlich Steine und Dachziegel herabfielen, und dass in Attika, an der Küste südlich bei Phaleron, sich Theile der Mergelwände ablösten. Nördlich vom Korinthischen Golfe hatte zunächst Galaxeidion stark gelitten, doch weniger als am 26. Dezember 1861. Denn als ich am 4. August 1870 die Stadt wiedersah, fand ich wol manche starke Beschädigungen, aber doch nicht völlig zerstörte Häuser. Wie schon erwähnt, waren die Ortschaften der Ebene von Salona und der nahen Gebirge, von Itea bis Delphi und Arachova entweder ganz zerstört oder doch sehr bedeutend verwüstet, so zwar, dass östlich und westlich von Chryssò und Delphi sich der Ruin in Arachova und Amphissa geringer erwies, und ich zweifle nicht, dass das Epizentrum des 1. August nahe südöstlich bei Chryssò bestanden habe. Das rauhe Gebirgsland südlich vom Parnassos, die Kirphis, das Gebiet von Dystomo, ward noch schwer heimgesucht.

Dagegen hatte das Erdbeben des 25. Oktober sein Epizentrum, wie es scheinen könnte, nahe bei Amphissa, falls man nicht annehmen will, dass dieser Stoss heftiger war als der des 1. August; dass der Umsturz von Amphissa nur desshalb so in den Vordergrund trete, weil es ausser diesem Orte überhaupt Nichts mehr zu zerstören gab. Diese und ähnliche Fragen würde man nur lösen können, wenn zahlreiche und zuverlässige Beobachtungen vorhanden wären. So viel aber halte ich für gewiss, dass die Epizentra der Achäischen Erdbeben von 1817 und 1861 diesmal nicht thätig waren, wie deutlich aus dem früher Mitgetheilten erhellt, oder dass sie, wenn doch wirksam, 1870 sich nach Norden versetzt hatten. Ich schliesse aber, abgesehen von dem, was durch die Zerstörungen vor Augen gestellt wird, auch desshalb auf eine mehr nördliche Lage, weil 1870 bis 1873 niemals eine Seebewegung von irgend welcher Bedeutung stattfand. Diese aber entsteht, wenn der Boden des Meeres durch einen Vertikalstoss plötzlich gehoben wird.

Zeit, Beschaffenheit und Dauer der Erdstösse.

Da, ausser in Athen, nirgends genaue Zeitangaben vorliegen, so lässt sich Nichts berechnen, und die Geschwindigkeit der Wellen des Erdbebens bleibt unbekannt. Ich zweifle aber gar nicht daran, dass die Bewegungen langsam waren, und dass der wahre Ursprung der Stösse keine grosse Tiefe hatte. Amphissa, durch den Telegraphen mit Athen verbunden, könnte genaue Athener Zeit haben, aber darauf ward hier zu Lande bis jetzt nicht geachtet. Ich finde für die zwei grossen Stösse am 1. August, wenn die zu Athen und Amphissa beobachteten Zeiten verglichen werden, die Differenzen 0,6 und 19 Minuten. Wäre die erste Uhrzeit in Amphissa (nämlich telegraphirte Athener Zeit) richtig, so müsste freilich die Oberflächengeschwindigkeit eine sehr grosse gewesen sein; aber die zweite Angabe zeigt, wie beide nicht die geringste Gewähr haben können. In Kumi auf Euböa ist bei dem zweiten Stosse des 1. August die Minute genau dieselbe wie in Athen, aber nur zufällig; es hätte auch wegen naher Uebereinstimmung der Längen von Athen und Kumi und wegen fast gleicher Entfernung beider Orte vom Epizentrum, überhaupt keine grosse Differenz stattfinden können.

Die grossen und gefährlichen Erdstösse, sofern sie zerstörend auftraten oder doch durch ihre Kraft Jeden zur Flucht aus den Häusern nöthigten, will ich hier zusammenstellen, da der Katalog wegen seines Umfanges die Uebersicht einigermaassen erschwert; die Uhrzeiten mit * sind Angaben von mir in Athen und in Phokis. Alle Stösse wurden in Phokis notirt, einige bis Ende 1870 auch in Athen.

1870 Juli 31.	6	Uhr	32,4	Min.*	Erdbeben in ganz Hellas.				
Aug. 1.	—2	„	40,6	„	*	Der 1. grosse Stoss.			
„ 1.	—2	„	59,6	„	*	„ 2.	„	„	
„ 1.	—8	„				„ 3.	„	„	
„ 1.	1	„	33,3	„	*	„ 4.	„	„	
„ 5.	—1	„	27,6	„	*	„ 5.	„	„	
„ 5.	3	„				„ 6.	„	„	
„ 6.	0	„	16	„	*	„ 7.	„	„	
Sept. 23.	—7	„				„ 8.	„	„	
„ 25.	—2	„				„ 9.	„	„	
Okt. 25.	6	„	56,9	„	*	„ 10.	„	„	
Nov. 12.	—7	„				„ 11.	„	„	
„ 12.	3	„	30	„		„ 12.	„	„	
„ 30.	—5	„	44,8	„	*	„ 13.	„	„	

1871 März 17.		8 Uhr	15 Min.		Der 14. grosse Stoss.			
April 15.					„ 15.	„	„	
Mai 5.	— 1	„	55	„	„ 16.	„	„	
Juni 22.	— 9	„	22	„	„ 17.	„	„	
Juli 12.					„ 18.	„	„	
Aug. 30.	— 3	„			„ 19.	„	„	
Sept. 12.	— 3	„			„ 20.	„	„	
Okt. 5.	— 4	„			„ 21.	„	„	
„ 21.	— 5	„			„ 22.	„	„	
Nov. 30.	3	„	30	„	„ 23.	„	„	
1872 Jan. 13.	2	„			„ 24.	„	„	
„ 16.	— 3	„			„ 25.	„	„	
Febr. 9.	11	„	30	„	„ 26.	„	„	
April 10.					„ 27.	„	„	
Sept. 2.	10	„			„ 28.	„	„	
Okt. 23.	— 6	„	30	„	„ 29.	„	„	
Nov. 1.	— 5	„			„ 30.	„	„	
1873 Jan. 7.	0	„	30	„	„ 31.	„	„	
Febr. 24.	5	„			„ 32.	„	„	
März 15.	— 0	„	50	„	„ 33.	„	„	
Juli 31.	—11	„	20	„	„ 34.	„	„	
Aug. 1.	—11	„	10	„	„ 35.	„	„	

Man zählte also von August 1. 1870 bis August 1. 1873 nur 35 sehr grosse Stösse, oder vielmehr nur diese 35 Stösse wurden in der Zeitung gemeldet oder mir brieflich mitgetheilt. Ich bin aber darüber sicher, dass auf diese Weise kaum der zehnte Theil mir bekannt ward, und dass man für die 3 Jahre gegen 300 oder 320 schwere Erdbeben ohne Uebertreibung annehmen darf.

Ueber die Natur der grossen Bewegungen findet man in dem Aufsatze von *Dimitrios Makrides*, περὶ τῶν κατὰ τὴν Φωκίδα συμβάντων σεισμῶν, abgedruckt in der zu Amphissa erscheinenden Zeitung *Πυθία*, Nr. 42—47 (von denen mir Nr. 45 nicht zugänglich war) gute Bemerkungen, die ich mittheilen werde. *Makrides*, der bald zu Amphissa, bald zu Chryssò beobachtete, unterscheidet stets die weggehenden von den ankommenden Erdbeben, die ἀναχωροῦντας von den διερχομένοις, und der Eindruck der Stösse, an Orten die dem Epizentro nahe waren, mag diese Unterschei-. dung bedingt haben, die mir selbst in Phokis nicht ganz fremd geblieben ist Die Ersteren kamen ohne, die Letzteren mit Luftgetöse, βοὴ ἀτμοσφαιρική.

In Amphissa war man darüber einig, dass die Bewegungen westlich im Korax-Gebirge anfingen und östlich gegen den Parnassos zogen. Es ward konstatirt, dass man von Arachova aus (welches 3000 Fuss über See, östlich von Delphi liegt) zuerst Felsen bei Chryssò und dann erst solche bei Arachova stürzen sah. Als *Makrides* zu Xiropigadi in der Krissäischen Ebene die Seite eines steilen Felsen passirte, hörte er den grossen Donner, und dann kam aus Westen das wellenförmige Erdbeben, dessen Geschwindigkeit ihm der der Geschützkugeln ähnlich zu sein schien. Es ward ferner bemerkt, dass zuerst bei Sernikaki westlich, dann bei dem Kloster des Propheten Elias östlich von der Ebene, Felsen sich ablösten. Hiernach möchte man glauben, dass das Epizentrum westlicher als Chryssò und Amphissa zu vermuthen sei, während ich nur durch die Zerstörungen mich leiten liess, die möglicherweise in der Ebene und auf Schutthalden viel grösser waren als auf dem festen Fels. Doch fehlt es an Beobachtungen, um hierüber in's Klare zu kommen.

Es fand sich, dass gewöhnlich die vertikalen Stösse heftiger und von längerer Dauer waren als die horizontalen; von diesen Letzteren unterschied man wieder das zuckende schüttelnde Beben, παλματίας, und es wird gesagt, dass dieses mit pfeifendem oder schwirrendem Tone, συριγμός, verbunden war. Die παλματίοι (also gewiss mehr noch die Vertikalstösse) hatten die Eigenschaft, dass sie den Boden merklich auftrieben, und dass sich der Boden mit dem Aufhören der Bewegung wieder senkte. Die horizontalen Schwingungen waren in der Mehrzahl wellenförmige, κυματοειδεῖς, und lange nicht so zerstörender Art wie selbst schwächere Vertikalstösse. Desshalb litt Amphissa am 25. Oktober viel mehr als am 1. August, weil ein senkrechter Stoss eintrat, anstatt früher eine Welle. Auch diese Bemerkung unterstützt meine Vermuthung über eine Ortsveränderung des Punktes grösster Wirkung, welcher seit August 1. mehr gegen Nordwest gerückt zu sein scheint. Die Geschwindigkeit der horizontalen Wellen war stets geringer als die senkrechte Bewegung, und dies konnte man besonders dann bemerken, wenn die Erschütterung von zusammengesetzter Natur war. Im Wesentlichen begannen die grossen Erdbeben mit dem Vertikalstosse; ihm folgte mit der Anschwellung, ἐξόγκωσις des Bodens, der παλματίας, und dieser endete mit der horizontalen Woge. Ausser den normalen Erdbeben gab es aber noch andere; man unterschied den Stoss τιναγμός von dem Hin- und Herschwanken des Bodens, ταλάντωσις, mit welchem Getöse und plötzlicher lärmender Aufruhr verbunden war, und nannte dies κλονισμός, wofür im Alterthume das Wort κλόνος vorkommt; in der Bedeutung von Erschütterung und Lärm, ταραχή. Sie waren nicht über das ganze Gebiet des Erdbebens verbreitet, sondern mehr von lokalem Charakter. Oft hörte man den Lärm, ohne dass eine Bewegung erfolgte, oft folgten allein die wankenden Bewegungen, *ταλαντώσεις*, dem vertikalen Stosse; jene glich dann der eines grossen Schiffes auf wogendem Meere, und dieser Vergleich gibt auch den Unterschied der Geschwindigkeit zu erkennen, denn den Vertikalstoss und den *παλματίας* wird man nie mit solcher Bewegung des Schiffes vergleichen wollen. Ausser bei den ersten grossen Ereignissen waren es besonders die gefährlichen Erdbeben des 6. März 1873 und 2. Mai 1873, welche zu solchen Beobachtungen Veranlassung boten. Bei dem bedeutenden Vorläufer der ersten Katastrophe, dem Erdbeben am Abende des 31. Juli 1870 begann die Bewegung mit dem Vertikalstosse; dann neigte sich der Boden schroff gegen Nordwest. *Makrides* sagt bei dieser Gelegenheit: „Wir empfanden diese unbegreifliche Senkung des Bodens wie von einer von oben her drückenden Kraft, und nicht wie von einer unterirdischen Entzündung herrührend."

Was die Richtung der Stösse anlangt, so glaubte man in der ganzen zentralen Region, von Galaxeidion bis Amphissa, dann westlicher im Demos Myonia, dass im Grossen die Bewegungen von Nordwest — Südost gerichtet waren; dass Morgens die Stösse mehr aus West, am Tage und Abends mehr aus Nord kamen. Dasselbe vermuthete man örtlich in Dystomo und Davlia. Auch die Lage der Gebirge schien Einfluss auf die Bewegung zu haben, wie man denn zu Chryssò auch von Süd her, aus der Gegend der Kirphis und der Korinthischen See, Stösse und Getöse herkommend wähnte. Mit der Zeit veränderte sich die Richtung der Erschütterungen am selbigen Orte. Alle grossen Erdbeben hatten jedoch nach allgemeiner Ansicht die Richtung Nordwest — Südost.

Das Getöse war von sehr wechselndem Charakter; man unterschied das Gebrüll, *μυκετίας* (*μυκηθμός*) von den donnernden Tönen, *βροντοηχείς*, und zwar so, dass Ersteres aus der Tiefe, Letzteres aus der Luft zu kommen schien. Das Gebrüll war dem Donner keineswegs vergleichbar. Dieser war plötzlich, trocken, dem Kanonenschusse ähnlich, und er nahm zuerst bei Itea am Meere und zu Chryssò seinen Anfang, nachdem das Gebrüll gleich Anfangs, wenn auch nicht überall, aufgetreten war. Zu Amphissa erfolgte der grosse Stoss am 1. August Morgens ohne jeden Lärm, wie wenigstens *Makrides* bestimmt behauptet. Der allgemeine Ausdruck für das Getöse des Erdbebens ist *βοή*.

Das Erdbeben dauerte 3 Jahre. Hinsichtlich der Häufigkeit der Stösse zeigte sich im zweiten Jahre keine sonderliche Abnahme, doch wurden sie im Ganzen schwächer, aber die Felsstürze und Donner gaben denen von 1870 wenig nach. Im Jahre 1871 wagte man noch nicht, steinerne Häuser zu bewohnen.

Nach *Makrides* Beobachtung begann das Erdbeben am Morgen des 1. August 1870 ohne Getöse; es war zuerst senkrecht*), dann schwankend und drehend und dauerte etwa 20 Sekunden. Nur wenige Häuser nebst Theilen der Burg fielen, und fast alle Gartenmauern. Sämmtliche Häuser und Kirchen, ein Gebäude ausgenommen, wurden mehr oder weniger beschädigt. Von den Ortschaften der Ebene war schon die Rede; in Arachova wurden gegen 200 Häuser ruinirt und 25 Menschen erschlagen, ausserdem 80 verwundet. In jener Nacht schlief ein Mann im Freien ausserhalb Itea und hatte sein Gewehr unter den Kopf gelegt. Nach dem grossen Erdstosse aufspringend, sah er das Gewehr in mehrmaligem Aufschnellen vom Boden sich 3 Schritte gegen Norden bewegen, so gross war die Kraft der Stösse. Er ergriff die Waffe, damit sie nicht losginge und ihn oder seinen Kameraden treffe. Bis zum Winter hörte die Unruhe der Erde niemals ganz auf, und an einem Orte Montlià, zwischen Parnassos und Kirphis, fand man, dass 3 Monate lang ein Ei, welches man auf eine Metallplatte gelegt hatte, in steter zitternder Bewegung blieb. In den ersten 3 Tagen gab es wenigstens in jeder dritten Sekunde ein Erdbeben, so dass täglich gegen 29000 zu rechnen wären.

Der grosse Stoss, welcher August 1. Nachmittags $1^3/_4$ Uhr erfolgte, war in Phokis zuerst senkrecht, mit starker Hebung des Bodens; dann folgte 15 Sekunden lang die Schwankung, in welcher das Auf- und Absteigen weniger heftig hervortrat. Ungeachtet der ungeheuren Kraft war die aufschwellende Bewegung doch einigermaassen sanft, so auch zu Itea und Chryssò. Dem Gefühle nach betrugen die Hebungen und Senkungen 0,3 Meter. Nach dem 1. August wurden aber die horizontalen Schwankungen stärker, indem sie bis 5 Fuss Spannweite erreichten, nämlich das Hin- und Herschwanken des Bodens; ὅτι μεγάλοι ὁριζόντιοι σεισμοὶ ἐξετέλουν διαδρομὴν μέχρι διαστήματος πέντε ποδῶν. Das Erdbeben am 25. Oktober 1870 übertraf alle früheren, was die Spannweite der Wellen betrifft. In Chryssò betrug der beiderseitige Ausschlag hölzerner Stützen eines provisorischen Hauses mehr als 6 Fuss.

Das erste Erdbeben bewirkte Bodenrisse zu Delphi, Chryssò, Itea, Amphissa und Galaxeidion, sowie an manchen Stellen der Krissäischen Ebene.

---

*) Anderswo wird die Vertikalität nur dem Erdbeben des 25. Oktober zugeschrieben.

Sie lagen alle senkrecht gegen die allgemeine Richtung der Schwingungen. Eine bei der Lokalität Larnaka, dem Strande nahe, nordwestlich von Itea, war Süd — Nord gerichtet und war eine Stunde Wegs lang, die Breite von 0,1 bis 0,4 Meter wechselnd, zum Theil doppelt laufend und sehr tief. Selbst der Fels ward gelegentlich gespalten, so bei Sernikaki eine 2 Meter hoch aus dem Ackerfelde aufragende Felskuppe.

Nach der Darstellung von *Makrides* erhellt, dass auch die Sandkrater und Wasserausbrüche nicht ausblieben, denn er berichtet, dass am Meere bei Larnaka drei derselben im Meere stattfanden, deren Mündungen 10 bis 15 Meter Umfang hatten bei kegelförmiger Gestalt; zwei andere zeigten bis 20 Meter Umfang und waren viel tiefer. Am Strande bei Skala und im Sumpfe entstand solcher Kegel, der trinkbares Wasser ergoss. Ebenso gab es derartige Wasseröffnungen bei dem Mühlenwerke am Bache Skliri; zwei davon auf dem trockenen Boden, zwei im Meere. Die Ersteren hatten 2 Meter Umfang, die Anderen 8—10 Meter, und alle waren kegelförmig. Man sah, wie sie Wassersäulen von 2 Meter Höhe ausbrachen. Am 25. Oktober bemerkten Salzarbeiter, wie Wasser aus dem Sande und aus dem Meere viele Meter hoch ausgetrieben ward. Im Oelwalde von Agorasa, oberhalb der Quelle des Baches Skliri, brach reichlich Wasser hervor, ähnlich wie am 1. August. Aber nach dem Oktober zeigten sich solche Erscheinungen nicht mehr. Man erkennt, obgleich *Makrides* Beschreibung nicht genügt, dass in der Ebene von Salona dieselben Erscheinungen auftraten, wie 1861 Dezember 26. in der Ebene von Achaja. 1870 waren die Spalten und die Sandkegel seltener, und Letztere nur auf kleinem Raume zu finden.

Dreitägige Beobachtungen in Phokis, 1870 August 4.—7.

Schon am 1. August hatte die Regierung Maassregeln zur Unterstützung der verunglückten Ortschaften berathen. Am 3. August berief der Ministerpräsident Herr *Deligiorgis* eine Sitzung der ersten Staatsbeamten, welcher beizuwohnen ich nebst Herrn Professor *Mitzopulos* aufgefordert wurden. Der Beschluss lautete, dass eine Kommission nach Phokis zu senden sei, um neben andern Erhebungen auch wissenschaftliche Beobachtungen zu veranstalten. Da Herr Professor *Mitzopulos* an der Reise verhindert war, so ward ich nebst Professor *Christomanos* veranlasst, noch am selbigen Tage die Reise anzutreten. Es ward bestimmt, dass uns in Itea zwei Offiziere mit etlichen Soldaten und den nöthigen Zelten beigegeben werden sollten. In der Frühe des 4. August kamen wir an den Isthmos und gelangten nach vielem Zeitverluste erst 4 Uhr Abends an die Küste von Phokis bei Itea. Da dieser

Ort vollständig zertrümmert am Boden lag, und die Zelte noch nicht angekommen waren, wählte ich in Rücksicht auf mögliche Anschwellungen der See, 200 Schritte östlich von Itea einen 3 oder 4 Meter hohen Hügel, dessen Gipfel mit dichtem Feigengebüsch bedeckt war, zum Bivouak für die Nacht. Der Sumpf der Ebene mit vielen weidenden Thieren lag nahe im Osten, $^1/_2$ bis $^3/_4$ Stunden ferner die hohen Felswände der Kirphis. Südlich sahen wir auf die Korinthische See und die Berge des Peloponnes, westlich auf die Küste von Galaxeidion und die ragenden Felshörner der Korax-Kette. Im Norden schloss den Horizont die hohe Mauer des Parnassos, dort mit den Phädriaden über Delphi endend, wo das Gebirge durch die hinter Xiropigadi hervortretende Kirphis verdeckt wird. Ich hatte also im südlichsten Theile der Krissäischen Ebene, 500 Schritte vom Meere, meine Beobachtungsstation gewühlt, und war dem Epizentrum des Erdbebens muthmaasslich bis auf 1 $^1/_2$ oder 2 Stunden Wegs nahe.

· So lange wir noch auf dem Isthmos, dann im Laufe des Tages auf dem Meere waren, fühlten wir kein Erdbeben und hörten keine Detonation. Der ganz wolkenlose Himmel war mit feinstem Dunste überzogen (wie oft im Sommer), und es wehte ein schwacher Wind aus Südwest. Sobald wir Itea nahe kamen, hörten wir, ungeachtet des lärmenden Dampfers, die ersten unterirdischen Donner, und als wir die sehr verwüstete hölzerne Anlegbrücke betraten, fühlten wir Erdbeben in Menge, die indessen ohne besondere Stärke waren. Nach Einrichtung des Bivouaks begann ich, noch am Tage, die erste genauere Beobachtung, und ersah dafür den Boden unter dem Feigengebüsche. Indessen war der Wind noch zu lebhaft, das Geräusch der grossen Blätter des Baumes störte, so dass alle feineren Tonarten und die geringen Bewegungen der Erde nicht sicher genug aufgefasst werden konnten. Unter solchen Umständen fand ich in 35 Minuten 8 deutliche Erdbeben und noch mehr Detonationen von sehr mässiger Stärke und geringer Dauer. Die Richtung der Stösse war einmal Nordwest — Südost, einmal Nord — Süd.

Nach Anbruch der Nacht, zunächst mit astronomischen Beobachtungen beschäftigt, begann ich aufs Neue die Zählung der Stösse und Detonationen, da es nun nach Verminderung des Windes stiller auf Land und Meer geworden war. Man hörte und fühlte nun besser, und in 10 Minuten zählte ich 16 Detonationen und verschiedene Schwingungen des Bodens von West — Ost und Nordwest — Südost. Die Luft war wolkenlos und es blitzte oft (wie gewöhnlich in diesem Monate) hinter dem Parnassos gegen Nordost. Gegen Mitternacht verabschiedete ich alle überflüssigen Personen und richtete es so ein, dass ich die Nacht allein an der Nordseite des kleinen Hügels zubrachte,

um in aller Ruhe die Erdbeben beobachten zu können. Von 12,2 Uhr bis
13,2 Uhr zählte ich 71 Detonationen, von denen mindestens 16 mit deutlichen zum Theil lebhaften Erdbeben verbunden waren. Ich hatte aber den
Eindruck, dass viele schwache Bebungen des Bodens doch der Wahrnehmung
entgingen, denn das Sausen des schwachen Windes hielt noch an und man
hörte zuweilen auch das Rauschen der See; dazu störte der Lärm von Hunden
und Eseln und die Stimmen der Bewohner von Itea, die am Strande unter
Bretterverschlägen kampirten. Nach 13 Uhr, also nach 1 Uhr in der Frühe
des 5. August, gedachte ich kurze Zeit zu ruhen, um später die Zählungen
fortzusetzen. Kaum hatte ich mich niedergelegt, als um 1 Uhr 27,6 Min.
ein Erdbeben von furchtbarer Gewalt Alles ringsum in Schrecken und Bewegung versetzte. Die Luft war ganz still, das Blitzen hinter dem Parnassos
hatte aufgehört; ein grosser, doch weicher tiefer Donner, ähnlich dem des
schweren Marinegeschützes, wenn es aus der Entfernung von 1½ Stunden
Wegs gehört wird, ging wenige Zehntheile der Sekunde dem mächtigen Vertikalstosse voraus. Wie ein vom Sturme aufgeblähter Teppich schwoll der
Boden empor, nicht nach Art einer Sprengung, sondern viel langsamer, dennoch aber, trotz der erstaunlichen Wucht, gewissermaassen sanft und mehr
andrängend als stossend. Ich fühlte mich in die Höhe geworfen, ohne doch
das Gefühl ähnlich raschen Herabsinkens zu haben, da die Geschwindigkeit
für diese Art von Bewegung doch nicht gross genug war, und vielleicht 2
oder 3 Sekunden dauerte. Ein Nachhall mit schwachen Vibrationen erfüllte
die nächsten 8 oder 10 Sekunden. Indem ich mich rasch fasste und auf-
stand, Blick und Gedanken besorgt auf die nahe See gerichtet, erhielt ich
jetzt den vollen Eindruck von den viel umfassenden Wirkungen des Erdbebens.
In dem Augenblicke des anstürmenden Donners und des Stosses erscholl aus
Westen das Poltern und Rasseln der Trümmer, die vielfach in dem nahen
Itea durcheinander stürzten, vereint mit dem Aufschrei der Bevölkerung am
Strande; das Gebell der Hunde, das kurze scharfe Aufrauschen der See am
flachen Ufer, wo sie kaum 2 Meter weit die normale Linie überschritt. Dann
einige Sekunden Stille, und es kam aus Osten der Schall von dem Sturze gewaltiger Felsmassen, die allseitig von den Höhen der Kirphis sich loslösten,
in Strömen und Schutthalden sich donnernd durch die Thalschluchten oder
auf schroffen Wänden fortwälzten, und mit ungleichem Tone auf die Ebene
des Pleistos oder auf die Fläche der See herabfuhren. Als nach Maassgabe
der Entfernungen das sehr mannigfaltige Getöse langsam zu Ende ging, hörte
ich den fernen, schwächeren und tiefen Donner jener Felsmassen, die am
Parnassos herabkamen, und zuletzt vernahm ich von West und Nordwest aus

dem Korax und von den Höhen um Amphissa das Getöse der Felsblöcke, sehr verschieden von dem inzwischen erneuten Donner der nachfolgenden Erdbeben. So entstand eine scheinbare Aufeinanderfolge nahe gleichzeitiger Ereignisse, weil von den näheren der Schall früher als von den entfernteren anlangte. Mitten in dem Aufruhre der grossen Nachtszene hörte ich in der Nähe das klappernde Geräusch der aneinanderschlagenden Blätter des Feigenbaumes, das Herabfallen der Heuschrecken und anderer Insekten von den trockenen Pflanzen, den ängstlichen Lauf nächtlicher Thiere, die erschreckt ihre Schlupfwinkel verlassen hatten.

So war dies Erdbeben, welches dem grossen des 1. August nur wenig an Mächtigkeit nachstehen konnte. Aber Unglück verursachte es nicht, weil in dem ganzen Raume, wo es in solcher Heftigkeit auftrat, es nichts mehr zu zerstören gab. Obgleich die Grösse des Eindruckes zu der Meinung veranlassen konnte, dass die Hebung und Senkung des Bodens bei diesem Stosse sehr bedeutend gewesen sei, glaube ich doch nicht, dass sie mehr als 0,2 bis 0,3 Meter betragen habe, wie ich es aus den neuerdings umgeworfenen Trümmern in Itea schloss, und aus dem Umstande, dass Professor *Christomanos'* Fortin'scher Barometer, den ich sorgfältig auf weichem Boden so aufgestellt hatte, dass die drei metallenen Füsse weit auseinander standen, nicht umgeworfen oder beschädigt ward.

Von den zahlreichen Detonationen in dieser Nacht dauerte nicht leicht eine über 3 Sekunden, und so auch die Erdbeben, deren Richtung, wenn überhaupt erkennbar, mehrfach von Nordwest — Südost geschätzt wurde. Es lag nun darin eine besondere Eigenthümlichkeit, dass die Detonationen plötzlich begannen und in 2 bis 3 Sekunden kontinuirlich bis zum Verschwinden abnahmen, aber die Erdbeben hatten in vielen Fällen schwachen Anfang und endeten plötzlich mit scharfem Nachdrucke; oft folgte dann noch ein Nachhall, und einige Male aus sehr verschiedenen Richtungen, sogar südwärts von der See her. Es gab auch heulende und seufzende Töne, aber nie so bestimmt und kraftvoll, wie ich sie Wochen lang während der grossen Eruptionsphänomene zu Santorin gehört hatte.

Am 5. August früh 6 1/2 Uhr fuhr ich im Boote mit 10 Rudern von Itea nach Galaxeidion. Die Luft war heiter, die See wenig bewegt. Wir blieben der Westseite des Golfes und den kleinen dortigen Felsinseln nahe, und fanden, dass die Detonationen, die am Strande oft und stark gehört wurden, bald nicht mehr vernommen werden konnten. Ebenso fühlten wir bei der Abfahrt die Erdstösse auch noch im Boote, aber nach einer Viertelstunde schon nicht mehr. Um 9 1/2 Uhr landeten wir im Hafen der vom

Erdbeben schwer betroffenen Stadt. Die Bevölkerung hielt sich durchweg in den Strassen auf und übernachtete seit August 1. im Freien oder in Bretter-hütten, oft wenig vorsichtig in der Nähe hoher und baufälliger Häuser. Die Felsufer am Hafen zeigten mehrfach neue Risse. Man hatte hier am 1. Aug. bei dem späteren grossen Stosse, um 8 Uhr Morgens, fern an der Felsküste östlich von Itea, sehr bedeutende Felsmassen sich ablösen und in die See rollen gesehen. Alle Häuser der Stadt waren beschädigt, doch sah ich keins ganz in Trümmern. Auf der Rückfahrt nach Itea und dann an Bord des Dampfers Nauplion, wo ich gegen 11 Uhr mich vor Itea aufhielt, hörte man nun wieder dumpfen Donner und fühlte oft Stösse, ähnlich dem Anschlagen des Schiffes gegen feste Massen; oft schien es, als streiche der Kiel über Rollsteine hinweg; die Wassertiefe war 15 Faden.

Seit der Frühe dieses Tages sah man im Pleistos, oder wol richtiger in den vereinigten Bächen, die sich aus der östlichen Ebene in die See ergiessen, gelbrothes Wasser und das Meer trüben und roth färben. Man behauptete, dass dies früher nicht geschehen sei, woran ich wenig glaube. Mittags kam diese Färbung an den Ort, wo der Dampfer lag. Der Wind war jetzt lebhaft Südwest.

Bald nach Mittag bestiegen wir die Maulthiere und ritten von Itea nordwärts nach Chryssò, wo übernachtet werden sollte. Die Luft war wolken-los und bei starkem Winde die Schattentemperatur 34,5° Cels. Ungeachtet des Lärms, den der Reisezug verursachte, und ungeachtet des Rauschens der Oelbäume hörten wir sehr oft Detonationen, und zwei oder drei Mal konnte sogar während des Rittes der heftige Stoss bedeutender Erdbeben bemerkt werden, und dies nicht bloss aus dem veränderten Benehmen der Thiere, die nur noch bei sehr grossen Erschütterungen erregt wurden, die Ohren anlegten und zitterten. Als wir am Ende des Oelwaldes in das Thal gegen Amphissa sehen konnten, fanden wir auf der Strasse sehr ansehnliche Felsblöcke, die dort aus Westen von einer niedrigen Anhöhe herabgefallen waren. Es er-folgte nun ein sehr heftiges Erdbeben, und sogleich ward es kund durch ver-änderte Bewegung des Maulthieres. Ich sah auch, wie die vom Winde ein-seitig bewegten Blätter der Sträucher am Wege eine seltsam vibrirende Bewegung annahmen, und wie verschiedene Schmetterlinge gleichzeitig auf-flogen. Dann hörte man von Osten her den Lärm der Felsblöcke, die von der Kirphis herabkamen, und darauf, durch den Agogiaten aufmerksam ge-macht, sah ich fern in Nordwesten an einer wol 1000 Fuss hohen Bergwand den weissen, einem Wasserfalle gleichenden senkrechten Streifen, den Rest oder den Staub eines schon beendeten mächtigen Felssturzes. Gegen 4 Uhr kam unser Zug nach Chryssò. Die vormals ansehnliche und wohlhabende Ortschaft, am flachen südlichen Fusse der Vorhöhen des Parnassos erbaut, lag nun gänzlich zertrümmert vor uns, und 3 oder 4 Häuser, die noch aufragten, waren durchaus unbewohnbar. Die pfadlosen Schuttmassen westlich umgehend, fanden wir nördlich über Chryssò auf einer gepflasterten Dreschtenne unsere Zelte aufgeschlagen. An dieser Stelle waren wir vor Felsblöcken gesichert, doch nahe dem Südrande einer Felsfläche, deren Ränder losgebrochen und zum Theil auf die benachbarten Häuser gestürzt waren. Hier hatten wir weiten Umblick, und für Beobachtungen wäre diese Station sehr vortheilhaft gewesen, wenn nicht am Tage die Menge des im Freien kampirenden Volkes, Nachts das Gebell vieler Hunde die grössten Störungen verursacht hätte. Seltsam gefleckt und wie geschunden zeigten sich hier die kahlen Wände der Kirphis, die ich 1862 noch dunkelgrau gesehen, die nun durch das Erdbeben so zerfetzt und zerrüttet ward, dass überall Theile der dunklen Oberfläche losgebrochen wurden, wesshalb dann das weisse oder auch rothbraune Kolorit des Kerngesteines zu Tage kam. Bevor es dunkel ward, besuchte ich im Nordosten von Chryssò die geneigten Flächen anbaufähigen meist baumlosen Landes. Hier gab es zahlreiche und grosse Spalten; sie hatten einige Male 1,5 Meter Breite bei mehr als einem Meter Tiefe, und waren meist ausgefüllt von Gestein und der rothen Erde, dem Verwitterungsprodukte des Kalkgebirges. Dies ganze Gebiet scheint mir eine Schutthalde im Grossen, schon entstanden bei der Erhebung des Parnassos, ein Trümmerboden, bestehend aus grossen Theilen des Urgebirges, überdeckt von den Resultaten der Verwitterung. Als wenig zusammenhängende Masse störte das Erdbeben leicht genug das Gleichgewicht der Theile und das Resultat davon zeigte sich in Spalten an der Oberfläche. Die Quellwasser bei Chryssò waren nicht verändert; der obere Kephalari hatte 17,8° Cels. Wärme. Auf einer Felshöhe im Osten stehend, sahen wir unter uns die weite Trümmerstätte; eine Anzahl Leute hielt den Abendgottesdienst neben dem Schutte einer Kirche und an den Gräbern der am 1. August Erschlagenen. Geläutet ward mit einer Glocke, die in den Zweigen eines Oelbaumes hing.

Von 4 bis 8 Uhr Abends fand sich keine Gelegenheit, Erdbeben genauer zu beobachten; ich rechne aber, dass in dieser Zeit wenigstens 100 fühlbar waren; auch hörte man fortwährend Lärm und Donner in der Tiefe. In der Nacht schien mir an diesem Orte bei Chryssò alles schwächer als bei Itea zu sein. Umlagert von so vielen Neugierigen und gestört durch Hunde und Esel, hatte ich kaum noch die Hoffnung auf ähnliche Beobachtungen, wie die vorige Nacht sie lieferte. Die Nacht war still, wolkenlos und mondhell.

Als Alle in den Zelten waren, begab ich mich auf eine freie Felsplatte gegen Südwest, um in einiger Ruhe die Phänomene genau auffassen zu können. Von 10,5 bis 11,5 Uhr waren Detonationen und Erdbeben häufig, doch liess der dauernde Lärm nicht zu, die feineren Töne und Bewegungen deutlich wahrzunehmen. Um Mitternacht ward es etwas stiller und ich zählte nun in einer Stunde 46 Detonationen und 16 Erdbeben. Mehrfach war der Donner hell und kurz; in einem Falle kam zuerst ein starker Donner, nach 1,5 Sekunden ein kräftiger Doppelstoss aus Nord; dann ein verworrener Nachhall aus Süd von der Kirphis, und bestimmt nicht von fallenden Blöcken herrührend. Dergleichen seltsamen Nachhall, der nicht über 5 Sekunden dauerte, notirte ich 5 mal in der Stunde. Kein Erdstoss war im Entferntesten mit dem grossen in der Frühe zu vergleichen. Zwischen 2 und 6 Uhr Morgens (August 6.) ward ich jedoch mehrmals durch harte Erdstösse aus dem Schlafe geweckt. Es erfolgte kein hörbarer Felssturz in der dafür so sehr geeigneten Lokalität. Sonach waren also jetzt alle Erscheinungen schwächer als in der vorigen Nacht, oder ich war August 4. dem Epizentrum viel näher.

Am 6. August, früh 6 Uhr, bei völlig klarer, stiller Luft ritten wir nach dem nahen Delphi. Als es auf beschwerlichem Terrain stark bergauf ging, stieg ich ab, um im Falle von Felsstürzen mich freier bewegen zu können. Der Donner ward fortwährend gehört. Nach 7 Uhr hielten wir am südlichen Theile des Ortes, bei den Ausgrabungen von Lenormant, wo ich 1862 gewohnt hatte. Delphi lag in gänzlicher Vernichtung am Boden; nur einzelne Mauerreste standen noch und es hatte sich selbst der kleine Thurm einer Kirche aufrecht erhalten. Gegen Osten, wo der Weg nach Arachova führt, lag Kloster und Kirche der Panagia in Trümmern unter den Oelbäumen, dazwischen sehr grosse Felsblöcke, die aus der Nähe herabgerollt waren und uralte Bäume zerschmettert und entwurzelt hatten. Schutt, Felsstücke, Oelbäume und Pappeln lagen durcheinander in der steilen Schlucht, die südwestlich neben dem Kloster im Thale des Pleistos endet. Der Kastalischen Quelle nahe westlich waren aus der glatten Wand der seit Alters berühmten Phädriaden riesige Felsprismen von 300—400 Fuss Höhe und 60—80 Fuss Dicke herausgebrochen und gegen Süden auf das freie Feld niedergeschlagen, welches Delphi von dem Lokal der Kastalischen Quelle scheidet. Diese selbst war nun von Blockwällen umgeben, deren Gestein von der östlichen Höhe herabkam; theilweise verschüttet war sie von Süden her erst sichtbar, wenn man den Trümmerwall überstiegen hatte. In der Meinung, dass diese ehrwürdige Stätte bald den Blicken der Menschen entzogen werde, wagten wir es, ungeachtet der Donner und Erdbeben, die gefährliche

Stelle nochmals in der Nähe zu betrachten. Nach Ablesung des Barometers und der Wassertemperatur ward schleunig der Rückweg angetreten. Die grösste Furcht hatten wir am Fusse der steilen kolossalen Felswände vor dem fallenden Gestein aus der Höhe.

Delphi liegt zunächst auf einem Ackerboden, der stark mit Felstrümmern gemengt ist; diese obere Schicht ruht auf einer grossen gegen Süden geneigten Kalkmasse, die den hier fast senkrechten Abstürzen des Parnassos nach Art einer Terrasse oder Stufe vorgelagert erscheint. Auch sie betrachte ich als Schutthalde, als denjenigen zertrümmerten Theil des Gebirges, der zurückblieb, als der Parnassos emporstieg, oder sich von ihm während der Hebung ablöste und die Rutsch- oder Schliffflächen der Phädriaden verursachte. Es hatte also die Unterlage von Delphi nicht dieselbe Festigkeit wie das Urgebirge und litt desshalb vom Erdbeben im hohen Grade. Die Verwüstung begann hier in der Frühe des 1. August; sie ward vollendet durch den Stoss um 1 1/2 Uhr Nachmittags, der die zuvor schon gespalteten Felsen der Phädriaden jetzt zum Sturze brachte, wie denn auch in eben diesem Erdbeben der grosse Felssturz oberhalb Chryssò erfolgte.

Nach Besichtigung der Verwüstungen hatten wir mit den Bewohnern von Delphi eine Besprechung am Westende des Dorfes auf einer Dreschtenne, wo ein Tuch zum Schutze gegen die Sonne ausgespannt war. In der Nähe lagen viele Schwerverwundete, besonders Frauen und Kinder, unter zusammengestellten Brettern und Splittern von Hölzern, die man den Trümmern entnommen hatte. Dies war der einzige Schutz auf dem strahlenden Steinboden, wo kein Baum stand; er war aber zugleich genügend gesichert gegen fallende Blöcke. Zwei von Athen geschickte Militärärzte nahmen sich der Verwundeten an. In der Nähe lag der Friedhof mit einer wenig beschädigten Kapelle, auf welchem man jüngst die 22 Erschlagenen begraben hatte. Einige der Verschütteten hatte man erst am dritten Tage aus den Trümmern der Häuser hervorziehen können. Während der halbstündigen Unterredung waren Detonationen und Erdbeben häufig, und als wir Delphi verliessen, erfolgte ein starker Vertikalstoss mit lautem Schusse. Nach Chryssò zurückgekehrt, vernahmen wir dort dieselben Bebungen und Donner wie vorher, und ebenso auf dem Ritte nach Itea, wo wir Mittags ankamen. Kaum angelangt am Strande, entstand ein so mächtiges Erdbeben, dass links und rechts von den Mauerresten der Häuser bedeutende Steinmassen herabstürzten, und Staubsäulen in der Ferne verkündeten den Fall von Felsen in den Bergen. Das Pferd, welches ich ritt und in Itea sorgsam in der Mitte der Strasse hielt, nahm von dem grossen Stosse und dem Lärm des Gesteines keine Notiz,

so sehr hatten sich die Thiere seit 7 Tagen an das Erdbeben gewöhnt. Um
3½ Uhr gingen wir an Bord der vor Itea ankernden Karteria und fuhren
um 6 Uhr über die Korinthische See an den Isthmos. In diesen 2½ Stunden
ertönte oftmals der Donner, und vier starke Erdbeben wurden von Allen auf
dem Schiffe verspürt. An der ganzen Küste bis zur Mündung des östlichen
Baches war das Meer lebhaft braunroth gefärbt. Ich war um 2 Uhr mit
Professor *Christomanos* am Strande gegen Osten gegangen, um den Zustand
der See näher zu untersuchen. Infusorien oder sehr kleine Crustaceen waren
nicht die Ursache jener Farbe, sondern ich glaube, dass die vom Erdbeben
in den Fluss gerollten Theile der rothen Erde sich seit 7 Tagen im Wasser
auflösten, welches rothbraune Wasser sodann seine Farbe dem Meere mittheilte. Diese einfache Erklärung ist wahrscheinlich die richtige.

Wirkung des Erdbebens fern vom Epizentrum.

In Entfernungen von 6 bis 7 Meilen und mehr von Amphissa war die
Erschütterung so gross, dass man überall in's Freie flüchtete und dort bis
Tagesanbruch verharrte. Im Peloponnes, zu Megaspiläon, Kalavryta, Hagia
Laura wurden Altarleuchter umgeworfen und Oel aus den Gefässen geschleu-
dert; auch hörte man das Anschlagen der Glocken. Zu Pharsalos, in
12,7 Meilen Abstand, fand *Gorceix* den Stoss noch sehr mächtig, und zu
Athen, 17 Meilen vom Epizentrum entfernt, wo ich die 3 Stösse des 1. August
beobachtete, war der erste von gefahrdrohendem Charakter.

Der Vorläufer am 31. Juli, Abends 6 Uhr 32,4 Minuten, ward von mir
wahrgenommen, als ich mich auf der Dachterrasse befand; es war eine sanfte,
sehr regelmässige Wellenbewegung von West — Ost und dauerte 5 bis 6 Sekunden. Die Luft war ganz still; der Lärm der Cicaden ward nicht unterbrochen; doch waren die Hähne sehr unruhig. August 1., früh 2 Uhr
40,6 Minuten, erwachte ich von dem grossen Erdbeben, welches ganz Athen
alarmirte. Ueber die Art seines Anfanges hatte ich gleich nachher keine
Erinnerung. Unter dem Eindrucke der Gefahr wollte ich dem Fenster zu-
eilen, beschloss aber doch Licht anzuzünden, um, da ich Sekunden zählte, die
genaue Uhrzeit nicht zu verlieren. Noch hielt der heulende Donner an, und
das Haus, in allen Theilen krachend und im Mauerwerk knirschend, schwankte
wie ein Schiff auf sehr wenig bewegtem Meere. Das Erdbeben war abwech-
selnd hebend und senkend, mehrfach wie zögernd innehaltend, mit verworrenen
Seitenschwingungen oder gehemmten Drehungen; es mochten im Ganzen 6
oder 7 Sekunden verflossen sein, seit ich erwachte. Der Lärm der Hähne
und Pfauen war gross. Den Stoss um 2 Uhr 59,6 Minuten früh beobachtete

ich auf dem Dache sehr genau; er war geringer als der vorige und glich dem des 31. Juli. Die Bewegung um 1 Uhr 33,3 Minuten Nachmittags, welche ich im Zimmer wahrnahm, glich nahezu der in der Frühe. Sie war bedeutend, dauerte 3,5 Sekunden und bestand aus rüttelnden und wogenden Schwingungen, begleitet vom Donner. Das Erdbeben, welches am 25. Oktober Amphissa zerstörte, beobachtete ich zu Athen im Zimmer um 6 Uhr 56,9 Minuten Abends; es war stark, schwingend, von 4 Sekunden Dauer und trat ein bei tiefem Barometerstande während eines rothen Nordlichtes, welches fast in ganz Europa gesehen ward. Um 7 Uhr 18 Minuten Ortszeit von Santa Maura war auf dieser Insel ein mässiges Erdbeben, welches Kapitän *Vatzaxis* notirte, 1 Uhr 58 Minuten nach dem Untergange der Sonne. Durch Nachrechnung habe ich gefunden, dass es durchaus nicht mit dem Erdbeben von Amphissa identisch war, sondern mit Rücksicht auf Längendifferenz und mittlere Geschwindigkeit $1/8$ bis $1/3$ Stunde später sich ereignete. Der Stoss von Amphissa, obwol schwächer in der Ferne als der erste, ward in fast ganz Griechenland verspürt. In Athen setzte er Bilder und andere hängende Dinge in anhaltende Bewegung, und Se. Majestät der König theilte mir mit, dass er im Palaste die Kronleuchter stark zitternd und schwingend gesehen habe.

Meteorologisches.

Der Juli 1870 war durch nichts Auffallendes von dem mittleren Charakter des Attischen Sommers unterschieden.

Juli 11., Nachts, grosser Sturm aus Nordost, die verstärkten Etesien ($τὰ μελτέμια$) wie solche jedoch in jedem Sommer vorkommen. Sehr selten sah man eine Wolke. Juli 22. zuerst viel Gewölk und häufiges Blitzen in Nordwest und West über dem Parnassos; Juli 23. wolkig, die Gipfel des Attischen Parnes mit einer Wolkenhaube, in diesem Monate freilich eine sehr seltene Erscheinung. Juli 24. halbwolkig; Juli 25.—31. sehr klar und Südwest-Wind. Juli 28., Abends, wieder Blitzen in Norden. Juli 31. kleine Cumuli. Abends bei dem Erdbeben sehr klar und still, aber der Horizont ringsum durch rothbraunen Dunst verschleiert, der, wie man hier zu Lande leicht wissen konnte, bestimmt nicht von Waldbränden herrührte. Der Rauch dieser, violettbraun von Farbe, überzieht lagen- und strichweise den Himmel, verhüllt aber nicht in homogener Weise den ganzen Horizont. Es war 4 Tage 13 Stunden 48 Minuten nach dem Neumonde, als der grosse Hauptstoss des 1. August erfolgte. Am 1. August meist völlig wolkenlos bei schwachem Südwestwind, der um 2 Uhr lebhaft ward; Abends feiner Dunst im Westen.

Nachts Blitzen in Nordost. August 2. klar bei Südwestwind, Abends grosses Blitzen in Nordost und Nord. Um 10 Uhr hörbares fernes Gewitter; dann trübe. August 3., früh 2 Uhr, trat der Nordost mit heftigem Stürmen an; Tags klar, Wolkenhaube auf Parnes, und es fallen einige Tropfen. August 4., 5., 6., 7. klar in Athen, und wie erzählt, auch in Phokis. August 6., Mittags, zu Athen hörbares Gewitter und Wolkenhaube auf dem Parnes. Die späteren Tage normale Witterung. Oktober 24. meist klar bei Westwind. Abends 6—8 Uhr rothes Nordlicht; 9—10 Uhr Blitzen in Nordwest. Oktober 25. Nachts trübe, Südsturm; um 8 Uhr grosses nahes Gewitter mit 3,6''' Regen. Parnes und Hymettos in Wolken. Abends halbklar, um 6 Uhr 57 Minuten das Erdbeben, Blitzen in Süden und Nordwesten; zu Athen ward das grosse Nordlicht, wol der Wolken wegen, erst seit 8 Uhr bemerkt. In Amphissa erschien es viel früher. In Chalkis sah *Mansell* das Nordlicht um 11¹/₂ Uhr.

Barometer und Thermometer zu Athen in 54 Toisen Seehöhe.

	Barom.-Mittel	Minimum	Therm.-Minimum	Therm.-Maximum
Juli 29.	= 332,05'''	= 331,91'''	= 22,5° C.	= 32,3° C.
„ 30.	2,00	1,88	23,0	32,8
„ 31.	1,78	1,61	24,3	34,8
Aug. 1.	1,41	1,11	23,9	33,9
„ 2.	1,23	0,99	24,6	33,9
„ 3.	1,87	1,66	25,3	33,0
„ 4.	1,96	1,74	23,2	33,2
„ 5.	0,89	0,62	23,7	33,8
„ 6.	1,04	0,71	24,4	34,4
„ 7.	1,09	1,06	23,5	32,2
Okt. 21.	335,11	334,90	11,9	20,8
„ 22.	2,93	2,10	15,4	21,5
„ 23.	2,32	2,09	12,4	19,1
„ 24.	2,63	2,44	12,7	19,9
„ 25.	0,40	0,10	15,5	24,1
„ 26.	2,55	2,00	11,5	19,3
„ 27.	2,41	2,03	10,9	20,7

Das Erdbeben von Amphissa war 1 Tag 2 Stunden 40 Minuten nach dem Neumonde.

Häufigkeit der Erdstösse in Phokis.

Nimmt man die Aussage wörtlich, dass in den drei ersten Tagen in jeder dritten Sekunde ein Erdbeben erfolgte, so wären es deren über 86000 gewesen. Da ich 4 Tage später zu Itea nach Zählungen fand, dass in 24 Stunden mindestens 1700 bis 2000 Detonationen und Stösse fühlbar waren, und da es bekannt ist, dass bis zum Winter die Erde nie ganz zur Ruhe kam, so würde man mit Berücksichtigung derjenigen feinsten Bewegungen und Schallwirkungen, die Nachts noch deutlich aufgefasst werden können, für die letzten 5 Monate von 1870 gegen 500000 Erschütterungen und Detonationen annehmen dürfen, Letztere stets 3—4 Mal häufiger als die Ersteren. Da nun das Erdbeben $3\frac{1}{2}$ Jahre anhielt, so lässt sich ohne Uebertreibung sagen, dass am Epizentrum zum Mindesten $\frac{1}{2}$ bis $\frac{3}{4}$ Millionen Erdbebenphänomene auftraten, darunter gegen 300 grosse und gefährliche mit Zerstörungen, etwa 50000 gewöhnliche Erdstösse, die man nicht beachtet, auf welche $\frac{1}{4}$ Million Detonationen zu rechnen sind. Das Uebrige bestand in den feinen Vibrationen und Tönen, die zumeist nur Nachts wahrgenommen werden.

Bald nach der Zerstörung der Phokischen Ortschaften ward darüber verhandelt, ob es vortheilhaft sei, einige Orte, wie Delphi und Itea, aufzugeben und anderswohin die Bewohner zu versetzen. Itea, wichtig als Hafenort, der unter glücklicheren Verhältnissen eine glänzende Zukunft erwarten könnte, musste indessen doch an jener Küste bleiben, die allenthalben in derselben Weise vom Erdbeben gefährdet erscheint. Delphi, nicht nur durch Erdbeben, sondern von Alters her durch Felsstürze bedroht, bot jetzt den Archäologen die beste Gelegenheit zu Ausgrabungen, mit Ausnahme des Raumes, der nun seit 1870 August 1. von kolossalen Felstrümmern überschüttet ward. Von Allem ist indessen Nichts zur Ausführung gekommen. Im Juni 1871 wünschten die Delphier, entmuthigt durch die lange Dauer grosser Erdbeben, den Ort zu verlassen, fanden aber nicht die Unterstützung der Regierung. ($\Pi\alpha\rho\nu\alpha\sigma\sigma\acute{o}\varsigma$ 1871 Juni $\frac{15.}{27.}$) Es heisst aber, dass lange zuvor die Delphier nicht auf die damaligen Vorschläge der Regierung eingehen wollten.

23) 1873 Februar 1., Samos.

In der Nacht von Freitag auf Sonnabend, Januar 31. auf Februar 1., vermuthlich kurz nach Mitternacht, hat das grosse Erdbeben begonnen, welches die Insel Samos schwer bedrohte und bedeutende Räume der asiatischen Türkei betraf, ohne, so viel man weiss, mit seinen äussersten Wellen Griechenland zu berühren. Beobachtungen im streng wissenschaftlichen Sinne gibt es nicht und ebensowenig brauchbare Zeitbestimmungen. Wir besitzen aber eine werthvolle, in den Einzelnheiten genaue Beschreibung von Herrn *Stamatiades*, der vormals in Athen studirte und jetzt auf der Insel die dortige Zeitung Σάμος redigirt. Nachdem ich den ersten Bericht gelesen hatte, wandte ich mich an Herrn *Stamatiades*, ihn darum ersuchend, dass er mit Sorgfalt die nachfolgenden Erdbeben verzeichnen möge. Dies ist recht vollständig geschehen, und Alles über das Samische Erdbeben bekannte verdanken wir ausschliesslich Herrn *Stamatiades*. Indem ich auf den Katalog verweise, der alle der Zeitung Σάμος entnommenen Daten enthält, will ich das Wesentliche nach dem Aufsatze: σεισμοὶ ἐν Σάμῳ 1873 $\frac{\text{Januar 23.}}{\text{Februar 4.}}$ in Kürze mittheilen, wobei ich wiederholt bemerke, dass ich nur nach dem neuen Kalender das Datum zähle und die gelegentlich vorkommenden türkischen Uhrzeiten auf gewöhnliche Ortszeit reduzirt habe.

Die letzte Woche des Januar bis Januar 29. war reich an sehr grossen Regengüssen und heftigen Südstürmen, welche auf vorwiegend niedrige Barometerstände schliessen lassen. Die Nacht, welche den 31. Januar beschloss, war trübe, die See ruhig. Um Mitternacht und später erfolgten in nicht genau notirten Abständen vier unbedeutende Erdstösse, die man wenig beachtete. In der Frühe des 1. Februar, gegen 1 Uhr 13 Minuten, ertönte plötzlich ein gewaltiger brüllender Donner, und das unmittelbar folgende Erdbeben, 10 Sekunden dauernd, ein μυκετίας, überbot an Heftigkeit Alles bis dahin erlebte. Dieser Ausspruch mag für die jetzige Generation richtig sein, denn es ist lange her, dass Samos in ähnlicher und selbst viel stärkerer Weise heimgesucht ward. So gross war die Gewalt der Bewegung, dass selbst im Freien gehende Personen zu Boden geworfen wurden. Dass dennoch die Samischen Ortschaften sich aufrecht hielten und nur mässige Schäden erlitten, hatte seinen Grund mehr in dem günstigen Charakter des Stosses, als in der nicht genügenden Kraft desselben. Durch den ersten Stoss wurden alle Gebäude stark zerrüttet; es fielen einige ländliche Hütten und die Hälfte der Christuskirche zu Chora. Die späteren Erschütterungen vermehrten den Schaden an den Häusern, doch ward nicht jener Grad erreicht, der den Charakter umfassender Zerstörungen bedingt. Die Furcht war aber nach dem ersten Eindrucke so gross, dass Niemand in den Häusern blieb, sondern Jeder im Freien zubrachte oder auf Schiffen, die etwa in der Nähe zugänglich waren. So litt die Bevölkerung viel von der kalten und nassen Witterung, erhielt aber bald von der türkischen Regierung Zelte und Lebensmittel aus Konstantinopel und Smyrna.

Dass der grosse Stoss nicht bloss vertikal war, geht schon daraus hervor, dass man eine Richtung angeben konnte, nämlich Südost — Nordwest. Ihm folgten die Nacht hindurch und den 2. Februar ungezählte Erdstösse vom verschiedensten Grade der Stärke, meist mit, oft ohne Donner; darunter manche höchst gewaltige Stösse, die alle Gebäude mit gänzlichem Ruine bedrohten. Am Abend des 1. Februar, 11 Uhr, kam Regen und darauf Schneefall. Am 2. und 3. Februar glaubte man bereits eine Abnahme aller Erscheinungen zu bemerken und hoffte auf baldiges Ende des Erdbebens, welches bis jetzt Niemanden getödtet und nur Wenige verwundet hatte. In der Nacht des 2. bis 3. Februar hatten die Erdstösse einen gemässigten Charakter, und es gab deren nur zwei von grosser Kraft. Die Nacht vom 3. bis 4. Februar dagegen zeigte sich wieder drohender, die Bewegungen waren heftiger, viel häufiger und das Getöse höchst gewaltsam. Von 9 Uhr Abends bis 3 1/2 Uhr Morgens zählte man 19 schwere Erschütterungen. Es wurden nun viele Häuser unbewohnbar und die meisten zu Chora und Vathy hatten im hohen Grade gelitten. Da man durch den Telegraphen anfragte, erfuhr man bald, dass die meisten Stösse auf den nahen Inseln und am Festlande entweder gar nicht oder nur schwach gefühlt wurden, während der erste Stoss gewiss grosse Räume erschütterte. Selbst auf Samos war das Maximum des Erdbebens auf den östlichen Theil der Insel beschränkt. So merkte man in Karlovaso ausser dem grossen Erdbeben nur wenige geringere, und in Mykale hatte man in der ersten Nacht nur 4 Stösse, während man deren auf Samos unzählige verspürte, besonders zu Vathy; daher man glaubte, dass sich der Heerd unter dem Berge Ampelos befinde.

Die verschiedenen Blätter der Zeitung Σάμος geben noch manche Einzelnheiten, von denen ich einen kurzen Auszug mittheilen will. Nr. 476. Um die Zeit des Erdbebens war der Fürst von Samos in Konstantinopel. Die türkische Regierung gab telegraphisch sogleich Befehl zur allseitigen Hilfsleistung für die Insel; sie sandte Lebensmittel, Zelte und Bauholz und beauftragte damit den Kaimakan von Smyrna, Rifaat-Bey. Sie verordnete ferner das Einreissen baufälliger Mauern, verbot das Betreten der verwüsteten Häuser und den Gebrauch des Petroleums in den Zelten und Holzbaracken, liess dagegen aber Nachts grosse Fackelbrände von Kienholz in den Strassen unterhalten, um Furcht und Gefahr bei neuen Erdbeben einigermaassen zu vermindern. Seit dem 1. Februar hatte man bemerkt, dass die Erdbeben meist zur Nachtzeit eintraten und ein Maximum von 11 bis 1 Uhr hatten. Februar 5. war die Luft still und schwer; Februar 6. grosser Südwind, dessen Lärm die Beobachtung der schwachen Erdbeben verhinderte. Februar 7. feiner Regen, Februar 8. klar, der Berg Ampelos aber in Wolken, aus denen Blitze mit Donner herausfuhren. Februar 9. ward den ganzen Tag kein Erdbeben verspürt, doch gab es ein starkes in der folgenden Nacht. Februar 10. heftiger Südwind, Nachts Südsturm mit grossem Regen, während dessen ein heftiges Erdbeben.

Man hatte Februar 1., früh, an der Westseite von Samos, am Berge Kerketeus, grosses Aufwallen und Getöse vernommen, wie von einer fernen Kanonade auf dem Meere. In Zeit von 3 Stunden ward solcher Lärm besonders am Orte Scheitani gehört; man glaubte an Gewitter oder Geschützdonner in der Richtung auf Kalabaktasi. Den Kerketeus hielt man hier für den Heerd des Erdbebens, wie zu Vathy den Ampelos. Der Regen des 10. Febr. bewirkte grosse Ueberschwemmung zu Kokkaria; am 11. und 12. Februar fiel starker Hagel. Zwölf oder dreizehn Tage nach dem Beginne des Erdbebens wagte man es wieder, die Häuser zu betreten. Am 15. Februar stellte sich wahres Winterwetter ein, die Berge wurden mit Schnee bedeckt und die Temperatur sank auf den Gefrierpunkt. Die Erdbeben wurden selten und es scheint, dass sie nicht über einen Monat dauerten. *Stamatiades* beabsichtigt, die Samischen Erdbeben von 1751 bis 1873 zu veröffentlichen, welche er in verschiedenen Handschriften gefunden und ausgezogen hat.

Grösse der erschütterten Fläche.

Da von keinem Punkte Griechenlands, von keiner der östlichen Kykladen Nachrichten über das Erdbeben bekannt wurden; da solche aus Rhodos, aus Mytilene und den Dardanellen fehlen, da endlich in Smyrna und Kara-hissar der Stoss des Erdbebens noch lebhaft verspürt ward, so kann ich annehmen, dass die Grenzkurve eine Ellipse war, deren extreme Durchmesser, mindestens 63 und 37 Meilen Länge hatten; die grosse Axe in der Richtung Ost — West. Die Area stellt sich im Minimum auf 1830 Quadratmeilen, die Area der beschädigten Fläche im Epizentrum auf Samos = 7 Quadratmeilen oder = $1/_{261}$ des Ganzen. (Vergl. die Kurve Taf. VI.) Ich zweifle nicht daran, dass der Heerd der Erschütterung eine nur geringe Tiefe hatte.

III.

Zusätze und Bemerkungen zu den Katalogen

von **Perrey** und **Mallet.**

Indem ich nicht die Absicht habe, den grossen Erdbebenkatalog, den ich im Laufe vieler Jahre nach und nach ausgearbeitet habe, zu veröffentlichen, will ich dasjenige davon mittheilen, was entweder bei *Perrey* und *Mallet* fehlt oder sich dort in unvollständiger Form angegeben findet. Obgleich bekannt mit den wolbegründeten Anforderungen der Wissenschaft an die Genauigkeit der Citate, bin ich gesonnen, dennoch diese Auszüge zu geben, wenn auch weder mein Aufenthalt in Griechenland, noch der Inhalt meiner Bücher mir erlaubt, in den Citaten die erwünschte Sicherheit zu verbürgen. Es kann nur mein Zweck sein, noch Unbekanntes zu Tage zu fördern, und ich hege die Hoffnung, dass Andere sich veranlasst fühlen werden, die von mir angeführten Quellen näher zu untersuchen und die Citate, wenn erforderlich, nach dem Originaltexte herzustellen. Mir haben, was die Alten betrifft, gewöhnlich nur Uebersetzungen vorgelegen, und nur selten fand sich Gelegenheit, den griechischen oder lateinischen Text zu vergleichen. Da ich in dieser Schrift mich vorwiegend auf Orient-Erdbeben beschränke, bleibt noch viel von meinem Kataloge unerwähnt, was in späterer Zeit veröffentlicht werden mag. Für die Zeit (1859—1874), als ich selbst in Griechenland umfassende Nachforschungen veranlasste und an der Beobachtung der Erdbeben Theil nahm, gebe ich zum Schlusse unter IV. einen Spezialkatalog, der sich ebenfalls nur auf die Erschütterungen in den östlichen Mittelmeer-Ländern bezieht. Im Ganzen folge ich für das Alterthum der Chronologie *Clintons*.

Auszüge aus dem handschriftlichen Athener Kataloge.

Vor Chr. Geb.

1000 oder 800	Delphi, heftiges Erdbeben, Zeit ganz zweifelhaft.	*Aelian.* 6. 9.
540	Aigina, als die Athener die Bilder der Epidaurier holen wollten.	*Herod.* V. 83.
490 Juli	Delos, nach Datis Abfahrt von da gegen Eretria.	„ VI. 98. *Clint.* p. 26.
480 Septbr.	Salamis, am Tage vor der Schlacht, Erdbeben auf Land und Meer.	*Herod.* VIII. 64

479 Frühling Bai von Potidäa, Erdbebenflut. Es könnte scheinen, als ob die Zeit der Expedition des Dareios gemeint sei, und man hätte dann das Jahr 501. Aber nach *Herodot* muss es 479 sein. „Artabazos belagerte Potidäa bereits drei Monate an der Nordseite, als im Meere eine starke Ebbe eintrat und lange anhielt. Als die Barbaren die Seichte sahen, gingen sie nach Pallene hinüber. Kaum jedoch waren $^2/_5$ des Weges zurückgelegt, da kam eine gewaltige Meeresschwellung, wie sie nach Sage der Umwohner sich noch nie ereignet hatte. Diejenigen nun, welche nicht schwimmen konnten, ertranken, die Uebrigen brachten die Potidäaten um. Die Ursache soll aber nach dem Urtheile der Potidäaten die gewesen sein, dass dieselben Perser, die hier umkamen, gegen Tempel und Bild des Poseidon gefrevelt hatten. *Herod.* VIII. 22

464	Grosses Erdbeben im Eurotasthale und Taygeton. In Sparta blieben nur 5 Häuser stehen. Bei den Alten ist oft davon die Rede. *Clinton* setzt das 4. Jahr des Archidamos, des Sohnes von Zeuxidamos.	*Aelian.* 6. 7. *Plut. Kim.* 10 *Paus. Ach.* 25
461 } 459 }	Rom; heftiges Erdbeben, als Publ. Volumnius und Ser. Sulpicius Consuln waren.	*Dio. Hal.* X. 2. *Liv.* 3. 30.
433	Im Römischen viele heftige Erdbeben.	*Liv.* 4. 21.
432 ?	Im Orient, vielleicht auf den Inseln von Hellas.	*Thuk.* 1. 27.
431 Winter	Delos, ein Erdbeben.	*Thuk.* 2. 8.

Vor Chr. Geb.		
426 Winter	Athen, Böotien, Orchomenos zumal, und Eubőa.	*Thuk.* 3. 87.
426 Sommer	Eubőa, grosses Erdbeben zu Orobiae, Atalante, dann auf Peparethos.	*Thuk.* 3. 89. *Diod.* XII. 59.
426 —	Bei Olympia. Das Jahr setze ich nach Droysen, in der Einleitung zu seiner Uebersetzung des Aristophanes. Zu einem dieser Erdbeben bemerkt *Diodor*, dass einige Seestädte überschwemmt wurden, und dass in Lokris, durch Zerreissung einer Landenge, die Insel Atalante gebildet ward. *Clinton* hat Ol. 88,3 = 426.	*Xenoph.* III. 2. 23.
424 Frühling	Athen? oder Milet und Lesbos.	*Thuk.* 4. 52.
420	Sparta; Erdbeben zur Zeit, als Alkibiades in Abwesenheit des Agis mit der Königin Timäa Umgang hatte.	*Plut. Alkib.*
420 Frühling	Athen; als Agis mit dem Heere zu Larissos in Elis stand.	{ *Thuk.* 5. 45. *Xenoph.* gr. Gesch. III.
420 Juli	Korinth, ein Erdbeben.	*Thuk.* 5. 50.
416 415 } Winter	Athen. Eine Volksversammlung wegen eines Erdbebens vertagt.	*Plut. Nikias.*
414 Frühling	Kleonae im Peloponnes.	*Thuk.* 6. 95.
411 Winter	Sparta — Zerstörung der Meropischen Kos.	*Thuk.* 8. 6 u. 41.
396	Sicilien, grosses Erdbeben und Eruption des Aetna.	*Diod.* XIV. 59.
390 Herbst	Argos, Tegea, Erdbeben als Agesipolis gegen Argos zog.	{ *Xenoph.* gr. Gesch. IV. *Paus.* III. 58.
373	Achaja, sehr grosses Erdbeben, Untergang von Helike und Bura. Bei *Clinton, Fasti* etc. pag. 118 heisst es, im Sommer, bei einigen der alten Schriftsteller „im Winter". *Strabo* sagt „Βοῦρα καὶ Ἑλίκη, ἡ μὲν ὑπὸ χάσματος, ἡ δ᾽ ὑπὸ κύματος ἠφανίσθη". Dieser Ausspruch wird nach Betrachtung jener Lokalitäten völlig bestätigt. *Aelian* 11. 19 erzählt:	

„5 Tage vor dem Untergange von Helike zogen
alle Mäuse, die Wiesel, Schlangen, Skolopender
und Sphondylen und die andern Thiere dieser
Art in Masse auf dem nach Koria (Kerynia?)
führenden Wege aus. Auch 10 von dem Spar-
taner Pellis befehligte Schiffe gingen zu Grunde".
Durch einen Theil der Nachrichten wird es
wahrscheinlich, dass das Erdbeben im Sommer
stattfand, denn im Winter konnten sich Schiffe
an jener Küste nur schwer halten wegen der
Gewalt der Nordstürme, und Schlangen und
Skolopender sind im Winter zu Wanderungen
unfähig, so wahr es übrigens sein mag, dass
solche Thiere ein Vorgefühl des Erdbebens
haben. (Vergl. die Monogr. des Aigion Erdb.
1861.)   *Diod.* XV. 48. 49.

348   Delphi; auf $\pm$ 5 Jahre unsicher. Es war zur
Zeit, als Philo und Phaliskos den Tempelschatz
zu Delphi raubten „und dies (das Aufgraben
des Bodens) war gegen das Ende des Phokischen
Krieges.   *Diod.* 16. 56.

282   *Methana, Epidaurus. Pausanias* spricht wol von
der Entstehung der warmen Quellen, sowie von
dem Feuerausbruche, auch von der Demeter
Thermasia, aber nicht von Erdbeben und Erhebung des Bodens, welche *Ovid* schildert. Es
war zur Zeit des Demetrios Antigonou.   *Paus.* VI. 23. u.
                                          36.

279 Winter   Erdbeben im Keltenlande, Felsstürze zu Delphi,   *Paus.* X. 23. 9.
als bei Schneegestöber Brennus besiegt ward.   *App.* Röm. G.
Damals war Anaxikratos Archon zu Athen.

268   Erdbeben während der Schlacht, welche der   *Liv.* II. 41.
Consul Sempronius Sophus den Picentern   *Florus.* 1. 19.
lieferte.   *Val. Max.* VI. 3

227   Zerstörung von Rhodos, grosses Erdbeben in
Karien, Lykien und Hellas; auch Sikyon zerstört. Ich halte dafür, dass es 2 Erdbeben
waren, denn zu unserer Zeit wenigstens haben

die asiatischen Erschütterungen keine Wirkung
auf Griechenland. Wenn Sikyon zugleich mit
Rhodos zerstört ward, so hätten wol noch viele
zwischenliegende Orte leiden müssen. Nach
Pausanias litt Sikyon, nachdem die Stadt durch
Demetrios neu erbaut war. Ist Ol. 138. 2
richtig, so hätte man das Jahr 222. *Diodor*
und *Polybios* sagen, dass Hieron und Gelon den
Rhodiern 75 Talente zum Neubau der Stadt *Paus.*Kor.II.7
sandten. Es ist nicht sicher, dass der Koloss *Diod.* 26. 6.
bei diesem Erdbeben umfiel. *Polyb.*V.88.5

217 Frühling	Grosses Erdbeben während der Schlacht am Trasimenischen See; es war Morgens.	*Liv.* 22. 5.	
200	Grosses Erdbeben in Kleinasien.	*Just.* 30.	
197	Santorin, eine Eruption (die heutige Paläa Kaymeni).	*Paus.* X. 23. 3.	
193	Rom und Umgegend.	*Liv.* 34. 35.	
192	Rom, 38tägiges Erdbeben.	*Liv.* 35. 40.	
183 Winter	Aetolien. — Neue Insel bei Sicilien.	*Liv.* 39. 56.	
179 März	Rom, ein Erdbeben.	*Liv.* 40. 59.	
174 Dez. Ende	Grosses Erdbeben im Sabinerlande.	*Liv.* 41. 33.	
81	Rom, es stürzten einige Tempel durch Erdbeben.	*App.* Bg. Kr. 1. 83.	
48	Eruption des Aetna, und wol auch Erdbeben; vor der Pharsalischen Schlacht.		
45 und 36	Erdbeben auf Ischia, nach Ittigh, de montium incendiis pag. 60, der den *J. Obsequus* citirt.	*J. Obseq.*	
34	Sicilien. *Appian* erzählt, dass im Spätherbste, bei grossem Regen der Aetna donnerte und Feuer zeigte. Damals übernachtete Octavianus Caesar am Berge Myconium; es war nach der Seeschlacht bei Mylae.	*App.* V. 117.	
31 Februar	Palästina, grosses Erdbeben; vielleicht war es im März.	*Jos.* bell. Jud. 1. 14. „ Ant. 11. 1.	
27	Aegypten; hierfür finde ich die Quelle nicht angezeigt.		
15	Paphos zerstört; Augustus zahlte Hilfsgelder.	*Dio.* 54. 23.	

12	Die Provinz Asien ruinirt; Augustus zahlte den einjährigen Tribut.	*Dio.* 54. 31.
3	Neapel vom Erdbeben beschädigt.	*Dio.* 55. 10.

5 Rom und a. O. in Italien, grosses Erdbeben. *Dio.*55.21.22.

15 Rom, grosses Erdbeben mit Zerstörungen. *Dio.* 57. 14

15 oder 17 Kleinasien, 14 Städte zerstört; Sardes und Mosthene litten zumeist. *Bulifon* in seinem „Ragionamento intorno d'un antico marmo, discoverto nella citta di Pozzuoli, Napoli 1694" zählt die Städte auf, für deren Neubau Tiberius grosse Gelder hergab. 1855 sah ich das Marmorwerk im Palazzo Borbonico in Neapel; man hatte damals die Büste des Tiberius darauf gestellt.

Tac. Ann. II. 47. *Euseb.* und *Sueton. Schäffer* „Claudius u. Nero" p. 182

23 Cibyra zerstört, Aigion sehr ruinirt. Nach *Curtius* Pelop. I. 46 lautet die Stelle „und es wurden auf des Tiberius Antrag die Senatsbeschlüsse abgefasst, dass der Stadt Cibyra in Asien, und Aigion in Achaja, die durch Erdbeben gelitten hatten, durch Erlass des Tributs auf 3 Jahre zu Hilfe gekommen würde". Nach der Reihenfolge bei *Tacitus* fällt das Ereigniss später als das 9. Regierungsjahr des Tiberius, und ist früher als das Consulat von Corn. Cethegus und Vis. Varro. *Tac.*Ann.IV.13

37 Anf. März. Kapri, ein starkes Erdbeben warf den Leuchtthurm der Insel um. Dies geschah wenige Tage vor dem Tode des Tiberius, der März 16. zu Misenum erfolgte. Bei *Suetonius.*

39 Sicilien. Cajus Caesar floh von Messina aus Furcht vor einer Eruption des Aetna. Das Jahr ist nicht sicher. Bei *Suetonius.*

44 Ephesus, Magnesia; nach dem Erdbeben bildeten sich Spalten und Löcher. So in dem dialogo del terremoto von L. Maggio, Bologna 1571, pag. 182. *L. Maggio.*

51 Dezbr. Rom, mehrtägiges Erdbeben, als Nero die Toga

virilis anlegte. Das Erdbeben veranlasste in
den engen Strassen ein Gedränge, bei dem
viele Menschen erdrückt wurden. (*Friedländer*,
Sittengesch. Roms I. p. 20. Note 1.)   *Tac.*Ann.XII.43.

53   Apamea, zubenannt Kibotos, zerstört. (*Schäffer*
„Claudius und Nero" p. 368.)

59 April 30.   Rom, Erdbeben während einer Sonnenfinsterniss. (*Friedländer* l. c. I. 32 Note.)   *Euseb.* Chron.

59 ?   Neapel, Erdstoss, als Nero dort zuerst im
Theater auftrat.   *Suetonius.*

60   Laodicea, Hierapolis, Kolossae. Bezüglich auf
Kolossae hat *Koch* das Jahr 65 vor Chr. in
seinem: „Zug der Zehntausend". Vielleicht
ist früher schon einmal Kolossae zerstört worden.

62 Frühling.   Grosses Erdbeben in Kreta und im Aegäischen
Meere; das Jahr 62 und die Zeit „im Früh-
ling" setze ich an nach *Clinton*, während ich
nach dem Texte des *Philostratos* das Jahr 65
herausbrachte. Da Apollonius von Tyana, vor
der römischen Reise, nach Kreta kam, ging er
an die Südküste nach Phaistos. Mittags erfolgte der Donner des Erdbebens, und das Meer
zog sich 7 Stadien zurück. Darauf sagte er
„es wird ein Land geboren". Hernach erfuhr
man, dass zwischen Thera und Kreta eine neue
Insel aufgestiegen sei.   *Philostr.* Ap. 4.

68   Starkes Erdbeben im Römischen, nach Dio
Cassius an Nero's Todestage.   *Plin.* Nat.II.83.

77 Juni.   Korinth ruinirt. *Malalas* sagt „ἐπὶ δὲ τῆς
αὐτοῦ βασιλείας (des Vespasianus) ἔπαϑεν
ὑπὸ ϑεομηνίας ἡ Κόρινϑος, μητρόπολις
τῆς ἑλλάδος, μηνὶ Ἰουνίῳ τῷ καὶ Δασίῳ
κ΄. ἑσπέρας βαϑείας, καὶ ἐχαρίσατο τοῖς
ζήσασι καὶ τῇ πόλει πολλά. Hier wird
also Korinth die Metropole von Hellas genannt;
das Erdbeben war am 10. Dasios, im Juni,
spät Abends. Die letzten Worte zeigen, dass
auch Menschen umkamen.   *Malal.*Chr.50.10.

79 Aug. 24.,   Erdbeben in Campanien, zu Misenum beobach-
25., 26.   tet von *Plinius jun.* Es war bei der bekannten
    ·   grossen Eruption des Vesuv.   *Plin. j.* Brief
                                                   an Tacitus.

82   Antiocheia, starker Erdstoss am Tage, während
einer Versammlung, als Apollonius von Tyana
zugegen war. Das Jahr bleibt ungewiss; da
aber bei *Philostratos* vorher von Titus, dann
von Domitianus die Rede ist, so habe ich 82
gewählt.   *Philostr.* Ap.
                                                 VI. 38.

93   Nordseite des Hellespontos, grosses Thrakisches
Erdbeben. Nachdem *Philostratos* erzählt hat,
wie Aegypter und Chaldäer 10 Talente von
den beschädigten Orten aufbrachten, um angeblich durch grosse Opfer das Erdbeben zu
beschwören, und Apollonius den Betrug auf-
deckte, fährt er Kap. 42 fort „als Domitianus
um dieselbe Zeit .... verbot, Weinstöcke zu
bauen etc." Hiernach setze ich, geleitet durch
Clinton's Daten, das Jahr 93.   *Philostr.* Ap.
                                                 VI. 41.

115 Dez. 13.   Die grosse Katastrophe von Antiocheia, bei
welcher Trajanus gegenwärtig war. Das Erd-
beben erfolgte Nachts; Jahr und Datum setze
ich nach dem Traktate von Dr. *Jos. Nirschl:*
„das Todesjahr des heiligen Ignatius von Antiocheia". Passau 1869. *Nirschl* findet entscheidend das Jahr 115, und gibt nach *Malalas*
den 13. Apelläos oder Dezember, an einem Sonn-
tage. Der Ausdruck „μετὰ ἀλεκτρυόνα"
geht zwar nach gewöhnlichem Gebrauche auf
die Morgendämmerung, allein im Oriente krähen
die Hähne zu allen Tageszeiten, und besonders
in Zeiten der Erdbeben. Es war die dritte bekannte Erschütterung; eine gute und lebhafte
Beschreibung gibt *Dio Cassius.* *Malalas* sagt
„ἐπὶ δὲ τῆς βασιλείας τοῦ αὐτοῦ θειοτάτου

*Τραϊανοῦ ἔπαϑεν Ἀντιόχεια ἡ μεγάλη ἡ
πρὸς Δάφνην, τὸ τρίτον αὐτῆς πάϑος,
μηνὶ ἀπελλαίῳ τῷ καὶ δεκεμβρίῳ ιγ´,
ἡμέρᾳ ά, μετὰ ἀλεκτρυόνα, ἔτους χρημα-
τίζοντος ρξδί* (164) *κατὰ τοὺς αὐτοὺς
Ἀντιοχεῖς.* Es wurden noch Elea, Myrina,
Pitana zerstört, und ungezählte Tausende von
Menschen verloren das Leben. Die ältern Angaben über das Jahr variiren stark. *Maggio*
im dialogo del terremoto hat 112 Oktober 22. *Euseb.* Mal. Dio.
Cass.
Malal. Ohr. 275.

129	Erdbeben zu Rom, zur Zeit des Pabstes Telesphorus.	*Maggio.*
154	Für diese Zeit ist das Werk von *F. de Franchi.* Avellino illustrato de' Santi, Nap. 1709 nach- zusehen, wo p. 139 von Erdbeben die Rede ist.	
170 ?	Bithynien, Hellespont, Kycikos ganz zerstört.	*Dio Cass.*
177	Smyrna sehr verwüstet, auch Erdbeben in Milet, Chios, Samos. Apollonios soll zu Smyrna das Unglück prophezeiht haben. Indessen findet sich in seinem Gebete (bei *Philostratos*) nur die Stelle „dass dem Lande vom Meere kein Unglück komme, noch der Erderschütterer Aegäon je die Städte erschüttere". Apollonios starb 70 oder 80 Jahre früher.	*Philostr.* Ap. IV. 6.
191	Rom, kleines Erdbeben in der Nacht vor dem Brande des Friedenstempels, zur Zeit des Com- modus; es kann auch 186 gewesen sein.	*Herodian.* 1. 14.
203	In Campanien grosses Erdbeben, als eine Eruption des Vesuv stattfand.	*Dio Cass.* 76.
217	Rom, heftiges Erdbeben im Todesjahre des Kaisers Macrinus.	„ „
243	Wahrscheinlich Erdbeben in Campanien. (Ca- tanti nach Troilo.)	
246	Sicilien. Erdbeben und Eruption des Aetna. Ich finde die Stelle in dem Werke von *Al.*	

Polyc. Winthern. Krieg der Elementen wider das bejammernswürdige Sicilia, oder Beschreibung des .... Lebens .... des Aetna .... mit allerhand denkwürdigen Geschichten, bei J. Fr. Gleditsch. 1693. In diesem Buche findet sich ein Traktat von Max Achilles, gew. Chur-Brandenburgischer wohlversuchter und weitgereister Rittmeister, dessen Titel lautet „Grundursachen der Erdbebung oder gewaltige Bewegungen der Erde und des Meeres. — Daselbst p. 41 Notizen über die Zerstörung von Ragusa. Die Jahre gibt *Winthern* meist um 8 Jahre zu spät gegen die gewöhnliche Rechnung; ich habe daher 246 statt 254 gesetzt. M. Achilles nennt das Jahr 258.   *Winthern.*

262 oder 264   Erdbeben zu Diocletianus Zeit „als S. Modestino getödtet ward", worüber bei *Franchi* l. c: nachzusehen ist.

312   Alexandria, Erdbeben mit grossen Verlusten. In Patrologiae cursus von *Migne*, Paris 1863, heisst es „ἐγένετο δὲ καὶ σεισμὸς ἐν Ἀλεξανδρείᾳ λαβρότατος ὥστε πεσεῖν ὀικίας πολλὰς καὶ λαὸν πολὺν ὀλέσθαι". Welchen Grundsätzen *Migne* in seiner Chronologie folgt, habe ich nicht ermitteln können. *Theoph.* 13.

333   Antiochia, grosses 3tägiges Erdbeben.   „   30.

334   Kypros, grosses Erdbeben, welches zumal die Stadt Salamis heimsuchte. „Σαλαμίνος τῆς πόλεως τὰ πλεῖστα διαπέπτοκεν."   „   „

335   Neocaesarea, grosses Erdbeben.   „   31.

336   Rhodos, grosses Erdbeben.   „   „

337   Dyrrachion zerstört; dreitägiges Erdbeben in Rom; Campanien verlor 3 Städte.   „   „

340   Berytos zerstört. *Theophanes* erzählt, dass während des Erdbebens die Menschen in die Kirchen flüchteten. Anderthalb Jahrtausende später finden wir, dass die Menge der traurigsten Erfahrungen nicht hinreichte, das Volk

darüber zu belehren, wie thöricht es sei, während solcher Gefahr Schutz in Kirchen zu suchen. *Theoph.* 31.

350 Oktober Nicomedia zerstört in der 3. Nachtstunde, und viele Menschen kamen um. Ebenso das Chron. Alex. und Chr. Hieronymi. „ 38.

358 Aug. 24. Morgens oder Mittags. Ueber dies gewaltige Erdbeben in Macedonien, Bithynien, Syrien, Aegypten und Hellas, sowie über die Ueberflutung der Küsten gibt es manche Nachrichten. Das Datum finde ich in *Sievers* „Leben des Libanius". *Ammianus Marcellinus* sagt, dass früh am Morgen noch heitere Luft war, dann grosse Finsterniss und Sturmgewitter; das Erdbeben mochte um 8 oder 9 Uhr Morgens begonnen haben. Nach *Theophanes* war es ein σεισμὸς μέγας καϑ' ὅλης τῆς γῆς, und fand statt ἐν τῇ ι' ἰνδικτιῶνι ἐν νυκτί, also der vorigen Angabe widersprechend, falls nicht jene Zeit gemeint ist, als zu Alexandria die Seewoge die Schiffe auf den Strand warf. Viele der aus der Stadt während des Erdbebens Geflüchteten fielen über die auf dem Trockenen sitzenden Schiffe her um sie zu plündern, und kamen in der auf's Neue anstürmenden Woge um. Das Wasser stieg über hohe Häuser und Mauern und setzte so die Schiffe in und zwischen den Wohnungen nieder. Zu derselben Zeit fühlten auch Schiffe im adriatischen Meere das Erdbeben, kamen auf den Grund und wurden wieder gehoben. Auch diesmal soll Nicomedia ruinirt sein, doch meinte man vielleicht das frühere Erdbeben von 350, oder das folgende. *Theoph.* 47.

Am. Marc. 26.

359 Novbr. Nicomedia zerstört.

363 Erdbeben in Palästina, vor dem Juni. Nach *Philostorgius* zu der Zeit, als man den Tempel zu Jerusalem wieder aufbauen wollte. Mehr-

10*

fach, und oft recht fabelhaft, ist bei den Kirchen-
historikern davon die Rede. S. auch *Sievers*
„Leben des Libanius" p. 128. Nach einem
Traktate über das Judäische Erdbeben soll es
im Jahre 367 gewesen sein, als derjenige
Tempel einstürzte, zu dessen Neubau Julianus
Apostata die Erlaubniss ertheilt hatte. *Am. Marc.* 23.
13.

365 Juli 21. Grosses Erdbeben in Aegypten, Kleinasien, Kreta,
Hellas. Es war früh Morgens bei Orkan und
mächtiger Bewegung der See. Die Schilderung
erinnert sehr an die ähnliche von 358. Andere
setzen das Jahr 364, das erste Regierungsjahr
des Valentinianus. *A. Marcellinus* sah zu
Modon im Peloponnes ein Schiff weit im Lande
abgesetzt, und erzählt auch von der Flut zu
Alexandria. In *L. Maggio* dialogo del terremoto p. 35 ist gesagt, dass die Alexandriner
zum Andenken an das Erdbeben jährlich ein
Gedenkfest hatten. *Finlag* „Griechenland unter
den Römern" hat in seiner Zeittafel das Jahr 365. *Am. Marc.* 26.
10.

376 Erdbeben besonders im Peloponnes, nach *Finlag*,
der Zosimos 4. 18 citirt.

378 Nikäa, Kypros, nach *Sievers* „Leben des Libanius", Anm. 85.

387 Antiochia, nach dem h. Christosomos.

394 oder 395 Antiochia, zur Zeit grosser Erdbeben in Asien.

396 Allgemeines Erdbeben, wie es scheint, seit
394. *Sathas* in seinem 1865 zu Athen gedruckten Erdbebenkataloge citirt Am. Marc.,
Glykas 478. 20, Prosper, Orosios, Genesios.
Er nennt das Erdbeben ein grosses 7tägiges,
das viele Städte im Kaiserreiche zerstörte. Es
war im Herbste und Winter 395 oder 396.
Konstantinopel und Alexandria litten sehr. Der
Kaiser Theodosios verliess mit dem Patriarchen
die Hauptstadt.

Nach Chr. Geb.

408 Juli 5. Rom, Utica; es wird mehrfach erwähnt; es fand
bei Gewitter statt, λαίλαψ μετὰ σεισμῶν.
Im Chron. pasch. bei *Am. Marcell.* *Theoph.*

412 Konstantinopel, ein merkliches Erdbeben. *Sathas*
citirt den Barhebraeus.

438 Viermonatliches Erdbeben zu Konstantinopel,
und um diese Zeit wol ein zerstörendes Erdbeben in Kreta. *Sathas*, der 438 gibt, citirt
Theophanes, Cedrenus Chron. 30, Zonaras 13,
Glykas Chron. 483 und für Kreta das Chron.
des Malalas, 395, 15.

451 Septbr. Erdbeben in manchen Theilen des Reiches.
Sathas nach Mal. Chr. 367. Bei diesem Erdbeben oder bei einem andern zur selben Zeit
sagt Lykosthenes, dass sich die Erde öffnete
und das Meer sich zurückzog. Die Barbarei
der Chronologie in diesem Jahrhundert ist gross.

472 Nov. 6. Um die 6. Stunde vermuthliches Erdbeben in
Campanien, bei einer Eruption des Vesuv. Es
heisst auch bei Sigonius lib. 4, dass viele
Theile des Reiches erschüttert wurden; auch
bei Procopius.

503 Neocaesarea ganz zerstört; nur die Georgs-
kirche blieb stehen (nach *Sathas*). Kos und
Knidos ruinirt zur Zeit des Kaisers Leo I. *Theoph.* Misc.

512 Erdbeben in Campanien bei grosser Eruption
des Vesuv. *Sigon.* 16.

515 Rhodos zum Theil ruinirt (bei *Sathas*). *Genesios* 12.

516 Rhodos. *Malal.* 406. 19.

518 Erdbeben an vielen Orten, zumal in Dardania;
es fielen 27 feste Plätze. *Marc.* Com.

520 Rhodos; dies nach *Hopf.* der den Marc. citirt.
Die Angaben für 515—520 können einem und
demselben Erdbeben angehören. Die Jahreszahlen, die *Migne* den Nachrichten des *Theophanes* beilegt, sind 7—8 Jahre geringer als
die sonst gebräuchlichen. Ich stelle Folgendes
zusammen:

517   In diesem Jahre ward Anazarbos, die Hauptstadt Kilikias vom schrecklichsten Erdbeben
gänzlich zerstört. Justinus baute sie wieder
auf und nannte sie Justinopolis.   *Theoph.* 146.

518 Mai   Feuer zu Antiochia und grosses Erdbeben.
*Μαΐου μηνὸς κ´ τῆς αὐτῆς ἰνδικτιῶνος,
ὥρα ζ´.* „So gross war der Zorn Gottes, dass
beinahe die ganze Stadt einfiel und zum Grabe
ihrer Bewohner ward." Er sagt, dass Feuer
aus der Erde kam, und aus der Luft wie Funken.
Die Erde bebte ein Jahr lang. Nach *Euagrios*
war es Mai 20., die 7. Stunde, Mittags, am
Sonnabend. Ich schliesse, dass die Feuersbrunst
zu Antiochia im Oktober 517 war, das Erdbeben
und das andere Feuer im Mai 518. Da
Migne bemerkt, dass die von *Theophanes* und
Marcellinus für diese Zeit notirten Erdbeben
verschiedene waren, so ist das Antiochische des
29. Mai 517 nicht damit zu verwechseln; bis
hier aber sind die Zahlen von *Migne* noch
unverändert.   *Theoph.* 147.

522   Erdbeben in Hellas und Epirus, Zerstörung
von Korinth. „In diesem Jahre litt durch gött-
lichen Zorn Dyrrachion in Epirus, ebenso Korinth, die hellenische Metropole, und der Kaiser
gab viel Geld zum Neubau." Von Athen ist
bei Gelegenheit aller Erdbeben niemals die Rede.
Euagrios Kirchengesch. IV. 8 hat Aehnliches,
verlegt auch den Ruin von Anazarbos auf diese
Zeit, der schon 517 erwähnt ist. Auch *Malalas*
Chr. 68, der von Anazarbos an dieser Stelle
Nichts sagt. Man darf annehmen, dass damals
im Oriente vielfach grosse Erdbeben vorkamen,
die man bei ohnehin schwach bestelltem Zeitbewusstsein leicht verwechseln konnte. So
lange für diese Jahrhunderte nicht gewisse Ereignisse durch Sonnen- und Mondfinsternisse
astronomisch festgestellt sind, wird die historische

Kritik allein schwerlich im Stande sein, überall
die richtigen Jahreszahlen zu ermitteln.   *Theoph.* 144.

Wenn man in *Migne's* Theophanes die Jahreszahlen um 8 vermehrt, so lassen sich die
Ereignisse vielleicht folgendermaassen ordnen.

518		Dardania und a. a. O.
520		Rhodos.
522		Korinth und Dyrrachion.
524		Anazarbos.
525	Mai 20.	Antiochia.
525	Oktober	Antiochia, Feuersbrunst.
525	Oktbr. 4.	Konstantinopel, Erdbeben.
526	Mai 29.	Antiochia, Erdbeben und Feuer. Im August

der Tod des Kaisers Justinus.

527 März   Antiochia.

528 Nov. 29. Antiochia, völliger Umsturz der inzwischen fast
wieder hergestellten Stadt. Es wurden 4870
Menschen erschlagen, und die Stadt ward nun
Theopolis genannt. Dass der sukzessive Ruin
von Antiochia in 2—3 Jahren vor sich ging,
erhellt aus *Theophanes.* In dem letzten Erdbeben stürzte Alles bis auf den Grund zusammen, was seither neu erbaut ward, und was
von alten Werken sich sonst noch erhalten
hatte. Aehnlich erging es Rhodos 1851, 1856,
1863, abgesehen von so vielen früheren Verwüstungen. 528 wurden noch Pompejopolis,
Seleukia, Daphne zertrümmert, zugleich mit
Antiochia; zu Pompejopolis sah man Erdspalten.

530   Erdbeben an vielen Orten.   *Malal.*456.29.

532   Antiochia.   *Malal.*478.16.

537 Dezbr. Der Vesuv brüllt ohne zu erumpiren.   *Proc.*bell.Goth.
   II. 4.

543 Sept. 6. Kleinasien, Kyzikos zerstört. Es war wol bei
diesem Erdbeben als die See bei Odyssos in
Thrakien, Dionysiopolis, Aphrodision, die Küsten
überschwemmte.

548 Februar Konstantinopel. Nach *Procopius* waren die

Erdbeben im Winter 547, 548 alle des Nachts; damals auch die grossen Ueberschwemmungen des Nils. Proc. bell. Goth.

551 Juli 7. 6der 9.

Dies grossartige Erdbeben erschütterte ungefähr dieselben Räume wie die schwächeren von 1856 Oktober 12. und 1870 August 1. Es war überaus viel mächtiger und hatte wol 2 Maxima, das eine in Syrien, das andere in Böotien und Phokis. In Arabien, Syrien, Mesopotamien und Hellas wurden viele Städte zerstört; so Patrae, Naupaktos, Korinth, Chaeronea, Koronea, und in Asien Berytos, Sidon u. a.; mir ist wahrscheinlich, dass am 7. und am 9. Juli diese Erdbeben stattfanden, und dass es sich um zwei sehr verschiedene Epizentra handelt. *Procop*. Geh. Gesch. 18 spricht im Allgemeinen über die Unglücksfälle, welche unter Justinianus Regierung das Reich betrafen, die grossen Ueberschwemmungen, die Zerstörungen durch Erdbeben, wo er ausser dem schon erwähnten noch Ibora, Amasia, Polybotos, Philomedia, Lychnis nennt. Im IV. Buche des Gothischen Krieges heisst es von Hellas: *Ἐν τούτῳ δὲ τῷ χρόνῳ* (551) *σεισμοὶ κατὰ κόλπον τὸν Κρισσαῖον κατέσεισαν καὶ χωρία μὲν ἀνάριθμα, πόλεις δὲ ὅπτω ἐς ἔδαφος καθεῖλεν, ἐν ταῖς Χαιρώνεια τε καὶ Κορώνεια καὶ Πάτραι καὶ Ναύπακτος ὅλη, ἔνθα δὴ καὶ φόνος γέγονεν ἀνθρώπων πολύς, καὶ χάος δὲ τῆς γῆς πολλαχῇ ἀποσχισθείσης γεγενήται.* — Im Buche IV de aedif. heisst es „*καὶ πόλεις δὲ τῆς Ἑλλάδος ἁπάσας, αἵπερ ἐντὸς εἰσὶ τῶν ἐν Θερμοπύλαις τειχῶν, ἐν τῷ βεβαίῳ κατεστήσατο εἶναι τοὺς περιβόλους ἀνανεωσάμενος ἅπαντες καταῤῥεῤείπεσαν γάρ, ἐν Κορίνθῳ μὲν σεισμῶν ἐπιγενομένων ἐξαισίων.* *Finlay* und *Fallmerayer* benutzten noch andere

Quellen, die mir nicht zugänglich sind. Ich
will das von mir Notirte hersetzen, und Einiges
aus *Procopius* in der Uebersetzung beifügen.
Aus der Lage der zerstörten Ortschaften in
Achaja, am Krissaischen Golfe, und in Böotien,
bis Euböa hin, erhellt die Mächtigkeit der Bewegung, und die bedeutende Tiefe des Heerdes
derselben. Da die Seewoge nur aus dem nördlichen Euripos, aus dem Malischen Meerbusen
gemeldet wird, so bin ich geneigt, das Epizentrum so viel als möglich gegen Osten zu
versetzen. *Procopius* nennt an der Hauptstelle
Korinth nicht, sie lautet „an vielen Stellen
entstand eine weite Kluft in der von einander-
gespaltenen Erde. Manche auseinandergerissene
Stellen schlugen in dieselbe Form wieder zusammen und gaben dem Lande seine frühere
Gestalt und sein Ansehen zurück. An manchen
Stellen sind die klaffenden Oeffnungen geblieben,
so dass die dortigen Bewohner nicht miteinander
verkehren können, ausser wenn sie lange Um-
wege machen. In der Meerenge, welche sich
zwischen Thessalien und Böotien findet, erfolgte
plötzlich ein Austreten des Meeres bei der
Stadt, welche Echinaeon heisst, und bei Skarphia
in Böotien. Indem es weit in das feste Land
hinaufstieg und die dortigen Ortschaften überflutete, riss es solche augenblicklich bis auf den
Grund weg. Es verging eine geraume Zeit,
während es auf dem festen Lande stehen blieb,
so dass die Menschen zu Fusse gehend, grössten-
theils die Inseln erreichen konnten, welche im
Innern dieser Meerenge liegen, weil nämlich
die Flut des Meeres ihren Platz verlassen hatte,
und gegen Erwarten bis zu den Bergen, welche
sich dort erheben, das Land bedeckte. Als
aber das Meer in seine gewöhnliche Stelle zu-
rückkehrte, wurden auf dem Lande Fische

Procop. bell.
Goth. 25.

zurückgelassen, deren ganz ungewöhnliches
Aussehen den dortigen Leuten wie eine Wunder-
erscheinung vorkam. Weil sie jedoch dieselben
für geniessbar hielten, lasen sie dieselben auf
um sie zu kochen. Als aber die Wärme vom
Feuer sie berührte, löste sich ihr ganzer Körper
in unreine Säfte und faule unerträgliche Theile
auf. In jenen Orten aber, welche den Namen
„Erdspalt" bekommen haben, war das Erdbeben
übermächtig erschütternd, und verursachte eine
grössere Vernichtung der Menschen als in dem
ganzen übrigen Griechenlande. Denn zufällig
begingen aus ganz Griechenland damals dort
die Leute ein Fest, und waren desshalb in
grosser Anzahl versammelt." (Uebersetzung
von Dr. *P. F. Kanngiesser.*) In dieser merkwürdigen, wenig bekannten Stelle bezeichnet
Procopius leider nicht den Ort, den man später
Erdspalt nannte. Es scheint aber sonst noch
eine alte Nachricht vorhanden zu sein, und ich
habe in Erinnerung, als würde irgendwo der
Isthmos von Korinth angegeben. Dort gibt es
nun zwar keinen Spalt; für das Jahr 551, als
in diesen Ländern schon seit Langem das Christen-
thum herrschte, darf man wol nicht annehmen,
dass noch der Nachklang der alten hellenischen
Festspiele sich unter einer neuen vielleicht
christlichen Form kundgegeben habe. Jene
Spiele wurden aber in Olympia, Delphi und am
Isthmos gefeiert. Dies sind aber so berühmte
Namen, dass es unbegreiflich wäre, wenn *Procopius* nicht nach ihnen den Ort näher bezeichnet hätte. Bei *Fallmerayer* (Morea I. p. 162)
sieht man, dass er andere Quellen kannte, da
er von Korinth sagt, dass es sammt den Einwohnern verschüttet ward, dass die Schanzen
des Isthmos fielen, und dass in Patrae 4000
Menschen erschlagen wurden; ebenso gedenkt

Nach Chr. Geb.

er gesondert vom Uebrigen, des Unglücks in Achaja, so dass noch das Gebiet von Aigion gemeint sein kann. Eine Sammlung aller auf diese ausserordentliche Katastrophe bezüglichen Stellen halte ich für eine verdienstliche Unternehmung.

554 Ein Erdbeben zu Kos wird erwähnt in *L. Ross* Inselreisen II. p. 129, wo *Agathias* 2. 16 citirt wird. Vielleicht war es gleichzeitig mit dem zu Konstantinopel Juli 11.

567 Verwüstungen in Mesopotamien; *Sathas* (nach *Barhebraeus*) meldet noch ein Nordlicht, einjährige Finsterniss, und an einem Tage Aschenregen. *Theoph.* 484. 2.

571 April 20. Persien und Arabien, vielleicht irrig, und veranlasst durch Legenden über die Geburt Mahomet's. Vergl. *Sprenger* „Leben Mahomet's", Bd. I.

580 Konstantinopel und Antiochia. *Sathas* nach *Barhebraeus* und *Euagrios*. Für 579 geben Kataloge Antiochia und Daphne.

589 Okt. 31. Umsturz von Antiochia, 60000 erschlagen. Nach *Euagrios* VI. 9 bei *Sathas* u. *Fallmerayer*.

622 Erdbeben und Eruption des Aetna nach *L. Maggio* im dialogo del terremoto (1571) p. 26.

640 Medina. *Seetzen* in Mon. Corr. von *Zach.* Bd. 27. p. 165.

658 Juni. Palästina und Syrien, μηνὶ Δαισίῳ ἰνδικτιῶνι β΄. *Theoph.* 288.

677 Thessalonike von Avaren verheert und vom Erdbeben verwüstet. *Hopf* nach *Theophanes* und *Nikephorus*.

796 April. Kreta und Sicilien; *Hopf* und *Sathas* setzen beide 796 statt sonst 795.

797 Finsterniss und Erdbeben ohne Ortsangabe; *Sathas* nach *Ephraim* 1919 und *Leon.* 199.

803 Mesopotamien; *L. Maggio* im dialogo del terremoto p. 18.

896 Febr. Beröa in Makedonia zerstört; nach *Sathas*; auch *Hopf* in *Ersch* und *Grub.* Encykl. B. 85. p. 122.

926 oder 929 Thrakia. *Hopf* l. c. p. 120 hat 925.

968 Dez. 22. Korfu, gewaltiges Erdbeben während einer totalen Sonnen-finsterniss. Ich finde die Note bei *Sathas*, der die Leg. *Luitprandi* 481, *Leon.* IV., *Cedrenus* 378, *Glykas* 572 citirt, dann noch die παραβ. Ζαμπελίου Βυζ. Μελέτ. πστ'. ζ'. Nach der Legende des heil. Nikon (*Hopf* l. c. p. 138) ist es wahrscheinlich, dass um diese Zeit auch ganz Lakonien er-schüttert ward.

986 Okt. 26. Konstantinopel-Griechenland; bei *Sathas.* Vergl. *G. V. Ciar-lanti.* Mem. istor. del Sannio. T. III. p. 176, terremoto Hostiense dell' anno 986.

990 In Konstantinopel stürzt ein Drittel der Hagia Sophia ein. Mein Katalog ohne Citat.

996 Galaxeidion. *Sathas* in der Chronik von Gal. p. 195 erzählt unter 981 und 996 das Erdbeben zugleich mit einem Kirchen-wunder; das Jahr bleibt ungewiss.

1147 (?) Galaxeidion. *Sathas* Ἀνεκδ. p. 197 „ἐκεῖνα γοῦν τὰ χρόνια ποῦ ἀφηγοῦμαι, ὃι Γαλαξειδιῶταις ἔστονταν νά πέσουν ἆι ἐκκλησίαι ἀπὸ ἕνα σεισμὸ φοβερότατον. Dies als Stylprobe aus alter Zeit; es war zur Zeit der Ver-waltung des Kyr Michael Komnenos.

1159 Grosses Orient-Erdbeben. *Tafel* „Komnenen und Normannen" p. 47 Note, gibt nach *Wilken* „rerum ab Alexio gestarum" p. 588 das Jahr 1159. Orientalische Schriftsteller haben 1162. Bei *Tafel* p. 83 Note 65, dass in einer Rede des Eustathios an Manuel des Erdbebens gedacht wird.

1166 März 1. Bei Medina. Es war eine Lavaeruption, bei welcher ein Erd-beben nicht ausdrücklich genannt wird. *Sprenger* im Leben Mahomet's III. p. 1.

1169 Viermonatliches Erdbeben in Kleinasien. — *Klöden* in Wester-mann's Zeitschrift 34. 416.

1226 Palästina und Italien. Darüber in *Fincelii* „Wunderzeychen" und in *Schweigger's* Orient-Reise 1577—1581, wo *Zacharias Rivander* hinsichtlich Jerusalems citirt ist.

1273 März. Durazzo zerstört. *Pachymeres* V. 7 und *v. Hahn*, albanesische Studien p. 314, Note 122. Bei Gelegenheit des Erdbebens

Nach Chr. Geb

haben die Albanesen ganz Durazzo ausgeplündert. (Vergl. 1858.)

1323   Der Ort ist unsicher; vielleicht Konstantinopel. Nach *Phrantzes* gab es grosse Zerstörungen; „συνέβη γενέσθαι σεισμὸν τὸν παμμέγιστον".

1343   Konstantinopel, grosses Erdbeben Abends. *Sathas* nach *Καντακουζηνοῦ ἱστορία* 111. 16. Es fehlte nicht viel, dass die thrakischen Städte zu Grunde gingen. Vielleicht war es doch 1353 oder 1354.

1401   Lesbos, grosses Erdbeben. *C. Hopf* in *Ersch* und *Grub.* Encykl. B. 86. p. 150, wo Bondelmonte liber Insularum Archipelagi citirt wird.

1430 Febr. 26. Saloniki, grosses Erdbeben zur Zeit, als die Türken die Stadt nahmen. *Hammer*, Gesch. d. Ottom. Reiches B. I.

1454   Konstantinopel; zur Zeit des Vollmondes, als Gewitter häufig waren; nach *Phrantzes.*

1457 Nov. 25. Santorin. *C. Hopf* l. c. p. 147, wo er auf seine Analekta p. 401 hinweist. Die Inschrift am Skaro bei *L. Ross* Inselreisen; auch in *Reiss* und *Stübel*. Eruption von 1866.

1469   Jonische Inseln; die von *Barbiani* gesammelten Daten bei *Perrey. Phrantzes* IV. 23.

1481   Rhodos. In: Coronelli e Parisotti isola di Rodi Venezia 1688 p. 158 wird der Anfang des grossen Erdbebens auf März 15. gesetzt, ein anderes auf Mai 3. In dem Werke „die Insel Rhodos" von *A. Berg* heisst es, dass ein Bericht des Kanzlers des Ritter-Ordens, *Caoursin*, der damals in Rhodos war, die Daten April 15., Mai 12. und 1482 Januar 12. enthält. Dies sind also, nach alter Zeitrechnung, die wahren Daten. In zwei Fällen hat *Coronelli* 9 Tage weniger, so dass hier wol eine nicht berechtigte Reduktion stattfand. *Caoursin* meldet zu Mai 3., dass die See 10 Fuss über das gewöhnliche Maass aufstieg und dann zurücktrat.

1483 Okt. 18. Lango, Lero, Calamo, früh vor Sonnenaufgang, grosses Erdbeben. *Coronelli* l. c. p. 312.

1495 Jan. 5. Lero, Calamo. *Coronelli* l. c. p. 314. Auch hier wol — 9 Tage.

1509   Türkei, Griechenland. *Joh. Mayr.* Epit. Chron. p. 186 hat

den Tag der Kreuzeserhöhung. *Maggio* dial. d. terr. p. 28
gibt für Kreta das Jahr 1507.

1542 Juni 12. Türkei. In *Fincelii* „Wunderzeychen" II. p. 215 wird das
Erdbeben auf Juni 12., Nachts 12 Uhr, gesetzt, als ein Ge-
witter stattfand. Es existiren darüber zwei alte Traktate.
„Newe zeytung von Constantinopel etc. geschrieben zu Const.
15. Juli 1542, welche ein 40tägiges Erdbeben meldet; dann:
Juni 5., 4 Stund vor Nacht, grosser Comet, Juni 9. Feuer-
strahl über des Türken Palast, der zündet; Juni 11. und 12.
Comet Abends noch sichtbar; Juni 12. das grosse Erdbeben.
Juni 15. kamen Heerden von Wölfen in die Stadt."

„Newe Zeitung auss Callipoli, Inn der Türkei gelegen.
Hierin wird erzählt, zu Constantinopel ist 11 Tag finster gewesen etc. Am 12. November, St. Andreae-Tag, ist Finsterniss, Tags darauf Blut- und Wasserregen, datirt vom 12. Jan.
1543."

1546 Jan. 14. Grosses Erd- und Seebeben in Palästina und Syrien. Wunderz.
p. 221. Datum und viel Detail in „Zeitung von einem grossen
vnd erschrecklichen Erdbiden, so sich den XIII. Jan. dieses
gegenw. XLUj jars im jüdischen Lande zugetragen etc. ....
geschrieben an etliche fürnemste Personen in Venedig. Witten-
berg MDXLVI.

1563 Juni 13. Cattaro. „Newe Zeytung, Bericht so geschehen dem fürnemen
Hauptmann des Venedigschen Kriegszeugs auff dem Meer, an
den Hertzogen von Venedig, antreffend die Zerstörung der
Stadt Cattaro durch ein Erdbiden. 1564.

1580 Grosses Erdbeben in Rumeli, Jonische Inseln, Morea; Salona,
Galaxeidion, Lidoriki, Epaktos, Hagia Sotira, Kalopetritza,
Vunachora, Penteornia etc. beschädigt. *Sathas* in der Chronik
von Galax. p. 153. Der alte Text erzählt vom Erdbeben
nach einem Kirchenwunder. Die Erschütterung war der von
1817, 1861, 1870 ähnlich, aber schwächer.

1595 Kreta. *C. Hopf* in *Ersch* und *Gruber's* Encykl. B. 86 p. 177.

1612 Mai 16. S. Maura, grosses Erdbeben. *Sathas* in der Athenischen
Zeitung *Αἰὼν* ἀρ. 2225 nach istoria dei terremoti seguiti
nell' isola di Leucadia, del 1612—1825. *Χειρόγραφον
ὀικογενίας Ζαμπέλη, παρὰ Σταμάτη.* Das Erdbeben

begann Morgens 8 Uhr, Donnerstag den 16. Mai nach altem
Kalender, und dauerte 50—60 Tage und Nächte.

1613 Okt. 2. S. Maura, grosses Erdbeben bei *Sathas* l. c. Es war nach
altem Kalender Oktober 2., etwa 9 Uhr Morgens, an einem
Freitage; die Zeit schliesse ich nach „$\check{\omega}\varrho\alpha$ γ' $\tau\tilde{\eta}\varsigma$ $\dot{\eta}\mu\dot{\epsilon}\varrho\alpha\varsigma$"
und nach Angabe des Priesters *Nicolaos*, dass das Erdbeben
anfing, als er in der Kirche das Evangelium las.

1625 Juni 18. S. Maura, grosses zerstörendes Erdbeben. *Sathas* l. c. sagt,
dass das Erdbeben grösser war als jenes von 1613. Es riss
sehr viel Kirchen und Häuser nieder, doch wurden wie es
scheint, diesmal und 1613 keine Menschen getödtet. Es be-
gann $\check{\omega}\varrho\alpha$ $\acute{\alpha}$ $\tau\tilde{\eta}\varsigma$ $\dot{\eta}\mu\dot{\epsilon}\varrho\alpha\varsigma$, $\Sigma\alpha\beta\beta\acute{\alpha}\tau\omega$, also etwa 5¹/₂ Uhr
Morgens, an einem Sonnabend.

1630 Juli 22. S. Maura, Ithaka, Kephalonia. Es fielen zahlreiche Häuser
und Bäume, und viele Menschen wurden getödtet. Dies war
das vierte grosse Erdbeben seit 1612. Fast jedesmal heisst
es aber: $\tau\acute{\epsilon}\tau o\iota o\nu$ $\sigma\epsilon\iota\sigma\mu\grave{o}\nu$ $\chi\alpha\nu\epsilon\acute{\iota}\varsigma$ $\epsilon\grave{\iota}\varsigma$ $\tau\grave{o}\nu$ $\alpha\grave{\iota}\tilde{\omega}\nu\alpha$ $\delta\acute{\epsilon}\nu$ $\tau\grave{o}\nu$
$\dot{\epsilon}\nu\vartheta\nu\mu\tilde{\alpha}\tau\alpha\iota$. So schwach ist das Gedächtniss der Menschen.
— Die Zeit war etwa 6 Uhr Morgens.

1636 Sept.30. Kephalonia, grosse Katastrophe. *Perrey* hat nach *Barbiani*
das Meiste zusammengestellt. Damals ward d. d. Keph.
1636 Oktober 28. von *E. Annios, K. Biancos, J. Phokas* ein
Dokument an den Dogen von Venedig gesandt, worin man das
Unglück schildert. Es ward 1867 zu Argostoli in der Zeitung *Ἀναμόρφωσις* in griechischer Sprache gedruckt. Auch
Sathas und *Bergotis* gaben Uebersetzungen. 1636 wurden in
Kephalonia 540 Menschen erschlagen. — Das Datum nach
dem alten Kalender. In der Keph. Zeitung „$\nu\acute{\epsilon}\alpha$ $\dot{\epsilon}\pi o\chi\acute{\eta}$ $\dot{\alpha}\varrho$."
253 (1867) erschien ein anderer alter Bericht des Priesters
Abbatios. Er war im Kloster Sissia, am südlichen Fusse des
Ainos, östlich von Aphrato. Nach ihm erfolgte das·Erdbeben
am 30. September, Freitags, $\check{\omega}\varrho\alpha$ $\tauo\tilde{\nu}$ $\delta\epsilon\acute{\iota}\pi\nuo\nu$, was mit der
gewöhnlichen Angabe, 12· Uhr Nachts, schlecht stimmt; die
Eingabe an den Dogen sagt: $\pi\epsilon\varrho\grave{\iota}$ $\mu\acute{\epsilon}\sigma\alpha\nu$ $\nu\nu\chi\tau\grave{o}\varsigma$. Der
Geistliche von Sissia hat aber erst später in Lyon seine Er-
lebnisse aufgeschrieben.

1639 Ragusa. *Partsch* p. 188 in seiner Schrift über die Phänomene auf Meleda.

1641   Persien. *Lotichius*, rer. Germ. II. 747.

? Juni 1.   Athen. *A. Mommsen* zeigte mir eine Stelle in der Ἀρχ. ἐφη. 1853, Heft 34, p. 942, wo der Verfasser der Handschrift, ein Athenischer Presbyter, der nach 1651 gelebt hat, das Erdbeben beschreibt, welches Juni 1. (alten Styls) Abends, die Stadt so heftig erschütterte, dass die Kirche des heil. Dionysius spaltete, dass auch andere Gebäude nebst dem Kloster des h. Nikodemus beschädigt wurden. Es fielen auch Felsen von der Akropolis (oder vom Areopag) herab und richteten Unheil an. Drei Tage später erschlug der Blitz einen Mann in der Kirche. In der Handschrift fehlt die Jahreszahl; *A. Mommsen* meint, nach dem Schlusse des zweiten Blattes könne man auf 1701 rathen. Dies war das stärkste der bekannten Erdbeben zu Athen; jetzt existirt weder die Kirche des Dionysios, noch das Nikodemus-Kloster; die jetzige russische Kirche hat den Namen des Nikodemus.

1660 März.   Galaxeidion, grosses Erdbeben. Nach *Sathas*, Ἀρχ. Ἀνέκδ. p. 219, war es an einem Freitage der 40tägigen Fasten, Morgens, denn bei dem Sturze der Kirche wurden zwei am Altare fungirende Geistliche erschlagen. Es war zur Zeit, als Durazzi Bey die Stadt während eines Festes überfiel. Die Einwohner übersiedelten auf 10 Jahre in die Nachbarschaft.

1666 Dezbr.   Dalmatien, starkes Erdbeben; nach einer Chronik von 1667, deren Titel meinem Exemplare fehlt.

1667 April 6., 7. Dalmatien, sehr grosses Erdbeben. Darüber hat man folgende Nachrichten:

     Partsch p. 160 „über die Phänomene auf Meleda. — *Winthern* p. 41.

     G. M. Cavalieri, Galleria de' Sommi Pontifici etc. 1696 p. 188.

     F. de Franchi, Avellino illustr. da' Santi etc. Napoli 1709 p. 398. 403. 452.

     D. G. Morhofii, Polyh. lit etc. Lubecae 1747, B. II. p. 388. Bei *Mallet* noch Erdbeben zu Florenz und Bologna, für April 17. notirt; diese also nach dem Gregorianischen Kalender.

1685 Dez. 20. Zante; fehlt bei *Barbiani*. Nach: *Schwenke*, Hannoversche Truppen in Griechenland, in welchem Buche Herr *C. Wilberg* zu Athen die Stelle fand und mir mittheilte.

1687 Nov. 1. | Smyrna. Diese Erdbeben nach Angabe eines Franziskaners,
Dez.Anf. | bei *Winthern* p. 45. Man darf sicher annehmen, dass nach
Dez. 18. | neuem Kalender gerechnet ward.

1688 Juli 10. | Smyrna zerstört. Ausser den Quellen' bei *Mallet* kenne ich
„ 11. | noch: *Winthern* p. 42, nach Aussagen eines Franziskaner
„ 12. | Missionärs aus Chur-Bayern, d. d. Venedig, 5. Septbr. 1688,
welcher Bericht schon zu *Winthern's* Zeit (1696) selten war.
Der Mönch erzählte von der grossen Feuersbrunst, die nach
dem ersten Erdstosse eintrat. Bei *Unzer* p. 9 heisst es, dass
das Schloss, vormals eine Halbinsel, jetzt zur Insel ward, und
dass die Stadt um 2 Fuss sank. Siehe Hist. de l'Acad. roy.
1688. Ein Bericht nach Archivstücken in Smyrna findet sich
in Etude sur Smyrne par Bonaventura *F. Slaars*, 1868 p. 128.
Nach diesem scheint es sicher, dass das türkische Fort am
Eingange des Hafens versank, und dass der Boden der Stadt
sich senkte. Zu *Tournefort's* Zeit 1702 war das Schloss neu
aufgebaut.

1704 Nov. 11. S. Maura, Korfu, Kephalonia. *Sathas* l. c. Das Erdbeben
war nach altem Kalender November 11., Samstag Abend; das
folgende am 12. November, Morgens 5½ Uhr. Es ward viel
umgestürzt, und in Amaxiki und Kastro wurden 16 Menschen
erschlagen. Das Erdbeben dauerte viele Tage, und wie gewöhnlich musste auch dies das grösste aller bekannten gewesen sein.

1715 Juni ? Morea. Nachzusehen: *E. d'Amato*, lettere erud. d. Chies. .. ect.
Genua 1715 p. 175.

1722 Mai 22. S. Maura, grosses Erdbeben. *Sathas* l. c. Es war am
Donnerstage, Mai 22. alten Styls, Abends etwa 8 Uhr, $\dot{\alpha}\varphi$
$\dot{\varepsilon}\sigma\pi\dot{\varepsilon}\rho\alpha\varsigma$ $\dot{\varepsilon}\pi\iota\varphi\omega\sigma\kappa o\acute{\upsilon}\sigma\eta\varsigma$ $\pi\dot{\varepsilon}\mu\pi\tau\eta\varsigma$. Die Stadt Amaxiki litt
diesmal weniger als Athani, Damiliani, Hagios Petros.

1723 Febr. Jonische Inseln. Nach *Sathas* handelt es sich um zwei Erdbeben; das Datum nach altem Kalender. Februar 8. Zante,
Abends 7 Uhr sehr stark. Nach *Barbiani* hat man darüber
nur die Tradition. Februar 9. S. Maura, Abends 6 Uhr.
Sehr grosses mehrstündiges Erdbeben ohne Schaden, „$\delta\iota\acute{o}\tau\iota$
$\delta\dot{\varepsilon}\nu$ $\varepsilon\ddot{\iota}\chi\varepsilon$ $\beta\varrho\acute{o}\nu\tau o\nu$ $\mu\acute{\varepsilon}\gamma\alpha\nu$," woraus erhellt, dass man die Erdbeben mit grossen Detonationen für besonders gefährlich hielt.
Es war auch stark in Arta und Morea.

Februar 11. $\tilde{\omega}\varrho\alpha$ $\dot{\epsilon}\nu\nu\dot{\alpha}\tau\eta$ $\tau\tilde{\eta}\varsigma$ $\nu\nu\varkappa\tau\dot{o}\varsigma$, $\alpha\dot{\nu}\gamma\alpha\zeta o\dot{\nu}\sigma\eta\varsigma$ β'. Es war also Montag früh, etwa 4¹/₂ Uhr oder 5 Uhr, zerstörend in S. Maura, sehr gross in Kephalonia und Zante, überall ᵗschwere Schäden, besonders zu Kephalonia im nördlichen Theile Erissos, und westlich in der Paliki. Der Stoss Februar 9. war wol der stärkere, auch für Argostoli und Lixuri. Todesfälle gab es nicht viele. Für Zante darf man wol Februar 9. statt Februar 8. annehmen.

1733 Dez. 7., Siphnos (Kykladeninsel). Die in Syra gedruckte Zeitung
Abends. $K\alpha\varrho\tau\epsilon\varrho\dot{\iota}\alpha$ 1873, $M\alpha\varrho\tau$. 3./15. $\dot{\alpha}\varrho$. 55, bringt nach der

„ Dez. 8., Handschrift eines Klostermönchs Angaben über das starke
früh Erdbeben, welches nach altem Kalender am Tage des heil.

„ Dez. 9., Spyridion sein Maximum hatte. Es fing schwach an, war am
früh 9. und 11. Dezember stärker, und erlangte seine grösste

„ Dez. 10. Kraft Dezember 12. mit manchen Zerstörungen. Als beson-

„ Dez. 11. dere Merkwürdigkeit wird erzählt, dass Oktober 20. Schnee

„ Dez. 12. auf Siphnos fiel.
9 Uhr

1738 Juli 8. Milos, Zerstörung der Stadt Zephyria. Als ich 1866 die
Trümmerstätte von Zephyria besucht hatte, theilte mir Dr. med. *Armenis* eine Note mit, welche ein Mönch in ein altes Klosterbuch geschrieben hatte. Das Datum ist alten Styls. Die Stadt ward hernach, auch der Malaria wegen verlassen; sie liegt niedrig auf sumpfigen Lande, nahe vulkanischen Formationen.

1743 Korfu. *Lazaro de Mordo*, Nozioni misc. intorn. a. Corsica. Corfu 1808, wo es p. 54 vom Erdbeben auf Korfu heisst, dass die Paläste des Proveditore und des Bischofs zerstört wurden.

1762 April 9. S. Maura, grosses Erdbeben ohne · Schaden. *Sathas* l. c.
$'A\pi\varrho\iota\lambda\dot{\iota}ov$ 9. $\tau\tilde{\eta}$ γ' $\tau\tilde{\eta}\varsigma$ $\delta\iota\alpha\varkappa\alpha\iota\nu\eta\sigma\dot{\iota}\mu ov$.

1764 Febr. 14. Syrien; nachzusehen: *Warburton*. diss. sur les tremblements de terre, Paris 1764.

1766 Juli 11. Zante, Kephalonia, grosses Erdbeben. *Chandler*, travels in Grece p. 303, der das Datum nicht nennt. Eine Handschrift zu Michalitzata in Kephalonia hat: 1766 $\tau\dot{\eta}\nu$ $\alpha\dot{\nu}\gamma\dot{\eta}\nu$ $\tau\tilde{\eta}\varsigma$ 11. $'Iov\lambda\dot{\iota}ov$ und $\tau\dot{\eta}\nu$ $\mu\dot{\iota}\alpha\nu$ $\tilde{\omega}\varrho\alpha\nu$ $\tau\tilde{\eta}\varsigma$ $\dot{\eta}\mu\dot{\epsilon}\varrho\alpha\varsigma$, also Juli 11. a. St., Morgens etwa 5 Uhr. Das Erdbeben warf viele Häuser nieder, und galt auch jetzt wieder für das grösste von Allen. Mai 20. war grosser Sturmwirbel gewesen, „ἦτο ἕνας ἔμπος μὲ βροχὴν ἀπὸ τὴν μπάντα τοῦ Γαρμπῆ. Dies in *Bergotis* Schrift über das Erdbeben des 4. Februar 1867.

1767 Juli 11. Jonische Inseln. Lixuri auf Kephalonia ward ruinirt, nicht Argostoli. Obgleich das Erdbeben die gewöhnliche mässige Ausdehnung hatte, heisst es doch σεισμὸς παγκόσμιος. *Bergotis* hat nach der Handschrift von Michalitzata ebenfalls Juli 11. a. St. In der Paliki ward Alles vollständig zertrümmert, und so glich dies Unglück ganz dem von 1867.

1769 Mai. Hydra, gefährliches Erdbeben durch 36 Tage; damals soll auch Erdbeben in Kalabrien gewesen sein. Aus *Κρισῆς, ἱστορία τῆς "Ύδρας.*

1769 Okt. 1. S. Maura, grosses Erdbeben. *Sathas* l. c. Der Bericht lautet etwas zweifelhaft, da er das Erdbeben am 1. Oktober beginnen und im September enden lässt. Indessen ist Oktober 1. wol sicher, da der letzte Vers lautet: ποῦ᾽ σαν τριάντα Σεπτεμβρίου εἰς ὀκτὼ ὧρας νύκτα, also die Nacht von September 30. auf Oktober 1., etwa früh 2 Uhr; auch hier das Datum nach altem Kalender.

1778 Juni 16. Smyrna. *Bonav. F. Slaars*, Etudes s. l. tremb. d. terre. 1868. p. 132.

1805 April 18. Kalamata in Messenien, Abends 7 Uhr, nach neuem Styl. *Leake*, Morea I. 7.

1805 Mai 29. Kalavryta in Morea, früh 3 Uhr, 2 Stösse. *Leake*, Morea II. 113.

1805 Mai 30. Patrae (wol das Vorige). *Leake*, Morea II.

1805 Nov. 17. Athen. Nachts, vielleicht November 16. auf 17. nach n. St. *Dodwell*, Reisen I. p. 295 d. Uebers. Das Erdbeben kam nach sehr grossem Gewitterregen; dieser Stoss oder ein anderer in 1807 warf vom westlichen Tympanon des Parthenon Blöcke herab.

1806 Jan. 24. Miraka bei Olympia. Nachts starker Stoss. *Dodwell* l. c. II. Abth. 2. p. 187.

1810 Febr. 20. Santorin, grosses Erdbeben; nach neuem Kalender; mir 1866 zu Santorin von *Delenda* mitgetheilt.

1810 Milos, nach Mitth. von Dr. *Armenis*, 1866 auf Milos.

11*

1811 Sommer. Zante, 30- oder 40tägiges Erdbeben; bei *v. Hoff* erwähnt, auch in Dr. *Holland's* griech. Reise p. 20 der Uebers.

1812 Nov. 14. Janina, um 3 Uhr Abends. Dr. *Holland's* griech. Reise p. 11.

1812 Dez. 29. Livadia, 3 Stösse. Dr. *Holland's* griech. Reise p. 311.

1815 Dez. ? Kreta, Ost- und Süd-Seite, grosses Erdbeben. *Siebers* „Kreta" I. p. 349.

1817 Jan. 1. Auf See bei Zante. *Siebers* „Kreta" I. p. 32.
0 Uhr.

1817 Aug. 3. Kandia auf Kreta. *Siebers* „Kreta" I. p. 429.

1820 Febr. 21. S. Maura. Es entstand die Felsinsel Lauderdales rock, worüber nachzusehen im Werke von *Wiebel* „Kephalonia und die Meermühlen von Argostoli", Hamburg 1870.

1820 Herbst. Arkadien. Nach Aussage von Leuten, die ich 1861 zu Alonisthena und Vytina sprach, gab es im Herbste vor dem Aufstande gegen die Türken viele und heftige Erdbeben. Der Fels nahe bei der Kirche zu Alonisthena, der einen Theil des Dorfes bedroht, verlor schon 1820 einen mässigen Theil.

1824 Meleda. *L. Stulli*, alt. lett. sulle det. d. is. di Meleda, Bologna 1828.

1825 Juni 21. Kairo, heftiger Stoss. *Rüppel's* Brief in *Arago's* ges. Schriften. Uebers. B. 12, p. 402.

1833 Jan. 19. Sassena im adriatischen Meere. Bei grossem Sturmwetter, als König Otto nach Hellas fuhr. Der Sturm begann Januar 18., Sassena war im dichten Nebel verhüllt. Vor Sonnenaufgang am 19. Januar ward das Erdbeben auf See fühlbar in zwei Stössen. So nach einer Handschrift des Botanikers *Sartori*, und nach *Predl's* Erinnerungen an Griechenland p. 35; dann noch in *v. Abel's* „Griechischen Denkwürdigkeiten" p. 65.

1833 Nov. Athen, Nachts nach grossem Regen, starkes Erdbeben. *Forchhammer*, Brief an *O. Müller* p. 14.

1833 Dez. 13. Theben, Erdbeben bei Sturm, Nachts Dezember 13. auf 14.; unerhörter Schneefall in Böotien. *Predl* l. c. p. 194.

1834 Jan. 1. Olympia, Ladon und Alpheios-Thal, starkes Erdbeben, welches die seit 1822 verstopfte Katavothra des Pheneus See's öffnet. *L. Ross*, Reisen im Pelop. p. 107.

1834 Juni 5. Patrae, Abends nahe 4 Uhr, stark. *Predl* l. c. p. 295.

1834 Juni 5.   Argostoli, Abends 2½ Uhr, sehr stark, mir daselbst 1867 mitgetheilt.

1834 Juni Ende. Anatoliko, oft Erdbeben, Morgens 10 Uhr und Abends 10 Uhr. (*Predl's* Erinnerungen p. 197.)

1836? Febr.?   Chalkis, Abends 3 Uhr, starkes Erdbeben; mir 1863 von *F. Wiener* mitgetheilt, der vormals (1836) in Garnison zu Chalkis war.

1836 Mai 14.   Athen, Abends 8 Uhr 40 Minuten (in Zante 8 Uhr 35 Min.) Fürst *Pückler*, südöstlicher Bildersaal. (Mittheilung von *C. Wilberg*.)

1837 Jan. 1.   Syrien. Es wird Januar 13. n. St. sein, nach Ἀθηνᾶ ἀρ. 418, welche Januar 1. hat. *Friederike Bremer* in „Leben in der alten Welt", Uebers. B. X. p. 57 und 66, nennt die Verwüstungen zu Tiberias am See Genezareth sehr gross.

1837 Aug. 15.   Pyrgos in Morea, sehr stark, Felsstürze und Spalten. Es war Morgens 9 Uhr; auch zu Agrinion in Rumeli. Ἀθηνᾶ ἀρ. 460 p. 1890. Ich vermuthe, dass hier August 15. nach neuem Kalender gemeint ist.

1838 Jan. 23.   Siebenbürgen, grosses Erdbeben. „Bericht an das fürstl. Wall. h. Minist. d. Innern, über die Erdspalten und sonstigen Wirkungen des Erdbebens am 11./23. Januar 1838 etc. von Dr. *G. Schueler*, Bukarest 1838." In dieser beachtungswerthen Abhandlung findet man viele Beispiele über Spalten und Sandkegel, welche grosse Aehnlichkeit mit den Erscheinungen bei Aigion (1861) darbieten. In *Kämtz* Rep. II. p. 177 finde ich noch Orel mit 9 Uhr 45 Minuten angegeben.

1838 Mai.   Athen, starkes Erdbeben. Mittheil. von *F. Hager* in Athen (1862), der das Jahr und die Stunde, 9 Uhr früh, noch genau wusste, aber nicht mehr das Datum.

Von hier an gebe ich diesen Auszügen die Form des spätern Hauptkataloges, und unterscheide durch ein (—) Zeichen die Vormittagsstunden von den übrigen. Ueberall Daten nach neuem Kalender. D = Dauer, R = Richtung, B = Beobachter.

D.					B.
1840 April 5.	— 6 Uhr		Athen, starkes Erdbeben bei grossem Gewitter		*Nordenflycht*, Ath. Schilderung.
„ Mai 25.	7 „	58 M.	Athen		*C. Bouris*, Handschrift.
„ Juni			Theben		C. Rend. B. 42 p. 24.
„ Juni 11.			Athen		*C. Bouris.*
„ Juli 2.			Ararat		*Perrey.*
„ Aug. 19.			Athen, 5 Erdbeben		*Wolke*, Handschrift.
1841 März 9.	— 9 „		Athen		*C. Bouris.*
„ „ 9.	—11 „	40 „	„		„
„ April 21.	0 „	30 „	„		„
„ „ 21.	5 „	40 „	„		„
„ „ 21.	10 „		„		, „
„ „ 22.	— 6 „		„		„
„ Juni 5.	—11 „	30 „	„ schwach		„
1842 April 18.	—10 „	30 „	„ magn. Störung zu München		*Lamont* in *Hois'* wöchentl. Unterh. 1862 Nr. 16.
„ „ 25.	— 5 „		Kamuni in Elis		*Weloker*, Tageb. einer Reise in Gr. I. p. 259.
„ Okt. 15.	4 „	30 „	„ Smyrna		*G. v. Gonzenbach*, Handschrift.
„ Dez. 4.	7 „	40 „	„		„
„ „ 12.	— 0 „	5 „	„		„
1843 März 26.	8 „	45 „	„		„
„ Juni 27.	—11 „	30 „	„		„

Datum	Zeit	Ort	Richtung	Quelle
1843 Sept. 2.	12 Uhr	Smyrna		G. v. Gonzenbach, Handschrift.
„ „ 10.		Rhodos (Details bei *Ross* nachzusehen)		*Ross*, Inselreisen II. p. 81. 118. 119. 141.
„ Okt. 6.		Kos		*Ross* l. c. p. 118. A. A. Zeitg. 1843.
„ Dez. 28.		Chios		G. v. Gonzenbach.

Nachzusehen: Rendiconto dell' adun. e de lavori dell' Ak. d. S. S. Borb. Nap. 1842—50. T. II. p. 400 und C. Rend. B. 46 p. 247, wo noch 3 Erdbeben ohne Datum notirt werden.

Datum	Zeit	Ort	Richtung	Quelle
1844 Febr.15.	— 4 Uhr	Smyrna, stark, wellenförmig		Gonzenbach.
„ Mai 7.	9 „ 30 M.	„ 2 starke Stösse		„
„ Juni 23.	—10 „	Patrae, mässig stark		F. Hager.
„ Sept.21.	9 „ 15 „	Smyrna, 2 starke Stösse		Gonzenbach.
„ „ 21.	9 „ 30 „	Magnesia, stark		„
„ Okt. 22.	9 „	Smyrna, schwach		„
„ Nov. 7.	— 7 „	Mytilene, wellenförmig	C.—W.	„
1845 Jan. 20.	11 „	Smyrna, leicht		„
„ „ 21.	— 5 „	„ „		„
„ „ 21.	1 „ 30 „	„ ziemlich stark, wellenförmig	N.—S.	„
„ Febr. 4.	— 2 „	„ stark		„
„ „ 6.	11 „	„ ziemlich stark		„
„ „ 6.	12 „	„ 2mal stark		„
„ „ 9.	0 „	Mytilene, schwach		„
„ „ 16.	0 „	Smyrna		„
„ „ 19.	— 2 „ 30 „	„		„

1845 Febr.21. — 5 Uhr	Hieroskipos, Dalin in Kypros, stark	D.	R.	B. *Gonzenbach.*	*L. Ross,* Reis. nach Kos p. 102.
„ Mai 24. — 9 „	10M. Smyrna, stark, lange Dauer			„	
„ Juni 5. — 5 „	25 „ Smyrna — Mytilene			„	
„ „ 18. — 0 „	25 „ Smyrna, 2mal schwach			„	
„ Okt. 9. Morgens	Mytilene, 2 Stösse, dann andere			„	
„ „ 11. 1 „	„			„	
„ „ 11. 1 „	35 „ „ stark, wellenf.; später and.			„	
„ „ 11. 2 „	„ „ sehr mächtig			„	
„ „ 11. 3 „	„ „ „			„	
„ „ 12. Nachts	Mytilene, Konstantinopel etc., 5 St.			„	
„ „ 15. — 4 „	45 „ „ 3 Stösse			„	
„ „ 15. — 5 „	30 „ Smyrna, sehr stark			„	
„ „ 15. —10 „	40 „ „ stark			„	
„ „ 15. —10 „	58 „ „ noch stärker			„	
„ „ 15. Nachts	Mytilene, 4 St, Okt.10.—18.tägl.			„	
„ „ 17. Nachts	„ 2 „			„	
„ „ 19.	„ 2 „			„	
„ „ 19. Nachts	„ 3 „			„	
„ „ 20.	„ 1 „			„	
„ „ 20. Nachts	„ 2 „			„	
„ Nov. 1. — 5 „	„ „			„	
„ Dez. 1. — 2 „	30 „ Smyrna, schwach			„	

1845 Dez. 1. — 5 Uhr 30 M.	Smyrna, 2mal stärker			Gonzenbach.
1846 Febr. 8. — 8 ,,	Polykastro			,,
,, ,, 17. — 8 ,,	Smyrna, Mytilene			,,
,, ,, 17. — 8 ,, 5 ,,	,,			,,
,, ,, 17. — 9 ,, 35 ,,	Foglieri (Phokäa), stark			,,
,, März 1. 12 ,,	Smyrna			,,
,, 23. Nachts	2 Erdbeben			,,
,, 28. 5 ,,	,, ziemlich stark			,,
,, 28. 5 ,,	Kanea auf Kreta, gr. gefährl. Erdb.			Th.v.Heldreich.
,, April 6. 3 ,, 30 ,,	Smyrna			Gonzenbach.
,, ,, 7., 8., 9.	,,			,,
,, Juni 10. Morgens	Mytilene			,,
,, ,, 11. — 4 ,, 50 ,,	Smyrna, stark			,,
,, ,, 21.	Σάμος, stark. Die Zeitung Σάμος 1873 Febr.14./26.sagt, dass ein Theil des Berges Kerketeus gegen Plaka herabfiel; auch zu Mykale war das Erdbeben stark			
,, 25. 6 ,, 50 ,,	Smyrna, 2 kleine, 1 starker Stoss	1,5 Sek.	NW.—SO.	,,
,, Juli 14. — 4 ,, 25 ,,	,, ziemlich stark			,,
,, 14. — 4 ,, 30 ,,	,,			,,
,, 24. — 5 ,, 20 ,,	,, 2 Stösse			,,
,, Nov. Abends	Chalkis, sehr stark			A. Wild.

Datum	D.	R.	B.
1846 Dez. 13. — 3 Uhr	Smyrna, stark		A. Wild.
1847 März (?)	Kourbatzi in Nord-Eubös	S.—N.	Gonzenbach.
„ Mai 8. — 1 „, 30 M.	Smyrna, dann ein zweiter		„
„ Juni 8. Nachts	„		„
„ „ 29.	Thyra, Aïdin		„
„ „ Juli 7.	Aïdin		A. Wild.
„ Aug. 14. — 3 „,	Smyrna, stark	W.—O.	Gonzenbach.
„ Sept. (?)	Kourbatzi		„
„ Dez. 18. 0 „ 50 „	Smyrna, ziemlich stark		A. Wild.
„ „ 24. —11 „ 55 „	„ „ „		„
„ „ 25. — 1 „	„ „		Gonzenbach.
„ (?)	Korinth — Kourbatzi, schwach		Guicciardi.
1848 Febr. 8. 11 „	Malta, stark		Gonzenbach.
„ Mai 15. — 6 „ 25 „	Smyrna, stark		„
„ Juni 13. — 7 „	Leontari in Morea, stark		„
„ „ 25. — 1 „ 25 „	Smyrna		„
„ Juli 5. — 5 „	„ ziemlich stark		„
„ Okt. 27. Nachts	Aïdin, über 20 Stösse mit Deton.		„
1849 Mai 2. — 3 „ 30 „	Smyrna		„
„ Juli 5. — 8 „ 30 „	„ ziemlich stark		„
„ „ 5. — 8 „ 40 „	„ „ „		„
„ „ 16. 10 „	„ „ „		„
„ „ 17. Nachts	„ sehr stark		„

Mitth. v. Gonzenbach.

Datum	Zeit		Ort	Quelle	
1849 Aug. 11.			Smyrna	Gonsenbach.	
„ „ 12.			„	„	
„ „ 13.			„	„	
„ (?)			Simopulo bei Pyrgos in Morea, stark		Mitth. von 1860.
„ Sept.10.	0 Uhr		Smyrna, 4 Stösse	„	
„ „ 10.	3 „		„	„	
„ „ 10.	Nachts		„	„	
„ „ 11.	9 „		„	„	
„ „ 12.	7 „		„	„	
„ Okt. 11.	1 „	20 M.	Theodosia, Jalta, grosses Erdb.	Lapuchine.	
1850 Jan. 13.	8 „	30 „	Isthmos von Korinth, sehr stark	Menzello.	
„ „ 21. —	6 „	55 „	Smyrna, 3 st. St., vorh. Braus. d. Luft	Gonsenbach.	Siehe Monogr.
„ Febr.15.	8 „	30 „	„	„	
„ „ 16. —	5 „	30 „	„	„	
„ März 13. —	8 „	48 „	„	„	
„ April 3. —	1 „	— „	„	„	
„ „ 3. —	2 „	— „	„	„	
„ „ 8. —	3 „	10 „	gr. Stoss, auch in Cassaba, Chios, Nymphio, Gallipoli, Mytilene, Aïdin	„	
„ „ 3. —	3 „	25 „	Smyrna		
„ „ 3. —	4 „	5 „	„		
„ „ 3. —	4 „	30 „	„		
„ „ 6. —	6 „	30 „	Mytilene		

Datum		D.	R.	B. Gonzenbach.
1850 April 7.	3 Uhr 40 M. Smyrna, 2 Stösse			
„ „ 7.	4 „ „			„
„ „ 8.	3 oder 4 Stösse			„
„ „ 12. — 7 „ 15 „	ziemlich stark			„
„ „ 13. — 0 „ 45 „	„			„
„ „ 13. — 6 „ 0 „	„			„
„ „ 13. — 7 „ 40 „	„			„
„ „ 13. — 2 „ 30 „	„			„
„ „ 14.				„
„ „ 17. 0 „	in 45 Sek. 2 Stösse			„
„ „ 19. Nachts	3 Stösse			„
„ „ 20. — 7 „ 20 „	Aïdin, Thyra, Baïnder, Odemis, Magnesia etc.			„
„ „ 30.				„
„ Mai 3. — 2 „ 30 „	schwach			„
„ „ 18. 6	„			„
„ Juni 12. 7 „ 30 „	„			„
„ Juli 9. — 6 „ 30 „	Aïdin, 2 starke wellenf. Stösse			„
„ Aug. 14. 8 „ 55 „ Smyrna				„
„ Okt. 13. 9 „ 23 „	stark mit Luftgetöse			„
„ „ 23. 7 „ 25 „	leicht, dann stärker			„
1851 März 7. — 8 „	Rhodos, schwach			„
„ „ 14. 2 „ 30 „ Tebris				Wyschegrdneff.

1851 April 13.—16.	0 Uhr 45 M.	Rhodos, Makri		Bonn. N. Ztg. Nr. 104
„ „ 28.		Ragusa		Met. Centr.-Anst.
„ Mai 1.		Stagno, Zara		„ *Gonzenbach.*
„ „ 1.—16.		Rhodos, Makri		„
„ Juni 23.		Chalki bei Rhodos, sehr stark		„
„ Juli 24.	1 „ 5 „	Smyrna, ziemlich stark		„
„ „ 27. — 3 „ 40 „		Rhodos, 3 ziemlich starke Stösse		„
„ Aug. 28.	9 „ 56 „	Konstantinopel	1,5 Sek. N.—S.	C. Rend. B. 42 p. 296
„ Sept. 1.	2 „ 56 „	Ragusa		Met. Centr.-Anst.
„ „ 11.	7 „ 37 „	Smyrna		„
„ Okt. 12. — 6 „		Stagno, Ragusa		„ „
„ (?)		Rhodos, Makri		„
„ Nov. 4.		Zara, stark		„ *Jahn,* wöch. U. Nr. 47
„ Dez. 10. — 7 „ 25 „		Smyrna, sehr schwach	O.—W.	„
„ (?)		Rhodos, Makri		„
1852 Jan. 10.	5 „ 44 „	Ragusa		Met. Centr.-Anst.
„ Febr.		Korinth		*Jahn* l. c. 1852 Nr. 12
„ (?)		Mytilene		
„ Febr. 27.		Athen		Bonn. N. Ztg. 1852 Nr. 80.
„ März 6. — 6 „ 30 „		Patrae, stark		
„ „ 2.—6.		Smyrna		*Jahn* l. c. Nr. 14.
„ April 16.	4 „	Brussa, stark		„
„ „ 26. — 1 „ 15 „		Albanien		

		D.	R.	B.
1852 April 27.	1 Uhr	Albanien		*Gonzenbach.*
„ „ 28.	8 „ 30 M.	„		
„ Mai 6.		Mytilene, schwach		*A. Wild.*
„ Juni 5.	3 „ 30 „	Kourbatzi, Xirochori, stark		
„ Juli 8.		Rhodos, Makri, vorher schon andere. Bei Makri dringt heisses Wasser aus der Erde		*Gonzenbach.*
„ „ 10.	7 „ 30 „	Smyrna, ziemlich stark, vorher Luftgebrause		„
„ „ 14.		Delphi, gr. Erdstoss, Felsstürze		*Zimbrakakis.* Mitth. 1870 in Delphi.
„ „ 22.		Makri		*Gonzenbach.*
„ Aug. 3.	—11 „ 40 „	Tebris, schwach		*Wyschegrdzeff.*
„ „ 19.		Erzerum		
„ Sept. 5.	6 „ (?)	Kourbatzi, stark		*A. Wild.*
„ „ 8.	10 „ 30 „	Smyrna, sehr stark, vorher Brausen, dann grosser Windstoss		*Gonzenbach.*
„ „ 12.	— 3 „	Smyrna		„
„ „ 14.	— 2 „ 30 „	„		„
„ Okt. 19.	— 3 „ 25 „	Tschesmé, 4 sehr heftige Stösse		„
„ „ 19.	— 7 „	„ „ stark		„
„ „ 19.	— 7 „ 30 „	„ „		„
„ „ 19.		Smyrna, etliche kleine Stösse		„
1853 März 8.	—11 „	„		„

Datum	Ort / Ereignis		Quelle
1853 März 19. — 2 Uhr 30 M.	Smyrna, ziemlich stark		Gonzenbach.
„ April 21. Nachts	Schiras, sehr grosses Erdbeben bis April 30.		Bonn. N. Ztg. Nr. 152 und 158.
„ Mai 1.—15.	Schiras		Bonn. N. Ztg.
„ Juli 11.	Ispahan ruinirt		Bonn. N. Zeitg. 1853 Nr. 207.
„ Aug. 10. 0 „	Saloniki, 2 Stösse		nach Gonzenbach.
„ „ 10. 2 „	„ ziemlich stark		„
„ „ 18.—10 „ 30 „	Gr. Erdb. in Böotien, Theben zerst.		Siehe Monogr.
„ „ 18.	Brussa		nach Gaudry.
„ Sept. 29. 12 „	Böotien, Attika, grosses Erdbeben		
„ Dez. 25. 4 „ 47 „	Smyrna		
1854 Jan. 3. 11 „ 30 „	Oberägypten, Chartum		„
„ „ 17. Abends	Athen		Jahn l. c. 1854 p. 79.
„ „ 24. 4 „	Smyrna		A. v. Velsen.
„ April 16. 6 „	Athen		Gonzenbach.
„ „ 16. Nachts	Piräus		A. v. Velsen.
„ „ 28.	Smyrna, stark (vielleicht irrig)	6 Sek.	
„ Okt. 28. 11 „ 15 „	Galacz		Jahn l. c. 1854 Nr. 26.
„ „ 28. 10 „ 54 „	Kronstadt, schwach		Jahn l. c. 1855 Nr. 7.
1855 Jan. 16. — 0 „ 10 „	Tarsos, stark		A. v. Berzievics. mir 1855 mitgeth.
„ Febr. 9.	Bagla-Agatsch (Makri)		Tshihatscheff.
„ „ 10. 5 „	„ 2 starke Stösse		Gonzenbach. Siehe Monogr.
„ „ 13.	„ Austritt der See		„

Datum	Ort	D.	R.	B.
1855 Febr. 24. — 0 Uhr 30 M. (?)	Smyrna, stark			*Gonzenbach.*
„ „ 24. — 4 „	2 Stösse			„
„ „ 28. — 2 „ 50 „	lange Dauer			„
„ „ 28. — 3 „	Brussa zerstört			Siehe Monogr.
„ März 17. — 9 „ 10 „	Gallipoli, Konstantinopel			„
„ April 7. — 1 „	Rhodos, stark			„
„ „ 11. — 7 „ 33 „	Smyrna, vorh. Luftgetöse — Brussa			„
„ „ 12. —10 „	Brussa			„
„ Mai 28.	Smyrna, ziemlich heftig			*Jahn* 1855 Nr. 26.
„ „ 29. — 0 „ 25 „	Brussa			„
„ Juni 19. — 0 „	Chalkis, ziemlich stark			*D. Kokides.*
„ Aug. 16.	Brussa			
„ Nov. 17. — 5 „	Athen, ziemlich stark			*Pappadakis.*
„ „ 18. — 11 „ 20 „	Smyrna, vorher Luftgetöse			*Gonzenbach.*
„ „ 19.	2 Stösse			„
„ „ 20. — 10 „ 50 „	Kalamaki am Isthmos			„
„ Dez. 10.	Brussa, Konstantinopel, stark			*Gaudry.* C. Rend. Bd. 42 p. 24.
„ „ 15.	Brussa			Olmütz. Zeitg. Dez. 31.
„ „ 16.	Smyrna, sehr stark			
„ „ 18. — 1 „ 20 „	stark, wellenförmig	3,5 Sek.	S.—N.	*Gonzenbach.*
1856 Febr. 16. — 0 „ 20 „	Mytilene, sehr stark		O.—W.	„
„ März 21. —10 „ 30 „	Athen			Mitth. von 1859.
„ Aug.				

Datum	Zeit	Ort / Beschreibung	Richtung	Quelle
1856 Sept. 17.	— 3 Uhr 40 M.	Smyrna		*Gonsenbach. Chanikoff.*
„ Okt. 4.	— 4 „	Tebris		nach *Gonsenbach.*
„ „ 10.	— 9 „ 45 „	Mytilene, stark		
„ „ 10.	— 12 „	„ Vertikalstoss		Siehe Monogr.
„ „ 10.	— 2 „	„ „		
„ „ 12.	—	Grosses Orient-Erdbeben		
„ „ 19.		Mytilene		
„ Nov. 8.	— 5 „ 45 „	Smyrna, kurzer starker Stoss		*Gonsenbach.*
„ „ 25.	—11 „ 40 „	„ „		„
„ Dez. 26.	— 8 „ „	Mytilene, stark		„
„ „ 26.	— 5 „ „	„		
„ „ 29.	— 5 „ 30 „	Smyrna		„
1857 Jan. 24.	— 5 „ 30 „	„		„
„ „ 28.	— 2 „ 40 „	„		„
„ Febr. 1.	— 8 „ 0 „	Kourbatzi	NO.—SW	*A. Wild.*
„ „ 13.	— 0 „ 30 „	Smyrna, sehr stark		*Gonsenbach.*
„ März 18.	— 11 „ 30 „	„ mässig	SW.—NO	„
„ „ 14.	—10 „ 3 „	„ „	O.—W.	„
„ „ 22.	— 10 „	„ stark		„
„ April 12.	— 4 „ 45 „	„ ziemlich stark		„
„ Mai 9.	— 9 „ 20 „	„ 2 kleine Stösse		„
„ Juli 14.	— 11 „ 30 „	„ 1 Stoss, dann andere	O.—W.	„
„ Aug. 4.	— 2 „	„ ziemlich stark		„
„ „ 15.	— 0 „	Kourbatzi		*A. Wild.*

Datum / Ort	D.	R.	B.	Bemerkungen
1857 Sept. 6. — 6 Uhr 30 M. Smyrna				
„ Okt. 3. — 7 „ „				
„ Okt. Korinth			Gonsembach.	1859 in Korinth erfahr.
„ Nov. 17. —11 „ Naupaktos			„	Eparchial-Bericht.
„ Dez. 9. 6 „ 25 „ Smyrna				
„ „ 10. 9 „ 25 „ Kourbatzi			A. Wild.	
1858 Jan. 29. Abends Naupaktos, 27 starke Stösse			„	„
„ „ 30. Morgens „			„	„
„ Febr. 6. — 3 „ 20 „ Smyrna, ziemlich stark		N.—S.	Gonsembach.	
„ (?) Arkadien				
„ Febr.21. —11 „ Zerstörung von Korinth			Konstas.	Siehe Monogr.
„ März 18. 3 „ 5 „ Smyrna, ziemlich stark		O.—W.	Gonsembach.	
„ April16. — 4 „ 50 „ „		O.—W.		
„ „ 19. — 3 „ 15 „ Brussa, stark				
„ „ 29. — 0 „ 25 „ Smyrna, ziemlich stark			„	
„ Mai 3. — 5 „ 15 „ „		O.—W.	„	Wien. Ztg. Mai 2.
„ „ 4. Nachts Kourbatzi			A. Wild.	
„ „ 16. Rhodos, stark				Wien. Ztg. Juni 15.
„ „ 28. Samsun				A. A. Ztg. Nr. 162 Beil.
„ Juni 8. — 1 „ Valona				Wien. Ztg. Juli 3.
„ „ 16. 6 „ 50 „ Smyrna, starkes Erdbeben	5,5 Sek.	O.—W.	Gonsembach.	Fremdenbl. Juli 9.
„ „ 16. 7 „ 20 „ „ vorher Luftgetöse			„	
„ „ 16. 8 „ 30 „ „ „ „				

Datum	Ort, Beschreibung	Richtung	Quelle
1858 Juni 16.	Magnesia, Axar etc.		Gonzenbach.
„ „ 17. — 2 Uhr 40 M.	Smyrna	O.—W.	„
„ „ 19. 10 „ 50 „	„	O.—W.	„
„ „ 21. 8 „ 12 „	„	N.—S.	„
„ Juli 7. — 1 „ 40 „	„ kurz, stark	N.—S.	„
„ „ 9. 4 „ 45 „	„ „		„
„ „ 18. — 8 „ „	„ ziemlich stark	N.—S.	„
„ „ 19. 2 „ 15 „	„ „		„
„ „ 19. 2 „ 45 „	„ „		„
„ Aug. 24. Morgens	Kourbatzi, stark		A. Wild.
„ Sept. 30. 0 Uhr bis 7 Uhr;	Sophia, gr. zerstörendes Erdb.		Wien. Ztg. Okt. 15.
„ Okt. 15. — 5 „ 45 M.	Smyrna, kurz, ziemlich stark	N.—S.	Gonzenbach.
„ Okt.	Preveza, Argyrokastro, gr. Erdb.		Ἀθηνᾶ Okt. 18./30.
„ „ 26. — 8 „	Kanea, schwach		Ἀθηνᾶ.
„ Okt.	Sophia, stets gr. Erdb., so dass die Bewohner im Freien leben. Räuberbanden benutzten d.Unglück, um überall zu plündern		Ἀθηνᾶ Novbr. 1./13. nach τύπος τῆς Ἀνατολῆς und Βυζαντίς.
„ Nov. 18.(?)	Korinth, schwach		Ἀθηνᾶ Nov. 12./24.
„ „ 26. 8 „ 15 „	Kourbatzi	SW.—NO.	A. Wild.
„ „ 28.	Touzla, Bezirk Sborniko, gr. Erdb.		Ἀυγὴ Dez. 1./13.
„ Dez.	Sophia	.	Heis wöch. Unt. 1859 Nr. 12.
„ „ 27.	Seres, Saloniki, stark		Ἀυγὴ 1859 Jan. 5./17.

12*

IV.

Katalog von Erdbeben im Oriente,
1859 bis 1873.

Bald nach meiner Ankunft in Athen, 1858 Dezember 2., übersandte ich dem damaligen Minister des Unterrichts, Herrn *Charalampos Christopulos*, ein Schreiben, in welchem ich ihn ersuchte, dahin wirken zu wollen, dass die Behörden in allen Theilen Griechenlands offiziell aufgefordert würden, jedes etwa beobachtete Erdbeben nach Athen an das Ministerium zu melden, und dass von diesem solche Nachrichten mir regelmässig mitgetheilt würden. Der Plan kam bereits im Frühling 1859 zur Ausführung. Viele Berichte der Nomarchen, Eparchen und Dimarchen kamen nach Athen, und aus jedem derartigen Dokumente entnahm ich das Brauchbare, und trug es, in's Deutsche übersetzt, in meinen Katalog ein. Obgleich in den 15 bis 16 jetzt verflossenen Jahren viele Unterbrechungen eingetreten sind, namentlich seit 1862, und obgleich die häufigen Ministerwechsel und die damit verbundenen zahlreichen Versetzungen der Beamten meinem Vorhaben nicht günstig sein konnten, verdanke ich doch der Zuvorkommenheit der griechischen Behörden ein sehr reiches Material, wie ein ähnliches durch so lange Zeit in andern Ländern wol noch nicht beschafft worden ist. Inzwischen hatte ich mich mit vielen hier zu Lande ansässigen Ausländern, besonders Deutschen, persönlich und brieflich in Verbindung gesetzt, um frühere Beobachtungen in Erfahrung zu bringen, und um neue regelmässige Beobachtungen anzuregen. Hierbei wurde ich von den Herren *Th. v. Heldreich, K. Wilberg* und *F. Hager* auf das Beste unterstützt. Nach und nach ward die Zahl der Theilnehmer an meinen Bemühungen gross, und der folgende Katalog wird ein Zeugniss dafür ablegen, mit welchem Eifer man mich in dieser Richtung begünstigt hat.

Indem ich Allen meinen verbindlichsten Dank ausspreche, unterlasse ich nicht, überall im Kataloge die Namen derjenigen zu veröffentlichen, die eigene Beobachtungen einsandten oder mich über fremde Wahrnehmungen in Kenntniss setzten. Am vollständigsten sind die partiellen Kataloge, die ich Herrn *Guido von Gonzenbach* in Smyrna (gestorben Juli 1873), Herrn *A. Wild* und dem Herrn Kapt. *A. Mansell* in Euböa verdanke. Zahlreich sind die schriftlichen Mittheilungen der Herren *Valsamakis* und *Inglès* in Kephalonia, des Fräulein *E. Wursich* in Zante, des Herrn *Klötzscher* in Korfu, des Herrn *R. Stuart* in Janina, des Herrn Dr. *Armenis* in Milos und des Bergbeamten Herrn *B. Wurlisch* zu Kumi in Euböa. In Athen waren es die Herren Dr. *D. Kokides, K. Wilberg, Th. von Heldreich,* Professor *Postolaka,* in Kalamaki der Lloydagent Herr *Menzello,* in Korinth der Architekt Herr *Fosco da Dubnitz,* in Tripolis Herr Dr. *Schimpfle,* in Kalamata Herr Dr. *Brachmann.* Endlich noch Herr *Frank Calvert* in Tschanak Kalessj (Dardanellen), Herr *Koumbary* in Konstantinopel, Herr *Barnabas* in Imbros, Herr *Kalokairinos* in Kreta. Es sind noch manche Andere, deren Namen man im Kataloge finden wird, darunter besonders noch die dreier Söhne von *Wurlisch,* die aus Attika, aus dem Peloponnes und aus Rumeli mir Beobachtungen zugesandt haben. Indem ich wünschte, in diesem Kataloge eins der vollständigsten aller vorhandenen Lebensbilder der Erdbeben zu entwerfen, wie es sich auf kleinem Raume darstellt, da ich nur die östliche Hälfte des Mittelmeeres und dessen Grenzländer betrachte, musste ich von dem Bekannten wenigstens so viel aufnehmen, als ich zur Vermeidung von Lücken erforderlich glaubte. Es mussten einzelne, schon bekannte Erdbeben dort eingeschaltet werden, wo sie in mehrfacher Beziehung von Interesse erschienen. Vor allem aber durfte ich die Reihe der von *Barbiani* beobachteten Erdbeben auf Zante nicht übergehen. Ich nahm sie auf bis 1866, als *Barbiani* am 18./30. Mai starb, und veranlasste für 1867 und 1868 die Fortsetzung der Aufzeichnungen daselbst. So reich nun auch der Katalog erscheinen mag, darf man doch nicht aus den Lücken auf verminderte Häufigkeit der Erdbeben schliessen. Mit Ausnahme von *Barbiani* kann man annehmen, dass die Lücken herrühren von dem temporären Erschlaffen der Beobachter, und die oft auffallende Zunahme der Daten lediglich von dem erneuten Impulse, den ich öfter geben musste. Der Katalog enthält ungefähr 3040 Beobachtungen. Von diesen sind 86 aus dem *Barbiani*'schen Kataloge schon durch *A. Perrey* publizirt; 500 Angaben entnehme ich aus Journalen der Wissenschaft und aus Zeitungen. Da aber $^2/_3$ dieser Zeitungen griechische waren, so ist sehr wahrscheinlich, dass 250 etwa, nicht zur allgemeinen Kenntniss gelangen konnten. Mindestens 2600

Beobachtungen im Kataloge sind bis jetzt nicht bekannt geworden.*) Das Datum ist durchaus nur das des neuen Kalenders, die Zeiten sind bürgerliche Ortszeiten, und jede Vormittagsstunde erhält ein Minuszeichen (—). Die Mitternacht wird nur durch 12 Uhr, der Mittag nur durch 0 Uhr bezeichnet, und es ist jedesmal diejenige Mitternacht gemeint, welche den beigesetzten bürgerlichen Tag beschliesst; A., N. und M. bedeuten Abend, Nacht und Morgen, wenn direkte Zeitangaben fehlen. Von genauen Zeitbestimmungen kann nur in Athen die Rede sein. Hier sind es die Herren Dr. *Kokides* und Professor *Postolaka*, die täglich ihre Uhr mit dem Mittagszeichen der Sternwarte vergleichen, und bei jedem Erdbeben sehr genähert ihre Uhrkorrektion kennen. Meine eigenen Beobachtungen geben Uhrzeiten nach astronomischen Bestimmungen.

Die Abkürzungen sind folgende:

O. B. = Offizieller Bericht, vom Ministerium mir mitgetheilt.

Bull. Int. = Bulletin International von Paris.

Ass. Sctf. = Association Scientifique zu Paris.

K. Z. = Kölner Zeitung.

L. I. Z. = Leipziger Illustrirte Zeitung.

A. A. Z. = Augsburger Allgemeine Zeitung.

Tel. Dep. = Telegraphische Depesche an die Regierung.

Heis = Wöchentl. Unterh. für Astron. und Met. von *E. Heis* in Münster.

Jelinek = Zeitschr. der österr. Gesellschaft für Meteorologie von Dr. *Jelinek*.

M. C. A. = Met. Centralanstalt zu Wien.

B. Rom = Bulletin der met. Station zu Rom, von *C. Scarpellini*.

T. Z. = Triester Zeitung.

S.

*) Genauer ausgedrückt hat man 350 Erdbeben, die in europäischen Zeitschriften und bei *Barbiani* vorkommen, wobei alle griechischen Zeitungsnachrichten nicht mitgerechnet sind.

Datum.	Ortszeit.	Ort und Charakteristik.	D.	R.	Beobachter.	Nachweis.
		1859.				
Jan. 12.		Rhodos				*Heis* 1859 Nr. 12.
„ 13.	9 Uhr 20 M.	Kourbatzi in Nord-Euböa		WSW.—ONO.	*A. Wild.*	Nachhandsch. Kataloge.
„ 21.		Erzerum, grosses zerstörendes Erdb.				Ἀυγὴ ἀρ. 358.
„ 21.		Drana in Makedonia				„
„ 24.	— 5 „ 30 „	Damaskus, Tripolis, 3 Stösse				Oss. Triest. 39. H. Nr. 15
„ 25.	11 „	Zante			*Barbiani = B.*	Katalog von *A. Perrey.*
„ 28.	9 „	Livadia in Böotien				A. A. Z. Nr. 32.
Febr. 26.	— 1 „	Zante			*B.*	
„ 26.	— 2 „	Zante			*B.*	
„ 26.	— 7 „ 30 „	Zante			*B.*	
März 28.	9 „ 56 „	Zante			*B.*	
„ 28.	Nachts	Kalamaki am Isthmos			*Menzello.*	
„ 26.	— 8 „ 30 „	Nauplia, Kalamaki, Korinth, Pera-chora			*B.*	In Korinth mir mitge-theilt März 29.
„ 28.	7 „ 30 „	Zante			*Dubnix.*	
„ 29.		Korinth			„	
„ 30.		Korinth			„	
„ 31.		Korinth			*B.*	
April 2.	9 „ 7 „	Zante				
„ 11.	0 „	Monemvasia, Ost-Peloponnes				
„ 17.	—11 „ 30 „	Zante			*B.*	O. B.

Datum.	Ortszeit.	Ort und Charakteristik.	D.	B.	Beobachter.	Nachweis.
April 28.	10 Uhr	Kalamaki, stark			Schmidt.	Αὐγή ἀρ. 412.
„ 30.	1 „ 15 M.	Smyrna, stark				
Mai 17.	3 „ 5 „	Kourbatzi		W.—O.	A. Wild.	φήμη Μαΐος 15./27.
„ 21.		Theben in Böotien, lebhaftes Erdb.				
„ 22.(?)		Aidipsos in Nord-Euböa			Damianos.	
Juni 1.		Erzerum				Koner Nr. 73
„ 2.	—10 „ 30 „	Erzerum, grosses zerst. Erdbeben	11 S.	SW—NO.		Versch. { Koner p. 67. Zeitg. { Αὐγή Jan. 13./25.
„ 8.		Zacholi, Nord-Peloponnes				O. B.
„ 10.(?)		Aidipsos				
„ 14.		Erzerum			„	
„ 15.		Erzerum. Juni 16.—19. kein Erdb. d.				
„ 20.		Erzerum				
„ 21.		Erzerum				
„ 22.—27.		Erzerum				
Juli 8.	2 „	(Lesina)				
„ 15.		Erzerum				
„ 16.		Erzerum, sehr starker Stoss				
„ 16.	4 „	Piräus				L. I. Z. 844.
„ 16.	9 „ 42,2	Athen — Piräus; bei gr. Gewitter			J. Schmidt.	
„ 17.	—2 „	Piräus				

Juli 17.	11 Uhr	Erzerum, sehr grosses Erdbeben	B.	
„ 19.		Zante		
„ 31.(?)		Erzerum, letzte Zerstörungen		
Aug. 13.	Nachts	Erzerum		
„ 20.	1 „	(Norcia in Italien zerstört)		H. Nr. 38.
„ 20.		Konstantinopel		Siehe Monographie.
„ 20.	11 „ (?)	Imbros, verschiedene Stösse		
„ 21.	—4 „	Imbros, gr. zerst. Erdb. Auch in Kleinasien und den nördl. Inseln nebst Makedonia — Saloniki — Konstantinopel		
„ 21.	4 „ 15 M.	Imbros	Varnabas.	Brief von *Varnabas*, *Koutloumousianos*. A. A. Z. Sept. 4. Beilage.
„ 21.	4 „ 25 „	Imbros		
„ 21.	4 „ 35 „	Imbros		
„ 21.	—11 „	Athen, Chalkis, Limni	C. *Wilberg*. A. *Wild*.	
„ 21.	3 „ 15 „	Zante	B.	
„ 22.	1 „ 30 „	(Norcia, sehr grosses Erdbeben)		
„ 22.	5 „	(Lesina)		
„ 26.	11 „ 30 „	Xirochori in Nord-Euböa	A. *Wild*.	
„ 27.		Xirochori	„	
Sept. 3.	2 „	(Lesina)		
„ 5.	8 „ 15 „	Zante	B.	
„ (?)	Nachts	Aigion in Achaja, stark	Dr. *Schlechta*.	

Datum.	Ortszeit.	Ort und Charakteristik.	D.	R.	Beobachter.	Nachweis.
Sept. 20.	—7 Uhr 30 M.	Athen			*F. Vitalis.*	Telegr. Dep.
„ 20.	—8 „ 17 „	Chios				M. C. A.
„ 21.	—9 „ 25 „	Valona				
„ 25.	—10 „ 18 „	Athen			*Pappadakis.*	
„ 26.	—10 „ 40 „	Kourbatzi			*A. Wild.*	
„ 26.	—11 „ 15 „	Athen			*Pappadakis.*	
„ 29.	—4 „ „	Kourbatzi			*A. Wild.*	
Okt. 6.	—3 „ 30 „	Valona				„
„ 9.		(Ragusa)				„
„ 11.	—6 „ „	Athen			*J. Schmidt.*	
„ 11.	—10 „ „	Athen			*„*	
„ 12.	—6 „ „	Kourbatzi			*A. Wild.*	
„ 20.(?)	5 „ „	Piräus, anomale Seebewegung			*Dr. Reinhold.*	
„ 22.	2 „ „	Tripolis im Peloponnes		S.—N.		*Βελτίωσις ἀρ.* 378.
Nov. 2.		Valona	2 S.	SW.—NO		M. C. A.
„ 3.	—2 „ „	Tripolis			*B.*	*Βελτίωσις ἀρ.* 379.
„ 16.	—2 „ 43 „	Zante	1,5 S.			M. C. A.
„ 25.	—5 „ 25 „	(Ragusa)				
„ 26.	—9 „ 50 „	Kourbatzi		N.—S.	*A. Wild.*	
Dez. 18.	—9 „ 57 „	Zante			*B.*	
„ 19.	—4 „ „	Zante			*B.*	

1860.

Datum	Zeit	Ort		Beobachter	Referenz
Jan. 7.	— 9 Uhr 30 M.	Rhodos, Lindos, stark; später andere am Parnassos		Dr. *Krüper.*	Debats. Febr. 9.
„ 21. (?)	5 „ 5 „	(Ragusa)	2,5 S.		M. C. A.
„ 22.	9 „ 50 „	(Ragusa)	2,5 S.		„
„ 28.	1 „ 45 „	(Ragusa)	1 S.		„
„ 28.	5 „ „	(Ragusa)	1 S.		„
„ 28.	9 „ „	(Ragusa)			„
Febr. 1.	5 „ 38 „	Zante		*B.*	Siehe Monographien.
„ 1.	6 „ „	Mesolongion, stark			Αυγή ἐϱ. 566.
„ 1.	6 „ 1,1	Athen, lebh. Erdbeben — Piräus	15 S.	*J. Schmidt.*	S.—N.
„ 1.	6 „ 2 „	Tripolis		*Pyrlas.*	
„ 1.	6 „ „	Kalamaki und Kalamata		*Menzello, Krüper*	
„ (?)	2 „ 25 „	Milos		Dr. *Armenis.*	Handschrift von 1866.
„ 6.	2 „ 30 „	Athen, stark		*J. Schmidt.*	
„ 6.		Marusi in Attika		*Frdke, Bremer.*	
„ 14.(?)	9 „ 30 „	Rhodos			A. A. Z. Nr. 84.
„ 21.		Mesolongion, sehr stark		Dr. *Nider.*	
„ 21.	8 „ 20 „	am Parnassos		Dr. *Krüper.*	
„ 27.		Zante		*B.*	
März 5.	6 „ „	Saloniki, schwach			Journ.d.Const. März 12.
„ 5.	6 „ 10 „	Saloniki, stark		*F. Vitalis.*	
„ (?)	—11 „ „	Korinth, stark		*Mosner.*	„
April 10.(?)		Nauplia			

188

Datum.	Ortszeit.	Ort und Charakteristik.	D.	B.	Beobachter.	Nachweis.
April 22.	7 Uhr 30 M.	Lidoriki in Doris				O. B.
„ 22.	11 „	Lidoriki				
Mai 9.	— 3 „	Kumi in Ost-Euböa, Kohlenwerk			B. Wurtsch.	
„ 16.	5 „ 55 „	Valona				M. C. A.
„ 17.	3 „ 15 „	Zante			B.	
„ 20.	— 4 „	Lidoriki				O. B.
„ 21.(?)	0 „	Aigion in Achaja			Dr. Conze.	
„ 22.	Nachts	Athen (11,5 Uhr in Rom)				
„ 26.		Aigion				O. B.
„ 30.	0 „	Delphi am Parnassos			Conze; Michaelis.	
Juni 2.	— 1 „ 45 „	Zante			B.	
„ 4.	— 0 „ 30 „	Brussa, gr. Erdb., Felsst. am Olympos				Αὐγὴ ἀρ. 645.
„ 5.	11 „ 50 „	Andruvista, Brinda, Kalamata, stark			Dr. Krüper.	
„ 5.	Nachts	Brussa				
„ 6.	— 2 „	Kalamata				
„ 6.	— 2 „ 25 „	Tripolis				
„ 7.	7 „ 5 „	Brussa				Αὐγὴ Juni 2/14.
„ 10.	3 „ 30 „	(Lesina)				Βελτίωσις ἀρ. 406.
„ 11.		Valona				
„ 12.	7 „ 27 „	Athen, Erdbeben vermuthet			J. Schmidt.	
„ 14.	—10 „	Sotirianika im Peloponnes, schwach			Dr. Krüper.	
„ 19.	12 „	Leontari im Peloponnes, sehr stark			G. Guicciardi.	

	2 Uhr		O.—W.		
Juni 29.		Zante		B.	
Juli 1.	7 „ 30 M.	Kourbatzi		A. Wild.	
„ 4.	6 „ 33 „	Athen, deutlicher kurzer Stoss; dann Hymettos Gewitter		J. Schmidt.	
„ 5.	11 „ 15 „	Athen, Erdbeben vermuthet		„	
„ 9.		Aigion			O. B.
„ 11.	9 „ 16 „	Athen, Erdbeben vermuthet		„	
„ 14.	4 „ 48 „	Athen, „ „		' „	
„ 25.	2 „	Athen, Kephissia		„	
„ 26.	6 „	Zante		S. und Leutwein.	
Aug. 4.	5 „ 11,7	Athen, kl. Stoss, nicht ganz sicher		B.	
„ 7.	11 „ 38 „	Athen, kleiner Stoss		J. Schmidt.	
„ 11.	5 „	Trapezunt		„	
„ 13.	1 „ 15 „	Dilisi (Oropos), stark und wiederholt		Schunk.	
„ 15.	5 „ 47 „	Dilisi, 5 Stösse		Werth.	
„ 16.	—3 „ 15 „	Valona, st. rüttelnder Stoss mit Lärm	3 S. SO.—NW	„	M. C. A.
„ 17.	Nachts	Dardanellen, st. Detonation und Stoss			Journ. de Const.
„ 18.	—11 „	Leontari im Peloponnes, stark		G. Guicciardi.	
„ 19.	—1 „	Athen, 3 schwache Stösse		J. Schmidt.	
„ 20.	—6 „ 30 „	Dilisi, auch auf See (Euripos) fühlbar		Werth.	
„ 20.	—11 „	Kalamata, schwach		Dr. Brachmann.	
„ 21.	11 „	Poros, O.-Peloponnes, stark — Hydra		G. Guicciardi.	
„ 22.	—10 „	Leontari, schwach		„	
„ 22.	—10 „ 9 „	Gallipoli, Adrianopel, stark	5 S. SO.—NW		„

Datum.	Ortszeit.	Ort und Charakteristik.	D.	R.	Beobachter.	Nachweis.
Aug. 22.	—11 Uhr	Konstantinopel, 3 Stösse		O.—W.		Journ. de Const.
,, 22.	—10 ,,	Tripolis im Peloponnes, stark			G. Guicciardi.	Βελτίωσις ἀρ. 416.
,, 22.	11 ,,	Poros, Mittags grosser Sturm			,,	
,, 23.	11 ,,	Poros			B.	
Sept. 5.	—10 ,, 45 M.	Zante			Dr. Krüper.	
,, 12.	12 ,,	Brinda im Peloponnes, schwach			,,	Αὐγὴ ἀρ. 694.
,, 14.	5 ,,	Kalamata, ,, stark			,,	
,, 14.	5 ,,	Brinda, schwach			,,	
,, 14.	2 ,,	Brinda, sehr stark			,,	,, 700.
,, 16.	11 ,, 30 ,,	Smyrna, stark			B. Wartlech.	
,, 16.		Kumi, Ost-Euböa			B.	
Okt. 1.	4 ,, 5 ,,	Zante			Dr. Armenis.	
,, 3.	—6 ,,	} Milos, 3 leichte Stösse			A. Wild.	Handschrift von 1866.
,, 3.	—8 ,,				B.	
,, 3.	5 ,,	Kourbatzi			B.	
,, 6.	9 ,, 55 ,,	Zante			B.	
,, 12.	5 ,,	Zante			J. Schmidt.	
,, 14.	4 ,, 45 ,,	Zante			A. Bufflab.	
,, 26.	5 ,, 45 ,,	Pikermi am Pentelikon, sehr schwach			B.	
Nov. 6.	6 ,, 13 ,,	Chios	3,5 S.		B.	
,, 10.	—5 ,, 10 ,,	Zante				
,, 10.	—5 ,, 55 ,,	Zante				

Datum	Zeit	Ort	Beobachter	Quelle
Nov. 11.	7 Uhr	Zante	B.	
„ 18.	5 „ 30 M.	Zante	B.	
„ 19.	— 5 „ „	Zante	B.	
„ 20.	8 „ „	Zante	B.	
„ 21.	Nachts	Korinth, kleiner Stoss	J. Schmidt.	
„ 25.	0 „ 55 „	Zante	B.	
„ 28.	— 8 „ 85 „	Kumi, schwach, nicht völlig sicher	B. Wurtsch.	
„ 28.(?)	Nachts	Hexamilia am Isthmos		
Dez. 2.	— 5 „ „	Korinth, sehr kl. Stoss, nach Gewitter	J. Schmidt.	'Αυγὴ ἀρ. 742.
„ (?)		Samos, stark	B.	
„ 10.	— 8 „ 30 „	Zante	B.	
„ 21.	7 „ 55 „	Zante	B.	
„ 23.	8 „ 45 „	Zante	B.	
„ 26.	— 5 „ „	Kalamaki, schwache Detonation	Monsetto.	

1861.

Datum	Zeit	Ort	Beobachter	Quelle
Jan. 3.	— 8 „ 30 „	Tripolis im Peloponnes, mässig		Βελτίωσις ἀρ. 429.
„ (?)	Nachts	Samos, stark		'Αυγὴ ἀρ. 776.
„ (?)	Nachts	Samos, schwach		
„ 9.	2 „	Philippopolis. (Es war 1861 und 1862 am nämlichen Tage und zur selben Stunde ein Erdbeben)		'Αυγὴ 1862 ἀρ. 976. M. C. A.
„ 27.	11 „	Valona		'Αυγὴ ἀρ. 779 und 'Αμάλθεια.
Febr. 3.	12 „	Samos		

Datum.	Ortszeit.	Ort und Charakteristik.	D.	R.	Beobachter.	Nachweis.
Febr. 9.	— 1 Uhr	(Grosses Erdbeben in Sicilien)				
„ 14.	— 0 „ 39 M.	Chios, ziemlich stark			*Janson.*	Telegr. Dep.
„ 17.	— 8 „	Milos				{ Diese nicht von
„ 18.	— 4 „	Milos				Dr. *Armenia.*
März 2.	— 1 „ 20 „	Chios, schwach			„	
„ 7.		Kalamata, stark				Precourseur Nr. 8.
„ 13.	— 10 „ 30 „	Zante, schwach			*B.*	
„ 13.	— 10 „ 35 „	Zante			*B.*	
„ 25.	— 2 „ 30 „	Kalamaki, mässig			*Monsello.*	
„ 25.	— 7 „	Kalamaki, schwach			„	
„ 29.	— 3 „ 20 „	Kourbatzi		O.—W.	*A. Wild.*	
„ (?)		Erzerum, stark			*Monsello.*	Precourseur April 18.
April 8.	— 3 „ 30 „	Kalamaki, mässig			*Monsello.*	
„ 3.	— 3 „ 45 „	Kalamaki			„	
„ 3.	— 9 „ 5 „	Valona				M. C. A.
„ 4.	— 10 „ 20 „	Kourbatzi			*A. Wild.*	
„ 5.	— 7 „ 15 „	Chios			*Janson.*	
„ 6.	— 1 „	Kalamaki, schwach			*Monsello.*	
„ 10.	— 6 „ 40 „	Kourbatzi		O.—W.	*A. Wild.*	
„ (?)		Korfu, schwach (selbst Monat unsicher)			*Kirkwell.*	
„ 20.(?)		Aigion			*Romagnolu.*	
„ 21.	— 9 „ 34 „	Zante			*B.*	

Datum	Zeit	Ort	S.	Richtung	A. Wild. / Monsello. — Dr. B. Schmidt.	
April 21.	11 Uhr 45 M.	Kourbatzi				nach *Scrope.*
„ 26.	— 0 „ 5 „	Kalamaki, stark				K. Z. Juli 27.
Mai 7.		Ed am rothen Meere				
„ 8.		Ed, Mekka, Hodeida, Yemen				
„ 8.	8 „ 30 „	(Perugia in Italien, grosses Erdb.)				Precourseur Mai 17.
„ 10.		Smyrna				K. Z. 159.
„ 17.	10 „ 3 „	Sophia, heftiges Erdbeben			*B.*	
„ 18.	3 „	Zante			*B.*	
„ 19.	8 „ 20 „	Zante				
„ 25.		Kalamaki			*Monsello.*	
„ 26.		Aigion				O. B.
(?)		Lechaena in Elis				O. B.
(?)		Kypros				*Avrŋ.* Juni 8. n. St.
Juni 1.	—10 „	Zante, schwach				
„ 1.	—11 „	Zante				
„ 1.	—10 „ 15 „	Lechaena in Elis	2 S.	SW.—NO		O. B.
„ 1.(?)	—10 „ 3 „	Gastouni	17 S.	SW.—NO		O. B.
„ 2.(?)	1 „ 49 „	Lechaena	2 S.			O. B.
„ 2.(?)	1 „ 51 „	Gastouni	6 S.			O. B.
„ 4.	9 „ 30 „	Mesolongion, leicht	3,5 S.			O. B.
„ 4.	9 „ 44 „	Lechaena, Gastouni, erst schwach, dann ein Wogen mit grossem Getöse	8 S. / 25 S.			O. B.
„ 4.	—10 „ 5 „	Zante, mässig			*B.*	
„ 4.	—10 „ 30 „	Tripolis, Wogen der Erde				

Datum.	Ortszeit.	Ort und Charakteristik.	D.	R.	Beobachter.	Nachweis.
Juni 4.	3 Uhr 7 M.	Lechaena ⎫ In Gastouni die Zeiten				O. B.
„ 4.	8 „ 14 „	Lechaena ⎬ jedesmal 3 Minuten	7 S.			
„ 4.	8 „ 37 „	Lechaena ⎭ geringer				O. B.
„ 4.	Abends	Gastouni	3 S.			O. B.
„ 5.	— 6 „ 20 „	Lechaena				O. B.
„ 6.	— 7 „ „	Lechaena				O. B.
„ 7.	4 „ 15 „	Kalamaki			Menzello.	
„ 7.	5 „ „	Livadia, leichtes Erdbeben				O. B.
„ 7.	5 „ 30 „	Lechaena				O. B.
„ 13.	4 „ „	Karpenision in Nord-Griechenland			Krüper.	
„ 14.	—10 „ „	Pyrgos, West-Peloponnes				O. B.
„ 14.		Pyrgos, ein schwächerer Stoss am Tage				O. B.
„ 24.	4 „ „	Aigion — Zacholi	2,5 S.		Diamantopulos.	
Juli 1.	9 „ „	Aigion — Zyriania	2 S.		„	
„ 11.	9 „ „	Neu-Korinth, 7 lebhafte Stösse ⎫			Dubnitz.	
„ 11.	12 „ „	„ ⎬				
„ 17.	9 „ „	Neu-Korinth, 3 Stösse ⎫			„	
„ 17.	11 „ „	„ ⎬				
„ 25.	3 „ 18 „	Smyrna, 2 Erdbeben			Jansen.	Ἀυγὴ ἀφ. 877.
„ 25.	4 „ „	in Griechenland; wo?				„
„ 25.	9 „ 43 „	Kalamata				
„ 30.		Kanea auf Kreta, schwach				

Datum	Zeit	Ort		A. Wild.	
Juli 81.	9 Uhr 50 M.	Kourbatzi			
Aug. 9.	Nachts	Aigion, etliche Stösse		Diamantopulos.	
„ 21.	5 „ 80 „	Aigion, 3 Stösse		„	
Sept. 7.	5 „ 10 „	Zante, lebhaftes Erdbeben		B.	
„ 16.	7 „ 45 „	Korinth, Kalamaki, Piräus		Mensello.	'Αυγή dξ. 904.
„ 24.	3 „	Aigion	2 S.	Diamantopulos.	
„ 24.		Am rothen Meere, am Vulkan Djebel Dubleh		Plaifair.	Times.
„ 26.		Smyrna, ziemlich stark			
„ 29.	7 „ 80 „	Aigion		Diamantopulos.	
Okt. 1.	—4 „ 15 „	Zante		B.	
„ 1.	—5 „ 50 „	(Neapel)			
„ 28.	8 „ 45 „	Zante		B.	
Nov. 15.(?)	9 „ 45 „	Kalamaki		Mensello.	
„ 17.	6 „	Aigion		Diamantopulos.	
„ 18.	9 „	Aigion		„	
„ 23.	9 „	Aigion		„	
„ 26.	—0 „ 40 „	Kanea auf Kreta, sehr heftig		Jansen.	K. Z. Okt. 7.
„ 26.	—2 „ 40 „	Kanea		„	
„ 27.	—4 „	Kanea		„	
„ 27.	—7 „	Kanea, sehr stark, mehr als Nov. 26.		„	
„ 28.	Nachts	Kanea		„	
„ 29.	—3 „ 30 „	Kanea		„	
Dez. 1.		Aigion		Diamantopulos.	

18*

Datum.	Ortszeit.	Ort und Charakteristik.	D.	R.	Beobachter.	Nachweis.
Dez. 8.		Aigion			*Diamantopulos.*	
		(Dez. 8. grosse Eruption des Vesuv)				
" 15.	— 4 Uhr	Athen, Detonation			*F. Vitalis.*	
" 15.	— 6 "	Piräus, Detonation			"	
" 19.		Aigion			*Diamantopulos.*	
" 22.		Aigion			"	
" 22.	2 " 20 M.	Tripolis, kurzer Stoss				*Βελτίωσις ἀρ. 461.*
" 22.	3 "	Korinth, einer der Stösse stark			*Dubniz.*	
" 22.	3 " 30 "	Kalamaki, 3 Stösse mit gr. Getöse			*Menzello.*	
" 23.	4 "	Kalamaki, Erdbeben mit Getöse			"	
" 24.		Aigion			*Diamantopulos.*	
" 26.	4 "	Kalamaki, Detonation			*F. Vitalis.*	
" 26.	7 "	Kalamaki, Detonation			"	
" 26.	8 " 30 "	Grosses Erdbeben in Achaja, Phokis, Lokris. Ruin von Aigion, Galaxeidion etc. Senkung der Ebene von Achaja, Spalten und Sandkrater				Siehe Monographie.
" 26.	8 " 10 "	Zante	14 S.		*B.*	
" 26.	8 " 17 "	Zante	22 S.		*B.*	
" 26.	8 " 20 "	Zante			*B.*	
" 26.	8 " 40 "	Tripolis, stark	80 S.	NO.—SW	Dr. *Schimpfte.*	
" 26.	8 " 42 "	Kalamaki; Uhrvergl. von *J. S.*			*Mitxopulos.*	

Datum	Zeit	Ort / Beschreibung	18 S.	W.—O.	NO.—SW	Beobachter
Dez. 26.	— 8 Uhr 50 M.	Athen				F. Hager.
„ 26.	— 8 „ 30 „	Kumi				B. Wurlisch.
„ 26.	— 8 „ 10 „	Kourbatzi, 4 oder 5 Stösse			NO.—SW	A. Wild.
„ 26.	— 9 „ „	Wiederholung d. Erdb. an vielen Orten				
„ 26.	—10 „ 4 „	Kalamaki				Menzello.
„ 26.	—10 „ 10 „	Tripolis				Schimpfle.
„ 26.	— 9 „ 45 „	Zante				
„ 26.	—10 „ „	Skyros (Sporaden)				
„ 26.	Abends	Kourbatzi, 2 leichte Stösse				A. Wild.
„ 26.	4 „ 38 „	Korinth, Detonation				J. Schmidt.
„ 27.	— 0 „ 28 „	Korinth, grosse Detonation				„
„ 27.	— 0 „ 36 „	Korinth, schwächere Detonation				„
„ 27.	7 „ 2 „	Korinth, schwacher Stoss				F. Vitalis.
„ 27.	7 „ 44,7	Korinth, scharfer Stoss				J. Schmidt.
„ 28.	— 2 „ „	Kalamaki				Menzello.
„ 29.	— 7 „ 16 „	Korinth, starker Stoss				J. Schmidt.
„ 29.	— 0 „ „	Aigion, grosse Erschütterung				Lisamantopulos.
„ 29.	9 „ „	Korinth, stark				Dubnix.
„ 30.	Abends	Korinth				
„ 31.	Abends	Korinth				
		1862.				
Jan. 1.	— 8 „ 37 „	Hag. Georgios (Nemea), Deton. aus Ost				J. Schmidt.
„ 2.	— 3 „ 27,7	Korinth, Deton. und kurzer Stoss				„
„ 2.	—10 „ 4 „	Kourbatzi				A. Wild.

Brief von B. Wurlisch.

Datum.	Ortszeit.	Ort und Charakteristik.	D.	R.	Beobachter.	Nachweis.
Jan. 3.	— 2 Uhr	Kalamaki (und Athen)			*Mousello.*	
,, 3.	1 ,,	Korinth, schwach mit gr. Getöse			*Dubnik.*	
,, 3.	2 ,, 30 M.	Korinth (und Galaxeidion)			,,	
,, 5.	— 2 ,, 30 ,,	Athen				
,, 5.(?)	10 ,,	Bethymnos in Kreta				
,, 5.	1 ,,	Milos	5 S.		Dr. *Armenis.*	
,, 6.	2 ,,	Korinth, gr. Deton. ohne Erdbeben			*Dubnik.*	
,, 6.	4 ,,	Korinth, ähnlich			,,	
,, 6.	5 ,, 32 ,,	Korinth, kleiner Stoss			*Mousello.*	
,, 6.	8 ,,	Kalamaki			*Dubnik.*	
,, 6.	7 ,, 56 ,,	Korinth, starker Lärm			*J. Schmidt.*	
,, 7.	2 ,, 59 ,,	Athen, Erdbeben vermuthet			,,	
,, 8.	2 ,,	Athen, Erdbeben vermuthet				
,, 9.	2 ,,	Philippopolis, 3 Stösse			*Mousello.*	'Αυγή άρ. 976.
,, 10.	—10 ,,	Kalamaki				
,, 11.	— 2 ,, 0 ,,	Aigion — Galaxeidion				Telegr. Dep.
,, 11.	9 ,, 20 ,,	Aigion				Telegr. Dep.
,, 11.		Brussa				'Αυγή άρ. 976.
,, 12.		Galaxeidion				
,, 13.	— 2 ,,	Korinth			*Dubnik.*	
,, 13.	— 3 ,,	Korinth			,,	
,, 13.	— 4 ,,	Korinth			,,	

Datum	Zeit	Ort / Beschreibung		Richtung	Beobachter	Notiz
Jan. 18.(?)	— 4 Uhr (?)	Mesembria				'Αυγή ἀρ. 980.
„ 18.		Rumeli und Peloponnes, stark				
„ 15.	— 7 „	Korinth, starkes Getöse			Dubnitza.	
„ 16.	— 5 „	Korinth, starkes Getöse			„	
„ 17.	11 „	Chryssó am Parnassos			E. Athanasiou.	
„ 18.		Achmet-Aga in Euböa			Müller.	
„ 18.	— 4 „ 45 M.	Chryssó			E. Athanasiou.	
„ 18.	— 5 „ 4,8	Delphi, Getöse und kleiner Stoss			J. Schmidt.	
„ 18.	— 5 „ 52,8	Delphi, lebhafter Stoss	2 S.	N.—S.	„	
„ 18.	1 „ 5,8	Delphi, kleiner Stoss			F. Vitalis.	
„ 18.	8 „ 12,7	Delphi, gr. Felssturz a. d. Phädriaden			J. Schmidt.	
„ 18.	10 „	Milos, starkes wellenförmiges Erdb.	7 S.		Dr. Armenis.	
„ 19.	— 5 „ 80 „	Chryssó			E. Athanasiou.	
„ 19.		Herakleion in Kreta, gefährl. Erdb.	50 S.			
„ 20.	11 „	Bukarest, stark				
„ 21.	— 4 „ 25,7	Galaxeidion, schwingendes Erdb.			J. Schmidt.	'Αυγή ἀρ. 992.
„ 21.	— 6 „ 43,1	Galaxeidion, lebh. dopp. Stoss			„	'Αυγή ἀρ. 982.
„ 21.	—10 „ 4 „	Daselbst			„	
„ 21.	8 „ 45 „	Aigion			Romagnoli.	
„ 22.	0 „ 80 „	Vytrinitza, u. a. See			S. u. F. Vitalis.	
„ 22.	— 4 „ 80 „	Vytrinitza, Hafen			J. Schmidt.	
„ 22.	7 „ 46 „	Daselbst, Detonation aus Süd			„	
„ 22.	9 „ 18,6	Aigion, Detonation und Erdbeben			„	
„ 23.	2 „ 18 „	Aigion—Diakoptos, schw.Det.u.Erdb.			F. Vitalis.	

Datum.	Ortzeit.	Ort und Charakteristik.	D.	R.	Beobachter.	Nachweis.
Jan. 23.	— 2 Uhr 18 M.	Daselbst, ähnlich			J. Schmidt.	
„ 24.	— 2 „ 14,2	Diakophtitika, 2 selts. Deton.			„	
„ 24.	— 2 „ 21,9	Daselbst, Detonation			„	
„ 25.	— 3 „	Aigion			Romagnolis.	
„ 25.	4 „ 52,1	Aigion, lebh. doppelter Stoss			J. Schmidt.	
„ 25.	9 „ 30 „	Aigion			„	
„ 26.		Aigion				
„ 26.	5 „ 30 „	Aigion, Detonation			Romagnolis.	
„ 29.	— 9 „ 23,1	Kalamaki (und Korinth), lebh. Stoss		N.—S.	J. Schmidt.	
„ 29.	— 9 „ 30 „	Aigion, gefährl. Vertikalstoss			Diamantopulos.	
„ 29.	7 „ 45 „	Aigion, undulirendes Erdbeben			„	
„ 31.	11 „	Milos, verschiedene Erdbeben			Dr. Armenis.	
Febr. 2.	4 „ 30 „	Korinth, starker Stoss ohne Lärm			Dubnitz.	
„ 3.	—10 „	Galaxeidion, starkes Erdbeben				
„ 8.		Buké in Bosnien, stark				
„ 9.	2 „	Korinth, Lärm und Erdbeben			„	
„ 10.	4 „	Korinth, kleiner Stoss			„	
„ 11.	3 „ 30 „	Kourbatzi		NW.—880.	A. Wild.	
„ 11.	3 „ 35 (?)	Daselbst, ein schwächerer Stoss			„	
„ 12.	—11 „ 1,5	Athen, Erdbeben mehrf. vermuthet			J. Schmidt.	
„ 12.	0 „ 30 „	Aigion, stark, wellenf. mit Deton.	3 S.		Diamantopulos.	
„ 12.	7 „ 40 „	Daselbst, schwach, wellenf. mit Deton.			„	Ἀργγ ἀρ. 987.

Datum	Zeit	Ort / Beschreibung	Stärke	Quelle	Anmerkung
Febr. 13.	6 Uhr	Daselbst, Getöse		*Diamantopulos.*	
„ 14.	12 „	Daselbst, schwacher Stoss		„	
„ 14.	7 „	Daselbst, ebenso		„	
„ 19.	45 M.	Korfu		*Ear. Maisen.*	
„ 21.	30 „	(Curzola)	2 S.	M. C. A.	
„ 22.	7 „	Valona		M. C. A.	
„ 22.	20 „	Korfu, stark		*Bei Perry.*	
März 8.	45 „	Argostoli (Kephalonia), sehr stark		*Ritter.* *Kirkwell.*	4 Years in the Jonian Islands, pag. 152.
„ 8.	7 „ 30 „	Zante		*Dr. B. Schmidt.*	
„ 10.	2 „	Argostoli, stark		*Kirkwell.*	
„ 10.	2 „	Zante		*Dr. B. Schmidt.*	
„ 10.	Nachts	Zante			
„ 13.	10 „	Argostoli, stark		*Kirkwell.*	
„ 14.	3 „ 30 „	Zante, bedeutender Stoss		*B.Schm. u. Barb.*	
„ 14.	3 „ 30 „	Argostoli, gefährliches Erdbeben	10 S.	*Kirkwell.*	
„ 14.	3 „	Korfu, S. Maura, schwächer		„	
„ 17.	3 „ 30 „	Argostoli		*Kirkwell.*	
„ 22.	11 „	Kumi in Euböa, sehr stark — Böotien		„	l. c. p. 158.
„ 23.	12 „	Argostoli		*B. Wurlisch.*	
„ 24.	3 „ 15 „	Argostoli, schwach		*Dr. Lane.*	*Kirkwell* p. 158.
„ 26.	6 „ 20 „	Zante, ziemlich stark		*Kirkwell.*	
„ 27.	11 „	Valona	S.—N.	*B.*	M. C. A.
„ 28.	Nachts	Herakleion auf Kreta			Λυγὴ ἀρ. 1082.

Datum.	Ortszeit.	Ort und Charakteristik.	D.	R.	Beobachter.	Nachweis.
April 3.	— 2 Uhr	Argostoli			*Kirkwell.*	
„ 10.	— 1 „ 30 M.	Herakleion auf Kreta, 7 Stösse			*B.*	Ἀυγὴ ἀρ. 1082.
„ 10.	— 9 „ 20 „	Zante, stark			Dr. *B. Schmidt.*	
„ 12.	Nachts	Zante			*B.*	
„ 21.	4 „ 10 „	Zante				
„ 26.	4 „ 30 „	Im Peloponnes, starkes Erdbeben zu Kalamae, Sparta, Andritzaena, Olympia, Dimitzana, Zocha, Sinano			*B.*	O. B. Siehe Monographien.
„ 26.	4 „ 45 „	Zante		S.—N.	*Kirkwell.*	
Mai 8.	Nachts	Argostoli, Deton. und kleines Erdb.			*B.*	
„ 10.		Lixuri (Kephalonia)				*Kirkwell* l. c.
„ 11.	— 5 „ 35 „	Zante			*Kirkwell.*	
„ 11.	— 5 „ 15 „	Argostoli, Lixuri, stark		S.—N.	*B.*	
„ 11.	— 5 „ 45 „	Argostoli, schwach. Bis —9 Uhr gab es in Lixuri 12 Stösse			*Kirkwell.*	*Kirkwell* l. c.
„ 12.	— 4 „	Argostoli, leicht			„	
„ 18.	— 2 „	Argostoli			„	
„ 15.	— 4 „ 30 „	Zante		S.—N.	„	
„ 19.	1 „ 30 „	Zante		S.—N.	*B.*	
„ 81.	9 „ 30 „	Milos, Kimolos, Deton. und kl. Erdb.	5 S.	N.—S.	*B.*	
Juni 2.	—11 „ 55 „	Zante		S.—N.	Dr. *Armenis.*	
„ 2.	Nachts	Argostoli			*Kirkwell.*	

Datum	Zeit	Ort	Stärke	Richtung	Beobachter	Quelle
Juni 5.	7 Uhr 15 M.	Kreta		N.—S.		Bei *Barbiani.*
„ 5.	9 „ 40 „	Sparta und s. s. O.				O. B.
„ 5.	9 „ 50 „	Zante	30 S.	S.—N.	*B.*	O. B.
„ 5.	10 „ „	Tripolis, stark	4,5 S.	NO.—SW		O. B.
„ 18.	—11 „ 45 „	Sinano, Sparta				O. B.
„ 18.	0 „ „	Tripolis, Kalamae	4 S.			O. B.
„ 18.	0 „ „	Milos, schwach				O. B.
„ 18.(?)		Santorin (vor Juni 25.), stark			Dr. *Armenis.*	Ἀγγ. ἀρ. 1061.
„ 21.	—7 „ „	Erdb. im Peloponnes u. d. Archipel.				Siehe Monographien.
„ 21.	—6 „ 57,5	Athen, langes wellenf. Erdbeben	13 S.	S.—N.	*J. Schmidt.*	O. B.
„ 21.	—7 „ „	Tripolis, sehr stark				Ἀγγ. ἀρ. 1063.
„ 21.	„ „	Kalamae, 8 Stösse				O. B.
„ 21.	7 „ 45 „	Megara				O. B.
„ 21.	6 „ 45 „	Milos, Antimilos, Siphnos, Phole-gandros	1 S.			O. B.
„ 21.	—7 „ „	Santorin				O. B.
„ 21.	7 „ 30 „	Zante		S.—N.	*B.*	l. c. p. 168.
„ 21.		Argostoli, 3 Stösse am Tage			*Kirkwell.*	Nach *Scrope.*
„ 21.		Kreta — Malta (angeblich)				
„ 21.	7 „ 80 „	Milos, stark	5 S.		Dr. *Armenis.*	
„ 23.	—4 „ „	Milos, schwach			„	
„ 23.	—10 „ „	Athen, Erdbeben vermuthet			*B.*	
„ 26.	3 „ „	Zante		NO.—SW	*Kirkwell.*	
„ 26.	„ 5 „	Argostoli				

Datum.	Ortszeit.	Ort und Charakteristik.	D.	B.	Beobachter.	Nachweis.
Juni 27.(?)	1 Uhr 15 M.	Sinano im Peloponnes				O. B.
„ 28.	3 „ 50 „	Zante		O.—W.	*B.*	O. B.
„ 29.	0 „ 45 „	Sinano, stark und schnell		NW.—SO		O. B.
Juli 9.	3 „ 30 „	(Lesina)				M. C. A.
„ 9.		Zante		S.—N.	*B.*	
„ 9.		Argostoli			*Kirkwell.*	
„ 17.		Milos, schwach			Dr. *Armenia.*	
„ 20.	6 „ 45 „	Santorin				O. B.
„ 23.		Argostoli			*Kirkwell.*	
„ 23.	6 „	Korinth, sehr stark				*Εὐαγγελισμός ἀρ. 42.*
„ 23.	Nachts	Korinth				*Αυγὴ ἀρ. 1084.*
„ 24.		Korinth				„
„ 24.	2 „ 30 „	Karavassara, Agrinion, stark	10 S.	W.—O.		M. C. A.
„ 25.		(Lesina)				
„ 27.	3 „ 28,5	Athen, Vertikalstoss bei Sturm			*J. Schmidt.*	O. B.
„ 27.	4 „	Chalkis, stark bei gr. NW.-Sturme				O. B.
„ 27.	6 „	Chalkis				
„ 27.	7 „	Athen				
„ 27.	10 „ 28 „	Chalkis			„	O. B.
„ 28.	2 „	Chalkis				O. B.
„ 28.	5 „ 80 „	Chalkis				O. B.
„ 28.	0 „ 20 „	Chalkis				O. B.

Aug. 10.	5 Uhr 45 M.	Santorin, schwach			O. B.
„ 11.	Nachts	Argostoli		*Kirkwell.*	
„ 12.		Argostoli		„	
„ 12.	4 „	Kumi in Euböa		*B. Wurlisch.*	
„ 16.	— 2 „	Zante (—2,9 Uhr Orkan zu Lesina)		*B.*	
„ 16.	8 „ 30 „	Zante, sehr stark		Dr. *B. Schmidt.*	Brief.
„ 26.	—11 „ 55 „	Zante	NO.—SW	*B.*	O. B.
„ 28.	— 7 „ 15 „	Sinano im Peloponnes		*B.*	
„ 30.		Argostoli			l. c. p. 164.
„ 30.	—11 „ 29 „	Zante	N.—S.	*B.*	
Sept. 11.	—10 „ 55 „	Zante	W.—O.	*B.*	
„ 18.	— 9 „ 20 „	Zante	N.—S.	*B.*	
„ 23.	—11 „	Kourbatzi	NO.—SW	*A. Wild.*	
„ 26.		Argostoli		*Kirkwell.*	
„ 27.		Argostoli		„	
Okt. 4.	— 5 „	Valona, stark			M. C. A.
„ 7.	11 „	Konstantinopel, stark mit Deton.		Dr. *Reinke.*	
„ 9.	— 9 „ 37 „	Zante, Erdbeben mit Getöse	SW.—NO	*B.*	
„ 15.	7 „ 50 „	Athen, Getöse und kleines Erdbeben 4 S.		F. *Hager.*	
„ 15.	9 „	Kumi		*B Wurlisch.*	
„ 15.	10 „	Kumi, Dann 10,5 Uhr grosse Gewitter		„	
„ 16.	— 2 „ 11 „	(Kronstadt, Peterwardein, Ibraila)			
„ 16.	— 2 „ 20 „	(Hermannstadt, stark)			Aus Wiener Zeitg.
„ 16.(?)		Konstantinopel; Sabutin K.-Asien ruin.		Dr. *Reinke.*	*Hei* 1863 Nr. 9.

Datum.	Ortszeit.	Ort und Charakteristik.	D.	R.	Beobachter.	Nachweis.
Okt. 16.	— 5 Uhr 30 M.	Athen, lebhaftes Erdbeben	15 S.		*J. Schmidt.*	
„ 16.	8 „ 30 „	Argostoli, Getöse und kleines Erdb.			*Kirkwell.*	
„ 18.	8 „ 30 „	Zante		SO.—NW	*B.*	
„ 19.	4 „ „	Zante		S.—N.	*B.*	
„ 23.	8 „ „	Zante		S.—N.	*B.*	
„ 27.	5 „ 30 „	Zante		S.—N.	*B.*	
„ 30.	7 „ 5 „	Zante		S.—N.	*B.*	
Nov. 3.		Kara Hissar in Klein-Asien				
„ 13.	4 „	Kumi, stark			*B. Wurlisch.*	
„ 26.	7 „	Zante		S.—N.	*B.*	
Dez. 26.	1 „ 30 „	Zante		WSW.—ONO.	*B.*	
„ 27.	2 „ „	Zante		S.—N.	*B.*	
„ 27.	2 „ 15 „	Zante		S.—N.	*B.*	
		1863.				
Jan. 5.	0 „	Milos, wellenförmiges Erdbeben			*Dr. Armenis.*	Handschrift von 1866.
„ 11.		Argostoli, lebhafter Stoss			*Kirkwell.*	
„ 20.	5 „ 45 „	Kumi, rasche starke Stösse			*B. Wurlisch.*	
„ 25.	9 „ 55 „	Zante		S.—N.	*B.*	
„ 27.		Milos, 2 Stösse	1 S.		*Dr. Armenis.*	
Febr. 5.	6 „ 5 „	Kourbatzi		MO.—SSW.	*A. Wild.*	
„ 12.	Abends	Milos, 2 Stösse			*Dr. Armenis.*	
„ 18.	11 „ 20 „	Zante		S.—N.	*B.*	

Datum	Zeit	Ort / Beschreibung		Richtung	Autor	Quelle
Febr. 19.	— 4 Uhr 30 M.	Zante		W.—O.	*B.* *Postolaka.*	
„ 25.	—10 „ 40 „	Athen, stark			*A. Wurtsch.*	
„ 25.	—10 „ 51,5 „	Athen			*F. Hager.*	
„ 25.	—10 „ 50 „	Athen, 3 Stösse				
März 7.		Milos } viele schwache Stösse			Dr. *Armenia.*	
„ 7.	Abends	Milos				
„ 8.		Milos				
„ 16.		Lixuri (Kephalonia)			*Kirkwell.*	l. c. p. 166.
„ 20.	9 „ 30 „	Milos, schwach mit Getöse			Dr. *Armenia.*	
„ 20.	1 „ „	Milos, schwach				
„ 22.	8 „ „	Zante		NO.—SW.	*B.*	
„ 28.	5 „ 45 „	Zante		SSO.—NW.	*B.*	
„ 25.		Argostoli, schwach			*Kirkwell.*	
April 22.	9 „ „	Zante		O.—W.	*B.*	L. I. Z. 1057.
„ 22.	10 „ 20 „	Kairo, Alexandria — Smyrna	11 S.		*Barmes.*	*Kiepert* in Koner Nr. 127 p. 69.
„ 22.	10 „ 30 „	Rhodos, grosse ungltckl. Katastrophe	20 S.			„
„ 28.	8 „ „	Athen, stark			*Werth.*	
Mai 2.	7 „ 30 „	Kumi, schwach		NO.—SW	*B. Wurtsch.*	
„ 7.	2 „ 10 „	Kourbatzi			*A. Wild.*	
„ 19.		Rhodos				
Aug. 11.	7 „ 30 „	Milos, mässig			Lr. *Armenia.*	O. B.
„ 12.		Milos, Spur kleiner Erdbeben				„
„ 13.		Milos				„

Datum.	Ortzeit.	Ort und Charakteristik.	D.	.B.	Beobachter.	Nachweis.
Aug. 12.		Samos, stark	2 S.		Dr. *Nachtigal.*	Nach *Scrope.*
Sept. 3.	10 Uhr	Tunis				Koner N. F. B. XV. p. 359.
„ 11.		Volo, verschiedeme Stösse				Ἐϑνοφύλαξ Sept. $\frac{2}{14}$.
„ 12.	1 „ 30 M.	Zante		S.—N.	*B.*	
„ 14.	7 „ 50 „	Tunis, Erdb. mit Getöse, gr. Gewitter	3,5 S.	N.—S.	Dr. *Nachtigal.*	
„ 14.	9 „	Tunis	3,5 S.		„	
„ 14.	9 „ 10 „	Tunis			„	
„ 15.	— 3 „ 15 „	Tunis			„	
„ 18.	Nachts	Tunis				
„ 24.	12 „	Kumi, stark		S.—N.	*B. Wurlisch.*	
Okt. 2.	11 „ 53 „	Achmet-Aga (Euböa), sehr heftig		0.—W.	*A. Wild.*	
„ 2.	11 „	Kourbatzi			„	
„ 3.	6 „ 27 „	Kourbatzi, Achmet-Aga		0.—W.	„	
„ 4.		Achmet-Aga			„	
„ 5.	— 3 „ 24 „	Kourbatzi, Achmet-Aga			*B. Wurlisch.*	
„ 6.	12 „	Kumi, starkes Erdbeben			*A. Wild.*	
„ 6.		Achmet-Aga			„	
„ 7.		Daselbst			„	
„ 8.	4 „ 52 „	Kourbatzi und Achmet-Aga		0.—W.	*B.*	
„ 8.	7 „ 5 „	Zante				
„ 9.		Achmet-Aga			*A. Wild.*	

Datum	Zeit	Ort / Bemerkung	Richtung		Quelle
Okt. 10.		Daselbst		A. Wild.	
„ 11.		Daselbst		„	
„ 12.		Daselbst		„	
„ 12.	8 Uhr	Daselbst, sehr stark		„	
„ 13.	8 „ 20 M.	Kourbatzi	O.—W.	„	
„ 16.	3 „ 5 „	Zante	S.—N.	B.	
„ 16.		Brussa, stark; bei Sturm u. gr. Regen			K. Z. Oktober Ende.
„ 17.	10 „ 5 „	Smyrna		Werth.	
„ 18.	9 „ 45 „	Smyrna		„	
„ 18.	9 „ 52 „	Smyrna		„	
„ 20.	9 „ 15 „	Zante	S.—N.	B.	
„ 21.	Abends	Milos, mässig		Dr. Armenie.	
„ 23.	2 „	Zante	S.—N.	B.	T. Z. 259.
Nov. 5.		Pera — Konstantinopel	N.—S.		
„ 21.	4 „ 10 „	Zante	S.—N.		Παλιγγενεσία ἀρ. 268.
„ 21.	5 „	Patrae, schwach	2 S.	B.	
„ 29.	4 „ 35 „	Zante	S.—N.		
„ 30.	1 „	Rhodos, 2 st. St, in 5 M. Dann Donner			Ἐθνοφύλαξ ἀρ. 397.
Dez. 2.	10 „	Kumi, stark		B. Wurlisch.	
„ 3.	0 „	Achmet-Aga, sehr heftig. Später 6		A. Wild.	
„ 3.	6 „	schwächere bis 6 Uhr Morgens		„	
„ 3.	1 „	Achmet-Aga		„	
„ 3.	0 „ 30 „	Kumi, stark		B. Wurlisch.	
„ 3.	5 „	Achmet-Aga		A. Wild.	

Datum.	Ortszeit.	Ort und Charakteristik.	D.	R.	Beobachter.	Nachweis.
Dez. 3.	5 Uhr 30 M.	Daselbst			*A. Wild.*	
„ 3.	9 „	Daselbst			„	
„ 3.	11 „ 30 „	Daselbst			„	
„ 4.	1 „ 15 „	Kumi, 2 rasche Stösse			*B. Werbsch.*	
„ 5.	3 „	Achmet-Aga			*A. Wild.*	
„ 6.	0 „ 30 „	Daselbst			„	
„ 6.	3 „	Daselbst			„	
„ 6.	8 „	Daselbst			„	
„ 6.	9 „	Daselbst			„	
„ 8.	8 „ 15 „	Zante		N.—S.	*B.*	
„ 10.	3 „	Achmet-Aga			*A. Wild.*	
„ 11.	2 „	Daselbst			„	
„ 11.	4 „	Daselbst			„	
„ 11.	8 „	Daselbst			„	
„ 13.	1 „	Daselbst			„	
„ 13.	7 „	Daselbst			„	
„ 28.	1 „	Daselbst			„	
		1864.				
Jan. 6.	—10 „	Achmet-Aga			„	
„ 6.	2 „	Rhodos, 2 oder 3 starke Stösse			„	
„ 16.	2 „	Achmet-Aga, sehr stark			„	Ἐθνοφύλαξ ἀϱ. 422.
„ 16.	2 „ 30 „	Daselbst			„ :	

Jan. 17.	— 3 Uhr	Daselbst		A. Wild.
„ 27.	— 1 „	Daselbst		„
„ 30.	— 9 „	Daselbst		„
Febr. 4.	— 7 „ 45 „	Kourbatzi	N.—S.	„
„ 5.	Abends	Kumi		B. Wurlisch.
„ 6.	— 2 „	Athen		Konstantinides.
„ 6.	— 6 „ 30 „	Kumi, Kourbatzi u. a. O., sehr stark		Wurlisch, Wild.
„ 6.	— 6 „ 38 „	Athen und a. a. O. in Attika		F. Eckard.
„ 6.	— 6 „ 30 „	Syra, obere Stadt		P. Brindisi.
„ 6.	— 6 „ 45 „	Achmet-Aga		A. Wild.
„ 6.	— 1 „ 30 „	Daselbst		„
„ 6.	— 3 „ 0 „	Daselbst		„
„ 6.	— 6 „	Daselbst		„
„ 7.	— 3 „ 45 „	Daselbst		„
„ 8.	— 11 „ 45 „	Kourbatzi	N.—S.	„
„ 10.	— 11 „ 30 „	Kourbatzi	N.—S.	„
„ 13.	— 0 „ 15 „	Kourbatzi	N.—S.	„
		Rhodos		Gaz. d. l. Romagna.
März 12.(?)	(?)	Ebene von Troja, Bunarbaschi bis Ben Kiöi		Von mir dort erkundet.
Mai 19.	7 „	Athen und a. a. O.		Dr. Deligiannis.
„ 19.	7 „ 50 „	Athen		Konstantinides.
„ 19.	9 „ 9,5	Athen, der Hauptstoss, viel bemerkt	2,5 S. W.—O.	Pestolaka; Hager

Datum.	Ortszeit.	Ort und Charakteristik.	D.	R.	Beobachter.	Nachweis.
Mai 20.	0 Uhr 30 M.	Athen, schwach. In Kumi ward Nichts gefühlt				•
Juni 10.	1 „ 30 „	Tschanak - Kalessi (Dardanellen), langer schwacher Stoss			F. Calvert.	L. I. Z. Nr. 1097.
„ 11.	8 „ 30 „	Tschanak-Kalessi, stärker; Gallipoli, schwach. Es war bei Gewitterregen	9 S.			„
„ 11.		Saloniki	9 S.		„	„
„ 12.	Nachts	Saloniki; zu Gallipoli 3 kleine Stösse				
„ 13.		Saloniki				
„ 14.	— 5 „	Gallipoli, T. Kalessi (schwach) — Saloniki				K. Z. Nr. 179.
„ 23.		Bukarest und a. a. O.				Heis Nr. 46.
„ 26.		Kischenew			„	„
„ 26.		Daselbst				„
„ 29.		Daselbst				„
Juli 2.		Daselbst				„
„ 3.		Akerman, stark				„
„ 8.	— 8 „	Zara, starkes Erdbeben				T. Z. Juli 12.
„ 10.	— 8 „	Spetzä, Insel bei Hydra, schwach			Pleska.	Brief v. Th. v. Heldreich.
„ 17.	— 2 „	Kumi, sehr stark; zu Kastrovala ward die Kirche beschädigt				
„ 17.	— 4 „				B. Wurtisch.	
Aug. 15.		Aleppo, sehr stark				A. A. Z. p. 4156.

Datum	Zeit	Ort		Quelle
Sept. 25.	11 Uhr 7 M.	Athen		Ἐφημερίς ἀρ. 595.
„ 25.	10 „ 30 „	Kumi — Chalkis		B. Wurlisch.
Okt. 1.	—	Chalkis, sehr stark		A. Wild.
„ 2.	(?)	Tschesmé, lebhaftes Erdbeben		Nach Gonsenbachs Mitth.
„ 7.	7 „ 20 „	Xirochori, Kourbatzi		„
„ 8.	10 „ „	Kalamae (Messenien)		Nach Athener Zeitung.
„ 21.	0 „ „	Kumi		B. Wurlisch.
„ 21.	8 „ „	Aigion, 2 Stösse. — Volo, sehr stark		Romagnolis.
„ 21.	8 „ 9,5	Athen und sonst in Attika, 2 Stösse		Th. v. Heldreich.
„ 21.	8 „ 15 „	Lamia, Livadia, stark		
„ 21.	8 „ 20 „	Kumi, 8 st. Erdb. Es war in ganz Euböa, Böotien, Attika und Achaja	2,5 S.	Ἐφημερίς ἀρ. 612.
„ 21.	8 „ 30 „	Xirochori, Kourbatzi, sehr stark		B. Wurlisch.
„ 21.	8 „ 35 „	„ „ schwach		A. Wild.
„ 21.	8 „ 45 „	„ „ „		„
„ 21.	8 „ 55 „	„ „ „		„
„ 21.	9 „ 20 „	„ „ „		„
„ 21.	9 „ 40 „	„ „ „		„
„ 21.	11 „ 0 „	„ „ „		„
„ 21.	11 „ 5 „	„ „ „		„
„ 22.	2 „ „	„ „ stark		„
„ 22.	5 „ „	„ „ „		„
„ 22.	5 „ „	Athen, Erdbeben mit Donner		Versch. Aussagen.
„ 23.	6 „ „	Xirochori, schwach		„

Datum.	Ortszeit.	Ort und Charakteristik.	D.	R.	Beobachter.	Nachweis.
Okt. 23.	11 Uhr 30 M.	Kourbatzi			A. Wild.	
„ 24.	5 „ 35 „	Kourbatzi			„	
„ 24.	10 „ 0 „	Kourbatzi			„	
„ 25.	—11 „ 30 „	Kourbatzi, lange Dauer		0.—W.	„	
„ 28.	— 3 „ 45 „	Kourbatzi		0.—W.	„	
„ 29.	—11 „ 10 „	Kourbatzi			„	
„ 29.	8 „ 20 „	Hydra, Spetzae, 3 starke Stösse		SO.—NW		O. B.
„ 30.	6 „ 48 „	Kourbatzi		0.—W.	„	
Nov. 5.	— 5 „ 30 „	Kourbatzi		0.—W.	„	
„ 5.	— 9 „ 4 „	Daselbst			„	
„ 7.	— 4 „	Athen, schwaches Erdb. vermuthet			„	
„ 16.	7 „ 57 „	Kourbatzi		0.—W.	Schrader.	
„ 18.	— 2 „ 17 „	Daselbst		0.—W.	A. Wild.	
„ 18.	7 „ 5 „	Daselbst			„	
„ 21.	— 9 „ 15 „	Aigion			„	
Dez. 6.	3 „ 50 „	Kourbatzi, Achmet-Aga		0.—W.	Romagnolis.	
„ 7.	1 „ 50 „	Argostoli, schwach mit Lärm			Wild, Müller.	
„ 7.		Bassora, Bagdad, grosses Erdbeben. 3 Stösse in 14 Stunden			E. Ingles.	
„ 8.		Marmaritza, O. v. Rhodos, st. Erdb.	5 S.			
„ 15.	— 5 „ 40 „	Kourbatzi		0.—W.	A. Wild.	A. A. Z. Nr. 47.
„ 15.		Volo				A. A. Z. p. 5939. Nach A. Wild.

Datum	Zeit		Ort		Beobachter
Dez. 20.			Bagdad, nach sehr grossem Regen		E. Ingls.
" 23.			Bagdad		"
" 25.			Bagdad		"
			1865.		
Jan. 1.	5 Uhr 57 M.		Argostoli, 2 kurze starke Stösse		"
" 10.	—11 " 30 "		Argostoli, mässig		"
" 18.	8 " 40 "		Argostoli, gr. Brüllen, kl. Stoss		C. Wild.
" 14.	—11 " 55 "		Argostoli, kl. Detonation, kl. Stoss		
" 22.	Nachts		Locorotondo (Südost-Italien)		
" 26.	6 " 30 "		Argostoli und Pessades		"
" 29.	Abends		Kephisia, Athen u. a. O.		Leonidas.
" 30.	8 " 3 "		An verschiedenen Orten in Attika		"
" 30.	3 " 30 "		Ebenso		J. Schmidt.
" 30.	4 " 1 "		Athen, lebhaftes Erdbeben		A. Wilhelm.
" 30.	4 " 15 "		Athen		
" 30.	5 " 43 "		Athen, allg. beob. schwingender St.	2 S.	"
" 30.	6 " 18,5 "		"		"
" 30.	7 " 45 "		"		J. Schmidt.
" 30.	8 " 8 "		"		
" 30.	8 " 30 "		"		
" 31.	0 " 22 "		Athen, st. Donner, st. Erdbeben		J. Schmidt.
" 31.	1 " 1 "		} Kephissia, 3 Stösse		C. Wild.
" 31.	5 " 1 "				J. Schmidt.
" 31.	6 " 57 "		Athen, lebhafte Bewegung		

Datum.	Ortszeit.	Ort und Charakteristik.	D.	R.	Beobachter.	Nachweis.
Jan. 31.	—10 Uhr 21 M.	Athen, stark. Alle Hähne krähen			*v. Heldreich, Postolaka.*	
„ 31.	—11 „ 36 „	Athen, schwach			*J. Schmidt.*	
„ 31.	Abends	Kephissia, öfter Lärm und Bewegung			*C. Wild.*	
Febr. 1.	8 „ 30 „	Kephissia, 2 Stösse			*„*	
„ 1.	7 „ 45 „	Kephissia, 2 Stösse			*„*	
„ 1.	0 „ 34 „	Kumi, ziemlich stark			*B. Wurtsch.*	
„ 3.	1 „ 15 „	Kephissia, stark			*C. Wild.*	
„ 3.	11 „ 32 „	Kephissia, schwach			*„*	
„ 4.	11 „ 32 „	Athen			*J. Schmidt.*	
„ 5.	9 „ 55 „	Kephissia			*C. Wild.*	
„ 6.	1 „	Kourbatzi			*A. Wild.*	
„ 6.	10 „ 40 „	Argostoli — Pessades			*E. Ingles.*	
„ 7.	6 „ 7 „	Athen			*J. Schmidt.*	
„ 7.	—7 „ 5 „	Kephissia, Detonation			*C. Wild.*	
„ 7.	—9 „ 10 „	Kephissia, starker Stoss			*„*	
„ 7.	9 „ 48 „	Athen, nicht sicher			*J. Schmidt.*	
„ 7.	8 „ 57 „	Kephissia, schwach			*C. Wild.*	
„ 9.	9 „ 45 „	Argostoli, mässig			*E. Ingles.*	A. A. Z. Nr. 68.
„ 10.	10 „ 5 „	Rhodos, ziemlich stark				
„ 10.	10 „ 20 „	Rhodos				
„ 10.	10 „ 25 „	Rhodos				

Datum	Zeit	Ort / Bemerkung		Beobachter	Quelle
Febr. 11.	— 8 Uhr	Athen		C. Wild.	
„ 11.	3 „	Athen			
„ 13.		Athen			
„ 14.		Athen			
„ 14.	10 „ 35 M.	Argostoli, Getöse		E. Ingles.	
„ 15.	— 3 „	Achmet-Aga		Müller.	
„ 15.	4 „	Athen		J. Schmidt.	
„ 15.	— 4 „ 55 „	Argostoli, 2 Stösse		E. Ingles.	
„ 15.	— 8 „ 10 „	Kephissia, schwach		C. Wild.	
„ 15.	9 „ 13 „	„		„	
„ 15.	9 „ 14 „	„		„	
„ 16.	10 „ 15 „	Argostoli, Getöse		E. Ingles.	A. A. Z. Nr. 81 p. 1311.
„ 17.	— 0 „ 6 „	„ 2 Stösse		„	
„ 17.	— 7 „ 15 „	„ 2 „		„	
„ 21.	10 „ 45 „	„ 2 Detonationen		„	
„ 27.	— 9 „	Achmet-Aga, ziemlich stark		Müller.	
März 1.	9 „	Rhodos, ziemlich stark	W.—O.	E. Ingles.	
„ 4.	— 0 „ 10 „	Argostoli, auch sonst viel Bewegung		Tötscher.	Handschriftl. Katalog.
„ 5.	0 „ 33 „	Korfu, stark		„	
„ 6.	8 „ 29 „	Korfu, sehr stark		A. Wild.	
„ 8.	— 3 „ 49 „	Kourbatzi		H. Wurtisch.	
„ 9.	9 „ 45 „	Kumi, leichter Stoss		A. Wild.	
„ 9.	9 „ 56 „	Kourbatzi		„	
„ 9.	—10 „ 58 „	Kourbatzi			

Datum.	Ortszeit.	Ort und Charakteristik.	D.	R.	Beobachter.	Nachweis.
März 14.	10 Uhr 10 M.	Korfu, 1 starker, 3 kleine Stösse			Klötzscher.	
„ 14.	11 „ 20 „	Korfu, stark; später andere			„	
„ 15.	— 4 „ 40 „	Korfu, sehr stark		W.—O.	„	
„ 15.	— 8 „ 25 „	Korfu, sehr heftig			„	
„ 15.	—10 „ 10 „	Korfu ⎫ Am Tage noch andere. In	2 S.		„	
„ 15.	4 „ 0 „	Korfu ⎭ 18 Stunden waren 17 Erdb.			„	
„ 24.	— 8 „ 30 „	Delphi, ziemlich stark			Dr. Krüper.	
„ 24.	Nachts	Delphi			„	
„ 27.	1 „ 55 „	Korfu, ziemlich stark			Klötzscher.	
„ 27.	1 „ 45 „	Korfu			„	
April 2.	9 „ 45 „	Korfu			„	
„ 3.	6 „ 25 „	Korfu			„	
„ 6.		Kyparissia, Südwest-Peloponnes				Ἐφημερίς ἀρ. 725.
„ 8.		Volo, starkes Erdbeben				A. A. Z. Nr. 123 p. 1995.
„ 9.	— 5 „ 45 „	Rhodos				A. A. Z. Nr. 127 p. 2072.
„ 9.	11 „ 30 „	Kumi, Erdbeben von langer Dauer			B. Wurtisch.	L. I. Z. Nr. 1140.
„ 9.	Nachts	Pylos, West-Peloponnes				
„ 10.	— 3 „ 30 „	Kumi, 2 starke Stösse			„	
„ 10.	— 4 „	Kourbatzi		?	A. Wild.	
„ 10.	— 3 „ 45 „	Achmet-Aga, 2 Stösse			Müller.	
„ 10.	— 4 „ 20 „	Kourbatzi			A. Wild.	
„ 10.	— 2 „ 12 „	Kalamae (Messenien), heft. Erdb.	4 S.		Dr. Brachmann.	

Datum	Zeit	Ort / Beschreibung	Richtung	Stärke	Beobachter	Quelle
April 10.	— 2 Uhr 22 M.	Kalamae, länger dauernd, drehend				Dr. Brachmann.
„ 10.	Tags	Kalamae, andere. In Koria dauert das Erdb. 10 Tage, und war so stark, dass man im Freien kampirte			„	
„ 12.	— 8 „ 30 „	Delphi, sehr stark und dauernd			Dr. Krüper.	
„ 13.	— 7 „ 50 „	Kourbatzi			A. Wild.	
„ 13.	— 7 „ 30 „	Achmet-Aga			Müller.	
„ 13.	— 7 „ 41 „	Athen, lebh. Erdbeben viel verspürt				
„ 27.	10 „ 50 „	Ibraila, st. Erdb. mit Schaden, b. Sturm				Εθνοφύλαξ ἀρ. 739.
Mai 11.	— 3 „ 10 „	Kephissia, nicht ganz sicher			C. Wild.	
„ 11.	— 9 „ 30 „	Kourbatzi			A. Wild.	
„ 13.	10 „	Kibotos in Kleinasien, starkes Erdb.				
„ 13.	11 „ 17 „	Smyrna, 4 starke Stösse	NO.—SW		Werth.	
„ 13.	11 „ 5 „	Smyrna, nach Angabe der Bahnuhr				
„ 17.	— 3 „ 39 „	Athen, Erdbeben mit Lärm		12 S.	J. Schmidt.	
„ 18.	— 4 „ 5 „	Smyrna			A. Wilhelm.	
„ 19.	— 4 „ 7 „	Smyrna			Werth.	
„ 27.		Galacz, Erdb. mit Schaden; 2 getödtet.		25 S.		L. I. Z. Nr. 1144.
„ 27.		Rhodos				
„ 28.		Rhodos				
„ 28.	— 2 „ 15 „	Rhodos, in Allem 6 Stösse			Dr. J. Pio.	A. A. Z. Nr. 165 p. 2683.
„ 30.	11 „ 30 „	Argostoli				T. Z. Nr. 142.
Juni (?)		Skopelos, stark				
„ 4.		Rhodos u. a. a. O. sehr heft. Stoss				A. A. Z. Nr. 181 p. 2956.

Datum.	Ortszeit.	Ort und Charakteristik.	D.	R.	Beobachter.	Nachweis.
Juni 4.	6 Uhr 46 M.	Athen	18 S.	O.—W.	J. Schmidt.	
„ 6.	7 „ 15 „	Kourbatzi, 2 Stösse			A. Wild.	
„ 6.	6 „ 30 „	Kumi			B. Wurtsch.	
„ 6.	7 „ 18 „	Athen, Erdbeben mit Lärm			J. Schmidt.	
„ 6.	10 „ 31 „	Athen, zweifelhaftes Erdbeben				
Juli 15.	9 „ 25 „	Radostos, st. Erdb. bei Regensturm			„	*Bgvogt'laẞ áẞ.* 788.
„ 18.		Afrikan. Küste des Mittelmeeres, 2 Schiffe fühlten Erdbeben				Nach *Scrope.*
„ 18.		(Sicilien, starke Erdbeben)				
„ 23.	10 „ 30 „	Smyrna, stark.			*Werth.*	
„ 23.	11 „ 23 „	Tschanak-Kalessi, Gallipoli, Mytilene			*F. Calvert.*	
„ 23.	11 „ 25 „	Daselbst, ein grosser gefährl. Stoss		N.—S.	„	A.A.Z.Nr.229 p.3720.
„ 24.	0 „ 30 „	Tschanak-Kalessi, schwach			„	
„ 24.(?)	11 „	Mytilene, Molivo ruinirt. Ich vermuthe, dass es Juli 23. war				Nach *F. Calvert.*
„ 26.	5 „ 30 „	Tschanak-Kalessi, schwach			„	L. L. Z. Nr. 1155.
Aug. 1.	9 „ 15 „	Zara, Erdbeben mit Getöse				
„ 2.	6 „	Agoriani am Parnassos, schwach			*Dr. Krüper.*	
„ 6.	2 „ 35 „	Kourbatzi			*A. Wild.*	
„ 6.	10 „	Agoriani			*Dr. Krüper.*	
„ 8.	11 „ 10 „	Athen, 2 Stösse			*Euling.*	
„ 14.	9 „ 23 „	Smyrna, stark; Pendel blieb stehen		O.—W.	*Werth.*	

Aug. 14.	3 Uhr 10 M.	Smyrna } Die met. Station hat für		Werth.
,, 14.	3 ,, 25 ,,	Smyrna } das erste: —9 Uhr 35 M.		,,
,, 19.		(Sicilien, grosses Erdbeben)		
,, 29.	4 ,,	Delphi, erst schwach, dann ein stärkeres Erdbeben		Dr. Krüper. Kötsscher.
,, 29.	9 ,, 50 ,,	Korfu, sehr stark		Dr. Krüper.
,, 31.	3 ,,	Delphi, schwach		,,
,, 31.	Nachts	Delphi, in 1 Stunde 4 kleine Stösse		,,
Sept. 2.	— 5 ,,	Delphi		,,
,, 2.	— 8 ,,	Delphi		,,
,, 8.	— 4 ,,	Kumi		B. Wurlisch.
,, 8.	— 4 ,, 15 ,,	Kumi	O.—W.	,,
,, 8.	— 4 ,, 30 ,,	Kourbatzi, 2 Stösse		A. Wild.
,, 8.	— 4 ,, 30 ,,	Lamia, lebhaftes Erdbeben		
,, 10.	9 ,, 10 ,,	Kourbatzi, 2 Stösse		,,
,, 25.		(Perugia in Italien, grosses Erdb.)		Ἐθνοφύλαξ ἀρ. 826.
Okt. 5.		Kourbatzi	W.—O.	,,
,, 5.	— 9 ,, 50 ,,	Kourbatzi		,,
,, 10.	Nachts	Smyrna, lebhaftes Erdbeben		A. A. Z. Nr. 306 p. 4959.
,, 11.	— 3 ,,	Samos, sehr stark mit Schaden	N.—S. 2 S.	Ἐθνοφύλαξ ἀρ. 856.
,, 11.	— 3 ,, 15 ,,			
Nov. 2.		Chalkis		B. Wurlisch.
,, 3.		,,	mehrfach erschüttert	
,, 4.		,,		

Datum.	Ortszeit.	Ort und Charakteristik.	D.	R.	Beobachter.	Nachweis.
Nov. 3.	10 Uhr 45 M.	Samos, sehr starkes Erdbeben				A. A. Z. Nr. 327 p. 5299.
„ 7.		Smyrna				Met. Station d. Eisenb.
„ 11.		Chios, starke Erdbeben				
„ 12.		Chios, „ „				L. I. Z. Nr. 1171.
„ 13.		Chios, „ „				
„ 13.	9 „ 40 „	Kourbatzi			*A. Wild.*	
Dez. 5.	9 „ 40,5 „	Athen	3 S.	O.—W.	Dr. *Kokides.*	
„ 18.	2 „	Zante			Dr. *Petrie.*	
		1866.				
Jan. 14.	8 „ 15 „	Kourbatzi in Nord-Euböa		S.—N.	*A. Wild.*	L. I. Z. Nr. 1181.
„ 16.	5 „	Gallipoli, heftiges Erdbeben				*Lenormand* im Bericht
„ 19.		Chios, starkes Erdb. mit Schaden				über die Eruption zu
„ 20.		Chios				Santorin.
„ 21.		Chios				
„ 22.	0 „ 30 „	Chios, stark; Seebewegung				
„ 27.		Erste Anzeichen der Eruption im Golfe von Santorin				Vergl. *J. Schmidt:* Santorin.
Febr. 1.	5 „	Santorin, sehr schwach			*Dekigala.*	
„ 2.		Chios, starker Stoss		O.—W.		
„ 6.	10 „ 15 „	Patrae in Achaja, schwach				
„ 6.	1 „ 8 „	Tripolis	20 S.	O.—W.	*Ingley.*	Bericht d. engl. Konsuls *W. S. Ongley* an d. engl.

Datum	Zeit	Ort, Beschreibung		Richtung	Quelle
Febr. 6.		Argos, Korinth, Kalavryta, Gythion, in Maina, überall sehr stark			Gesandt. Hrn. *Erskine* in Athen; von diesem mir mitgetheilt.
,, 6.	1 Uhr 25 M.	S. Maura, Zante, schwach	1 S.	0.—W.	
,, 6.	1 ,, 40 ,,	Patrae, gr. Donner, dann sehr gefährl. Erdb. mit geringem Schaden			
,, 9.	10 ,,	Santorin, schwach			
,, 10.	4 ,,	Patrae		0.—W.	*Dekigala.* Manuskript.
,, 14.	8 ,, 15 ,,	Brussa, starkes Erdbeben			
,, 17.		Nauplia			
,, 17.	Abends	Patrae, schwach		0.—W.	Ἐφημερίδας Febr. 21.
,, 20.		Chios. — Anfang der grossen Eruptionen zu Santorin			
März 2.	—11 ,,	Valona, Butrinto, Korfu, 20 Stösse		S.—N.	*Witte* (für Korfu) L. I. Z. Nr. 1187.
,, 2.	8 ,,	Valona, Smetina, Velica, viel Schaden			
,, 3.	—6 ,,	Valona			
,, 8.	6 ,,	Valona, Seebewegung			
,, 4.		Valona			
,, 5.		Valona			
,, 5.	4 ,, 30 ,,	(Fiume)			
,, 6.		Valona, stark; Abends Seebewegung			
,, 7.		Valona, stark			

Datum.	Ortszeit.	Ort und Charakteristik.	D.	R.	Beobachter.	Nachweis.
März 8.		Valona				
,, 9.		Valona				
,, 10.	— 2 Uhr	Patrae, schwach				
,, 11.		Valona				
,, 12.		Valona				
,, 13.		Valona				
,, 14.		Valona				
,, 15.		Valona				
,, 15.	— 3 ,,	Kumi, stark		W.—O.	*B. Wurisch.*	*Εὐνοφύλαξ Μαρτ. 8.*
,, 15.	—10 ,, 10 M.	Kourbatzi, 2 Stösse			*A. Wild.*	
,, 15.	— 6 ,,	Kumi, 2 schwache Stösse			*B. Wurisch.*	
,, 16.	— 5 ,,	Chios, stark				
,, 16.		Valona				
,, 20.		Chios, stark				A. A. Z. Nr. 102.
,, 20.	— 9 ,, 15 ,,	Rhodos } 3 Stösse				L. I. Z. Nr. 1190.
,, 20.	—10 ,, 20 ,,	Rhodos }				
,, 21.		Rhodos				
,, 22.		Rhodos				
,, 23.		Rhodos				
,, 24.		Rhodos				
,, 25.		Rhodos				
,, 25.	4 ,, 30 ,,	Delphi, stark			Dr. Krüper.	

Datum	Zeit	Ort / Beschreibung	S.	Richtung	Beobachter	Quelle
März 26.		Rhodos, sehr stark, bis 100 Meilen Abstand vielfach bemerkt				K. Z. Nr. 861. I. Beilage.
„ 26.	2 Uhr 35 M.	(In Sicilien starkes Erdbeben)				
April 5.	6 „	Samos, stark			*Scheerer.*	
„ 25.	5 „	Agoriani am Parnassos, stark			*Dr. Krüper.*	
Mai 3.	5 „	Athen, Piräus			*Bugaris, Kalligas.*	
„ 3.	6 „ 20 „	Chalkis, schwach		WNW.—OSO.	*Mansell.*	
„ 3.	11 „ 30 „	Chalkis		„	„	
„ 3.	11 „ 20 „	Smyrna				Met. Station; Handschr.
„ 4.	2 „ 35,0 „	Athen	3 S.		*J. Schmidt.*	
„ 5.	2 „ 36,5 „	Kephissia			*C. Wild.*	
„ 5.	3 „	Chalkis, leicht		W.—O.	*Mansell.*	
„ 5.	1 „ 30 „	Chalkis, „		WNW.—OSO.	„	
„ 6.	11 „ 30 „	Smyrna		WNW.—OSO.	*Dr. Krüper.*	Met. Station.
„ 8.	12 „	Agoriani, stark		WNW.—OSO.	*Mansell.*	
„ 8.	5 „	Chalkis, leicht				
„ 9.	2 „ 26,2 „	Athen, schwach, fein vibrirend, dann grössere Undulat. und Getöse }	18 S.	WNW.—OSO.	*J. Schmidt.*	*Jelinek*, Zeitschr. Nr. 8.
„ 10.	6 „ 35 „	Valona, 3 Stösse, sehr stark		O.—W.	*A. Wild.*	
„ 11.	0 „ 25 „	Kourbatzi			„	
„ 11.	2 „ 40 „	Kourbatzi				
„ 13.	2 „ 30 „	Valona				
„ 14.	3 „	Chalkis, leicht		WNW.—OSO.	*Mansell.*	
„ 14.	2 „ 43 „	Valona, stark; Abends Gewitter				

Datum.	Ortszeit.	Ort und Charakteristik.	D.	R.	Beobachter.	Nachweis.
Mai 17.	5 Uhr 25 M.	Chalkis, leicht		WNW.—OSO.	*Mansell.*	
,, 20.	3 ,, 25 ,,	Chalkis, ,,		,,	,,	
,, 26.	10 ,, 35 ,,	Valona				
,, 27.	4 ,, 20 ,,	Valona				
,, 27.	9 ,, 10 ,,	Valona				
Juni 3.	6 ,, 55 ,,	Santorin, schwach; auch in Kreta			*Dekigala.*	Handschrift.
,, 11.	11 ,, 20 ,,	Kourbatzi		W.—O.	*A. Wild.*	
,, 16.	1 ,,	Agoriani, schwach			Dr. *Krüper.*	
,, 18.		Aigina (angeblich)				
,, 20.		Erzerum, grosses Erdbeben				
Juli 8.	11 ,, 30 ,,	Patrae, stark mit grossem Getöse	2 S.	N.—S.		Ἐθνοφύλαξ Juni $\frac{11}{28}$. Athen. Zeitg. nach der Ἐφφρόνη Πατρῶν.
,, 27.	6 ,, 33 ,,	Argostoli, Pessades			*E. Inglès.*	
,, 28.	6 ,, 43 ,,	Pessades, stark, kleines Getöse	2 S.		,,	
,, 30.	3 ,, 15 ,,	Santorin			*Delenda.*	
Aug. 2.	5 ,, 20 ,,	Argostoli, stark, mit Getöse	3 S.		*E. Inglès.*	C. Rend. 1866 Nr. 10.
,, 6.	2 ,,	Santorin			*Delenda.*	
,, 6.	3 ,, 25 ,,	Argostoli, mässig; kleiner Lärm			*E. Inglès.*	
,, 6.	11 ,, 11 ,,	Argostoli, schwach			,,	
,, 13.	4 ,,	,,			,,	
,, 13.	9 ,, 45 ,,	,,			,,	
,, 13.	5 ,,	,,			,,	

Datum	Zeit	Ort, Beschreibung		Richtung	Beobachter	Literatur
Aug. 14.	0 Uhr 20 M.	Chalkis, leicht		W.—O.	Mansell.	A. A. Z. p. 4137.
„ 14.	0 „ 42 „	Kalamaki, kleiner Stoss und Donner			Mansello.	
„ 14.	0 „ 46,6 „	Athen, breite Welle	4 S.		J. S. v. Palasca.	
„ 15.	2 „ 41 „	Athen	0,5 S.	N.—S.	J. Schmidt.	
„ 15.	3 „ (?)	Kumi			B. Wurtisch.	
„ 16.	4 „ 55 „	Chalkis, leicht		W.—O.	Mansell.	
„ (?)		Erzerum, schwach				Εὐρωπ. λαξ ἀφ. 1061.
„ 19.	12 „	Kreta, zu Prosnero, lebh. Erdbeben				A. A. Z. p. 4146.
„ 24.	11 „	Konstantinopel, 3 kleine Stösse				
Sept. 1.	6 „ 40 „	Kalamaki, kl. Stoss und kl. Donner			Mansello.	
„ 8.	1 „ 0 „	Chalkis, lebhaftes Erdbeben		WNW.—OSO.	Mansell.	
„ 18.	12 „ 48 „	Chalkis, „			„	
„ 19.	3 „ 0 „	Chalkis, „ leicht		WNW.—OSO.	„	
„ 19.	4 „ 0 „	„ „			„	
„ 19.	9 „ 50 „	Argostoli, stark mit Lärm			E. Ingles.	L. I. Z. Nr. 1217.
„ 22.		Utschak in Kleinasien				
„ 28.		„ „ „				
„ 24.		„ „ „				
„ 24.	2 „ 85 „	(Oravitza)		SO.—NW	Mansell.	Jelinek Zeitschr. I. 18.
„ 27.	8 „ 44 „	Chalkis, lebhafter Stoss		WNW.—OSO.	„	
„ 27.	10 „ 30 „	„ „ „			„	
„ 27.	11 „ 30 „	„ stark			„	
Okt. 3.	5 „ 44 „	Argostoli, stark mit Getöse			E. Ingles.	
„ 4.	0 „ 35 „	„ geringer			„	

Datum.	Ortszeit.	Ort und Charakteristik.	D.	R.	Beobachter.	Nachweis.
Okt. 4.	— 8 Uhr 40 M.	Argostoli, mässig			E. Ingles.	
„ 4.	— 6 „ 34 „	„ „ kleiner Lärm			„	
„ 5.	— 4 „ 35 „	„ noch 4 schwache			„	
„ 5.	—11 „ 52 „	„ stark mit Getöse			„	
„ 5.	— 1 „ 14 „	„ schwach			„	
„ 5.	— 2 „ 56 „	„ mässig			„	
„ 6.	— 1 „ 30 „	„ „			„	
„ 6.	— 4 „ 45 „	„ schwach			„	
„ 6.	— 7 „ 22 „	„ mässig⎫ Seit Okt. 3. waren			„	
„ 6.	—10 „ 30 „	„ „ ⎬ es 22 Stösse			„	
„ 13.	— 8 „ 40 „	Chalkis, leichter; später 7 andere		WNW.—OSO.	Mansell.	
„ 24.	— 1 „	Kalamae, heftig				La Grèce Nov. 1.
„ 24.	— 7 „	Kalamae				᾽Αλήθεια dg. 244.
„ 24.	—11 „	Patrae, Aigion, stark			J. Schmidt.	
„ 24.	Nachts	Athen, Erdbeben wahrscheinlich				
„ 26.	— 3 „	Kalamaki, kleiner Stoss, kl. Getöse			Memsello.	
„ 27.	—10 „	Smyrna, lebhafter Stoss		SW.—NO		Impartial Nr. 1482.
Nov. 4.	— 0 „	Sforoki in Bessarabien				Hsis 1867 Nr. 19.
„ 8.	— 9 „	Kumi, Erdbeben vermuthet			B. Wurisch.	
„ 9.	— 9 „ 15 „	Korfu, stark	10 S.		Klöizecher.	
„ 14.	— 8 „ 3 „	Smyrna, ziemlich stark			J. Reining.	
„ 14.	— 8 „ 25 „	„ „ Angabe der mot. Station				

Date	Time	Ort / Bemerkung	Beobachter	Wind	Athener Zeitg.
Nov. (?) 18.		Koniah, grosses Erdbeben			
„ 18.		Santorin, stark			
Dez. 1.	8 Uhr 50 M.	Zante	Demathas.		
„ 2.	2 „ 30 „	Zante	E. Wursich.		
„ 4.	5 „ 55 „	Janina, leicht	„		Handschriftl. met. Beob.
„ 9.	— 9 „ 50 „	Zante	R. Stuart.		
„ 12.	Abends	Kourbatzi, schwach	E. Wursich.		
„ 23.	10 „ 5 „	Zante	A. Wild.		
„ 24.	— 1 „ 45 „	Zante	E. Wursich.		
„ 25.	—10 „	Achmet-Aga (Euböa)	„		
„ 26.	— 8 „	Janina, schwach	Müller.		
„ 27.	— 8 „	Janina	R. Stuart.		
		1867.			
Jan. 1.	7 „ 20 „	Zante	„		
„ 2.		(Grosses Erdbeben in Algier)	E. Wursich.		
„ 2.	— 5 „ 5 „	Chalkis, leicht	Mansell.	WNW.—080.	
„ 3.	3 „	Achmet-Aga; kleines Erdbeben	Müller.	W.—0.	
„ 8.	7 „	„ „	„		
„ 14.	1 „ 32 „	Janina	R. Stuart.		
„ 15.	— 8 „ 40 „	Zante	E. Wursich.		
„ 20.	— 1 „	Valona, lange Dauer	Calavara.		Jelinek, Zeits. 1867 N. 9.
„ 20.	1 „ 30 „	Achmet-Aga, sehr schwach	Müller.		
„ 28.	12 „	Kumi, ziemlich stark	B. Wurliech.		
„ 28.	— 6 „ 30 „	Janina	R. Stuart.		

Datum.	Ortszeit.	Ort und Charakteristik.	D.	R.	Beobachter.	Nachweis.
Febr. 1.	8 Uhr 50 M.	Korfu, stark	15 S.		Klötzscher.	
„ 3.	8 „ 40 „	Kephalonia, schwach				
„ 4.	2 „ 45 „	Algier, starkes Erdbeben				
„ 4.	3 „ 58 „					
„ 4.	3 „ 43 „					
„ 4.	4 „ 5 „	Patrae				
„ 4.	5 „ 25 „	Valona, 4 Stösse; Elbassan, Durazzo, angeblich noch in Saloniki und Konstantinopel; dann in Otranto und Messina				
„ 4.	5 „ 30 „	Kalamaki, 2 Stösse — Locorotondo			Calzavara. Menzello.	
„ 4.	6 „ 4 „	Kephalonia, grosse Katastrophe, Zerstörung der meisten Orte in der westlichen Halbinsel. — In Korfu, S. Maura, Ithaka, Zante, Epirus, Peloponnes, Rumeli — Apulien	25 S. 30 S.		G. Valsamakis. E Inglis. Bar. Everton. Saba.	Siehe die Monogr.
„ 4.	6 „ 10 „					
„ 4.	6 „ 15 „					
„ 4.	6 „ 17 „	Korfu, sehr stark	45 S.		Klötzscher.	
„ 4.	6 „ 20 „	Zante, sehr gefährl.; bis Abd. 30 Stösse	25 S.		E. Warsich.	
„ 4.	6 „ 30 „	Bari in Apulien			Marstaller.	
„ 4.	6 „ 30 „	Achmet-Aga in Euböa, lange Duuer			Müller.	
„ 4.	6 „ 15 „	Kulamae, geringe, mit (tieften			Menzello.	

Datum	Zeit	Ort	Bemerkung	Beobachter
Febr. 4.	— 6 Uhr 0 M.	Janina		R. Stuart.
„ 4.	— 6 „ 19 „	Athen		Reining.
„ 4.	— 6 „ 15 „	Chalkis		Mansell.
„ 4.	— 6 „ 45(40)	Argostoli, 2ter gr. Stoss; Korfu		Everton.
„ 4.	— 7 „ 15 „	„ 3ter „ „		„
„ 4.	— 7 „ 15 „	Zante		E. Wursich.
„ 4.	— 7 „ 10 „	Patrae		
„ 4.	—11 „ „	Argostoli, Zante, sehr stark		
„ 4.	— 0 „ 20 „	Korfu		Klötzscher.
„ 4.	— 0 „ 30 „	Zante		E. Wursich.
„ 4.	—	Malta		
„ 5.	— 6 „ „	Argostoli, stark und oft		Klötzscher.
„ 5.	— 6 „ 40 „	Korfu		
„ 5.	— 6 „ „	Athen		R. Stuart.
„ 5.	— 6 „ „	Janina		E. Wursich.
„ 5.	— 7 „ 30 „	Zante — Argostoli		„
„ 5.	—11 „ 10 „	Zante und a. a. O.		
„ 6.	—	Kephalonia, sehr viele Erdbeben		J. Schmidt.
„ 6.	—11 „ 18 „	Athen		
„ 7.	—	Kephalonia, viele Erdbeben		
„ 7.	— 5 „ 30 „	Athen, vermuthet		„
„ 8.	— 3 „ „	Kephalonia, stark		
„ 8.	— 3 „ 15 „	„ „		
„ 8.	Nachts	Ragusa		Rodich.

12 S.

Nur bei Scrope.

Datum.	Ortszeit.	Ort und Charakteristik.	D.	B.	Beobachter.	Nachweis.
Febr. 9.		Kephalonia, oft und stark				
„ 10.	2 Uhr 45 M.	„ „ „		WNW.—OSO.	Mansell.	
„ 10.	— 1 „	Chalkis, stark				
„ 11.	— 1 „ 20 „	Argostoli, sehr stark			E. Wurach.	
„ 11.		Zante, stark				
„ 11.		Athen				
„ 11.		Kephalonia, Tags viele Stösse			Mansell.	
„ 11.	3 „ 45 „	Chalkis, schwach			Rodich.	
„ 11.	Nachts	(Ragusa)			Versch. Beob.	
„ 12.	— 3 „	Athen, lebhaftes Erdbeben				
„ 12.	— 4 „	Argostoli; seit—1,5 U. waren 8 Stösse			E. Wurach.	
„ 12.	— 4 „ 30 „	Zante			Mansell.	
„ 12.	— 6 „ 50 „	Chalkis, schwach			Mensello.	
„ 12.	— 7 „ 30 „	Kalamaki, schwach			Mansell.	
„ 12.	— 7 „ 50 „	Chalkis, schwach				
„ 12.	11 „ 45 „	„ „			„	
„ 12.	11 „ 50 „	„ „			„	
„ 12.	11 „ 56 „	„ „			„	
„ 13.	— 0 „ 15 „	Chalkis, schwach — Kephalonia			„	
„ 13.	5 „ 0 „	„ „			„	
„ 13.	5 „ 6 „	„ „			„	
„ 13.	5 „ 10 „	„ „			„	

Datum	Zeit	Ort	Beobachter
Febr. 13.	—11 Uhr 30 M.	Chalkis, schwach	*Mansell.*
„ 13.	—11 „ 58 „	Kalamaki, schwach	*Mensello.*
„ 13.	8 „ 50 „	Chalkis, schwach	*Mansell.*
„ 13.	9 „ „	Achmet-Aga, kleiner Stoss	*Müller.*
„ 13.		Volo, stark	
„ 14.	—11 „ 30 „	Chalkis, leicht	*Mansell.*
„ 14.		Kephalonia	*Rodich.*
„ 14.	Nachts	(Ragusa) Kephalonia	
„ 15.		Kephalonia	
„ 15.	—10 „ 20 „	Chalkis, leicht	*Mansell.*
„ 16.		Kephalonia	
„ 16.	2 „ 22 „	Chalkis, leicht	„
„ 16.	2 „ 25 „	„ „	„
„ 16.	2 „ 30 „	„ „	„
„ 16.	2 „ 37 „	„ „	„
„ 16.	2 „ 51 „	„ „ zweifach	„
„ 16.	6 „ 15 „	„ „	„
„ 16.	0 „ 27 „	„ „	„
„ 17.	1 „ 15 „	„ „	„
„ 17.	4 „ 17 „	„ „	„
„ 17.	4 „ 19 „	„ „	„
„ 17.	5 „ 7 „	„ „	„
„ 17.	7 „ 17 „	„ „ stark	„
„ 17.	7 „ 18 „	„ „ leicht	„

Datum.	Ortszeit.	Ort und Charakteristik.	D.	R.	Beobachter.	Nachweis.
Febr. 17.	Nachts	Kephalonia, oft Stösse				
„ 17.	Nachts	Ragusa			*Rodich.*	
„ 18.		Kephalonia				
„ 19.		Kephalonia				
„ 19.	— 7 Uhr 5 M.	Zante „			*E. Wursich.*	
„ 20.		Kephalonia				
„ 20.	5 „ 50 „	Chalkis, leicht			*Mansell.*	
„ 20.	6 „ 7 „	„ „				
„ 20.	Nachts	Ragusa			*Rodich.*	
„ 21.		Kephalonia			„	
„ 22.	— 6 „ 15 „	Chalkis, leicht			*Mansell.*	
„ 22.		Kephalonia				
„ 22.	8 „ 45 „	Zante „			*E. Wursich.*	
„ 23.		Kephalonia				
„ 24.	— 2 „ 30 „	Kreta, zu Kanea, leicht			*Murray.*	Brief v. Hrn. *E. Erskine.*
„ 24.	—11 „	Kephalonia, bis Abds. 4 andere, stark				
„ 24.	9 „ 30 „	„ stark				
„ 25.	2 „ 45 „	„				
„ 25.	8 „	„ bis 0 Uhr noch 4 andere				
„ 25.	6 „ 17 „	Chalkis, leicht			*Mansell.*	
„ 26.	1 „ 55 „	Kephalonia, stark				
„ 26.	8 „ 50 „	Janina			*R. Stuart.*	

Datum	Stunde	Minute	Ort	Bemerkung	Richtung	Beobachter
Febr. 27.	9 Uhr	9 M.	Kephalonia (Argostoli)	stark		E. Wursich.
" 27.	—10 "	4 "	"			
" 27.	—10 "	4,5 "	"			
" 27.	0 "	27 "	"			ausser diesen noch 30
" 27.	7 "	5 "	"			
" 27.	8 "	46 "	"			
" 28.	-8 "	53 "	"	stark		
" 28.	9 "	31 "	"	sehr stark, und andere		
März 1.	— 6 "	15 "	Zante			E. Wursich.
" 1.	1 "	45 "	Kephalonia			"
" 2.			Zante			
" 2.			Kephalonia			
" 3.			"			
" 4.			"			
" 5.			"			
" 5.	—10 "	20 "	Kumi, sehr heftig		SO.—NW	B. Wurtisch.
" 5.	—10 "	40 "	Chalkis, leicht			Mansell.
" 5.	—10 "	15 "	Kumi, leicht			B. Wurtisch.
" 5.	—11 "	15 "	" schwach			"
" 6.			Kephalonia			
" 7.	0 "		Kumi			Müller.
" 7.	5 "		Achmet-Aga			
" 7.	6 "		Katastrophe von Mytilene			
" 7.	5 "	58 "	Smyrna		15 S.	

Siehe Monogr. d. Erdb. Met. Stat.

Datum.	Ortszeit.	Ort und Charakteristik.	D.	R.	Beobachter.	Nachweis.
März 7.	6 Uhr 10 M.	Smyrna			Karolides.	
„ 7.	6 „ 20 „	„			„	
„ 7.	8 „ 30 „	„			„	
„ 7.	6 „ „	Adrianopel, Aivalõ, Cavala, Phokãa				Nach B. Wurisch.
„ 7.	6 „ 30 „	Konstantinopel				
„ 7.	6 „ „	Tschanak-Kalessi, 3 Stösse	25 S.	N.—S.	F. Calvert.	
„ 7.	6 „ „	Gallipoli, 3 Stösse — Chios	15 S.	O.—W.		
„ 7.	6 „ „	Skyros, gr. Sporaden				
„ 7.	Nachts	Konstantinopel — Mytilene				
„ 8.		Mytilene, Smyrna			v. Gonzenbach.	
„ 8.	— 5 „ 30 „	Zante			E. Wursich.	
„ 9.	9 „ 30 „	Mytilene, stark und auf See			Jung.	
„ 9.	7 „ 25 „	Smyrna, sehr stark			Gonzenbach.	
„ 10.	— 3 „ „	Mytilene, stark und auf See			Jung.	
„ 10.	3 „ 40 „	Smyrna			Gonzenbach.	
„ 10.	—10 „ 15 „	Chalkis, leicht			Mansell.	
„ 10.	6 „ „	Mytilene, sehr stark; Cavala oft			Jung.	
„ 11.	— 8 „ 30 „	Kephalonia			Gonzenbach.	
„ 11.	11 „ 5 „	Smyrna, Mytilene			„	
„ 12.		„ „			Valsamakis.	
„ 12.		Kephalonia				
„ 13.	— 1 „ 30 „	Smyrna				Met. Station.

	Zeit	Ort	Beobachter
März 18.	— 6 Uhr	Kephalonia, stark	Valsamakis.
„ 18.		Mytilene	
„ 18.	5 „ 40 M.	Kephalonia, stark	„
„ 18.	6 „	„	„
„ 18.	6 „ 30 „	„	„
„ 18.	9 „ 51 „	Chalkis, scharfer Stoss	Mansell.
„ 14.		Mytilene — Smyrna	Gonsenbach.
„ 14.		Kephalonia	
„ 15.		„	
„ 15.	4 „ 30 „	Smyrna — Mytilene	Henck.
„ 16.	4 „ 44 „	Smyrna — Mytilene	„
„ 16.		Kephalonia	
„ 17.	3 „ 40 „	Zante	E. Wursich.
„ 17.		Kephalonia	
„ 17.		Mytilene	
„ 18.		Mytilene	
„ 18.		Kephalonia	
„ 19.	1 „	Korfu, mässig	Klötscher.
„ 19.	9 „	Mytilene, heftig, mit Schaden	
„ 19.	7 „ 15 „	Zante	E. Wursich.
„ 19.		Kephalonia	
„ 20.	0 „ 30 „	Zante	„
„ 20.	1 „ 40 „	Zante	„
„ 20.	4 „	Mytilene	

Datum.	Ortszeit.	Ort und Charakteristik.	D.	R.	Beobachter.	Nachweis.
März 20.	1 Uhr 30 M.	Kephalonia		W.—O.	Mansell.	
„ 20.	5 „ 15 „	Chalkis		W.—O.	„	
„ 20.	6 „ „	„	10 S.			O. B.
„ 21.		Zante, stark				O. B.
„ 21.		Kephalonia				
„ 21.		Mytilene				
(?) „ 21.		Cerigo, kleiner Stoss				Im April in Keph. erfahr.
„ 22.		Mytilene				
„ 22.		Kephalonia				
„ 23.		„				
„ 23.		Mytilene				
„ 24.	— 7 „	Achmet-Aga			Müller.	
„ 24.		Kephalonia				
„ 24.	10 „ 45 „	Janina			R. Stuart.	
„ 25.	1 „ „	Kephalonia, stark			Everton.	
„ 27.		Mytilene				
„ 27.		Kephalonia				
„ 28.		Dardanellen, Adrianopel, stark				
„ 28.		Mytilene				
„ 28.		Kephalonia				
„ 29.		Mytilene				
„ 29.		Kephalonia				

Datum	Zeit	Ort / Bemerkung	Richtung	Beobachter	Quelle
März 30.	— 3 Uhr	Mytilene			
„ 30.	3 „ 40 M.	Drama in Makedonia, sehr grosses Erdb.; Saloniki			Ἐϑνοφύλαξ ἀρ.1200.
„ 30.	11 „ „	Kephalonia			
„ 31.		Mytilene			
„ 31.		Kephalonia			
April 1.	0 „ 48 „	Argostoli (Kephalonia), lebhaft		E. Ingles.	
„ 1.	1 „ 38 „	Chalkis, stark		Mansell.	
„ 1.	2 „ 15 „	Argostoli	NW.—SO	Everton.	
„ 2.	7 „ 0 „	Argostoli, kleiner Stoss		J. Schmidt.	
„ 2.	3 „ 43 „	„ „ „ und Getöse		„	
„ 2.	9 „ 50 „	„ „ „ „		„	
„ 2.	4 „ 46 „	„ „ „ „		„	
„ 2.	7 „ 27 „	„ „ „ „		„	
„ 3.	7 „ 49 „	Volo		„	Nach R. Stuart's Mitth.
„ 3.	0 „ 43 „	Argostoli, deutlicher Stoss		„	
„ 3.	8 „ 21 „	„ Stoss		„	
„ 3.	9 „ 0 „	„ „		„	
„ 3.		„ Detonation		„	
„ 3.		„ kleiner Stoss		„	
„ 3.		„ kleine Detonation		„	
„ 3.	10 „ 10 „	Chalkis, lebhafter Stoss	NW.—SO	Mansell.	
„ 4.	6 „ 2 „	Argostoli, lebhafter Stoss		E. Ingles.	
„ 4.	11 „ „	Lixuri			

Datum.	Ortszeit.	Ort und Charakteristik.	D.	R.	Beobachter.	Nachweis.
April 5.	0 Uhr 45,5 M.	Argostoli, lebhaft zitternder Stoss	1,5 S.		*J. Schmidt.*	
„ 5.	0 „ 51 „	ähnlich } vorher stets	1,7 S.		„	
„ 5.	0 „ 58 „	„ } ein tiefer Ton	0,8 S.		„	
„ 5.	1 „ 3,5	deutl. Stoss }	0,7 S.		„	
„ 5.	1 „ 8,5	Lärm	5 S.		„	
„ 5.	1 „ 15,2	Ton und Stoss	1,5 S.		„	
„ 5.	5 „ 13 „	stark			*Everton.*	
„ 5.	7 „ 31 „	Brüllen und kleiner Stoss			*J. Schmidt.*	
„ 5.	7 „ 36 „	2 Stösse			„	
„ 6.	3 „ 16,5	Argostoli, heftige donnernde Explo-sion, schussartig beginnend, dann schwächer, und plötzl. mit Nach-druck endend; dann starkes Zittern	4 S.		„	
„ 6.	5 „ 21 „	Argostoli, betr. Stoss nach d. Donner	1,5 S.		„	
„ 6.	7 „ 32 „	Donner			„	
„ 6.	11 „ 34 „	schwach, Stoss n. d. Getöse			„	
„ 7.	5 „ 15 „	allgemein gef. Erdbeben			„	
„ 7.	8 „ 7 „	Lärm			„	
„ 7.	10 „ 15 „	„			„	
„ 7.	11 „ 27 „	starker Stoss			„	
„ 8.	5 „ 30 „	Getös			„	
„ 8.	8 „ 47 „	„			„	

Datum	Zeit	Ort / Beschreibung	Stärke	Richtung	Beobachter	Quelle
April 9.	1 Uhr 30 M.	Zante			E. Wursch.	
„ 9.	1 „ 15 „	Argostoli			E. Inglês.	
„ 9.	5 „ 20 „	„ Stoss und Lärm			J. Schmidt.	
„ 9.	6 „ „	„ lebhaftes Erdbeben				
„ 9.	8 „ 15 „	Janina, schwach			„	
„ 9.	9 „ 6,5 „	Argostoli, lebhafter Stoss	1 S.	N.—S.	R. Stuart.	
„ 9.	9 „ 29,5 „	„ „ „	1 S.	W.—O.	J. Schmidt.	
„ 9.	3 „ 47 „	„ schwach			„	
„ 10.	1 „ 36 „	Argostoli, plötzlicher Stoss wie eine Explosion, zitternd endend; dann Heulen und schwaches Beben	3,5 S.		„	
„ 10.	5 „ 10 „	Smyrna, stark; Mytilene			v. Gonzenbach.	Ἐφημερὶς ἀρ. 1207.
„ 10.	2 „ „	Lixuri (Kephalonia), stark				
„ 10.	6 „ 24 „	AufSee b. Lixuri, Erdstoss u. Seebeben			J. Schmidt.	
„ 10.	8 „ „	Mytilene				
„ 11.	2 „ „	Lixuri, stark				
„ 11.	4 „ 15 „	Kephalonia, überall gefühlt				Ext.d.Cour.d'Or.N.1526
„ 11.	8 „ „	Afvalû, sehr stark; Mytilene, 3 St.				
„ 12.	2 „ 10 „	Ragusa, stark				
„ 12.	5 „ 37 „	Argostoli, Stoss				
„ 12.	7 „ 57 „	„ „				Cour. d'Orient
„ 12.	3 „ 30 „	„ Detonation			„	Jelinek, Zeits. N. 11 p. 263.
„ 13.	7 „ 54 „	„ „			„	
„ 13.	8 „ 22 „	„ „				

Datum.	Ortszeit.	Ort und Charakteristik.	D.	R.	Beobachter.	Nachweis.
April 13.	9 Uhr 48 M.	Argostoli, Detonation und Erdbeben			J. Schmidt.	
„ 14.	4 „	Bagdad, starkes Erdb. mit Schaden	1,5 S.			A. A. Z. Nr. 149 p. 2443.
„ 14.	4 „ 15 „	Zante, wellenförmige Bewegung	4 S.		Viele Zeugen.	
„ 15.		Kephalonia				
„ 16.		Kephalonia				
„ 17.		Kephalonia				
„ 18.	11 „	Mesolongion, stark			J. Blak.	
„ 18.	11 „ 39 „	Zante, lebhafter Stoss	3 S.		Hel. Lundzi.	Von Hrn. Erskine mitg.
„ 19.		Kephalonia				Auch von J. S. bemerkt.
„ 20.		Kephalonia				
„ 21.	—11 „	Kumi, } etwas unsicher			B. Wurlsch.	
„ 21.	—11 „ 30 „	Kumi, }				
„ 21.		Kephalonia				
„ 21.	9 „	Kumi			„	
„ 22.		Kephalonia				
„ 22.	6 „	Janina			R. Stuart.	
„ 23.	6 „	Korfu, ziemlich stark			Klötzscher.	
„ 23.		Kephalonia				
„ 24.		Kephalonia				
„ 25.		Kephalonia				
„ 26.		Kephalonia				
„ 27.	—1 „	Zante			E. Wursich.	

April 27.	— 6 Uhr 45 M.	Zante		E. Wursich.	Nach Stuart's met. Mitth.
„ 27.		Kephalonia		Lollios.	
„ 28.—30.		Kephalonia		B. Wurlisch.	
Mai 1.	4 „ 5 „	Zante, heftige Bewegung		E. Inglis.	
„ 8.	0 „ „	Zante, stark			
„ 16.	3 „ „	Kumi und dortige Dörfer			
„ 18.	7 „ 30 „	Volo			
„ 19.	10 „ 30 „	Argostoli, 2 Detonationen		E. Inglis.	
„ 20.	4 „ 25 „	Argostoli, kleiner Stoss		„	
„ 21.	5 „ 50 „	Zante, lebh. Erdbeben — Ithaka		Vianelli.	
„ 21.	4 „ 22 „	Argostoli, langer Lärm und Stoss		E. Inglis.	
„ 21.	6 „ 45 „	Zante, stark	24 S.	E. Wursich.	
„ 21.	6 „	Argostoli, stark	25 S.	E. Inglis.	O. B.
„ 21.	Abends	Dara in Arkadien	10 S.		
„ 21.	11 „ 20 „	Argostoli, 4 Detonationen			
„ 22.	2 „ 22 „	Argostoli, Stoss		„	
„ 22.	3 „ 30 „	Argostoli, Detonation		„	
„ 22.	5 „ 30 (?) „	Zante		„	
„ 22.	9 „ 10 „	Argostoli, Detonation		E. Wursich.	
„ 22.	11 „ 35 „	Argostoli, Stoss		E. Inglis.	
„ 25.	3 „ „	Argostoli, Detonation		„	
„ 25.	9 „ „	Dara in Arkadien, stark		„	
„ 26.	10 „ 20 „	Argostoli, Detonation		„	O. B.
Juni 1.	3 „ „	Argostoli, grosses Getöse		„	

16*

Datum.	Ortszeit.	Ort und Charakteristik.	D.	R.	Beobachter.	Nachweis.
Juni 3.	2 Uhr 13 M.	Argostoli, grosses Getöse			*E. Ingles.*	
" 5.	— 7 " 10 "	Argostoli, Erschütterung			"	
" 6.	— 7 " 10 "	Daselbst "			*E. Wursich.*	
" 7.	—11 " 20 "	Zante "			"	
" 7.	9 " 20 "	Argostoli, Detonation			*E. Ingles.*	
" 7.	10 " 48 "	" "			"	
" 8.	— 0 " 12 "	" grosser Lärm			"	
" 8.	— 3 " 15 "	" heftiger Stoss			"	
" 8.	4 " 25 "	" " "			"	
" 8.	5 " 15 "	Zante "			*E. Wursich.*	
" 8.	11 " 45 "	Zante "			"	
" 9.	— 5 " 15 "	Zante "			"	
" 12.	— 5 " 25 "	Korinth, stark			"	O. B.
" 13.	— 5 " 25 "	Zante "			"	
" 13.	2 " 0 "	Zante "			"	
" 15.	—10 " 45 "	Argostoli			*E. Ingles.*	
" 19.	7 " 45 "	Argostoli			"	
" 27.	8 " 30 "	Zante "			*E. Wursich.*	
Juli 3.	5 " 0 "	Zante "			"	
" 5.	— 1 " "	Janina		W.—O.	*R. Stuart.*	
" 8.	2 " 15 "	Janina		W.—O.	"	
" 9.	— 0 " 50 "	Argostoli, heftiges Erdbeben			*E. Ingles.*	

Datum	Zeit	Ort / Bemerkung	Richtung	Beobachter
Juli 9.	— 0 Uhr 52 M.	Argostoli, heft. Erdb. mit Deton.		E. Inglès.
„ 9.	— 0 „ 55 „	starke Detonation		„
„ 9.	—10 „ 5 „	Stoss		„
„ 10.	— 9 „ 50 „	„		„
„ 10.	— 2 „ „	„		„
„ 10.	— 9 „ 10 „	Janina		R. Stuart.
„ 11.	— 6 „ 30 „	Argostoli		E. Inglès.
„ 11.	—10 „ 10 „	„		„
„ 15.	— 1 „ 40 „	Chalkis, leicht	NW.—SO	Mansell.
„ 17.	— 7 „ 30 „	Zante		E. Wursich.
„ 19.	— 2 „ 0 „	Zante		„
„ 19.	—11 „ 40 „	Argostoli, mässig stark		E. Inglès.
„ 20.	— 1 „ 45 „	„		„
„ 20.	— 1 „ 50 „	„ Detonation		„
„ 20.	— 1 „ 55 „	„		„
„ 20.	— 2 „ 10 „	„		„
„ 20.	— 2 „ 20 „	„		„
„ 20.	— 7 „ 40 „	„		„
„ 20.	—10 „ 50 „	„ Erdstoss		„
„ 21.	— 9 „ 45 „	Zante „	NW.—SO	E. Wursich.
„ 22.	— 1 „ 5 „	Chalkis, leicht		Mansell.
„ 22.		Smyrna		Gonsenbach.
„ 22.		Mytilene, gross mit Schaden		„
„ 24.	6 „ 50 „	Argostoli, Detonation		E. Inglès.

Ἐθνοφύλαξ ἀρ. 1285.

Datum.	Ortszeit.	Ort und Charakteristik.	D.	B.	Beobachter.	Nachweis.
Juli 24.	11 Uhr 45 M.	Argostoli, Stoss			. *E. Ingles.*	
„ 25.	— 6 „ 35 „	„ „			„	
„ 25.	— 7 „ 40 „	„ mässig			„	
„ 26.	— 7 „ 51 „	„ „			„	
„ 26.	8 „ 9 „	„ stark			„	
„ 26.	8 „ 15 „	„ mässig			„	
„ 27.	— 3 „ 50 „	Zante			*E. Wursich.*	
Aug. 1.	— 1 „ 20 „	Zante, ziemlich stark			„	
„ 9.	8 „ „	Hydra, Poros, Attika, ansehnl. Erdb.	2,5 S.		*Dubnis.*	
„ 9.	8 „ 13,5 „	Athen			*Dr. Kokides.*	
„ 9.	8 „ „	Kalamaki, Deton. und starkes Erdb.			*v. Heldreich.*	
„ 9.	8 „ 40 „	Chalkis, stark		NW.—SO	*Mansell.*	
„ 9.	9 „ 36 „	Athen, lebh. Erdb., 5—6 Wellen			*J. Schmidt.*	
„ 9.	9 „ 48 „	Athen, nahe ebenso				
„ 9.	10 „ 30 „	Athen, Piräus — Hydra			*L. Wilberg.*	
„ 10.	— 1 „ 20 „	Chalkis, leicht	4 S.	NW.—SO	*Mansell.*	
„ 10.	— 1 „ 27,5 „	Athen, Donner, stark. anom. Erdb.		O.—W.	*J. Schmidt.*	
„ 10.	— 1 „ „	Hydra			*Dubnis.*	
„ 10.	— 1 „ 40 „	Chalkis, leicht	2,5 S.		*Mansell.*	
„ 10.	— 1 „ 50 „	„			„	
„ 10.	— 3 „	Athen				
„ 10.	—10 „	Sunion			*Kordellas.*	

Datum	Zeit	Ort	Wind	Beobachter
Aug. 10.	4 Uhr 50 M.	Chalkis, stark	NW.—SO	*Mansell.*
„ 11.	5 „ 10 „	„ leicht	NW.—SO	„
„ 11.	8 „ 0 „	„ „		„
„ 11.	7 „ 42 „	Kourbatzi		*A. Wild.*
„ 11.	11 „ 1 „	Hydra		*Dubnitz.*
„ 12.	2 „ „	Hydra		„
„ 12.	2 „ 22 „	Chalkis, mässig	NW.—SO	*Mansell.*
„ 12.	2 „ 40 „	„ „	W.—O.	„
„ 12.	4 „ 56 „	„ leicht	W.—O.	„
„ 12.	11 „ 40 „	Zante		*E. Wursch.*
„ 12.	10 „ 40 „	Kalamaki, kleines Erdbeben		*v. Heldreich.*
„ 13.	2 „ „	Kalamaki, starke Wellenbewegung		„
„ 13.	2 „ „	Hydra		*Dubnitz.*
„ 13.	10 „ 55 „	Chalkis, leicht	NW.—SO	*Mansell.*
„ 14.	1 „ „	Hydra		*Dubnitz.*
„ 14.	6 „ 32 „	Chalkis, mässig	NW.—SO	*Mansell.*
„ 14.	7 „ 25 „	„ stark	NW.—SO	„
„ 14.	10 „ „	Piräus		
„ 15.	0 „ 30 „	(Ischia, starkes Erdbeben)	NW.—SO	*L. Wilberg.*
„ 15.	0 „ 20 „	Chalkis, leicht		*Mansell.*
„ 15.	1 „ „	Hydra		*Dubnitz.*
„ 16.	11 „ „	} Hydra		
„ 16.	12 „ „			„
„ 17.	0 „ 25 „	Chalkis, leicht	NW.—SO	*Mansell.*

Datum.	Ortszeit.	Ort und Charakteristik.	D.	R.	Beobachter.	Nachweis.
Aug. 17.	12 Uhr	Hydra			Dubnitz.	(O. B. des Nomarchen von Nonakris. Sept. 1867.
„ 18.	— 3 „	Tekè bei Patrae. Hier von Aug. 13.—19. 50 Erdstösse; Senkung der Küste bis Aigion?				
„ 18.	10 „	Hydra			„	
„ 19.		Tekè				
„ 20.	— 6 „ 30 M.	Zante			Dr. Petris u. A.	
„ 24.	— 6 „ 50 „	Zante			E. Wursich.	
„ 24.	— 8 „ 49 „	Athen, lebh. schwingendes Erdbeben			J. Schmidt.	
„ 24.	— 8 „ 20 „	Chalkis, leicht			Mansell.	
„ 26.		Skiathos, nördliche Sporaden		NW.—SO	Dr. Wild.	
„ 29.	10 „ 45 „	Kephalonia, zu Samos, s. stark mit D.			v. Heldreich.	
„ 29.	10 „ 50 „	Zante			E. Wursich.	
„ 31.	10 „ 40 „	Kephalonia, zu Argostoli, Erdb. u. Det.			v. Heldreich.	
Sept. 1.	— 3 „ 0 „	Chalkis, leicht		NW.—SO	Mansell.	
„ 1.	1 „ 50 „	Kourbatzi		SO.—NW	A. Wild.	
„ 1.	2 „ 0 „	Chalkis, stark		NW.—SO	Mansell.	
„ 6.	5 „ 15 „	Argostoli, mässig			E. Ingla.	
„ 7.	2 „ 80 „	stark			„	
„ 7.	5 „ 80 „	„			„	
„ 11.	4 „ 48 „	Athen, lebhafter Stoss			J. Schmidt.	
„ 11.	8 „ 80 „	Athen, 2 unsichere Stösse			„	

Datum	Zeit	Ort	Richtung / Stärke	Beobachter	Quelle
Sept. 12.		Skiathos		Dr. *Wild.*	
,, 13.		Skopelos		,,	
,, 17.	—	Kalavryta im Pelop., Erdb. und Deton.			O. B.
,, 18.		Kalavryta, Erdbeben mit Detonation			O. B.
,, 18.	0 Uhr 30 M.?	Seriphos, Detonation			O. B.
,, 18.	2 ,,	Chalkis, leicht, mit Detonation	NW.—SO		
,, 19.	5 ,,	Grosses Erdb. in Kreta, Hellas, Italien		*Mansell.*	Siehe die Monographie.
,, 19.	5 ,, 44,3	Athen, sanftes wellenf. Erdbeben	8 S.	*J. Schmidt.*	
,, 19.	5 ,, 45 ,,	Chalkis	NW.—SO	*Mansell.*	
,, 19.	5 ,,	Hag. Anna in Nordost-Euböa	11 S.		
,, 19.	5 ,, 47 ,,	Kalamaki		*Menzello.*	
,, 19.	5 ,, 50 ,,	Kalamaki, Wiederholung	3 S.	,,	
,, 19.	5 ,,	Patrae			
,, 19.	4 ,, 30 (?)	Zante			
,, 19.	6 ,,	Paganéa, Scutari in Mani — Gytheion		*E. Wursch.*	O. B.
,, 19.	6 ,,	Kalavryta — Sparta	●	*C. Wurlisch.*	O. B.
,, 19.	5 ,,	Epidaurus; Insel Spetzae			
,, 19.	5 ,,	Milos, Pholegandros			
,, 19.	5 ,,	Seriphos, Deton. und Erdbeben	25 S.		O. B.
,, 19.	6 ,,	Syra			
,, 19.	5 ,, 30 ,,	Argostoli		*P. Wurlisch.*	*Εθνοφύλαξ* ἀρ.1825.
,, 19.	5 ,,	Brindisi		*E. Inglés.*	K. Z. Nr. 263 L
,, 19.	5 ,, 25 ,,	Malta, 3 Stösse			Bull. d. Palerm. 1867 Okt. p. 120.
,, 19.	5 ,, 30 ,,	Messina			

Datum.	Ortszeit.	Ort und Charakteristik.	D.	B.	Beobachter.	Nachweis.
Sept. 19.	6 Uhr 10 M.	Chalkis			Mansell.	
„ 19.	7 „ 0 „	Chalkis			„	
„ 20.	1 „ „	Seriphos				O. B.
„ 20.	2 „ „	Syra, später Seebewegung in D. Gracia			B. Wurlisch.	
„ 20.	3 „ 16 „	Athen (grosser Sturm)			J. Schmidt.	
„ 20.	4 „ „	Athen				
„ 20.	4 „ 55 „	Kephalonia (Argostoli) Seebewegung			E. Inglee.	
„ 20.	5 „ 55 „	Allgem. gr. Erdbeben bis —10 Uhr				O. B.
„ 26.	5 „ „	Patrae				
„ 20.	5 „ 30 „	Patrae, stark				
„ 20.	5 „ 45 „	Patrae				
„ 20. ?	5 „ „	Milos				O. B.
„ 20.	5 „ 15 „	Seriphos	30 S.		Prof. Siegel.	
„ 20.	5 „ „	Paganéa, gr. Seewoge, ebenso zu Gytheion u. Scutari; in Mani Dörfer zerstört und Menschen erschlagen			G. Wurlisch.	Εϑνογίλαξ ἀρ. 1325.
„ 20.	5 „ 15,3	Athen	40 S.		F. Wiener.	
„ 20.	5 „ „	Zante, Erdbeben und Seewoge		0.—W.	E. Wureich.	
„ 20.	5 „ „	Brindisi, Seewoge				
„ 20.	5 „ „	Korfu, Erdbeben und Seewoge	10 S.		Klötscher.	
„ 20.	5 „ 30 „	Messina (?)				
„ 20.	4 „ 45 „	Malta				K. Z. Nr. 263 I.

Datum	Zeit	Ort	S.	Quelle	Bemerkung
Sept. 20.	—5 Uhr 10 M.	Janina	8 S.	R. Stuart.	Brief.
„ 20.	—5 „ 5 „	Solos a. d. Styx		Desgranges.	O. B.
„ 20.	—5 „ 5 „	Kalavryta, etliche Quellen versiegt			
„ 20.	—5 „ 13 „	Kalamaki, sehr langsam		Mensello.	
„ 20.	—4 „ 55 „	Volo, sehr schwach, lange Dauer			Nach Stuart.
„ 20.	—6 „ 30 „	Zante, Erdbeben und Seeflut		E. Wursch.	
„ 20.	—6 „ 42 „	Kalamaki, schwach		Mensello.	
„ 20.	—7 „	Zante (im Ganzen 10 Erdbeben)		E. Wursch.	
„ 20.	—8 „ 15 „	Solos a. d. Styx		Desgranges.	
„ 20.	—7 „ 40 „	Janina		R. Stuart.	
„ 20.	—9 „ 50 „	„		„	
„ 20.	—10 „ 0 „	„		„	
„ 20.	—11 „ 45 „	„		„	
„ 20.	—3 „ 50 „	„		„	
„ 20.	—5 „	Kalavryta		Desgranges.	
„ 20.	—7 „ 40 „	Janina		R. Stuart.	
„ 20.	—8 „ 50 „	„		„	
„ 20.	—5 „ 30 „	Argostoli — Zante		E. Inglés.	
„ 20.	—6 „ 10 „	Argostoli, Donner. Am Nachmittag endet die Seeflutung		„	
„ 21.	—9 „ 50 „	Janina, stark	10 S.	R. Stuart.	
„ 21.	—10 „	„		„	
„ 21.	—11 „ 45 „	„		„	
„ 21.	—7 „ 10 „	„		„	

Datum.	Ortszeit.	Ort und Charakteristik.	D.	R.	Beobachter.	Nachweis.
Sept. 21.	7 Uhr 28 M.	Janina			R. Stuart.	
„ 21.	Nachts	„ noch 4 Erdbeben			„	
„ 21.	Nachts	Patrae				O. B.
„ 22.		Skopelos				
„ 22.	—5 „ 35 „	Janina			„	
„ 22.	—7 „ 10 „	„			„	
„ 22.	—9 „ 15 „	„			„	
„ 22.	Nachts	Patrae — Kalavryta				
„ 23.	—5 „	Aigion			Desgranges.	
„ 24.	—0 „ 50 „	Chalkis, leicht — Skopelos			Mansell.	
„ 25.	—2 „ 30 „	Zante			E. Wursich.	
„ 25.	—4 „	Janina			R. Stuart.	
„ 25.	—3 „	Patrae			Desgranges.	
„ 26.		Kalavryta				
„ 27.	—5 „	Janina			R. Stuart.	
„ 27.		Skopelos				
„ 29.	—5 „ 30 „	Kourbatzi, sehr schwach		0.—W.	A. Wild.	
„ 30.	—4 „ 45 „	Locorotondo (Apulien)			Campanella.	
Okt. 2.	—10 „ 25 „	Janina			R. Stuart.	
„ 2.	—11 „	Zante			E. Wursich.	
„ 3.	—0 „ 35 „	Smyrna (Zeit der met. Stat.)			Gonsenbach.	
„ 3.	—11 „ 11 „	Argostoli, stark			E. Ingls.	

Datum	Zeit	Ort	Richtung	Beobachter
Okt. 3.	6 Uhr 45 M.	Syra		B. Wurlisch.
,, 4.	1 ,, 15 ,,	Argostoli, stark		E. Ingles.
,, 4.	4 ,, 45 ,,	,,		,,
,, 4.	9 ,, 45 ,,	Zante		E. Wurseich.
,, 4.	9 ,, 50 ,,	,,		,,
,, 4.		(In Sicilien)		
,, 5.	6 ,, 45 ,,	Argostoli		E. Ingles.
,, 6.	3 ,, 9 ,,	Chalkis, leicht	NW.—SO	Mansell.
,, 7.	6 ,, 15 ,,	,,		,,
,, 7.	0 ,, 45 ,,	Kourbatzi, sehr schwach		A. Wild.
,, 8.	11 ,, 40 ,,	Janina		R. Stuart.
,, 8.	5 ,, 30 ,,	Zante		E. Wurseich.
,, 8.	8 ,, 40 ,,	Janina	6 S.	R. Stuart.
,, 8.	Nachts	Skopelos, 2 Stösse		G. Wurlisch.
,, 9.	0 ,, 15 ,,	Chalkis		E. Wurseich.
,, 10.	4 ,, 45 ,,	Zante, stark		E. Ingles.
,, 10.	4 ,, 55 ,,	,,		,,
,, 10.	5 ,, 9 ,,	Argostoli		E. Ingles.
,, 10.	5 ,, 15 ,,	,,		,,
,, 11.	5 ,, 10 ,,	Zante, sehr stark		E. Wurseich.
,, 11.	5 ,,	,, schwächer		,,
,, 11.	5 ,, 24 ,,	Argostoli		E. Ingles.
,, 11.	1 ,, 45 ,,	Kalamaki, schwach		Mensello.
,, 12.	5 ,,	Zante		E. Wurseich.

Datum.	Ortszeit.	Ort und Charakteristik.	D.	B.	Beobachter.	Nachweis.
Okt. 12.	— 7 Uhr 30 M.	Kalamaki, kleiner Stoss			Menzello.	
„ 13.	8 „ 10 „	Zante			E. Wurxich.	
„ 17.	4 „ 0 „	Janina			R. Stuart.	
„ 21.	9 „ 10 „	Zante, Deton., Stoss ziemlich stark			E. Wurxich.	
„ 22.	2 „ 10 „	Argostoli			E. Ingles.	
„ 22.	4 „ 10 „	„			„	
„ 22.	6 „ 47 „	„			„	
„ 22.	7 „ „	Zante			E. Wurxich.	
„ 22.	9 „ „	Zante, sehr stark			E. Ingles.	
„ 22.	9 „ 12 „	Argostoli			R. Stuart.	
„ 22.	9 „ 50 „	Janina				
„ 22.	10 „ 30 „	Skopelos, grosses gefährl. Erdbeben			Manzell.	
„ 22.	11 „ „	Chalkis				
„ 22.	11 „ „	Karystos (Süd-Euböa)				Mitth. v. E. W. Erskine.
„ 22.	11 „ 20 „	Kourbatzi, ziemlich stark		NO.—SW	A. Wild.	
„ 22.	11 „ 18 „	Athen — Patrae			Dr. U. Köhler.	
„ 23.	8 „ 30 „	Zante, sehr stark mit kl. Schaden			E. Wurxich.	O. B. Siehe Monograph.
„ 23.	9 „ „	Argostoli			E. Ingles.	
„ 24.	7 „ 85 „	Zante			E. Wurxich.	O. B.
„ 24.	7 „ .	Syra, stark			B. Wurlich.	
„ 26.	0 „ 30 „	Syra			„	
„ 26.	3 „ „	Santorin				

Πατρὶς ἀρ. 95.

Datum	Zeit			Beobachter	
Okt. 26.	5 Uhr 20 M.	Santorin, stark; Naxos und a. a. O.			
,, 27.	1 ,, 30 ,,	Athen		J. Schmidt.	
,, 27.	— 1 ,, 20 ,,	Kourbatzi		A. Wild.	
,, 27.	— 8 ,, 20 ,,	Athen		J. Schmidt.	
,, 27.	— 0 ,,	Skopelos, viele gr. Stösse mit Schaden			O. B.
,, 27.	1 ,,	Kumi, stark		B. Wurfisch.	
,, 27.	1 ,,	Chalkis, heftig		A. Wurfisch.	
,, 27.	1 ,, 20 ,,	Skopelos, gross mit viel Schaden			O. B.
,, 27.	1 ,, 20 ,,	Kourbatzi, stark		A. Wild.	
,, 27.	1 ,, 27 ,,	,, sehr stark, dauernd	60 S.	,,	
,, 27.	7 ,, 7 ,,	,, schwach	N.—S.	,,	
,, 28.	— 3 ,,	Kumi, stark		B. Wurfisch.	
,, 28.	— 6 ,, 53 ,,	Kourbatzi, mässig		A. Wild.	
,, 28.	—10 ,, 30 ,,	Kourbatzi und Kumi		,,	
,, 28.	—11 ,, 2 ,,	Kourbatzi		,,	
,, 28.	—11 ,,	Skopelos, 4 starke Stösse u. a.			O. B.
,, 28.	5 ,, 32 ,,	Athen		F. Wiener.	
,, 29.	12 ,,	Kourbatzi		A. Wild.	
,, 30.	7 ,, 49 ,,	Argostoli		E. Ingles.	
,, 30.	— 3 ,,	Skopelos, 10 Erdbeben			O. B.
,, 31.	— 3 ,, 10 ,,	Kourbatzi		A. Wild.	
,, 31.	— 8 ,, ,,	,,		,,	
,, 31.	— 3 ,, 30 ,,	Skopelos, 2 grosse Stösse			O. B.
,, 31.	— 6 ,,	Kourbatzi		,,	

Datum	Ortszeit	Ort und Charakteristik	D.	R.	Beobachter	Nachweis.
Nov. 1.	9 Uhr 50 M.	Zante			*E. Wursich.*	
„ 2.	11 „ 58 „	Kourbatzi, mässig			*A. Wild.*	
„ 8.	5 „ 58 „	„			„	
„ 4.	— 2 „ „	Smyrna			*Gomsenbach.*	
„ 9.	— 8 „ 30 „	Argostoli			*E. Inglis.*	
„ 9.	0 „ 15 „	„			„	
„ 14.	— 1 „ „	Zante			*E. Wursich.*	
„ 14.	— 2 „ 30 „	„			„	
„ 14.	— 4 „ „	Smyrna			*Gomsenbach.*	
„ 18.	—11 „ „	Zante			*E. Wursich.*	
„ 19.	— 9 „ „	Smyrna, die See 1,1 Meter niedriger als gewöhnlich			*Gomsenbach.*	
„ 20.	— 8 „ 20 „	Argostoli, mässig			*E. Inglis.*	
„ 20.	—10 „ 20 „	„			„	
„ 21.	— 2 „ 47 „	„ stark			„	
„ 21.	— 2 „ 49 „	„			„	
„ 28.	— 4 „ 30 „	„			„	
„ 29.	— 2 „ 20 „	„			„	
„ 29.	— 2 „ 25 „	„			„	
„ 29.	— 5 „ 20 „	„			„	
„ 29.	— 5 „ 25 „	„			„	
„ 29.	— 6 „ 20 „	„			„	

Datum	Zeit	Ort		S.	Autorität
Nov. 30.	— 4 Uhr	Skopelos		4 S.	*R. Stuart.*
Dez. 1.	—10 „	Janina			*E. Würeich.*
„ 3.	4 „ 55 M.	Zante			*J. Schmidt.*
„ 4.	5 „ 55 „	Athen, bei Gewitter		5 S.	*A. Wurlisch.*
„ 4.	11 „ 31 „	Athen			*J. Schmidt.*
„ 4.	2 „ 20 „	Athen			*E. Ingles.*
„ 8.	5 „ 30 „	Argostoli			*„*
„ 8.	6 „ 15 „	„			*„*
„ 8.	0 „ 30 „	„			*Bernadakis.*
„ 11.	6 „ 5 „	Athen			*B. Wurlisch.*
„ 12.	5 „ 58 „	Kumi, stark			*E. Ingles.*
„ 14.	1 „ „	Argostoli			*„*
„ 16.	4 „ „	„	stark		*„*
„ 23.	1 „ 30 „	„			*„*
„ 26.	1 „ 40 „	„			*„*
„ 26.		„			
1868.					
Jan. 13.	0 „ 51 „	Argostoli			*„*
„ 13.	1 „ „	„			*„*
„ 16.	6 „ „	„	mässig		*„*
„ 23.	4 „ „	„			*„*
„ 24.	—11 „ 30 „	„	stark		*„*
„(?)24.		Jerusalem			*„*
Febr. 1.	1 „	Argostoli, Detonation			

A. A. Z. Nr. 91.

Datum.	Ortszeit.	Ort und Charakteristik.	D.	R.	Beobachter.	Nachweis.
Febr. 3.	— 4 Uhr	Argostoli, Detonation			*E. Ingles.*	
„ 4.	7 „	„ 2 Detonationen			„	
„ 7.	— 5 „ 40 M.	Kourbatzi			*A. Wild.*	
„ 7.	4 „ „	Argostoli, starkes Erdbeben			*E. Ingles.*	
„ 10.	11 „ 30 „	Pyrgos im W.-Pelop., stark mit Deton.	5 S.			O. B.
„ 10.	12 „ „	„ schwächer				
„ 11.		„ 3 Erdbeben				
„ 14.	Nachts	Argostoli, stark			„	
„ 18.	— 9 „ 30 „	Pyrgos, vertikale Stösse			*Noël.*	
„ 18.	—10 „ „	Achmet-Aga				O. B.
„ 18.	10 „ 30 „	„			„	
„ 20.	Nachts	Alexandria, Kairo			*E. Ingles.*	Nach *Perrey.*
„ 26.	10 „ „	Argostoli				
März 17.	— 0 „ 30 „	Argostoli, stark, später Donnern, grösseres Erdbeben auf Korfu, S. Maura und Ithaka		SO.—NW	„	
„ 18.	—10 „ 4 „	Argostoli, stark			„	
„ 19.	— 0 „ 20 „	Zante, ziemlich stark			*E. Wurnich.*	
„ 20.	— 0 „ 20 „	Korfu			*Klötzscher.*	
„ 22.	2 „ 45 „	Argostoli, stark			*E. Ingles.*	
„ 22.	1 „ 25 „	„ mässig			„	
„ 23.	— 7 „ 35 „	„ „			„	

Datum	Zeit	Ort	Intensität	Beobachter	Quelle
März 27.	— 2 Uhr 35 M.	Argostoli. stark		E. Inglès.	
„ 29.	— 2 „ 46 „	„ „		„	
„ 29.	— 2 „ 10 „	Kephissia in Attika		C. Wild.	Nach Perrey.
April 16.	— 9 „ „	Aleppo		E. Wursich.	
„ 18.	— 7 „ 20 „	Zante, ziemlich stark		E. Inglès.	
„ 18.	— 7 „ 10 „	Argostoli, klein, von langer Dauer		E. Inglès.	A.A.Z.Nr.135 p.2051.
„ 20.		Rhodos, 2 Stösse			Perrey.
„ 20.		Mytilene			„
„ 22.	Abends	„			
„ 23.	— 9 „ 50 „	Erzerum, Kars, stark	0,5 S.	F. Calvert.	
„ 23.	— 2 „ 0 „	Tschanak-Kalessi (Dardanellen)	2 S.	E. Wursich.	
„ 28.	— 6 „ 55 „	Daselbst	N.—S.	„	
„ 29.	— 4 „ „	Zante		E. Inglès.	
„ 30.	— 1 „ 15 „	Zante		F. Calvert.	
Mai 2.	— 8 „ 45 „	Argostoli, stark		R. Stuart.	
„ 4.	— 1 „ 35 „	Tschanak-Kalessi		E. Wursich.	
„ 5.	— 6 „ 10 „	Janina, sehr schwach		F. Calvert.	
„ 7.	— 3 „ „	Zante		E. Wursich.	
„ 7.		Tschanak-Kalessi		E. Calvert.	
„ 8.		Zante		E. Wursich.	
„ 8.	— 7 „ 30 „	Zante		„	Nach Stuart.
„ 8.	— 8 „ „	Janina		R. Stuart.	
„ 9.		Volo		E. Wursich.	
		Zante			

Datum.	Ortzeit.	Ort und Charakteristik.	D.	R.	Beobachter.	Nachweis.
Mai 10.	— 2 Uhr 40 M.	Zante			*E. Würsich.*	
„ 13.	— 6 „ 20 „	Athen, leicht rüttelnd			*J. S. u. Erskine.*	
„ 13.	— 8 „ 15 „	„			*Merlin.*	
„ 14.	— 6 „ 25 „	Kephissia			*C. Wild.*	
„ 14.	— 8 „ 15 „	„				
„ 15.	— 0 „ 45 „	Smyrna, stark			*Gonzenbach.*	Brief an *v. Heldreich.*
„ 15.	— 4 „ „	„			*Desgranges.*	
„ 15.	— 4 „ 30 „	Tschanak-Kalessi, lebhaft	8 S.		*F. Calvert.*	
„ 15.	— 8 „ 30 „	Smyrna				Beob. der met. Station.
„ 15.	— 10 „ 0 „	„				„
„ 16.	— 1 „ „	„				„
„ 16.	— 5 „ „	„				„
„ 16.	— 6 „ „	„				„
„ 16.	— 8 „ „	„				„
„ 17.	— 7 „ 55 „	Tschanak-Kalessi	5 S.		„	
„ 20.	— 3 „ 30 „	Athen	30 S.		*E. W. Erskine.*	
„ 22.	Nachts	Smyrna, sehr stark			*Gonzenbach.*	Brief an *v. Heldreich.*
„ 23.		Argostoli				Αὐγή ἀρ. 2172.
„ 23.	—11 „ 35 „	„			*E. Ingls.*	
„ 25.	— 5 „ 35 „	Janina, schwach			*R. Stuart.*	
„ 27.	— 0 „ 30 „	Janina, ziemlich lebhaft				
„ 29.	— 8 „ 5 „	Kourbatzi, schwach		NO.—SW	*A. Wild.*	

Datum	Zeit	Ort / Beschreibung	S.	Richt.	Beobachter	Quelle
Mai 31.	2 Uhr 30 M.	Smyrna				Met. stat. Beob.
Juni 8.	0 „ 45 „	Argostoli, stark; dann Getöse			E. Ingles.	
„ 14.	5 „ 40 „	Kumi, ziemlich stark			B. Wurlisch.	
„ 16.	9 „ 55 „	Kourbatzi		0.—W.	A. Wild.	
(?)		Janina			R. Stuart.	
Juli (?)		Volo, verschiedene schwache Stösse			„	
„ 28.	11 „ 25 „	Smyrna, stark	5 S.			
„ 30.	3 „ 25 „	Tschanak-Kalessi	9 S.		F. Calvert.	
Aug. 3.	6 „ 25 „	Tschanak-Kalessi			„	
„ 15.	11 „ 30 „	Athen			Euting.	
„ 26.	0 „ 30 „	(am Aetna)				
„ 26.	0 „ 30 „	Argostoli, grosser gefährlicher Stoss			Dr. Petris.	
„ 26.	0 „ 30 „	Janina, kleiner Stoss	2 S.		R. Stuart.	
Sept. 5.	6 „ 0 „	Janina, leicht			„	
„ 15.	5 „	Rodosto				
„ 15.	6 „	Rodosto				
„ 16.	4 „ 45 „	Lesina, vertikale Bewegung	2 S.			Mitth. von Koumbary.
„ 17.	10 „ 15 „	Konstantinopel			Koumbary.	„
Okt. 1.	1 „ 30 „	Volo				Jelinek. 2. p. 507
„ 4.	bis 4	Skiathos, schreckl. Erdb. in 3 Wellen,	7 S.			Bei Perry.
„ 4.	4 „ bis 7 Uhr	welches 150 Häuser beschädigte	5 S.		Dr. Wild.	Siehe Monographien.
„ 4.		Skiathos, bis 4 Uhr noch 11 Stösse; bis				
„ 4.	Abends	7 Uhr 3 Stösse, später noch 11 St.				
„ 4.	0 „ 30 „	Volo, sehr stark				Nach Stuart.

Datum.	Ortszeit.	Ort und Charakteristik.	D.	B.	Beobachter.	Nachweis.
Okt. 4.	0 Uhr 35 M.	Volo				
„ 4.	0 „ 45 „	Volo				
„ 4.	0 „ 18 „	Kourbatzi, sehr stark		NO.—SW	E. Wild.	
„ 4.	0 „ 25 „	Athen		O.—W.	E. Erskine.	
„ 4.	0 „ 25 „	Athen, 2 Stösse		N.—S.	Dr. Kokides.	
„ 4.	0 „ 30 „	Athen, 2 Stösse	1 S.	O.—W.	Dr. Gurlitt.	
„ 4.	1 „ 20 „	Kumi, starker Doppelstoss			B. Wurlisch.	
„ 4.	3 „ 35 „	Kumi, schwach			„	
„ 4.	2 „ 30 „	Kourbatzi, schwach		NO.—SW	A. Wild.	
„ 5.	1 „	Skiathos, 8 Stösse			Dr. Wild.	
„ 5.	5 „	Skiathos, 8 Stösse			„	
„ 5.	Tags 3 „ 30 „	Skiathos, sehr stark			„	
„ 6.	Tags	Skiathos, 7 Stösse			„	
„ 6.	3 „	Athen			Dr. Kokides.	
„ 7.	3 „	Skiathos, mehrfach Erdbeben			Dr. Wild.	
„ 7.	6 „				„	
„ 7.	7 „	Skiathos, mehrfach Erdbeben			„	
„ 7.	8 „					
„ 8.	8 „ 25 „	Kourbatzi		N.—S.	A. Wild.	
„ 8.	8 „ 30 „	Athen			E. Erskine.	
„ 8.	8 „ 45 „	Volo				Nach Stuart.

Datum	Zeit	Ort / Beschreibung	Richtung	Beobachter	Bemerkung
Okt. 8.	— 3 Uhr 50 M.	Chalkis, bis Abends noch 8 Erdb.	O.—W.	*Menzello.*	
,, 8.	— 4 ,, 5 ,,	Kumi, 2 starke Erdbeben		*B. Wurlisch.*	
,, 8.	—	Skiathos, 8 Erdbeben		*Dr. Wild.*	
,, 8.	— 6 ,, 30 ,,	Athen		*Dr. Kokides.*	
,, 8.	— 12 ,,	Athen			*Ἐθνοφύλαξ* Sept. 24.
,, 9.	— 3 ,, 30 ,,	Skiathos, gewaltg. Stoss; viel Schaden 7 S.		*Dr. Wild.*	
,, 9.	— 3 ,,	Kourbatzi, 9 zum Th. schlimme Erdb.	N.—S.	*A. Wild.*	
,, 9.	— 4 ,,				
,, 9.	— 4 ,, 6 ,,	Kumi, 2 starke Stösse (Gewitterluft)		*B. Wurlisch.*	
,, 9.	— 4 ,, 12 ,,	Kumi, 2 andere		*,,*	
,, 9.	— 7 ,, 3 ,,	Kourbatzi	N.—S.	*A. Wild.*	
,, 9.	— 2 bis 4 Uhr	Skiathos, 2 Erdbeben		*Dr. Wild.*	
,, 9.	— 3 Uhr 31,1	Athen, starkes Erdbeben		*J. Schmidt.*	
,, 9.	— 2 ,, 40 ,,	(Dalmatien, starkes Erdbeben)		*,,*	
,, 9.	Nachts	Dalmatien		*,,*	
,, 9.	— 6 ,, 0 ,,	Kourbatzi	N.—S.	*A. Wild.*	
,, 9.	— 6 ,, 20 ,,	Kourbatzi	N.—S.	*,,*	
,, 9.	— 7 ,, 3 ,,	Kourbatzi	N.—S.	*,,*	
,, 9.	— 12 ,,	Kumi, vielleicht zweifelhaft		*B. Wurlisch.*	
,, 10.	— 2 ,, 40 ,,	(Dalmatien, starkes Erdbeben)	N.—S.		Wohl dasselb. wie Okt. 9.
,, 10.	— 3 ,,	Skiathos, starke Bewegung der Erde		*Dr. Wild.*	
,, 10.	— 7 ,,				
,, 10.	— 4 ,, 30 ,,	Kourbatzi — Skiathos	N.—S.	*A. Wild.*	
,, 10.	— 4 ,, 35 ,,	Kumi, leicht		*B. Wurlisch.*	

Datum.	Ortszeit.	Ort und Charakteristik.	D.	R.	Beobachter.	Nachweis.
Okt. 10.	Tags	Kourbatzi, öfter Erdbeben				*Stuart's* Mitth.
„ 11.	— 1 Uhr	Skiathos				
„ 11.	2 „	Skiathos, 7 Stösse				
„ 11.	6 „	Skiathos				
„ 11.	— 3 „ 45 M.	Volo, sehr stark				
„ 11.	— 3 „ 50 „	Volo				
„ 11.	— 4 „	Volo, meist stark, zuweilen mit Zerstörungen				
„ 11.	— 4 „ 20 „	Volo				
„ 11.	— 5 „ 25 „	Volo				
„ 11.	— 5 „ 50 „	Volo				
„ 11.	— 8 „	Volo				
„ 11.	5 „	Kourbatzi, 2 kleine Stösse		N.—S.	*A. Wild.*	
„ 12.	— 2 „	Skiathos, bis Abends 7 Stösse			Dr. *Wild.*	
„ 12.	5 „	Kourbatzi, 2 kleine Stösse		N.—S.	*A. Wild.*	
„ 12.	11 „ 30 „	Kourbatzi, 2 kleine Stösse		N.—S.	„	
„ 13.	7 „	Skiathos			Dr. *Wild.*	
„ 13.	11 „ 35 „	Kourbatzi		N.—S.	*A. Wild.*	
„ 14.	— 7 „	Kourbatzi, 2 kleine Stösse		N.—S.	„	
„ 14.	9 „ 30 „	Kourbatzi, stark		N.—S.	„	
„ 14.	8 „	Skiathos, 6 Stösse; später andere			Dr. *Wild.*	
„ 14.	5 „					

Datum	Zeit	Ort		Beobachter	Quelle
Okt. 15.	— 2 Uhr	} Skiathos		Dr. *Wild.*	
„ 15.	— 3 „ 30 M.			„	
„ 16.	8 „	} Skiathos, 2 Stösse			
„ 16.	12 „				
„ 16.	Abends	Lesina			
„ 16.	5 „ 17,5	Ragusa, leicht		*J. Schmidt.*	
„ 17.	— 5 „	Athen, dröhnendes Erdb. n. Gewitter	1,4 S.	Dr. *Wild.*	*Jelinek.* N. 20 p. 507.
„ 17.	9 „	} Skiathos, 2 Stösse		„	T. Z. N. 244.
„ 17.	11 „ 30 „				
„ 18.	7 „	} Skiathos, 4 Stösse		„	
„ 18.	9 „				
„ 19.	4 „	} Skiathos, 5 Stösse		„	
„ 19.	6 „				
„ 19.	2 „	Saloniki, Seres			*Perrey.*
„ 20.	3 „	Skiathos, bis Abends 7 Stösse		„	
„ 21.	3 „ 30 „	Skiathos, starker Stoss		„	
„ 22.	11 „	Kumi, schwach		*B. Wartisch.*	
„ 23.	3 „	Skiathos		Dr. *Wild.*	
„ 23.	5 „ 30 „	Skiathos		„	
„ 24.	8 „	Skiathos		„	
„ 25.	4 „	Skiathos		„	
„ 25.	5 „	Skiathos		„	
„ 26.	0 „ 30 „	Chalkis	3 S. SW.—NO	*Mansell.*	
„ 26.	1 „ 20 „	Chalkis, 2 vertikale Stösse		„	

Datum.	Ortszeit.	Ort und Charakteristik.	D.	R.	Beobachter.	Nachweis.
Okt. 26.	5 Uhr 20 M.	Athen			E. Erskine.	
„ 26.	1 „	Skiathos } 5 Stösse			Dr. Wild.	
„ 26.	5 „	Skiathos }				
„ 26.	6 „ 40 „	Kourbatzi		N.—S.	A. Wild.	
„ 27.	Abends	Kourbatzi, sehr schwach		N.—S.	„	
„ 28.	4 „	Skiathos			Dr. Wild.	
„ 30.	3 „	Skiathos			„	
„ 30.	6 „	Skiathos			„	
„ 31.	1 „	Skiathos			„	
Nov. 1.	4 „	Skiathos			„	
„ 1.	6 „	Skiathos				
„ 1.	9 „ 45 „	Kourbatzi		N.—S.	A. Wild.	
„ 2.	8 „ 30 „	Skiathos			Dr. Wild.	
„ 3.	4 „ 30 „	Kourbatzi, stark, dauernd — Skiathos		N.—S.	A. Wild.	
„ 3.	4 „ 35 „	Kourbatzi, schwach		N.—S.	„	
„ 3.	4 „ 46 „	Kumi, Meletiano, 3 Stösse			B. Wurlisch.	
„ 4.	8 „	Skiathos } 3 Stösse			Dr. Wild.	
„ 4.	5 „	Skiathos }				
„ 5.	4 „	Skiathos			„	
„ 6.	2 „	Skiathos			„	
„ 6.	4 „	Skiathos			„	
„ 8.	4 „	Skiathos			„	

Nov. 9.	2 Uhr	Skiathos		Dr. *Wild.*	Ass. Scientif. N. 101.
„ 10.	2 „	Skiathos		„	
„ 10.	4 „	Skiathos		„	
„ 11.	2 „	Skiathos		„	
„ 12.	2 „	Skiathos		„	
„ 12.	3 „	Skiathos		„	
„ 13.	9 „ 30 M.	(Ancona, Perugia)		„	
„ 13.	9 „ 15 „	Bustschuk, Toultscha, Kiew, Kischeneff		„	K. Z. N. 334. II.
„ 13.	9 „ 45 „	Kubay, Odessa, Akermau			
„ 13.	9 „	Bukarest			
„ 14.	12 „	Skiathos, 2 Stösse		„	
„ 16.	4 „	Skiathos		„	
„ 17.	3 „	Skiathos		„	
„ 18.	3 „ 30 „	Skiathos		„	
„ 20.	3 „	Skiathos		„	
„ 20.	8 „	Skiathos		„	
„ 21.	6 „	Janina, 3 Stösse		R. *Stuart.*	
„ 21.	4 „ 30 „	Skiathos		Dr. *Wild.*	
„ 22.	6 „	Janina		R. *Stuart.*	
„ 27.		(Erupt. des Aetna)			
„ 27.	10 „ 45 „	(Bukarest)	80 S. N.—S.	*Ritter.*	L. I. Z. N. 1327.
„ 27.	10 „ 55 „	(Küstendsche, Odessa)	S.—N.		K. Z. 335 II.
„ 28.		(Bukarest)			Dies nach *Sorope.*

Datum.	Ortszeit.	Ort und Charakteristik.	D.	R.	Beobachter.	Nachweis.
Nov. 30.	—10 Uhr 25 M.	Athen, 2 Stösse			J. Ginsberger.	
Dez. 18.	6 „ 40 „	Janina, sehr schwach			R. Stuart.	
„ 28.	9 „ 28 „	Chalkis, sehr st. mit Schaden, gr. Det.	2,5 S.	NO.—SW.	Mansell.	Brief an E. Erskine.
„ 28.	9 „ 30 „	Athen, stark			Dr. U. Köhler.	
		1869.				
Jan. 1.	2 „ 0 „	Chalkis		NO.—SW	Mansell.	
„ 5.	8 „ 0 „	Chalkis		NO.—SW	„	
„ 5.	11 „ 0 „	Chalkis		NO.—SW	„	
„ 6.	4 „ 0 „	Chalkis		NO.—SW	„	
„ 9.	2 „ 0 „	Chalkis		NO.—SW	„	
„ 10.	8 „ 35 „	(Odessa, sehr st., Rustschuk, u. a. a. O.)				
„ 14.	7 „ 0 „	Chalkis		NO.—SW	„	
„ 20.	7 „ „	Valona				
„ 21.	7 „ „	Chalkis		NO.—SW	„	Nouv. Met. 1869 p. 99.
„ 24.	8 „ 15 „	Janina			R. Stuart.	
„ 26.	5 „ 45 „	Athen, stark				
„ 26.	6 „ 18,3 „	Athen, stark	3 S.		J. Schmidt.	
„ 26.	6 „ 40 „	Chalkis, stark		NO.—SW	Mansell.	
„ 26.	6 „ 55 „	Chalkis		NO.—SW	„	
„ 26.	8 „ 47 „	Chalkis		NO.—SW	„	
„ 27.	1 „ 15 „	Chalkis			„	
„ 27.	4 „ 45 „	Chalkis			„	

Datum	Zeit	Ort, Bemerkung	Richtung	Beobachter
Jan. 27.	—10 Uhr 10 M.	Chalkis		*Mansell.*
„ 27.	—11 „ 44 „	Meletiano (bei Kumi), stark		*B. Wurlisch.*
Febr. 1.	— 6 „ 15 „	Janina		*R. Stuart.*
„ 1.	11 „ 25 „	Chalkis, vertikal, leicht		*Mansell.*
„ 1.	11 „ 31,8	Athen, kurzer Stoss		*J. Schmidt.*
„ 1.	11 „	Piräus		Dr. *U. Köhler.*
„ 2.	11 „ 15 „	Athen		*E. Erskine.*
„ 3.	9 „ 15 „	Chalkis	NO.—SW	*Mansell.*
„ 4.	— 0 „ 40 „	Chalkis	NO.—SW	*„*
„ 8.	— 6 „	Janina		*R. Stuart.*
„ 9.	— 6 „	Janina, schwach		*„*
„ 12.	7 „ 10 „	Athen, 3 zitternde Bewegungen		*J. Ginsberger.*
„ 12.	7 „ 17 „	Athen, ähnlich		*F. Wiener.*
„ 14.	—10 „	Xirochori (Nord-Euböa)		*A. Wild (?).*
„ 14.	4 „ 57 „	Chalkis	NO.—SW	*Mansell.*
„ 21.	— 5 „ 30 „	(Rustschuk, stark)	4,5 S. NN.—SO.	K. Z. 65. L. I. Z. 1341.
März 1.	8 „	Eretria in Euböa	NO.—SW	*Haggenmacher.*
„ 1.	9 „	Chalkis		*Mansell.*
„ 1.	8 „ 13 „	Kephinia in Attika	NO.—SW	*C. Wild.*
„ 2.	1 „ 50 „	Chalkis		*Mansell.*
„ 2.	1 „ 57 „	Athen	O.—W.	*E. Erskine.*
„ 2.	2 „ 5 „	Eretria, Karystos in Euböa		*Haggenmacher.* Ἐθνοφύλαξ ἀρ. 1671.
„ 5.	11 „	Athen		versch. Beob.
„ 5.	11 „	Chalkis	NO.—SW	*Mansell.*

Datum.	Ortszeit.	Ort und Charakteristik.	D.	R.	Beobachter.	Nachweis.
März 7.	1 Uhr 40 M.	Athen, Erdb. mit Det. (Capt. Mansell in Athen)			Mansell.	
„ 10.	4 „ 14 „	Chalkis (Capt. Mansell in Athen)		NO.—SW	„	Von Dr. *Gurlitt* mitgeth.
„ 17.	0 „ 30 „	Konstantinopel, schwach		NO.—SW	*Koumbary.*	
„ 20.	3 „ — „	Athen				
„ 24.	5 „ 0 „	Chalkis		NO.—SW	*Mansell.*	
„ 24.	5 „ 24 „	Chalkis		NO.—SW	„	
„ 24.	7 „ 49 „	Athen			*J. Schmidt.*	
„ 28.	1 „ — „	Smyrna, stark			*Werth.*	
„(?)28.		Kanea in Kreta			*Nikolitsch.*	
„ 28.	10 „ 15 „	Smyrna, 2 sehr starke Stösse			*J. Reining.*	
„ 29.	3 „ 0 „	Chalkis		NO.—SW	*Mansell.*	
April 1.	4 „ 15 „	Chalkis			„	
„ 7.	10 „ 45 „	Smyrna, schwach			*J. Reining.*	
„ 16.	2 „ 10 „	Athen			*E. Erskine.*	
„ 16.	2 „ 10 „	Chalkis, 3 Stösse			*Mansell.*	
„ 16.	2 „ — „	Meletiano bei Kumi, stark			*B. Wurtsch.*	
„ 18.	2 „ — „	Smyrna			*C. Wilberg.*	
„ 18.	5 „ 45 „	Smyrna, stark			*Werth.*	
„ 18.	5 „ 50 „	Smyrna, nach der met. Station				
.. 18.	6 „ — „	Syme, Rhodos, Brussa, grosses Erdbeben für Symo verderbliches Erdbeben				Ἀυγὴ dẹ. 1712. K. Z. N. 110. I.

April 18.	1 Uhr 15 M.	Tschnak-Kalessi, stark	F. Calvert,
„ 18.	1 „ 30 „	Konstantinopel	
„ 19.		Syme	
„ 20.		Syme	
„ 20.	1 „ 22 „	Athen, kleines schiebendes Erdbeben	J.S.u.E. Brakine
„ 21.		Syme	
„ 22.		Syme, Nisyros, grosses Erdbeben	
„ 23.		Syme	
„ 24.		Syme	
„ 25.		Syme	
„ 26.		Syme	
„ 27.		Syme	
„ 28.		Syme	
„ 29.	— 1 „ 33 „	Athen, Donner u. Stoss } Viel Lärm	{ J. Schmidt.
„ 29.	— 1 „ 46 „	Athen } der Hähne	
„ 29.		Syme	
„ 30.	—10 „	Syme, Erdbeben mit Donner	
Mai 1.		Ragusa, stark	J. Schmidt.
„ 2.		Ragusa	Ἐθνοφύλαξ Ap. 29.
„ 2.	2 „ 58 „	Athen	T. Z. N. 115. L. I. Z.
„ 5.		Ragusa	1852.
„ 22.		Ragusa	
„ 24.	— 8 „	Kavala	Ass. Scientf. N. 182.

Datum.	Ortszeit.	Ort und Charakteristik.	D.	R.	Beobachter.	Nachweis.
Mai 28.	3 Uhr 0 M.	Chalkis			*Mansell.*	L. I. Z. 1355.
„ 30.	4 „ 25 „	Ragusa, seit Mai 1. 53 Stösse				
„ 31.	9 „ 10 „	Konstantinopel, Rodosto, Gallipoli			*Koumbary.*	Ass. Scientf. N. 132.
„ 31.		Valona				
Juli 3.	—11 „	Durazzo				Nouv. Met. 1869 Okt.
„ 3.	3 „	Durazzo				
„ 10.	8 „ 37 „	Smyrna				Met. Stat. Beob.
„ 13.	7 „	Kephalonia, Distrikt Samos			*Papandreou.*	
„ 16.		Patrae, stark				A. A. Z. p. 3375.
Aug. 18.	8 „ 33 „	Chalkis			*Mansell.*	
„ 18.	10 „ 15 „	Chalkis			„	
„ 25.	3 „ 15 „	Chalkis			„	
„ 31.	11 „ 0 „	Chalkis			„	
Sept. 5.	5 „ 30 „	Smyrna			„	Met. Stat. Beob.
„ 8.	5 „ 25 „	Chalkis			„	
„ 9.	4 „	Aidipsos in Euböa, 32 Stösse in 24 St.				
„ 12.	6 „ 30 „	Chalkis) Von — 6 Uhr bis Mittag			„	Ἐφημερὶς ἀρ. 1809.
„ 12.	7 „ 0 „	Chalkis) 32 zum Theil st. Stösse			„	
„ 12.	7 „ 30 „	Chalkis)			„	
„ 13.		Chalkis, 3 Stösse			„	
„ 14.	11 „	Lamia, stark			„	
„(?) 26.	8 „ 30 „	Janina, kl. Erdb. (vielleicht Sept. 27.)			*R. Stuart.*	Ἐφημερὶς ἀρ. 1809.

Datum	Zeit	Ort / Beschreibung	Richtung	Beobachter	Quelle
Sept. 27.	— 0 Uhr 45 M.	Chalkis		Mansell.	
Okt. 11.	—	(Erdbeben in der Krim)		"	
" 12.	— 5 " 22 "	Chalkis, stark	NW.—SO		
" 12.	— 5 " 42 "	Chalkis		"	
" 16.	— 10 " 45 "	Chalkis, stark	NW.—SO	"	Ἐφημερὶς 1869.
" 19.	— 3 " 11 "	Chalkis ●	NO.—SW	"	Fr. Presse Dez. 18.
Nov. 13.	— 6 " 40 "	Chalkis	NO.—SW		
" 16.	—	(Grosses Erdbeben in Algier)			
" 27.	— 11 " 45 "	Chalkis	NO.—SW	"	
Dez. 1.	— 8 " "	Grosses Erdbeben in Kleinasien, zum Theil mit Zerstörungen, in Ula, Smyrna, Aïdin, Budrun und Rhodos	NW.—SO		Met. Stat. Beob.
" 18.	— 5 " 44 "	Smyrna			{Ἐφημερὶς 1883
" 17.	— 5 " 30 "	Chalkis	NO.—SW	"	{Jelinek. 1870 p. 48.
" 28.	— 5 " "	Grosses Erdb. der Jonischen Inseln, theilweiser Ruin von S. Maura			{(Siehe Monographien.
" 28.	— 5 " 10 "	Valona, 3 grosse Wellenstösse		Calzavara.	Met. Stat. Beob.
" 28.	— 2 " "	Smyrna, Verticalstoss			
" 29.		S. Maura			Ἐφημερὶς 1883.
" 30.		S. Maura			
" 31.		S. Maura			

Datum.	Ortszeit.	Ort und Charakteristik.	D.	B.	Beobachter.	Nachweis.
		1870.				
Jan. 14.	11 Uhr	Janina, kleiner Stoss			*R. Stuart.*	
„ 16.	— 1 „ 30 M.	Chalkis		NW.—SO	*Mansell.*	
„ 17.	— 9 „ 45 „	Chalkis		NW.—SO	„	
Febr. 3.	— 4 „ 45 „	Mytilene, sehr stark		S.—W.	„	Ἐφημερίς im Feb.
„ 22.		Rhodos, Makri, 16 bed. Stösse				A. A. Z. p. 1786.
„ 28.		((Grosses Erdbeben zu Volosca)				
April 9.	— 1 „ 20 „	Chalkis		NW.—SO	„	
„ 14.	— 0 „ 30 „	Chalkis		NW.—SO	„	Ἐφημερίς 1949.
„ 14.	— 9 „ 52 „	Athen, Piräus, ziemlich stark			*A. Wurlisch.*	Ass. Scientf. Nr. 181.
„ 15.	— 2 „ 15 „	Saloniki, leicht				
„ 16.	— 5 „ 15 „	Chalkis		NW.—SO	*Mansell.*	
Anm.		Von hier an bis Okt. 18. war Capt. *Mansell* von Chalkis abwesend.				
„ 20.	8 Uhr	Tripolis im Peloponnes			*Dr. Schimpfs.*	Brief an *v. Heldreich.*
„ 27.	4 „	Kavala				Ass. Scientf. Nr. 181.
Mai 6.	— 1 „ 20 M.	Küstendsche				„ „ „ „
„ 10.	— 4 „	Permani (Valona), sehr stark				Zeitg. Italia.
„ 10.	— 6 „	Permani				
„ 11.	— 2 „ 55 „	Permani				
Juni 6.		Pylos im Peloponnes			*A. Verrios.*	
„ 24.	5 „	Grosses Erdb. in Arabien, Aegypten, Syrien, Archipel, Hellas und Italien				Siehe Monographien.

Datum	Zeit			Beschreibung	Richtung	Beobachter	Quelle
Juni 24.	6 Uhr			Ostseite des rothen Meeres bis Aden			Ass. Scientf. Nr. 188.
„ 24.	6 „	30 M.		Kairo, sehr stark mit kl. Schaden			
„ 24.	6 „	25 „		Alexandria, Ismaïla, auch stark auf See; 3 Stösse			
„ 24.	6 „	3 „		Beirut, Naplus, 2 Stösse in 5 Min.			
„ 24.	6 „	3 „		Smyrna, met. Station	NW.—SO	P. Ziller.	
„ 24.	6 „	6 „		Smyrna			
„ 24.	5 „	53 „		Dardanellen			
„ 24.	6 „	0 „		Heracleion und Kreta, gr. Erdb. mit Donner			Brief von Koumbary.
„ 24.	6 „	10 „		Santorin, gefährliches Erdbeben		Markopulis.	Brief an v. Heldreich.
„ 24.	6 „			Naxos, Paros, Milos u. a. Inseln		N. Botsis.	Ἐϑνοφύλαξ ἀρ. 1998.
„ 24.	6 „			Syra, stark		Klöbe.	Mitth. v. Cap. Germounig.
„ 24.	6 „			Chalkis, schwach		Mansell.	
„ 24.	6 „			Kumi, nichts verspürt		B. Wurliech.	
„ 24.	5 „	43,6		Athen, Sternwarte, kräftiger Stoss	1,5 S. 0N0.—WSW.	J. Schmidt.	
„ 24.	6 „			Poros, Peloponnes			
„ 24.	5 „	15 „		Locorotondo in Apulien			Nach Germounig's Mitth.
„ 24.	5 „			Messina, starke Wellenbewegung			B. Rom. Juni 1870.
„ 24.	5 „	16,4		Neapel		Palmieri.	Sismograph d. Universit.
„ 24.	6 „			Urbino, 2 wellenf. schwache Stösse		Serpieri.	„ „ „
„ 30.				Santorin, sehr stark		Gorceix.	C. Rend. 1872. N. 6 p. 373
Juli 11.	— 3 „	30 „		Mytilene, sehr stark mit kl. Schaden			Ἐϑνοφύλαξ ἀρ. 2011.
„ 11.	— 2 „	42 „		Smyrna, stark (met. Station)			„

Datum.	Ortszeit.	Ort und Charakteristik.	D.	R.	Beobachter.	Nachweis.
Juli 16.		Phokis, zu Itea und Chrysò Donner und kleines Erdbeben			Makrides.	
„ 29.	5 Uhr 46 M.	Lissa, sehr stark, wellenförmig			Buocich.	L. I. Z. 1414.
„ 30.		Lissa			J. S. u. a.	L. I. Z. 1415.
„ 30.	3 „ 49 „	Athen, etliche schwache Bewegungen				
„ 30.		Lissa, stark				
„ 30.	Nachts	Lissa				
„ 31.	— 2 „ 20 „	Lesina				
„ 31.	6 „ 30 „	Erdb. in fast ganz Hellas, st. in Phokis			B. Wurisch.	
„ 31.	6 „ 32 „	Kumi, 2 sehr starke Stösse			J. Schmidt.	
„ 31.	6 „ 32,4	Athen, sanftes wellenf. Erdbeben	5,5 S.	W.—O.		
„ 31.	6 „ 39 „	Galaxeidion, mässig				
„ 31.	8 „	Galaxeidion				
Aug. 1.	— 2 „ 40 „	Grosse Katastrophe in Phokis, Umsturz von Itea, Chrysò, Delphi, gr. Buin in Galaxeidion, Amphissa, Arachowa u. a. O.				} in Gal. mitgeth. Aug. 5.
„ 1.	— 2 „ 41 „	Kumi, starkes Erdbeben			B. Wurisch.	
„ 1.	— 2 „ 40,6	Athen, drohendes gr. Erdbeben; die Penduluhr verlor 16 S.	7 S.	SO.—NW	J. Schmidt.	Siehe Monographie.
„ 1.	— 2 „ 30 „	Kourbatzi			A. Wild.	
„ 1.	— 3 „	Pherselè (Pharsalos), sehr stark			Gorceix.	

Datum	Zeit	Ort, Beschreibung	Stärke	Richtung	Beobachter
Aug. 1.	2 Uhr 48 M.	Athen, schwach			*Perziani.*
„ 1.	2 „ 55 „	Athen, „			*Dr. Kokides.*
„ 1.	2 „ 59,6	Athen, bedeutendes Erdb. Höchst mächtig in Phokis.	5,5 S.	S.—N.	*J. Schmidt.*
„ 1.	2 „ 59 „	Kumi, leicht			*B. Wurlisch.*
„ 1.	3 „ 8 „	Kalamata, schwach			*Saravas.*
„ 1.	5 „ 8 „	Kourbatzi			*A. Wild.*
„ 1.	8 „ „	Phokis, Lokris, grosses Erdbeben			*Novikow.*
„ 1.	8 „ „	Athen			*J. Schmidt.*
„ 1.	10 „ 14 „	Athen			*A. Wild.*
„ 1.	1 „ 5 „	Kourbatzi			
„ 1.	1 „ 33,3	Athen, bedeutendes Erdbeben; sehr gross und zerstörend in Phokis	3,5 S.	S.—N.	*J. Schmidt.*
„ 1.	11 „	Piräus			*Hauser.*
„ 2.		Phokis, Lokris, ungezählte Erdb.			*J. Schmidt.*
„ 2.		Attika, viele Bewegungen			
„ 3.		Phokis, stets Erdbeben und Deton.			*J. Schmidt.*
„ 3.	2 „ 11 „	Athen			*J. Schmidt.*
„ 3.	3 „ 48 „	Athen			*E. Brekine.*
„ 3.	9 „ 15 „	Athen			*J. Schmidt.*
„ 4.		Larissa			*Gorceix.*
„ 4.	0 „ 15 „	Athen			*Katsandris.*
„ 4.		Phokis, Lokris, zahllose Erdbeben			
„ 4.	6 „ 2 „	Itea, (Skala di Salona) Donner	2 S.		*J. Schmidt.*

Datum.	Ortszeit.	Ort und Charakteristik.	D.	R.	Beobachter.	Nachweis.
Aug. 4.	6 Uhr 6 M.	Itea, kleiner Donner	1 S.		J. Schmidt.	
„ 4.	6 „ 14 „	„ Donner und Erdbeben		NW.—SO	„	
„ 4.	6 „ 17 „	„ Donner			„	
„ 4.	6 „ 19 „	„ kleiner Donner			„	
„ 4.	6 „ 33 „	„ lebhafte Stosswelle		NW.—SO	„	
„ 4.	6 „ 38 „	„ ebenso			„	
„ 4.	6 „ 39 „	„ donnernder Stoss		N.—S.	„	
„ 4.	7 „ 38 „	„ gr. schussartiger Donner u. Stoss			„	
„ 4.	8 „ 51 „	„ starker Stoss und Donner			„	
„ 5.		in Phokis zahllose Erdb. und Deton.			„	
„ 5.	— 0 „ 15 „	Itea, in einer Stunde 71 Deton. mit 16 Erdbeben darunter			„	
„ 5.	— 1 „ 27,6	Itea, furchtb. Vertikalstoss, ringsum. Felsstürze, Aufrauschen der See	3,5 S.		„	Siehe Monographie.
„ 5.	— 4 „ 47 „	Itea, st. Erdstoss m. Donner u. Nachhall			„	
„ 5.	4 „ 50 „	„ ebenso, und noch viele andere			„	
„ 5.	3 „	Itea, Chryssò, grosser Stoss, Felssturz bei Sernikaki beobachtet			„	
„ 5.	Abends.	Chryssò, in 5 Stunden über 100 Detonationen und Erdbeben			„	
„ 5.	4 „ 50 „	Athen			C. Wilberg.	
„ 5.	5 „ 58 „	Athen			Dr. Kokides,	

Datum	Zeit		Ort / Beschreibung		Beobachter	Quelle
Aug. 5.			Lissa			
" 6.	1 Uhr —		Phokis, ungezählte Deton. und Erdb.		J. Schmidt.	
" 6.	— M.		Chrysò, in 1 Stunde 46 Deton. und 16 Erdbeben		"	
" 6.	2 "		Chrysò, sehr grosser Stoss		"	
" 6.	4 "		Heraclion auf Kreta, starkes Erdb.		Th. v. Heldreich	L. I. Z. Nr. 1416.
" 6.	4 " 48		Chrysò, heft.Stoss, später vieleAndere		J. Schmidt.	Bull.intern.1870.Aout.8.
" 6.	7		Delphi, viele Deton. und Erdbeben		"	
" 6.	10				"	
" 6.	9 " 15		Delphi, starker Vertikalstoss		"	
" 6.	0 " 16		Itea, sehr grosser Stoss, es fallen viele Trümmer		"	
" 6.	1 " 42		grosses Erbeben		"	
" 6.	3 " 34		(an Bord des Dampfers) grosser rollender Stoss, allseitig verspürt		"	
" 6.	3 " 36		* (an Bord d.Dampfers) st. Beweg.		"	
" 6.	4 " 1		" " " " "		"	
" 6.	4 " 6		" " " " (Abreise)		"	
" 6.	Abends		Lissa, in 4 Stunden 3 starke Stösse	3 S.	Buccich.	
" 6.	9 " 22		(Lesina, starker Vertikalstoss)		"	
" 7.			Phokis, Lokris, sehr, viel Deton. und Erdbeben			
" 7.	4 "		Athen	S.—N.	L. Wilberg.	
" 7.	7 "		Athen		"	

Datum.	Ortszeit.	Ort und Charakteristik.	D.	R.	Beobachter.	Nachweis.
Aug. 7.	2 Uhr 30 M.	Athen — Piräus			E. Erskine.	
„ 7.	8 bis 9	Athen, verschiedene Bewegungen				
„ 7.	11 „ 24 „	Athen viel Lärm der Hähne			J. Schmidt.	
„ 7.	11 „ 51 „	Athen				
„ 7.		(Lissa)				
„ 8.		(Lissa)				
„ 8.		Phokis, Lokris, ohne Aufhören Bewegung				
„ 9.		Phokis				
„ 9.	— 8 „ 58 „	Lesina			Buccich.	Jelinek, 1870. p. 456.
„ 10.		Phokis, Lokris				
„ 10.		(Lissa)				
„ 10.	— 7 „ 10 „	Athen				
„ 10.	—10 „ 25 „	Smyrna			F. Wiener.	met. Stat.
„ 10.	—11 „ 10 „	Smyrna, stark				„ „
„ 11.		Phokis, Lokris				
„ 11.		(Lissa)				
„ 12.		Phokis, Lokris				
„ 12.	—11 „	Athen			J. Schmidt.	
„ 12.	2 „ 39 „	Athen				
„ 12.		(Lissa)				
„ 13.		Phokis, Lokris				

Datum	Zeit	Ort		Richtung	Beobachter
Aug. 18.		(Lissa)			
„ 14.		Phokis, Lokris			
„ 15.		„			
„ 15.	2 Uhr 10 M.	Athen — Piräus	2,5 S.	NW.—SO	J. Schmidt.
„ 15.	3 „ 53 „	„			„
„ 16.		Phokis u. Lokris, zahlreiche Erdbeben			
„ 17.	— 6 „ 10 „	Kourbatzi		O.—W.	A. Wild.
„ 17.	— 8 „ 28 „	„			„
„ 17.	— 8 „ 30 „	„			„
„ 17.	— 9 „ 15 „	„			„
„ 17.	— 6 „ 14 „	Athen			J. Schmidt.
„ 17.	6 „ 25 „	„		N.—S.	„
18. 19. 20.		Phokis, viele Erschütterungen			
„ 21.	6 „	Athen			F. Wiener.
„ 21.		Phokis			
„ 22.	— 1 „	Athen, 2 kleine Stösse in 5 Min.			J. Schmidt.
22. 23. 24.		Phokis			
„ 25. 26.		Phokis			
„ 26.	—10 „ 30 „	Piräus	2,5 S.		Czernowicz.
27. 28. 29.		Phokis			
„ 30. 31.		„			
„ 31.	6 „ 34 „	Athen, kleiner Vertikalstoss, während einer Beobachtung am Refractor	1 S.		J. Schmidt.
„ 31.	11 „ 19 „	Athen			F. Wiener.

Datum.	Ortszeit.	Ort und Charakteristik.	D.	R.	Beobachter.	Nachweis.
Sept. 1. 2. 3.	— 8 Uhr	Phokis				O. B.
„ 1.	9 „ 45 M.	Amasia in Pontus				A. A. Z. p. 4175.
„ 1.		Smyrna				Met. Station.
„ 4. 5. 6.		Phokis				
„ 3.	9 „ 39,8	Athen, lebhafte Wellenbewegungen auch in Piräus und a. a. O. beob.	1,5 S.	N.—S.	J. Schmidt.	
„ 7. 8. 9.		Phokis				
10. 11. 12.		„				
„ 12.	10 „ 30 „	Tripolis im Peloponnes, stark	3,5 S.		Ivich.	Ἀρκαδία Σεπτ. 5.
„ 12.	11 „	Piräus				
13. 14. 15.		Phokis				
„ 13.		Tripolis				
„ 14.		„				
„ 15.		„		O.—W.		
16. 17. 18.		Phokis				
19. 20. 21.		„				
„ 22.		„				
„ 23.	— 7 „	Itea (Phokis) sehr grosser Stoss.			Papadimantopulos.	
„ 24.		Phokis				
„ 25.	— 2 „	Itea, sehr grosser Stoss				
26. 27. 28.		Phokis			„	
„ 29. 30.		„				

Datum	Zeit		Ort / Bemerkung		Richtung	Beobachter	Quelle
Okt. 1.			Phokis				O. B.
„ 1.			Lamia				O. B.
„ 2. 3. 4.			Phokis				
„ 4.	6 Uhr		(Grosses Erdbeben in Calabrien)				
„ 5. 6. 7.			Phokis				
8. 9. 10.			„				
11. 12. 13.			„				
14. 15. 16.			„				
„ 18.	—10 „	30 M.	Chalkis		NW.—SO	Mansell.	
17. 18. 19.			Phokis				
20. 21. 22.	—11 „	30 „	Chalkis		N.—S.	Mansell.	
„ 24.	1 „	58 „	„				
23. 24. 25.			Phokis				
„ 25.	7 „		Umsturz von Amphissa in Phokis, allgem. sehr grosses Erdbeben				Siehe Monographie.
„ 25.	6 „		Prevesa	17 S.	O.—W.	Sachse.	Jelinek 1870. p. 607.
„ 25.	6 „		Mesolongion, gross				O. B.
„ 25.	7 „		(Cosenza in Calabrien)				
„ 25.	6 „	85 „	Argostoli	3 S.	NO.—SW	Dr. Petris.	
„ 25.	6 „	56,9	Athen, starkes Erdbeben	4 S.	NW.—SO	J. Schmidt.	
„ 25.	7 „		Xirochori — Atalanti	2 S.			O. B.
„ 25.	7 „	7 „	Athen, schwach				

Datum.	Ortszeit.	Ort und Charakteristik.	D.	R.	Beobachter.	Nachweis.
Okt. 25.	7 Uhr 15 M.	Chalkis, stark. Getöse (das Amphissa-Erdbeben)	6 S.	NW.—SO	Mansell.	
„ 25.	7 „ 18 „	S. Maura, mässiges Erdbeben			A. N. Vatsaxis.	
„ 25.	7 „ 30 „	Kourbatzi; nicht in Kumi		O.—W.	A. Wild.	
„ 25.	7 „ 40 „	Janina, leicht			R. Stuart.	
„ 25.	11 „ 27 „	Chalkis		NW.—SO	Mansell.	
„ 26.		Phokis				
„ 26.	— 5 „	Atalanti				O. B.
„ 27.		„ Phokis				O. B.
„ 27.	12 „	Athen, schwach			Gosrau.	
„ 28.	— 2 „ 25 „	Kourbatzi			A. Wild.	
„ 28.	— 5 „ 27 „	Chalkis		NW.—SO	Mansell.	
„ 28.	2 „ 30 „	„		„	„	
„ 28.	2 „ 40 „	„		„	„	O. B.
„ 28.		Phokis — Atalanti				
„ 29.		Phokis				
„ 29.		Ragusa			Rodich.	
„ 29.	0 „ 44 „	Chalkis		NW.—SO	Mansell.	
„ 30.	3 „	Athen			K. Hager.	
„ 30.	— 3 „ 25 „	Chalkis			Mansell.	
„ 30.		Ragusa			Rodich.	
„ 30.		Phokis (Erdbeben in Nord-Italien)				

Datum	Zeit	Ort, Bemerkung	Richtung	Beobachter	
Okt. 31.	5 Uhr 20,1	Phokis		*J. Schmidt.*	
„ 31.	5 „ 25 M.	Athen Sternwarte, schwankend. Erdb.	20 S.	*Mansell.*	
„ 31.	8 „ 9 „	Chalkis	O.—W.		O. B.
„ 31.	8 „ 37 „	Milos, starkes Erdbeben mit Deton.			O. B.
„ 31.	12 „ „	„ noch stärker			
„ 31.		„ schwach			
Nov. 1.	2 „ 3 „	Phokis			O. B.
„ 1.	8 „ 10 „	Milos, schwach			
„ 1.	3 „ 22 „	„			
„ 1.	6 „ 10 „	„			
„ 1.	11 „ 23,4	Athen, Erdbeben von langer Dauer		*J. Schmidt.*	
„ 2.		Phokis			
„ 2.	0 „ 30 „	Athen, schwach		*Dr. Kokides.*	
„ 2.	0 „ 15 „	Chalkis		*Mansell.*	
„ 2.	11 „ 45 „	„		„	
„ 3.		Phokis			
„ 4.		„			
„ 4.	9 „ 45 „	Chalkis	NW.—SO	*Mansell.*	
„ 4.	11 „ 5 „	„		„	
„ 5.	1 „ 30 „	„	NW.—SO	*Mansell.*	
„ 5.	5 „ 45 „	„ stark	N.—S.	„	
„ 5.		Phokis	N.—S.	„	
„ 6.		„			

Datum.	Ortszeit.	Ort und Charakteristik.	D.	R.	Beobachter.	Nachweis.
Nov. 7.		Phokis				
,, 8.	8 Uhr 40 M.	„ Chalkis		N.—S.	*Mansell.*	
,, 8.	8 „ 50 „	„			„	
,, 8.	4 „ 14 „	„			„	
,, 9.	4 „ 20 „	„			„	
,, 9.		Phokis			*E. Platye.*	
,, 9.		„ besonders in Amphissa				
,, 10.		„ viele Stösse			„	
,, 11.		„ Ebene von Itea, viele Erdb.			„	
,, 12.	— 7 „	„ Itea, mächtiger Stoss, grosser			„	
,, 12.		Donner, Felsstürze				
,, 12.	— 8 „ .	„ verschiedene Stösse			„	
,, 12.	— 9 „ 30 „	„ grosser Stoss			„	
,, 12.	— 3 „ 30 „	„ sehr grosser Stoss			„	
,, 12.		Valtos in Akarnanien, 3 Stösse, der mittlere bewirkte einigen Schaden				
,, 13.		Phokis				
,, 13.	— 6 „ 20 „	Korfu 2 Erdbeben	2 S.			O. B.
,, 14.	—10 „	Herakleion in Kreta, starkes Erdb.			*Kalokairinos.*	O. B.
,, 14.		Phokis				
,, 15.		„				

					O. B.
Nov. 16.		Phokis			
„ 17.		„			
„ 17.	2 Uhr 7 M.	Argostoli in Kephalonia, st. Stoss	5 S.		
„ 18.		Phokis			
„ 19.		„			
„ 19.	— 6 „	Patrae			*H. a. Boys.*
„ 19.	—11 „ 0 „	Chalkis		N.—S.	*Mansell.*
„ 19.	8 „ 34,0	Athen, kleiner zuckender Stoss	0,5 S.	O.—W.	*J. Schmidt.*
„ 20.		Phokis			
„ 20.	5 „	Herakleion, schwach			*Kalokairinos.*
„ 21.		Phokis			
„ 22.		„			
„ 23.		„			
„ 24.		„			
„ 25.		„			
„ 26.		„			
„ 27.		„			
„ 28.		„			
„ 28.	3 „	Patrae, starker Vertikalstoss	1 S.		*P. Brindisi.*
„ 29.	3 „ 45 „	Herakleion in Kreta, 2 kleine Stösse			*Kalokairinos.*
„ 29.	2 „ 30 „	Patrae			*H. a. Boys.*
„ 29.	7 „ 22 „	Athen, kleiner Stoss	0,5 S.		*J. Schmidt.*
„ 29.	11 „ 15 „	„ deutliches Erdbeben			*„ u. A.*
„ 29.		Phokis			

Datum.	Ortszeit.	Ort und Charakteristik.	D.	R.	Beobachter.	Nachweis.
Nov. 30.	— 5 Uhr 30 M.	Phokis, in Chrysso, gewaltiger Erdstoss und grosse Felsstürze, ähnlich wie Oktober 25			E. Platys.	
„ 30.	— 5 „ 44,8	Athen, starkes Erdbeben. Die Pendeluhr der Sternwarte verlor 7 S.	3 S.	NO.—SW	F. Wiener.	
„ 30.	— 6 „ 5 „	Chalkis, stark mit lautem Donner	10 S.	N.—S.	Mansell.	
„ 30.	— 6 „ „	Kourbatzi, schwach			A. Wild.	
Dez. 1.		Phokis				
„ 2.		„				
„ 2.	3 „	Patrae, heftiges Erdbeben			J. Schmidt.	
„ 2.	3 „	Athen, kleine Bewegung				
„ 2.	9 „ 40 „	Kourbatzi, Vertikalstösse			A. Wild.	
„ 2.	10 „ 50 „	„			„	
„ 3.	10 „ 49,8	Athen, rollendes Erdbeben im Beginne des S. Sturmes; Störung der Pendeluhr. — Phokis			J. Schmidt.	Telegr. Dep.
„ 4.	3 „	Patrae, sehr stark. P. Brindisi bestreitet, dass es am 2. Dez. war	2,5 S.	NO.—SW	P. Brindisi.	
„ 4.	4 „	Patrae			H. a. Boys.	
„ 4.		Phokis				
„ 5.		„				
„ 5.	6 „	Patrae			H. a. Boys.	

Datum	Zeit	Ort	Richtung		Beobachter
Dez. 6.	0 Uhr 40 M.	Chalkis	N.—S.		Mansell.
„ 6.	3 „	Patrae			H. a. Boys.
„ 6.	6 „	„			„
„ 6.	10 „	„			„
„ 6.	11 „ 40 „	Chalkis	N.—S.		Mansell.
„ 7.	10 „ 5 „	Phokis	O.—W.		A. Wild.
„ 7.		Kourbatzi			
„ 8.		Phokis			
„ 9.		„			
„ 10.		„			
„ 11.		„			
„ 12.		„			
„ 12.	4 „ 45 „	Kourbatzi	O.—W.		A. Wild.
„ 12.	4 „ 45 „	Athen	N.—S.	4 S.	Pusswald.
„ 12.	5 „ 57 „	Chalkis, stark			Mansell.
„ 13.		Phokis			
„ 14.		„			
„ 15.		„			
„ 16.		„			
„ 17.	5 „ 45 „	Athen			
„ 17.	6 „ 40 „	Chalkis, stark	O.—W.		Gowau; Kossos.
„ 17.	8 „	S. Maura, Stadt Amaxiki			Mansell.
„ 17.		Phokis			
„ 18.		„			

Mitth. von Dr. Kokides.

Datum.	Ortszeit.	Ort und Charakteristik.	D.	R.	Beobachter.	Nachweis.
Dez. 18.	— 7 Uhr	S. Maura				
" 19.	5 " 44,9	Athen, sehr feiner Stoss			J. Schmidt.	
" 19.		Phokis				
" 20.		"				
" 20.	8 " 30 M.	Chalkis		N.—S.	Mansell.	
" 21.	3 " 20 "	" stark, mit Getöse		O.—W.		
" 21.	3 " 26 "	Athen, Erdbeben mit Lärm	2 S.	NW.—SO	J. Schmidt.	
" 21.	4 " -	" stärker			"	
" 21.		Phokis			E. Erskine u. A.	
" 22.		"				
" 22.	7 " 20 "	Kourbatzi		O.—W.	A. Wild.	
" 22.	8 " 0 "	"			"	
" 22.	8 " 10 "	"			"	
" 22.	8 " 30 "	Chalkis stark, bei gr. SW. Sturme		O.—W.	Mansell.	
" 23.		Phokis				
" 23.	0 " 50 "	Chalkis schwach, bei gr. SW. Sturme		O.—W.	Mansell.	
" 23.	0 " 54 "	"			"	
" 24.	8 " 10 "	"			"	
" 24.	0 " 40 "	Kourbatzi			A. Wild.	
" 24.		Phokis, zu Amphissa oft Deton.			Skouphos.	
" 24.	5 " 80 "	Patrae			H. a. Boys.	
" 25.		Phokis				

	Zeit	Ort / Beschreibung		Beobachter	
Dez. 26.		Phokis			O. B.
„ 27.		„			
„ 28.		„ auch zu Arachowa			
„ 29.		„			
„ 29.	5 Uhr 20,1	Athen, kleiner Stoss	0,5 S.	*J. Schmidt.*	O. B.
„ 29.	8 „	Patrae		*H. a. Boys.*	
„ 30.		Phokis, in Arachowa verstärkt			O. B.
„ 31.		„			
„ 31.	— 5 „ 45 M.	Argostoli, lebhaftes Erdbeben			O. B.
		1871.			
Jan. 1.		Phokis, Erdbeben seltener, Deton. noch häufig			O. B.
„ 8.	— 6 „ 48 „	Chalkis	NW.—SO	*Mansell.*	O. B.
„ 9.	— 7 „ 54 „	Athen		*J. Schmidt.*	O. B.
„ 9.	9 „ 34 „	Kourbatzi	SW.—NO	*A. Wild.*	O. B.
„ 20.	—10 „ 50 „	Argostoli, stark			O. B.
„ 22.	0 „	Milos, Anfang bedeutender Erdbeben, die bis in den Februar anhalten		*Worsas.*	O. B.
„ 22.		Kimolos, Seriphos, nie auf Polinos			O. B.
„ 22.	10 „ 27 „	(Perugia) stark	5 S.	*Serpieri.*	O. B.
„ 22.	11 „ 15 „	Patrae	SW.—NO	*E. a. Boys.*	
„ 28.		Milos, schwach			O. B.
„ 25.		Milos, so stark, dass man die Häuser „verliess u. in d. Kirchen flüchtete"			O. B.

Datum.	Ortszeit.	Ort und Charakteristik.	D.	R.	Beobachter.	Nachweis.
Jan. 26.		Milos				Heiw. U.1872. Nr.16.
27. 28. 29.		„				
„ 30. 31.		„				
Febr. 1.		Kartol in Nord-Macedonien				
		Milos				O. B.
„ 1.	6 Uhr 37 M.	Chalkis, stark		NW.—SO	Mansell.	
„ 2.	5 „ 55 „	Athen, sehr kl. Stoss, lange dauernd	5 S.		J. Schmidt.	
		Phokis, noch oft Erdb. und Deton.				O. B.
„ 2.		Milos			Mansell.	
„ 3.		„				
„ 20.	2 „	Chalkis			B. Wurisch.	Εὐνομίλαξάρ. 2164.
„ 21.		Kumi, 2 leichte Stösse				Πελοπόννησος.
„ 24.	1 „	Brussa, leicht				
„ 25.(?)	2 „	Tripolis in Morea, mässig				
März 2.	6 „	Milos, bis März 13 kein Erdbeben			Brest.	
„ 4.	2 „	Phokis, oft Erdbeben				
„ 11.	40 „	Chalkis			Mansell.	
„ 13.	1 „	Patrae				O. B.
„ 17.	8 „	Milos, 3 ziemlich starke Stösse			H. a. Boys.	
	15 „	Amphissa, gewaltiger Stoss, einer der grössten seit dem 1. Aug. 1870				Παρνασσός Μαρτ. 13.
„ 19.	6 „ 35 „	Patrae			H. a. Boys.	

Datum			Ort / Beschreibung	H. a. Boys.	Εθνοφύλαξ ἀρ. 2211.
März 22.	7 Uhr 40 M.		Patrae		
„ 24. (?)			Kassandra, sehr stark		
„ 25.			„ „ „		
„ 26.	11 „		Chalkis		
„ 30.	— 1 „		Athen, schwach, bei Scirocco	Mansell.	
„ 30.	— 5 „	54 „	Kumi, erst schwach, dann stärker	J. Schmidt.	
„ 30.	— 5 „	56 „	Chalkis, stark, mit Getöse	B. Wurtisch.	
„ 30.	— 6 „	0,5 „	Athen, kleiner Stoss	Mansell.	
„ 30.	— 6 „	1,3 „	Athen, bedeutender Stoss, schwächer als August 1 1870, und stärker als Oktober 25 1870	E. Erskine.	
„ 30.	0 „	15 „	Athen		
April 7.	— 4 „	8 „	Athen, später Andere	J. Schmidt.	
„ 9.	— 1 „	30 „	Korfu, Distrikt Strongylo, schwach	Euting.	O. B.
„ 9.	— 2 „	30 „	„ „ stark mit Zerstörungen	J. Schmidt.	O. B.
„ 9.	— 7 „	30 „	„ „ ebenso		O. B.
„ 10.			„ „ schwach		
„ 11.			„ „ „		
„ 12.			„ „ „		
„ 13.			Phokis, oft Erdbeben		
„ 14.			Korfu		
„ 14.			Amphissa, starkes Erdbeben		
„ 15.			Korfu		
„ 15.			„		Παρνασσός Ἀρ. 6.

NW.—S

Datum	Ortszeit	Ort und Charakteristik	D.	R.	Beobachter	Nachweis
April 15.	12 Uhr	Agrinion, nördlich am Parnassos, sehr stark				O. B. Tel. Dep.
„ 15.		Amphissa				
„ 16.		„				
„ 16.		Korfu				
„ 17.	4 „	„ viele starke Stösse				
„ 17.		Amphissa				
„ 18.		„				
„ 18.		Korfu, viel Donner, etliche Stösse				O. B.
„ 27.	12 „	Chalkis			Miaulis, Mansell.	
„ 30.	8 „ 35 M.	„			Mansell.	
Mai 3.	0 „ 1 „	Patrae			H. a. Boys.	
„ 3.	—10 „ 0 „	Chalkis			Mansell.	
„ 3.	12 „	„			„	
„ 4.	3 „ 45 „	Chalkis, stark, später Andere			H. a. Boys.	
„ 4. ·	4 „	Patrae			„	
„ 4.(?)		Rhodos, Syme				
„ 5.	1 „ 55 „	Chryso in Phokis, grosses Erdbeben mit vielen bedeutenden Felsstürzen			E. Pladye.	Ἐθνοφύλαξ ἀρ. 2211.
„ 5.	2 „ 0 „	Chalkis, lange Dauer			Mansell.	
„ 5.	2 „ 25 „	„			„	
„ 5.	2 „ 45 „	„			„	

295

Datum	Zeit	Ort / Beschreibung	Richtung	Beobachter	Quelle
Mai 10.	— 6 Uhr 40 M.	Patrae		H. a. Boys.	
„ 18.	—10 „ „	„		„	
„ 24.	—10 „ 15 „	Aidipsos in Euböa		A. Miaulis.	
„ 25.	10 „ „	Kephalonia in Pilaros, stark		Papajanis.	Mitth. von Papandreou.
Juni 3.	4 „ „	Phokis, oft Erdbeben		„	
„ 7.		Türkische Sporaden, grosses Erdb. in Marmaritza, mit manchen Zerstörungen			Ἐϑνοφύλαξ Ἰουν. 16. K. Z. Nr. 181. II. Bl.
„ 17.	9 „ 30 „	Am Kandyli auf Euböa		A. Miaulis.	
„ 18.	7 „ 30 „	Patrae		H. a. Boys.	
„ 20.		Phokis. Zu Amphissa die an Stärke abnehmenden Erdb. noch häufig; einige aber sehr schlimm			Παλιγγενεσία ἀρ. 2197.
„ 21.	3 „ 45 „	Patrae		H. a. Boys.	
„ 22.	0 „ 15 „	„		„	
„ 22.	9 „ 25 „	Amphissa, sehr grosser gefährlicher Stoss, den der grosse Donner überdauerte		„	Ἐϑνοφύλαξ ἀρ. 2241 und Παρνασσὸς Ἰουν. 15.
„ 26.	9 „ 0 „	Chalkis, stark. {Von Mai 6 — Juni 26, war Capitän Mansell nicht in Chalkis.	NW.—SO	Mansell.	
„ 26.	9 „ 13 „	Kumi, 2 kleine Stösse		B. Wurliooh.	
„ 26.	9 „ 30 „	Chalkis, stark		Mansell.	

Datum.	Ortszeit.	Ort und Charakteristik.	D.	R.	Beobachter.	Nachweis.
Juni 26.	9 Uhr 32 M.	Chalkis, stark, lange dauernd			Mansell.	
,, 26.	9 ,, 42 ,,	,, ,,			,,	
Juli 10.		(Umbrien, grosses Erdbeben)				
,, 11.	—10 ,,	Argostoli			E. Ingles.	
,, 11.	—10 ,, 36 ,,	Chalkis; (dieselbe Minute bei beiden Beobachtern)				
,, 11.	5 ,,	Argostoli			Miaulis, Mansell.	
,, 12.		Amphissa, sehr grosser Stoss, sodass man wieder aus den Häusern flüchtete			E. Ingles.	Παρνασσός Ιουλ. 6.
,, 14.	Nachts	Polyani (Türkei), leichtes Erdbeben				Θεσσαλονίκη.
,, 17.	5 ,, 30 ,,	Santorin, grosses gefährliches Erdbeben ohne Schaden				O. B.
,, 21.	— 5 ,, 5 ,,	Chalkis			A. Miaulis.	
,, 23.		Amphissa, stark				
,, 29.	8 ,, 45 ,,	Trikala in N. Morea, vertikaler Stoss			Th. v. Heldreich.	
Aug. 3.	9 ,, 40 ,,	Aidipsos in Euböa			A. Miaulis.	
,, 4.	— 5 ,,	,,			,,	
,, 7.	2 ,, 50 ,,	,,			,,	
,, 7.	9 ,, 18 ,,	,,			,,	
,, 9.	0 ,,	,,			,,	
,, 15.		Phokis, schwach				Παρνασσός Αουγ. 8.

Datum	Zeit		Quelle
Aug. 17.(?)		Smyrna, 2 kleine Stösse	*Πρόοδος Εμύρνης.*
„ 28.	Nachts	Amphissa, stark	*Παρνασσὸς᾽ Αουγ.* 17.
„ 29.		„	*Παρνασσός.*
„ 30.	— 3 Uhr	„ grosses Erdb., man muss wieder im Freien Tag und Nacht zubringen	Telegr. Dep.
„ 31.		Amphissa	
Sept. 1.2.3.		Amphissa	
„ 4.5.6.		„	
„ 7.8.9.		„	
„ 11.		„	
„ 12.	3 „	Amphissa, sehr grosse gefährl. Stösse	*Παρνασσὸς᾽ Αουγ.* 31.
13. 14. 15.		„	
16. 17. 18.		„	
„ 19.		„ Sept. 19—26 kein Erdb.	*Παρνασσὸς Σεπτ.* 7.
„ 23.	5 „	Argostoli, grosses gefährl. Erdbeben ohne Schaden, dem 3 schwächere Stösse folgten	
„ 23.	6 „	Argostoli, 2 schwache	Telegr. Dep. *Kalamides.*
„ 23.	5 „	30 M. Pisaros in Kephalonia, 2 starke Stösse	„ „ *Papajanis.*
„ 24.	—10 „	Argostoli, mässig	
„ 30.	9 „	32 „ Kumi, 2 kleine Stösse	Mitth. von *Papandreou.*
Okt. 4.	7 „	(Chrysò)	*B. Wurtisch.*
„ 5.	—4 „	„ sehr bedeutendes Erdbeben	*Παρνασσὸς Σεπτ.* 28

Datum.	Ortszeit.	Ort und Charakteristik.	D.	R.	Beobachter.	Nachweis.
Okt. 5.	— 4 Uhr	Amphissa, sehr stark mit grossem Donner; es nahm ganz langsam ab				Παρνασσὸς Σεπτ. 28.
„ 5.	— 4 „ 30 M.	Chryssò, sehr starkes Erdbeben; es trübt die Wasser. Bis Abends 7 Uhr noch 11 Stösse				"
„ 5.	— 6 „	Chryssò, kleiner Stoss				O. B.
„ 5.	— 6 „ 30 „	„				
„ 5.	— 8 „ 45 „	„				
„ 5.	— 9 „ 10 „	„				
„ 5.	—10 „ 0 „	„ stärker				
„ 5.	—10 „ 20 „	„				
„ 5.	—11 „ 5 „	„				
„ 5.	— 0 „ 10 „	„ stark				
„ 5.	— 3 „ 0 „	„				
„ 5.	— 7 „ 0 „	„				
„ 8.	—11 „ 12 „	Konstantinopel, sehr stark, vertikal			Mansell.	Ἐϑνοφύλαξ ἀρ. 316
„ 9.		„			„	A. A. Z. p. 5028.
„ 13.	— 5 „ 40 „	Phokis, starkes Erdbeben				K. Z. 331. III. Bl.
„ 13.	—11 „ 0 „	Chalkis				
„ 13.	— 7 „ 25 „	Athen, sehr feiner Stoss	0,258.		J. Schmidt.	
„ 16.	—10 „	Kumi, Vonno, ziemlich stark			G. Wurlach.	

Datum	Zeit	Ort, Bemerkung	Richtung	Beob.	Quelle
Okt. 16.	9 Uhr 10 M.	Chalkis		Mansell.	O. B.
„ 16.	9 „ 35 „	„			O. B.
„ 16.	10 „ 10 „	„			
„ 16.	10 „ 12 „	„		Mansell.	O. B.
„ 16.	11 „ 7 „	„			
„ 16.	11 „ 10 „	„		„	
„ 16.		Phokis, schwach			Παρνασσός 'Οκτ. 5.
„ 21.	5 „	Amphissa, bedeutendes Erdbeben, bis Okt. 31 noch oft, dann bis Nov. 7 kein Erdbeben			„
„ 21.	8 „ 6 „	Chalkis		Mansell.	„ „ ,12u26
Nov. 1.	2 „	„			
„ 2.	2 „	Samos, stark			Σάμος.
„ 2.	3 „ 30 „	Konstantinopel, stark			Νεολόγος ἀρ. 858.
„ 2.	9 „	Samos			
„ 3.	7 „	„			
„ 5.	2 „	Janina, 2 starke Stösse			'Εθνφ.π.,'Ιωάννινα" nach Koumbary.
„ 12.	2 „ 44 „	Valona, leicht			
„ 12.	2 „	Durazzo, stark	W.—O.		
„ 12.	2 „ 48 „	Monastir, kleiner Stoss			
„ 13.	11 „ 5 „	Durazzo	W.—O.		M. C. A.
„ 13.		Phokis, schwach			Παρνασσός Nos. 9.
„ 16.	4 „	Amphissa, ziemlich stark u. dauernd			
„ 16.		Valona — Saloniki			Bull. Intern. Nov. 16.

Datum.	Ortszeit.	Ort und Charakteristik.	D.	B.	Beobachter.	Nachweis.
Nov. 21.	2 Uhr 0 M.	Chalkis, stark, drehend		W.—O.	Mansell.	
„ 21.	2 „ 2 „	„			„	
„ 21.	2 „ 4 „	„			„	
„ 22.	1 „ .. „	Chalkis, stark				Ἐθνοφύλαξ ἀρ. 2343.
„ 22.	1 „ 35 „	Kumi, stark			B. Wurlisch.	
„ 22.	5 „ 0 „	„ schwächer			„	
„ 22.	5 „ 0 „	Platanos bei Kumi, Tags gr. Gewitter	7 S.		G. Wurlisch.	
„ 22.	1 „ 30 „	Athen, 3 starke lange Stösse			Goerau u. A.	
„ 26.	—10 „ 40 „	Phokis, schwach			A. Miaulis.	
„ 26.	—11 „ 30 „	Skiathos, Detonation	15 S.		„	
„ 27.	—8 „ 45 „	„ „ bei Regenluft	15 S.		„	
„ 27.	—9 „ .. „	„ „ und Südwind.			„	
„ (?)		Nisyros, heftiges Erdbeben und kleine Eruption				Gorcei: in C.Rend.1873. Nr. 10.
„ 30.	3 „ 30 „	Chryssi, stark und dauernd			H. a. Boys.	Παρνασσὸς Nos. 28.
Dez. 2.	—5 „ .. „	Patrae				
„ 11.	—7 „ 30 „	Gallipoli, u. a. O.		NO.—SW		nach Koumbary.
„ 20.		Phokis, schwach				

Anm. Das Datum Nov. 22 für Kumi und Athen ist richtig. Mansell's Angaben werden ebenfalls diesem Tage angehören; doch ist ein zwingender Grund zu dieser Annahme nicht vorhanden.

Datum	Zeit	Ort / Beschreibung	Richtung	Beobachter	Quelle
Dez. 24.	11 Uhr 10 M.	Valona, stark			nach *Koumbary*.
„ 25.	6 „	Drama in Macedonien, leicht			*Θεσσαλονίκη*.
„ 26.		Konstantinopel			K.Z. 45. I. met. Corresp.
„ 26.		Valona			*Heis*, W.U.1872.Nr.41.
		Phokis, Erdbeben selten u. schwach			*Παρνασσὸς Δεκ.* 21.
		1872.			
Jan. 5.	0 „ 10 „	Chalkis	N.—S.	*Mansell.*	*Παρνασσὸς Δεκ.* 28.
„ 7.	Abends	Amphissa, hier noch oft Erdbeben			
„ 11.	Nachts	„ Donner und leichtes Erdb.			*Ἐθνοφύλαξ ἀρ.*2384
„ 12.	10 „ 15 „	Kyzikos, grosses gefährl. Erdbeben			A. A. Z. 1872. p. 475.
„ 12.	10 „ 30 „	Pera, ziemlich stark		*H. a. Boys.*	
„ 12.		Patrae			
„ 12.		Korfu (angeblich)			*Παρνασσὸς Ιαν.* 13.
„ 12.	Abends	Amphissa, ziemlich stark			
„ 13.	2 „	„ bedeutender Stoss	N.—S.	*Mansell.*	
„ 13.	2 „ 50 „	Chalkis		*H. a. Boys.*	
„ 13.	2 „ 50 „	Patrae			
„ 14.15.		Amphissa			
„ 16.		Konstantinopel, schwach			Nach *Fuchs* Catalog.
„ 16.	— 3 „	Amphissa, sehr stark			*Παρνασσὸς Ιαν.* 11.
„ 17.		Brussa (oder Smyrna?) oft Erdbeben			*Ἐθνοφύλαξ ἀρ.*2381
17. 18. 19.		Amphissa			nach "Ιρις.
„ 18.	.7 „ 20 „	Patrae, sehr stark, Nachts 4 Andere		*H. a. Boys.*	
„ 19.	— 6 „ 50 „	Skiathos, in 15 Min. 3 Deton.		*A. Miaulis.*	

Datum.	Ortszeit.	Ort und Charakteristik.	D.	B.	Beobachter.	Nachweis.
Jan. 19.	— 9 Uhr	Skiathos, kleiner Stoss			*A. Miaulis.*	
" 19.	8 " 30 M.	" kleine anomale Strömung			"	
" 20.		Amphissa				Rev.d'Orient.Nr.5.p.38.
" 20.	0 " 15 "	Smyrna, ziemlich stark				
" 20.	0 " 30 "	Samos, bei Vathy			*Nasse.*	
" 20.	8 " 30 "	Skiathos, Erdbeben und anomale Strömung			*A. Miaulis.*	
" 21.		Amphissa				
" 21.	— 4 "	Patrae			*H. a. Boye.*	
" 22.		Amphissa				
" 23.(?)		Toultscha, 2 starke Stösse				Bull. hebd. Januar 29.
" 23.	10 "	Bukarest, starkes Erdbeben	45 S.			K. Z. 26. I. Bl.
" 23.	10 " 10 "	Kronstadt				L. I. Z. Nr. 1493.
" 24.		Amphissa				
" 24.	2 " 10 "	Athen		W.—O.	*Mansell.*	
" 24.	2 " 12,1	Athen, starkes wellenförmiges und schüttelndes Erdbeben. Seit Jan. 13 verlor die Pendeluhr 1 M. 6 S. durch Erdbeben	4,5 S.	W.—O.		
" 24.	2 " 10 "	Skiathos — Atalanti			*J. Schmidt.*	
" 24.	2 " 14 "	Kumi, 1 Stoss, lebhaft und kurz			*A. Miaulis.*	
" 24.	3 " 35 "	Athen			*B. Wurlisch.* *Mansell.*	

Datum	Zeit	Ort	Richtung	Beobachter	Quelle
Jan. 24.	3 Uhr 50 M.	Athen		*Mansell.*	
„ 24.	9 „ 15 „	„		„	
„ 25.	— 2 „ „	Patrae, Athen, stark in Theben. (*Mansell*)		*H. a. Boys.*	Bull. Intern.
„ 26.	— 7 „	Tonitscha, stark		*Mansell.*	
„ 27.	— 7 „ 47 „	Chalkis, Nachts vorher 3 Stösse		*Mansell.*	
„ 28.	—10 „	(Umsturz von Schemaki)			
„ 31.	— 3 „ 30 „	Atalanti		*A. Mianila.*	
„ 31.	— 4 „ 40 „	Chalkis		*Mansell.*	
„ 31.	— 5 „ 5 „	„		„	
„ 31.	— 8 „ 45 „	Patrae		*H. a. Boys.*	
Febr. 5.		Phokis, oft Erdbeben	W.—O.	*Mansell.*	Ass. Scientf. Mai 5.
„ 5.	11 „ 51 „	Chalkis			
„ 6.		Mostar in Herzegowina			
„ 7.		„ kurze undulirende Stösse			
„ 8.	— 2 „	Patrae		*H. a. Boys.*	Παρνασσὸς Φεββ. 1. Hesi, W.U.1872.Nr.45.
„ 9.	11 „ 30 „	Amphissa, Chrysso, starkes Erdbeben			
„ 11.		Jassy			C. Rend. Nr. 14. p. 128.
„ 11.	10 „	Janina, in 1 Stunde 18 sehr starke Stösse			
„ 11.		Saïda sehr beschädigt			„ „
„ 11.	10 „	Korfu			
„ 12.	8 „	Kumi		W.—O.	*B. Wurtich.*
„ 13.	— 2 „ 20 „	Chalkis		*Mansell.*	

Datum.	Ortszeit.	Ort und Charakteristik.	D.	R.	Beobachter.	Nachweis.
Febr. 13.		Janina — Korfu				
„ 13.	Abends	Mostar, stark und dauernd			*Mansell.*	
„ 14.	— 9 Uhr 40 M.	Chalkis				
„ 14.		Janina — Korfu				
„ 15.		„			*Mansell.*	
„ 15.	— 3 „, 0 „	Chalkis				
„ 16.		Janina				
„ 17.18.						
„ 19.	— 3 „	Patrae			*H. a. Boys.*	
„ 19.	Abends	Korfu				
„ 25.	Abends	Mostar				
„ 25.	Nachts	Theben, 2 merkliche Erdbeben				O. B.
„ 26.	— 2 „, 0 „	Samos bei Vathy			.	Mitth. von *Nasse.*
„ 26.	3 „, 0 „	Chalkis		W.—O.	*Mansell.*	
„ 26.	6 „, 17,0	Athen, deutlicher kurzer Stoss	1 S.	W.—O.	*J. Schmidt.*	
„ 26.	6 „, 17,0	Athen, lebh. Stoss, Thür sprang auf			*J. Löison.*	
„ 26.	6 „, 20 „	Chalkis, stark		W.—O.	*Mansell.*	
„ 26.	6 „, 30 „	Theben, stark mit Donner				O. B.
„ 26.	6 „, 35 „	Chalkis				
„ 26.	6 „, 45 „	„			*Mansell.*	
„ 26.	7 „,	Theben, 2 schwächere				O. B.
„ 26.	7 „, 13 ..	Chalkis			*Mansell.*	

Datum	Zeit	Ort, Bemerkung		Beobachter	*Ἐθνογῖλαξ* n. *Θεσ-σαλονίκη.*
Febr. 27.	2 Uhr 0 M.	Chalkis		*Mansell.*	
„ 27.	8 „ 45 „	„		„	
„ 27.	12 „ 0 „	Mostar, stark		*Mansell.*	
„ 28.	—6 „ 20 „	Chalkis			
„ 28.	—8 „ 30 „	Kirtzova, starkes Erdbeben		*Mansell.*	
„ 28.	8 „ 45 „	Chalkis		*Mansell.*	
„ 29.	—0 „ 20 „	„		„	
„ 29.	—2 „ 20 „	„		„	
März 2.		Mostar		*Mansell.*	
„ —.		Phokis, oft schwache Erdbeben			O. B.
„ 3.	—1 „ 30 „	Mostar		*Mansell.*	
„ 3.	—5 „ 40 „	Chalkis		„	
„ 3.	—7 „ 30 „	„		*H. a. Boys.*	
„ 3.	—5 „ 20 „	Patrae		*Mansell.*	
„ 3.	5 „ 23,0 „	Athen, lebhafter plötzlicher Stoss	0,5 S. N.—S.	*J. Schmidt.*	
„ 3.	5 „ 34,7 „	„ schwach, zitternd		„	
„ 3.	5 „ 37 „	Chalkis, 1 M. später noch einer		*Mansell.*	
„ 3.	5 „ 39,6 „	Athen, wellenförmig		*J. Schmidt.*	
„ 3.	5 „ 39 „	Chalkis		*Mansell.*	
„ 3.	5 „ 55,7 „	Athen, kurz		*J. Schmidt.*	
„ 4.	—2 „ 30 „	Chalkis		*Mansell.*	
„ 6.	—3 „ .	Samos, Ostseite bei Vathy, stark		*J. Schmidt.*	
„ 12.	—2 „ 40 „	Athen	0,25 S.	*J. Schmidt.*	

Datum.	Ortszeit.	Ort und Charakteristik.	D.	R.	Beobachter.	Nachweis.
März 14.	— 1 Uhr	Kephalonia, zu Pilaros			*Papandreou.*	
„ 19.	— 2 „ 20 M.	Patrae, stark und dauernd			*H. a. Boys.*	O. B. und Telegr. Dep.
„ 20. (?)		Kavala				Bull. Int. März 24.
„ 22.	—11 „ 59 „	(Zara) stark				K. Z. 87. III. Blatt.
„ 29.	— 0 „ 3 „	Chalkis			*Mansell.*	
„ 29.	— 0 „ 5 „	„ schwach			*A. Milavis.*	
April —.		Phokis, oft starke Erdbeben				
„ 2.	— 7 „ 45 „	Antiochia, Umsturz der Stadt	30 S.	SW.—NO		
„ 2.	— 8 „	Aegypten, Mesopotamien, Syrien, Rhodos				
„ 2.	— 6 „ 15 „	Pylos im Peloponnes			*A. Verrios.*	K. Z. 98. I. Bl.
„ 5.	— 3 „ 55 „	(Zara)				
„ 6.		Aleppo				Εὐνομύλαξ ἀρ. 2440
„ 7.	— 8 „	Samos, sehr stark				
„ 7.	— 8 „	„ Donner				
„ 8.	— 5 „ 45 „	Kumi, schwach		W.—O.	*B. Wurlisch.*	
„ 8.	— 6 „	Chalkis, stark			*Mansell.*	
„ 9.	— 5 „ 17 „	„		„	„	Παρνασσός Ἀπ. 4.
„ 9. (?)		Amphissa				Εὐνομ. nach Σμύρνη
„ 10. (?)	— 6 „ 30 „	Smyrna, leicht				K. Z. 121. I.
„ 10. (?)		Antiochia, grosses Erdbeben				
„ 14.	—11 „ 20 „	Chalkis			*Mansell.*	

Datum	Zeit	Ereignis	Richtung	Beobachter	Quelle
April 14.	—11 Uhr 45 M.	Chalkis			
„ 15.	— 9 „ 30 „	Amphissa, auch oft a. a. Tagen		Mansell.	
„ 19.	— 5 „ 20 „	Santorin, mässig		Dolenda.	
„ 25.	— 5 „ 25 „	Chalkis		Mansell.	
„ 25.		„		„	
„ 26.	10 „	(Grosse Eruption des Vesuv)			
„ 28.	— 1 „ 20 „	Antiochia, Allepo, Alexandria		Mansell.	Bull. Int. Ap. 30.
Mai 1.	— 6 „ 45 „	Chalkis			
„ 1.		Amphissa, starker Stoss			O. B.
		„ Mai 2—14 kein Erdb.			Παρνασσὸς ᾿Απ. 25.
„ 9.	— 7 „ 30 „	Samos zu Prinia, schwach			Mitth. von Nasse.
„ 10.	— 7 „ 30 „	„			„ „ „
„ 15.	Nachts	Antiochia, gewaltiger Erdstoss bei grossem Regen			
„ 26.	— 2 „ 20 „	Amphissa, ziemlich stark			᾿Εθνοφύλαξ ἀρ. 2476,
„ 28.	— 5 „ 30 „	„ mässig			Παρνασσὸς Μαι. 16.
Juni 4.	— 7 „ 20 „	Patrae, schwach	W.—O.	J. Schweiker.	„
„ 5.	— 2 „ 30 „	Kumi, etliche kleine Stösse		B. Wurlisch.	
„ 5.	11 „ 40 „	Chalkis		Mansell.	
„ 6.	— 0 „ 30 „	„ stark mit Donner		„	
„ 6.	— 1 „ 0 „	„		„	
„ 6.	— 1 „ 40 „	„		„	
„ 6.	— 2 „ 23 „	„ stark		„	
„ 6.	— 5 „ 0 „	„		„	

20*

Datum.	Ortszeit.	Ort und Charakteristik.	D.	B.	Beobachter.	Nachweis.
Sept. 2.	10 Uhr 15 M.	Amphissa, schwächer		NW.—SO	Mansell.	Εὐνομοφύλαξ Σεπτ. 11.
" 12.	9 " 40 "	Chalkis				
" 12.	2 " 20 "	" stark		"		
" 12.	5 " 5 "	Kephalonia zu Pessades			Th. v. Heldreich.	
" 14.	2 "	Saloniki, Seres stark				
—		(Persien, grosses Erdbeben)				
" 17.	7 " 40 "	Chalkis, 2 Stösse		NW.—SO	A. Miaulis.	
" 17.	2 " 20 "	" stark			"	
" 17.	2 " 20 "	Livadia, ziemlich stark			Stephanakis.	Telegr. Dep.
" 18.	Abends	Amphissa, stark.				Παρνασσός Σεπτ. 15.
Okt. 3.(?)		Smyrna (vielleicht Oktober 10)				Ἐϑνοφ. n. Ἀμάλϑεια
" 6.	6 " 45 "	Chalkis stark		N.—S.	Mansell.	
" 7.	4 " 42 "	" "		NW.—SO	"	
" 7.	5 " 0 "	" "			"	
" 8.	3 " 45 "	" "			"	
" 8.	3 " 55 "	" "			"	
" 8.	4 " 0 "	" "			"	
" 8.	7 " 20 "	stark mit Getöse		NW.—SO	"	
" 8.	8 " 7 "	" "			"	
" 8.	1 " 30 "	" "			"	
" 8.	5 " 30 "	" "			"	
" 8.	8 " 0 "	" "			"	

Datum	8 Uhr 5 M.		Bemerkung	Richtung		Beobachter	Quelle
Okt. 8.	8 Uhr	5 M.	Chalkis			Mansell.	
„ 8.	11 „	20 „	„			„	
„ 8.	11 „	35 „	„			„	
„ 9.	— 0 „	30 „	Athen			J. Schmidt.	
„ 18.	9 „	57 „	Chalkis, stark	W.—O.		Mansell.	Παρνασός Oxt. 17.
„ 23.	— 6 „	30 „	Amphissa, ungewöhnlich heft. Stoss			„	
„ 23.	8 „		„ schwächer			„	
„ 23.	—10 „		„ „			„	
„ 24.	—10 „		Milos, sehr schwach			K. S. Okon.	O. B.
„ 24.	2 „		„ mässig			„	O. B.
„ 24.	4 „	18 „	„ grosser gefährlicher Stoss			„	O. B.
„ 24.	12 „		„ verschiedene Stösse			„	O. B.
			Amphissa, oft Erdbeben				Παρνασός.
Nov. 1.	— 3 „	50 „	Chalkis	W.—O.		Mansell.	
„ 1.	— 5 „		Amphissa, stark, später Andere				
„ 1.	— 9 „		Kavala		0,7 S.		
„ 3.	—11 „	6,8	Athen, lebhafter Stoss	W.—O.		J. Schmidt.	Ass. Scientf. Nr. 268.
„ 3.	—11 „	27 „	Chalkis	W.—O.		Mansell.	
„ 4.	5 „		„ stark	NW.—SO		„	
„ 9.	11 „	40 „	„			„	
„ 9.	11 „	50 „	„			„	
„ 10.	— 4 „	20 „	„ stark mit Getöse	W.—O.		„	
„ 10.	— 8 „	5 „	„ „ „	„		„	
„ 10.	0 „		Milos, lebhafter Stoss			„	Mitth. von P. Ziller.

Datum.	Ortszeit.	Ort und Charakteristik.	D.	B.	Beobachter.	Nachweis.
Nov. 11.	— 2 Uhr 5 M.	Chalkis, grosses Getöse			*Mansell.*	
„ 11.	— 3 „ 20 „	„			„	
„ 11.	— 4 „ 30 „	Milos, Deton.			*P. Ziller.*	
„ 13.	— 2 „ 7 „	Chalkis, mit Getöse			*Mansell.*	
„ 13.	— 4 „ 20 „	„			„	
„ 14.	— 5 „ 0 „	„			„	
„ 17.(?)	1 „ 5 „	Milos, schwach			*K. S. Gkion.*	
„ 17.	2 „ 5 „	„ stärker			„	
„ 21.	— 9 „ 45 „	Chalkis, doppelt mit Getöse			*Mansell.*	
„ 21.	— 9 „ 50 „	„			„	
„ 28.	5 „ 45 „	„		W.—O.	„	
Dez. 1.	— 5 „ 25 „	„			„	
„ 2.	— 2 „ 27 „	„			„	
„ 6.	— 4 „ 22 „	Athen, nicht durchaus sicher	20 S.		*J. Schmidt.*	
„ 12.	— 7 „ 27 „	Chalkis			*Mansell.*	
„ 13.	10 „ 24 „	„			„	
„ 14.	— 0 „ 30 „	Santorin zu Akrotiri, 4 mal zittern- des Erdbeben			*P. Ziller.*	Παρνασσὸς Δεκ. 5.
„ 17.	— 1 „ 30 „	Amphissa, stark			*Mansell.*	
„ 26.	— 5 „ 50 „	Chalkis			*Mansell.*	
„ 27.	0 „ 0 „	Saloniki, Kavala				Bull. Int. Dez. 30.
„ 28.	—11 „ 52 „	Chalkis			*Mansell.*	

1873.

Datum	Zeit	Ort	Richtung	Beobachter	Quelle
Dez. 28.	9 Uhr 7 M.	Chalkis		Mansell.	
„ 29.	0 „ 56 „	andre Stösse nicht notirt		„	
„ 29.	1 „ 6 „	„ „		„	
„ 29.	1 „ 20 „	„ „		„	
„ 29.	1 „ 31 „	„ „		„	
„ 29.	4 „ 52 „	„ „		„	
Jan. 4.	9 „ 9 „	Pilaros in Kephalonia, mässig		Papandreou.	
„ 5.	8 „ 55 „	Pilaros, stark		„	
„ 7.	0 „ 30 „	Amphissa, sehr mächtiger Stoss			Παρνασός Dez. 27. Jan. 8.
„ 7.	0 „ 30 „	Chalkis, stark	W.—O.	Mansell.	
„ 7.	10 „ 30 „	Chalkis	„	„	
„ 9.	0 „ 45 „	Chalkis, stark	„	„	
„ 9.	0 „ 55 „	Athen, stark	„	„	
„ 13.	10 „ 30 „	Dardanellen, Gallipoli, Kavala, Rhodostos, Imbros, Samothrake, st. Erdb.		Barrington.	Ass.Sctf.Nr.277.p.393 auch Mitth.v.Dr.Hornes.
„ 17.	0 „ 35 „	Chalkis	W.—O.	Mansell.	
„ 17.	2 „ 15 „	Chalkis	„	„	
„ 17.	6 „ 0 „	„	„	„	
„ 18.	1 „ 26 „	„	„	„	
„ 18.	3 „ 0 „	„	„	„	
„ 21.	4 „ 12 „	„ stark	W.—O.	Mansell.	
„ 22.	10 „	Amphissa, stark			Παρνασός Jan. 10. 22.
„ 24.	2 „ 10 „	Chalkis	W.—O.	Mansell.	

Datum.	Ortszeit.	Ort und Charakteristik.	D.	R.	Beobachter.	Nachweis.
Jan. 26.	8 Uhr 13 M.	Chalkis		W.—O.	*Mansell.*	
Febr. 1.	0 „ 30 ?.	Grosses Erdbeben in Samos u. Klein-asien				
„ 1.	1 „	Kara Hissar, 4 Erdbeben in 20 Minuten				*'Εφημ. τῆς Προύσης.*
„ 1.	1 „	Smyrna, sehr stark		SW.—NO		
„ 1.	1 „ 13 „	Samos, grosses sehr gefährliches Erdbeben				
„ 2.		Samos, sehr viele geringe Stösse	10 S.	SO.—NW	*Stamatiades.*	Siehe Monographie.
„ 2.	11 „ 45 „	„ sehr grosser Stoss			„	*Σάμος* Jan. 24. Feb. 5.
„ 2.	12 „	„ „ „			„	
„ 3.	9 „	Samos, ⎰ 19 bedeutende Erdbeben			„	
„ 4.	3 „	⎱ grosses Gebrüll			„	
„ 4.	Tags	„ viele Stösse, sehr grosse Detonationen			„	
„ 4.	9 „ 30 „	„ sehr grosser Stoss			„	
„ 4.	1 „	„ „ „			„	
„ 5.	7 „	Samos, grosser Stoss, viele kleine			„	
„ 5.	2 „ 10 „	„ schwach			„	
„ 5.	4 „	„ „			„	
„ 5.	9 „ 15 „	„ „			„	
„ 6.	5 „ 10 „	„ „			„	

Datum	Morgens	Beschreibung		Beobachter	Quelle
Febr. 6.	7 Uhr 45 M.	Saloniki, sehr stark			Bull. Intern. Feb. 1873.
„ 6.	2 „	Samos, schwach		Stamatiades.	
„ 7.	2 „	„ „		„	
„ 7.		„ „		„	
„ 7.	6 „ 58 „	„ 2 schwache		„	
„ 8.	2 „	„ schwach		„	
„ 8.	5 „ 30 „	„ „		„	
„ 8.	1 „ 10 „	„ stark		„	
„ 8.	3 „ 30 „	„ „		„	
„ 9.	4 „	„ leicht		„	
„ 9.	5 „	„ „		„	
„ 9.		„ „		„	Σάμος Feb. $\frac{14}{26}$; Ass.Sctf. 281.
„ 10.	2 „ 30 „	Antiochia		Stamatiades.	Bull. Intern. Feb. 1873.
„ 10.	3 „ 30 „	Samos stark		„	
„ 11.	1 „ 30 „	Durazzo			Σάμος; Feb. 14. Bull Int.
„ 11.	9 „ 30 „	Samos, 1 stark, 2 schwach			
„ 12.	0 „	Kavala			
„ 12.		Neocaesarea, Γιαζγάτ oder Yusgoth?			
„ 12.	0 „ 10,0	Samos, Erdbeben abnehmend			
„ 12.	0 „ 21,5	Athen, schwach, rüttelnd	8 S.	J. Schmidt.	Σάμος Feb. 7.
„ 13.		Athen, schwach, sehr lange rüttelnd	35 S.	J. Loisos.	K. Z. April 4. III. Bl.
„ 13.		Samos, 3 kleine Stösse bei Gewitter		Stamatiades.	Σάμος Feb. 14. Ass.Sctf.
„ 14.		Yusgoth (oder Febr. 16)			
„ 16.	7 „ 30 „	Jerusalem, Ptolemais, Tyros, Beirut etc. Samos, ziemlich stark		Stamatiades.	„ „ 13. [281.

Datum	Ortszeit	Ort und Charakteristik	D.	R.	Beobachter	Nachweis
Feb. —		in Phokis öfters Erdbeben				Ἐθνοφύλαξ ἀρ. 2651
„ 19.	— 8 Uhr 30 M.	Chalkis, stark		NW.—SO	Mansell.	
„ 19.	—10 „ 20 „	„ „			„	
„ 19.	0 „ 12 „	„ stark			„	
„ 20.	—3 „ 10 „	„ „			„	
„ 24.	5 „ „	Amphissa, sehr grosser Erdstoss				Ἐθνοφύλαξ ἀρ. 2650
„ (?)		Kaïro, etl. Stösse (vielleicht Feb. 14?)			Lauth.	A. A. Z. Nr. 101.
„ 28.	6 „ 20 „	Samos, leicht			Stamatiades.	Σάμος Feb. 21.
März 1.	2 „ „	„ Erdbeben mit starkem Gebrülle			„	„ „
„ 1.	5 „ 30 „	„ leicht			„	„ „
„ 1.	6 „ 6 „	„ lebhaft			„	„ „
„ 3.	0 „ 0 „	Chalkis		W.—O.	Mansell.	
„ 3.	6 „ 0 „	„			„	
„ 3.	11 „ 30 „	„			„	
„ 4.		Samos, von März 4—12 kein Erdb.				Σάμος Feb. 28.
„ 4.	2 „ 30 „	Kumi			B. Wurlisch.	
„ 6.	7 „ „	Athen		S.—N.	Lüders, Stuart	
„ 6.	7 „ 35,9	Athen, lebhaft, 3 Stösse			J. Loïsos.	
„ 6.	7 „ 45 „	Volo, 2 Stösse, der 2. dauernd			Th. Roth.	
„ 6.	7 „ „	Amphissa, Chryssö, von langer Dauer			Anastasopulos.	Ἐθν. ἀρ. 2657 nach Πυθία.
„ 9.	7 „ „	Skopelos, Demos Glossa, sehr heft. Erdb. mit Schaden, hiern. in Klimax				O. B.

März 12.	9 Uhr	(N.-Italien) bedeutendes Erdbeben			L. I. Z. 1552.
„ 18.	9 „	Zara			*Σάμος Μαρτ.* 9.
„ (?)		Kydonia, leicht			*Παρνασσός Μαρτ.* 9.
„ 15.	0 „	50 M. Amphissa, Chryssó, erst schwach, dann sehr schlimm			
„ 15.	0 „	53 „ Chalkis, stark	NW.—SO	*Mansell.*	
„ 15.	1 „	14,8 Athen, bed. wellenförmiges Erdbeben 5 S.	W.—O.	*J. Schmidt.*	
„ 15.	2 „	Volo, sehr heftig und kurz		*Th. Roth.*	
„ 15.	1?„	Korfu			
„ 15.	8?„	Kumi		*B. Wurlisch.*	
„ 15.		Valona			Ass. Scientf. Nr. 285.
„ 15.	4 „	30 „ Chalkis, stark		*Mansell.*	
„ 19.	0 „	40 „ „		„	
„ 20.		Amphissa, Det. u. zieml. starkes Erdb.			*Παρνασσός Μαρτ.* 9.
„ 21.	5 „	5 „ Chalkis		*Mansell.*	
„ 29.	7 „	Samos, in Pagonda und Tigania stark			*Σάμος Μαρτ.* 21.
„ 29.	1 „	Messenien, Deton. und Erdb. von Dauer			*Έθνορ. ἐφ.* 2681 nach *Πάμφος.*
„ 29.	5 „	Chalkis	W.—O.	*Mansell.*	
„ (?)		Ptolemaïs, Erdbeben bei Sturm			
April 20.	7 „	55 „ Chalkis, stark	NW.—SO	*Mansell.*	*Σάμος Μαρτ.* 21.
„ 20.	7 „	57 „ „		„	
„ 20.	8 „	5 „ Kumi, zieml. st. — Kourbatzi —(*)		*B. Wurlisch.*	

*) In *Mansell's* Handschrift scheint die Abendstunde gemeint zu sein; in *Wild's* Brief steht aber ausdrücklich „Morgens". *Wurlisch's* Angabe aus Kumi lässt wegen der Tageszeit ebenfalls Zweifel zu.

Datum.	Ortszeit.	Ort und Charakteristik.	D.	R.	Beobachter.	Nachweis.
April 20.	8 Uhr 18 M.	Kumi, schwach			B. Wurlisch.	
„ 24.	8 „ 47 „	Chalkis, stark			Mansell.	
„ 29.	7 „ 75 „	„			„	Παρνασσός Aπρ. 28.
Mai 9.	8 „ 30 „	„			„	Σάμος Μαΐος 2.
„ 10.	5 „ „	Amphissa, 2 Stösse				
„ 10.	9 „ 35 „	Samos				
„ 13.	3 „ „	„				
„ 17.	10 „ „	Kavala (oder Mai 16?)				K.Z.178.Bull.Int.Mai18
„ 30.	8 „ „	Arachova am Parnassos			Dr. Hirschfeld.	Comes in C.Rend.N.18.
Juni 2.		Nisyros, grosses Erdb. und Eruption (oder Juni 8?)				20.
„ 8.	11 „ 0 „	Chalkis			Mansell.	
„ 8.	11 „ 45 „	„			„	
„ 4.	0 „ 33 „	Athen			Dr. Lüders.	
„ 4.	0 „ 15 „	Chalkis			Mansell.	
„ 4.	0 „ 20 „	„			„	
„ 4.	0 „ 25 „	„			„	
„ 4.	0 „ 30 „	„		NW.—SO	„	
„ 8.	2 „ 0 „	Chalkis			Mansell.	
„ 8.	2 „ 30 „	Amphissa, kurz starker Stoss				Drutu dg. 44.
„ 8.	Nachts	„ etliche kleine Stösse				„
„ 20.	9 „ 30 „	Bagdad				Ann. Scientf. p. 327.

Datum	0 Uhr	Ort	Wind	Beobachter	Quelle
Juni 21.		Bagdad			Ass. Scientf.
„ 22.	5 „	Nisyros, stark (Datum unsicher)			C.Rend.Nr.10.K.Z.187.
„ 28.	20 M.	Samos, lebhafter Stoss, dann ein 2ter			Σάμος ἐφ. 496. [I.Bl.
„ 29.	—5 „	(grosses Erdbeben in N.-Italien)			
„ 29.	1 „ 40 „	Chalkis	NW.—SO	*Mansell.*	
Juli 5.	4 „ 40 „	„	W.—O.	„	
„ 5.	5 „	Athen		sch. Beobachter	
„ 10.	—4 „ 35 „	Chalkis		*Mansell.*	
„ 10.	—11 „ 10 „	„ stark	W.—O.	„	
„ 14.	11 „ 0 „	„			
„ 20.	Nachts	Amphissa, 3 kleine Stösse			*Εθνοφύλαξ ἀρ. 2745*
„ 21.		Korinth, schwach, lange Dauer			O. B.
„ 22.	1 „ 0 „	Chalkis		*Mansell.*	
„ 22.	1 „ 5 „	Athen, 2 kleine Stösse		Dr. *Kokides.*	
„ 22.	1 „ 30 „	Korinth, schwach			O. B.
„ 22.	8 „ 28 „	Chalkis		*Mansell.*	
„ 28.		Korinth			O. B.
„ 24.		„			O. B.
„ 24.	8 „ 0 „	Chalkis		*Mansell.*	
„ 24.	8 „ 30 „	„		„	O. B.
„ 25.	—11 „ 25 „	„		„	
„ 25.	—11 „ 40 „	„ stark		„	

Datum.	Ortszeit.	Ort und Charakteristik.	D.	R.	Beobachter.	Nachweis.
Juli 25.	—11 Uhr 30 M.	Korinthia, Epidaurus, Solygia, bed. Erdbeben mit Zerstörungen; man übernachtet im Freien				
„ 25.	—11 „ 34 „	Athen, schlotterndes schwaches Erdb.	5 S.	W.—O.	J. Schmidt.	O. B.
„ 25.	—11 „ 34 „	„			Postolaca.	
„ 25.	—11 „ 34,7 „	„ (Sternwarte)			J. Ginsberger.	
„ 25.	—11 „ 35 „	„			Dr. Kokides.	
„ 25.	—11 „ 30 „	Piräus, lebhaft rüttelndes Erdbeben. Dies ein Zeichen guter Uebereinstimmung der Zeiten.			Dr. Lüders.	
„ 26.		Korinthia				O. B.
„ 26.	7 „ 20 „	Chalkis		NW.—SO	Mansell.	
„ 27.		Korinthia				O. B.
„ 30.	Nachts	Amphissa, Erdbeben von grosser Dauer; Tag unsicher. Es kann auch eine Woche früher sein.				'Εθνοφύλαξ.
„ 31.	—11 „ 20 „	Amphissa, stark und kurz				Παρνασσός ἀρ. 108.
„ 31.	Abends	„ stark und dauernd				„
Aug. 1.	—11 „ 10 „	„				
„ 5.	—4 „	Athen, zitterndes Erdbeben				
„ 5.	—5 „ 55,1 „	Athen, Donner zitterndes Erdbeben	5,5 S.	NW.—SO	J. Schmidt.	
„ 6.	—6 „	Diarbekir, kleines Erdbeben			„	
„ 8.	—2 „ 27 „	Kumi	15 S.	O.—W.	B. Wurisch.	Bull. Int. Aug. 6.

Datum	Zeit	Ort, Bemerkung	Richtung	Beobachter	Quelle
Aug. 8.	2 Uhr 30 M.	Chalkis, stark		*Mansell.*	Bull. Sctf. N.303. p.405.
„ 8.	2 „ 30 „	Piräus		*Origonis.*	
„ 8.	2 „ 31 „	Athen		*A. Wurlisch.*	
„ 8.	2 „ 32 „	„		*Dr. Lüders.*	
„ 8.	2 „ 32 „	„		*Th. v. Heldreich.*	
„ 8.	2 „ 30 „	Kephissia bei Athen		*C. Wilberg.*	
		Wieder gute Uebereinstimmung der Zeiten.			
„ 11.	12 „	Mytilene, stark	1.5 S. W.—O.		
„ 12.	12 „ 0 „	„		*Mansell.*	„ „
„ 13.	10 „ 0 „	Chalkis, stark		*Mansell.*	
„ 13.	10 „ 12 „	Kumi, 2 ziemlich starke Stösse		*B. Wurlisch.*	
„ 14.	— 5 „ 35 „	Chalkis		*Mansell.*	
„ 16.	—11 „ 50 „	„		„	
„ 17.		Kavala, schwach		*G. Wurlisch.*	Bull. Int. Aug. 18.
„ 19.	— 6 „ 10 „	Angora, „		*Mansell.*	Ass. Scientf. Nr. 303.
„ 26.	11 „ 40 „	Styrphaka, NW bei Lamia, stark	W.—O.		
„ 27.	— 0 „ 55 „	Chalkis		*B. Wurlisch.*	
„ 28.	— 2 „	„		*G. Stougios.*	
„ 28.	— 3 „	Kumi, lebhaftes Erdbeben		*B. Wurlisch.*	
„ 28.	— 3 „ 20 „	Athen, stark		*Mansell.*	
Sept. 2.	⊙ 7 „ 5 „	Kumi, leicht		„	
„ 5.	— 0 „ 45 „	Chalkis		„	
„ 5.	— 1 „ 50 „	„			
„ 6.	11 „	„			

Datum.	Ortszeit.	Ort und Charakteristik.	D.	R.	Beobachter.	Nachweis.
Sept. 8.	— 0 Uhr 50 M.	Chalkis			*Mansell.*	
,, 8.	1 ,, 32,7	Athen, kleines Erdbeben	2 S.		*J. Loïzos.*	
,, 9.	5 ,, 50 ,,	Chalkis			*Mansell.*	[Sept.10.
,, (?).		Nisyros, grosses Erdb. (vor Sept. 10)				[9]*E.Sv.* nach Rhodos Zeitg.
,, 11.	— 6 ,, 10 ,,	Nisyros, grosses Erdbeben				*Gorceix* in C. Rend. N.25.
,, 12.	10 ,, 36 ,,	Chalkis		W.—O.	*Mansell.*	[p.1475.
,, 16.	11 ,, 10 ,,	,,			,,	
,, 16.	8 ,,	,,			,,	
,, 17.	9 ,,	(N. Italien, starkes Erdbeben)				
,, 19.		Styrphaka, NW bei Lamia, stark			*G. Wurtsch.*	
		Korinthia, täglich 6—7 Mal, doch sehr abnehmend				O. B.
,, 28.	— 5 ,, 30 ,,	Chalkis		W.—O.	*Mansell.*	
Okt. 2.	3 ,, 10 ,,	,,			,,	
,, 5.	— 5 ,, 0 ,,	,,		W.—O.	,,	
,, 10.	0 ,, 0 ,,	,,		NW.—SO	,,	
,, 16.	1 ,, 15 ,,	,,			,,	
,, 17.	11 ,, 8 ,,	,,		W.—O.	,,	
,, 25.	12 ,,	,, stark		NW.—SO	,,	
,, 25.		Korinthia, Zunahme der Erdbeben				
,, 25.	12 ,,	Peloponnes, Zante, gr. gefährl. Erdb. mit Zerstörungen in Elis und Zante				O. B.

Datum	Zeit	Ort	Richtung	Beobachter	Quelle
Okt. 26. 26. 27. 28. 29. 30. 31.	— 3 Uhr 0 M.	Chalkis / Peloponnes und Zante / „		*Mansell.*	
Nov. 1.	— 4 „ 15 „	Chalkis		*Mansell.*	Bull. Intern. Nov.
„ 1.	10 „ 15 „	Athen, deutliches Erdbeben		v.ch. Beobachter.	C. Rend. 1874. Nr. 6.
„ 1.	10 „ 36 „	„ sehr schwach		*J. Schmidt.*	Bull. Intern.
„ 3.	— 3 „ 19 „	Chalkis		*Mansell.*	
„ 3.	10 „ 20 „	„		„	
„ 4.	1 „ 10 „	„		„	
„ 8.	11 „ 48 „	„	W.—O.	„	
„ 9.	10 „	Smyrna, Gallipoli, Rodostos			
„ 12.		Nisyros			
„ 14.	— 2 „	Smyrna		*Mansell.*	
„ 15.	11 „ 52 „	Chalkis	W.—O.		
„ 25.		Nisyros			
„ 29.		„			
„ 29.	2 „ 0 „	Chalkis, stark	W.—O.	*Mansell.*	
Dez. 1.	Nachts	Nisyros			O. B.
„ 2.	— 1 „ 20 „	Tripolis in Arkadien, lebhaftes Erdbeben			
„ 17.	— 4 „ 15 „	Argostoli, schwach		*Valsamakis.*	
„ 18.	— 4 „ 40 „	„ „		„	
„ 18.	— 4 „ 54 „	Chalkis, stark	W.—O.	*Mansell.*	
„ 18.	— 4 „ 55 „	Athen, sehr schwach		Tr. *Kokides.*	

Datum.	Ortszeit.	Ort und Charakteristik.	D.	R.	Beobachter.	Nachweis.
Dez. 28.	8 Uhr	Saloniki			*Papandreou.*	
„ 28.	4 „ 34 M.	Chalkis, stark			*Mansell.*	
„ 28.	4 „ 36,8	Athen, sehr schwach	1,5 S.	NW.—SO	J. Schmidt.	
„ 29.	1 „ 0 „	Chalkis		W.—O.	*Mansell.*	

Druck der Leipziger Vereinsbuchdruckerei.

Fortsetzung des Katalogs der Erdbeben im Orient,

seit Anfang 1874.

Datum.	Ortszeit.	Ort und Charakteristik.	D.	R.	Beobachter.	Nachweis.
Jan. 17.	8 Uhr 46 M.	Athen, starker Stoss. Es fiel an diesem Tage ein Theil der Mauer der 1822 erbauten Odysseus-Bastei an der Akropolis	1,5 S.	W.—O.	J. Schmidt.	
„ 18.	4 „ 30 „	Athen, mässig lebhaft			Versch. Beob.	
„ 18.	10 „ 30 „	Chalkis		W.—O.	Mansell.	
„ 19.	6 „ 45 „	Athen			Versch. Beob.	
„ 22.	0 „ 16 „	Athen, mässig	3,5 S.		J. Schmidt.	
„ 23.	2 „ 45 „	Athen, stark			Labor.	
„ 23.		Kourbatzi in Euböa			A. Wild.	
„ 24.	0 „ 50 „	Chalkis		W.—O.	Mansell.	
„ 24.	9 „	Diarbekir				Bull. intern. Fev. 23.
„ 24.	11 „ 30 „	Athen, Rollen u. schwache Beweg.	2,5 S.		J. Schmidt u. A.	
„ 31.	10 „ 55 „	Styrphaka bei Lamia, stark			G. Wurtisch.	Brief d.d.Fbr.5 u.Mz.8.
Febr. 1.	0 „ 20 „	Patrae, schwach			Herbert a. Boys.	Brief.
„ 2.	4 „ 35 „	Styrphaka, schwach			G. Wurtisch.	
„ 3.	9 „ 20 „	Argostoli auf Kephalonia			Valsamakis.	Brief an v. Heldreich.

Datum.	Ortszeit.	Ort und Charakteristik.	D.	R.	Beobachter.	Nachweis.
Febr. 5.	11 Uhr 30 M.	Argostoli, sehr lange Dauer	40 S.	N.—S.	*Valsamakis.*	
„ 5.	12 „ 0 „	„			„	
„ 6.	11 „ 5 „	Chalkis		W.—O.	*Mansell.*	
„ 6.	11 „ „	Patrae			„	
„ 7.	4 „ 15 „	Chalkis		NW.—SO	*Herbert a. Boys.*	Brief.
„ 11.	10 „ 45 „	Algier			*Mansell.*	Bull. intern. Fev. 19.
„ 15.	2 „ 30 „	Patrae			*Herbert a. Boys.*	Brief.
„ 15.	12 „ „	Smyrna				Nature.
„ 22.	8 „ „	Telaw in Dagestan				*Koner* l. c.
„ 23.	0 „ 30 „	Argostoli, sehr schwach			*Valsamakis.*	
„ 25.	10 „ 30 „	Achalzich		NW.—SO		*Koner* g. Ztschr. I. 3.
„ 28.	10 „ 30 „	Kutais				„ [p. 208. 1876.
„ 22.	früh	Ui Bulak, Ost-Turkestan			*Stolicžka, Trotter.*	*Petermann* 1877. 52.
„ 24.	7 „ 22 „	Chalkis		W.—O.	*Mansell.*	p. 10.
„ 24.	3 „ 20 „	„		„	„	
„ 25.	5 „ 0 „	„		W.—O.	„	
„ 25.	8 „ 0 „	„		„	„	
Marz 4.	3 „ 4 „	Telaw, Dagestan			*Herbert a. Boys.*	*Koner* l. c.
„ 4.	9 „ 25 „	Patrae			„	Brief.
„ 5.	Nachts	„			*Mansell.*	
„ 8.	6 „ 30 „	Chalkis		W.—O.		
„ 8.	10 „ „	Tripolis in Morea, stark				O. B. April.

Datum	Zeit	Ort / Beschreibung		Richtung	Beobachter	Quelle
März 17.	11 Uhr 0 M.	Athen, zitterndes Erdbeben	3 S.		T. Holtzmann.	Mitth. März 18.
„ 18.	— 5 „ 0 „	Kourbatzi, schwach, — Volo, lebh.			A. Wild, Roth.	Brief.
„ 18.	— 5 „ 4 „	Kumi, sehr stark	6,5 S.		B. Wurtisch.	„
„ 18.	— 5 „ 13 „	„ schwach. — Sturm	1,5 S.		„	
„ 18.	— 5 „ 8,8	Athen, deutlich, lange, schwach beginnend	7 S.	S.—N.	J. Schmidt.	
„ 18.	(— 2 „ 30 „)	Athen, 2 Mal mit Lärm				Mitth.
„ 18.	— 5 „ 0 „	Chalkis, sehr bedeutend mit Schaden. Eretria schwach	4,5 S.	S.SO.—NW	Mansell.	O. B, d. d. März 18.
„ 18.	— 5 „ 8 „	Chalkis			„	
„ 18.	— 5 „ 20 „	„			„	
„ 18.	— 5 „ 40 „	„			„	
„ 18.	— 7 „ 0 „	„			„	
„ 18.	— 7 „ 8,5	Athen			Dr. O. Lüders.	Auch tel. Dep.
„ 18.	— 8 „ 0 „	Chalkis, s. stark; schwach zu Theben			Mansell.	
„ 18.	— 8 „ 11,8	Athen, stärker als das Erstere u. kürzer	3,5 S.	S.SO.—NW	J. Schmidt.	
„ 18.	— 8 „ 15 „	Chalkis			Mansell.	
„ 18.	— 8 „ 45 „	„			„	
„ 18.	— 9 „ 0 „	„ Kourbatzi			Mansell, Wild.	
„ 18.	— 9 „ 14(20)	„ stark	7,5 S.	S.SO.—NW	Mansell.	Auch tel. Dep.
„ 18.	— 9 „ 18 „	„			„	
„ 18.	— 9 „ 22,9	Athen, stark in 2 Sätzen	3 S.	SW.—NO	J. Schmidt.	Brief.
„ 18.	—10 „ 30 „	Kumi			B. Wurtisch.	
„ 18.	—10 „ 40 „	„			„	

Datum.	Ortszeit.	Ort und Charakteristik.	D.	R.	Beobachter.	Nachweis.
März 19.	6 Uhr 0 M.	Kumi, 2 Erbeben·	3 S.		*B. Wurlisch.*	
„ 20.	0 „ 2,7	Athen			*J. Schmidt.*	
„ 20.	3 „ 30 „	Chalkis		SO.—NW	*Mansell.*	
„ 20.	6 „ 0 „	„		„	„	
„ 20.	9 „ 0 „	„			„	
„ 20.	9 „ 15 „	„			„	
„ 20.	9 „ 20 „	„			„	
„ 20.	11 „ 30 „	„			„	
„ 20.	0 „ 30 „	„			„	
„ 20.	3 „ 45 „	„			„	
„ 20.	10 „ 0 „	„		SO.—NW	„	
„ 21.	4 „ 55 „	Chalkis			„	
„ 21.	11 „ 0 „	„			„	
„ 21.	1 „ 18 „	„			*Herbert a. Boys.*	Brief.
„ 21.	2 „ 40 „	Patrae			*Mansell.*	
„ 21.	3 „ 0 „	Chalkis			„	
„ 21.	7 „ 0 „	„			„	
„ 21.	10 „ 0 „	„			„	
„ 23.	9 „ 20 „	Styrphaka bei Lamia, 2 Stösse		SO.—NW	*G. Wurlisch.*	Brief.
„ 24.	5 „ 0 „	Chalkis		SO.—NW	*Mansell.*	
„ 24.	9 „ 30 „	„			„	
„ 27.	9 „ 47 „	„		SO.—NW	„	

März 28.	—11 Uhr 20 M.	Algier, Cherchel, sehr stark		G. Wurlisch.	Bull. int. März 28.
„ 30.	0 „ 15 „	Styrphaka, mässig stark	SO.—NW	Mansell.	Brief.
„ 30.	9 „ 50 „	Chalkis		„	
„ 31.	8 „ 4 „	„	„	„	
April 1.	1 „ 10 „	„	„	„	
„ 2.	1 „ 30 „	Ton wie von einer Rakete	SO.—NW	„	
„ 3.	1 „ 0 „	„ stark		„	
„ 3.	7 „ 38 „	„		„	
„ 3.	11 „ .	Kumi		B. Wurlisch.	Brief.
„ 4.	0 „ 30 „	Chalkis, stark; in Eretria, Vasilikó sehr stark	SO.—NW	Mansell.	
„ 4.	1 „ .	Kumi, stark		B. Wurlisch.	
„ 4.	5 „ 10 „	Chalkis		Mansell.	
„ 5.	3 „ 20 „	„		„	
„ 6.	0 „ 30 „	„ schwach mit lautem Lärm		J. Schmidt.	
„ 7.	2 „ 7 „	Athen, schwach	N.—S.	„	
„ 7.	2 „ 32 „	„		„	
„ 11.	3 „ 15 „	Chalkis, kein Stoss, grosses Getöse		Mansell.	
„ 11.	3 „ 16,2 „	Athen, schussartige Det.; Zittern	N.—S. 2,5 S.	J. Schmidt.	
„ 12.	12 „ .	Algier		Boulard.	C. R. N. 17. p. 1337.
„ 12.	1 „ 30 „	Chalkis		Mansell.	
„ 12.	10 „ 30 „	„ mit grossem Getöse; sehr bedeudend zu Eretria	S.—N.	„	
„ 13.	—11 „ .	Algier		Boulard.	l. c.

Datum.	Ortszeit.	Ort und Charakteristik.	D.	R.	Beobachter.	Nachweis.
April 13.	2 Uhr 0 M.	Algier			*Boulard.*	
„ 14.	— 4 „ 30 „	Chalkis		S.—N.	*Mansell.*	
„ 15.	— 1 „	Algier			*Boulard.*	l. c.
„ 17.	6 „ 9,2	Athen, leichter Stoss	1 S.		*J. Chantsidakis.*	
„ 21.	4 „ 25 „	Athen			*C. Wilberg.*	
„ 22?		Hydra, stark				Mitth. Mai 5.
„ 24.	— 7 „ 0 „	Chalkis, doppelter Stoss				
„ 25.	—11 „	Tripolis in Morea				Mitth. von *T. Holzmann.*
„ 30.		Diarbekir, starkes Erdbeben. Sturm in Pontos			*Mansell.*	Bull. intern. 30. Avril.
Mai 2.	— 7 „	Diarbekir, Maaden				
„ 3.	—10 „ 26 „	Diarbekir, s. stark. Harpcath ruinirt				
„ 3.	4 „ 30 „	Chalkis		S.—N.	*Mansell.*	K. Z. Mai 8.
„ 3.	„	„		„	„	Tr. Ztg. Mai 7.
„ 4.	5 „	Diarbekir, sehr gr. Erdb. mit Zerst.		S.—N.	„	Bull. intern.
„ 4.	—10 „	Chalkis		„	„	
„ 4.	9 „ 10 „	„ stark		„	„	
„ 4.		„		„	„	
„ 5.		Diarbekir				
„ 5.	9 „ 6 „	Chalkis, stark		S.—N.	*Mansell.*	
„ 5.	9 „ 10 „	„		„	„	
„ 6.	— 4 „	„ stark		„	„	

Datum	Zeit	Ort	Stärke	Richtung	Beobachter	Quelle
Mai 6.	6 Uhr 30 M.	Chalkis, stark			*Mansell.*	
„ 6.		Diarbekir			*Mansell.*	
„ 13.	8 „ 40 „	Chalkis		S.—N	„	
„ 17.	8 „ 40 „	„ scharf		„	„	
„ 17.	9 „ 40 „	„		„	„	
„ 18.	5 „ 24 „	Athen, schwach			*Dr. Kokides.*	
„ 21.	0 „ 30 „	Chalkis		SO.—NW	*Mansell.*	Brief 1879 Feb. 11.
„ 28.	5 „ 8 „	Smyrna			„	Met. Beob. zu Smyrna.
„ 29.	1 „ 5,1	Athen	2,5 S.	NW.—SO	*J. Schmidt.*	
Juni 3.	8 „ 10 „	Chalkis		SO.—NW	*Mansell.*	Brief 1879 Feb. 11.
„ 3.	8 „ 40 „	„		„	„	
„ 3.	2 „ 90 „	„		„	„	
„ 8.	5 „ 46 „	Athen, sehr schwach			*Dr. Kokides.*	Mitth. Juni 20.
„ 14.	2 „ 4 „	Chalkis		SO.—NW	*Mansell.*	Brief.
„ 25.	0 „ 40 „	Chalkis		SO.—NW	*Mansell.*	„
„ 25.	9 „ 53 „	Kumi, starkes Erdbeben			*B. Wurisch.*	Brief Juli 1.
„ 25.	2 „ 0 „	„ schwach			„	Brief.
„ 25.	6 „ 10 „	Naxos			*Dekigala.*	Brief.
„ 26.	3 „ 30 „	„			„	
„ 26.	11 „ 30 „	Konstantinopel, ziemlich stark	2 S.		*Th. Roth.*	N. Fr. Presse.
„ 28.	7 „ „	Volo, kurzer Stoss			„	Brief Juli 2.
„ 29.	5 „ 30 „	„			„	„
Juli 4.	1 „ 50 „	Chalkis		SO.—NW	*Mansell.*	Brief.
„ 4.	2 „ 4 „	„		„	„	

Datum.	Ortszeit.	Ort und Charakteristik.	D.	R.	Beobachter.	Nachweis.
Juli 5.	2 Uhr 25 M.	Athen, zweifelhaft		SO.—NW	Dr. O. Lüders.	
„ 5.	4 „ 41 „	Chalkis			Mansell.	L. I. Ztg. Nr. 1629.
„ 28.		Tauris, gr. Erdbeben mit Zerstör.				
Aug. 1.	11 „ 20 „	Politika am Kandyli, Euböa, grosses Brüllen und Erdbeben			T. Holzmann.	Mitth. Aug. 5. [in Tatoi.
„ 2.	3 „	Tatoi am Parnes			Königin Olga.	Mitth. 1875. Aug. 13
„ 8(?)	Abends	Aigion. (Zwischen Aug. 6. u. 10.)			Dr. M. Deffner.	Mitth. 1875. Dec. 12.
„ 9.	12 „	Kavala, sehr stark				Koumbary Bullet.
„ 11.	12 „	Chalkis, stark		SO.—NW	Mansell.	Brief.
„ 12.	12 „	„ sehr stark, grosser Lärm.		W.—O.	„	„
„ 17.	0 „ 58 „	„ Erdbeben und Detonation wie Kanonenschuss		W.—O.	„	„
„ 18.	Abends	Konstantinopel, 2 kleine Stösse				L. I. Ztg. Nr. 1626.
„ 19.	2 „	„ starker				Bull. intern. Wien. Zeitg.
„ 21.		„				Koumbary. [Aug. 21.
„ 22.	2 „ 8 „	Chalkis		W.—O.	Mansell.	Brief.
„ 24.	Nachts	Wladikawkas, Nasran, Kaukasus, stark		SW.—NO		L. I. Ztg. Nr. 1631.
„ 25.	0 „ 15 „	Chalkis		W.—O.	Mansell.	Brief.
„ 29.		Aetna, Eruption und Erdbeben				
Sept. 1.	6 „ 15 „	Chalkis		W.—O.	Mansell.	„
„ 9.	3 „ 10 „	„ stark		W.—O.	„	
„ 9.	3 „ 40 „	„		„	„	

Datum	Zeit	Ort		Richtung	Beobachter	Quelle
Sept. 10?		Korinth (ist wohl Sept. 9)				Ἐθνοφύλαξ Sept. 17.
„ 18.	8 Uhr 48 M.	Chalkis		O.—W.	Mansell.	
„ 21.	5 „ 50 „	„		„	„	L. I. Z. N. 1684.
Oct. 7.		Mytilene, sehr stark				Ἐθνοφύλαξ Sept. 30. / Oct. 12.
„ 8.		„	4 S.		Kohen.	Ass. Sctf. N. 364.
„ 17.	2 „ 0 „	Malta, sehr stark				„ „ Joltnek. p. 884.
„ 17.	2 „ 5 „	„ 4 Stösse			„	in Koner geogr. Zeitschr.
„ 19.	9 „ 50 „	Belissubor, Dagestan		N.—S.	Brüning	I. 3. p. 208 (1876).
„ 24.	8 „ 30 „	Chalkis	15 S.	W.—O.	Mansell.	Brief.
„ 30.	2 „ „	Patrae in Achaja, sehr stark			„	Στοά ἀρ. 217.
„ 31.	1 „ 35 „	Galaxidi, stark				Ἐφημερὶς ἀρ. 388.
„ 31.	1 „ 48 „	Chalkis		W.—O.	Mansell.	Brief.
„ 31.	1 „ 28 „	„ stark		„	„	„
Nov. 5.	Morgens	Chalkis		W.—O.	Mansell.	Brief.
„ 15.	0 „ 58 „	„	3 S.	„	„	„
„ 16.	5 „ 57 „	Smyrna, stark, Rhodos				Nature Dec. 24.
„ 18.	5 „	Dekeli, Pergamos, Kydonia, s. stark				Νεολόγος Κωνστ. ἀρ. 1746.
„ 25.	9 „ 53,5	Athen, stark mit Lärm. Um 3 Uhr Gewitter	2,5 S.	S.—N.	Al. Wurtisch.	Brief.
„ 29.	7 „ 30 „	Chalkis		W.—O.	Mansell.	Brief.
Dec. 10?	9 „	Santorin, stark (zw. Dec. 7. u. 20.) 2 Stösse		W.—O.	Mansell.	Νεολ. Ἀθηνῶν ἀρ. 98. Ἐφ. ἀρ. 436.

Datum.	Ortszeit.	Ort und Charakteristik.	D.	R.	Beobachter.	Nachweis.
Dec. 13.	2 Uhr 16 M.	Hussein Dey, Algier				Ass. Sctf. N. 372.
" 14.		Santorin, sehr stark, der Erstere von				Νεολ. Ἀϑ. ἀϱ. 102.
		2 Stössen				
" 15.	8 "	Sparta		W.—O.		Εὐϱώτας. 6.Δεκ.Νεο-λόγος Ἀϑ. ἀϱ. 108.
" 30.	— 5 " 0 "	Chalkis		W.—O.	Manell.	Brief.

Von 1874 Juli 26. bis 1875 Juni war ich von Athen abwesend, daher eigene Beobachtungen fehlen.

1875.

Datum.	Ortszeit.	Ort und Charakteristik.	D.	R.	Beobachter.	Nachweis.
Jan. 7.	2 " 30 "	Smyrna, leichtes Erdbeben	2 S.	O.—W.		Ἀμαλϑ. Σμ.
" 8.	7 " 30 "	Samos, " "				Ἐφ. Σάμος. Νεολ. Κωνστ. ἀϱ. 1786.
" 11.	8 " 25 "	Chalkis in Euböa		W.—O.	Manell.	Brief. 1879. Feb. 11.
" 20.	—10 " "	Tlelat, Algier		S.—N.		
" 25.	5 " 5 "	Chalkis, stark		W.—O.	Manell.	"
" 27.	8 " 50 "	Preveza, grosses Erdbeben				Μέλλον ἀϱ.1164 nach Ἐφ. Ἰωαννίνων.
" 29.	—10 "	Algier				Nat.Zeitg. N.VII. Bl.II.
Febr. 1.		Samos, 2 kl. Stösse, Abends Sturm		W.—O.	Manell.	Νεολ. Ἀϑην. ἀϱ.153.
" 11.	11 " 20 "	Chalkis				Brief.
" 12.	8 " 10 "	"		"	"	"
" 12.	5 " 42 "	"		"	"	"

Febr. 23.	— 7 Uhr 5 M.	Chalkis			*Mansell.*
„ 26.	— 3 „ 20 „	Varna, Schumla, Rustschuck, s. stark			*Koumbary*, Brief. *Ἐφ.* Ἀθηνῶν ἀρ. 48.
März 20.	— 0 „ 30 „	Chalkis, stark	W.—O.		*Mansell.* Brief.
„ 21.	— 3 „ 8 „	Fao am Persischen Golf			Brief von *Koumbary.*
„ 27.		Diarbekir, Palos etc. grosses Erdbeben mit Schaden			*Νεολ.* Ἀθην. ἀρ. 1869.
„ 30.	früh	Zante, stark, } grosser Regen			*Ἐφ.* Ἀθην. Anf. April.
„ 31.	— 5 „	„ sehr stark,			„
April 15.	— 11 „	Athen, schwach, nach Gewitter			Brief. [1870.
„ 23.	Nachts	Amisos (Samsun), 2 Erdb. bei Sturm	N.—S.	10 S.	*Al. Wurlisch.* Νεολόγος Κωνστ. ἀρ.
„ 24.	Nachts	Kyparissia, W. Morea, starkes Erdb. Es stürzt die Kirche τῆς ἀναστάσεως, so dass 40 Personen getödtet, 35 verwundet wurden.			Ἐφημερὶς ἀρ. 105.
„ 26.	— 0 „ 20 „	Samos, stark	SW.—NO		*Ἀμερολ. Σμύρνης.* Νεολ. Ἀθ. ἀρ. 243.
„ 26.	— 6 „ 0 „	Chalkis	W.—O.		*Mansell.* Brief.
„ 26.	— 11 „ 20 „	„	„		„
Mai 3.		Westküste Kleinasiens, gr. Katastrophe zu Afun Kara Hissar,			K. Z. 147. I.
„ 4.		Uschak, Ischkli. Gegen 1000 getödtet. Spalten u. heisse Quellen			
„ 5.		entstanden			

Datum.	Ortszeit.	Ort und Charakteristik.	D.	R.	Beobachter.	Nachweis.
Mai 10.	— 5 Uhr 0 M.	Smyrna				*Εφ. Ἀθην. ἀρ.* 121.
„ 11.	0 „	„ sehr stark; auch zu Rhodos				K. Z. 149. I.
„ 11.		„ „ „				L. I. Z. 1666. u. Brief
„ 11.	.	Ushak (Brussa), grosser Ruin				von *Koumbary.*
„ 14.	— 7 „ 20 „	Chalkis		W.—O.	*Mansell.*	Brief.
„ (?)		Santorin, kleines Erdbeben			*Langadas.*	Mitth. 1875. Nr. 18.
„ 27.	5 „	Athen, vielleicht 2 Stösse			C. *Wiberg* u. A.	
„ 28.	10 „ 0 „	Chalkis, 3 starke Stösse		W.—O.	*Mansell.*	Brief.
„ 29.	4 „ 0 „	„ 4 „ „		„	„	
„ 30.	2 „ 11 „	„ „ „ „		„	„	
„ 31.	5 „ 51 „	„ „ „ „		„	„	
Juni 4.	— 5 „ 12 „	Chalkis		W.—O.	„	
„ 13.	— 11 „ 45 „	Atalante, kl. Erdb. (vielleicht Mai 16.)				Mitth.
„ 16.	0 „ 17 „	Chalkis		W.—O.	*Mansell.*	
„ 30.	0 „	Chrysó, stark bei grossem Unwetter				*Στοὰ Ἀθην. ἀρ.* 143.
Juli 7.	Nachts	Samos, gr. Erdb. 150 Häuser ruinirt				*Νεολόγος Κωνστ. ἀρ.* [1920.
„ 10.	— 0 „ 40 „	Chalkis		W.—O.	*Mansell.*	*Νεολ. Κωνστ.* nach
„ 17.	11 „ 30 „	Smyrna				*Ἀμαλθ.* Juli 12.
„ 17.	11 „ 25 „	Samos, gr. Erdb. ohne Schaden		O.—W.		*Νεολ. Κωνστ.* nach *Σάμος.* Juli 20.

Datum	Zeit	Ort / Beschreibung	W.—O.	Beobachter	Quelle
Juli 18.	11 Uhr 50 M.	Samos, geringe Wiederholung			N. pr. Kreuzztg. 188. Beilage.
" 19.	11 " 50 "	2 andere Erdbeben			
		Zu Ousaki, Ischkli, Sibrili u. a. O. dauern die Erdb. fort u. die Bewohner leben in Zelten. Die im Mai entstandenen Thermen sind verschwunden			
" 25.	6 " 30 "	Sebastopol (Krim), 2 starke Stösse			
" 26.	9 " "	Durazzo			Brief von *Koumbary.*
" 26.	9 " 25 "	Smyrna			*Νεολόγος Κωνστ. ἀρ.* 1934.
" 27.	2 " 5 "	Sebastopol, st. Erdb. mit Schaden			Tr. Zeitg. N. 168.
" 30.	2 " "	Kumi in Euböa		*B. Wurlisch.*	Brief.
Aug. 1.	0 " 35 "	Smyrna, stark			Brief von *Koumbary.*
" 2.	2 " 42 "	Athen, Tatoi, sehr schwaches Erdb.		*Dr. Kokides. Möbus.*	
" 8.	0 " 30 "	Smyrna, stark	W.—O.	*Mansell.*	*Νεολόγος Κωνστ. ἀρ.* 1946.
" 8.	0 " 35 "	" schwächer	"	"	
" 15.	3 " 43 "	Chalkis, stark	"	"	Brief.
" 15.	4 " 40 "	"			
" 15.	9 " 34 "	"			
" 15.	9 " "	Korfu, leichtes Erdbeben	W.—O.	*Mansell.*	*Ἐφημερὶς ἀρ.* 221.
" 19.	4 " 45 "	Chalkis		*Mansell.*	

Datum.	Ortszeit.	Ort und Charakteristik.	D.	R.	Beobachter.	Nachweis.
Aug. 21.	5 Uhr 0 M.	Antiochia, grosses Erdbeben mit kleinem Schaden				*Νεσλ. Κωνστ.* nach *Εὐφραίτη.*
„ 24.	— 9 „	Angora				Brief von *Koumbary.*
„ 31.	— 9 „	Samos, starkes Erdbeben				*Νεολόγος Κωνστ. ἀρ.* 1966.
Sept. 7.	— 4 „	Korfu				*Ἐφημερὶς ἀρ.* 249.
„ 16.	4 „ 30 „	Chalkis		W.—O.	*Mansell.*	
„ 20.	9 „ 18 „	„		W.—O.	„	*Παλιγγενησία* Sept.[12].
„ 22.	10 „ „	Theben, 2 kleine Stösse				*Παλιγγενησία* Sept.[24].
„ 24.	5 „ „	Argostoli in Kephalonia, starkes Erdb.				*Ἐφημερὶς ἀρ.* 249.
Oct. 5.	9 „ „	Smyrna (nach a. Ang. 3 Stösse Abends)				Brief von *Koumbary.*
„ 15.	8 „ 0 „	Chalkis		N.—S.	*Mansell.*	
„ 17.	7 „ 47 „	„		W.—O.	„	
„ 25.	5 „ „	Theben, schwaches Erdbeben				
„ 20.		Erzerum, sehr gr. Erdb. mit gr.	22 S.			*Ἐφημερὶς ἀρ.* 293.
21. 22.		Schaden; das stärkste seit 1859. Vergleiche *Ἀνατολικὸς ταχυδρ. Κωνστ.* Oct. $\frac{26}{18}$ *Νεολ. Κωνστ.* 5. u. 9. Nov. Auch in der zu Erzerum ersch. Zeitung Metzumaf Meaphir. Anderes noch in *Ἀνατολικὰ φῶτα.*				

Datum	Zeit		Richtung	Quelle
Oct. ?		Am Hellespontos, bed. Erdbeben zu Erinkiöi (Troas), ein grosser Bergrutsch, 4000 Meter lang		*Neológos Konst. ἀρ.* 2022.
Nov. 1.	— 10 Uhr	Erzerum, gr. Erdb. mit viel Schaden; 60 S. es folgen 6 andere starke Erdb.		*Neológos Konst. ἀρ.* 2022.
(?)		Smyrna, sehr grosser Stoss, doch ohne Schaden. In Karaburna und Moldovani mit Zerstörungen		*Ἐφημερὶς ἀρ.* 301. 309.
„ 2.	0 „	Insel Suakim, starkes Erdb., stärker zu Hassau, Guef, Sangit		*Neol. K. ἀρ.* 246. nach Ἡμερήσιος Ἀλεξανδρείας.
„ 4.	—10 „	Smyrna		Brief von *Koumbary.*
„ 5.	— 9 „	45 M. Chios, sehr starkes Erdbeben mit Lärm. — Smyrna	N.—S.	*Neol. K. ἀρ.* 2031. — Brief.
„ 6.	Nachts	Chios		*Neol. K. ἀρ.* 2031.
„ 9.	—10 „	Samos, stark	O.—W.	*Neol. K. ἀρ.* 2028.
„ 14.	— 6 „	Saloniki		Brief von *Koumbary.*
„ 23.	— 4 „	Konstantinopel, zieml. stark, Sulina, Tultscha, Küstendsche, Varna; vorher grosser Sturm		Brief von *Koumbary.* Tr. Z. Nov. 29.
„ 25.	— 6 „	Kephalonia		*Ἐφημερὶς ἀρ.* 384.
„ 26.	— 3 „	„ lebhaftes Erdbeben		„ „ „
„ 26.	— 6 „	„		„ „ „
Dec. Anf.		Kephalonia, 2 Erdbeben		*Ἐφημερὶς ἀρ.* 335.

Datum.	Ortszeit.	Ort und Charakteristik.	D.	R.	Beobachter.	Nachweis.
Dec. 4.	5 Uhr 29,6	Athen, sehr feiner Erdstoss			J. Schmidt.	Mitth. Dec. 12.
„ 10.	—9 „	„ „ Erdbeben mit Lärm			Dr. Klein.	Nouv. met. Dec. 1875.
„ 10.	—11 „ 35 M.	Algier, 3 kleinere Stösse			Bellange.	Ἐφημερὶς ἀρ. 350.
„ 11.	—5 „	Korfu, stark				
„ 11.	9 „ 58,3	Athen, 2 ganz schwache Stösse			J. Schmidt.	L. I. Ztg. N. 1696.
„ 15.	Nachts	Jassy, Bukarest				Nouv. met. Dec. 1875.
„ 14.15.		Algier				Brief.
„ 16.	—9 „ 15 ;	Chalkis		W.—O.	Mansell.	
„ 21.	11 „ 46,5	Athen, schwaches Erdbeben (in NO. 1,5 S. Gewitter)			J. Schmidt.	
„ 23.	7 „	Kastambul				Brief von Koumbary.
„ 27.	8 „	Saloniki, ziemlich stark			L. Papandreou.	Brief Jan. 6. 1876.
„ 27.	9 „ 37 „	Athen, Erdbeben vermuthet (in NO. Gewitter)			J. Schmidt.	
„ 27.	10 „	Saloniki, leichte Bewegung				Νεολ. Κ. ἀρ. 2071 nach Θεσσαλον.
„ 30.	—2 „	Rustschuk, leichtes Erdbeben				Νεολ. Κ. ἀρ. 2066.

1876.

Datum.	Ortszeit.	Ort und Charakteristik.	D.	R.	Beobachter.	Nachweis.
Jan. 1.	11 „ 15 „	Samos				Νεολ. Κ. ἀρ. 2068 nach Σταμπούλ.
„ 6.	1 „	Argostoli u. a. a. O. Kephalonia's, sehr starkes Erdbeben				Παλιγγ. ἀρ. 3391 nach φίλος τοῦ λαοῦ.

Datum	Zeit	Ort / Bemerkung	Richtung	Beobachter	Quelle
Jan. 6.	Nachts	Kastamoni; 2 Stösse			*Neol. K.* ἀρ. 2075.
„ 9.	— 6 Uhr	Argostoli, stark			*Παλιγγεν.* ἀρ. 3391.
„ 11.	— 4 „	Zante, 3 Stösse			*Μέλλον Ἀθηνῶν* ἀρ. 1316.
„ 18.	8 ·„	11 M. Belissubor, Dagestan; zieml. stark. Am Araxes standen die Räder einer Wassermühle still, doch bald kam das Wasser mit Brausen wieder	SO.—NW		*Brüning* in *Koner* geogr. Zeitschr. I. 3. p. 208. 1876.
		Olton, 70 Werst von Belissubor			
„ 30.	7 „ 15 „	Patrae in Achaja, lebhafter Stoss		*Ogranowitsch.*	
Febr. 11.	4 „ 15 „	Preveza, starkes Erdbeben		*A. Miaulis.*	*Ἐφημερίς* ἀρ. 29. Brief.
„ 11.	4 „ 27 „	„ schwach		„	„
(?)		Zante		*J. Schmidt*	Mitth. 1876. Mai 1.
„ 15.	6 „ 20 „	Insel Aschurada (Caspi?) stark; auch stark an der Küste Gias und am Hügel Sserebrianny.	SW.—NO 20 S.		*Brüning* in *Koner* I. 3. p. 208. 1876. auch L. I. Z. N. 1709.
(?)		Sparta (?) in Pisidien (vor Febr. 16.)			*Neol. K.* ἀρ. 2098.
„ 21.		Patrae, kleines Erdbeben			*Neol.* Ἀθηνῶν Febr. 25/13.
„ 24. 25.		Ragusa, Mostar, etc.			Tr. Ztg. N. 47.
März 1.	Nachts.	Mostar, Mitkowitz, Sign, Ragusa			*Ἀλήθεια Ἀθηνῶν* ἀρ. 2585.
„ 2.		Blidah, Algier		(a. Berlin).	Ass. Sctf. N. 486. p. 367.

Datum.	Ortszeit.	Ort und Charakteristik.	D.	R.	Beobachter.	Nachweis.
März 4.	— 6 Uhr 15 M.	Vathy, Golf von Ambrakia			A. Miaulis.	Brief.
„ 5.	9 „	Lamia, lebhaftes Erdbeben				Ἐφημερὶς ἀρ. 62.
„ 13.	—11 „	Zante				ἀρ. 66.
„ 24.	—11 „	Athen			C. Wilberg.	Mitth. März 26.
„ 29.		Chios, 6 starke Erdbeben				Νεολ. Κ. ἀρ. 2139.
„ 30.	5 „ 30 „	Druva (Olympia), Pyrgos, schwach			Dr. Böttiger.	Brief.
April 1.	4 „	Druva, verticale Bewegung			„	
„ 3.	2 „ 40 „	Athen	2,5 S.		J. Schmidt.	Mitth.
„ 3.	9 „	„			C. Wilberg.	Mitth.
„ 3.		Piräus, ferne Detonationen (auch April 2.) gehört			P. Ziller.	„
„ 11.	1 „ 30 „	Athen			Prof. U. Köhler.	Mitth. Apr. 11.
„ 12.	5? „	„			J. Schmidt.	
„ 12.	5 „ 34 „	„ 2 Stösse	1 S.	NW.—SO	Dr. Kokides.	
„ 12.	5 „ 30 „	Theben. Seit Apr. 11. dichter schädlicher Nebel, der zu Theben die Reben verdarb, und zu Athen Apr. 14. auf den niedern Bergen lag				Ἐφημερὶς ἀρ. 95. und telegr. Bericht.
„ 12.	6 „ 30 „	Chalkis, sehr stark		W.—O.	Mansell.	Brief 1879. Febr. 11.
„ 12.	6 „ 20 „	Chalkis (ausdrücklich ist die Abendstunde genannt)				Ἐφημερὶς ἀρ. 96.

Datum	Uhr	Ort	S.	Richtung	Beobachter	Quelle
April 17.	—11 Uhr	Sygi in Bithynien, 2 Erdbeben	4 S.	W.—C.		Νεολ. Κ. ἀρ. 2166.
„ 17.	Nachts	Brussa, 3 Stösse		W.—0	Mansell.	„ „ ἀρ. 2151.
„ 18.	— 3 „ 10 M.	Chalkis				Νεολ. Ἀθην. ἀρ. 248.
„ 18.	8 „ 30 „	Chania auf Kreta, leichtes Erdbeben				
„ 28.	7 „ 55 „	Athen, sehr schwach	1 S.		J. Ginsberger.	Mitth. Apr. 24.
(?)		Patrae, 2 starke Stösse (Woche vor Apr. 25.)				Φορολογοὐμ. Πατρ. 13. Ἀπρ.
„ 25.	—11 „ 55 „	Chalkis		W.—0.	Mansell.	Νεολ. Ἀθην. ἀρ. 248.
„ 25.	5 „ 10 „	Chania auf Kreta				
„ 26.	— 1 „ 0 „	Chalkis		W.—0.	Mansell.	
Mai 1.	2 „ 15 „	Piräus, deutliches Erdbeben			P. Ziller u. A.	Mitth. Mai 8.
„ 5.	6 „ 15 „	Athen, senkrechter Stoss			Al. Hager.	Mitth. Mai 5.
„ 7.	— 6 „	Kreta, starkes Erdbeben				Νεολ. Κ. ἀρ. 2164.
„ 13.	— 6 „	Kara hissar, grosses Erdbeben mit viel Unglück				„ „ ἀρ. 2167. 2174.
„ 31.	— 3 „ 7 „	Athen, kurzer senkrechter Stoss	0,2 S.	S.—N.	J. Schmidt.	Νεολ. Κ. ἀρ. 2167. [2187.
„ 31.	2 „	Kios, Seestadt in Bithynien, starkes Erdbeben	10 S.			
Juni 1.	4 „ 59 „	Athen, sehr feiner Stoss			J. Schmidt.	
		Kleinasien, Burdusi, Assi Karà Agatsch, Erdbeben, es war vor Juni 15.				Νεολ. Κ. ἀρ. 2194.
„ 15.	4 „ 50 „	Kophalonia, starkes Erdbeben mit 2 oder 3 kleineren				Ἐφημερὶς ἀρ. 164.

Datum.	Ortzeit.	Ort und Charakteristik.	D.	R.	Beobachter.	Nachweis.
Juni 26.	— 1 Uhr	Anfang des grossen Erdbebens in der Korinthia				
„ 26.	— 2 „ 10 M.	Korinth, Nemea, Sikyon, Isthmos, grosser Stoss; Trikkala	4,5 S.		A. v. Eslin.	Brief.
„ 26.	— 3 „ 30 „	Korinth, Nemea, Sikyon, Isthmos, grosser Stoss				
„ 26.	— 4 „ 10 „	Korinth, sehr grosser gefährlicher Stoss mit Schaden	7 S.	W.—O.	Vyrtzellas.	O. B. — Ἐφημερὶς Juni $\frac{18.}{30.}$
„ 26.	— 4 „ 16 „	Korinth, neue Bewegung Auch in Kephalonia? Nauplia, Patrae, Chryssó			A. v. Eslin.	Nsol.Ἀθηνῶν Juni $\frac{17.}{29.}$ Ἐφημερὶς ἀρ. 172.
„ 26.	— 4 „ 21,7	Athen, sanftes wellenförmiges Erdb.	4 S.		J. Schmidt.	
„ 26.	— 4 „ 23 „	„	1 S.	SW.—NO	Dr. Kokides.	
„ 26.	— 4 „ 21,2	Piräus, stark rüttelnd und lärmend			P. Ziller.	
„ 26.	— 5 „ 6,2	„ schwach. Trikkala u. a. O.			„ v. Eslin.	
„ 26.	— 5 „ 8,2	„			P. Ziller.	
„ 26.	— 5 „ 9 „	Athen		SW.—NO	Dr. Kokides.	
„ 26.	— 5 „ 28 „	„ stetes Schreien der Hähne			J. Schmidt.	
„ 26.	— 6 „ 87 „	Korinth, Nemea etc., stark			v. Eslin.	
„ 26.	— 5 „ 55 „	Athen, schwach. Trikkala stark			Postolakka. v. Eslin.	

Datum	Stunde	Minute	Ort / Beschreibung	Stärke	Beobachter
Juni 26.	6 Uhr		Korinth, Nemes etc., grosses Erdb.		
„ 27.	— 7 „	13 M.	Korinth, mässige Beweg. Trikkala, leicht		Vyrtzellas.
„ 27.	—11 „	10 „	Sikyon, stark		v. Eslin.
„ 28.	— 2 „	2 „	Korinth, stark. Sikyon, stark		Vyrtzellas.
„ 28.	— 4 „	55 „	Piräus		v. Eslin.
„ 28.	— 9 „	14 u.15	Korinth. Kiaton, stark		P. Ziller.
„ 28.	—11 „	40 „	„		Vyrtzellas.
„ 28.	9 „	8,3	Athen, 2 sehr kleine Stösse	1 S.	„
„ 28.	9 „	8,7	„	1,5 S.	J. Schmidt.
„ 29.	2 „	„	Korinth		„
„ 29.	— 7 „	30 „	„		- Vyrtzellas.
„ 30.	— 5 „	58,9	Athen, kurzer deutlicher Stoss		„
„ 30.	1 „	30 „	Korinth, stark	3,5 S.	J. Schmidt.
„ 30.	2 „	„	schwach, und 2 andere		Vyrtzellas.
Juli 2.	6 „	„	Argos, von früh bis Abends 6 Uhr 6 starke Erdbeben		„
„ 2.	2 „	„	Athen, Erdb. vor grossem Gewitter		A. Venetzanos.
„ 2.	2 „	„	Kalavryta, mässige Bewegung	O.—W.	
„ 2.	3 „	„	„		
„ 2.	4 „	30 „	„ stärker, ohne Schaden		
„ 2.	5 „	„	Korinth, sehr stark, grösser zu Nemea und Sikyon		

Νεολ. Ἀθηνῶν Juni 17/29.

Ἐφημερίς ἀρ. 175.

Datum.	Ortszeit.	Ort und Charakteristik.	D.	R.	Beobachter.	Nachweis.
Juli 2.	5 Uhr	Athen, Erdb. bei grossem Gewitter			J. Schmidt.	Ἀριστοφάνης Ἀθην. Juni 26. a. St.
„ 2.	5 „	Laurion, stark bei Gewitter				
„ 2.	9 „ 25 M.	Korinth, stark	3 S.		Vyrtzellas.	
„ 3.		Korinth, Nemea			„	
„ 4.		„				
„ 4.	— 3 „	Athen, kleines Erdbeben				Ἐφημερὶς ἀρ. 175.
„ 5.		Korinth, Nemea				
„ 6.	10 „ 16,1	Athen, sehr kleiner deutlicher Stoss	0,5 S.		J. Schmidt.	
„ 6.		Korinth, Nemea				
„ 7.		Nemea				
„ 8.		„				
„ 9.		„				
„ 10.	2 „ 80 „	Korinth, Nemea, kleines Erdbeben		S.—N.	Vyrtzellas.	Στοὰ Ἀθηνῶν Juli 1/13.
„ 10.	— 5 „ 20 „	sehr stark, vorher Donner	17 S.	S.—N.	„	
„ 10.	— 5 „ 80?	Piräus			P. Ziller.	
„ 10.	4 „ 80?	Athen, sehr schwach			Dr. Koksides.	
„ 11.	2 „	Korinth, Nemea, schwach			Vyrtzellas.	
„ 12.	8 „	Korinth, Nemea			Vyrtzellas.	
„ 13.	— 4 „ 5 „	Korinth, schwach — Nemea				O. B. II.
„ 13.	9 „ 15 „	„ stark, vorher Donner	0,5 S.		Vyrtzellas.	
„ 14.		Korinth, Nemea				

				Dr. Krüper.	Mitth.
Juli 15.	2 Uhr 40 M.	Korinth, Nemea, schwach			
„ 16.	—10 „	Kalamaki am Isthmos			
		Da Vyrtzellas Juli 20. Korinth verliess, fehlen fernere häufige Beobachtungen			
„ 29.	9 „ 45 „	Korinth, 2 starke Stösse	1,5 S.	Vyrtzellas.	Brief. Oktob. 29.
Aug. 5.	1 „ 15 „	„ wogendes Erdbeben	4,5 S. SO.—NW	„	Ἐθνικὸν πνεῦμα ἀϱ. 370.
„ 6.	1 „	Patrae, sehr mächtiger Erdstoss, der auch die ganze Nordküste Moreas und Kalavryta traf. Es war zugleich grosses Erdb. in S. Maura	1 S. W.—O.		Ἀλήθεια Ἀθηνῶν ἀϱ. 2685. Τοξότης πατϱῶν etc.
„ 6.	1 „	Korinth	6,5 S.	Vyrtzellas.	Brief.
„ 10.	3 „	Smyrna, Samos, starkes Erdbeben			Νεολόγος Κωνστ. ἀϱ. 2248, Σάμος.
„ 11.	12 „	Samos, sehr stark		Viele Angaben.	
„ 12.	1 „	„			
„ 17.	3 „ 10 „	Nemea, Korinth, schwerer Stoss			
„ 17.—20.		Korinth, täglich schwache Bewegung		J. Schmidt.	
„ 20.—28.		Korinth, keine Erdbeben (ich selbst war dort)			
„ 23.	3 „	Volo, stark	W.—O.		Neol. K. ἀϱ. 2267.
„ 23.	3 „ 30 „	„			
„ 23.	—10 „ 2 „	Kolobotzi, W. bei Korinth, kl. Stoss		Tripos.	Mir in K. mitgetheilt.

Datum.	Ortszeit.	Ort und Charakteristik.	D.	R.	Beobachter.	Nachweis.
Aug. 24.	7 Uhr 55 M.	Nemea (Hag. Georgios) leicht			Th. Tripos.	Mir in K. mitgetheilt.
„ 24.	8 „ 2 „	„ „ stärker			„	
„ 24.	1 „ 0 „	„ „ leicht			„	
„ 24.	7 „ 40 „	„ „ „			„	
„ 24.	8 „ 53 „	„ „ schwach			„	
„ 25.	1 „ 20 „	„ „ „			„	
„ 25.	1 „ 30 „	„ „ „			„	
„ 25.	3 „ 0 „	Delphi			Dr. Weil.	Brief.
„ 25.	11 „ 0 „	Nemea, sehr schwach			Tripos.	
„ 26.	0 „ 10 „	Korinth, stark			Vyrtxellas.	Brief.
„ 26.	2 „ 30 „	Delphi			Dr. Weil.	„
„ 26.	3 „ 15 „	„			„	„
„ 26.	3 „ 20 „	Nemea			Vyrtxellas.	„
„ 26.	4 „ 30 „	„			„	„
„ 27.	8 „ 0 „	„ schwach			„	„
„ 28.	3 „ 45 „	„ „			„	
„ 29.	2 „ 30 „	„ „			„	
„ 29.	3 „ 0 „	„ „			„	
„ 29.	10 „ 0 „	„ „			„	
„ 29.	10 „ 20 „	„ „			„	
„ 28. früh		Adrianopel, leicht			Tripos.	Neol. K. dp. 2260.
„ 29.	11 „ 10 „	Nemea, lebhaft				

Datum	Zeit	Ort, Bemerkung	Richtung	Stärke	Quelle	Nachweis
Aug. 29.	0 Uhr 10 M.	Nemea, stark			*Tripos.*	*Neol. K. ἀρ.* 2277.
„ 29.	1 „ 41 „	„ „ mässig			„	
Sept. 12.	— 2 „	Saloniki und östliche Küste, stark				
„ 14.	— 2 „	„				
„ 14.	Abends	„				
„ 17.	— 5 „ 30 „	Smyrna, leicht				*Neol. K. ἀρ.* 2279.
„ 29.	— 12 „	Kravassera, sehr stark u. gefährlich				*Ἰταλ.γγεν. ἀρ.* 3609.
Okt. 8.	— 3 „ 33 „	Chalkis	W.—O.		*Mansell.*	Brief 1879. Feb. 11.
„ 25.(?)	— 4 „	Dardanellen, stark (oder Oct. 26)				*Neol. K. ἀρ.* 2310.
„ 27.	— 1 „ 45 „	Chalkis, stark	W.—O.		*Mansell.*	
Nov. 1.	— 11 „ 20 „	Korinth		5 S.	*Vyrtzillas.*	Brief Nov. 10.
„ 1.	— 11 „ 45 „	Chalkis	W.—O.		*Mansell.*	
„ 2.	— 4 „ 47 „	„	„		„	
„ 7.	— 3 „ 30 „	Pylos in Morea, stark			*Verrios.*	Brief Nov. $\frac{5}{17}$.
„ 7.	— 4 „ 30 „	„ „ „			„	Brief Nov. 11.
„ 7.	— 5 „	Korinth		10 S.	*Vyrtzillas.*	
„ 7.	— 5 „ 15 „	Zante, 2 starke Stösse			„	
„ 7.	— 5 „ 25 „	Druva (Olympia) stark, wellenförmig	S.—N.	15 S.	*Böttcher.*	„ *Ὥρα Ἀθηνῶν ἀρ.* 403.
„ 7.	— 5 „ 45 „	„			„	Brief Nov. 11.
„ 7.	— 5 „	Kalamata, stark		15 S.	*Vyrtzillas.*	„
„ 7.	— 6 „	Korinth				„
„ 7.	Abends	Kalamata			*Verrios.*	
„ 7.	— 12 „	Pylos			„	
„ 8.	— 8 „	Pylos				

Datum.	Ortszeit.	Ort und Charakteristik.	D.	R.	Beobachter.	Nachweis.
Nov. 8.	—	Zante			*Verrios.*	
„ 9.	—	Zante			„	
„ 9.	6 Uhr 5 M.	Druva (Olympia)	7 S.	O.—W.	*Bötticher.*	Brief Nov. 11.
„ 9.	12 „	Pylos, schwach			*Verrios.*	
„ 13.	3 „ 45 „	Athen, schwach, Getöse 15 S.	4 S.	O.—W.	*J. Schmidt.*	Ἐφημερίς ἀρ. 307.
„ 14.	9 „ 30 „	Athen			*J. Schmidt.*	
„ 16.	8 „ 10 „	Korinth, schwach	2 S.	SW.—NO	*Venisellos.*	Brief Nov. $\frac{14}{26}$.
„ 16.	10 „ 25 „	„ ziemlich stark	4 S.		„	„
„ 17.	7 „ 10 „	„ sehr schwach			„	„
„ 19.	11 „ 56,3	Athen, sehr sanft, schüttelnd	5 S.	W.—O.	*J. Schmidt.*	Brief.
„ 19.	0 „ 10 „	Korinth, Nemea, sehr mächtig und drohend	6 S.	SW.—NO	*Venisellos.*	
„ 19.	0 „ 13 „	Chalkis, stark. In der folgenden Nacht grosser Orkan auf Tinos		W.—O.	*Mansell.*	„ u. O. B. Tinos Nov. $\frac{11}{23}$.
Dez. 20.	6 „ 30 „	Druva (Olympia), wellenförmiges Erdbeben			*E. Curtius.*	Mitth. im Jan. 1877 zu Athen.
„ 24.	9 „ 0 „	Chalkis		W.—O.	*Mansell.*	
„ 29.	5 „	Athen			*U. Köhler, Klöbe.*	Mitth. Dez. 31.
		1877.				
Jan. 31.	7 „ 45 „	Athen, Erdbeben vermuthet			*J. Schmidt.*	
„ 31.	10 „ 45 „	„			*F. Wiener.*	
Eebr. 23.		Bougie (Algier)				Bull. intern. Fevr. 25.

Datum	Zeit	Ort und Bemerkung	Stärke	Richtung	Beobachter	Quelle
März 2.	— 6 Uhr 40 M.	Chalkis, stark		W.—O.	*Mansell.*	Brief 1879. Feb. 11.
„ 2.	— 6 „ 45 „	„		„	„	Εϑνοφύλαξ März 1.
„ (?)		Santorin, verschiedene Erdbeben				„ „
„ 7.	Nachts	Lamia, schwach von langer Dauer				O. B.
„ 11.		Amphissa, Oelwald, Erdsenkung				Mitth. vom General *M.*
„ 15.	— 1 „ 57 „	Athen		SW.—N?	*J. Schmidt.*	*Read,* März 21.
„ 21.	— 9 „ 45 „	Chalkis, stark		W.—O.	*M. Read.*	Brief März 24.
„ 22.	— 5 „ . „	Konstantinopel, bedeutendes Erdb.	2 S.		*Mansell.*	Mitth. Mai 1877 u. Jan. 1878.
„ 27.	früh	Athen, Erdbeben vermuthet			*J. Reining.*	
April 20.	— 2 „ 30 „	Nemea, Aigion, mässiger Stoss			*J. Schmidt.*	
Mai 12.(?)		Korinth, kleines Erdbeben		W.—O.	*Dr. Lolling.*	Mitth. Juni 15.
„ 22.	— 3 „ 0 „	Chalkis, stark			*Dr. v. Duhn.*	Brief.
Juni 3.	— 3 „ . „	Zante, lebhaftes Erdbeben			*Tripos.*	Mitth. Juni 5.
„ 18.	— 0 „ 20 „	Pyrgos in Morea, ziemlich stark	4 S.		*Mansell.*	O. B.
Juli 2.	—11 „ 45 „	Sikyon, sehr stark mit Schaden, ein Haus fiel	4,5 S.		*Tuckett.*	O. B.
„ 2.	— 0 „ 10 „	Tatoi am Parnes			*J. Mébus.*	Mitth. Juli 8.
Aug. 1.		Korinth, mehrmals Erdbeben um diese Zeit			*Al. Hager.*	Mitth.
„ 14.	— 1 „ 30 „	Lamia, stark				Nach Ὥρα Ἀϑηνῶν.
„ 29.	— 2 „ . „	Kumi in Euböa			*B. Wurtisch.*	Brief.
„ 29.	— 8 „ 30 „	Chalkis		SO.—NW	*Mansell.*	„

Datum.	Ortszeit.	Ort und Charakteristik.	D.	R.	Beobachter.	Nachweis.
Sept. 3?						
„ 4.	— 7 „ 25 „	Cherchell (Algier) Kumi, 2 Stösse			B. Wartsch.	Bull. intern. Sept. 4. Brief.
„ 19.	— 6 (?)	Delphi, 3 starke, Tags 7 schwache Stösse				Mitth. von Dr. Lolling.
„ 19.	— 6 „ 30 (?) „	Amphissa			Dr. Weil.	„ „ Dr. Weil.
„ 19.	— 5 „ 20 „	Tatoi am Parnes			König Georg.	Mitth. in Tatoi Sept. 19.
„ 19.	— 5 „ 28 „	Athen, sehr schwach			Dr. Kokides.	„
„ 19.	— 5 „ 17 „	Chalkis, stark		SW.—NO.	Mansell.	Brief.
„ 19.	— 4 „ 55 „	Korinth	30 S.		Dr. Lolling.	Mitth. Jan. 10. 1878.
„ 20.	— 7 „	Delphi		W.—O.	Dr. Lolling.	
„ 23.		Chalkis			Mansell.	
Okt. 8.	— 3 „ 15 „	Druva (Olympia), stark, nach grossem Regen			Dr. Weil.	Brief Nov. 22.
„ 13.	.	Inseln im Marmora-Meer, grosser Schaden				L. I. Ztg. N. 1798.
„ 13.	— 8 „ 30 „	Samos, stark und später schwächer		NW.—SO.		Καιρσρία Okt. 18/30.
„ 14.	— 2 „ 30 „	„ sehr stark, bis jetzt 38 Stösse				
„ 14.	—10 „ 30 „	„ stark, dann 18 andere				
„ 14.	— 8 „ 0 „	„ sehr stark				
„ 15.	— 4 „	„ stark				
„ 15.	—10 „	„ stark				
„ 16.	— 4 „	„ stark				

				Richtung	Beobachter	Quelle
Okt. 16.	Nachts		Samos, verschiedene Stösse			
„ 18?			Beschik-Bay, Troas, Erdbeben bei Sturm. Das Erdbeben ward auf der Panzerfregatte Alexandra beobachtet			K. Z. N. 306. Bl. II.
						Athener Ztg.
Nov. 1.	— 9 Uhr		Adrianopel, 2 Stösse in einer Stunde			
„ 1.	— 8 „	35 M.	Konstantinopel, ziemlich stark			
„ 1.	—10 „		„			
„ 2.	0 „		Athen, Erdbeben vermuthet		*Dr. Weil.*	Mitth.
„ 11.	0 „		Druva (Olympia), stark		*Dr. Lüders.*	Brief Nov. 22.
„ 23.	10 „	45 „	Athen, vielleicht zweifelhaft		*Venisellos.*	Brief Nov. 24.
Dez. 3.	3 „	25 „	Korinth, sehr grosser schreckbarer Stoss	3 S.		Brief Dez. 4.
				S.—N.		
„ 5.	— 0 „	40 „	Druva (Olympia) leicht		*Dr. Weil.*	Brief Dez. 26.
„ 16.	—11 „	35 „	Korinth, stark	S.—N.	*Venisellos.*	Brief Dez. 23.
„ 27.			Lamia			Mitth.
„ 28.			„			
			1878.			
Jan. 30.	Nachts		Bukarost } ziemlich stark			Ass. Sctf N. 538.
„ 31.	4 „	30 „	Untore Donau } ziemlich stark			L. I. Z. N. 1807.
Febr. 23.	4 „	25 „	Kleonae, Nord-Morea, stark	W.—O.	*Venisellos.*	Brief März 2.
April 3.	0 „		Argostoli a. Kephalonia, stark			Brief von *Papandreou.*
„ 3.			Zante, ziemlich stark			„ „
„ 3.	Nachts		„ . 2 andere			„ „

Datum.	Ortszeit.	Ort und Charakteristik.	D.	R.	Beobachter.	Nachweis.
April 3.	Nachts	Auf See zw. Ithaka u. Kephalonia			Dr. *Loling.*	Mitth.
„ 8?		Zante Dies Erdbeben nennt Papandreou's Brief nicht.			Gen. *Bernuth.*	Mitth.
„ 9.		Aidia, Smyrna, öfteres Erdbeben und früher				Εὔθυχὸν πνεῦμα Ap. 4.
„ 19.	9 Uhr	Konstantinopel, 2 starke Stösse. Dies Erdbeben ruinirte z. Th. Ismid = Nicomedia	7 S.	W.—O.	*Koumbary.*	Ἐφημερὶς Ap. $\frac{27}{11}$.
Mai 4.	10 „ 10 M.	Zante, stark mit Donner			*Papandreou.*	Brief Mai 8.
„ 4.	10 „ 25 „	„ schwächer, mit Donner			„	„
„ 9.	6 „ 5 „	Chalkis		W.—O.	*Mansell.*	Brief 1879. Feb. 11.
„ 9.	9 „ 45 „	„		„	„	„
„ 9.	11 „	Zante, schwach			*L. Papandreou.*	Brief.
„ 10.	8 „	Ismid, gr. Erdb. mit vielem Schaden			*Ag. Melissinos.*	Athener Zeitung.
„ 15.	9 „ 20 „	Arachova am Parnassos			*J. F. Tuckett.*	Brief v. *Tuckett,* Juli 9.
„ 16.	10 „	Am Gipfel des Parnassos			„	„ „
Juni 10.	7 „ 50 „	Chalkis		W.—O.	*Mansell.*	Brief.
„ 18.	8 „ 28 „	„		„	„	„
„ 19.	5 „	Zante, stark			*L. Papandreou.*	Brief Juni 30. u. Juli 81.
Juli 27.	7 „ 2 „	Athen, sehr feiner Stoss	0,5 S.		*J. Schmidt,*	
„ 27.	7 „ 5 „	„ ein anderer Stoss	0,5 S.		*Bartholomaeos.*	
„ 27.	7 „ 30 „	„ lebhaftes Erdbeben			„	

Datum	Zeit	Ort / Bemerkung		Richtung		
Sept. 10.	— 8 Uhr 50 M.	Chalkis		NW.—SO		Brief.
Okt. 1.	— 5 ,, 47 ,,	Korinth, lebhaftes Erdbeben	3 S.	W.—O.	Mansell.	Brief Okt. 7.
,, 2.	— 4 ,, ,,	,, stärker		W.—O.	Venisellos.	,,
,, 13.	— 3 ,, 20 ,,	Chalkis		W.—O.	Mansell.	,,
,, 18.	—11 ,, 35 ,,	,, stark		W.—O.	,,	,,
,, 18.	—11 ,, 40 ,,	Korinth, sehr stark	4 S.		Venisellos.	Brief Okt. 18.
,, 21.	— 8 ,, 46 ,,	Chalkis		W.—O.	Mansell.	,,
,, 25.	—11 ,, 40 ,,	Korinth, stark	4 S.	W.—O.	Venisellos.	Brief Nov. 3.
Nov. 11.	— 0 ,, 10 ,,	Lamia		S.—N.		Zeitung "Ωρα.
Dez. 2.		Pergamos			Dr. Lolling.	Mitth. Jan. 1879.
,, 8.	Nachts	Sturz des Leuchtthurms auf Cap Araxos bei Patrae, angeblich bei Windstille und ohne Erdbeben				Εφημερὶς Dez. 12.
,, 9.	— 0 ,, 25 ,,	Korinth, starkes Erdbeben	7 S.	W.—O.	Venisellos.	Telegramm Dez. 9.
,, (?)	Nachts	Mytilene, oft Erdbeben				'Ημέρα. Dez. $\frac{9}{21}$.
,, 16?		Pyrgos in Morea, schwach (oder Dec. 17. Nachts)				O. B.
,, 18.	— 1 ,, 19 ,,	Chalkis, stark		W.—O.	Mansell.	Brief 1879. Feb. 13.
,, 23.	— 9 ,, 20 ,,	,,		W.—O.	,,	..

Bemerkungen zu dem Kataloge der Orient-Erdbeben.

1874—1878.

Aehnlich wie in meiner 1875 erschienenen Schrift über die Erdbeben (deren Katalog mit Dezember 1873 abschliesst), werde ich der jetzigen Fortsetzung Bemerkungen beifügen, für welche sich im Kataloge kein Platz fand. Das grosse Erdbeben zu Samos, 1873, Februar, ist schon in den frühern Monographien besprochen (Studien über Erdbeben pag. 133). Da ich die Absicht habe, vorwiegend nur die Orient-Erdbeben zusammenzustellen, d. h. die Erschütterungen von Hellas, der europäischen und asiatischen Türkei nebst Egypten, so nehme ich auf die Erdbeben Italiens, die jetzt in so umfassender Weise beobachtet werden (siehe die in Rom gedruckten Kataloge), keine Rücksicht, nehme aber, wo ich sie finde, Notizen über Erdbeben in Malta, Algier, Tunis, Persien und einigen andern Distrikten Asiens mit auf, da sie mitunter in weniger bekannten Werken verzeichnet sind.

1874. Febr. 5. Kephalonia. Obgleich schwach, versetzte das Erdbeben doch wegen seiner auffallend langen Dauer die Leute in ernste Unruhe. Es war nahezu der Jahrestag der Katastrophe von 1867.

Febr. 22. Ui Bulak in 77°,0 Ost von Greemo. $+$ 40°,4 Breite.

März 18. — 5 Uhr. Ein bedeutendes Erdbeben, dessen Epicentrum wohl nördlich bei Eretria in Euböa liegt, oder näher noch bei Eretria. Hier, und im Gebirg gegen Aliveri hin (wo ein Felssturz vorkam), war das Erdbeben gefährlich. In Achmét-Agá und Theben war es, wie zu Athen, nur schwach, in Kumi bedeutend. Den Radius der erschütterten Fläche setze ich auf wenigstens 20 geogr. Meilen, die Area $=$ 1257 Quadratmeilen. Chalkis und Kumi haben durch den Telegraphen die Athener Zeit. Halte ich die Angaben für einigermaassen genähert, so wird die Geschwindigkeit g aus Athen—Chalkis $=$ 1,4 oder 3,5 Meilen, im Mittel 2,45 g. M.

in der Minute. Ebenso aus Athen—Kumi, wird $g = 2,3$ g. M.
Demnach g in einer Sekunde 150 Toisen.

In Athen habe ich die Bewegung genau beobachtet, da ich schon
wachte. Sie begann sehr fein, und erreichte nach der 4. Sekunde
ein Maximum. Nach kurzer Abnahme folgte ein zweites stärkeres
Maximum, und dann hörte das Zittern allmälig auf. In 7 Sekunden
waren es 15 bis 17 feine Vibrationen. Die Luft war trübe und
still bei Schneefall, der Barometer dem mittleren Stande nahe.
Der 1,5 Meter lange Drahtpendel zeigte nur sehr geringe Schwingungen von 1 bis 1,5 Millim. in der Richtung S.—N. Das Erdbeben trat ein 1 Stunde 28 Min. vor dem Neumonde. Unheil
ernstlicher Art kam nicht vor, doch gab es zahlreiche Beschädigungen an den Häusern. In Eretria (*Néa Ψαρὰ*) fiel ein Haus.
Von dem Berge Olympos (Kotyläon) fiel eine Masse herab zwischen
die Ortschaften Botinon und Gymnos, einen kleinen Hügel bildend.
Aus dem Dimarchialberichte erhellt, dass die Häuser in Eretria,
die von dem nassen Winter schon sehr gelitten hatten, vom Erdbeben übel zugerichtet wurden, dass die Bewohner zunächst im
Freien zubringen mussten, und dass die spätern Erdbeben das erste
vielleicht noch an Heftigkeit übertrafen.

Aug. 2. Das schwache Erdbeben zu Tatoi am Parnes (Dekeleia) ist
sonst nicht vermerkt, hier aber wenigstens von zwei Personen beobachtet worden. Die erste Mittheilung erhielt ich von der Königin
Olga, die zweite von der Kammerfrau *J. Mebus*. (Siehe 1875).

Nov. 18. Dekeli oder Dekeli Kioi, nach Dr. *Lolling* im Gebiete der
alten Stadt Atarneus.

Nov. 25. Athen. Erdbeben bei sehr tiefem Barometerstande; 5 Stunden vor grossem Gewitter.

1875. Mai 3. Das grosse oft wiederholte Erdbeben in Kleinasien hatte das
Epicentrum vielleicht bei Tzeberli, wo 1312 (?) Personen erschlagen,
200 verwundet wurden. *Νεολόγος Κωνσταντινουπόλεως* ἀρ.
1901. nach *Ιωνία*. Mai $\frac{14}{26}$. Im Juli wohnten die Leute zu Ousaki,
Ischkli, Tzeberli noch in Zelten.

Aug. 2. Da an diesem Tage und zur selben Stunde (siehe 1874)
ein Erdbeben angegeben wird, so vermuthete ich eine mögliche
Verwechslung, und glaubte, dass das Erdbeben zu 1875 gehöre,
denn nur in diesem Jahre war ich im August selbst zu Tatoi,
und konnte Erkundigungen einziehen. Weil ich aber für 1875

†

Aug. 2. noch eine Angabe von Dr. *Kokides* finde, muss ich doch die Wahrscheinlichkeit zugeben, dass es sich um zwei verschiedene Erdbeben handle.

Nov. Anfang. Smyrna. In Meldovassi fielen 25 Häuser, 100 wurden beschädigt, 2 Leute getödtet. Nicht einmal das Datum des Erdbebens ward gemeldet.

1876. März 30. Druva (Olympia). Die deutschen Gelehrten, welche die Ausgrabungen zu Olympia leiten, notiren auf meinen Wunsch jedes Erdbeben, welches sie beobachten, oder von denen sie Kunde haben. Ich verdanke manche werthvolle Notiz den Herren *E. Curtius, Adler,* Dr. *Hirschfeld, Bötticher, Weil, Treu, Lolling.*

Mai 13. Kara Hissar. Angeblich wurden viele Menschen erschlagen.

Juni 26. Anfang des bedeutenden Erdbebens in der Korinthia. Es hatte seine Hauptstärke im Gebiete von Nemea (Hagios Georgios); doch ist wegen der ungenügenden Angaben eine nähere Untersuchung nicht möglich. Es fielen nur wenige kleine Häuser, aber sehr viele wurden beschädigt, und aus Furcht kampirte man lange Zeit im Freien. Fast die ganze Peloponnes ward erschüttert (Nauplia—Patrae) und selbst zu Chryssò in Phokis war die Bewegung stark. In Attika war das Erdbeben schwach, doch allgemein fühlbar. Aus Chalkis habe ich keine Nachricht, vermuthlich nur desshalb, weil Capt. *Mansell,* einer der besten Beobachter, verreist war. Gute Angaben erhielt ich vom Ingenieur Herrn *v. Enslin,* der sich damals zu Trikkala und Sikyon aufhielt. Hier erloschen bei dem grossen Erdstosse fast alle Nachtlichter, die Schwimmer auf der Oelfläche hatten. Bei dem zweiten Stosse brachte die Bewegung der Erde bei Markassi eine Mühle zum Stillstande, weil das Wasser ausblieb. Das Epicentrum scheint bezeichnet durch die Orte Hag. Georgios, Koutzomadi, Kortessa; der Schaden im Ganzen ward auf 300,000 Drachmen geschätzt. Da Herr *v. Enslin* vor seiner Abreise von Athen bei mir seine Uhr verglichen hatte, und da ich diese Uhr nachmals verglich, als ich Aug. 23. *v. Enslin* bei Korinth antraf, so ergiebt sich eine Gelegenheit, die Geschwindigkeit des Erdbebens zwischen Trikkala und Athen annähernd zu bestimmen. Juni 26. — 4 Uhr 21,7 Min. Athen, — 4 Uhr 12,8 Min. Trikkala. Diff. $=$ 8,9 Min. g $=$ 1,550 g. Meil. in 1 Min. oder g $=$ 98,3 Tois. in 1 Secunde. — Juni 26. 5 Uhr 55,0 Min. Athen, 5 Uhr 43,8 Min. Trikkala. Diff. $=$ 11,2 Min. g $=$ 1,232 g. Meil. in

1 Min. oder g = 78,1 Tois. in 1 Secunde. — Die Entfernung beider Orte = 1⁰,92 = 13,8 geogr. Meilen; die Zeiten mittlere von Athen. Die mittlere Geschwindigkeit auf Land und Meer war also 88,2 Toisen = 529 par. Fuss in der Sekunde. Diese Angabe darf man zu den bessern zählen; sie giebt zu verstehen, dass der Heerd des Erdbebens eine geringe Tiefe hatte. Aug. 20.—23. verweilte ich selbst in Korinth, sowohl um noch einige Erdbeben zu beobachten, als auch, um über das Ereigniss des 26. Juni Erkundigungen zu sammeln. Erstere Absicht schlug fehl, da ungeachtet der sonst noch grossen Häufigkeit der Stösse, nur kurz vor meiner Ankunft, und gleich nach meiner Abreise, merkliche Erschütterungen eintraten. Nach der Meinung der Gebrüder *Tripos*, die um Korinth und bei Nemea Besitzungen haben, so wie nach der Auffassung des Gymnasiarchen *Vyrtzellas*, war im Demos Pellene das Erdbeben am heftigsten. Dort gab es Spalten, Felsstürze, Trübung, stellenweis Vermehrung oder Abnahme des Wassers. Die meisten Schäden wurden übrigens aus dem Demos Nemea gemeldet. In Lutraki am Isthmos erzählte man mir, dass am Morgen des grossen Erdbebens man im Westen sich vielfach Staubsäulen erheben sah. Diese waren wohl von grossen Felsstürzen verursacht, wie ich 1870 Aug. 5. ähnliches in Phokis gesehen habe. Noch am 2. Juli waren die Stösse so mächtig, dass in Sikyon einige Häuser fielen, und zu Korinth Beschädigungen vorkamen. Am 17. Aug. früh 3 Uhr ein gefährlicher Stoss, über welchen ich 4 Tage später, in Korinth selbst, viele Aussagen vernahm. So kurz nach dem Schrecken, differirten die Aussagen bereits um ± 6 Tage!

Sept. 29. Kravasserà. Das Erdbeben war gefährlich und die Furcht gross, da man von der Bodenerhebung im Hafen wusste, und einen Ausbruch erwartete. Vom Capt. *A. Miaulis* habe ich die Vermessung jener Erhebung, und vom Capt. *L. Palasca* verschiedene Nachrichten.

Nov. 7. Dies Erdbeben erschütterte wohl ganz Morea und Zante. Es war in Elis so stark, dass man die Häuser verliess.

Nov. 19. Gefährlicher Stoss zu Korinth, dem kein Donner voranging; um Nemea hörte man grossen Lärm. Zu Athen war der Stoss sehr sanft. Luft still, Scirocco, Barometer tief. Der Drahtpendel kam den Tag über kaum zur Ruhe. Ueber den lokalen Orkan in der folgenden Nacht, zu Panormos auf Tinos, erhielt ich offiziellen Dimarchialbericht.

1877. März 15. Athen. Erdbeben nach tiefstem Barometerstande und Regen.
Sept. 19. Ein Erdbeben von grosser Ausdehnung, stark in Phokis,
schwach in Attika, stark in Chalkis. Ich war in der Zeit zu Tatoi
am Parnes, ohne die Erschütterung zu bemerken. Aber deutlich
beobachtete sie der König *Georg* im selben Gebäude, und machte
mir darüber Mittheilung. Ausser von Korinth fehlen aber sonstige
Nachrichten aus Westen.
Dez. 5. Olympia. Dr. *Weil* bemerkte, vom Erdbeben erwacht, dass
nagende Mäuse ihre Arbeit wegen der Erschütterung unterbrachen.
1878. April. 3. Kephalonia. Die Macht des Erdstosses war sehr gross, so
dass gut geschlossene Fenster und Thüren geöffnet wurden. Solche
Bemerkungen habe ich öfter, auch 1867 vernommen. Als 1878
bei Athen ein Pulvermagazin aufflog, sah man auch gelegentlich
das Aufspringen der Thüren, d. h. also solcher, die nicht mit dem
Schlüssel, sondern einfach nur durch die Klinke geschlossen waren.

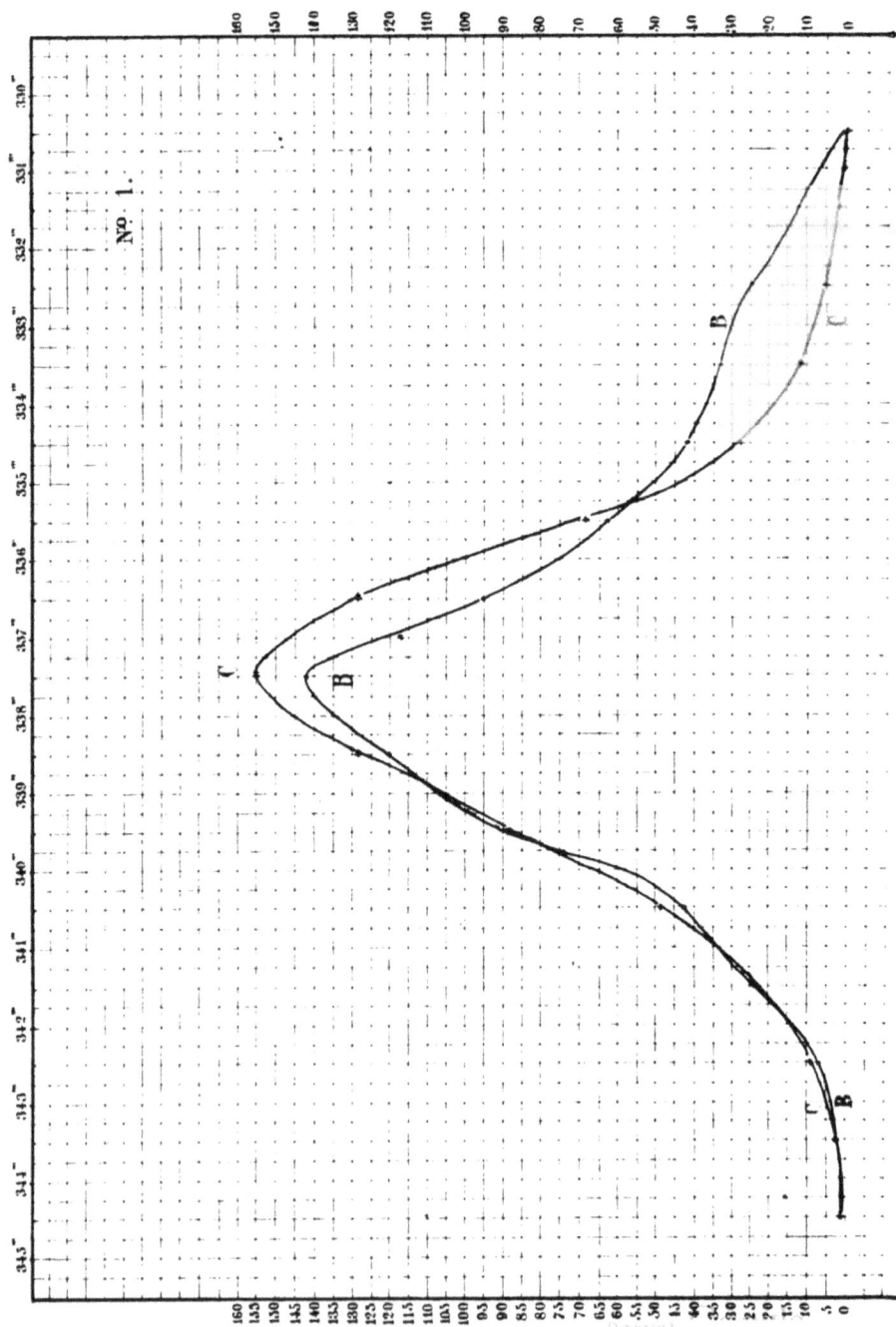

Taf. I.

No 1.

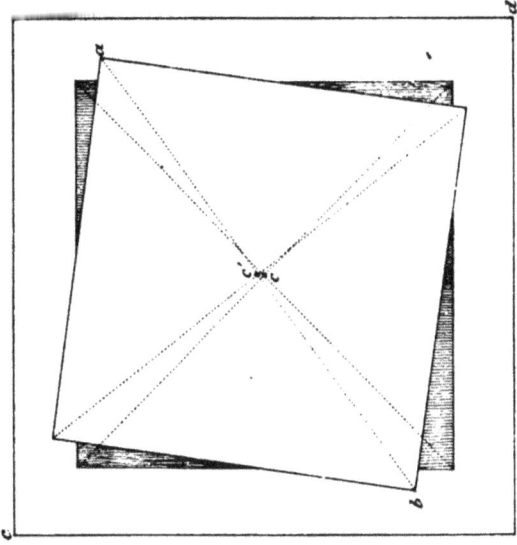

No 2.

Abbildung zu Schmidt, Erdbeben-Studien   Verlag v. Carl Scholtze, Leipzig   Lith u Druck v H Arnold, Leipzig

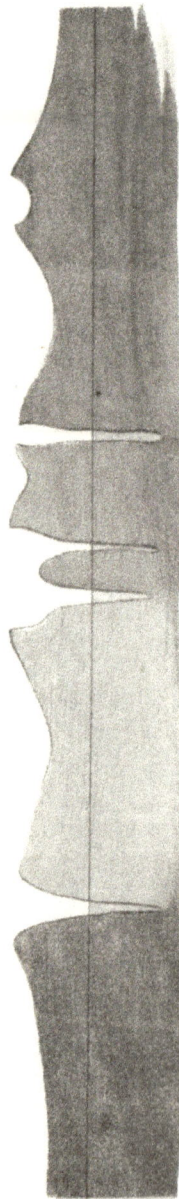

N.º 1.

Vertikaler Durchschnitt der Sandkrater zu Kalamaki 1861 Dez. 26.

N.º 2.

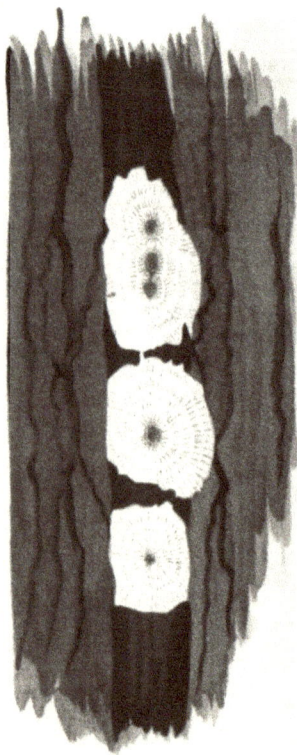

Spalten und Sandkrater bei Kalamaki 1861 Dez. 26.

N.º 3.

Spalten und Sandkrater bei Trypia 1862. Jan. 23.

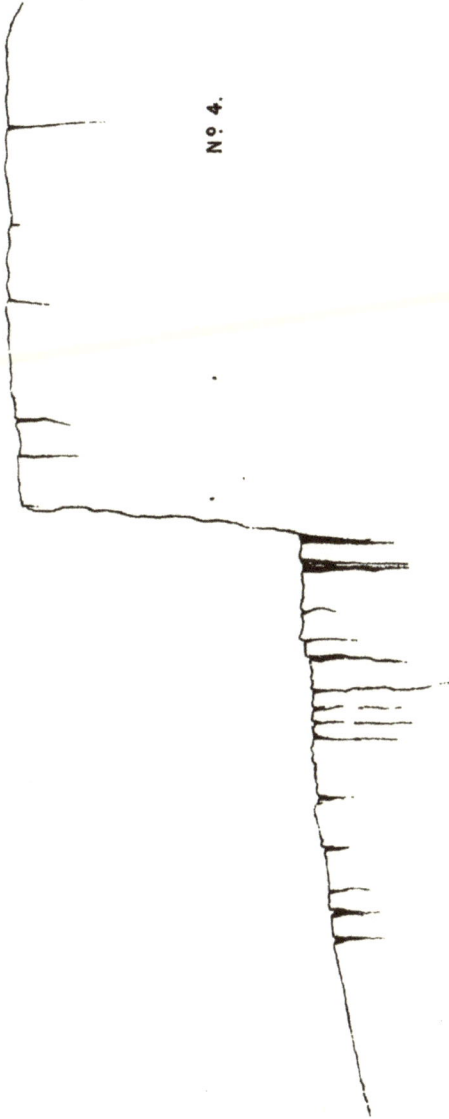

N°. 4.

Abbildung zu Schmidt, Erdbeben-Studien.

Verlag v. Carl Scholtze, Leipzig.

Lih.u Druck v. H. Arnold, Leipzig

Abbildung zu Schmidt, Erdbeben-Studien.   Verlag v. Carl

Spalten und Sandkrater i

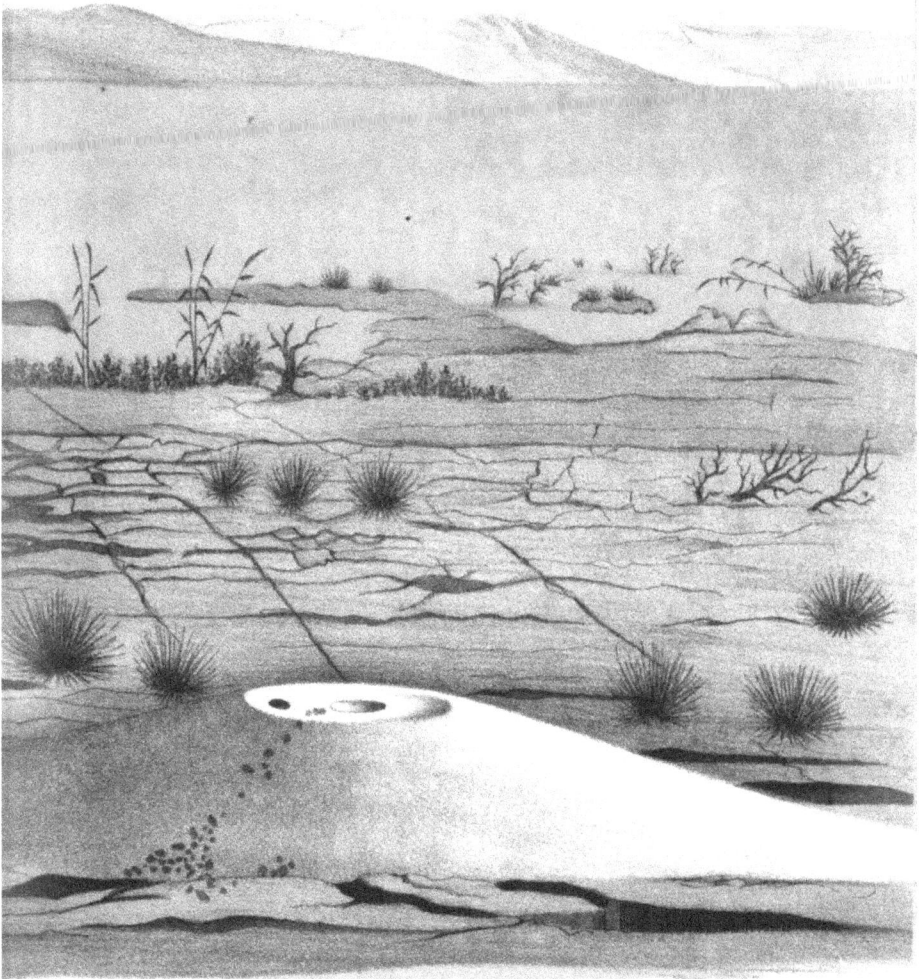

tze, Leipzig.

Lith.u. Druck v. H. Arnold, Leipzig

haja, gez. 1862. Jan. 24.

Taf. IV.

OST

Taf. V.

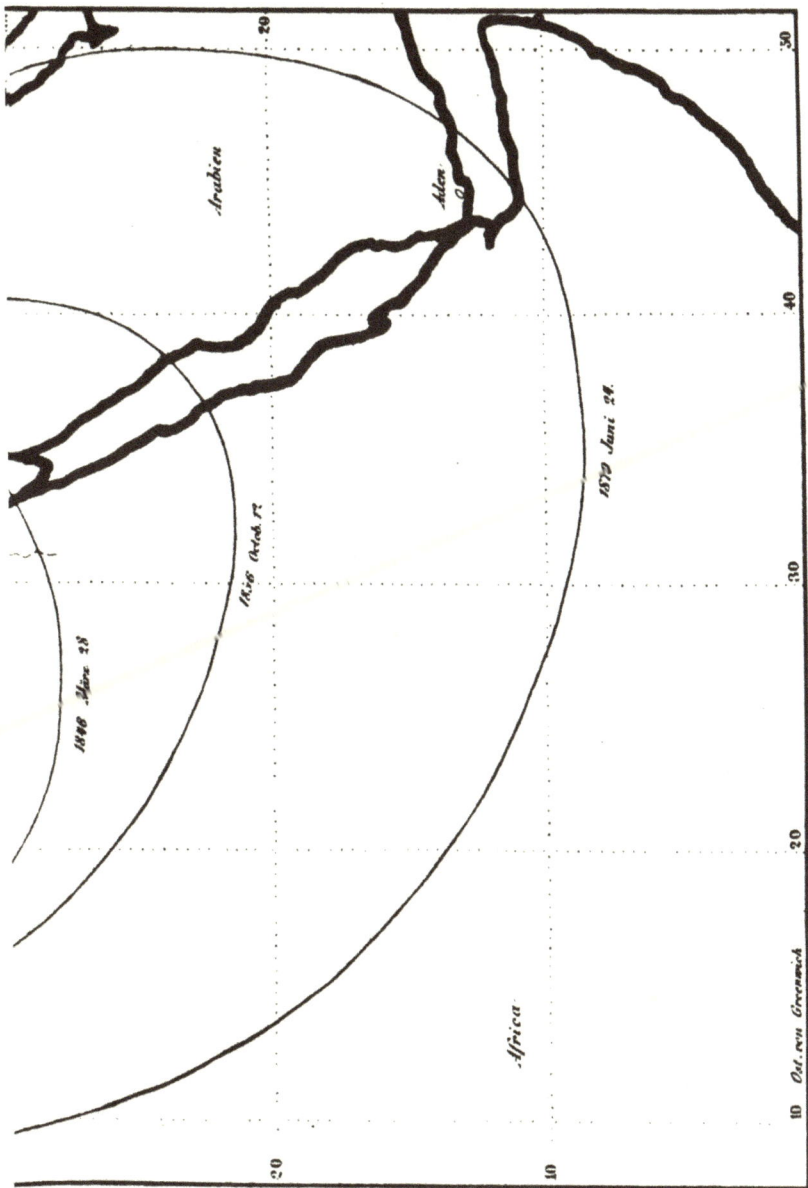

Arabien

Aden

Africa

Ost. von Greenwich

1846 Mare 28

1856 Octob. 11

1879 Juni 24.

Ausführl: mathemat: Erdbeben studien.   Verlag v. Carl Scholtze, Leipzig.   Lith u. Druck v. H. Arnold Leipzig.

Kreta · *Standia* · *Oreigmo* · *Hydra 1853* · *Paximadi 1850 Aug. 4* · *1867 Sept. 28. 30*

Taf. VI.

.-compliance